LEGO®-EV3-ROBOTER

LEGO®-EV3-ROBOTER

Bauen und programmieren lernen mit LEGO® MINDSTORMS® EV3

Laurens Valk

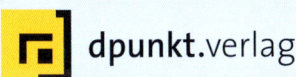 dpunkt.verlag

Laurens Valk

Lektorat: Dr. Michael Barabas
Übersetzung: G&U Language & Publishing Services GmbH, *www.gundu.com*
Satz: G&U Language & Publishing Services GmbH, *www.gundu.com*
Copy-Editing: Ursula Zimpfer, Herrenberg
Herstellung: Susanne Bröckelmann
Umschlaggestaltung: Helmut Kraus, *www.exclam.de*
Druck und Bindung: Grafisches Centrum Cuno GmbH & Co. KG, 39240 Calbe (Saale)

Bibliografische Information der Deutschen Nationalbibliothek
Die Deutsche Nationalbibliothek verzeichnet diese Publikation in der Deutschen Nationalbibliografie;
detaillierte bibliografische Daten sind im Internet über *http://dnb.d-nb.de* abrufbar.

ISBN:
Buch 978-3-86490-151-5
PDF 978-3-86491-593-2
ePub 978-3-86491-594-9

1. Auflage 2015
Copyright der deutschen Übersetzung © 2015 dpunkt.verlag GmbH
Wieblinger Weg 17 · 69123 Heidelberg

Copyright der amerikanischen Originalausgabe: © 2014 by Laurens Valk
Titel der Originalausgabe: The LEGO® MINDSTORMS® EV3 Discovery Book: a beginner's guide to building and programming robots
No Starch Press, Inc. · 245 8th Street, San Francisco, CA 94103 | *www.nostarch.com*
ISBN-10: 1-59327-532-3
ISBN-13: 978-1-59327-532-7

5 4 3

Zu diesem Buch – sowie zu vielen weiteren dpunkt.büchern –
können Sie auch das entsprechende E-Book im PDF-Format
herunterladen. Werden Sie dazu einfach Mitglied bei dpunkt.plus⁺:

www.dpunkt.de/plus

Der Autor

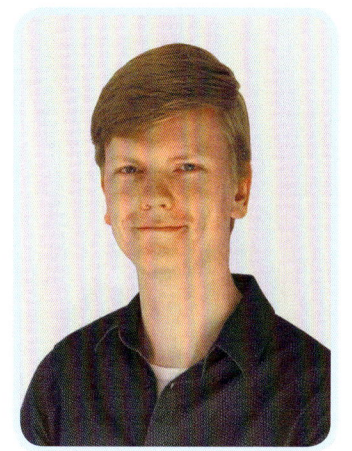

Laurens Valk ist ein niederländischer Robotikingenieur mit einem Bachelor-Grad in Maschinenbau der technischen Hochschule in Delft. Er ist Mitglied der MINDSTORMS Community Partners (MCP), einer Gruppe ausgewählter MINDSTORMS-Enthusiasten, die dabei helfen, neue MINDSTORMS-Produkte zu testen und zu entwickeln. Mit dem Bau von Robotern auf der Grundlage des EV3-Systems hat er 2012 begonnen, ein Jahr vor der offiziellen Freigabe. Einer seiner Entwürfe ist auf der EV3-Verpackung als offizieller Bonus-Roboter zu sehen.

Laurens entwirft gern Roboter und gestaltet Anleitungen für ihren Bau und ihre Programmierung, damit Roboterfans aus aller Welt seine Entwürfe nachbauen und mehr über Robotik lernen können. Er hat an mehreren LEGO-Robotikbüchern mitgewirkt, darunter an der ersten Ausgabe dieses Buches, dem Bestseller *LEGO-Roboter: Bauen und programmieren mit LEGO MINDSTORMS NXT 2.0* (dpunkt.verlag, 2011). Sein Blog über Robotik findest du auf *http://robotsquare.com/*.

Der Fachgutachter

Claude Baumann unterrichtet seit 15 Jahren Robotik mit LEGO MINDSTORMS für Fortgeschrittene in Abendschulkursen. Er hat ULTIMATE ROBOLAB erfunden, eine compilerübergreifende Umgebung, die die grafische Programmierung der LEGO RCX-Firmware ermöglichte, und damit das einzige selbstreplizierende Programm der Welt für LEGO RCX geschrieben (manche nennen es auch einen Virus). Vor kurzem hat er als MINDSTORMS Community Partner (MCP) an der Entwicklung des neuen intelligenten EV3-Steins mitgewirkt. Er hat als Gutachter verschiedene Robotikprojekte an weiterführenden Schulen bewertet und ist Autor von *Eureka! Problem Solving with LEGO Robotics* (NTS Press, 2013), mehrerer Artikel und Konferenzpräsentationen. Sein besonderes Interesse gilt der robotischen Ortung von Schallquellen. Claude leitet ein Netz von Wohnheimen für weiterführende Schulen in Luxemburg. Er ist verheiratet, hat drei Kinder und drei großartige Enkelkinder.

Danksagungen

An erster Stelle möchte ich den Lesern der ersten Ausgabe danken. Eure zahllosen E-Mails und Kommentare aus aller Welt stellten für mich eine Aufforderung dar, dieses Buch zu schreiben. Viele der neuen Themen sind durch eure Rückmeldung angeregt worden.

Dieses Buch folgt noch dem gleichen Grundprinzip und dem gleichen Aufbau wie die ursprüngliche Ausgabe, doch wegen des Wechsels von LEGO MINDSTORMS NXT zu EV3 war es notwendig, es von Grund auf neu zu schreiben. Das war nur dank der Hilfe vieler talentierter Personen möglich.

Mein großer Dank gilt Claude Baumann, der das Buch auf technische Genauigkeit durchgesehen und Verbesserungen vorgeschlagen hat. Ebenfalls möchte ich Marc-André Bazergui, Martijn Boogaarts, Kenneth Madsen und Xander Soldaat danken, die die Prototypen der in diesem Buch vorgestellten Roboter bereits 2012 getestet haben.

Weiterer Dank geht an die Mitarbeiter von No Starch Press, die die erste Ausgabe zu einem Erfolg gemacht und mit mir an dieser Neuausgabe gearbeitet haben. Danke an meinen Herausgeber William Pollock, meinen Lektor Seph Kramer, an Serena Yang, die das Projekt im Zeitplan gehalten hat, an Riley Hoffman und Alison Law für das Layout des Rohtextes auf bunten Seiten und an Leigh Poehler für die Beantwortung all meiner geschäftlichen Fragen im Laufe der letzten Jahre.

Danken möchte ich auch der LEGO-Gruppe, die einen so anregenden und lehrreichen Robotikbausatz entwickelt und die Community schon sehr früh in den Gestaltungsprozess einbezogen hat. Danke auch an das Team von LEGO MINDSTORMS EV3 – Camilla, David, Flemming, Henrik, Lars Joe, Lasse, Lee, Linda, Marie, Steven und Willem.

Des Weiteren bedanke ich mich bei der LDraw-Community, die die für die Erstellung der Bauanleitungen in diesem Buch erforderlichen Programme entwickelt hat. Insbesondere gilt mein Dank Philippe Hurbain, der die LDraw-3-D-Modelle für die EV3-Komponenten erstellt hat, Michael Lachmann für die Entwicklung von MLCad, Travis Cobbs für LDView, Keven Clague für LPub 4 und LSynth. Benso möchte ich John Hansen danken, dem Entwickler des EV3-Screenshotprogramms.

Abschließend möchte ich meinen Freunden und meiner Familie für ihre Unterstützung bei dem langwierigen Unternehmen danken, dieses Buch zu schreiben. Vor allem möchte ich Fabiënne danken, die nicht müde wurde, mich dazu zu ermutigen, das Projekt fertig zu stellen. Vielen Dank – du bist die Beste!

Übersicht

Einleitung xxi

Teil 1   Erste Schritte

Kapitel 1   Deinen EV3-Kasten vorbereiten   3
Kapitel 2   Baue deinen ersten Roboter   9
Kapitel 3   Programme erstellen und ändern   25
Kapitel 4   Arbeiten mit Programmierblöcken: Aktionsblöcke   35
Kapitel 5   Warten, wiederholen, Eigene Blöcke und Multitasking   49

Teil 2   Roboter mit Sensoren programmieren

Kapitel 6   Wie Sensoren funktionieren   61
Kapitel 7   Den Farbsensor verwenden   75
Kapitel 8   Den Infrarotsensor verwenden   89
Kapitel 9   Die Stein-Tasten und Motorumdrehungssensoren verwenden   97

Teil 3   Techniken des Roboterbaus

Kapitel 10   Mit Balken, Achsen, Verbindern und Motoren arbeiten 105
Kapitel 11   Mit Zahnrädern und Getrieben arbeiten 121

Teil 4   Fahrzeuge und Robotertiere

Kapitel 12   Formel EV3: Ein Rennroboter 141
Kapitel 13   ANTY: Die Roboterameise 171

Teil 5   Fortgeschrittene Programme erstellen

Kapitel 14   Datenleitungen nutzen 199
Kapitel 15   Datenblöcke und Eigene Blöcke mit Datenleitungen verwenden 227
Kapitel 16   Konstanten und Variablen verwenden 245
Kapitel 17   Spiele auf dem EV3 253

Teil 6   Maschinen und menschenähnliche Roboter

Kapitel 18   Der SNATCH3R: Ein autonomer Roboterarm 263
Kapitel 19   LAVA R3X: Ein Maschinenmensch, der geht und spricht 311

Anhang A   Fehlerbehebung für Programme, den EV3-Stein und drahtlose Verbindungen 351
Anhang B   On-Brick-Programme erstellen 359

Index 365

Inhaltsverzeichnis

Einleitung .... **xxi**

Wozu ist dieses Buch gut? xxi

Ist dieses Buch etwas für dich? xxi

Wie ist dieses Buch aufgebaut? xxi

    Selbst entdecken xxi

    Was ist in den einzelnen Kapiteln zu finden? xxii

    Die Begleitwebsite xxii

Schlusswort xxii

TEIL 1   ERSTE SCHRITTE

1
Deinen EV3-Kasten vorbereiten 3

Was ist drin? 3

    Der EV3-Stein 3

    Technic-Elemente sortieren 5

    Das Mission-Pad 5

Steuerung des Roboters 6

Die EV3-Software herunterladen und installieren 6

Zusammenfassung 7

2
Baue deinen ersten Roboter 9

Die Bauanleitungen 9

Den EXPLOR3R bauen 10

Ausgabeanschlüsse, Eingabeanschlüsse und Kabel 20

Der EV3-Stein 20

    Den EV3 an- und ausschalten 21

    Programme auswählen und ausführen 22

Den Roboter mit der Fernsteuerung lenken 22

Zusammenfassung 23

3
Programme erstellen und ändern 25

Ein schnelles erstes Programm 25

Ein einfaches Programm erstellen 27

    1. Programmierpalette 27

    2. Startblock 27

    3. Programmierbereich 27

    4. Hardwareseite 28

Projekte und Programme 29
    5. Dateiverwaltung 29
    6. Werkzeugleiste 30
    7. Der Inhalts-Editor 32
Die offiziellen EV3-Roboter und die Bonusmodelle bauen 32
Zusammenfassung 33

4

Arbeiten mit Programmierblöcken: Aktionsblöcke **35**

Wie funktionieren Programmierblöcke? 35
Der Bewegungslenkungsblock 35
    Der Bewegungslenkungsblock in Aktion 35
    Wie Modus und Einstellung funktionieren 37
    Richtige Drehungen ausführen 39
        Selbst entdecken 1: Beschleunige 39
        Selbst entdecken 2: Exakte Drehungen 39
        Selbst entdecken 3: Beweg und dreh Dich 39
        Selbst entdecken 4: Buchstabiere 40
Der Klangblock 40
    Die Konfiguration des Klangblocks 40
    Der Klangblock in Aktion 41
        Selbst entdecken 5: In welche Richtung gehst Du? 41
        Selbst entdecken 6: DJ spielen 42
Der Anzeigeblock 42
    Die Konfiguration des Anzeigeblocks 42
    Der Anzeigeblock in Aktion 43
        Selbst entdecken 7: Untertitel 44
        Selbst entdecken 8: Warten auf den Explor3r 44
Der Stein-Statusleuchte-Block 44
        Selbst entdecken 9: Ampel 45
Die An- und Aus-Modi in Bewegungsblöcken 45
        Selbst entdecken 10: Radio im Fahrmodus 46
Die Blöcke Hebellenkung, Großer Motor und Mittlerer Motor 46
Weitere Experimente 46
        Selbst entdecken 11:
        Zeit, im Kreis zu fahren 47
        Selbst entdecken 12: Navigator 47
        Selbst entdecken 13: Robotänzer 48
        Selbst konstruieren 1: Roboreiniger 48
        Selbst konstruieren 2: Der Explor3r macht Kunst 48

5

Warten, wiederholen, Eigene Blöcke und Multitasking **49**

Der Warteblock 49
    Die Einstellungen des Warteblocks 49
    Der Warteblock in Aktion 49

Das Programm WaitDisplay 50
    Selbst entdecken 14: Hinterlasse eine Nachricht 50
    Selbst entdecken 15: Timer für ein Brettspiel 50
Der Schleifenblock 50
Den Schleifenblock einsetzen 50
Der Schleifenblock in Aktion 51
Schleifenblöcke innerhalb von Schleifenblöcken 51
    Selbst entdecken 16: Bewache den Raum 52
    Selbst entdecken 17: Dreieck 53
Blöcke selbst machen: Eigene Blöcke 53
Eigene Blöcke erstellen 53
Eigene Blöcke in Programmen verwenden 53
Eigene Blöcke bearbeiten 53
Eigene Blöcke in Projekten verwalten 53
    Selbst entdecken 18: Mein Quadrat 56
    Selbst entdecken 19: Meine Melodie 56
Multitasking 56
Mehrere Startblöcke 56
Eine Weiterleitung verzweigen 56
Ressourcenkonflikte vermeiden 57
Weitere Experimente 57
    Selbst entdecken 20: Multitasking 57
    Selbst entdecken 21: Singletasking 57
    Selbst entdecken 22: Komplizierte Muster 58
    Selbst konstruieren 3: Mr. Explor3r 58

TEIL 2 ROBOTER MIT SENSOREN PROGRAMMIEREN

6

Wie Sensoren funktionieren 61

Was sind Sensoren? 62
Die Sensoren im EV3-Kasten 62
Funktionsweise des Berührungssensors 62
Die Stoßstange mit dem Berührungssensor bauen 62
Sensorwerte anzeigen 66
Sensoren programmieren 66
Sensoren und der Warteblock 66
    Selbst entdecken 23: Hello und Goodbye 67
    Selbst entdecken 24: Hindernisse und schlechte Laune vermeiden 67
    Selbst entdecken 25: Einfach drücken 68
Sensoren und der Schleifenblock 68
    Selbst entdecken 26: Lustige Melodien 69
Sensoren und der Schalterblock 69
    Selbst entdecken 27: Bleiben oder gehen? 71
    Selbst entdecken 28: Schwere Entscheidungen 71
Die Modi Vergleichen, Ändern und Messen 73

Weitere Experimente 74

    Selbst entdecken 29: Die Richtung wählen 74

    Selbst entdecken 30: Warten, Schleife oder Schalter? 74

    Selbst entdecken 31: Stein-Tasten 74

    Selbst konstruieren 4: Einbruchsalarm 74

    Selbst konstruieren 5: Lichtschalter 74

7

Den Farbsensor verwenden **75**

Den Farbsensor anschließen 75

Der Farbmodus 77

  Innerhalb einer farbigen Linie bleiben 77

    Selbst konstruieren 6: Bulldozer 78

  Das Programm erstellen 78

  Einer Linie folgen 79

  Der Schalterblock im Messmodus 80

Der Modus Stärke des reflektierten Lichts 80

    Selbst entdecken 32: Erstelle deine eigene Teststrecke 81

    Selbst entdecken 33: Am blauen Schild anhalten 81

    Selbst entdecken 34: Nenne die Farbe 81

    Selbst entdecken 35: SuperReflektor 81

  Einen Schwellenwert festlegen 82

  Sensorwerte mit einem Schwellenwert vergleichen 82

  Der Linie etwas sanfter folgen 83

Der Modus Stärke des Umgebungslichts 85

  Der Stärke des Umgebungslichts messen 85

  Eine Morse-Programm 85

    Selbst entdecken 36: Morgenalarm 86

Weitere Experimente 86

    Selbst entdecken 37: Farbmarkierungen 87

    Selbst entdecken 38: Ein Fingerabdruckscanner 87

    Selbst entdecken 39: Farbmuster 87

    Selbst entdecken 40: Hindernisse auf der Linie 87

    Selbst entdecken 41: Ein verrückter Kurs 88

    Selbst konstruieren 7: Türglocke 88

    Selbst konstruieren 8: Ein sicherer Tresor 88

8

Den Infrarotsensor verwenden **89**

Der Nähemodus 89

  Hindernissen ausweichen 90

  Sensoren kombinieren 90

    Selbst entdecken 42: Nah heran 90

    Selbst entdecken 43: Drei Sensoren 90

Der Fernsteuerungsmodus 92

    Selbst entdecken 44: Die Fernbedienung sichern 92

Der Modus Signal-Nähe 93

Der Modus Signal-Richtung 93

    Selbst entdecken 45: Sanfter Verfolger 94

Sensormodi kombinieren 95

Weitere Experimente 95

    Selbst entdecken 46: Folge mir 95

    Selbst entdecken 47: Echolot 96

    Selbst konstruieren 9: Ein Bahnübergang 96

    Selbst konstruieren 10: Ein narrensicherer Alarm 96

9

Die Stein-Tasten und Motorumdrehungssensoren verwenden 97

Die Stein-Tasten verwenden 97

    Selbst entdecken 48: Eine lange Nachricht 97

    Selbst entdecken 49: Eigenes Menü 97

Den Drehsensor verwenden 98

  Die Motorposition 98

  Die Motorposition zurücksetzen 99

  Die Drehgeschwindigkeit 99

    Selbst entdecken 50: Zurück zum Anfang 100

    Selbst entdecken 51: Geschwindigkeit in Farbe 100

Funktionsweise der Geschwindigkeitsregelung 101

  Geschwindigkeitsregelung in der Praxis 101

  Einen blockierten Motor stoppen 101

Weitere Experimente 102

    Selbst entdecken 52: Ferngesteuerte Stein-Tasten 102

    Selbst entdecken 53: Hinderniserkennung bei geringer Geschwindigkeit 102

    Selbst konstruieren 11: Vollautomatisches Haus 102

TEIL 3   TECHNIKEN DES ROBOTERBAUS

10

Mit Balken, Achsen, Verbindern und Motoren arbeiten 105

Balken und Rahmen verwenden 106

  Balken verlängern 106

  Rahmen verwenden 106

  Konstruktionen mit Balken verstärken 107

  Winkelbalken verwenden 107

    Selbst entdecken 54: Größere Dreiecke 108

Das Lego-Raster 108

    Selbst entdecken 55: Winkelkombinationen 110

Achsen und Kreuzlöcher verwenden 110

Verbinder verwenden 111

  Achsen verlängern 111

  Parallele Balken verbinden 111

  Balken im rechten Winkel verbinden 111

  Parallele Balken befestigen 111

    Selbst entdecken 56: Konstruktive Verbinder 113

Halbe Lego-Einheiten nutzen 114
    Selbst entdecken 57: Balken mit einem halben M 114
Dünne Elemente verwenden 114
Flexible Konstruktionen bauen 114
Mit Motoren und Sensoren bauen 115
Mit dem großen Motor bauen 115
Balken an den die Motorwelle anschließen 118
Mit dem mittleren Motor bauen 118
Mit Sensoren bauen 119
Verschiedene Elemente 119
Weitere Experimente 119
    Selbst konstruieren 12: Raupenantrieb 119
    Selbst konstruieren 13: Ein Tischreiniger 120
    Selbst konstruieren 14: Ein Vorhangöffner 120

11

Mit Zahnrädern und Getrieben arbeiten 121

Getriebe-Grundlagen 121
    Selbst entdecken 58: Zahnräder beobachten 122
Ein genauerer Blick auf Zahnräder 122
Das Übersetzungsverhältnis zweier Zahnräder berechnen 123
Die Geschwindigkeit des Ausgangszahnrads berechnen 123
Das benötigte Übersetzungsverhältnis berechnen 123
Die Rotationsgeschwindigkeit verringern und vergrößern 123
    Selbst entdecken 59: Getriebemathematik 124
Was ist ein Drehmoment? 124
Größere Getriebe bauen 125
    Selbst entdecken 60: Vorhersehbare Bewegung 127
    Selbst entdecken 61: Gesamtrichtung 127
Reibung und Schlupf 128
Die Zahnräder im EV3-Kasten 128
Mit dem Einheitenraster arbeiten 129
Kegel- und Doppelkegelräder verwenden 130
Rechtwinklige Verbindungen im Einheitenraster 130
    Selbst entdecken 62: Optionen für rechte Winkel 133
    Selbst entdecken 63: Starke Getriebe 133
Kugelzahnräder verwenden 133
Schneckenräder verwenden 133
    Selbst entdecken 64: Schneckenantrieb 134
Stabile Getriebekonstruktionen 134
Zahnräder mit Balken flankieren 134
Achsenverdrehung verhindern 135
Die Drehrichtung umkehren 135
Mit Zahnrädern und EV3-Motoren bauen 135
Weitere Experimente 137
    Selbst konstruieren 15: Dragster 137
    Selbst konstruieren 16: Schneckenroboter 137
    Selbst konstruieren 17: Ein Schornsteinkletterer 137
    Selbst konstruieren 18: Drehscheibe 138
    Selbst konstruieren 19: Roboterarm 138

TEIL 4 FAHRZEUGE UND ROBOTERTIERE

12

Formel EV3: Ein Rennroboter **141**

Den Formel-EV3-Rennwagen bauen 142
Fahren und Lenken 163
    Eigene Blöcke für die Lenkung erstellen 163
    Die Eigenen Blöcke testen 166
Das Fernsteuerprogramm schreiben 166
Selbstständig fahren 168
Weitere Experimente 168
    Selbst entdecken 65: Überlenkungsexperimente 168
    Selbst entdecken 66: Nachtrennen 168
    Selbst entdecken 67: Das verrückte Gaspedal 169
    Selbst entdecken 68: Ein blinkendes Rücklicht 169
    Selbst entdecken 69: Unfallerkennung 169
    Selbst konstruieren 20: Schneller fahren 170
    Selbst konstruieren 21: Ein Wagen-Upgrade 170

13

ANTY: Die Roboterameise **171**

Der Laufmechanismus 172
ANTY bauen 173
ANTY zum Gehen bringen 190
    Den gegenüberliegenden Eigenen Block erstellen 190
    Hindernissen ausweichen 190
Das Verhalten programmieren 191
    Futter suchen 191
    Die Umgebung überwachen 191
Weitere Experimente 194
    Selbst entdecken 70: Fernsteuerung 194
    Selbst entdecken 71: Nachtwesen 194
    Selbst entdecken 72: Hungrige Roboter 194
    Selbst konstruieren 22: Eine Roboterspinne 194
    Selbst konstruieren 23: Fühler 195
    Selbst konstruieren 24: Fürchterliche Klauen 195

TEIL 5 FORTGESCHRITTENE PROGRAMME ERSTELLEN

14

Datenleitungen nutzen **199**

Den SK3TCHBOT bauen 200
Erste Schritte mit Datenleitungen 210
    Selbst entdecken 73: Klang je nach Entfernung 210

Mit Datenleitungen arbeiten 211
    Den Wert in einer Datenleitung ansehen 211
    Eine Datenleitung löschen 212
    Datenleitungen zwischen Programmen 212
    Mehrere Datenleitungen verwenden 212
    Blöcke mit Datenleitungen wiederholen 213
        Selbst entdecken 74: Balkengraphen 213
        Selbst entdecken 75: Ein erweiterter Graph 214
Datenleitungstypen 214
    Numerische Datenleitungen 214
    Logische Datenleitungen 214
        Selbst entdecken 76: Sanftes Anhalten 214
    Textdatenleitungen 215
    Numerische und logische Arrays 215
    Typumwandlung 215
Sensorblöcke verwenden 217
    Der Modus Messen 217
    Der Modus Vergleichen 218
    Der Wertebereich von Datenleitungen 219
        Selbst entdecken 77: Ein Sensor-Gaspedal 219
        Selbst entdecken 78: Eine eigene Anschlussansicht 219
        Selbst entdecken 79: Größenvergleich 219
Fortgeschrittene Programmablaufblöcke 220
    Datenleitungen und der Warteblock 220
    Datenleitungen und der Schleifenblock 220
    Datenleitungen und der Schalterblock 221
        Selbst entdecken 80: IR-Beschleunigung 221
    Der Schleifen-Interrupt-Block 223
        Selbst entdecken 81: Unterbrechungen unterbrechen 225
Weitere Experimente 225
        Selbst entdecken 82: Sensorübungen 225
        Selbst entdecken 83: Leistung vs. Geschwindigkeit 225
        Selbst entdecken 84: Die wirkliche Richtung 226
        Selbst entdecken 85: SK3TCHBOT beobachtet dich 226
        Selbst konstruieren 25: Bionische Hand 226
        Selbst entdecken 86: Oszilloskop 226

15

Datenblöcke und Eigene Blöcke mit Datenleitungen verwenden **227**

Datenblöcke verwenden 227
    Der Matheblock 228
        Selbst entdecken 87: 100%-Mathe 228
        Selbst entdecken 88: Addierte Werte 230
        Selbst entdecken 89: Infrarot-Geschwindigkeit 230
        Selbst entdecken 90: Doppelte Infrarot-Geschwindigkeit 230
        Selbst entdecken 91: Zuwachssteuerung 230
        Selbst entdecken 92: Richtungssteuerung 230

Der Zufallsblock 231
    Selbst entdecken 93: Zufallsfrequenz 231
Der Vergleichsblock 232
    Selbst entdecken 94: Zufälliger Motor und Geschwindigkeit 232
Der Block Logische Verknüpfungen 233
    Selbst entdecken 95: Logiksensoren 234
    Selbst entdecken 96: Auf drei Sensoren warten 234
Der Bereichsblock 234
Der Rundungsblock 235
Der Textblock 235
    Selbst entdecken 97: Countdown 236
Eigene Blöcke mit Datenleitungen erstellen 236
Ein Eigener Block mit Eingabe 236
Eigene Blöcke bearbeiten 239
    Selbst entdecken 98: Eigene Einheiten 239
    Selbst entdecken 99: Erweiterte Anzeige 239
Ein Eigener Block mit Ausgabe 240
    Selbst entdecken 100: Entfernungsdurchschnitt 241
    Selbst entdecken 101: Annäherungsrate 241
Ein Eigener Block mit Ein- und Ausgabe 242
    Selbst entdecken 102: Kreisberechnungen 243
Strategien für Eigene Blöcke 243
Ausgangspunkte für Eigene Blöcke 243
Eigene Blöcke zwischen Projekten austauschen 243
Weitere Experimente 243
    Selbst entdecken 103: Ist es eine ganze Zahl? 244
    Selbst entdecken 104: Doppelt blockiert 244
    Selbst entdecken 105: Reflextest 244
    Selbst konstruieren 26: Roboter-Stoppuhr 244

16

Konstanten und Variablen verwenden 245

Konstanten verwenden 245
Variablen verwenden 245
Variablen definieren 246
Den Variablenblock einsetzen 246
    Selbst entdecken 106: Alt vs. Neu 248
    Selbst entdecken 107: Vorher vs. Neu 248
Variablenwerte ändern und erhöhen 249
Variablen initialisieren 249
Einen Durchschnitt berechnen 250
Weitere Experimente 251
    Selbst entdecken 108: Hoch- und runterzählen 251
    Selbst entdecken 109: Ein begrenzter Durchschnitt 251
    Selbst entdecken 110: Zufallsprüfung 251
    Selbst entdecken 111: Dichteste Annäherung 252
    Selbst konstruieren 27: Ein eigener Zähler 252

17

Spiele auf dem EV3 . . . . **253**

Schritt 1: Einfache Zeichnungen erstellen 254
    Eigener Block 1: Clear 254
    Eigener Block 2: Coordinates 254
    Das Basisprogramm fertigstellen 254
Schritt 2: Die Stiftsteuerung hinzufügen 255
    Den Stift bewegen, ohne zu zeichnen 255
    Den Stift in einen Radiergummi verwandeln 255
    Den Bildschirm löschen 257
    Die Stiftstärke festlegen 257
        Selbst entdecken 112: Roboterkünstler 259
        Selbst entdecken 113: Force Feedback 259
        Selbst entdecken 114: Stiftzeiger 259
Weitere Experimente 259
        Selbst entdecken 115: Ein Arcade-Spiel 259
        Selbst entdecken 116: Ein Gehirntrainer 260
        Selbst konstruieren 28: Ein Plotter 260

TEIL 6   MASCHINEN UND MENSCHENÄHNLICHE ROBOTER

18

Der SNATCH3R: Ein autonomer Roboterarm **263**

Der Greifer 263
    Der Greifmechanismus 265
    Der Hubmechanismus 265
Den SNATCH3R bauen 266
Den Greifmechanismus steuern 299
    Eigener Block 1: Grab 299
    Eigener Block 2: Reset 299
    Eigener Block 3: Release 299
    Das Fernsteuerungsprogramm schreiben 300
        Selbst entdecken 117: Erweiterte Fernsteuerung 301
        Selbst entdecken 118: Geschwindigkeitsregelung über die Fernsteuerung 301
    Probleme mit dem Greifer beheben 301
Die IR-Fernsteuerung suchen 301
    Den IR-Käfer bauen 301
    Eigener Block 4: Search 303
        Selbst entdecken 119: Signalbestätigung 307
    Das endgültige Programm schreiben 307
Weitere Experimente 308
        Selbst entdecken 120: Den Roboter beschäftigt halten 309
        Selbst entdecken 121: Einer Spur folgen 309
        Selbst entdecken 122: Objekte in der Nähe finden 309
        Selbst konstruieren 29: Bagger 309

19

LAVA R3X: Ein Maschinenmensch, der geht und spricht 311

Die Beine bauen 312
Den Roboter zum Gehen bringen 330
    Eigener Block 1: Reset 330
    Eigener Block 2: Return 330
    Eigener Block 3: OnSync 332
    Eigener Block 4: Left 334
    Die ersten Schritte machen 334
        Selbst entdecken 123: Der Eigene Block Walk 335
        Selbst entdecken 124: Umkehren 335
        Selbst entdecken 125: Rechts um! 335
Den Kopf und die Arme bauen 335
Den Kopf und die Arme steuern 344
    Eigener Block 5: Head 344
    Hindernissen ausweichen und auf Händeschütteln reagieren 344
Weitere Experimente 347
        Selbst entdecken 126: Tanzende Roboter 347
        Selbst entdecken 127: groß ist die Abweichung? 348
        Selbst entdecken 128: Der Roboter als Aufpasser 348
        Selbst entdecken 129: Der Roboter als Begleiter 348
        Selbst entdecken 130: Arme und Beine synchronisieren 348
        Selbst entdecken 131: Den Roboter fernsteuern 348
        Selbst entdecken 132: Tamagotchi 349
        Selbst konstruieren 30: Zweibeiniger Roboter 349

A

**Fehlerbehebung für Programme,
den EV3-Stein und drahtlose Verbindungen** 351

Kompilierungsfehler beheben 351
    Fehlende Eigene Blöcke 351
    Fehler in Programmierblöcken 351
    Fehlende Variablendefinitionen 352
Laufende Programme korrigieren 352
Fehlerbehebung auf dem EV3-Stein 354
    Die Hardwareseite 354
    Probleme mit der USB-Verbindung lösen 355
    Den EV3-Stein neu starten 355
    Die EV3-Firmware aktualisieren 355
    Datenverluste mit einer microSD-Karte verhindern 356
Drahtlose EV3-Programmierung 356
    Programme über Bluetooth auf den EV3-Stein herunterladen 356
    Programme über eine WLAN-Verbindung auf den EV3-Stein herunterladen 358
    Bluetooth oder WLAN? 358
Zusammenfassung 358

B

On-Brick-Programme erstellen **359**

On-Brick-Programme erstellen, speichern und ausführen 359

    Blöcke zu der Schleife hinzufügen 359

    Die Einstellungen eines Blocks festlegen 360

    Programme ausführen 360

    Programme speichern und öffnen 360

On-Brick-Programmierblöcke verwenden 361

On-Brick-Programme importieren 361

Zusammenfassung 363

Index **365**

Bist du bereit, die faszinierende Welt der Robotik zu betreten? Wenn du dieses Buch liest, gehe ich davon aus, dass du den Robotikbausatz LEGO MINDSTORMS EV3 als Lernmittel ausgewählt hast – eine kluge Entscheidung.

Meinen ersten Kontakt mit MINDSTORMS hatte ich 2005 im Alter von 13 Jahren mit dem Robotics Invention System, das damals erhältlich war. Es begann als Hobby, ich fand Roboter so faszinierend, das ich mich zu einer Laufbahn als Ingenieur entschloss. LEGO MIND-STORMS bot eine hervorragende Möglichkeit, um mich mit vielen Prinzipien der Robotik und des Maschinenbaus vertraut zu machen, z. B. Programmierung und Verwendung von Motoren und Sensoren.

Dieses Buch soll dir helfen, die vielen Möglichkeiten von MIND-STORMS auszuprobieren. Ich hoffe, dass du dabei genauso viel Spaß mit diesem Robotikbausatz hast wie ich und dass du eine Menge dabei lernst!

Wozu ist dieses Buch gut?

Der Robotikbausatz LEGO MINDSTORMS EV3 enthält zahlreiche Teile sowie Anleitungen für fünf Roboter. Es macht zwar viel Spaß, diese Roboter zu bauen und zu programmieren, aber als Anfänger kann es eine ziemliche Herausforderung sein, auf eigene Faust über diese Modelle hinauszugehen. Der Baukasten enthält zwar alles, was du brauchst, um die Roboter zum Funktionieren zu bringen, aber die Bedienungsanleitung deckt nur einen Bruchteil dessen ab, was du wissen musst, um eigene Roboter zu bauen und zu programmieren.

Dieses Buch soll als Leitfaden dienen, mit dessen Hilfe du die Möglichkeiten von LEGO MINDSTORMS EV3 ausloten und lernen kannst, deine eigenen Roboter zu erfinden, zu bauen und zu programmieren.

Ist dieses Buch etwas für dich?

In diesem Buch werden keine vorherigen Erfahrungen mit dem Bau oder der Programmierung mit LEGO MINDSTORMS vorausgesetzt. Du gehst hier von grundlegender zu immer anspruchsvollerer Programmierung über und lernst immer kompliziertere Roboter zu bauen. Anfänger sollten mit Kapitel 1 beginnen und dann den Schritt-für-Schritt-Anleitungen in Kapitel 2 folgen, um einen einfachen Roboter zu bauen und zu programmieren. Wenn du bereits Erfahrungen mit MINDSTORMS hast, kannst du auch einfach mit einem Kapitel anfangen, dass dich interessiert, und von dort aus weitermachen. Die Kapitel zur erweiterten

Programmierung in Teil V und die Roboterdesigns in Teil VI sind vor allem für Leser mit mehr Erfahrung interessant.

Wie ist dieses Buch aufgebaut?

Du kannst das Buch zwar auch zum Nachschlagen verwenden, aber es ist eigentlich als Arbeitsbuch angelegt. Ich habe Bau, Programmierung und Probleme der Robotik gemischt, um zu verhindern, dass du dich mühselig durch lange Kapitel voller Theorie kämpfen musst.

Beispielsweise lernst du grundlegenden Programmiertechniken kennen, während du erfährst, wie du deinen ersten Roboter in Bewegung setzen kannst, und erfährst mehr über fortgeschrittene Programmierer, während du weitere Roboter baust. Dieses Buch verfolgt den Ansatz des Lernens durch Ausprobieren, was meiner Meinung nach die beste Möglichkeit ist, um das Bauen und Programmieren von MIDNSTORMS-Robotern zu erlernen.

Selbst entdecken

Um die in den einzelnen Kapiteln besprochenen Prinzipien zu verinnerlichen, habe ich viele Aufgaben mit dem Titel *Selbst entdecken* eingestreut. Darin wirst du aufgefordert, die Beispielprogramme zu erweitern oder ganz neue Programme zu schreiben. Nachdem du beispielsweise gelernt hast, wie du Töne abspielst und Text auf dem Bildschirm anzeigst, wirst du dazu aufgefordert, ein Programm zu schreiben, mit dem der Roboter auf dem Bildschirm Untertitel anzeigt, während er spricht.

Am Ende vieler Kapitel findest du auch Aufgaben unter dem Titel *Selbst konstruieren*, die dir Anregungen geben, um den in dem Kapitel gebauten Roboter zu ändern oder zu verbessern. Beispielsweise wirst du dazu aufgefordert, einen Rennroboter schneller zu machen, indem du ein Getriebe zwischen Motor und Räder einschaltest, oder gar einen neuen Roboter zu bauen, der aus deinem EV3 eine Alarmanlage macht!

Schwierigkeitsgrad und Zeit

Als Entscheidungshilfe dafür, welche der *Selbst-entdecken*-Aufgaben du angehen möchtest, habe ich jeweils den Schwierigkeitsgrad angegeben. Leichte Aufgaben (▭) können gewöhnlich dadurch gelöst werden, indem du ein Programm mit ähnlichen Techniken wie im Beispiel schreibst oder erweiterst. Der mittlere Schwierigkeitsgrad (▭▭) ermutigt dich, weiter Ausschau zu halten und die neue Theorie mit einigen zuvor gelernten Techniken zu kombinieren. Schwierige Aufgaben (▭▭▭) stellen dich und deine Kreativität vor die Herausforderung, über die vorgestellten Beispiele hinauszugehen.

Bei der Einschätzung des Schwierigkeitsgrads bin ich davon ausgegangen, dass du die Kapitel in der vorgegebenen Reihenfolge liest.

Eine Aufgabe, die in Kapitel 4 als schwer gekennzeichnet ist, ist daher im Gegensatz zu einer schweren Aufgabe aus Kapitel 19 ganz leicht.

Außerdem habe ich bei den *Selbst-entdecken*-Aufgaben jeweils angegeben, wie viel Zeit du in etwa zur Lösung brauchst. Auch hier reicht die Skala von kurz (⏱) über mittel (⏱ ⏱) zu lange (⏱ ⏱ ⏱). Bei kurzen Aufgaben ist es gewöhnlich nur erforderlich, einige wenige Änderungen an dem Beispielprogramm vorzunehmen, während du für die langwierigen ein komplett neues Programm erstellen musst.

Die *Selbst-konstruieren*-Aufgaben nehmen in der Regel mehr Zeit in Anspruch, da es hierbei um Bau und Programmierung geht. Bei ihnen habe ich jeweils den zu erwartenden Aufwand für das Bauen (☼) und für die Programmierung (▭) angegeben.

Lösungen finden

Bei einigen Aufgaben sind ein oder zwei Hinweise als Anhaltspunkte gegeben, aber es gibt jeweils viele Möglichkeiten, um sie zu lösen. Es spielt keine Rolle, wenn du dich nicht genau an die Orientierungshilfen hältst. Schließlich kann es durchaus sein, dass du auf eine innovative Lösung gekommen bist, die mir nicht eingefallen ist!

Die Schwierigkeitsgrade und Zeitangaben der Aufgaben sind nur Schätzwerte. Mach dir keine Sorgen, wenn du zur Lösung eines Problems etwas mehr Zeit brauchst. Hauptsache, du hast Spaß, wenn du diese Herausforderungen annimmst!

Lösungen für einige der *Selbst-entdecken*-Aufgaben findest du auf *http://ev3.robotsquare.com/*. Sie können dir als Ausgangspunkt dienen. Um Aufgaben zu lösen, für die keine Lösungen zum Download bereitstehen, musst du deine eigene Kreativität einsetzen.

Was ist in den einzelnen Kapiteln zu finden?

Die folgenden Abschnitte geben dir einen Überblick über die sechs Teile dieses Buchs. Einige der Begriffe, die hier fallen, sind dir vermutlich neu. Wenn du das Buch liest, wirst du aber erfahren, was es damit auf sich hat.

Teil I: Erste Schritte

Teil I beginnt mit der Beschreibung des Inhalts des Robotikbausatzes EV3 in Kapitel 1. In Kapitel 2 baust du deinen ersten Roboter und lernst den EV3-Stein kennen. Die EV3-Software zur Programmierung der Roboter wird in Kapitel 3 vorgestellt. In Kapitel 4 erfährst du, wie du diese Software dazu verwendest, um einen Roboter in Bewegung zu setzen, indem du dein erstes Programm mit den grundlegenden Programmierblöcken schreibst. In Kapitel 5 lernst du unverzichtbare Programmiertechniken kennen, z. B. um deinen Roboter Handlungen wiederholen oder mehrere Dinge gleichzeitig tun zu lassen.

Teil II: Roboter mit Sensoren programmieren

In diesem Teil lernst du alles über Sensoren, die wichtige Bestandteile von MINDSTORMS-Robotern sind. In Kapitel 6 fügst du dem zuvor gebauten Roboter einen Berührungssensor hinzu und lernst die zur Verwendung von Sensoren erforderlichen Programmiertechniken

kennen. Danach geht es weiter mit dem Farbsensor in Kapitel 7, dem Infrarotsensor und dem Infrarotsender in Kapitel 8 und zwei Arten von eingebauten Sensoren in Kapitel 9.

Teil III: Techniken des Roboterbaus

Dieser Teil behandelt die LEGO Technic-Bauelemente, die im EV3-Kasten enthalten sind. Du lernst in Kapitel 10, wie du Balken, Achsen und Verbinder verwendest. Um Zahnräder geht es in Kapitel 11.

Teil IV: Fahrzeuge und Tierroboter

Nachdem du den Umgang mit Motoren und Sensoren gelernt hast, baust du zwei Roboter, mit denen du diese neuen Fähigkeiten unter Beweis stellst, nämlich das Formel-EV3-Rennauto in Kapitel 12 und die Roboterameise ANTY in Kapitel 13.

Teil V: Fortgeschrittene Programme

Teil V behandelt Programmiertechniken für Fortgeschrittene. Du erfährst hier etwas über Datenleitungen (Kapitel 14), über die Verarbeitung von Sensorwerten und über Berechnungen auf dem EV3-Stein (Kapitel 15) und darüber, wie du den Roboter dazu bringst, sich etwas mithilfe von Variablen zu merken (Kapitel 16). In Kapitel 17 schließlich kombinierst du all diese Programmiertechniken, um einen Roboter zu bauen, mit dem du den EV3-Bildschirm ähnlich wie eine Zaubertafel verwenden kannst.

Teil VI: Maschinen und menschenähnliche Roboter

Nachdem du Motoren, Sensoren und anspruchsvolle Programmiertechniken kennengelernt hast, baust du in diesem Teil zwei komplizierte Roboter. In Kapitel 18 konstruierst und programmierst du den SNATCH3R, einen autonomen Roboterarm, der die Infrarotfernbedienung selbstständig finden, packen, anheben und transportieren kann.

In Kapitel 19 schließlich baust du den LAVA R3X, den menschenähnlichen Roboter vom Titelbild, der geht und spricht. Die Gestaltung geht auf den legendären Alpha Rex aus der vorherigen LEGO MINDSTORMS-Generation zurück.

Die Begleitwebsite

Auf der Begleitwebsite (*http://ev3.robotsquare.com/*) findest du Links zu anderen hilfreichen Websites, herunterladbare Versionen aller Beispielprogramme in diesem Buch und Lösungen für einige der *Selbst-entdecken*-Aufgaben.

Schlusswort

MINDSTORMS regt die Kreativität und Erfindungsgabe von Konstrukteuren aller Altersstufen an. Schnapp dir also deinen EV3-Robotikbausatz, fang bei Kapitel 1 an zu lesen und betritt die kreative Welt von LEGO MINDSTORMS. Ich hoffe, dieses Buch dient dir als Anregung!

Erste Schritte

Deinen EV3-Kasten vorbereiten

Alle Roboter dieses Buchs können mit nur einem Lego-Mindstorms-EV3-Kasten gebaut werden (Lego-Katalognummer 31313). Wenn du diesen Kasten, gezeigt in Abbildung 1-1, besitzt, kann es schon losgehen. Wenn du die Schulversion des Kastens hast (#44554), findest du unter *http://ev3.robotsquare.com/* eine Liste mit den zusätzlich erforderlichen Teilen für die Projekte dieses Buchs.

In diesem Kapitel lernst du den EV3-Stein und die anderen Bestandteile des Kastens kennen. Außerdem wirst du die Software, die für die Roboterprogrammierung notwendig ist, herunterladen und sie installieren.

Was ist drin?

Der Lego-Mindstorms-EV3-Kasten wird mit vielen Technic-Bauteilen und Elektronikkomponenten geliefert, wie z.B. Motoren, Sensoren, dem EV3-Stein, einer Fernsteuerung und Kabel (siehe Abbildung 1-2). Im Verlauf dieses Buches liest, lernst du die einzelnen Komponenten kennen. Zusätzlich findest du auf der Innenseite des Rückumschlags eine vollständige Liste der Bauteile.

EV3-Roboter verwenden große oder mittlere Motoren um ihre Räder, Arme und andere bewegliche Komponenten anzutreiben. Sie können mittels Sensoren ihre Umgebung wahrnehmen, z.B. die Farbe einer Oberfläche oder den ungefähren Abstand zu einem Objekt. Mit *Kabeln* werden die Motoren und Sensoren an den EV3-Stein angeschlossen. Die *Infrarotfernsteuerung*, oder einfach Fernsteuerung, steuert einen Roboter aus der Distanz.

Der EV3-Stein

Der EV3-Stein, oder einfach der EV3, ist ein kleiner Computer, der die Motoren und Sensoren eines Roboters steuert, sodass er selbsttätig umherfahren kann. Zum Beispiel wirst du in Kürze einen Roboter bauen, der sich automatisch von einem Objekt wegbewegt, das seinen Weg kreuzt. Wenn ein Sensor dem EV3 mitteilt, dass sich ein Objekt in der Nähe befindet, aktiviert der EV3 den Motor, und der Roboter fährt davon.

Abbildung 1-1: Der Lego-Mindstorms-EV3-Kasten (#31313) enthält alle Teile für die in diesem Buch vorgestellten Roboter.

Dein Roboter führt diese Aktionen mittels eines Programms aus, also einer Liste von Anweisungen, die dem Roboter normalerweise nacheinander gegeben werden. Programme erstellst du mit einem Computer, auf dem die Programmiersoftware des Lego Mindstorms EV3 installiert ist. Wenn du mit dem Erstellen eines Programms fertig bist, sendest du es über ein dem Kasten beiliegendes USB-Kabel an den EV3-Stein, und dein Roboter sollte dann tun, was die Programmierung vorsieht.

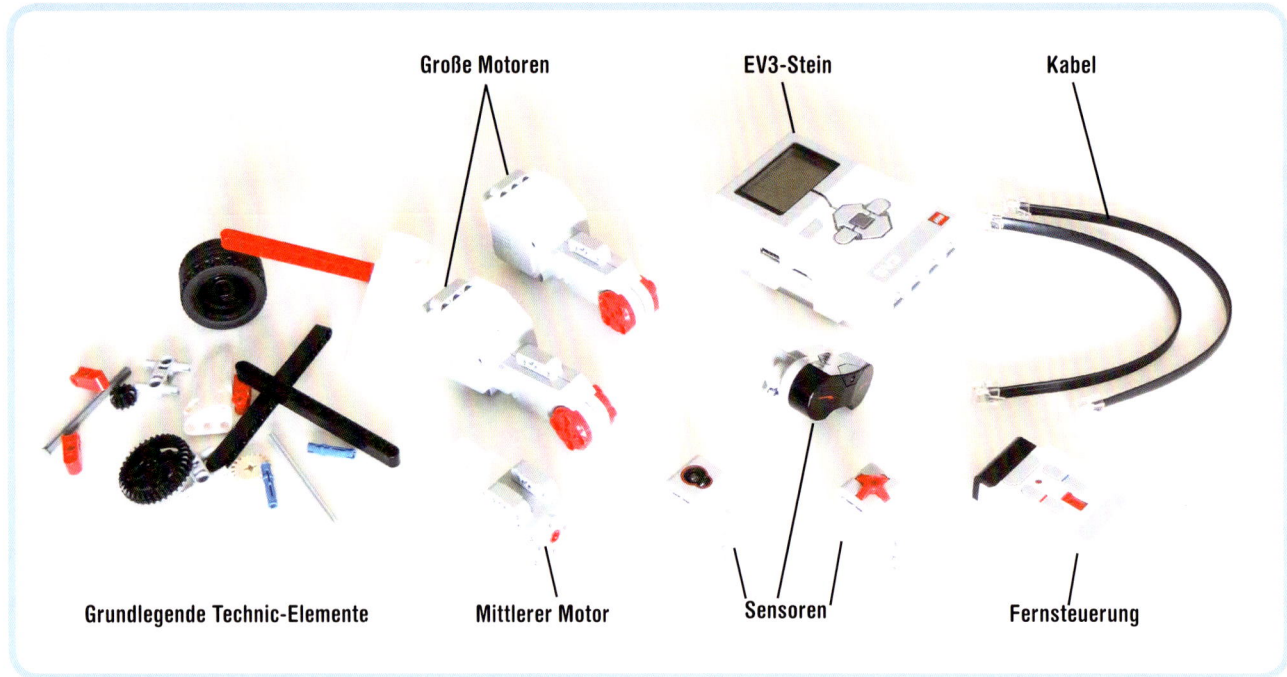

Große Motoren **EV3-Stein** **Kabel**

Grundlegende Technic-Elemente **Mittlerer Motor** **Sensoren** **Fernsteuerung**

Abbildung 1-2: Der EV3-Kasten enthält grundlegende Technic-Elemente wie Motoren, Sensoren, den EV3-Stein eine Fernsteuerung und Kabel.

Um deinen EV3 mit Strom zu versorgen, legst du entweder sechs AA-Batterien ein (wie in Abbildung 1-3 gezeigt) oder verwendest den Lego-EV3-Akku (#45501) und das Ladegerät (#8887). Die Form des Akkupacks macht den EV3-Stein etwas größer. Die Roboter können alle auch mit dem Akkupack gebaut werden, mit Ausnahme des TRACK3R-Roboters, der auf dem Baukasten gezeigt wird. Für dieses Modell musst du die Konstruktion ein wenig anpassen, um Platz zu schaffen.

Die Infrarotfernsteuerung versorgst du mittels zweier AAA-Batterien mit Strom.

6 AA-Batterien **EV3-Akkupack und Ladegerät**

Abbildung 1-3: Du kannst den EV3-Stein mithilfe von sechs AA-Batterien oder dem EV3-Akkupack mit Strom versorgen.

Technic-Elemente sortieren

Um bei der Suche nach speziellen Technic-Teilen Zeit zu sparen, solltest du die Bauteile, wie in Abbildung 1-4 gezeigt, in einem Kasten sortieren. Dadurch wird es leichter, die Modelle dieses Buchs nachzubauen und später auch deine eigenen Roboter zu entwerfen. Du kannst so auf einen Blick sehen, wenn ein spezielles Bauteil zur Neige geht, und verschwendest keine Zeit damit, nach Teilen zu suchen, die du nicht hast.

Du sortierst die Elemente am besten nach ihrer Funktion. Zum Beispiel kannst du jeweils Balken, Zahnräder, Achsen usw. getrennt lagern. Wenn du nicht genügend Fächer für die einzelnen Elementtypen hast, legst du solche Teile zusammen, die sich leicht unterscheiden lassen. Lege beispielsweise kurze graue Achsen und kurze rote Achsen in ein gemeinsames Fach statt grauer Achsen verschiedener Längen.

Der EV3-Kasten wird mit einer Reihe von Aufklebern geliefert, jeweils einer pro weißes Paneel-Element. Klebe die Aufkleber jetzt auf die Paneele, wie in Abbildung 1-5 gezeigt. Die Aufkleber helfen dir dabei, zu erkennen, welches Paneel (klein oder groß) du später in diesem Buch verwenden wirst.

Das Mission-Pad

Die EV3-Schachtel enthält ein Mission-Pad, das du innen im Karton um den Kasten findest, wie es Abbildung 1-6 zeigt. Du kannst deine Roboter so programmieren, dass sie mit dem Pad interagieren und z.B.

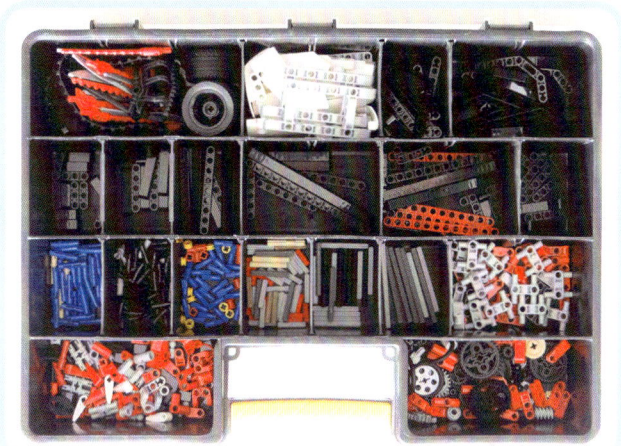

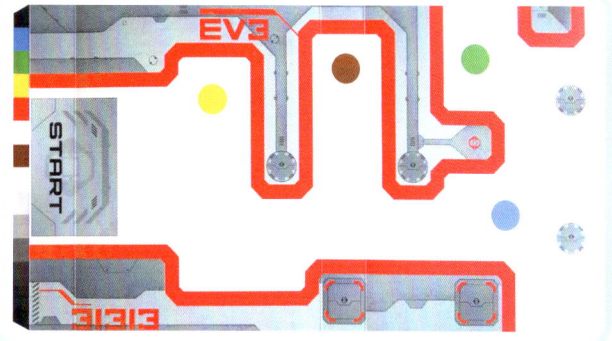

Abbildung 1-4: So könnte ein Sortierkasten für die Technic-Elemente eines EV3-Kastens aussehen.

Abbildung 1-6: Das Mission-Pad. Du findest es auf der Innenseite des Umkartons des EV3-Kastens (markiert durch eine gestrichelte Linie und eine kleine Schere).

Abbildung 1-5: Um die Aufkleber passend auf die Paneele zu kleben, fügst du zuerst zusammengehörige Elemente mittels zweier schwarzer Pins zusammen, sodass sie besser ausgerichtet werden können. Anschließend entfernst du die Pins.

der dicken roten Linie folgen (siehe Kapitel 7). Für die Projekte dieses Buchs kannst du auch dein eigenes Pad verwenden, das du unter *http://ev3.robotsquare.com/* herunterladen und ausdrucken kannst.

Steuerung des Roboters

Mit dem EV3-Kasten kannst du deinen Roboter auf verschiedene Weise steuern (siehe Abbildung 1-7). In diesem Buch lernst du mit der EV3-Programmiersoftware Anweisungen zu schreiben, die deinen Roboter bestimmte Dinge automatisch tun lassen. Du lernst aber auch, wie du deine Roboter mit einer Fernsteuerung steuerst. Du kannst deinem Roboter mit der Infrarotfernsteuerung aus dem EV3-Kasten Anweisungen geben, aber auch mit einer App, die dein Smartphone oder Tablet in eine solche Fernsteuerung verwandelt. Diese Anwendungen ermöglichen die Steuerung der Motoren und Sensoren deines Roboters

und können auch als Spezialfernsteuerung eingesetzt werden (siehe auch *http://ev3.robotsquare.com/*, wo du eine App-Liste findest).

Die EV3-Software herunterladen und installieren

Bevor du Programme für deinen Roboter schreiben kannst, musst du die EV3-Software herunterladen und installieren. Für die folgenden Schritte benötigst du eine Internetverbindung.

(Wenn der Computer, den du für die Programmierung verwendest, nicht mit dem Internet verbunden ist, führe die Schritte 1 und 2 auf einem Computer mit Internetzugang aus und lade die Installationsdateien auf einen USB-Stick mit mindestens 1 GB Speicher. Dann kopiere sie auf den anderen Computer und fahre mit Schritt 3 fort.)

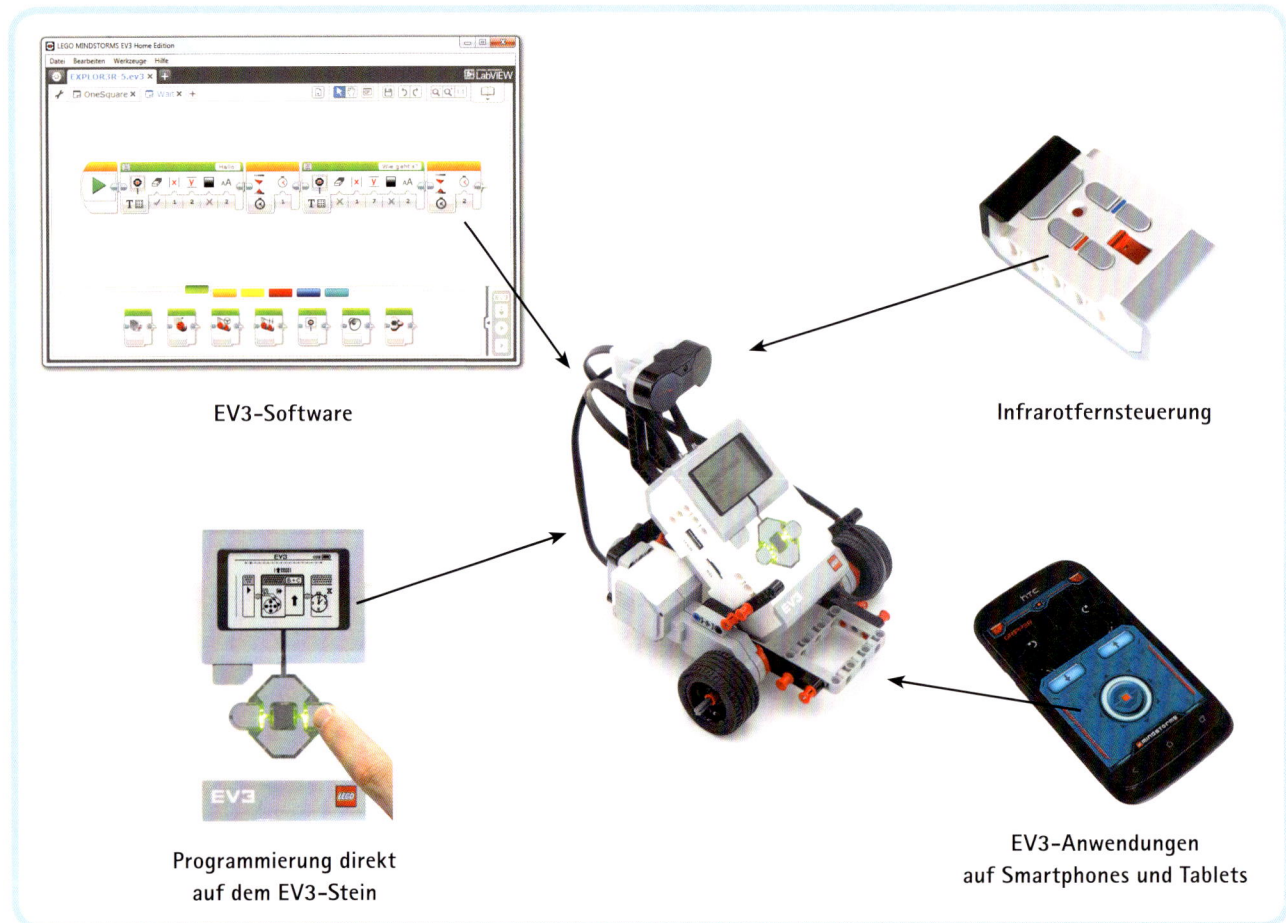

EV3-Software

Infrarotfernsteuerung

Programmierung direkt
auf dem EV3-Stein

EV3-Anwendungen
auf Smartphones und Tablets

Abbildung 1-7: Du kannst deinen Roboter mittels Programmen automatisch steuern oder manuell mit der Fernsteuerung.

1. Gehe zu *http://LEGO.com/ MINDSTORMS/*, klicke auf **Downloads**, wähle die EV3-Software und klicke auf **Herunterladen** (siehe Abbildung 1-8).

2. Auf der folgenden Seite wählst du dein Betriebssystem und die gewünschte Sprache aus (siehe Abbildung 1-9). Du kannst jede gewünschte Sprache anklicken, in diesem Buch wird jedoch Deutsch verwendet. Für Windows XP, Vista, Windows 7 und Windows 8 wählst du Win32 und klickst dann auf die Datei mit der Endung *.exe*. Für Mac OS 10.6 oder höher wähle *OSX* und klicke auf die Datei mit der Endung *.dmg*. Eine neue Seite mit einer Download-Schaltfläche erscheint. Klicke auf diese Schaltfläche und speichere die Datei auf deinem Computer.

HINWEIS Wenn der Download sehr lange dauert, kannst du auch schon mit Kapitel zwei weitermachen und mit dem Bauen beginnen. Kehre an diese Stelle zurück, wenn der Download abgeschlossen ist.

3. Unter Windows doppelklicke auf die gerade heruntergeladene Datei und installiere die Software gemäß den Anweisungen auf dem Bildschirm (siehe Abbildung 1-10). Auf einem Mac doppelklicke auf die *.dmg*-Datei und dann auf das erscheinende Paket. Folge den Anweisungen auf dem Bildschirm, um die Software zu installieren.

4. Wenn die Installation abgeschlossen ist (und du deinen Computer nach der Aufforderung neu gestartet hast), sollte eine Verknüpfung namens LEGO MINDSTORMS EV3 Home Edition auf deinem Desktop sein. Doppelklicke auf sie, um die Software zu starten. Dazu ist keine Internetverbindung mehr notwendig.

HINWEIS Um die Software auf eine neuere Version zu aktualisieren, lade einfach die neueste Version herunter und installiere sie wie hier gezeigt. Du musst die alte Fassung nicht manuell entfernen.

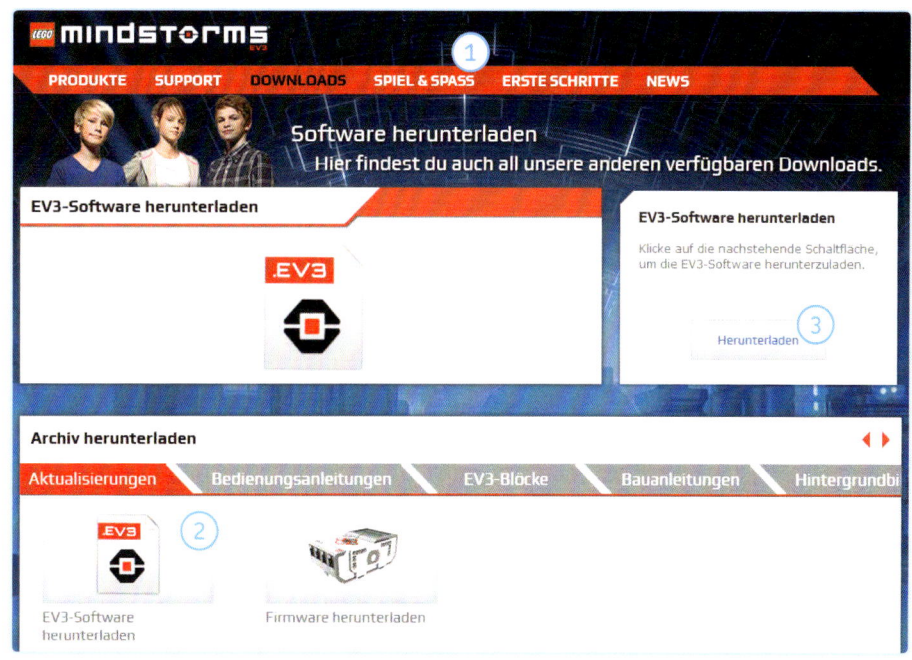

Abbildung 1-8: Die Download-Seite auf der Website von Lego Mindstorms EV3. Hier kannst du auch Zusatzmaterial herunterladen, wie Bedienungsanleitungen und Programmierblöcke.

Abbildung 1-9: Wähle Betriebssystem und Sprache. Die 01-01 im Dateinamen bedeutet, dass es sich um Version 1.01 handelt. Wenn du die Software herunterlädst, wähle immer die neuestmögliche.

Abbildung 1-10: Der Installationsvorgang. Starte den Installer durch Doppelklick auf die Installationsdatei, die du heruntergeladen hast.

Zusammenfassung

Jetzt ist alles bereit, um einen Roboter zu bauen und ein Programm zu schreiben, das ihn steuert. Legen wir also los. In Kapitel 2 erfährst du mehr über den EV3-Stein, Motoren und die Fernsteuerung und baust deinen ersten Roboter.

Baue deinen ersten Roboter

In Kapitel 1 hast du gelernt, dass Roboter aus Motoren, Sensoren und dem EV3-Stein bestehen. Damit du besser verstehst, wie diese zusammenarbeiten, setzen wir sie im ersten Roboter nicht alle auf einmal ein.

In diesem Kapitel verwendest du den EV3-Stein und zwei große Motoren, um ein Radfahrzeug namens EXPLOR3R zu bauen, wie in Abbildung 2-1 gezeigt. Du baust außerdem einen Empfänger für die Fernsteuerung. Wenn du den Roboter fertiggestellt hast, lernst du, ihn mittels der Knöpfe über die Fernsteuerung zu bewegen.

Die Bauanleitungen

Der Lego-Mindstorms-EV3-Kasten enthält viele Balken und Achsen in unterschiedlichen Längen. Damit du das richtige Element findet, ist die Länge in der Bauanleitung angegeben, so wie in Abbildung 2-2 gezeigt.

Um die Länge eines Balkens zu ermitteln, zählst du einfach seine Löcher (in der Abbildung wird die Länge des Balkens mit 11 angegeben). Um die Länge einer Achse herauszufinden, legst du sie neben einen Balken und zählst die Anzahl der Löcher, die verdeckt werden (in der Abbildung beträgt die Länge der Achse 3 Löcher).

Wenn du Balken oder andere Elemente mit Pins verbindest, achte darauf, den richtigen Pin anhand seiner Farbe auszuwählen, wie in Abbildung 2-3 gezeigt. Das ist wichtig, da frei drehbare Pins (für drehbare Verbindungen) und Pins mit Reibung (die bei festen Konstruktionen zum Einsatz kommen) unterschiedliche Einsatzzwecke haben.

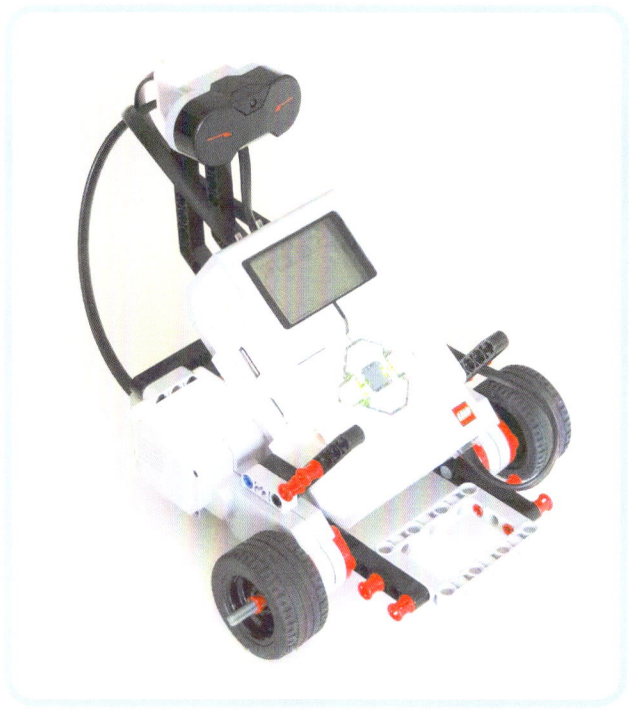

Abbildung 2-1: Der EXPLOR3R bewegt sich mit zwei Vorderrädern und einem Stützrad hinten.

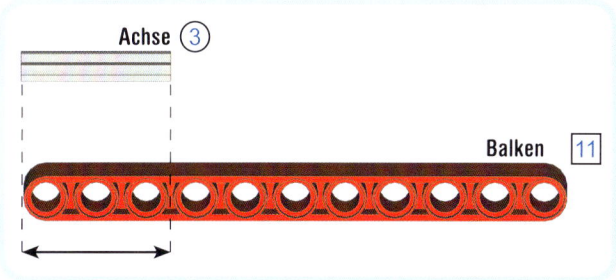

Abbildung 2-2: Balken und Achsen gibt es in unterschiedlichen Längen, sodass du bei der Auswahl aufpassen solltest. Ermittle die Länge, wie hier gezeigt, oder verwende das Diagramm auf der Innenseite des Umschlags.

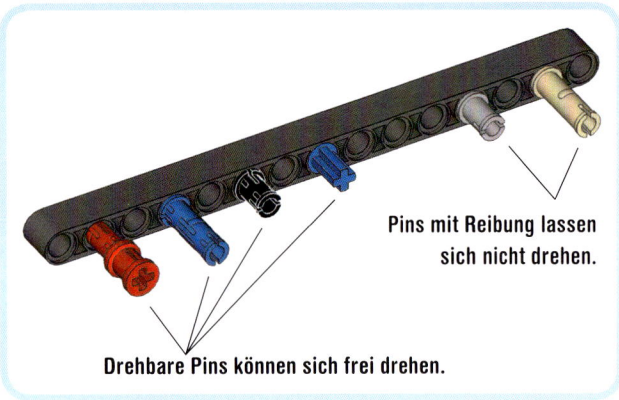

Pins mit Reibung lassen sich nicht drehen.

Drehbare Pins können sich frei drehen.

Den EXPLOR3R bauen

Um mit dem Bau zu beginnen, wählst du die Teile anhand der Bauteilliste in Abbildung 2-4 aus. Dann folgst du den einzelnen Schritten, die auf den folgenden Seiten gezeigt werden.

Abbildung 2-3: Der EV3-Kasten enthält fixe und drehbare Pins. Wenn du die Modelle dieses Buchs nachbaust, achte darauf, die richtige Sorte anhand der Farbe auszuwählen.

1x

4x

2x

4x

1x

15

2x ③

2x ⑤

1x

3x ⑧

2x

1x

Mittel / 35 cm

Kurz / 25 cm

1x

1x

1x

2x

1x

3x

7x

2x

1x

2x

2x

2x

18x

2x

10x

Abbildung 2-4: Bauteilliste für den EXPLOR3R

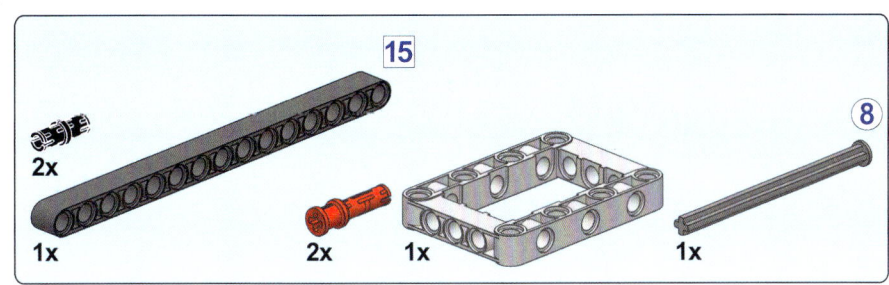

1

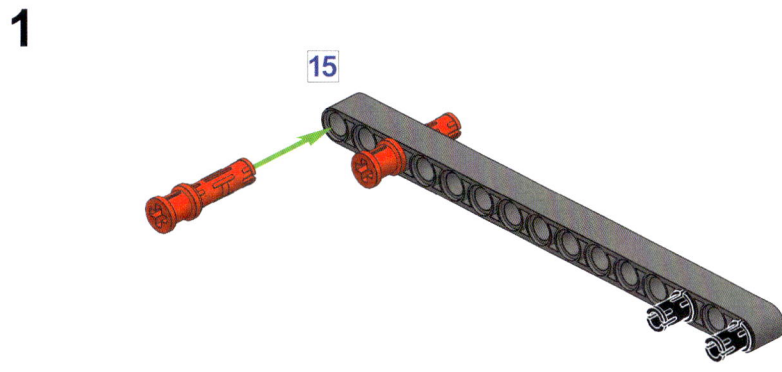

2

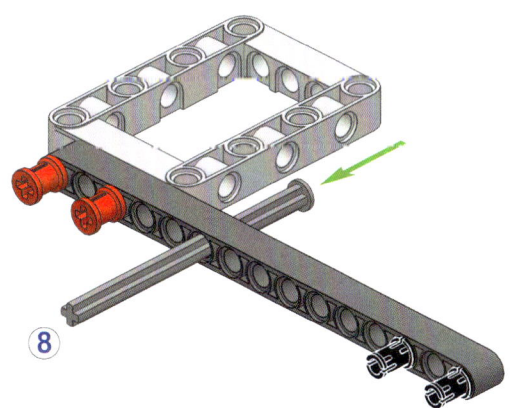

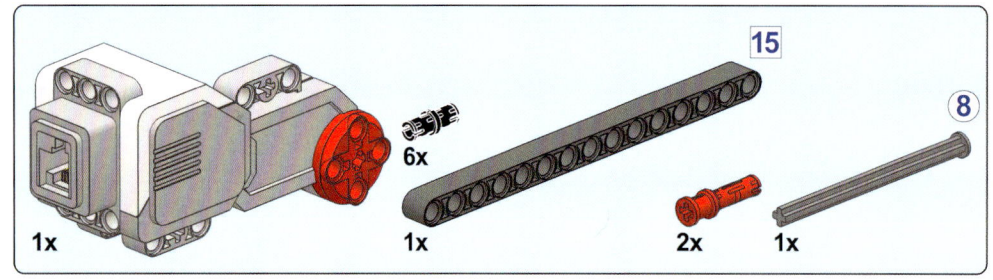

3

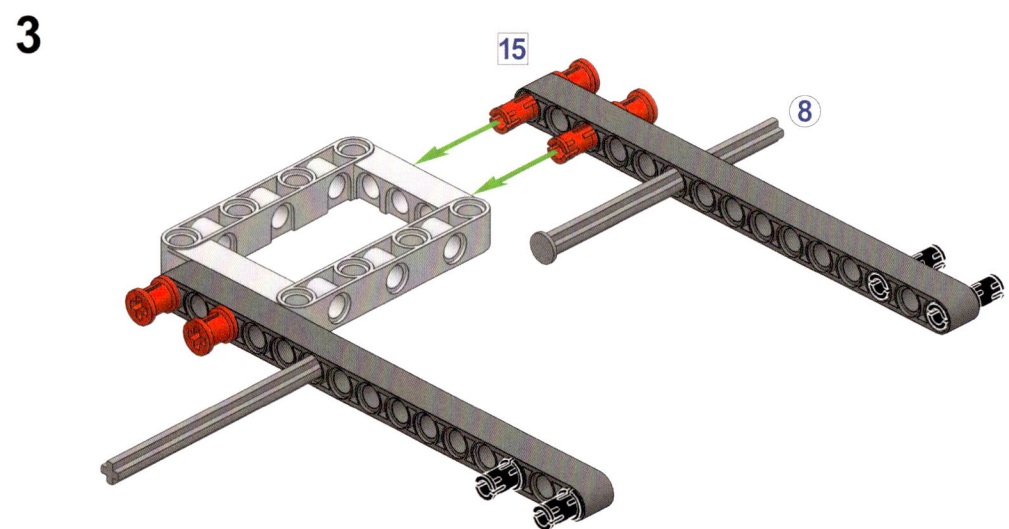

4

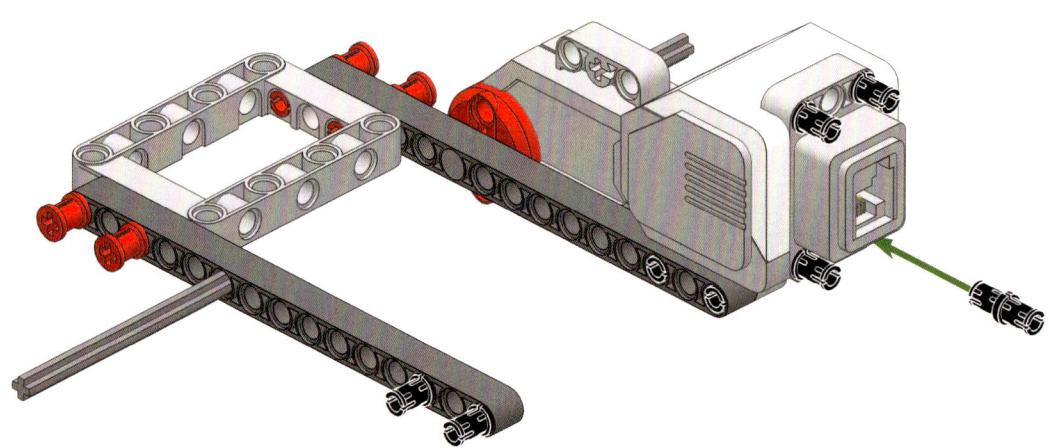

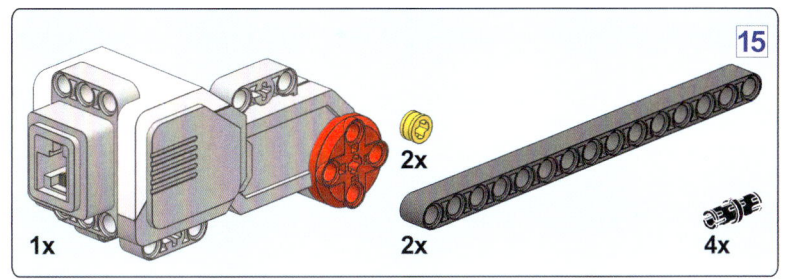

5

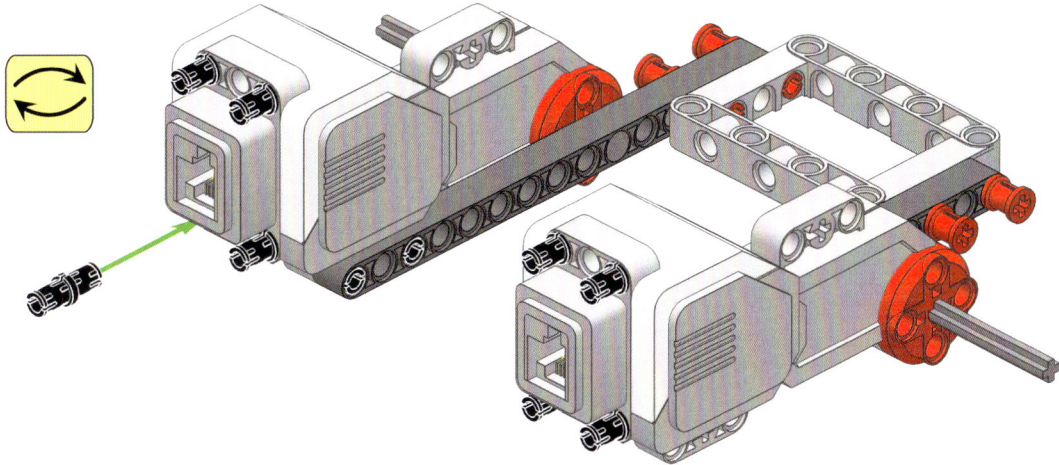

6

15

15

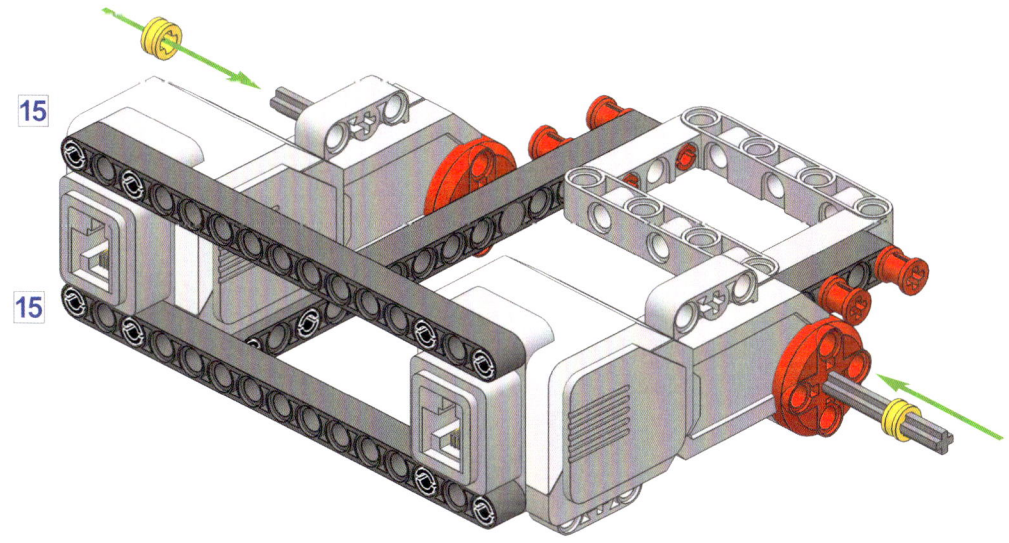

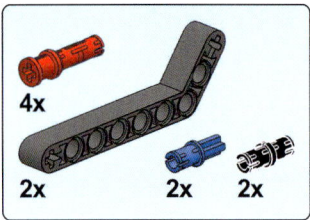

7

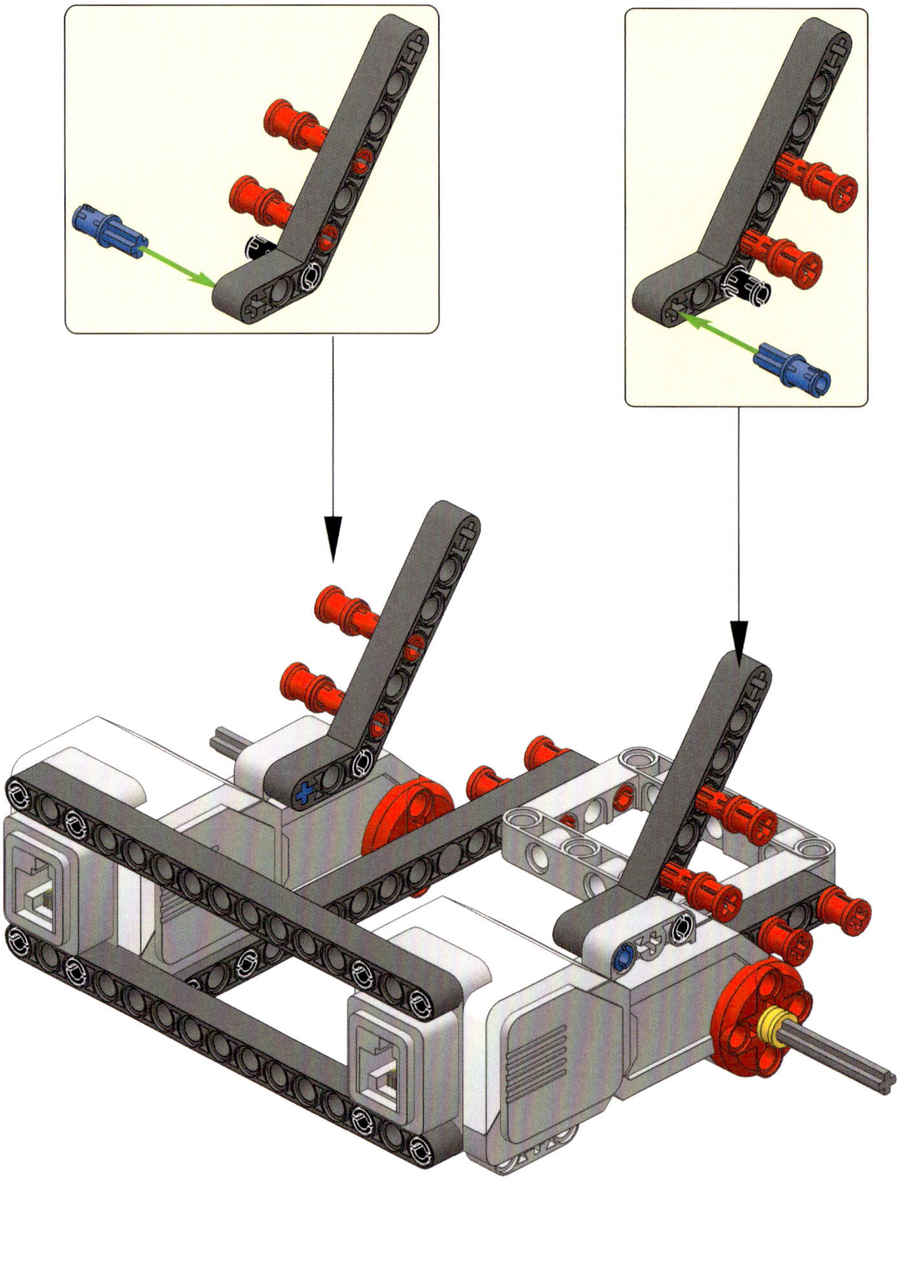

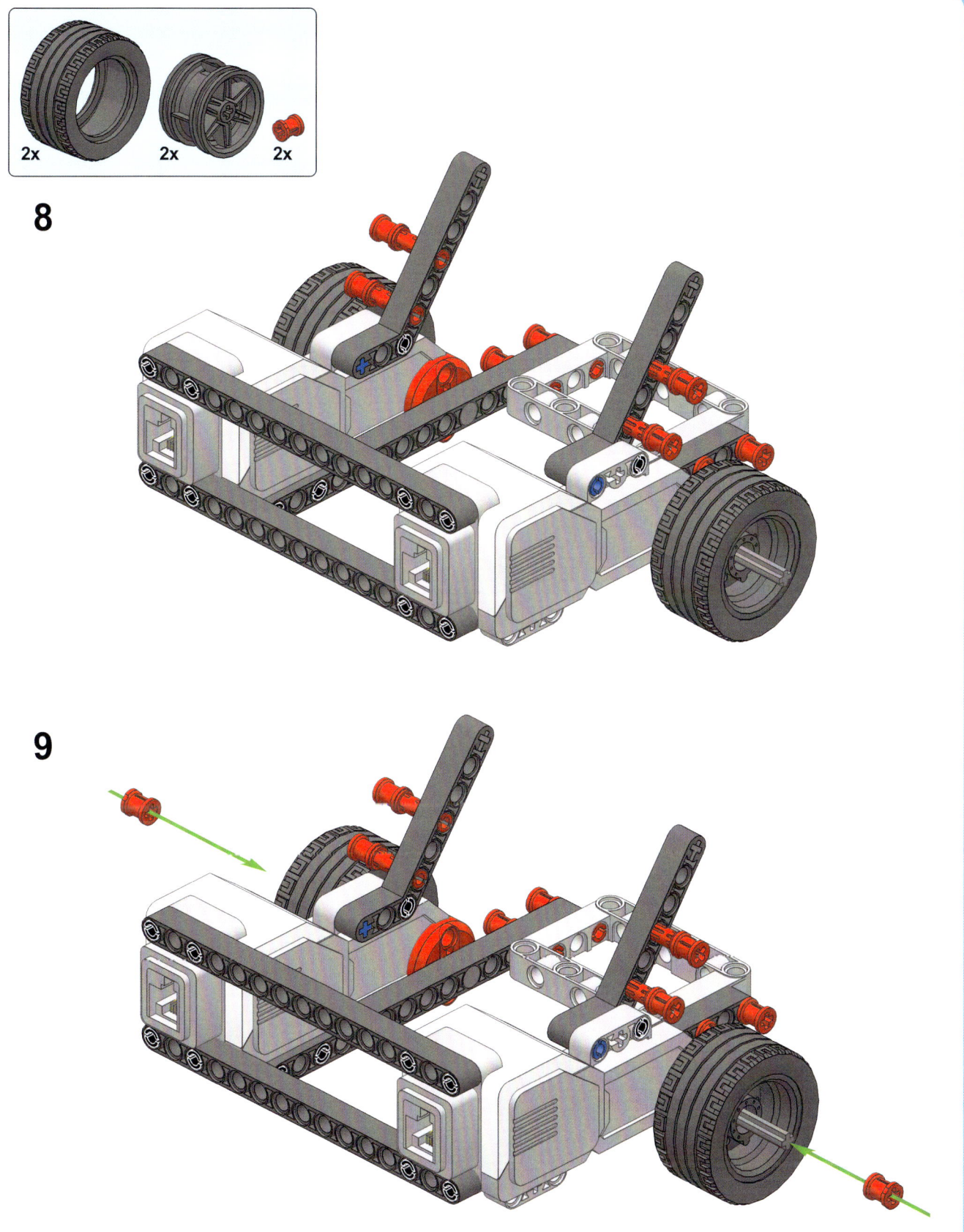

8

9

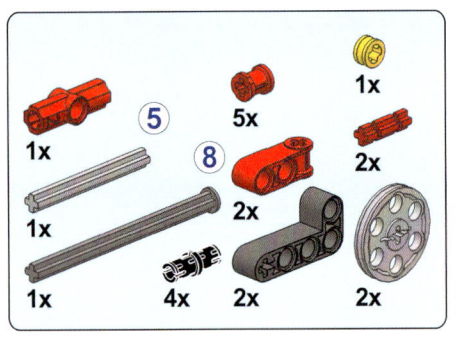

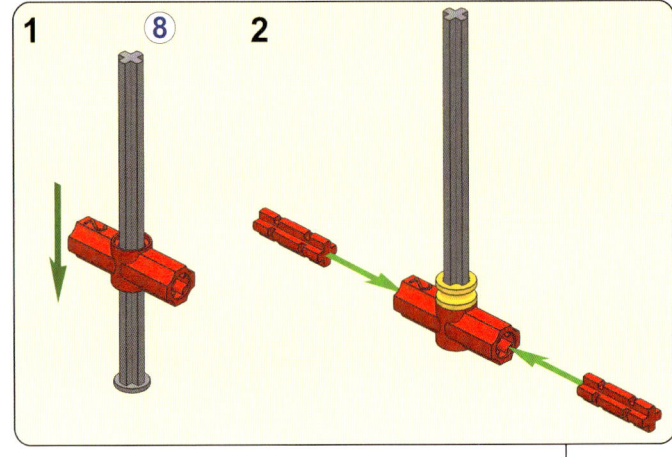

1

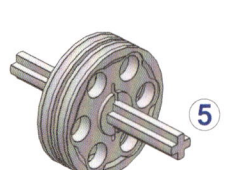

2

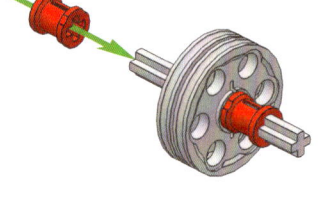

3

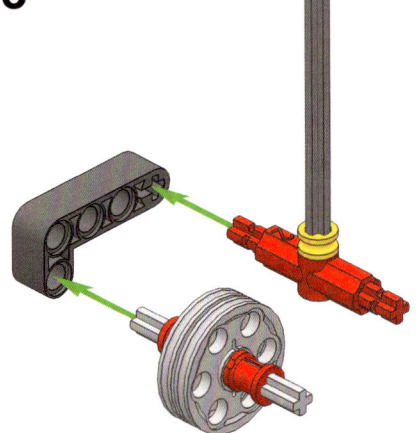

4

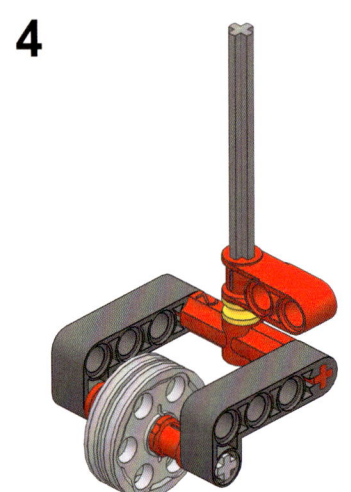

5

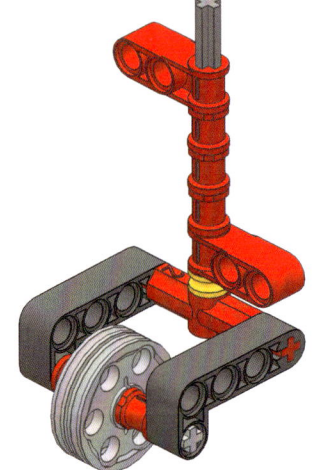

6

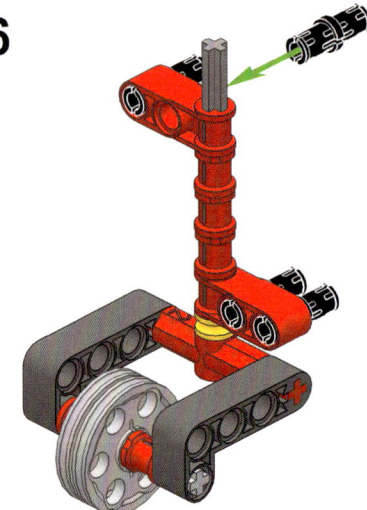

10

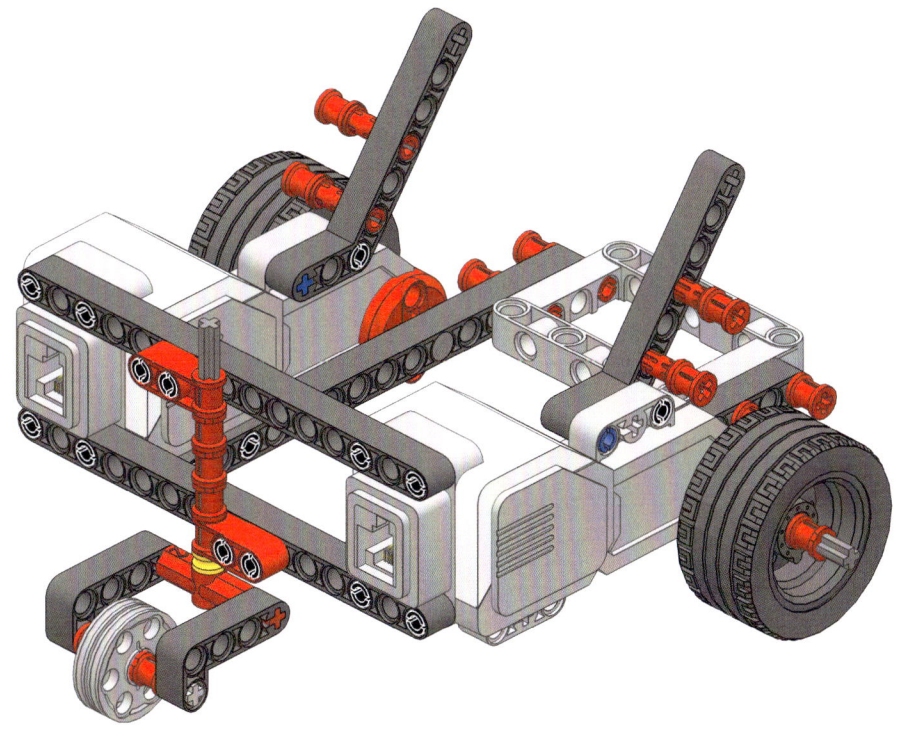

11

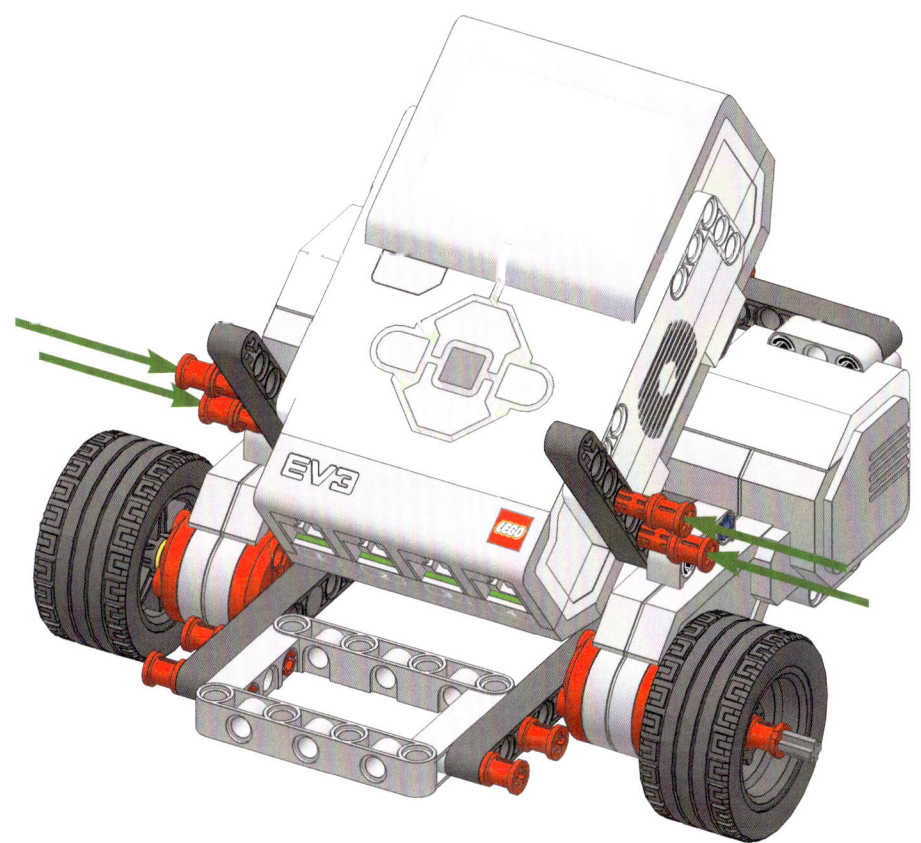

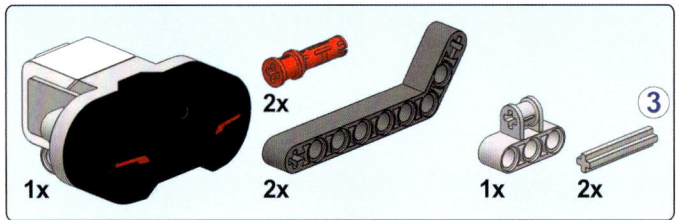

12

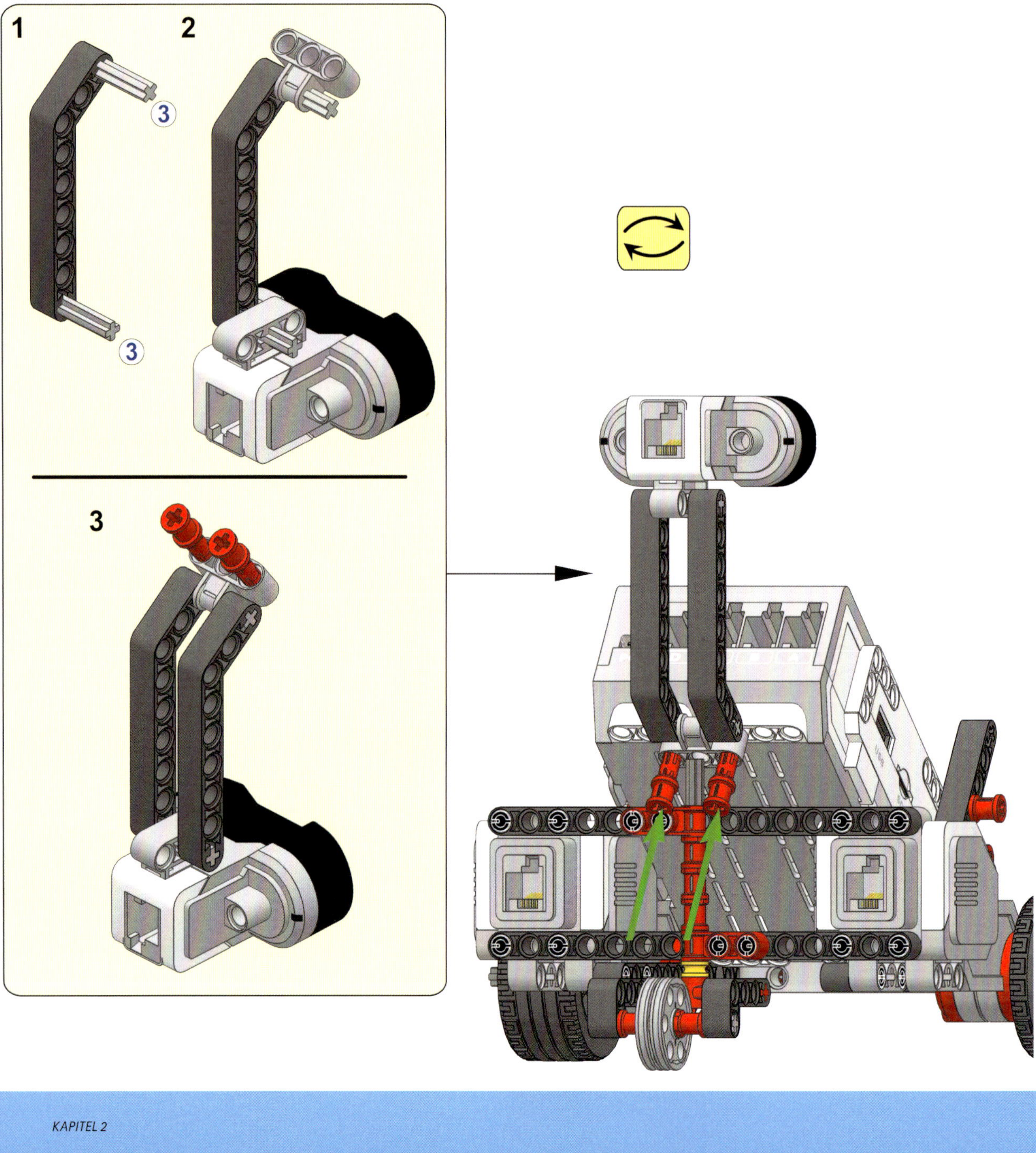

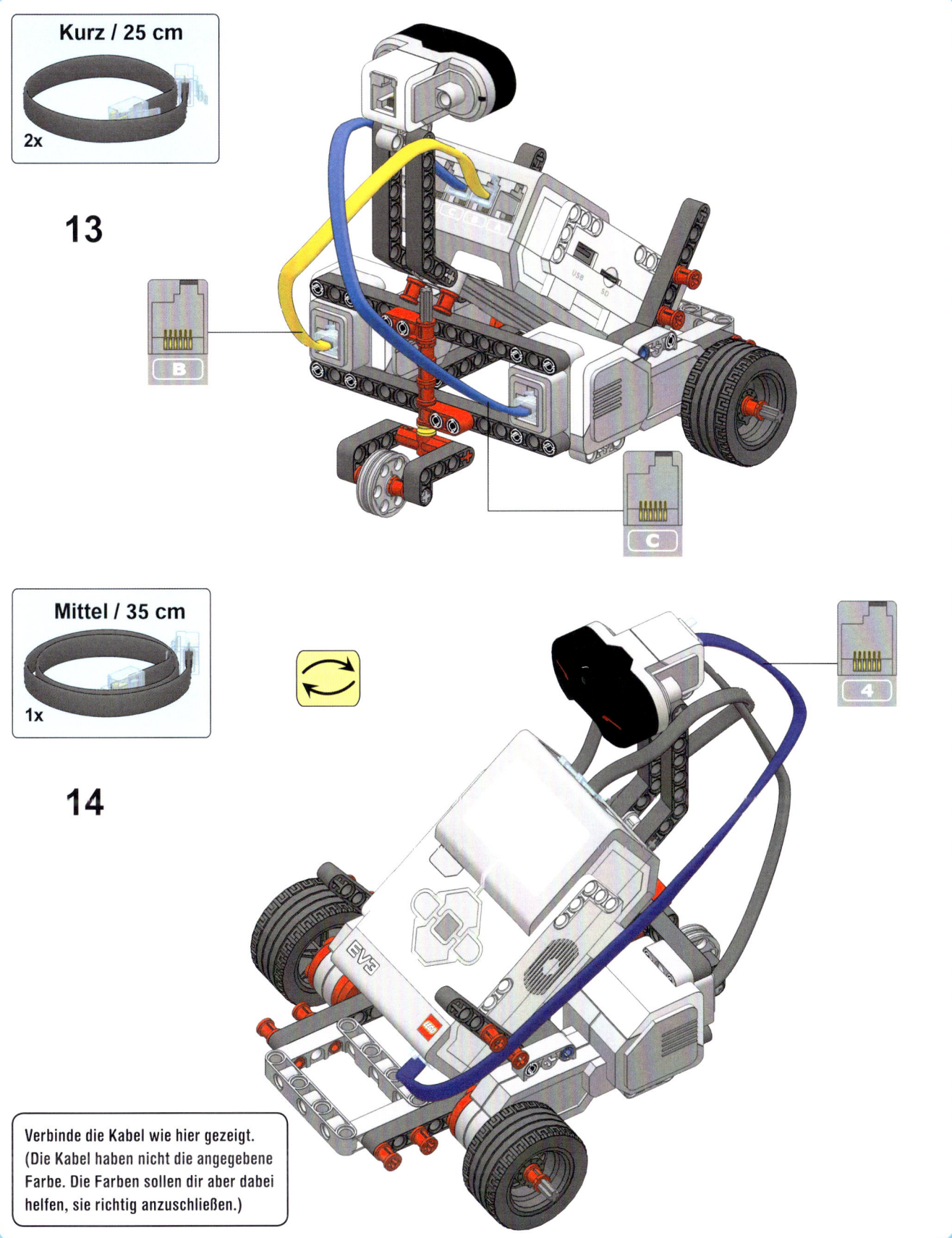

Kurz / 25 cm

2x

13

B

C

Mittel / 35 cm

1x

14

4

Verbinde die Kabel wie hier gezeigt.
(Die Kabel haben nicht die angegebene
Farbe. Die Farben sollen dir aber dabei
helfen, sie richtig anzuschließen.)

Ausgabeanschlüsse, Eingabeanschlüsse und Kabel

Herzlichen Glückwunsch – du hast den EXPLOR3R fertig gebaut!

Jetzt wollen wir uns mit den Kabeln beschäftigen, die du gerade an den EV3-Stein angeschlossen hast. Du hast zwei große Motoren an die Ausgabeanschlüsse B und C des EV3-Steins angeschlossen. Große und mittlere Motoren sollten immer mit den Ausgabeanschlüssen A, B, C oder D verbunden werden, wie in Abbildung 2-5 gezeigt. Sensoren sollten an die Eingabeanschlüsse 1, 2, 3 oder 4 angeschlossen werden. (Sensoren erkläre ich detailliert in Teil II dieses Buchs.)

Der EV3-Kasten enthält drei Sorten von Kabeln: vier kurze Kabel (25 cm), zwei mittlere (35 cm) und ein langes Kabel (50 cm). Wickle die Kabel immer um den Roboter herum, sodass sie nicht mit sich drehenden Elementen in Kontakt kommen (z.B. Rädern) und nicht auf dem Boden schleifen, wenn sich der Roboter bewegt.

Der EV3-Stein hat zwei USB-Anschlüsse. Der eine mit PC beschriftete oben auf dem EV3 (siehe Abbildung 2-5) dient zur Übertragung von Programmen vom Computer auf den Roboter. Der USB-Anschluss an der Seite des EV3 dient zur Verbindung mit externen Geräten, wie einem WIFI-Dongle. Neben dem USB-Anschluss gibt es einen Steckplatz für micro SD-Karten, mit denen du den Speicher des EV3 um 4 MB vergrößern kannst. (Der interne Speicher des EV3 reicht aber für alle Experimente dieses Buchs aus.)

Der EV3-Stein

Bevor wir mit der Programmierung in Kapitel 3 beginnen, probieren wir die Tasten auf dem EV3-Stein aus (siehe Abbildung 2-6) und bewegen uns durch Menüs und starten gespeicherte Programme.

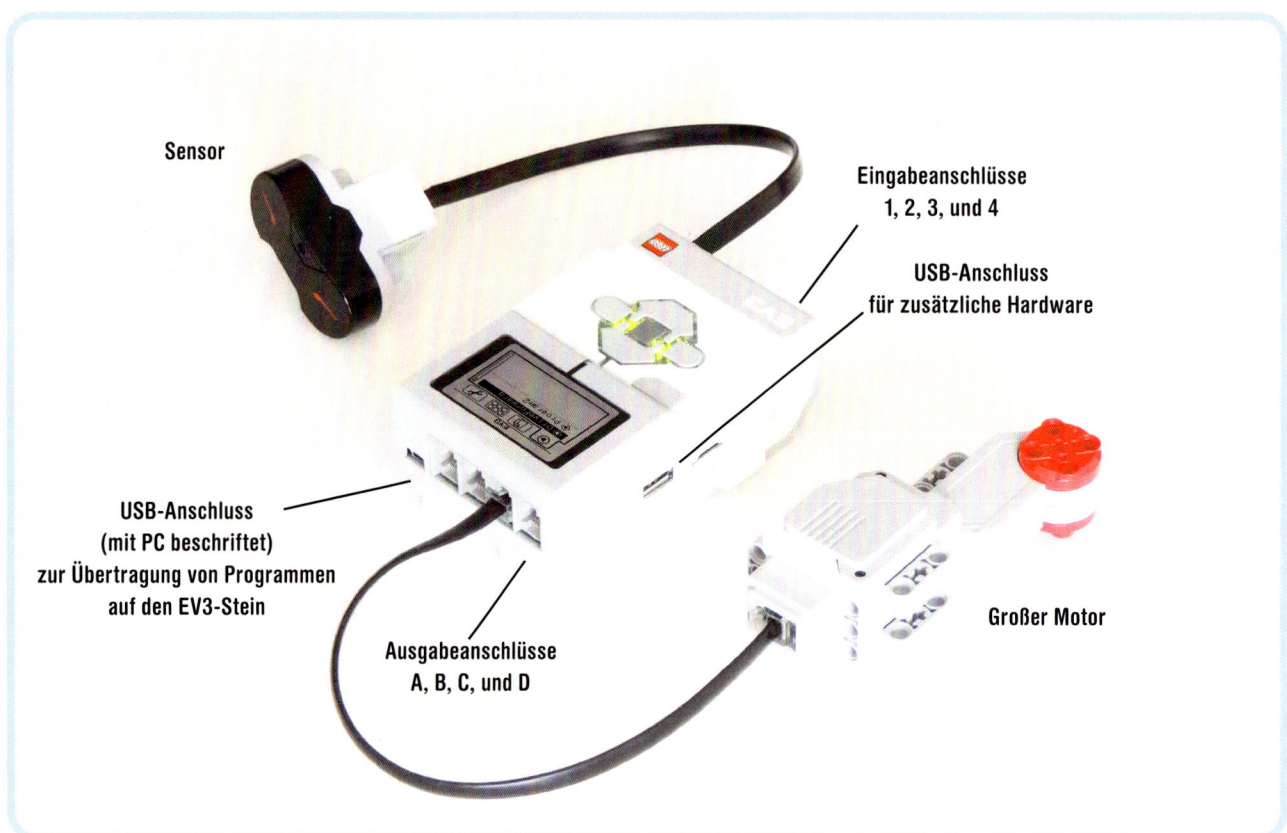

Abbildung 2-5: Du verbindest Motoren mit Ausgabeanschlüssen und Sensoren mit Eingabeanschlüssen. Der USB-Anschluss mit der Bezeichnung PC dient zur Übertragung von Programmen vom PC auf den EV3.

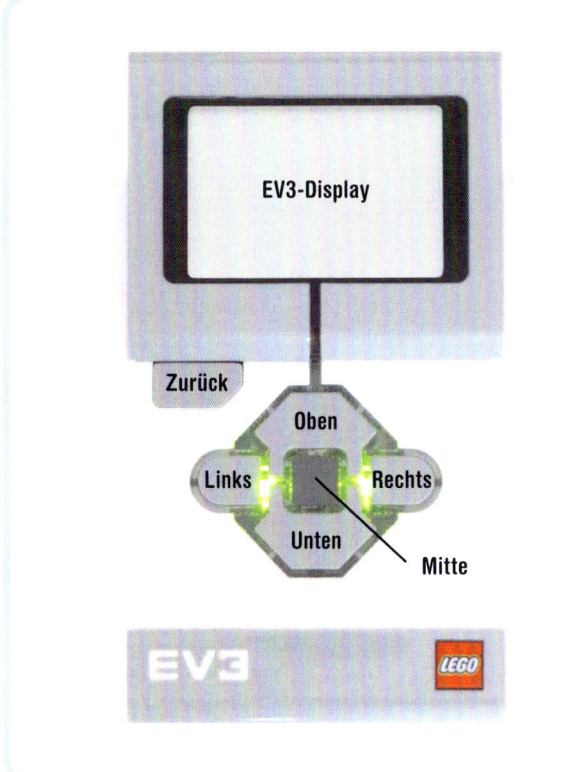

Abbildung 2-6: Das EV3-Display, die EV3-Tasten und die Statusleuchte um die Tasten herum

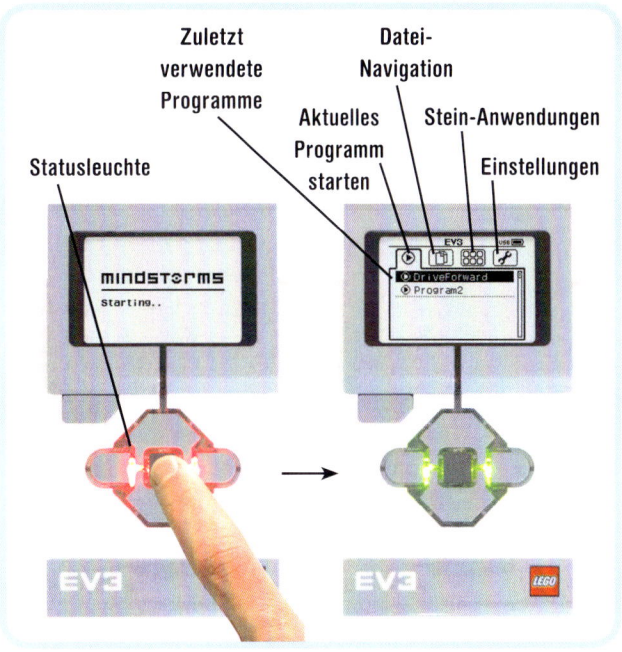

Abbildung 2-7: Der EV3-Stein wird über die Mitte-Taste eingeschaltet, worauf ein Menü mit vier Registerkarten erscheint. Das Register Zuletzt verwendet, das rechts gezeigt wird, enthält die zuletzt verwendeten Programme.

Den EV3 an- und ausschalten

Um den EV3 anzuschalten, drückst du die Mitte-Taste, wie in Abbildung 2-7 gezeigt. Die Statusleuchte sollte rot leuchten, während der EV3 hochfährt. Wenn der EV3 hochgefahren ist (nach etwas 30 Sekunden), leuchtet die Statusleuchte grün und du solltest ein Menü mit vier Registerkarten auf dem EV3-Display sehen. Diese Menus werden in den nachfolgenden Kapiteln beschrieben. Jede Registerkarte enthält eine Reihe besonderer Funktionen, hier von links nach rechts aufgelistet:

Zuletzt verwendet: Dieses Register enthält zuletzt ausgeführte Programme.

Datei-Navigation: Dieses Register enthält für jedes auf den EV3 übertragene Programmierprojekt einen Ordner. In jedem Ordner findest du Programme und die dazugehörigen Dateien, wie Klänge.

Stein-Anwendungen: Dieses Register enthält Anwendungen, um Sensoren auszulesen und Motoren manuell oder per Fernsteuerung zu lenken.

Einstellungen: Dieses Register enthält Voreinstellungen des Benutzers, wie die Bluetooth-Sichtbarkeit und Lautstärke.

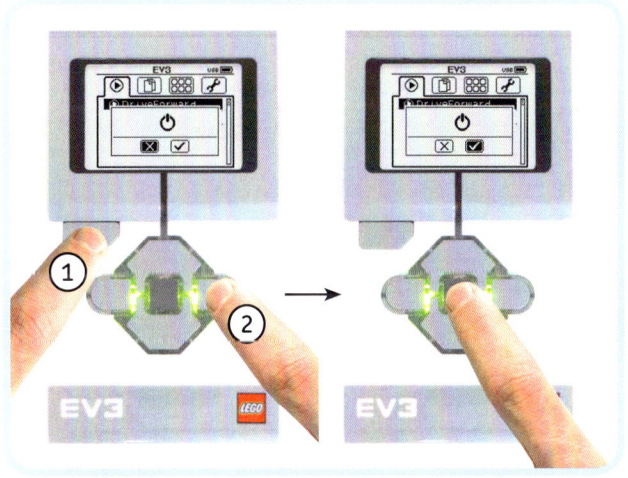

Abbildung 2-8: Den EV3-Stein ausschalten

Um den EV3 auszuschalten, gehst du zurück ins Menü **Zuletzt verwendet** und hältst die Zurück-Taste gedrückt. Wenn das Ausschalt-Symbol erscheint, wählst du entweder das Häkchen aus, um den EV3 auszuschalten, oder das X zum Abbrechen (siehe Abbildung 2-8). Wenn du den EV3 ausschaltest, um die Batterien zu ersetzen, solltest du unbedingt warten, bis die rote Statusleuchte erloschen ist, sonst verlierst du alle Programme, die seit dem Einschalten auf den EV3 übertragen wurden.

Programme auswählen und ausführen

Du kannst mit den Rechts- und Links-Tasten zwischen den Register-karten umschalten. Ein Druck auf die Zurück-Taste bringt dich zurück zum Register **Zuletzt verwendet**. Elemente auf den Registerkarten wählst du mit den Auf- oder Ab-Tasten aus. Um ein ausgewähltes Element zu aktivieren, drückst du die **Mitte**-Taste.

EV3-Roboter beginnen mit dem Ausführen ihrer Aktionen, wenn du ein auf den EV3-Stein übertragenes Programm auswählst und startest. Auch wenn du bis jetzt noch kein Programm auf den EV3 übertragen hast, kannst du ein Beispielprogramm namens *Demo* ausprobieren, das sich schon auf dem EV3-Stein befindet. Um deinen EXPLOR3R zu testen, führst du dieses Programm aus, indem du zum Datei-Navigation-Register gehst und dort das Programm *Demo* auswählst, wie in Abbildung 2-9 gezeigt.

Wenn du alles richtig gebaut hast, sollte dein Roboter einige Kreise fahren, sich vorwärts bewegen, zwei Mal nach links fahren und auf dem Display zwei Augen anzeigen. Die grüne Statusleuchte blinkt, während das Programm läuft. Um ein laufendes Programm abzubre-chen, drückst du die **Zurück**-Taste. (Nachdem du das Programm jetzt ein Mal ausgeführt hast, sollte es auch unter der Registerkarte **Zuletzt verwendet** auftauchen.)

HINWEIS Das Programm *Demo* wurde direkt auf dem EV3-Stein erstellt, verhält sich jedoch genau wie Programme, die du auf deinem Computer schreibst.

Den Roboter mit der Fernsteuerung lenken

Wenn du mit dem Bau des Roboters fertig bist, ist es wichtig, seine mechanische Funktion zu testen, bevor du mit dem Programmieren beginnst. So stellst du fest, ob vielleicht Kabel oder Zahnräder falsch montiert sind.

Du kannst die Motoren des Roboters per Hand mit den Anwen-dungen Motor Control oder IR Control steuern, wie in Abbildung 2-10 gezeigt. Motor Control aktiviert die einzelnen Motoren über die EV3-Tasten. IR (Infrarot) Control ermöglicht das Lenken des Roboters mit der IR-Fernsteuerung. Wähle IR Control auf der Registerkarte Stein-Anwendungen und verwende die IR-Fernsteuerung, um deinen Roboter zu lenken (siehe Abbildung 2-10). Es ist nicht nur einfach, deinen Roboter fernzusteuern, es macht auch Spaß!

HINWEIS Der Infrarotsensor fungiert als Empfänger für die Infrarotfernsteuerung. Du kannst die Fernsteuerung nicht ohne Sensor benutzen. Für die IR Control-Anwen-dung muss der Sensor an Eingang 4 angeschlossen sein, wie bei der Konfiguration für den EXPLOR3R.

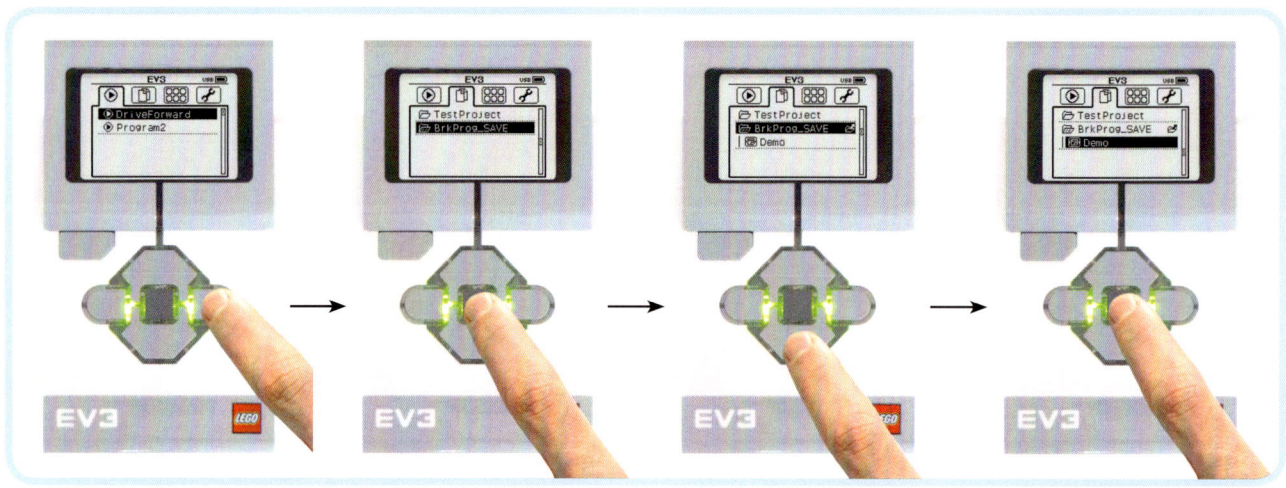

Abbildung 2-9: Um das Programm Demo *zu starten, wechselst du zum Register* Datei-Navigation, *wählst den Ordner* BrkPro_Save, *öffnest ihn mit der* Mitte-Taste, *wählst das* Demo-*Programm über die* Unten-*Taste und drückst die* Mitte-Taste. *Du findest deine eigenen Programme auch auf der Registerkarte* Datei-Navigation. *(In der Abbildung kannst du ein Projekt sehen, das ich* TestProject *genannt habe.)*

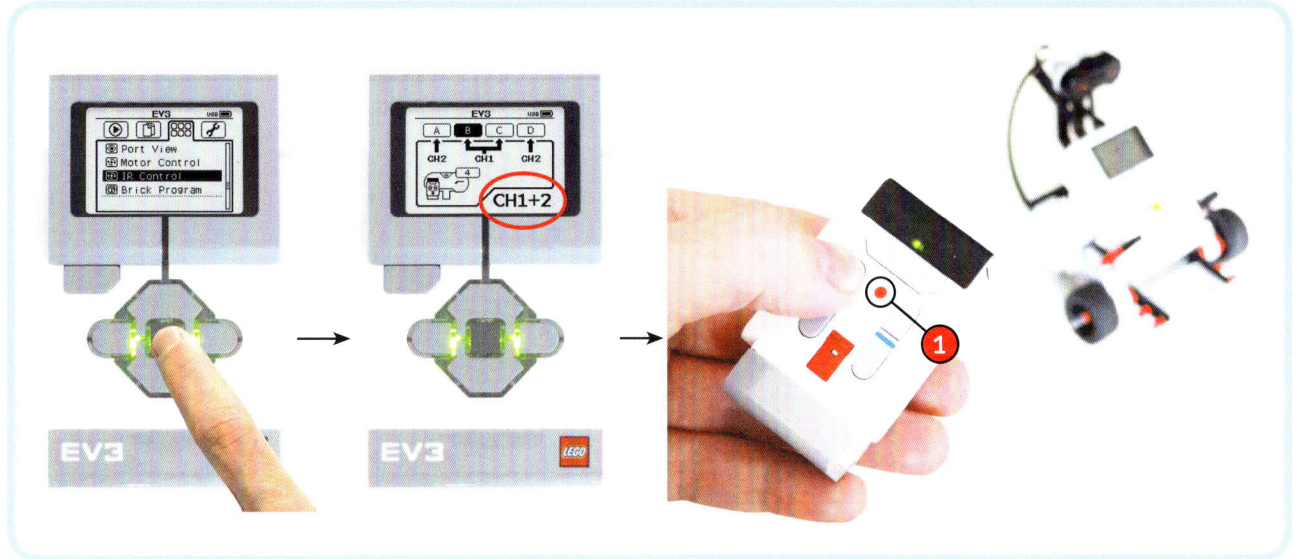

Abbildung 2-10: Um den Fernsteuerungsmodus einzuschalten, navigierst du zu den Stein-Anwendungen und wählst IR Control. Wenn das Display unten rechts nicht Ch1 + 2 anzeigt, drückst du erneut die Mitte*-Taste. In dieser Konfiguration steuerst du die Motoren an den Anschlüssen B und C mit der Fernsteuerung auf Kanal 1. (Der rote Schalter befindet sich ganz oben.)*

Zusammenfassung

In diesem Kapitel hast du zwei wichtige Roboterkomponenten kennengelernt: den EV3-Stein und die Motoren. Als du das Demo-Programm gestartet hast, aktivierte der EV3 die Motoren, wodurch sich der Roboter bewegte. In Kapitel 3 und 4 lernst du, wie diese Programme funktionieren und wie du mit der EV3-Software deine eigenen Programme schreibst. Der Infrarotsensor und die Infrarotfernsteuerung kommen in Teil II dieses Buchs wieder.

Programme erstellen und ändern

Wenn du deinen Roboter gebaut hast, kommt als Nächstes das Programm. Ein Programm bringt den EXPLOR3R zum Beispiel dazu, erst vorwärts und dann nach links oder rechts zu fahren.

In diesem Kapitel lernst du, wie mit der EV3-Software Programme geschrieben und geändert werden. Auch wenn du Programme direkt auf dem EV3 ohne Computer schreiben kannst, sind diese doch recht eingeschränkt und bieten nicht alle Funktionen des EV3-Steins. (Eine Einführung in die Direktprogrammierung, auch On-Brick-Programmierung genannt, findest du in Anhang B.)

Ein schnelles erstes Programm

Zuerst erstellst du ein kleines Programm und lädst es auf den Roboter. Um das Programm zu erstellen, führst du folgende Schritte aus:

1. Schließe den Roboter mit dem mitgelieferten USB-Kabel an den Computer an (siehe Abbildung 3-1) und prüfe, dass der EV3-Stein eingeschaltet ist. (Du musst den Roboter jedes Mal an den Computer anschließen, wenn du ein Programm darauf übertragen willst.)

2. Starte die EV3-Software, indem du die Desktopverknüpfung zu Lego Mindstorms EV3 Home Edition anklickst. Wenn die Software geladen ist, siehst du die Lobby, wo du neue Programme erstellen oder bestehende öffnen kannst.

3. Öffne ein neues Programmierprojekt, indem du auf das +-Symbol klickst, wie in Abbildung 3-2 gezeigt.

HINWEIS Wenn du ein Pop-up siehst, in dem steht: »Bitte die Firmware-Version des EV3 aktualisieren«, folge einfach den Schritten unter »Die EV3-Firmware aktualisieren« auf Seite 355.

4. Wähle einen Programmierblock Bewegungslenkung und platziere ihn, wie in Abbildung 3-3 gezeigt. Bedenke, dass ein Programm

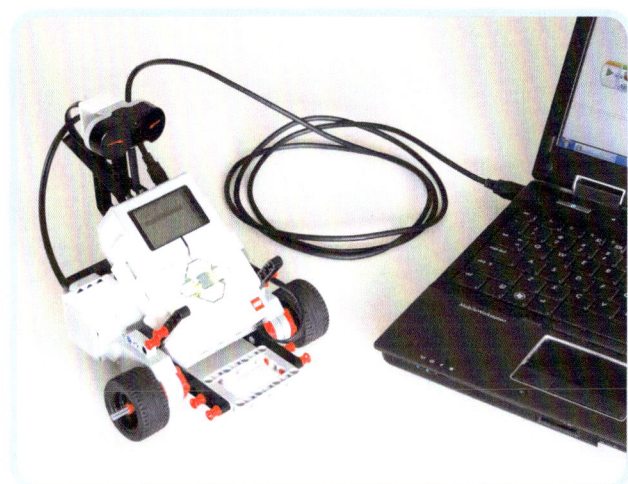

Abbildung 3-1: Der Roboter wird mit dem mitgelieferten USB-Kabel an den Computer angeschlossen. Verwende den Anschluss oben auf dem EV3, wie hier gezeigt.

eigentlich aus einer Reihe von Anweisungen besteht, die der Roboter ausführt. Dieser Block stellt eine Anweisung dar, durch die sich der Roboter vorwärts bewegt.

5. Klicke jetzt auf die Schaltfläche **Herunterladen und ausführen** (siehe Abbildung 3-4). Dein Computer sollte dieses einfache Programm auf deinen Roboter laden und dieser sich vorwärts bewegen. Um das Programm erneut herunterzuladen und auszuführen, klicke einfach wieder auf diese Schaltfläche.

Wenn sich dein erster Roboter eine kleine Strecke vorwärts bewegt, hast du dein erstes Programm geschrieben. Herzlichen Glückwunsch!

HINWEIS Wenn du dein Programm nicht auf den EV3 laden kannst und das EV3-Symbol auf deinem Computer grau dargestellt (EV3) wird, und nicht rot (EV3), stimmt etwas mit der USB-Verbindung nicht. Entferne das USB-Kabel und stecke es wieder in den Anschluss. Wenn auch das nicht hilft, schalte den EV3 aus und wieder ein. Weitere Unterstützung findest du in Anhang A.

Neues Projekt öffnen
Ein bestehendes Projekt öffnen
LEGO MINDSTORMS EV3 Home Edition
Datei Bearbeiten Werkzeuge Hilfe
LabVIEW
mindstorms
ZULETZT VERWENDETE ÖFFNEN
SCHNELLSTART
NEUIGKEITEN
WEITERE ROBOTER
Erste Schritte
Softwareübersicht
Inhalts-Editor
Bedienungsanleitung
EV3-Hilfe

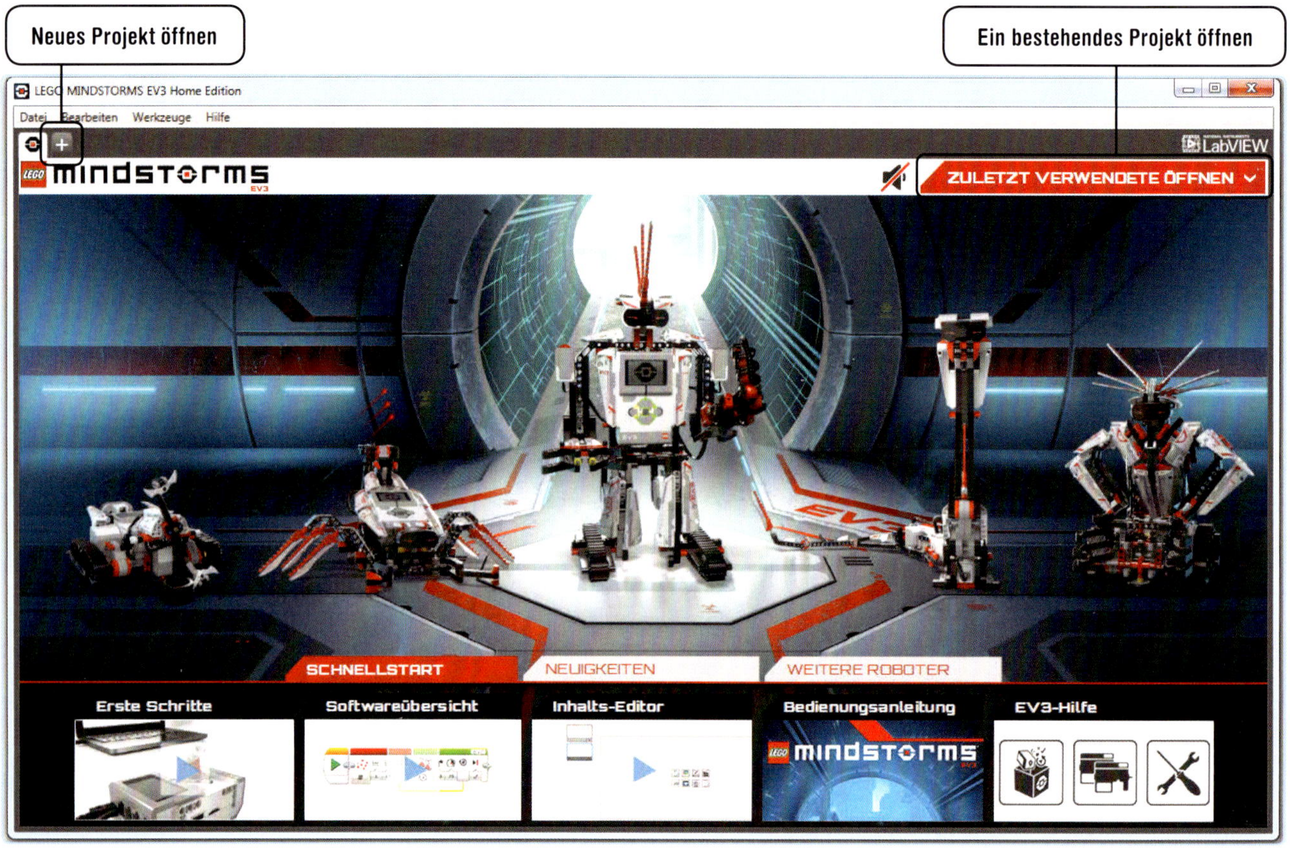

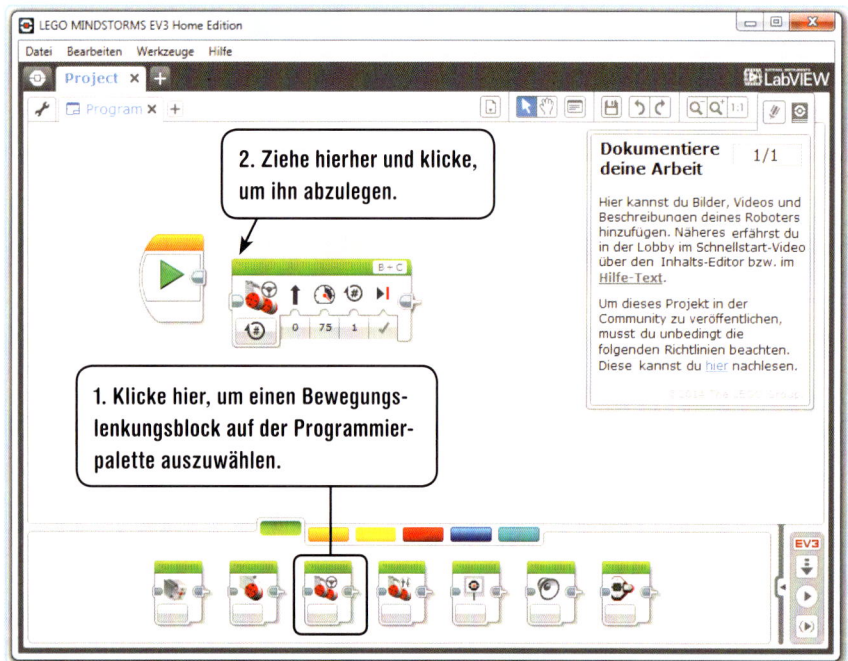

Abbildung 3-2: Die Lobby der EV3-Software. Klicke auf das +-Symbol, um ein neues Projekt zu beginnen.

LEGO MINDSTORMS EV3 Home Edition
Datei Bearbeiten Werkzeuge Hilfe
Project
Program
LabVIEW
2. Ziehe hierher und klicke, um ihn abzulegen.
Dokumentiere deine Arbeit
1/1
Hier kannst du Bilder, Videos und Beschreibungen deines Roboters hinzufügen. Näheres erfährst du in der Lobby im Schnellstart-Video über den Inhalts-Editor bzw. im Hilfe-Text.
Um dieses Projekt in der Community zu veröffentlichen, musst du unbedingt die folgenden Richtlinien beachten. Diese kannst du hier nachlesen.
1. Klicke hier, um einen Bewegungslenkungsblock auf der Programmierpalette auszuwählen.
EV3

Abbildung 3-3: Einen Block in ein Programm platzieren. Wenn du klickst, um einen Block abzulegen, sollte er sich mit dem orangefarbenen Startblock verbinden, der immer am Anfang eines neuen Programms steht.

EV3
Herunterladen und ausführen

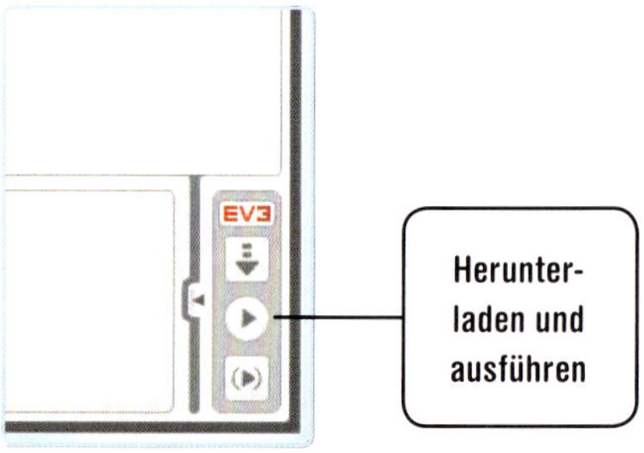

Abbildung 3-4: Ein Programm wird auf den Roboter geladen und gestartet. Die Buchstaben EV3 in roter Schrift zeigen an, dass der Roboter korrekt mit dem Computer verbunden ist.

Ein einfaches Programm erstellen

Gut, dein Roboter hat sich bewegt. Aber wie hast du das gemacht? In den folgenden Abschnitten erkläre ich verschiedene Teile der EV3-Software, damit du zunächst einfache Programme verstehst und verändern kannst, bevor wir zu komplizierteren übergehen.

Dein Bildschirm sollte wie in Abbildung 3-5 aussehen, wenn das Programm gestartet wurde. Ich erkläre jetzt die einzelnen markierten Abschnitte.

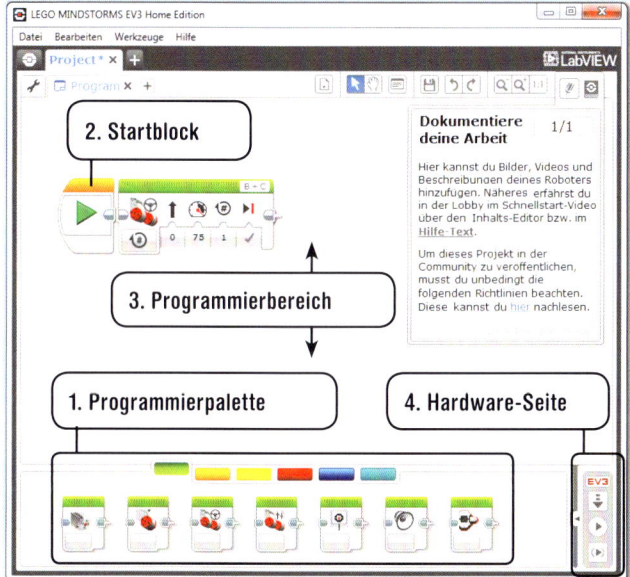

Abbildung 3-5: Das Fenster der EV3-Software besteht aus mehreren Abschnitten. Du hast alle beschrifteten Abschnitte verwendet, als du dein erstes Programm geschrieben hast.

1. Programmierpalette

Deine EV3-Programme bestehen aus Programmierblöcken. Jeder Block weist den Roboter an, etwas anderes zu tun, zum Beispiel sich vorwärts zu bewegen oder einen Klang abzuspielen. Du findest die Blöcke in der Programmierpalette (siehe Abbildung 3-6).

Es gibt mehrere Kategorien von Blöcken, hinter jedem farbigen Register eine. Du wirst die Aktionsblöcke (grün), Programmablaufblöcke (orange) und Eigene Blöcke (hellblau) in Kapitel 4 und 5 kennenlernen. Programmablaufblöcke zur Steuerung von Sensoren lernst du in Teil II dieses Buchs kennen.

Sensorblöcke (gelb) und Datenblöcke (rot) werden in Teil V vorgestellt und einige der Erweiterungsblöcke (dunkelblau) findest du überall in diesem Buch.

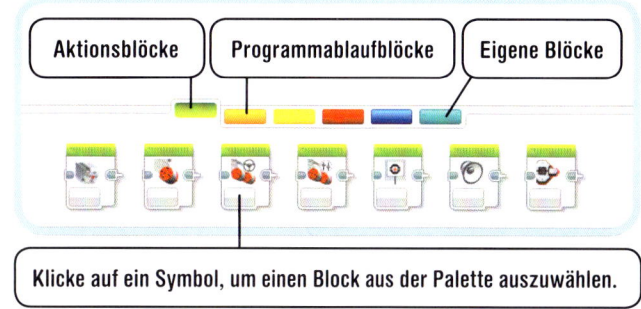

Abbildung 3-6: Die Programmierpalette

2. Startblock

Deine Programme beginnen immer mit einem Startblock. Wenn du den ersten Block aus der Programmierpalette auswählst, fügst du ihn an den Startblock an, wie in Abbildung 3-7 gezeigt. Der Roboter führt die Blöcke nacheinander aus, von links nach rechts, und beginnt mit dem Block, der mit dem Startblock verbunden ist.

Wenn du den Startblock versehentlich löschst, holst du dir einfach einen neuen aus dem orangenen Register der Programmierpalette.

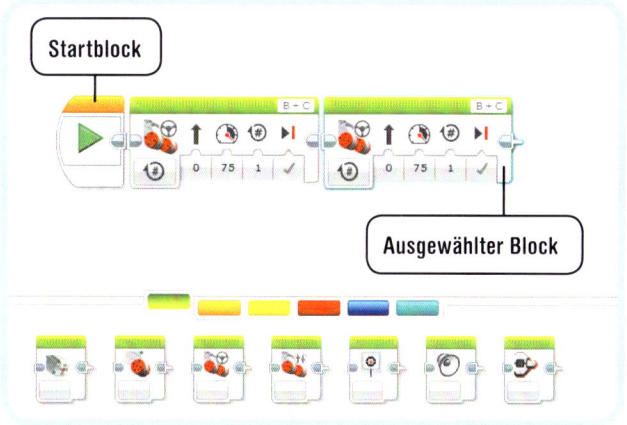

Abbildung 3-7: Wenn du einen Block aus der Programmierpalette ausgewählt hast, platzierst du ihn im Programmierbereich. Ist es der erste Programmierblock, platziere ihn rechts vom Startblock.

3. Programmierbereich

Du erstellst deine Programme im Programmierbereich. Nachdem du einen Block platziert hast, kannst du ihn mit der linken Maustaste bewegen. (Klicke den Block mit der linken Maustaste an, halte die Maustaste gedrückt und ziehe den Block.) Wenn du eine Auswahl mit mehreren Blöcken ziehst, bewegst du alle ausgewählten Blöcke auf einmal. Um einen Block aus dem Programmierbereich zu löschen, klicke darauf, um ihn auszuwählen, und drücke denn die Entf-Taste auf deiner Tastatur.

Normalerweise ordnest du deine Programmierblöcke in einer geraden Linie an wie in Abbildung 3-7. Manchmal ist es aber sinnvoll, Blöcke anders anzuordnen, um Chaos im Programmierbereich zu vermeiden. Wenn du Blöcke anders anordnest, solltest du die Blöcke mit einer (Daten-)Weiterleitung verbinden, wie in Abbildung 3-8 gezeigt. Ein Block, der nicht an einen anderen Block angefügt oder mit einer Weiterleitung verbunden ist, erscheint in deinem Programm grau und hat keine Auswirkung auf deinen Roboter.

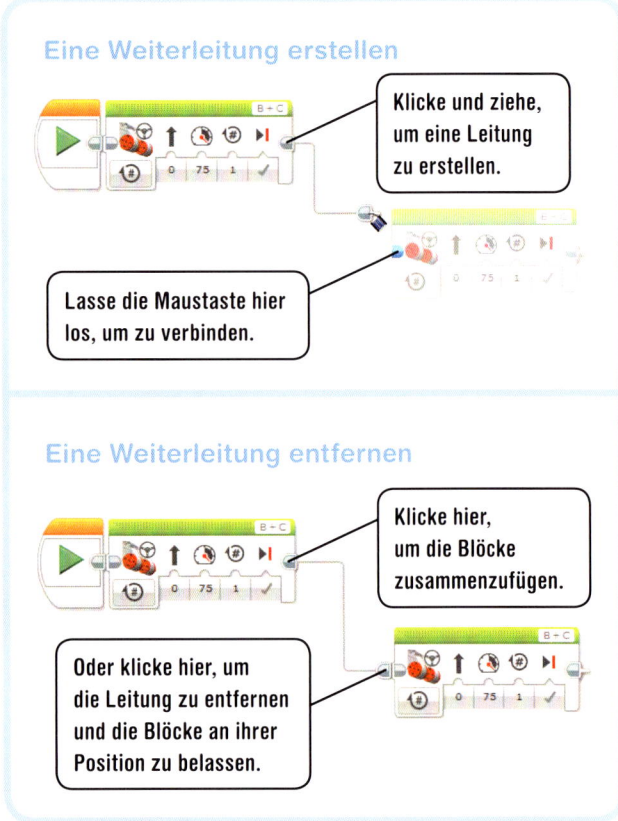

Eine Weiterleitung erstellen

Klicke und ziehe, um eine Leitung zu erstellen.

Lasse die Maustaste hier los, um zu verbinden.

Eine Weiterleitung entfernen

Klicke hier, um die Blöcke zusammenzufügen.

Oder klicke hier, um die Leitung zu entfernen und die Blöcke an ihrer Position zu belassen.

Abbildung 3-8: Programmierblöcke werden meist in einer geraden Linie angeordnet. Aber du kannst sie nach Belieben positionieren, wenn du sie mit einer Weiterleitung verbindest (oben). Du kannst die Leitung entfernen, indem du auf ein Ende klickst (unten). Ein Klick auf die linke Seite entfernt die Leitung und verbindet die Blöcke in einer geraden Linie. Ein Klick auf das rechte Ende entfernt die Leitung und belässt die Blöcke in ihrer Position.

4. Hardwareseite

Auf der Hardwareseite kannst du deine Programme auf den EV3-Stein übertragen, den Status des EV3 und die angeschlossenen Geräte sehen und die Verbindung zwischen EV3 und deinem Computer konfigurieren. Klicke auf das Symbol links, um die Hardwareseite aufzuklappen, wie in Abbildung 3-9 gezeigt. (Ich stelle dir in diesem Buch viele dieser Funktionen vor.)

Herunterladen

Herunterladen und ausführen

Auswahl ausführen

Hardwareseite anzeigen/verbergen

Abbildung 3-9: Die Hardwareseite

Ein Programm herunterladen und ausführen

Um ein Programm auf den EV3 zu übertragen, schließt du ihn an den Computer an und klickst auf die Schaltfläche **Herunterladen und ausführen** auf der Hardwareseite. Der Roboter sollte einen Klang abspielen, um anzuzeigen, dass das Programm erfolgreich übertragen wurde, und startet es dann automatisch. Das Programm endet, wenn alle seine Blöcke abgearbeitet sind.

Wenn ein Programm auf den EV3-Stein übertragen wurde, sollte der Roboter das Programm auch dann ausführen können, wenn du das USB-Kabel entfernst. Dein Programm verbleibt im EV3-Speicher, wenn du den EV3 ausschaltest, sodass du es später immer wieder ausführen kannst.

Ein Programm manuell starten

Wenn ein Programm endet oder du es durch Drücken der **Zurück**-Taste anhältst, kannst du es erneut manuell starten, wie in Kapitel 2 beschrieben. Alle auf den EV3 heruntergeladenen Programme findest du im Register Datei-Navigation. Gerade ausgeführte Programme sollten im Register **Zuletzt ausgeführt** erscheinen.

HINWEIS Programme können aus dem Register Zuletzt ausgeführt verschwinden, aber du kannst sie immer im Register Datei-Navigation finden.

Ein Programm herunterladen, ohne es auszuführen

Es ist nicht immer sinnvoll, ein Programm automatisch auszuführen, nachdem es auf deinen Roboter heruntergeladen wurde. Wenn der Roboter z.B. auf deinem Schreibtisch steht und das Programm ihn nach vorn bewegt, könnte er herunterfallen. Um ein Programm herunterzuladen, ohne dass es automatisch ausgeführt wird, klickst du die Schaltfläche **Herunterladen** auf der Hardwareseite an. Nachdem das Programm heruntergeladen wurde (wenn also ein Klang abgespielt wird), entfernst du das USB-Kabel und führst des Programm über die Tasten auf dem EV3-Stein aus.

Bestimmte Blöcke ausführen

Klicke auf **Auswahl ausführen**, um nur die ausgewählten Blöcke auszuführen. Das ist sinnvoll, um Teile eines langen Programms zu testen. (Um mehrere Blöcke auszuwählen, ziehst du ein Auswahlrechteck um sie herum oder hältst die Umschalttaste gedrückt, während du auf die gewünschten Blöcke klickst. Klicke an beliebiger anderer Stelle auf den Programmierbereich, um die Auswahl aufzuheben.)

HINWEIS Zusätzlich zum USB-Kabel kannst du Programme auch mittels WiFi oder Bluetooth auf den EV3-Stein übertragen. Anhang A erläutert, wie die Hardware-Seite eingesetzt wird, um eine drahtlose Verbindung einzurichten.

Projekte und Programme

Wenn du einen Roboter baust, wirst du häufig mehr als ein Programm für ihn schreiben wollen. Auch wenn jedes Programm ein anderes Verhalten erzeugt, ist es sinnvoll, solche Programme zusammen in einem Projekt abzulegen. Hier lernst du, wie man eine Projektdatei und die Programme darin mit den in Abbildung 3-10 markierten Bereichen verwaltet.

5. Dateiverwaltung

Wenn du bereits ein erstes Programm erstellt hast, verfügst du bereits über eine Projektdatei mit einem leeren Programm darin, wie in Abbildung 3-11 gezeigt. Um dem Projekt ein weiteres leeres Programm hinzuzufügen, klicke auf das **+**-Zeichen namens **Programm hinzufügen**, wie in der Abbildung gezeigt.

Projekte und Programme speichern

Es ist wichtig, deine Programme häufig zu speichern, um sie nicht zu verlieren. Um alle Programme eines Projekts auf einmal zu speichern, klicke in der Werkzeugleiste auf **Speichern** oder drücke **Strg–S**. Wenn du ein Projekt zum ersten Mal speicherst, wirst du nach einem Namen dafür gefragt. In diesem Fall gibst du **MyFirstProject** ein und klickst dann auf **Speichern**.

Um ein bereits gespeichertes Projekt zu öffnen, klickst du auf **Datei ▸ Projekt öffnen** oder benutzt die Schaltfläche **Zuletzt verwendete öffnen** in der Lobby (siehe Abbildung 3-2) und wählst dort das entsprechende Projekt aus (das sich üblicherweise in *Dokumente/LEGO Creations/MINDSTORMS EV3Projects* befindet).

Um das Programm oder Projekt zu schließen, klickst du auf das **x** im Register, wie in Abbildung 3-12 gezeigt. Um zu einem anderen Programm im geöffneten Projekt umzuschalten, klickst du einfach auf sein Register. Um ein geschlossenes Programm wieder zu öffnen, wählst du die Schaltfläche **Programmliste** in der Werkzeugleiste (siehe 6. Werkzeugleiste auf Seite 30):

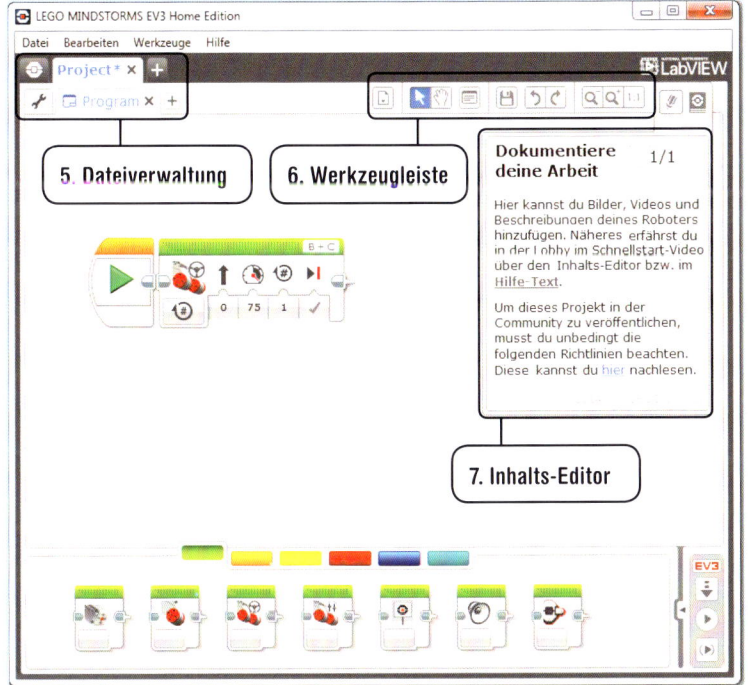

Abbildung 3-10: Werkzeuge für die Verwaltung von Projekten und die Programme darin

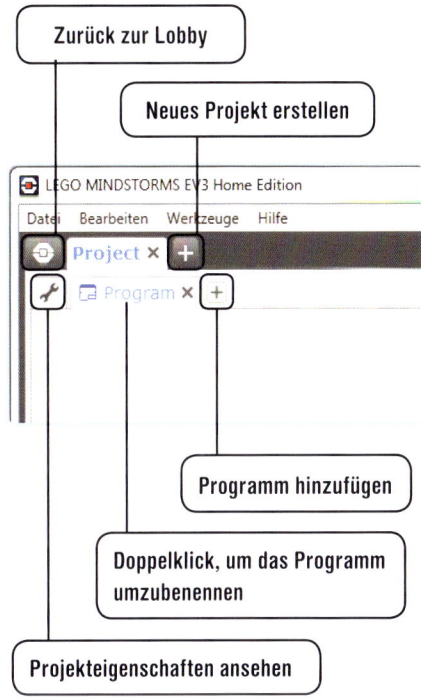

Abbildung 3-11: Neue Projekte und Programme öffnen

Projekte und Programme umbenennen

Um den Namen eines Programms zu ändern, führst du einen Doppelklick auf sein Register aus und gibst einen neuen Namen ein. (So habe ich z.B. das erste Programm in Abbildung 3-12 *DriveForward* genannt.) Um den Namen des Projekts zu ändern, musst du ein neues Projekt anlegen, das auf dem aktuellen basiert, indem du auf **Datei ▸ Projekt sichern unter** klickst und einen neuen Namen eingibst.

Du solltest gut erklärende Namen für deine Projekte und Programme verwenden, sodass du sie einfach auf dem EV3-Stein finden kannst.

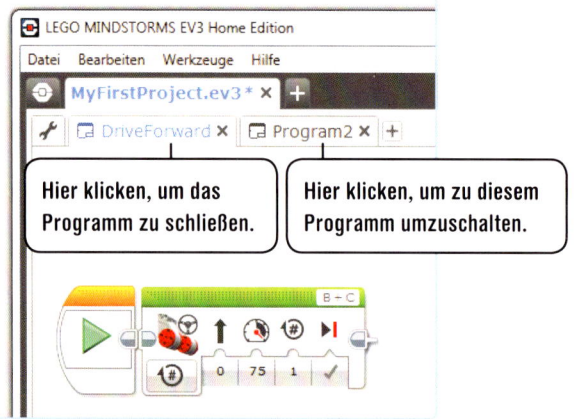

*Abbildung 3-12: Register für mehrere Programme in einem Projekt. Der * nach MyFirstProject.ev3 bedeutet, dass es im Projekt noch nicht gespeicherte Änderungen gibt.*

Projekte und Programme auf dem EV3-Stein finden

Wenn du auf **Herunterladen** oder **Herunterladen und ausführen** klickst, wird das gesamte Projekt auf den EV3-Stein übertragen, wie in Abbildung 3-13 gezeigt. Im Register Datei-Navigation auf dem EV3 findest du für jedes Projekt einen Ordner, der alle für das Projekt benötigten Dateien und Programme enthält, z.B. Bilder und Klänge. Du führst ein Programm aus, indem du es auswählst und auf die Taste in der Mitte drückst.

(Wenn du eine microSD-Karte in den EV3 eingelegt hast, solltest du in der Datei-Navigation zusätzlich einen Ordner namens SD_Card sehen und darin einen Ordner namens *MyFirstProject*.)

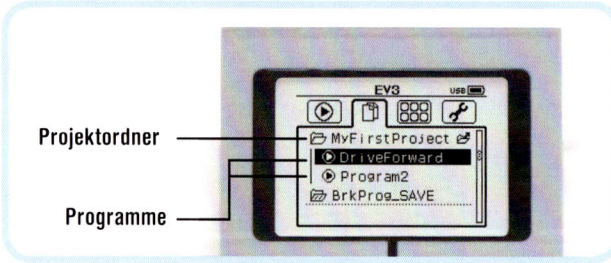

Abbildung 3-13: Programme werden in Projektordnern unter dem Register Datei-Navigation gespeichert. Der Name des Ordners entspricht dem Projektnamen.

HINWEIS Es ist sinnvoll, für jeden Roboter ein eigenes Projekt anzulegen. Das Herunterladen des Projekts auf den EV3 kann jedoch länger dauern, wenn es viele Programme oder Klänge enthält.

Projekteigenschaften verändern

Ein Klick auf das Symbol links von den Programmregistern in der EV3-Software öffnet die Seite *Projekteigenschaften* (siehe Abbildung 3-14). Hier kannst du Informationen über dein Projekt angeben (eine Beschreibung, ein passendes Foto und sogar ein Video) und es mit anderen teilen.

Die Seite *Projekteigenschaften* zeigt alle Dateien des Projekts an, einschließlich Programmen und Klängen. Um ein geschlossenes Programm im Projekt wieder zu öffnen, klickst du doppelt auf seinen Namen. Um ein Programm aus deinem Projekt zu löschen, wähle es aus und klicke auf **Löschen**.

6. Werkzeugleiste

Verwende die Werkzeugleiste (siehe Abbildung 13-15), um Programme deines Projekts zu öffnen und zu speichern, Änderungen an deinem Programm vor- oder zurückzunehmen und innerhalb deines Programms zu navigieren.

Verwenden der Auswahl-, Schwenk- und Zoomwerkzeuge

Wenn das *Auswahlwerkzeug* in der Werkzeugleiste blau dargestellt wird, wie in Abbildung 3-15, kannst du Programmierblöcke im Programmierbereich mit der Maus platzieren, bewegen und konfigurieren. Du kannst dich mit den Pfeiltasten auf der Tastatur durch den Programmierbereich bewegen. Meist wirst du dieses *Auswahlwerkzeug* verwenden.

Wenn du das *Schwenkwerkzeug* auswählst, bewegst du mit der Maus den Programmierbereich. Das ist dann besonders sinnvoll, wenn du lange Programme erstellst, die nicht mehr auf den Bildschirm passen. Um zu einem bestimmten Programmteil zu navigieren, wählst du das Schwenkwerkzeug, klickst in den Programmierbereich und verschiebst ihn bei gedrückter linker Maustaste. (Das Gedrückthalten der Alt-Taste bei aktiviertem Auswahlwerkzeug hat denselben Effekt.)

Um einen besseren Überblick über ein langes Programm zu bekommen, kannst du herauszoomen, um mehr Blöcke auf dem Bildschirm zu sehen. Klicke auf *Hineinzoomen* oder *Zoom Wiederhestellen*, um zur normalen Ansicht zurückzukehren.

Das Kommentarwerkzeug verwenden

Mit dem Kommentarwerkzeug schreibst du Anmerkungen in den Programmierbereich. Diese Kommentare ändern den Ablauf deiner Programme nicht, aber sie helfen dir dabei, später zu erkennen, wozu das Programm dient. Wenn du in der Werkzeugleiste auf **Kommentar** klickst, erscheint im Programmierbereich ein Kommentarfeld. Vergrößere und bewege es mit der Maus an die gewünschte Stelle und trage mittels Doppelklick einen Kommentar ein, wie in Abbildung 3-16 gezeigt. Um einen Kommentar zu löschen, klicke in das Kommentarfeld und drücke die **Entf**-Taste auf der Tastatur.

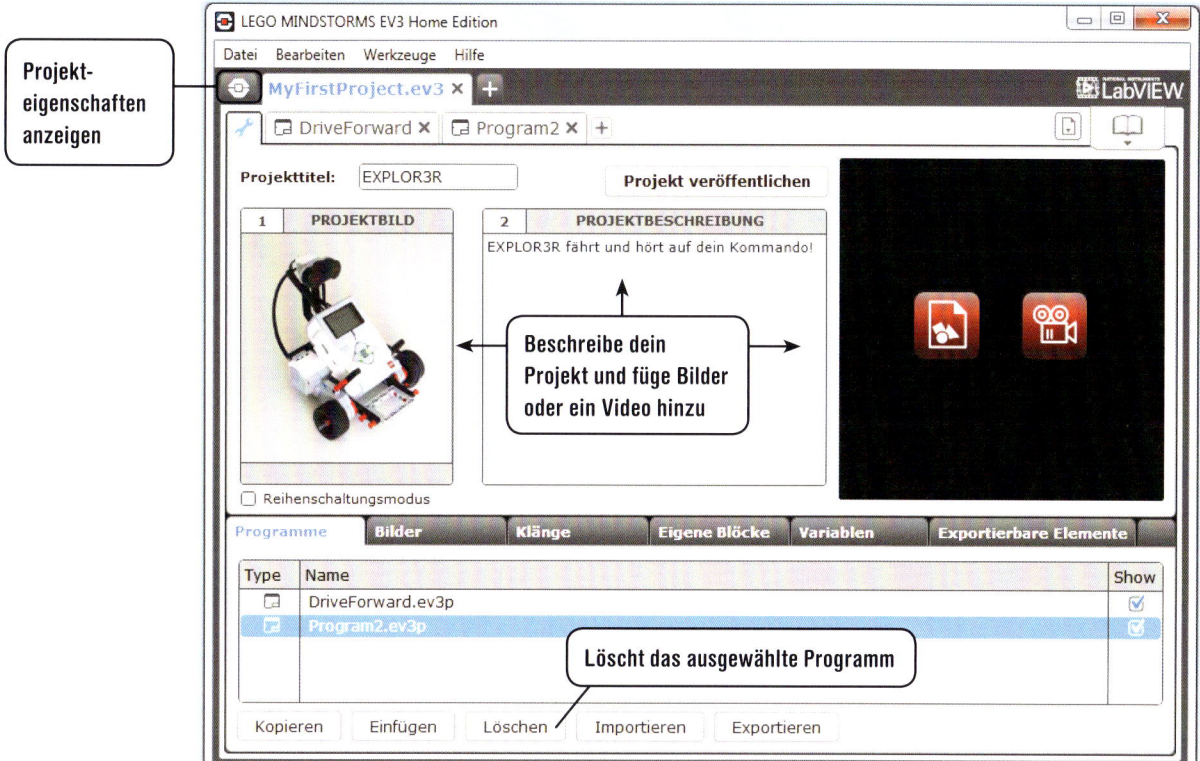

Abbildung 3-14: Die Seite Projekteigenschaften. Du kannst ein Projekt mit Bildern und einer Beschreibung ausstatten oder es mit anderen Entwicklern teilen. Doppelklicke ein Programm, um es zu öffnen, oder wähle es aus und klicke auf Entf, um es aus dem Projekt zu löschen.

Abbildung 3-15: Die Werkzeugleiste

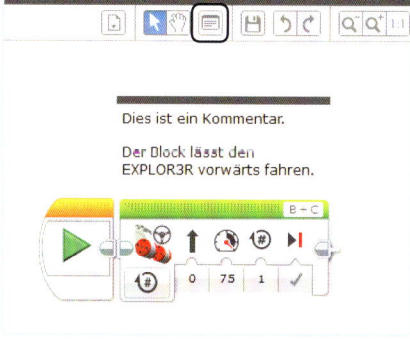

Abbildung 3-16: Kommentare in einem Programm

Einen oder mehrere Blöcke duplizieren

Beim Programmieren wirst du manchmal mehrere Blöcke duplizieren wollen, statt einzeln neue aus der Palette auszuwählen. Um einen Satz von Blöcken zu duplizieren, ziehe sie bei gedrückter Strg-Taste an eine neue Position, wie in Abbildung 3-17 gezeigt. (Du erreichst dasselbe, indem du auf **Bearbeiten ▸ Kopieren** und **Bearbeiten ▸ Einfügen** klickst, aber dann hast du keinen Einfluss auf die Position der Blöcke.)

Programmhilfe

Genaue Übersichten über alle Programmierblöcke (über die einführenden Informationen dieses Buchs hinaus) findest du unter **Hilfe ▸ EV3-Hilfe einblenden**, wie in Abbildung 3-18 gezeigt. Einzelheiten über den Bewegungslenkungsblock findest du z.B. in der Hilfe unter **Programmierblöcke ▸ Aktions-Blöcke ▸ Bewegungslenkung.**

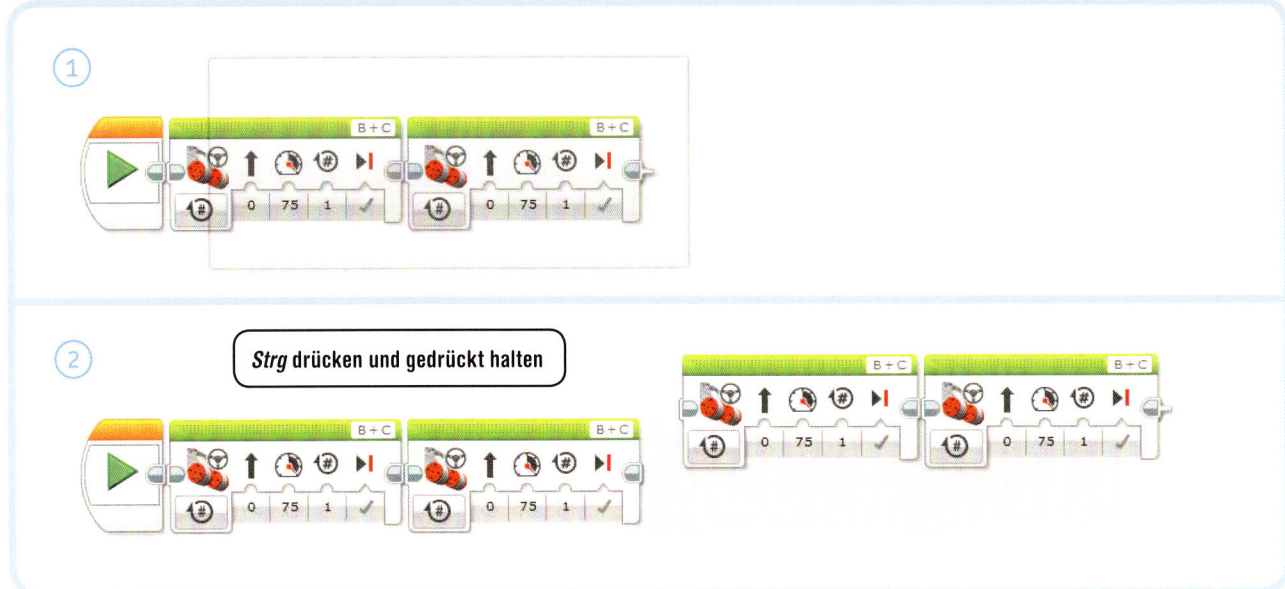

Abbildung 3-17: Eine Reihe von Blöcken duplizieren. (1) Halte die linke Maustaste gedrückt, während du eine Auswahl von Blöcken bewegst, die du duplizieren möchtest. (2) Bei gedrückter Strg-Taste ziehst du die Blöcke neben die bereits vorhandenen. (Auf einem Mac verwendest du die ⌘ -Taste.)

Wenn du die Kontexthilfe einblendest, erscheint ein kleiner Dialog, der dir Informationen über den ausgewählten Block oder die Schaltfläche gibt, wie in Abbildung 3-18 gezeigt. Wenn du auf **Weitere Informationen** klickst, erscheint die entsprechende Seite der Online-Dokumentation.

Ein zusätzliches Benutzerhandbuch mit Informationen über den EV3-Stein und weitere Hardware findest du in der Lobby.

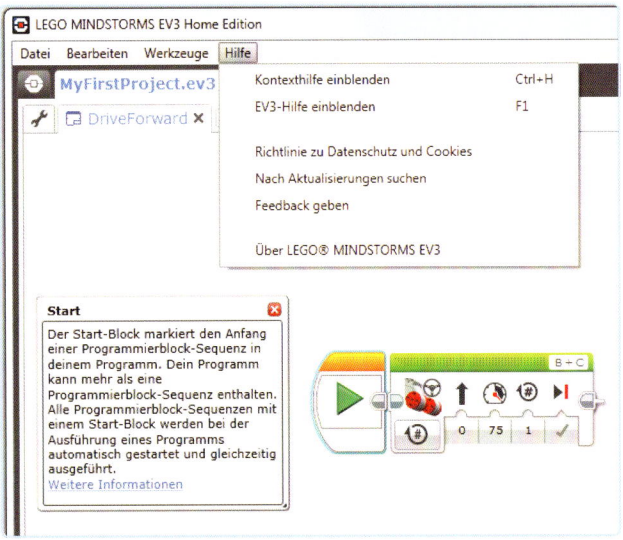

Abbildung 3-18: Die Kontexthilfe gibt dir Informationen über den ausgewählten Block (in diesem Fall den Startblock).

7. Der Inhalts-Editor

Der *Inhalts-Editor* rechts auf dem Bildschirm (siehe Abbildung 3-19) ermöglicht es, weitere Informationen zu deinem Projekt anzugeben, z.B. Beschreibungen, wie das Programm funktioniert oder wie der Roboter gebaut wird, und zwar für deinen eigenen Gebrauch oder als Information für andere, wenn du dein Projekt teilst. Du kannst Text und Bilder wie in einer Diashow hinzufügen, um anderen dein Projekt genau vorzustellen.

Normalerweise wirst du den Inhalts-Editor schließen, um mehr Platz auf dem Bildschirm zu haben.

Die offiziellen EV3-Roboter und die Bonusmodelle bauen

Wenn du Erfahrung im Bauen und Programmieren der EV3-Roboter gesammelt hast, kannst du die 5 Roboter, wie den EV3RSTORM bauen, die du in der Lobby findest. Du kannst dich auch an den 12 Bonus-modellen versuchen, die du im Register **Weitere Roboter** findest. Ich habe den RAC3 TRUCK entworfen, der in Abbildung 3-20 gezeigt wird.

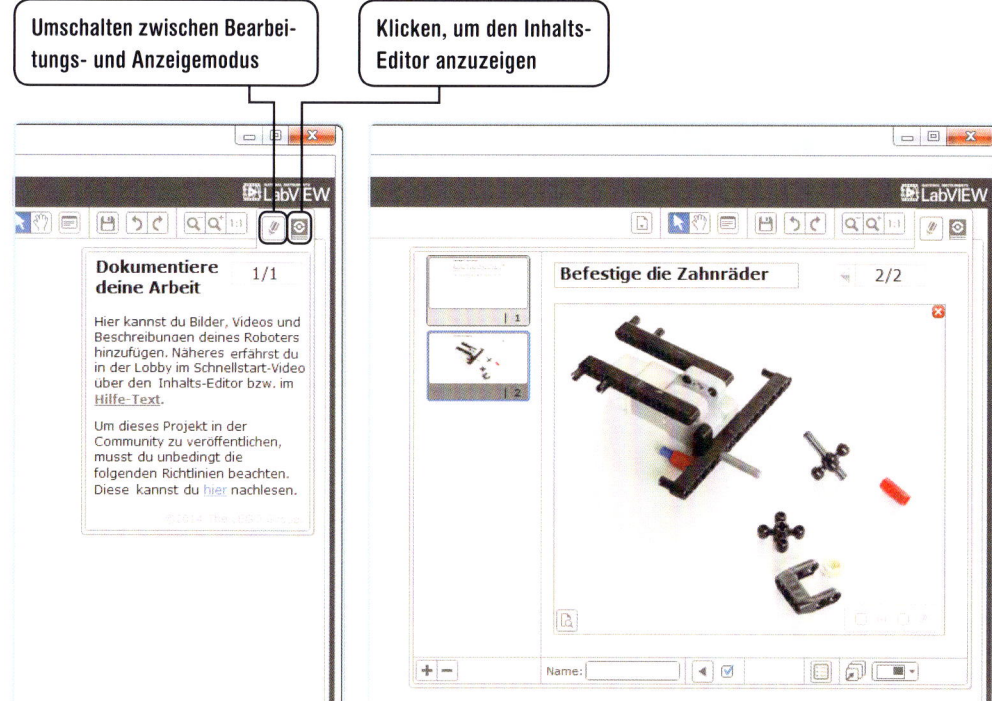

Umschalten zwischen Bearbei-
tungs- und Anzeigemodus

Klicken, um den Inhalts-
Editor anzuzeigen

Abbildung 3-19: Mit dem Inhalts-Editor kannst du dein Projekt dokumentieren (links). Du kannst z.B. ein Bild hinzufügen, das einen Mechanismus im Inneren deines Roboters erklärt (rechts).

Abbildung 3-20: Zusätzlich zu den offiziellen 5 EV3-Projekten kannst du 12 weitere Bonusmodelle bauen, wie diesen RAC3 TRUCK.

Zusammenfassung

In diesem Kapitel hast du die Grundlagen der EV3-Software kennengelernt. Du weißt jetzt, wie man Projekte und Programme erstellt, bearbeitet und speichert und wie man sie auf den EV3-Stein herunterlädt.

In Kapitel 4 widmen wir uns einigen anspruchsvolleren Programmieraufgaben.

Arbeiten mit Programmierblöcken: Aktionsblöcke

In Kapitel 3 hast du gelernt, wie ein Programm erstellt und auf den EXPLOR3R heruntergeladen wird. In diesem Kapitel erkläre ich, wie du Programmierblöcke verwendest, um lauffähige Programme zu schreiben, mit denen sich der EXPLOR3R bewegt.

Du lernst außerdem, wie der Roboter Klänge abspielt und Text oder Bilder auf dem EV3-Display anzeigt und wie du die Farblampen auf dem EV3-Stein steuerst. Nachdem du ein wenig mit den Beispielprogrammen experimentiert hast, wirst du eigenständig einige Programmieraufgaben meistern!

Wie funktionieren Programmierblöcke?

EV3-Programme bestehen aus einer Reihe von Programmierblöcken, die den Roboter eine bestimmte Aufgabe verrichten lassen, wie sich z.B. eine Sekunde lang vorwärts zu bewegen. Programme führen die Blöcke nacheinander aus und beginnen mit dem ersten ganz links. Nachdem der erste Block abgeschlossen ist, fährt das Programm mit dem zweiten fort usw. Wenn der letzte Block abgeschlossen ist, endet das Programm.

Jeder Programmierblock hat einen oder mehrere Modi und pro Modus jeweils mehrere Einstellungen. Du änderst das Verhalten eines Blocks durch Änderung des Modus und der Einstellungen. In Abbildung 4-1 sind z.B. beide Blöcke Bewegungslenkungsblöcke, jedoch in unterschiedlichen Modi. Da die Blöcke verschiedene Modi und Einstellungen haben, führt der Roboter andere Aktionen aus.

Es gibt viele Arten von Programmierblöcken mit eigenen Bezeichnungen und Symbolen, sodass du sie unterscheiden kannst. Verschiedene Blöcke sind für unterschiedliche Zwecke gedacht, wobei solche mit ähnlichen Aufgaben dieselbe Farbe in der Programmierpalette haben. In diesem Kapitel stelle ich die Aktionsblöcke vor (die grünen Blöcke in der Programmierpalette).

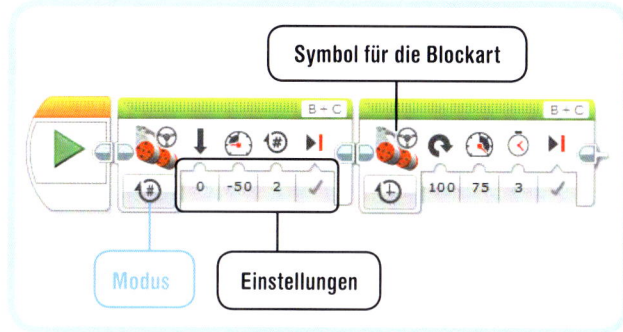

Abbildung 4-1: Um die Aktionen eines Blocks festzulegen, änderst du seinen Modus und die Einstellungen. Der erste Block lässt den Roboter z.B. rückwärts fahren und der zweite steuert ihn nach rechts. (Dieses Programm erstellt du im folgenden Abschnitt.)

Der Bewegungslenkungsblock

Der Bewegungslenkungsblock steuert die Bewegung der Motoren eines Roboters. Wenn du ihn in deinem Programm verwendest, kannst du den EXPLOR3R vorwärts oder rückwärts bewegen oder nach links oder rechts steuern. In Kapitel 3 haben wir den Roboter mit einem Bewegungslenkungsblock nach vorn fahren lassen.

Der Bewegungslenkungsblock in Aktion

Bevor wir uns mit der Funktion des Bewegungslenkungsblocks beschäftigen, erstellen wir ein kleines Programm, um ihn in Aktion zu sehen. Dieses Programm lässt den EXPLOR3R zwei Radumdrehungen rückwärts fahren und sich dann drei Sekunden schnell nach rechts drehen. Weil es sich um zwei verschiedene Aktionen handelt, verwendest du zwei Bewegungslenkungsblöcke.

1. Erstelle ein neues Projekt namens EXPLOR3R-4. Dieses Projekt verwendest du für alle Programme in diesem Kapitel. Ändere den Namen des ersten Programms in *Move*.

2. Wähle aus der Programmierpalette zwei Bewegungslenkungsblöcke und platziere sie im Programmierbereich, wie in Abbildung 4-2 gezeigt.

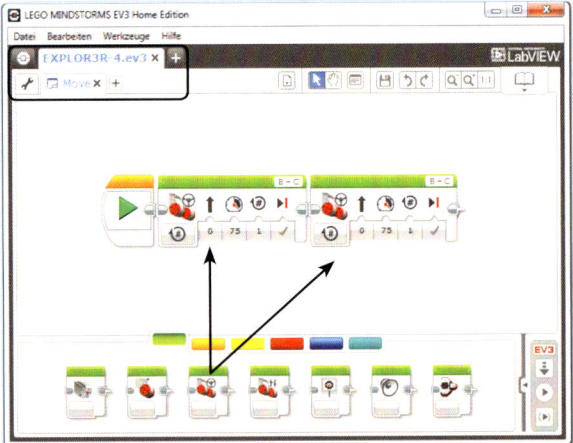

Abbildung 4.2: Erstelle das Move-Programm im EXPLOR3R-4-Projekt. Wähle einen Bewegungslenkungsblock aus der Palette und platziere ihn neben den Startblock. Platziere den zweiten Block daneben.

3. Per Voreinstellung sind die gerade von dir platzierten Blöcke so konfiguriert, dass der Roboter sich nur ein wenig bewegt. Wir wollen den Lenkungsblock jedoch so einstellen, dass er den Roboter ganze zwei Radumdrehungen rückwärts laufen lässt. Hierzu änderst du die Einstellungen des ersten Blocks, wie in Abbildung 4-3 gezeigt.

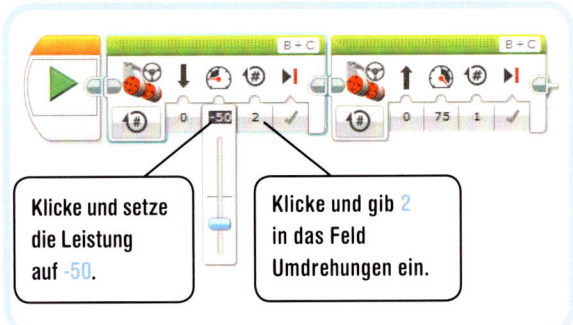

Abbildung 4.3: Konfiguriere den ersten Block, indem du die Leistung auf -50 einstellt. Dazu ziehst du den Regler nach unten oder gibst manuell -50 ein. Negative Werte lassen den Roboter rückwärts fahren. Danach gibst du in das Feld Umdrehungen 2 ein, sodass die Bewegung nach zwei Umdrehungen endet.

4. Jetzt änderst du die Einstellungen des zweiten Blocks. Dieser Block lässt den EXPLOR3R für drei Sekunden eine Drehung nach rechts machen. Zuerst veränderst du den Modus auf **An für n Sekunden**, wie in Abbildung 4-4.

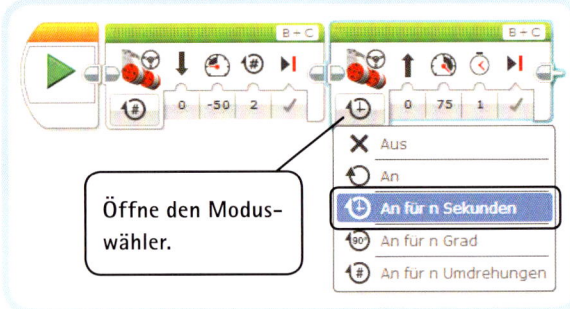

Abbildung 4.4: Klicke auf den Moduswähler des zweiten Blocks und wähle **An für n Sekunden**.

5. Damit sich der Roboter drei Sekunden lang schnell dreht, änderst du den zweiten Block, wie in Abbildung 4-5 gezeigt.

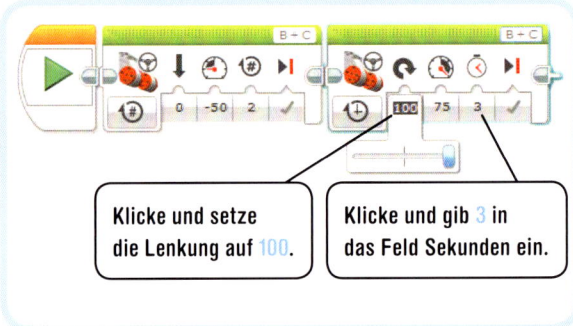

Abbildung 4.5: Konfiguriere den zweiten Block, indem du den Regler ganz nach rechts ziehst und 3 in das Feld Sekunden eingibst.

6. Nachdem du beide Lenkungsblöcke konfiguriert hast, kannst du das Programm auf deinen Roboter herunterladen und ausführen. Du weißt, dass es funktioniert, wenn der Roboter zwei Radumdrehungen rückwärts fährt und sich dann drei Sekunden lang schnell dreht.

HINWEIS Wenn sich dein Roboter nach links statt nach rechts dreht, hast du den Motor vielleicht an den falschen Anschluss am EV3-Stein angeschlossen. Prüfe anhand der Schritte auf Seite 19 die Verkabelung deines Roboters.

Wie Modus und Einstellung funktionieren

Jetzt werfen wir einen genaueren Blick auf die Einstellungen der Blöcke, um besser zu verstehen, wie das Beispielprogramm funktioniert. Jede Aktion eines Blocks wird durch ihren Modus und die Einstellungen festgelegt. Abbildung 4-6 zeigt verschiedene Wege, einen Bewegungslenkungsblock, über die beiden vorherigen Varianten hinaus zu konfigurieren.

Der Bewegungslenkungsblock hat verschiedene Modi, die im Moduswähler ausgewählt werden können und das Verhalten des Blocks geringfügig ändern. Zum Beispiel befand sich der erste Block im Modus **An für n Umdrehungen**, wodurch wir festlegen konnten, um wie viele Umdrehungen sich der Roboter bewegt, während der zweite sich im Modus **An für n Sekunden** befand, wo wir angeben konnten, für wie lange sich der Motor drehen sollte.

Die Modi im Bewegungslenkungsblock sind:

* Aus: Motor anhalten
* An: Motor anschalten
* An für n Sekunden: Schaltet den Motor für eine bestimmte Anzahl Sekunden ein und hält danach den Motor an.
* An für n Grad: Dreht den Motor um eine bestimmte Anzahl Grad und hält danach den Motor an.
* An für n Umdrehungen: Schaltet den Motor für eine bestimmte Anzahl Umdrehungen ein und hält danach den Motor an.

Du lernst die Modi An und Aus im Abschnitt »Die An- und Aus-Modi in Bewegungslenkungsblöcken« auf Seite 45 kennen.

Anschlüsse

In der Anschlusseinstellung oben rechts im Block kannst du wählen, an welche Ausgabeanschlüsse des EV3 die Motoren angeschlossen sind, sodass das Programm weiß, welche Motoren geschaltet werden sollen. Die EXPLOR3R-Motoren sind mit den Anschlüssen B und C verbunden, weshalb wir in unserem Beispielprogramm die Vorgabe B + C beibehalten haben.

Lenkung

Wie du im Move-Programm gesehen hast, kannst du den Roboter auch lenken. Um die Lenkung des Roboters einzustellen, klicke auf den Regler **Lenkung** und ziehe ihn nach links (damit der Roboter nach links lenkt) oder nach rechts.

Wie dreht ein Fahrzeug ohne Lenkrad? Dieser Block steuert die Richtung des Roboters, indem beide Räder unabhängig voneinander geregelt werden. Damit der Roboter geradeaus fährt, drehen sich beide Räder mit der gleichen Geschwindigkeit in die gleiche Richtung. Um eine Kurven zu fahren, dreht sich ein Rad schneller als das andere oder die Räder drehen sich in unterschiedliche Richtungen, sodass der Roboter auf der Stelle dreht. Abbildung 4-7 zeigt die verschiedenen Kombinationen bei Leistung und Lenkung für den EXPLOR3R.

Leistung

Die Leistungseinstellung regelt die Geschwindigkeit der Motoren. Null Leistung bedeutet, dass sich die Räder gar nicht drehen, während sie bei 100 die volle Drehzahl erreichen. Negative Werte, wie -100 oder -30, lassen den Roboter rückwärts fahren, wie du im Beispielprogramm gesehen hast.

Umdrehungen, Sekunden oder Grad

Abhängig vom ausgewählten Modus kannst du über die dritte Einstellung auf dem Bewegungslenkungsblock angeben, wie lange die Motoren laufen. Bei der Einstellung 3 für **An für n Sekunden** drehen sich die Motoren z.B. drei Sekunden lang.

An für n Grad ermöglicht es dir, festzulegen, um wie viel Grad sich der Motor und damit auch die Räder drehen. Eine Drehung um 360 Grad bedeutet eine volle Umdrehung der Räder, 180 nur eine halbe. Du kannst die Räder so einstellen, dass sie sich eine bestimmte Anzahl ganzer Umdrehungen drehen, wenn sich der Block im Modus **An für n Umdrehungen** befindet, wie im ersten Block des Beispielprogramms.

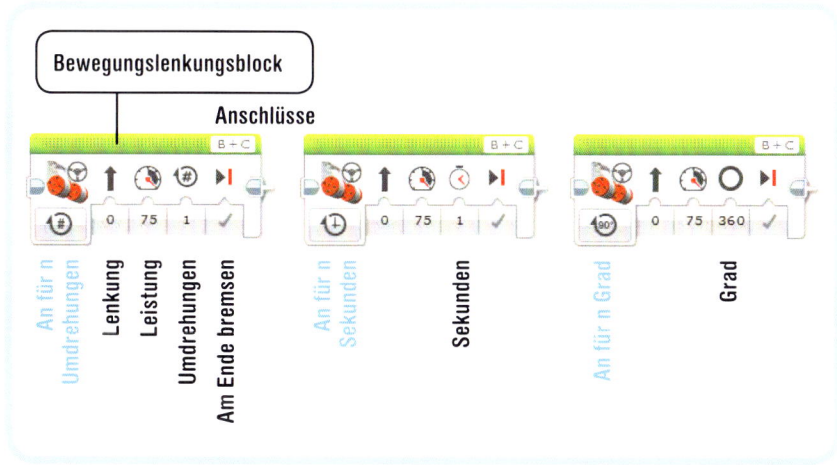

Abbildung 4-6. Modi (blau) und Einstellungen (schwarz) im Bewegungslenkungsblock. Um einen anderen Modus auszuwählen, klickst du auf dem Moduswähler und wählst einen aus dem Drop-down-Menü aus. Die meisten Einstellungen bleiben unabhängig vom Modus gleich.

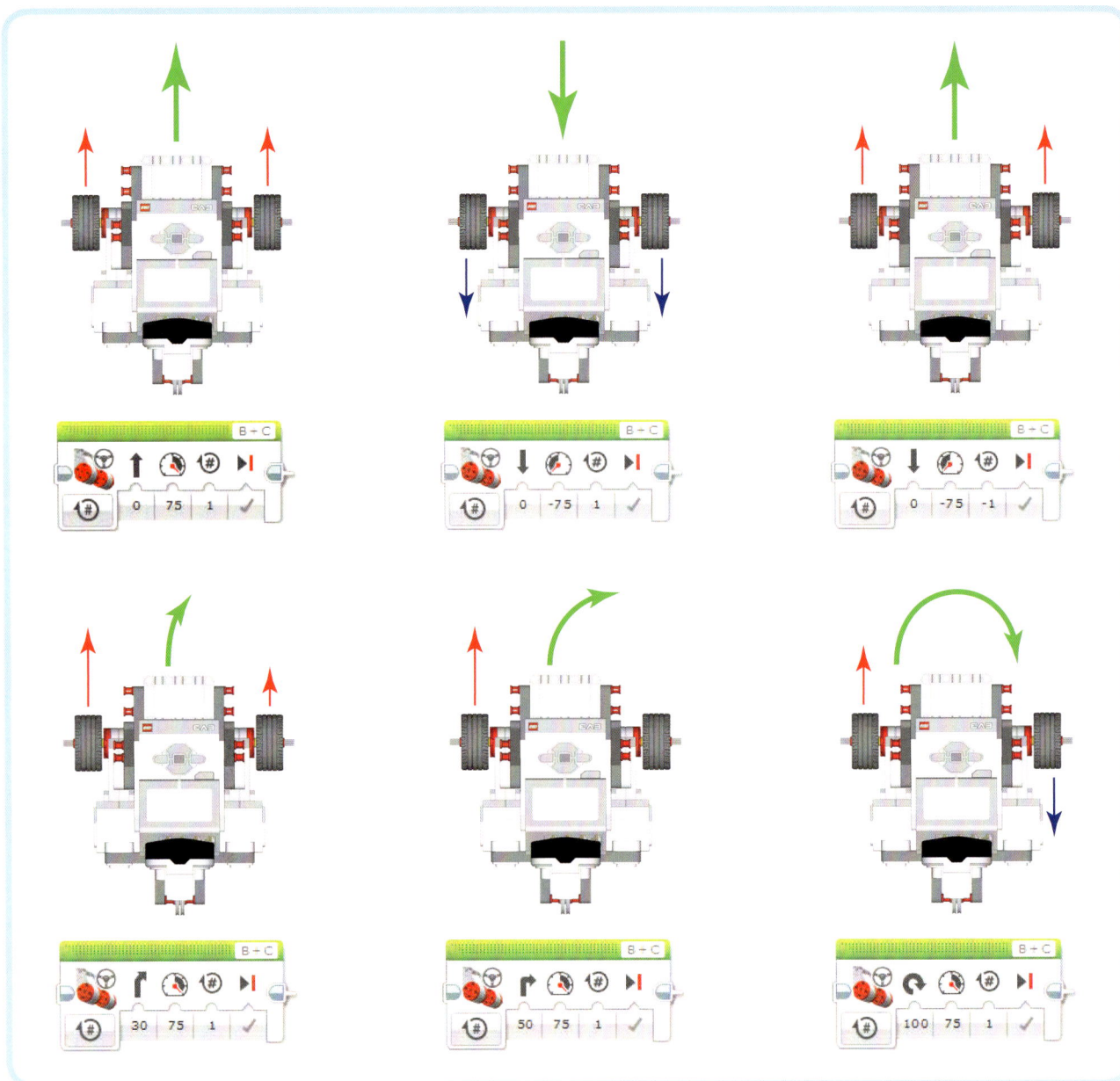

Abbildung 4-7: Damit sich der Roboter dreht, verwendest du die Einstellung Lenkung. Der Block regelt die Richtung und Geschwindigkeit beider Motoren und lässt den Roboter wenden. Die roten Pfeile zeigen an, dass ein Rad vorwärts dreht, und die blauen, dass es rückwärts läuft. Die grünen Pfeile zeigen die Richtung, in die sich der Roboter im Ergebnis dreht.

HINWEIS Die Eingabe eines negativen Leistungswerts, wie -75, und eines positiven Drehwerts, wie 1 Umdrehung oder 360 Grad, führen dazu, dass sich der Roboter rückwärts bewegt. Dies gilt auch für positive Leistung und eine negative Rotation, so wie Leistung 75 und Rotation -1. Wenn du jedoch eine negative Leistung und eine negative Rotation angibst, wie Leistung -75 und Rotation -1, fährt der Roboter vorwärts! Betrachte Abbildung 4-7, wenn du unsicher bist, wie sich eine Lenkungskombination auf den Roboter auswirkt.

Am Ende bremsen

Die Option **Am Ende bremsen** regelt, wie die Motoren am Ende ihre Rotation nach Sekunden, Grad oder Umdrehungen abbremsen. Die Einstellung **Wahr** (✓) lässt die abrupt stoppen, während **Falsch** (✗) sie weich anhält.

Richtige Drehungen ausführen

Wenn du den Bewegungslenkungsblock verwendest, um den Roboter eine Drehung um 90 Grad machen zu lassen, könntest du denken, die Einstellung sollte 90 Grad betragen, aber das stimmt nicht. Die Grad-Einstellung gibt nur an, um wie viel Grad sich die Motoren drehen, und damit auch die Räder. Die tatsächliche Anzahl von Grad für eine 90-Grad-Drehung unterscheidet sich von Roboter zu Roboter. In *Selbst entdecken 2* findest du den richtigen Wert für deinen Roboter heraus.

SELBST ENTDECKEN 1: BESCHLEUNIGE

Schwierigkeitsgrad: 🔲 Zeit: 🕐

Da du nun einige wichtige Eigenschaften des Bewegungslenkungsblocks kennengelernt hast, kannst du jetzt ein wenig damit experimentieren. Das Ziel dieser Aufgabe besteht darin, ein Programm zu entwickeln, das den Roboter zunächst langsam bewegen und dann zunehmend beschleunigen lässt. Zuerst ziehst du 10 Bewegungslenkungsblöcke in den Programmierbereich und konfigurierst die ersten beiden Blöcke wie in Abbildung 4-8. Den dritten Block konfigurierst du genauso, stellst jedoch die Leistung der Motoren auf 30 ein. Dann erhöhst du sie mit jedem nachfolgenden Block um 10, bis die volle Leistung erreicht ist.

Die Blöcke befinden sich jetzt im Modus *An für n Sekunden*. Wenn du das Programm getestet hast, änderst du alle Blöcke in den Modus *An für n Umdrehungen*, wobei Umdrehung auf 1 gesetzt ist, und führst es erneut aus. Welches Programm läuft länger? Kannst du das unterschiedliche Verhalten erklären?

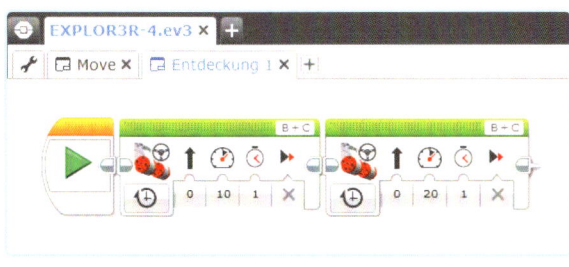

Abbildung 4-8: Die ersten Blöcke des Programms Entdeckung 1. Füge für jede Selbst-entdecken-Aufgabe ein neues Programm hinzu und speichere es, wenn du fertig bist, sodass du sie später weiter verwenden kannst.

SELBST ENTDECKEN 2: EXAKTE DREHUNGEN

Schwierigkeitsgrad: 🔲 Zeit: 🕐

Kannst du deinen Roboter dazu bringen, sich auf der Stelle um 90 Grad zu drehen? Erstelle ein neues Programm mit einem Bewegungslenkungsblock im Modus *An für n Grad*, wie in Abbildung 4-9 gezeigt. Stelle den Lenkungsregler ganz auf rechts wie im Move-Programm. Um wie viel Grad müssen sich die Räder drehen, damit der Roboter sich genau um 90 Grad dreht?

Beginne mit der Einstellung 275 Grad. Wenn das nicht ausreicht, versuche 280, 285 usw. und führe das Programm jedes Mal aus, um zu prüfen, ob der Roboter die gewünschte Drehung macht.

Wenn du den richtigen Wert für die 90-Grad-Drehung ermittelt hast, finde heraus, welcher Wert zu einer 180-Grad-Drehung führt.

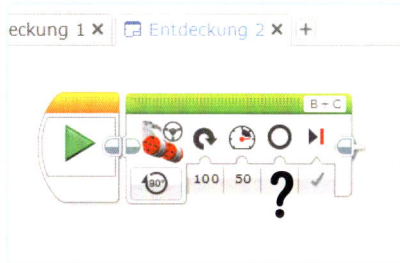

Abbildung 4-9: Das Programm für Selbst entdecken 2. Welcher Wert lässt den Roboter um 90 Grad wenden? Welcher Wert ist für 180 Grad notwendig?

SELBST ENTDECKEN 3: BEWEG UND DREH DICH

Schwierigkeitsgrad: 🔲 Zeit: 🕐🕐

Erstelle ein Programm mit drei Bewegungslenkungsblöcken, das den EXPLOR3RR dazu bringt, drei Sekunden lang mit 50% der Motorleistung vorwärtszufahren, sich dann um 180 Grad zu drehen und anschließend zu seiner Startposition zurückzukehren. Beim Konfigurieren des Blocks, der den Roboter umdrehen lässt (zweiter Block), setzt du im Feld »Grad« den Wert ein, den du in der Selbst entdecken 2 ermittelt hast.

SELBST ENTDECKEN 4: BUCHSTABIERE

Schwierigkeitsgrad: Zeit: ◔ ◔

Entwickle ein Programm mit Bewegungslenkungsblöcken, das den EXPLOR3R den ersten Buchstaben deines Namens nachfahren lässt. Wie viele Blöcke brauchst du für deinen Anfangsbuchstaben?

HINWEIS Bei geschwungenen Kurven verwendest du den Lenkungsregler, um einzustellen, wie eng die Kurve gefahren werden soll.

Der Klangblock

Du hast gesehen, wie viel Spaß es macht, Programme zu entwickeln, die den EXPLOR3R herumfahren lassen. Noch spannender wird es, wenn du mithilfe des *Klangblocks* den Roboter dazu bringst, Klänge zu erzeugen. Dein Roboter kann zwei verschiedene Arten von Klängen abspielen: einen einfachen *Ton* (z.B. einen Piepston) oder eine *Klangdatei*, wie beispielsweise einen Applaus oder ein gesprochenes Wort (z.B. »Hallo«). Wenn du in deinen Programmen Klangblöcke einsetzt und deinen Roboter auf diese Weise zum »Sprechen« bringst, wirkt er interaktiver und lebendiger.

Die Konfiguration des Klangblocks

Die Programmierblöcke unterscheiden sich zwar durch die Handlungen, die sie auslösen, jedoch werden sie alle auf die gleiche Weise benutzt. Mit anderen Worten: Du kannst einfach einen

Klangblock aus der Programmierpalette in den Programmierbereich ziehen – genau so, wie du es mit dem Bewegungsblock getan hast. Sobald sich der Block im Programmierbereich befindet, kannst du seine Einstellungen im Konfigurationsbereich ändern.

Bevor du ein Programm mit Klangblöcken entwickelst, werden wir einen kurzen Blick auf die verschiedenen Modi des Blocks werfen, die in Abbildung 4-10 gezeigt werden. Die vier Modi des Klangblocks sind:

* Datei abspielen: Spielt einen vorher aufgenommenen Klang ab, wie »Hello«.
* Ton abspielen: Spielt einen Ton mit einer bestimmten Tonhöhe (Frequenz) für eine bestimmte Dauer ab.
* Note abspielen: Spielt eine Klaviernote für eine bestimmte Dauer.
* Stopp: Stoppt die laufende Klangausgabe.

Dateiname

Im Modus Datei abspielen kannst du einen Klang abspielen, indem du auf das Feld Dateiname klickst und im darauf folgenden Menü eine Datei auswählst. Du kannst Klänge aus verschiedenen Kategorien wählen, wie Tiere, Farben, Kommunikation und Zahlen. Du kannst auch eine eigene Klangdatei über **Werkzeuge ▸ Geräusch-Editor** aufnehmen. (Unter **Hilfe ▸ Werkzeuge ▸ Geräusch-Editor** findest du weitere Informationen.)

Lautstärke

Gib einen Wert zwischen 0 (Leise) und 100 (Laut) ein, um die Wiedergabelautstärke des Klangs einzustellen.

Wiedergabeart

Verwende die Einstellung Wiedergabeart, um festzulegen, was passiert, wenn der Klang abgespielt wird. Bei **Warten auf Abschluss (0)** wird das Programm so lange angehalten, bis der Klang vollständig

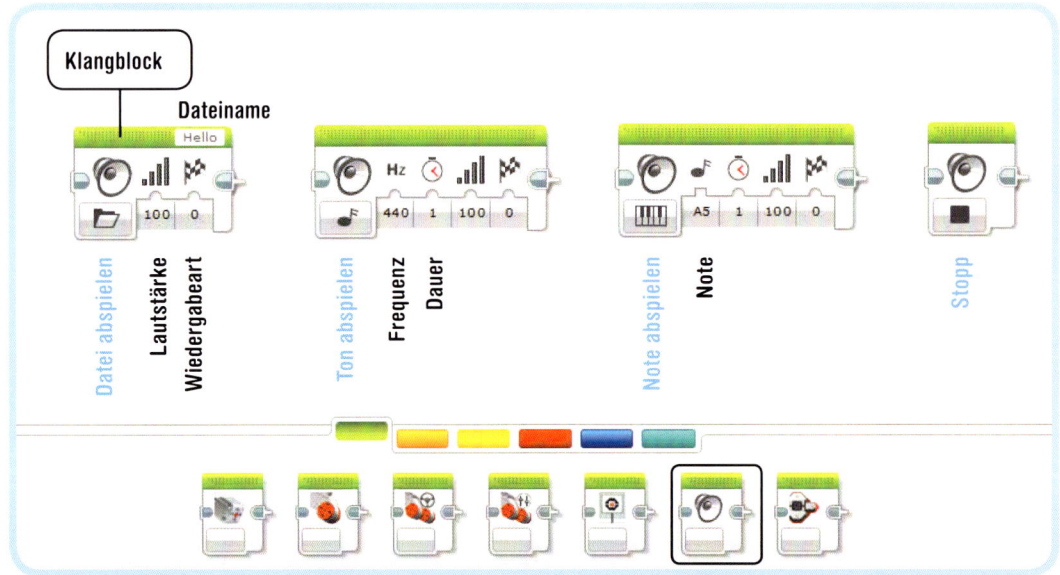

Abbildung 4-10:
Die vier Modi (in Blau)
des Klangblocks und ihre
Einstellungen (in Schwarz)

abgespielt ist. Bei **Einmal wiederholen (1)** fährt das Programm mit dem nächsten Block fort, während der Klang abgespielt wird. Wenn du **Wiederholen (2)** wählst, wird der Klang so lange abgespielt, wie das Programm noch läuft. Für die meisten Anwendungen wirst du die Einstellung **Warten auf Abschluss** wählen.

Note oder Ton

Anhängig vom ausgewählten Modus kannst du eine Klaviernote oder eine Tonhöhe (Frequenz) in Hertz (Hz) wählen. Eine Tonhöhe von 440 Hz (die voreingestellte Frequenz) ist klar mit dem menschlichen Ohr zu hören und stellt einen prima Ton zum Testen von Programmen dar. Du kannst diesen Ton z.B. abspielen, wenn ein bestimmter Programmierblock abgeschlossen ist.

Dauer

Im Feld **Dauer** legst du fest, wie viele Sekunden die Note oder der Ton abgespielt wird.

Der Klangblock in Aktion

Lass uns jetzt ein Programm namens *SoundCheck* erstellen, das den Roboter bewegt und Klänge abspielt, sodass wir sehen können, wie der Klangblock funktioniert.

Um anzufangen, erzeugen wir ein neues Programm, wie in Abbildung 4-11 gezeigt. Um dieses Programm und die weiteren Beispiele für dieses Buch zu erstellen, führst du die folgenden Schritte für jeden Block im Programm aus:

1. Suche den Block in der Programmierpalette anhand seiner Farbe und platziere ihn im Programmierbereich. Der Klangblock z.B. ist grün und sein Symbol zeigt einen Lautsprecher.

2. Wähle den passenden Modus anhand des Symbols im Moduswähler. Das Klavier-Symbol z.B. bedeutet, dass du eine Note abspielen sollst.

3. Dann nimmst du die restlichen Einstellungen im Block vor. Zum Beispiel konfigurierst du die Werte für Lenkung und Leistung in den Bewegungslenkungsblöcken.

Wenn du dein Programm erstellt hast, lade es auf deinen Roboter herunter und führe es aus.

Wie das Programm SoundCheck funktioniert

Nachdem du das Programm ausgeführt hast, sehen wir uns an, wie es funktioniert. Der erste Klangblock lässt den EXPLOR3R »Goodbye« sagen. Die Wiedergabeart ist **Warten auf Abschluss**, sodass der Roboter das Wort abwartet, bevor er zum nächsten Block weitergeht. Nun lässt ein Bewegungslenkungsblock den Roboter eine Umdrehung vorwärts fahren und dann spielt ein weiterer Klangblock eine Note ab. Jetzt wird nicht abgewartet, bis die Note zu Ende ist, sondern der zweite Bewegungslenkungsblock lässt den Roboter drei Sekunden lang nach rechts lenken. Dann hält der Roboter an.

SELBST ENTDECKEN 5:
IN WELCHE RICHTUNG GEHST DU?

Schwierigkeitsgrad: ⬜⬜ **Zeit:** ⏱

Erstelle ein Programm wie *SoundCheck*, das den Roboter die jeweils eingeschlagene Richtung ankündigen lässt, während er sich in diese Richtung bewegt. Während er sich vorwärts bewegt, sollte er »Forward« sagen, und während er sich rückwärts bewegt, sollte er »Backward« sagen. Wie konfigurierst du die Einstellung Wiedergabeart in den Klangblöcken?

Abbildung 4-11: Das Programm **SoundCheck**. *Um den Modus eines Blocks einzustellen, verwendest du den Moduswähler und wählst aus der Liste mit Symbolen dasjenige, das zur Abbildung passt.*

SELBST ENTDECKEN 6: DJ SPIELEN

Schwierigkeitsgrad: ⬜⬜ **Zeit:** ⏱⏱⏱

Du kannst deine eigene Musik komponieren, indem du ein Programm mit einer Reihe von Klangblöcken entwickelst. Kannst du eine bekannte Melodie auf dem EV3 abspielen lassen oder eine eigene Melodie komponieren?

Der Anzeigeblock

Neben Bewegung und Klang kann mit einem EV3-Programm auch gesteuert werden, was auf dem LCD-Display des EV3-Steins angezeigt wird. Du kannst z.B. ein Programm entwickeln, das die Anzeige wie in Abbildung 4-12 aussehen lässt. (Die LCD-Anzeige ist 178 Pixel breit und 128 Pixel hoch. Pixel sind kleine Bildpunkte.)

Es macht Spaß, mit dem Anzeigeblock herumzuexperimentieren, noch wichtiger aber ist die Möglichkeit, deine Programme besser zu testen.

Zum Beispiel kannst du einen Sensormesswert auf dem Display anzeigen, um zu prüfen, ob der Sensor richtig funktioniert, wie ich in Teil V dieses Buchs zeige.

Du kannst den *Anzeigeblock* einsetzen, um ein Bild (z.B. eine Glühbirne), einen Text (ein Wort wie z.B. »Hallo«) oder eine Zeichnung (z.B. einen ausgefüllten Kreis) auf dem Display anzuzeigen. Es ist nicht möglich, mit einem Anzeigeblock mehrere Bilder oder Textzeilen gleichzeitig abzubilden. Um die in Abbildung 4-12 dargestellte Anzeige zu erstellen, musst du daher mehrere Anzeigeblöcke einsetzen.

Abbildung 4-12: Mithilfe des Anzeigeblocks lassen sich Bilder, Texte und Zeichnungen auf dem Display des EV3-Steins anzeigen.

Die Konfiguration des Anzeigeblocks

Nachdem der Anzeigeblock etwas auf dem EV3-Display ausgegeben hat, geht das Programm weiter zum nächsten Block, z.B. einem Bewegungsblock. Das EV3-Display ändert sich erst, wenn durch einen weiteren Anzeigeblock etwas anderes darauf ausgegeben wird. In diesem Beispiel würde das Bild so lange erhalten bleiben, wie sich der Roboter bewegt.

Wenn ein Programm abgeschlossen ist, springt der EV3 sofort wieder ins Menü zurück. Wenn dein letzter Programmierblock also ein Anzeigeblock ist, wirst du dessen Inhalt nicht sehen können, da sofort nach diesem Block das Programm abgeschlossen ist und das Menü erscheint. Um den Inhalt trotzdem lesen zu können, kannst du am Ende einen Block, z.B. einen Bewegungsblock, hinzufügen, damit das Programm nicht abrupt endet. Abbildung 4-13 zeigt die vier Hauptmodi des Anzeigeblocks:

* **Bild:** Zeigt auf dem Display ein von dir ausgewähltes Bild an, wie ein lächelndes Gesicht.
* **Formen:** Zeichnet eine Linie, einen Kreis, ein Rechteck oder einen Punkt auf das Display.
* **Text:** Gibt eine Textzeile auf das Display aus.
* **Bildschirm zurücksetzen:** Löscht das Display und zeigt das Mindstorms-Logo an, das du normalerweise siehst, wenn du ein Programm ohne Anzeigeblöcke ausführst.

Untermodi

Einige Modi haben Untermodi. Im Formen-Modus kannst zu z.B. zwischen vier Untermodi wählen: Linie, Kreis, Rechteck und Punkt, wie in Abbildung 4-13 gezeigt. Der Modus Kreis gibt auf dem Display z.B. einen Kreis aus, dessen Position, Radius, Füllung und Farbe du in den Einstellungen festlegen kannst.

Dateiname

Im Bild-Modus kannst du auf Dateiname klicken und ein Bild aus Kategorien wie Augen, Ausdrücke, Objekte und LEGO auswählen. Du kannst auch eigene Bilder erstellen oder hochladen, indem du **Werkzeuge ▸ Bild-Editor** aufrufst. (Mehr Informationen bekommst du unter **Hilfe ▸ Werkzeuge ▸ Bild-Editor**.)

Bildschirm löschen

Die Einstellung *Bildschirm löschen* bietet dir die Möglichkeit, das Display zu löschen, bevor etwas Neues angezeigt wird (wenn *Wahr* eingestellt wird) oder der bestehenden Darstellung etwas hinzuzufügen (bei *Falsch*). Um mehrere Objekte auf dem Display anzuzeigen, benötigst du mehrere Anzeigeblöcke. Der erste Block sollte das Display löschen, bevor etwas Neues angezeigt wird, und die anderen Blöcke sollten einfach etwas zeichnen. Um das zu erreichen, setzt du die Einstellung *Bildschirm löschen* im ersten Block auf *Wahr* und in den folgenden Blöcken auf *Falsch*. Wie das funktioniert, siehst du im Beispiel *DisplayTest*.

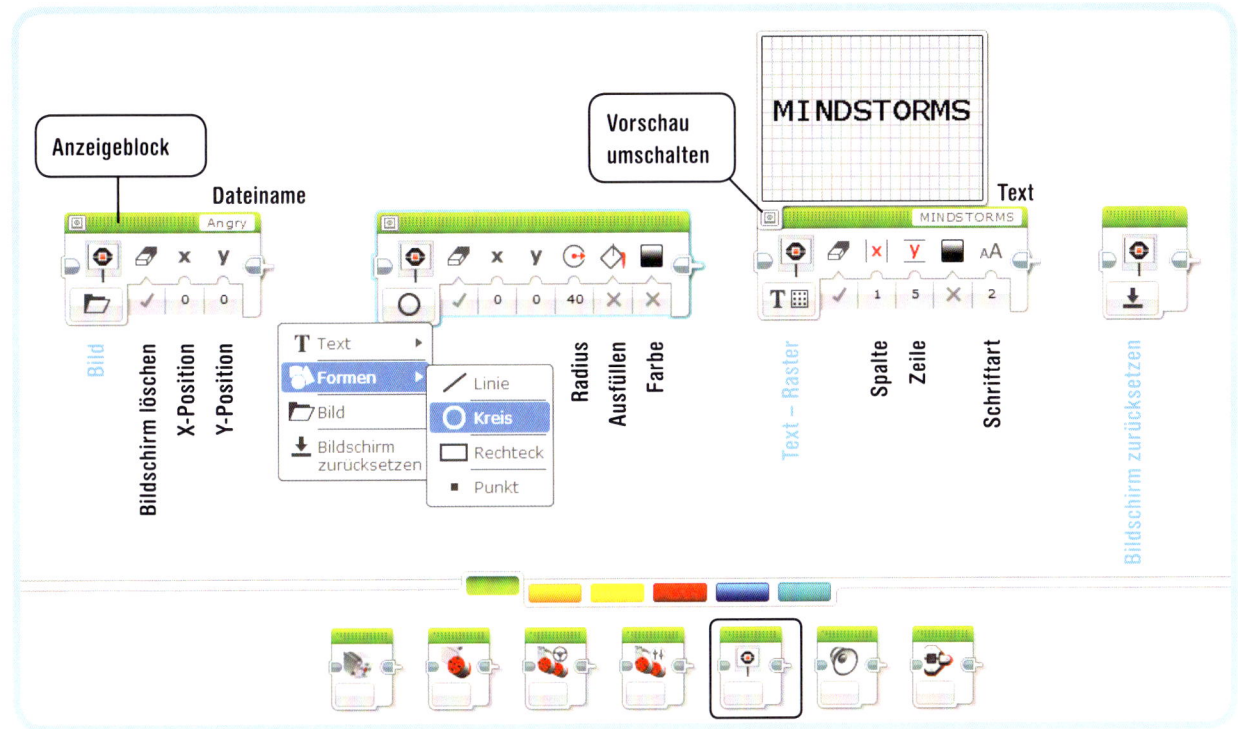

Abbildung 4-13: Die vier Modi (blau) des Anzeigeblocks und ihre Einstellungen (schwarz). Du kannst die Vorschau des EV3-Displays verwenden, um deine Einstellungen zu überprüfen. Bist du zufrieden, schließt du die Vorschau.

Radius und Füllung

Einige Einstellungen sind speziell für bestimmte Modi im Anzeigeblock gedacht. Die Einstellung *Radius* legt z.B. die Größe eines Kreises fest und *Ausfüllen* gibt an, ob du nur einen Umriss (*Falsch*) oder ein ausgefülltes Objekt (*Wahr*) zeichnest.

Farbe

Normalerweise wirst du die Farbe für deinen Text auf Schwarz einstellen, so wie bei MINDSTORMS im Feld *Text* in Abbildung 4-13. Der Text kann Zahlen enthalten und du kannst die Textgröße über die *Schriftart* mit 0 (klein), 1 (fett) und 2 (groß) einstellen.

x, y, Spalte und Zeile

Wenn du ein Bild, einen Text (Modus *Text-Pixel*) oder eine Form anzeigst, kannst du die Position mit den Einstellungen X (Position relativ zum linken Displayrand) und Y (Position relativ zum unteren Rand) festlegen. Wenn du eine Vorschau des Displays verwendest (siehe Abbildung 4-13), kannst du die Werte für X und Y einfach herausfinden.

Im Modus *Text-Raster* kannst du alternativ die Spalte (0-20) und Zeile (0-11) angeben, was die Ausrichtung mehrerer Elemente erleichtert.

HINWEIS Weitere Einzelheiten über die Blöcke findest du in der Hilfe. Für den Anzeigeblock gehst du zu *Hilfe ▸ EV3-Hilfe einblenden ▸ Programmierblöcke ▸ Aktions-Blöcke ▸ Anzeige.*

Der Anzeigeblock in Aktion

Lass uns die Funktion des Anzeigeblocks testen, indem wir ein Programm schreiben, das Dinge auf dem EV3-Display ausgibt, während sich der Roboter bewegt. Erstelle ein Programm namens *DisplayTest* und platziere drei Anzeige- und zwei Bewegungslenkungsblöcke im Programmierbereich, wie in Abbildung 4-14 gezeigt. Dann konfigurierst du die Blöcke wie gezeigt. Wenn du alle Blöcke fertig konfiguriert hast, lade das Programm auf deinen Roboter herunter und führe es aus.

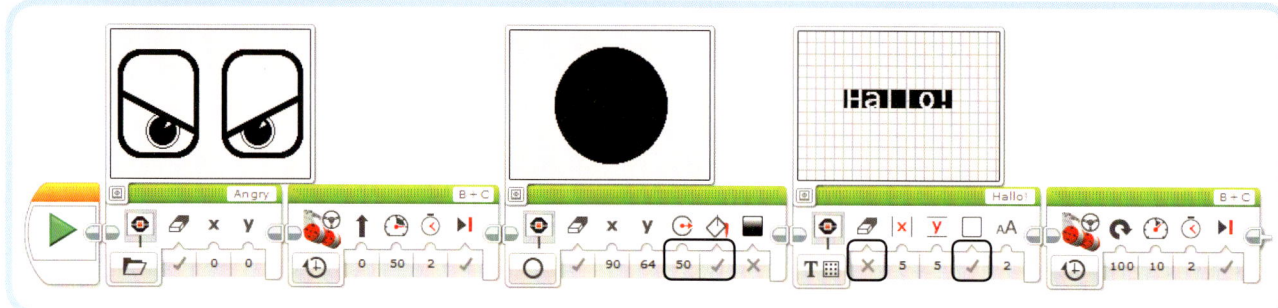

Abbildung 4-14: Das Programm DisplayTest bewegt deinen Roboter, während Dinge auf dem Display angezeigt werden. Die Vorschau zeige ich hier zur Vereinfachung, du kannst sie aber auch ausschalten, wenn du möchtest.

SELBST ENTDECKEN 7: UNTERTITEL

Schwierigkeitsgrad: **Zeit:** ⏱

Erstelle ein Programm, das vier Klangblöcke verwendet, um »Hello. Good morning. Goodbye!« zu sagen. Benutze die Anzeigeblöcke, um jeweils den Text, den der Roboter sagt, als Untertitel auf dem EV3-Display anzuzeigen, und lösche das Display, wenn der Roboter etwas Neues sagt. Stellst du die Anzeigeblöcke vor oder hinter die Klangblöcke?

SELBST ENTDECKEN 8: WARTEN AUF DEN EXPLOR3R

Schwierigkeitsgrad: ⬜⬜ **Zeit:** 🕐🕐

Programmiere den EXPLOR3R so, dass er eine Acht fährt, wie in Abbildung 4-15 gezeigt. Der Roboter sollte während der Bewegung Gesichter auf dem Display anzeigen. Wähle dazu verschiedene Bilder aus der Kategorie Augen.

Abbildung 4-15: Die Fahrstrecke für Selbst entdecken 8. Versuche, den Roboter einen Kurs wie diesen fahren zu lassen. Allerdings muss er der Linie momentan noch nicht genau folgen. (Wie das geht, erfährst du in Kapitel 7.)

Wie das DisplayTest-Programm funktioniert

Im DisplayTest-Programm geben die Anzeigeblöcke verschiedene Dinge auf dem Display aus und die Bewegungslenkungsblöcke lassen den EXPLOR3R herumfahren. Der erste Anzeigeblock löscht das Display, bevor das Bild (die bösen Augen) angezeigt wird. Dann fängt der Roboter an, sich zu bewegen, und das Bild verbleibt auf dem Display, während der Bewegungslenkungsblock ausgeführt wird. Der nächste Anzeigeblock (der ausgefüllte Kreis) löscht das Display ebenfalls, sodass das Bild mit den bösen Augen verschwindet, bevor der Kreis angezeigt wird.

Das Programm fährt dann mit einem weiteren Anzeigeblock fort, der einen weißen Text in den Kreis schreibt. Dieser Block löscht den Bildschirm vorher nicht, sodass du Kreis und Text gleichzeitig sehen kannst. Schließlich steuert ein Bewegungsblock den Roboter nach rechts und das Programm ist beendet.

Der Stein-Status-leuchte-Block

Die Stein-Statusleuchte um die EV3-Tasten herum ist normalerweise grün. Während ein Programm ausgeführt wird, blinkt sie. Mit dem Block Stein-Statusleuchte kannst du dieses Verhalten ändern und die Leuchte steuern. Die drei Modi, gezeigt in Abbildung 4-16, sind folgende:

* **An:** Schaltet die Leuchte an und legt eine *Farbe* fest: Grün (0), Orange (1) oder Rot (2). Die Einstellung *Pulsieren* legt fest, ob die Leuchte blinkt (Wahr) oder dauernd leuchtet (Falsch).
* **Aus:** Schaltet die Leuchte aus.
* **Zurücksetzen:** Zeigt die grün blinkende Leuchte an, die du normalerweise bei der Programmausführung siehst.

Jetzt erstellst du das Programm *ButtonLight*, um diese Funktionen zu testen, wie in Abbildung 4-17. Die Tasten sollten rot leuchten, wenn der Roboter »Red« sagt, und grün, wenn er »Green« sagt.

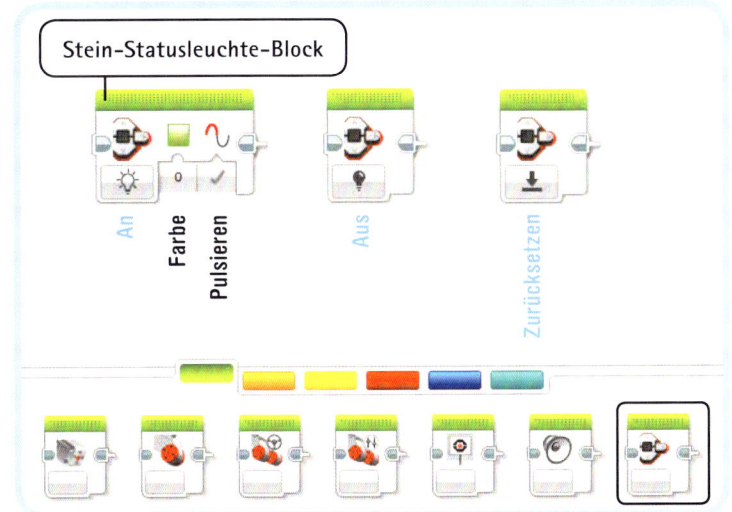

Abbildung 4-16: Die drei Modi des Stein-Statusleuchte-Blocks und ihre Einstellungen

SELBST ENTDECKEN 9: AMPEL

Schwierigkeitsgrad: ▭ Zeit: ◷

Verändere das *ButtonLight*-Programm so, dass dein Roboter zu einer Ampel wird. Lass den Roboter »Stop«, »Activate« und »Go« sagen, während er die entsprechenden Farben Rot, Orange und Grün anzeigt.

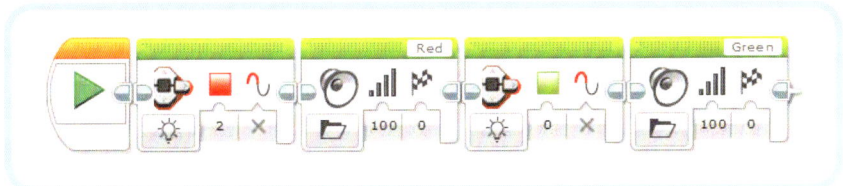

Abbildung 4-17: Das Programm ButtonLight

Die *An*- und *Aus*-Modi in Bewegungsblöcken

Nachdem du jetzt die Programmierung mit Aktionsblöcken kennst, bist du bereit, die Modi *An* und *Aus* im Bewegungslenkungsblock und anderen Blöcken zu erforschen. Ein Block im *An*-Modus schaltet die Motoren ein und fährt dann sofort mit dem nächsten Block fort. Während das Programm weiterläuft, drehen die Motoren ebenfalls weiter, bis es zu einem Block kommt, der sie wieder abschaltet oder etwas anderes tun lässt. Der Modus *Aus* schaltet die Motoren ab.

Um zu sehen, wozu das gut ist, erstellst du das in Abbildung 4-18 gezeigte Programm *OnOff*.

Wenn du das Programm ausführst, sollte sich der Roboter bewegen und gleichzeitig anfangen, »LEGO MINDSTORMS« zu sagen. Wenn er die Wörter gesprochen hat, sollte die Bewegung aufhören und ein Klang abgespielt werden. Die Motoren halten genau in dem Moment an, in dem der Roboter die Wörter »LEGO MINDSTORMS« fertig gesprochen hat, auch wenn du vorher nicht angegeben hast, wie lange das dauern wird. So kannst du die Motoren so lange laufen lassen, bis du sie mit dem Modus *Aus* abstellst, unabhängig davon, was dazwischen passiert.

Wenn du ein Programm mit nur einem Bewegungsblock im Modus *An* erstellst, könntest du die Vorstellung haben, dass der Roboter nicht mehr aufhört, sich zu bewegen. Dieser Block schaltet zwar die Motoren ein, wenn das Programm jedoch alle seine Blöcke durchlaufen hat, werden am Ende auch die Motoren ausgeschaltet.

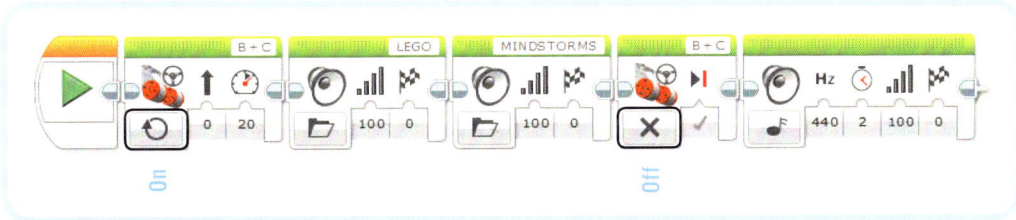

Abbildung 4-18: Das Programm OnOff. Achte genau auf die Einstellungen in den Bewegungslenkungsblöcken.

SELBST ENTDECKEN 10: RADIO IM FAHRMODUS

Schwierigkeitsgrad: 🔲🔲 **Zeit:** ⏱⏱

Erweitere das Programm aus *Selbst entdecken 6* auf Seite 42 und lasse den Roboter vorwärts fahren, während er den Klang abspielt. Verwende einen Bewegungslenkungsblock im Modus *An* am Programmanfang und am Ende einen weiteren im Modus *Aus*. Was geschieht, wenn du dazwischen weitere Bewegungsblöcke im Modus *An* einfügst (mit anderen Lenkbefehlen)?

Die Blöcke Hebellenkung, Großer Motor und Mittlerer Motor

Neben den Bewegungslenkungsblöcken gibt es drei weitere Blöcke, mit denen du Motoren steuern kannst. Der erste ist der Block Hebellenkung, mit dem du ein Fahrzeug mit zwei Raupen oder Rädern steuerst, wie den EXPLOR3R, ähnlich wie du es bereits getan hast. Statt jedoch Lenkung und Leistung für den gesamten Roboter einzustellen, kannst du hiermit die Leistung der Motoren einzeln steuern. Durch unterschiedliche Kombinationen der Leistung für linke und rechte Räder fährt der EXPLOR3R in unterschiedliche Richtungen (siehe Abbildung 4-7).

Das Programm *Tank* zeigt, wie der Hebellenkungsblock funktioniert (siehe Abbildung 4-19). Der Block hat beinahe dieselben Funktionen wie der Bewegungslenkungsblock, aber die Einstellungen

unterscheiden sich. Wenn du Fahrzeuge dieser Art baust, verwendest du einfach den Block, der dir am besten gefällt.

Wird ein Motor programmiert, schneller zu laufen als der andere (wie im Programm *Tank*), endet der Block, sobald der schnellere Motor die angegebene Anzahl Umdrehungen oder Grad erreicht hat. (Das gilt auch für den Bewegungslenkungsblock.)

Du verwendest den Block *Großer Motor*, um einzelne große Motoren zu steuern. Das ist für Mechanismen nützlich, die nur einen Motor verwenden, wie eine Klaue, die ein Objekt greift. Die Modi und Einstellungen sind die gleichen wie im Block *Hebellenkung*, jetzt beziehen sie sich jedoch nur auf einen Motor.

Das Programm in Abbildung 4-20 verwendet zwei Blöcke *Großer Motor*, um jeweils den linken (B) und den rechten (C) Motor unabhängig voneinander zu steuern.

Der Block *Mittlerer Motor* gleicht dem *Großer Motor*, nur dass er zur Steuerung des mittleren Motors dient, der im EV3-Kasten enthalten ist. (Du siehst ihn in Kapitel 12 in Aktion.)

Weitere Experimente

Jetzt kennst du die Grundlagen der LEGO-Mindstorms-EV3-Programmierung. Herzlichen Glückwunsch! Du weißt jetzt, wie du Roboter so programmierst, dass sie sich bewegen, Klänge abspielen, Lampen leuchten lassen sowie Text und Bilder auf dem EV3-Display anzeigen. In Kapitel 5 erfährst du mehr über den Einsatz der Programmierblöcke, z.B. wie du mit Blöcken eine Pause programmierst und eine Reihe von Blöcken wiederholst.

Bevor du weitermachst, versuche einiger der folgenden *Selbstentdecken-Aufgaben* zu lösen, um deine Kenntnisse zu vertiefen.

HINWEIS Vergiss nicht, deine Programme nach dem Lösen einer Aufgabe zu speichern. Du möchtest sie vielleicht später als Ausgangspunkt für größere Projekte verwenden.

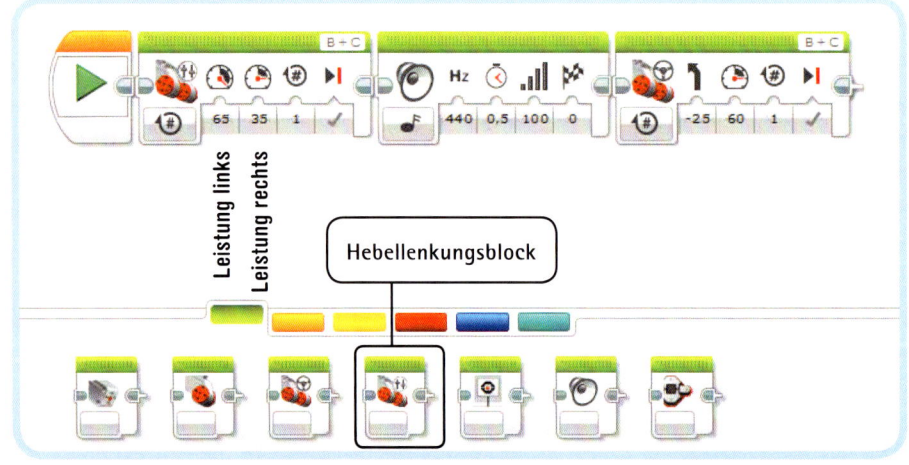

Abbildung 4-19: Das Tank*-Programm: Der Roboter macht mit dem Hebellenkungsblock eine sanfte Drehung nach rechts. Dann hält er an, spielt einen Klang ab und bewegt sich wieder, diesmal mit einem Bewegungslenkungsblock.*

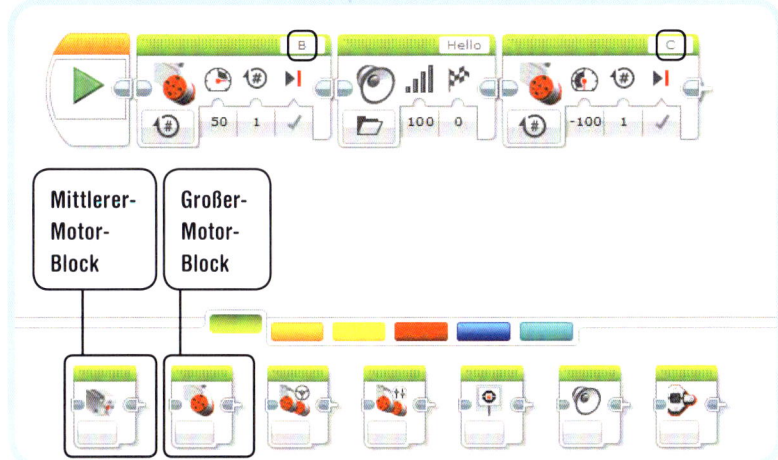

Mittlerer-Motor-Block

Großer-Motor-Block

SELBST ENTDECKEN 11:
ZEIT, IM KREIS ZU FAHREN

Schwierigkeitsgrad: ▭ Zeit: ⏲⏲

Kannst du den EXPLOR3R in einem Kreis mit 1 m Durchmesser fahren lassen? Dazu benötigst du nur einen einzigen Bewegungslenkungsblock. Wie konfigurierst du die Lenkung und wie lange sollten die Motoren laufen? Wie beeinflusst die Einstellung der Lenkung den Durchmesser des Kreises? Wenn du fertig bist, versuche, denselben Effekt mit dem Hebellenkungsblock zu erzielen.

SELBST ENTDECKEN 12:
NAVIGATOR

Schwierigkeitsgrad: ▭▭ Zeit: ⏲⏲⏲

Erstelle ein Programm mit Bewegungslenkungsblöcken, die den EXPLOR3R in einem Kurs wie in Abbildung 4-21 fahren lassen. Während der Bewegung sollte der Roboter Pfeile auf dem EV3-Display anzeigen, die seine Bewegungsrichtung darstellen. Am Ende sollte ein Stoppschild angezeigt werden. Zusätzlich zum Richtungspfeil sollte der Roboter auch sagen, in welche Richtung er fährt. Wie konfigurierst du die Wiedergabeart-Einstellung in den Klangblöcken?

HINWEIS **Du findest alle Richtungsschilder aus Abbildung 4-21 in der Bildliste unter der Einstellung Dateiname im Anzeigeblock.**

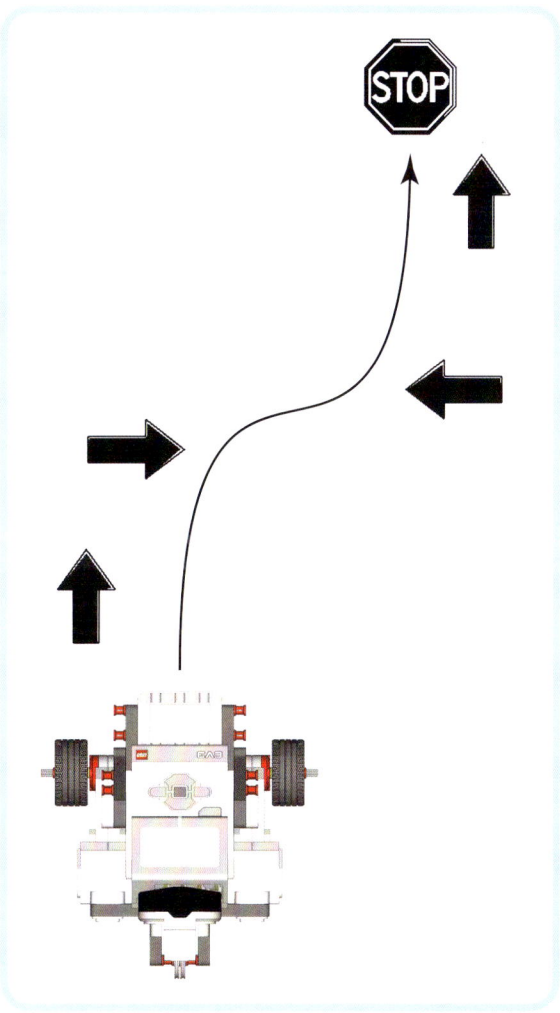

Abbildung 4-21: Der Fahrkurs und die Navigationshinweise für Selbst entdecken 12

SELBST ENTDECKEN 13: ROBOTÄNZER

Schwierigkeitsgrad: Zeit: ○ ○ ○

Lasse den EXPLOR3R Rhythmen und Töne abspielen (mittels Klangblöcken), während er sich in einem Zickzackkurs bewegt (mittels Bewegungslenkungsblöcken). Nach jeder Bewegung sollte der Roboter einen anderen Klang abspielen.

HINWEIS Probiere Wiederholen als Wiedergabeart-Einstellung in verschiedenen Klangblöcken aus.

SELBST KONSTRUIEREN 1: ROBOREINIGER

Bau: ✳ Programmierung: ▱

Baue Lego-Teile an deinen Roboter an, sodass er ein Staubtuch vor sich auf den Boden halten kann. Dann erstelle ein Progamm mit Bewegungslenkungsblöcken, das den Roboter bewegt, sodass er dein Zimmer reinigt. Statt eines Programms kannst du deinen Reinigungsroboter auch über die Fernsteuerung lenken, wie in Kapitel 2 beschrieben. Saubermachen war noch nie so lustig!

SELBST KONSTRUIEREN 2: DER EXPLOR3R MACHT KUNST

Bau: ✳✳ Programmierung:

In dieser Aufgabe erweiterst du den EXPLOR3R-Roboter. Mit Lego-Teilen baust du eine Vorrichtung, über die der Roboter einen Stift halten kann. Während der Roboter über ein großes Stück Papier fährt, zeichnet er mit dem Stift Linien und Umrisse. Für den Anfang kannst du ihn die Acht zeichnen lassen, die du aus *Selbst konstruieren 8* auf Seite 44 kennst.

Einen Stift fest am Roboter anzubauen ist zum Zeichnen von Beispielen sicherlich lustig, aber du bist eingeschränkt in dem, was du zeichnen kannst, da der Stift das Papier ständig berührt. Nutze den mittleren Motor aus dem EV3-Kasten, um den Stift anzuheben. Schließe diesen Motor mit einem Kabel an Ausgabeanschluss A an. Du kannst den Motor mit dem Block *Mittlerer Motor* steuern. Schaffst du es, dass der Roboter deinen Namen schreibt?

Wenn du fertig bist, mache ein Foto von deinem Design und füge es mit dem Inhalts-Editor ein, wie du in Kapitel 3 gelernt hast.

Warten, wiederholen, Eigene Blöcke und Multitasking

Im letzten Kapitel hast du gelernt, wie du deinen Roboter verschiedene Aktionen ausführen lässt, z.B. Bewegungen. In diesem Kapitel lernst du verschiedene Programmiertechniken, mit denen du größeren Einfluss auf die Reihenfolge der Blöcke in deinen EV3-Programmen hast. Du lernst Programme mit Wartenblöcken anzuhalten, eine Reihe von Aktionen mit Schleifenblöcken zu wiederholen, wie über den Schleifen-Interrupt mehrere Blöcke parallel ablaufen können und sogar, wie du Eigene Blöcke erstellst.

Der Warteblock

Bisher hast du Programmierblöcke verwendet, durch die sich der Roboter bewegt, Klänge abspielt oder etwas mit dem Display macht. Jetzt lernst du einen Block kennen, der nichts anderes macht, als das Programm für eine bestimmte Dauer anzuhalten. Dieser Block, der Warteblock, wird in Abbildung 5-1 gezeigt.

Die Einstellungen des Warteblocks

Du verwendest den Warteblock wie die anderen Programmierblöcke auch: Platziere ihn im Programmierbereich und konfiguriere Modus und Einstellungen. In diesem Kapitel verwendest du nur den *Zeit*-Modus.

Im Zeit-Modus hält der Block das Programm einfach für eine bestimmte Dauer an, z.B. fünf Sekunden. Wenn die Zeit verstrichen ist, fährt das Programm mit dem nächsten Block fort. Die in das Feld Sekunden eingetragene Anzahl kann eine ganze Zahl sein, wie 4, oder eine Zahl mit Dezimalstelle, wie 1,5. Um das Programm z.B. für 50 Millisekunden anzuhalten (0,05 Sekunden), gibst du 0,05 ein.

Der Warteblock in Aktion

Warum sollte man einen Block einsetzen, der das Programm einfach nur anhält? Hier folgt ein Beispiel für den Einsatz des Warteblocks. Erstell ein neues Projekt, speichere es als EXPLOR3R-5 und erstelle ein Programm namens *WaitDisplay*, wie in Abbildung 5-1 gezeigt.

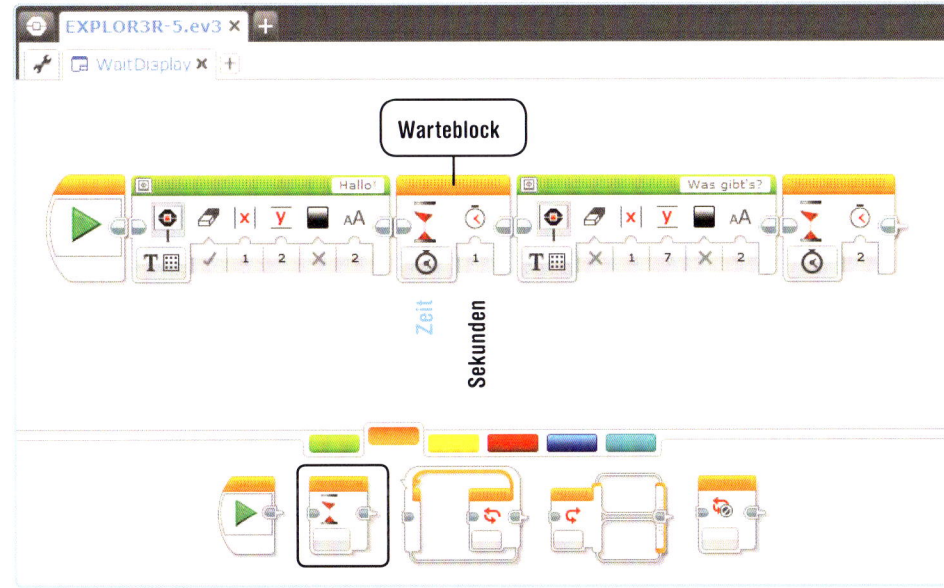

Abbildung 5-1: Das Programm WaitDisplay *enthält zwei Warteblöcke im Zeit-Modus, um das Programm nach Anzeige einer Nachricht auf dem EV3-Display anzuhalten.*

Das Programm WaitDisplay

Wenn du das Programm ausführst, sollte der Text »Hallo!« auf dem EV3-Display erscheinen und eine Sekunde später »Was gibt's?«. Der zweite Warteblock gibt dir Zeit, zu lesen, was auf dem EV3-Display steht. Ohne die Verzögerung würde das Programm sofort nach dem zweiten Anzeigeblock beendet sein, sodass die Meldung nicht mehr gelesen werden könnte. Warteblöcke sind auch nützlich für einen Roboter mit Sensoren, wie du im nächsten Kapitel sehen wirst.

SELBST ENTDECKEN 14:
HINTERLASSE EINE NACHRICHT

Schwierigkeitsgrad: 🔲   **Zeit:** ⏱️⏱️

Erweitere das Programm WaitDisplay so, dass es eine Meldung ausgibt, wohin du gegangen bist, wenn du das nächste Mal das Haus verlässt. Füge zwischen die Textzeilen Warteblöcke ein, sodass die Nachricht einfach zu lesen ist. Vergiss nicht, deiner Familie Anweisungen zu hinterlassen, damit sie weiß, wie sie deine Nachricht lesen kann.

SELBST ENTDECKEN 15:
TIMER FÜR EIN BRETTSPIEL

Schwierigkeitsgrad: 🔲🔲   **Zeit:** ⏱️⏱️

Erstelle ein Programm, das deinen EV3 in einen Timer verwandelt, den du für Brettspiele verwenden kannst. Das Programm sollte einen Timer anzeigen, der die Restzeit für einen Spielzug angibt (Abbildung 5-2). Wenn die Zeit abgelaufen ist, sollte dein Roboter »Game over« sagen, um anzuzeigen, dass der nächste Spieler an der Reihe ist. Oder du verwendest Klangblöcke und lässt den Roboter sagen, wie viel Zeit noch übrig ist.

HINWEIS Verwende eine Reihe von Anzeigeblöcken im Bild-Modus mit Warteblöcken dazwischen. Suche in der Bildliste nach Abbildungen mit den Namen *Timer 0*, *Timer 1* usw.

Abbildung 5-2:
Der Brettspiel-Timer aus
Selbst entdecken 15

Der Schleifenblock

Stelle dir vor, du gehst entlang eines Quadrats wie in Abbildung 5-3. Beim Gehen folgst du immer wieder einem bestimmten Muster: geradeaus gehen, nach rechts drehen, geradeaus gehen, nach rechts drehen usw.

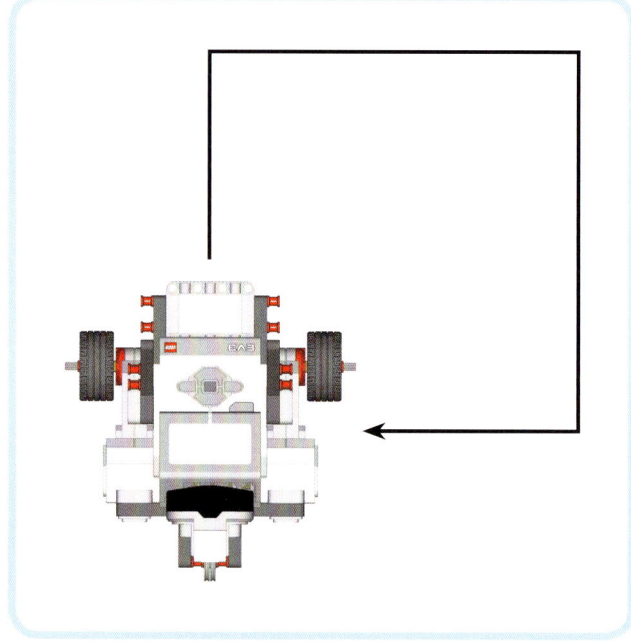

Abbildung 5-3: Der EXPOLR3R bewegt sich in einem Quadrat.

Um für deinen Roboter diese Art von Verhalten zu erreichen, könntest du einen Bewegungslenkungsblock für die gerade Bewegung verwenden und einen weiteren für die Drehung nach rechts. Damit der Roboter ein vollständiges Quadrat zurücklegt, bräuchtest du diese zwei Blöcke vier Mal hintereinander, insgesamt also acht Blöcke.

Statt dieses Programm mit acht Blöcken zu schreiben, kannst du auch einen Schleifenblock verwenden, der eine Reihe von Blöcken nacheinander wiederholt. Schleifenblöcke sind sehr nützlich, wenn du bestimmte Aktionen mehrfach wiederholen möchtest.

Den Schleifenblock einsetzen

Der Schleifenblock (siehe Abbildung 5-4) führt darin platzierte Blöcke mehrfach aus. Abhängig vom gewählten Modus führt er die Blöcke eine bestimmte Anzahl von Durchläufen (*Zählen*) oder eine bestimmte Anzahl von Sekunden (*Zeit*) aus, oder er wiederholt die Blöcke unbegrenzt, bis du das Programm auf dem EV3-Stein unterbrichst. (Die weiteren Modi lernst du in den folgenden Kapiteln kennen.)

Oben in jeder Schleife kannst du einen Namen eingeben, der die Funktion der darin platzierten Blöcke beschreibt. Du kannst den Block manuell in der Größe anpassen, wenn nötig, wie in Abbildung 5-4. (Es gibt außerdem die Funktion eines Zählers, die du in Kapitel 14 kennenlernen wirst, die wir momentan jedoch ignorieren.)

Du stellst Blöcke in die Schleife, indem du einfach einen oder mehrere hineinziehst, wie in Abbildung 5-5 gezeigt.

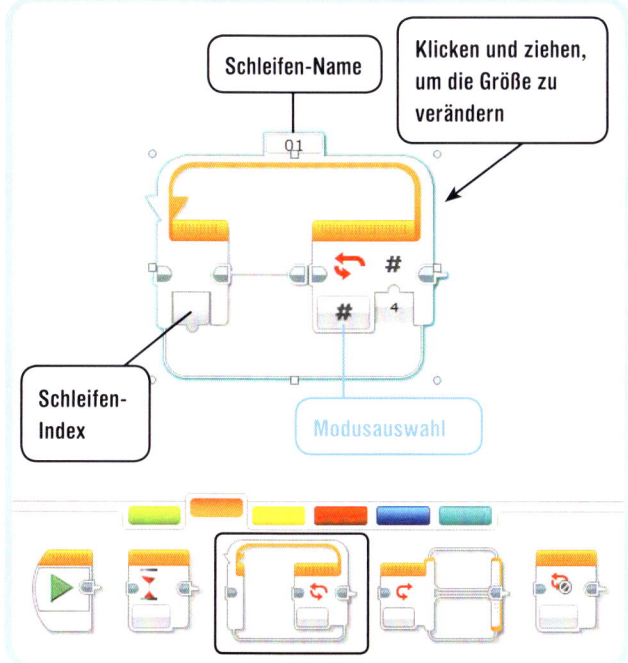

Der Schleifenblock in Aktion

Um den Schleifenblock in Aktion zu sehen, vervollständigst du das Programm *OneSquare* aus Abbildung 5-6. Wenn du es ausführst, sollte der Roboter einen Klang abspielen, das Quadrat fahren, einen weiteren Klang abspielen und anhalten. Wenn der Roboter keine 90-Grad-Drehungen ausführt, versuche die Anzahl Grad im zweiten Bewegungslenkungsblock anzupassen, wie du es auch in *Selbst entdecken 2* auf Seite 39 getan hast.

Schleifenblöcke innerhalb von Schleifenblöcken

Das Programm *OneSquare* (siehe Abbildung 5-6) lässt den EXPLOR3R einmal im Quadrat fahren. Du kannst einen weiteren Schleifenblock verwenden, um die Fahrstrecke zu wiederholen, sodass der Roboter mehrmals ein Quadrat fährt. Im Modus *Unbegrenzt* fährt der Roboter dann endlos lange Quadrate ab.

Versuche dies mit dem Programm *InfiniteSquare* aus Abbildung 5-7. Um es zu erstellen, erweiterst du das gerade geschriebene Programm, indem du einen zweiten Schleifenblock aus der Palette nimmst und seinen Modus auf *Unbegrenzt* einstellst. Zieh dann den Block, der das Quadrat fährt, und den zweiten Klangblock in den neuen Schleifenblock hinein. Jetzt fährt der Roboter ständig das Quadrat ab und sagt nach jeder Runde »Goodbye«, bis du das Programm mit der *Zurück*-Taste auf dem EV3-Stein abbrichst.

Abbildung 5-4: Der Schleifenblock im Modus Zählen. In dieser Konfiguration führt das Programm alle in der Schleife platzierten Blöcke vier Mal aus. In den anderen Modi kannst du die Blöcke in der Schleife eine bestimmte Anzahl Sekunden oder auch unbegrenzt oft ausführen.

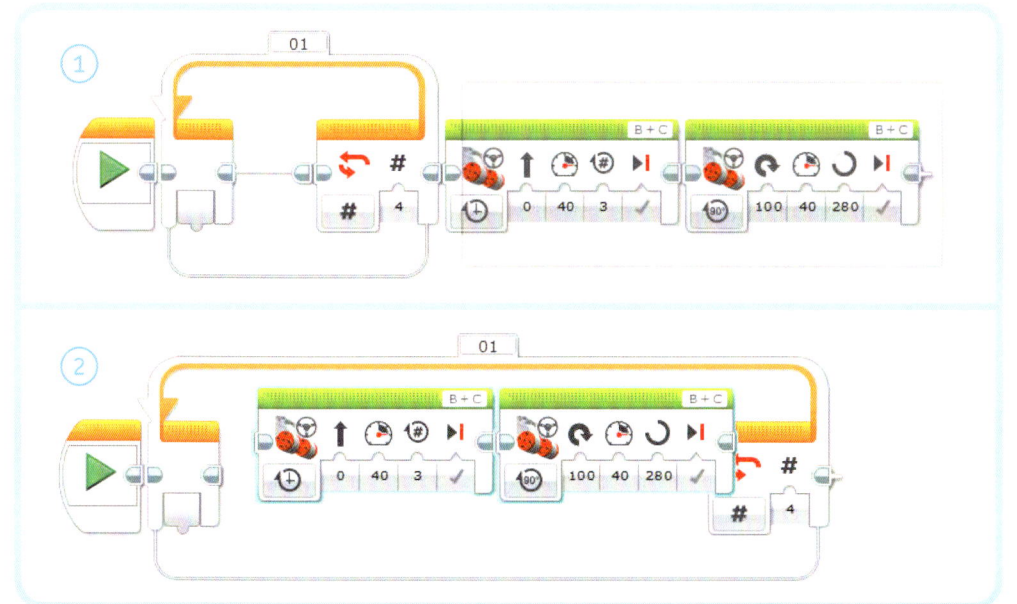

Abbildung 5-5: Um Blöcke in einen Schleifenblock einzufügen, platzierst du zuerst alle benötigten Blöcke im Programmierbereich (1). Dann wählst du die zu verschiebenden Blöcke aus und ziehst sie in die Schleife (2). Der Schleifenblock sollte seine Größe automatisch anpassen, um Platz für die eingefügten Blöcke zu bieten. Wenn du einen Schleifenblock verschiebst, verschiebt sich sein Inhalt mit.

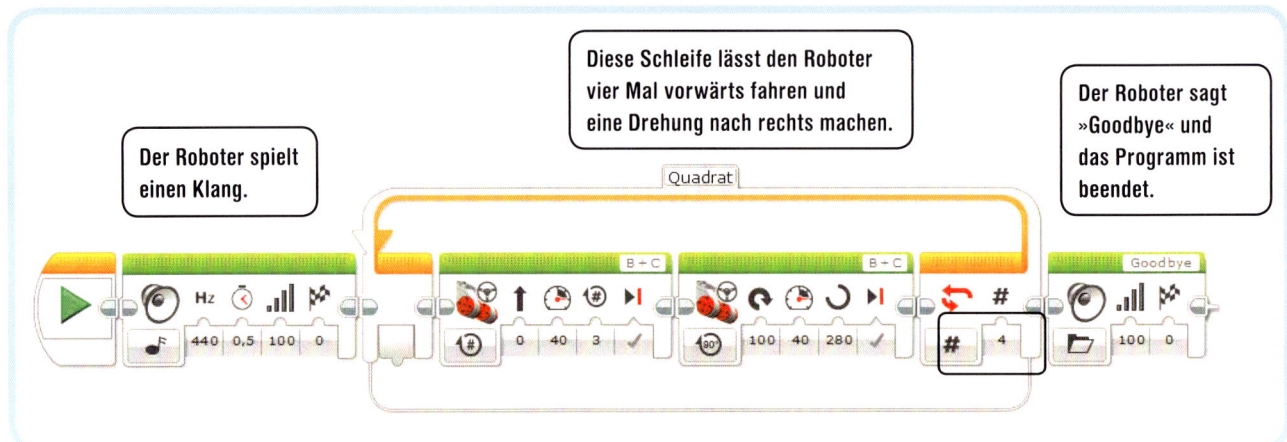

Der Roboter spielt einen Klang.

Diese Schleife lässt den Roboter vier Mal vorwärts fahren und eine Drehung nach rechts machen.

Der Roboter sagt »Goodbye« und das Programm ist beendet.

Abbildung 5-6: Das Programm OneSquare *enthält eine Schleife, die vier Mal ausgeführt wird. Wenn die beiden Blöcke innerhalb der Schleife vier Mal ausgeführt wurden (was ein Quadrat ergibt), macht das Programm mit dem nächsten Block weiter, in diesem Fall einem Klangblock. Du kannst als Name für die Schleife* Quadrat *eingeben, um ihre Funktion zu beschreiben.*

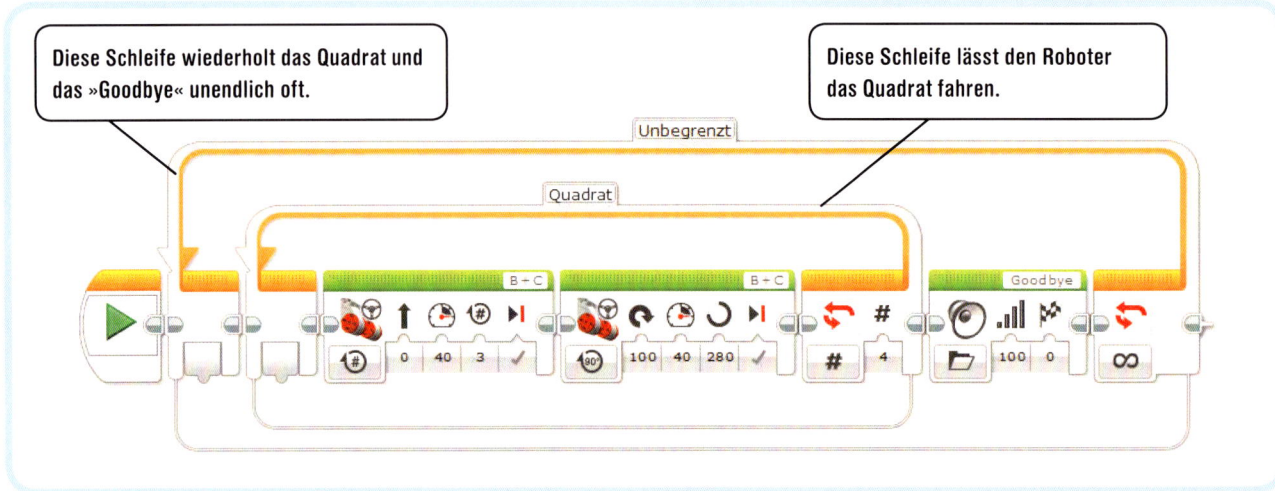

Diese Schleife wiederholt das Quadrat und das »Goodbye« unendlich oft.

Diese Schleife lässt den Roboter das Quadrat fahren.

Abbildung 5-7: Das Programm InfiniteSquare *zeigt, wie du einen Schleifenblock in einen anderen einfügst. Der innere Schleifenblock lässt den EXPLOR3R ein Quadrat abfahren und »Goodbye« sagen und der äußere Block wiederholt diesen Vorgang unbegrenzt.*

SELBST ENTDECKEN 16: BEWACHE DEN RAUM

Schwierigkeitsgrad: 🔲 **Zeit:** ⏱

Erstelle ein Programm, das den EXPLOR3R vor deiner Zimmertür sich ständig hin- und zurückbewegen lässt, als wenn er sie bewachen würde (siehe Abbildung 5-8). Verwende einen Schleifenblock im Modus *Unbegrenzt* und einen weiteren Bewegungslenkungsblock für die Drehung.

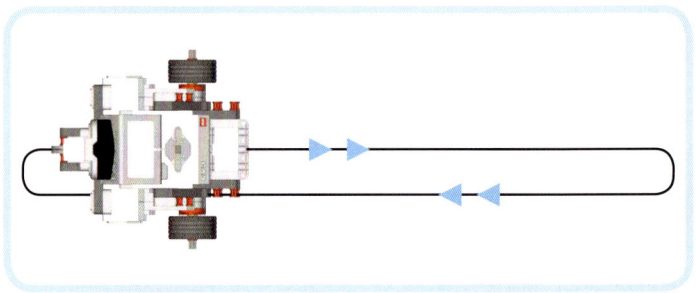

Abbildung 5-8: Der Pfad des EXPLOR3Rs in Selbst entdecken 16

Schwierigkeitsgrad: ☐☐ **Zeit:** ⏱

Du hast ein Programm erstellt, das deinen Robo-ter ein Quadrat fahren lässt. Wie kannst du das Programm *OneSquare* modifizieren, um die Form eines Dreiecks zu fahren? Wie wäre es mit einem Sechseck? Verwendete weitere Schleifenblöcke, um die Form fünf Mal zu fahren.

HINWEIS In *Selbst entdecken 2* auf Seite 39 hast du die Anzahl an Grad herausgefunden, damit der Roboter eine Drehung um 180 Grad macht. Kannst du diesen Wert nutzen, um die Anzahl Grad für eine 120-Grad-Drehung auszurechnen, sodass der Roboter ein Dreieck fährt?

Blöcke selbst machen: Eigene Blöcke

Zusätzlich zu den vorgefertigten Blöcken kannst du auch Eigene Blöcke erstellen. In Eigenen Blöcken kombinierst du mehrere Programmier-blöcke in einem. Eigene Blöcke sind besonders nützlich, wenn du eine bestimmte Kombination Blöcke häufig in deinen Programmen einsetzt. Du kannst z.B. einen Eigenen Block erstellen, durch den der Roboter »Hello! Good morning!« sagt und der die Statusleuchte auf Rot setzt.

Normalerweise benötigst du fünf Programmierblöcke für diese Aufgabe. Wenn die Aktion häufiger ausgeführt werden soll, wäre es viel einfacher, einen Eigenen Block zu erstellen, als jedes Mal die fünf Blöcke zu kopieren und einzufügen. Durch Eigene Blöcke sehen deine Programme auch ordentlicher aus, denn es befinden sich weniger Blöcke auf dem Bildschirm.

Eigene Blöcke erstellen

Um die Funktion Eigener Blöcke zu zeigen, schreiben wir ein Programm, das den EXPLOR3R »Hello! Good morning!« sagen lässt, vorwärts fährt und dann dasselbe noch einmal sagt. Da der Roboter dich zwei Mal grüßen soll, ist es einfacher, einen Eigenen Block namens *Talk* zu erstellen und diesen zu wiederholen, wie in den Abbil-dungen 5-9 bis 5-11 gezeigt. Wenn du diesen Eigenen Block erstellt hast, kannst du ihn zukünftig in jedem Programm verwenden, in dem der EXPLOR3R dir »Good morning!« wünschen soll.

1. Erstelle ein neues Programm namens *MyBlockDemo* und platziere und konfiguriere die fünf Blöcke des Robotergrußes im Programmierbereich wie in Abbildung 5-9. Dann wählst du diese fünf Blöcke aus (ausgewählte Blöcke werden blau umrandet) und klickst auf Werkzeuge ▸ Eigene Blöcke erstellen.

2. Jetzt erscheint Eigene Blöcke erstellen wie in Abbildung 5-10. Gib dem Block einen Namen, z.B. Talk. Nutze den Bereich Beschreibung, um den Block zu erklären, damit du seine Funktion später noch verstehst, wenn du ihn wiederverwenden möchtest. Dann suchst du ein Symbol für ihn aus, z.B. den Lautsprecher, der anzeigt, dass dieser Block mit Klang zu tun hat. Klicke dann auf Fertig stellen.

3. Wenn du deinen Eigenen Block fertig hast, erscheint er im Programmierbereich und ersetzt die fort vorher ausgewählten Blöcke, wie in Abbildung 5-11 gezeigt. Ordner die Blöcke neu an, wenn das notwendig ist.

Eigene Blöcke in Programmen verwenden

Wenn der Eigene Block fertig ist, findest du ihn im hellblauen Register in der Programmierpalette wie in Abbildung 5-12. Füge einen Bewe-gungslenkungsblock hinzu und eine weitere Kopie des Eigenen Blocks und schließe das Programm *MyBlockDemo* ab. Wenn du das Pro-gramm ausführst, sollte der Roboter »Hello! Good morning!« sagen, vorwärts fahren und erneut grüßen. Die Statusleuchte sollte rot sein, während der Klang abgespielt wird, und grün, wenn der Roboter fährt.

Diese Eigenen Blöcke machen das Programm viel verständlicher, wenn du es z.B. einem Freund erklären willst. Daher ist es manchmal sinnvoll, dein Programm in mehrere Eigene Blöcke aufzuteilen, auch wenn du sie nur einmal verwendest.

Eigene Blöcke bearbeiten

Du kannst die Programmierblöcke innerhalb Eigener Blöcke bearbeiten. Um das zu tun, doppelklickst du im Programmierbereich auf den Eigenen Block, um seinen Inhalt anzuzeigen, und bearbeitest ihn wie ein ganz normales Programm. Wenn du fertig bist, klickst du auf Speichern und kehrst zum Programm zurück, das den Eigenen Block verwendet.

Um einen Eigenen Block umzubenennen, doppelklickst du auf seine Beschriftung und gibst einen neuen Namen ein (wie du es bei normalen Programmen auch tun würdest und wie in Abbildung 3-11 auf Seite 29 gezeigt).

Eigene Blöcke in Projekten verwalten

Du kannst Eigene Blöcke in jedem Programm innerhalb desselben Projekts verwenden. Zum Beispiel kannst du den Eigenen Block *Talk* in jedem Programm im Projekt EXPLOR3R-5 verwenden. Manchmal möch-test du den Eigenen Block jedoch auch in anderen Projekten nutzen.

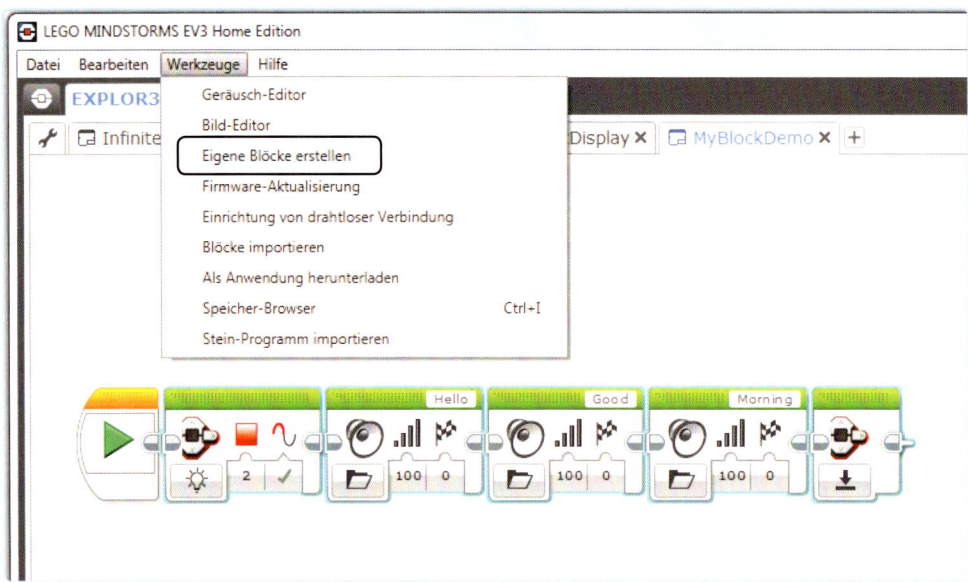

Abbildung 5-9: *Platziere und konfiguriere die Blöcke wie gezeigt. Wähle dann alle bis auf den orangefarbenen Startblock aus und klicke im Menü auf* Eigene Blöcke erstellen.

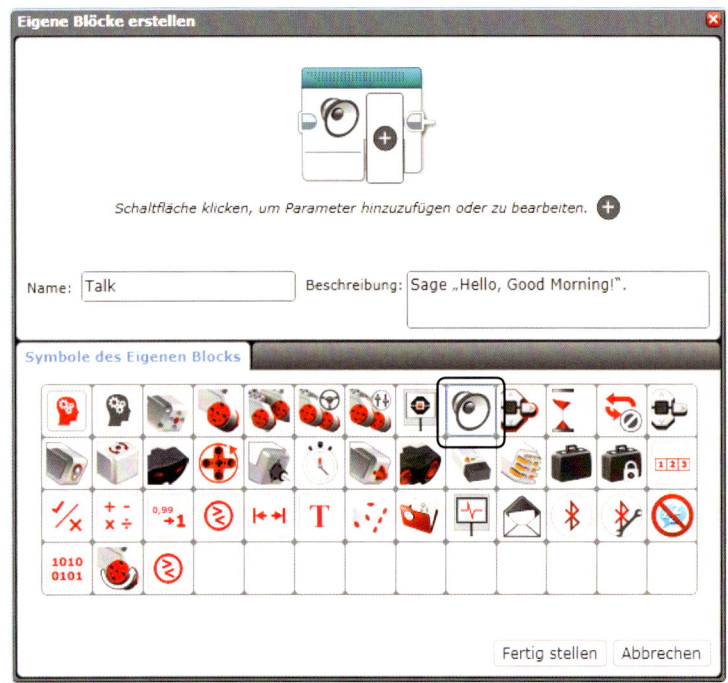

Abbildung 5-10: Eigenen Block erstellen: *Wähle einen Namen, eine Beschreibung und ein Symbol für deinen Eigenen Block. Klicke auf* Fertig stellen, *um zurückzukehren.*

Abbildung 5-11: *Der fertige Eigene Block im Programmierbereich. Wenn dein Eigener Block nach seiner Erstellung nicht richtig mit dem Startblock ausgerichtet ist, klicke auf das linke Ende der Weiterleitung, um die Blöcke zu verbinden.*

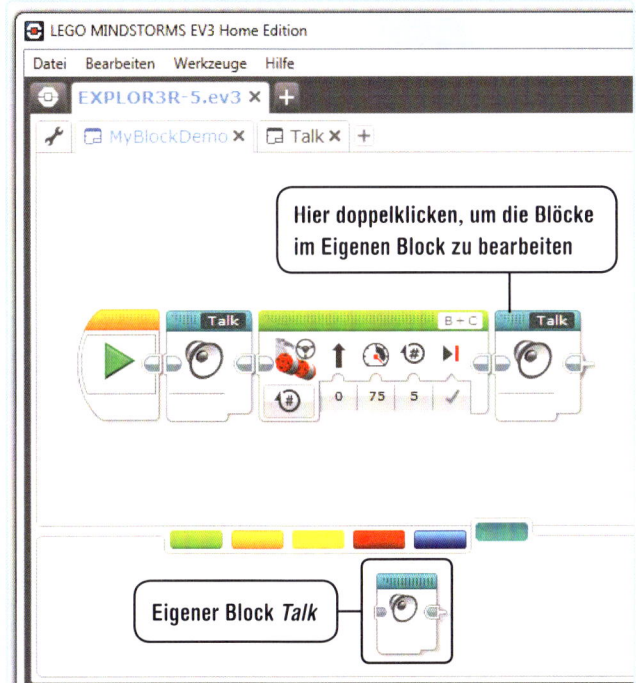

Um den gerade erstellten Eigenen Block in ein anderes Projekt zu kopieren (wie in Abbildung 5-13 gezeigt), gehst du zur Eigenschaftsseite des Projekts (1), wählst **Talk.ev3** aus dem Register Eigene Blöcke aus und klickst auf **Kopieren** (3). Ohne das Projekt zu schließen, öffnest du das vorherige Projekt: *EXPLOR3R-4* (4). Gehe zu seinen Eigenen Blöcken auf der Eigenschaftsseite (5) und klicke auf **Einfügen** (6). Jetzt solltest du den Eigenen Block auch im Projekt *EXPLOR3R-4* verwenden können.

Statt den Befehl Kopieren zu verwenden, kannst du auch auf **Exportieren** klicken, womit du einen Eigenen Block als Datei speichern kannst. Diese Datei kannst du einem Freund mailen, der sie dann seinem Projekt über die Schaltfläche **Importieren** hinzufügen kann. Um einen Eigenen Block aus einem Projekt zu entfernen, klickst du auf die Schaltfläche **Löschen**.

HINWEIS Mit dieser Methode kannst du auch andere Dateien zwischen Projekten übertragen, z.B. einzelne Programme, eigene Klänge und Bilder.

Abbildung 5-12: Das fertige Programm MyBlockDemo

Abbildung 5-13: Den Eigenen Block aus dem EXPLOR3R-5-Projekt ins EXPLOR3R-4-Projekt kopieren

SELBST ENTDECKEN 18: MEIN QUADRAT

Schwierigkeitsgrad: ▭   Zeit: ◔

Öffne das Programm *OneSquare* aus Abbildung 5-6 und ändere den Schleifenblock und seinen Inhalt in einen Eigenen Block namens *MySquare*. Jetzt kannst du diesen Block immer dann einsetzen, wenn dein Roboter ein Quadrat fahren soll.

SELBST ENTDECKEN 19: MEINE MELODIE

Schwierigkeitsgrad: ▭   Zeit: ◔

Erinnerst du dich an die Melodie, die du mittels Klangblöcken in *Selbst entdecken 6* auf Seite 42 erstellt hast? Konvertiere die Sequenz in einen Eigenen Block, damit du deine Lieblingsmelodie jederzeit in deinen Programmen benutzen kannst.

Multitasking

Alle Blöcke, die du bisher verwendet hast, wurden nacheinander ausgeführt, so wie sie im Programmierbereich angeordnet waren. Der EV3 kann Blöcke jedoch auch parallel ausführen, entweder mittels mehrerer Startblöcke oder einer verzweigten Weiterleitung. Die Methoden sind sich sehr ähnlich, wie du sehen wirst.

Mehrere Startblöcke

Ein einfacher Weg, zwei Sequenzen von Blöcken *parallel* auszuführen (also gleichzeitig), ist, einen zweiten Startblock hinzuzufügen wie in Abbildung 5-14. Wenn du *Herunterladen und ausführen* anwählst, werden beide Sequenzen gleichzeitig gestartet. Das Programm ist beendet, wenn beide Sequenzen abgeschlossen sind. Wenn du eine einzelne Sequenz testen willst, kannst du sie per Klick auf den grünen Pfeil auf dem jeweiligen Startblock aktivieren.

Wenn du dieses Programm ausführst, bewegt sich der Roboter und spielt gleichzeitig einen Klang.

Eine Weiterleitung verzweigen

Ein anderer Weg zum Multitasking-Roboter besteht in einer verzweigten Weiterleitung wie in Abbildung 5-15. Das ist nützlich, wenn du zwei parallele Sequenzen haben möchtest, sie aber nicht von Anfang an benötigst. Im Programm *MultiSequence* spielt der Roboter einen Klang ab und dann laufen zwei Aktionen parallel: Der Roboter fährt vorwärts und sagt gleichzeitig »Hello! Good morning!«, indem er den vorhin erstellten *Talk-Block* benutzt.

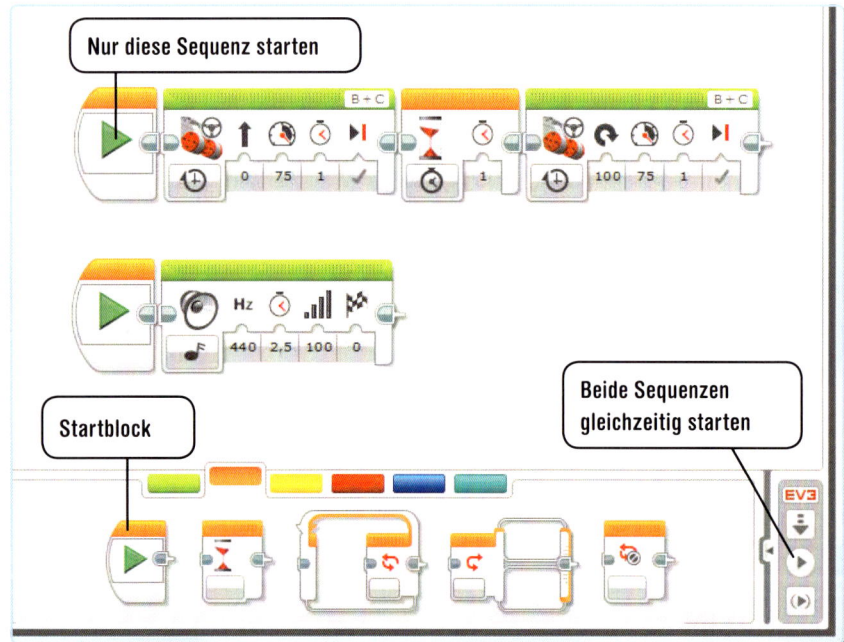

Nur diese Sequenz starten

Beide Sequenzen gleichzeitig starten

Startblock

*Abbildung 5-14: Multitasking mit zwei Startblöcken im Programm **MultiStart**. Den Startblock findest du bei den Ablaufblöcken (im orangenen Register).*

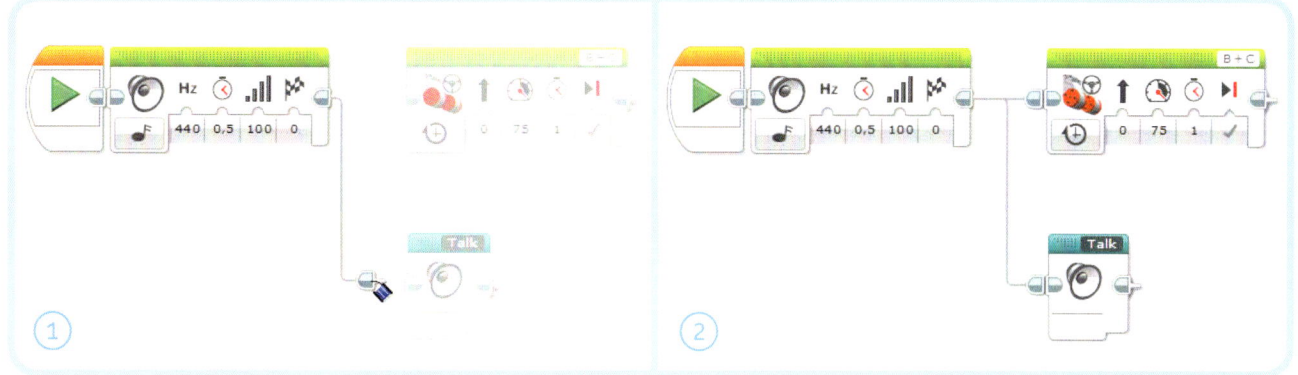

Abbildung 5-15: Multitasking mit einer verzweigten Sequenzleitung im Programm **MultiSequence**. Um es zu erstellen, platzierst du zuerst alle benötigten Blöcke im Programmier-bereich, schließt dann eine Weiterleitung an jede Blockserie an. (Das funktioniert, obwohl der Klangblock und der Bewegungsblock miteinander verbunden sind. Die Blöcke werden automatisch getrennt, wenn du versuchst, sie mit dem eigenen Talk-Block zu verbinden.)

Ressourcenkonflikte vermeiden

Genauso wie du nicht gleichzeitig vorwärts und rückwärts gehen kannst, so kannst du deinen Roboter auch nicht in einer Sequenz programmieren, vorwärts zu fahren, und in der anderen rückwärts. Es gibt einen Ressourcenkonflikt, wenn zwei Blocksequenzen gleichzeitig versuchen, einen einzelnen Motor anzusteuern.

Leider teilt dir die EV3-Software nicht mit, wenn es in deinem Programm einen solchen Konflikt gibt. Das Programm wird trotzdem ausgeführt, aber das Ergebnis ist nicht vorhersehbar. Zum Beispiel könnte der Roboter in eine völlig andere Richtung fahren. Um dieses potenzielle Problem zu vermeiden, verwende immer nur einen Motor oder einen Sensor in einer Sequenz.

Wenn möglich solltest du Multitasking vermeiden, denn Ressourcenkonflikte können auch unerwartet auftreten. Manchmal erreichst du dieselbe Funktion auch durch eine Reihe von Blöcken, die nacheinander ausgeführt werden. Statt beispielsweise eine Bewegung und einen Klang in parallelen Sequenzen zu steuern, ist das auch in einer einzelnen möglich, wie in *Selbst entdecken 21*.

Weitere Experimente

Nachdem du den ersten Teil dieses Buchs abgeschlossen hast, verfügst du über eine solide Grundlage wichtiger Programmiertechniken. In diesem Kapitel hast du Warte- und Schleifenblöcke kennengelernt, erfahren, wie Eigene Blöcke erstellt und bearbeitet werden und wie deine Roboter Multitasking praktizieren.

Im nächsten Teil dieses Buchs erstellst du Roboter, die über Sensoren mit ihrer Umgebung interagieren. Bevor du damit jedoch beginnst, solltest du dein Wissen mit den folgenden *Selbst entdecken* vertiefen.

SELBST ENTDECKEN 20: MULTITASKING

Schwierigkeitsgrad: Zeit:

Lasse den Roboter unbegrenzt im Quadrat herumfahren und gleichzeitig immer wieder »LEGO, MINDSTORMS, EV3« sagen.

SELBST ENTDECKEN 21: SINGLETASKING

Schwierigkeitsgrad: Zeit:

Das Programm *MultiStart* ist ein einfaches Beispiel, das das Prinzip des Multitasking zeigt. Es ist aber nicht immer notwendig, mehrere Sequenzen für Bewegung und Klang parallel zu verwenden. Kannst du ein Programm erstellen, das dasselbe leistet wie *MultiStart*, aber nur mit einer einzelnen Blocksequenz?

Damit es noch ein bisschen spannender wird, probiere das auch mit dem Programm *MultiSequence*.

HINWEIS Wie das geht, hast du in Kapitel 4 gelernt. Wozu diente noch einmal die Einstellung Wiedergabeart im Klangblock?

SELBST ENTDECKEN 22: KOMPLIZIERTE MUSTER

Schwierigkeitsgrad: ▢▢ **Zeit:** ⏱⏱⏱

Erstelle ein Programm, das den EXPLOR3R im unten gezeigten Muster fahren lässt, während unterschiedliche Klänge abgespielt werden (siehe Abbildung 5-16).

HINWEIS Wenn du genau hinsiehst, erkennst du vier identische Abschnitte in der Figur, sodass du den Bewegungsblock nur für einen davon erstellen musst. Dann kannst du die Bewegung in eine Schleife einbetten, die vier Mal ausgeführt wird.

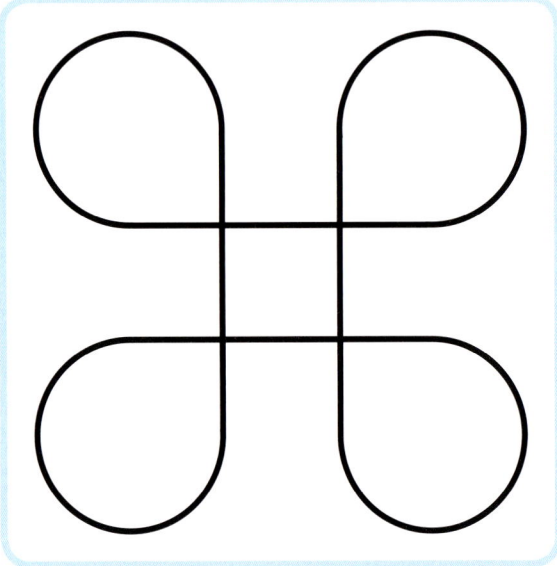

Abbildung 5-16: Das Muster für Selbst entdecken 22

TEIL II

Roboter mit Sensoren programmieren

6

Wie Sensoren funktionieren

Der Lego-Mindstorms-EV3-Kasten enthält drei Arten von Sensoren: Berührungs-, Farb- und Infrarotsensoren. Du kannst diese Sensoren einsetzen, damit dein Roboter mit seiner Umgebung interagiert. Zum Beispiel kannst du ihn so programmieren, dass er einen Klang abspielt, wenn er dich erkennt, Hindernisse umfährt oder farbigen Linien folgt. Dieser Teil des Buchs erklärt, wie du Roboter baust, die diese Sensoren nutzen.

Um zu lernen, wie man mit Sensoren umgeht, erweitern wir den EXPLOR3R, indem wir eine Stoßstange anbauen, die Hindernisse mit einem Berührungssensor erkennt, wie in Abbildung 6-1 gezeigt. Wenn du dann Programme erstellen kannst, die den Berührungssensor nutzen, gehen wir in den folgenden Kapiteln zu den anderen Sensoren über.

Abbildung 6-1: Der EXPLOR3R verwendet eine Stoßstange mit Berührungssensor, um Objekte zu erkennen, die im Weg liegen.

Was sind Sensoren?

Lego-Mindstorms-Roboter können nicht so sehen oder fühlen, wie Menschen das tun, aber du kannst sie mit Sensoren ausstatten, mit denen sie Informationen sammeln und Schlüsse über ihre Umgebung ziehen. Mit Programmen, die diese Sensorinformationen interpretieren, kannst du deine Roboter intelligent erscheinen lassen, indem sie auf ihre Umwelt reagieren. Du kannst z.B. ein Programm erstellen, das den Roboter »Blue« sagen lässt, wenn einer der Sensoren ein blaues Stück Papier erkennt.

Die Sensoren im EV3-Kasten

Dein EV3-Kasten enthält drei Sensoren, die du an den Roboter anschließen kannst (siehe Abbildung 6-2), und einige integrierte Sensoren. Der *Berührungssensor* erkennt, ob der rote Taster darauf gedrückt oder losgelassen wird. Der *Farbsensor* erkennt die Farbe einer Oberfläche und die Intensität einer Lichtquelle, wie du in Kapitel 7 sehen wirst. Der *Infrarotsensor* (der in Kapitel 8 besprochen wird) misst die ungefähre Distanz nahe liegender Objekte und empfängt Signale der Infrarotfernsteuerung.

Zusätzlich besitzt jeder Motor des EV3-Kastens einen eingebauten *Rotationssensor*, der die Achsposition und –geschwindigkeit misst, und der EV3-Stein erkennt, welche Tasten darauf betätigt wurden (siehe Kapitel 9).

Abbildung 6-2: Der EV3-Kasten wird mit einem Berührungssensor (links), einem Farbsensor (Mitte) und einem Infrarotsensor (rechts) geliefert.

Funktionsweise des Berührungssensors

Der Berührungssensor ermöglicht es deinem Roboter, zu fühlen, indem er erkennt, ob die rote Taste des Sensors gerade gedrückt oder losgelassen wurde, wie in Abbildung 6-3 gezeigt. Der EV3 liest diese Information aus dem Sensor aus und verwendet sie in Programmen. So kann dein Roboter z.B. jedes Mal »Hello« sagen, wenn du den Berührungssensor betätigst.

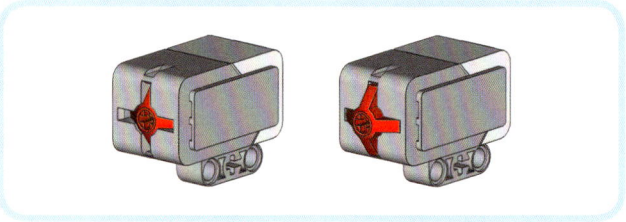

Abbildung 6-3: Der Berührungssensor erkennt, ob der rote Taster gedrückt (links) oder losgelassen wurde (rechts).

Trotz seiner Einfachheit ist der Berührungssensor für viele Anwendungen gut zu gebrauchen. So können Roboter mit dem Berührungssensor Objekte vor ihnen erkennen. Du kannst den Berührungssensor auch verwenden, um festzustellen, dass ein Mechanismus im Roboter eine bestimmte Position erreicht hat. In Kapitel 18 verwendest du den Sensor zum Beispiel, um zu erkennen, ob ein Roboterarm vollständig gehoben ist.

Die Stoßstange mit dem Berührungssensor bauen

Wenn du eine Stoßstange baust und sie mit dem Berührungssensor verbindest, wird der Sensor jedes Mal ausgelöst, wenn der EXPLOR3R an ein Objekt stößt. Das Programm im EV3 kann diese Information nutzen, um den Roboter in eine andere Richtung fahren zu lassen. Baue die Stoßstange und befestige sie am Roboter, wie auf den folgenden Seiten gezeigt. Schließe den Berührungssensor mit einem kurzen Kabel an Eingabeanschluss1 an.

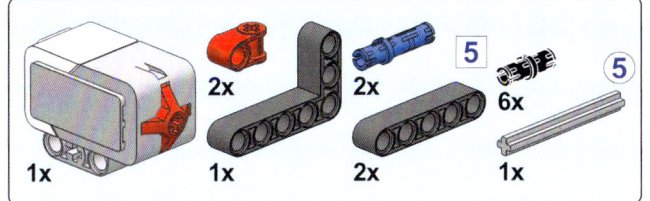

1

2

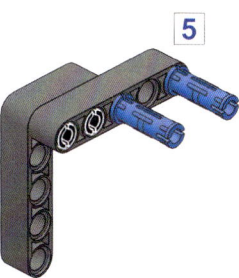

3

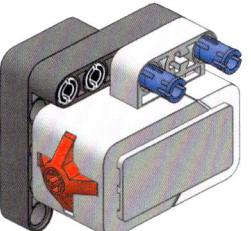

4

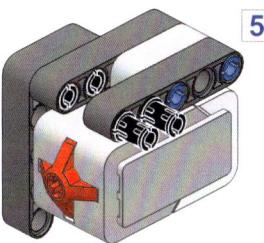

5

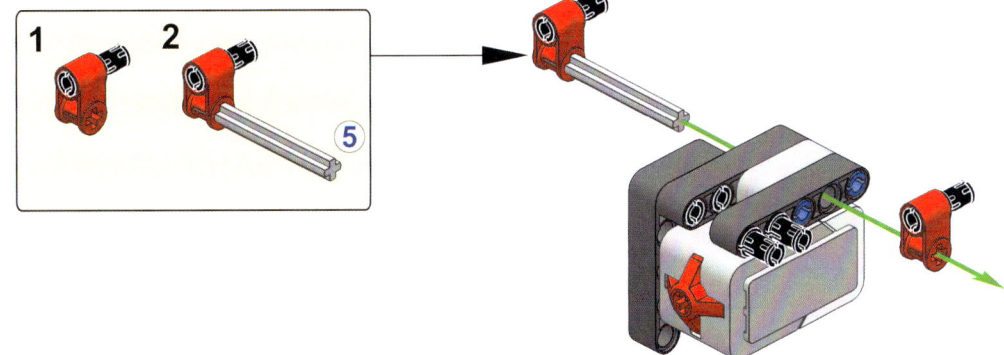

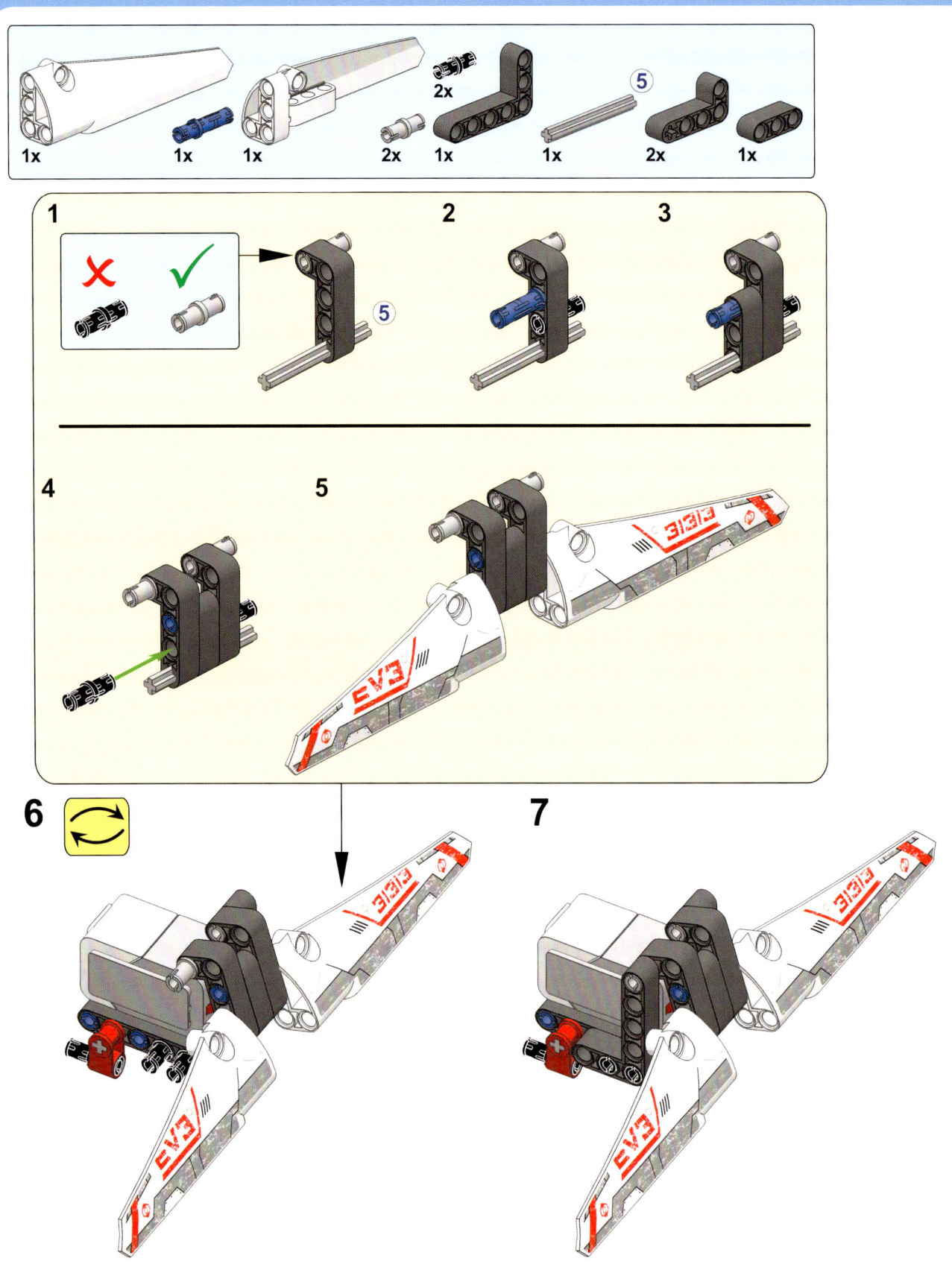

8

Kurz / 25 cm

1x

9

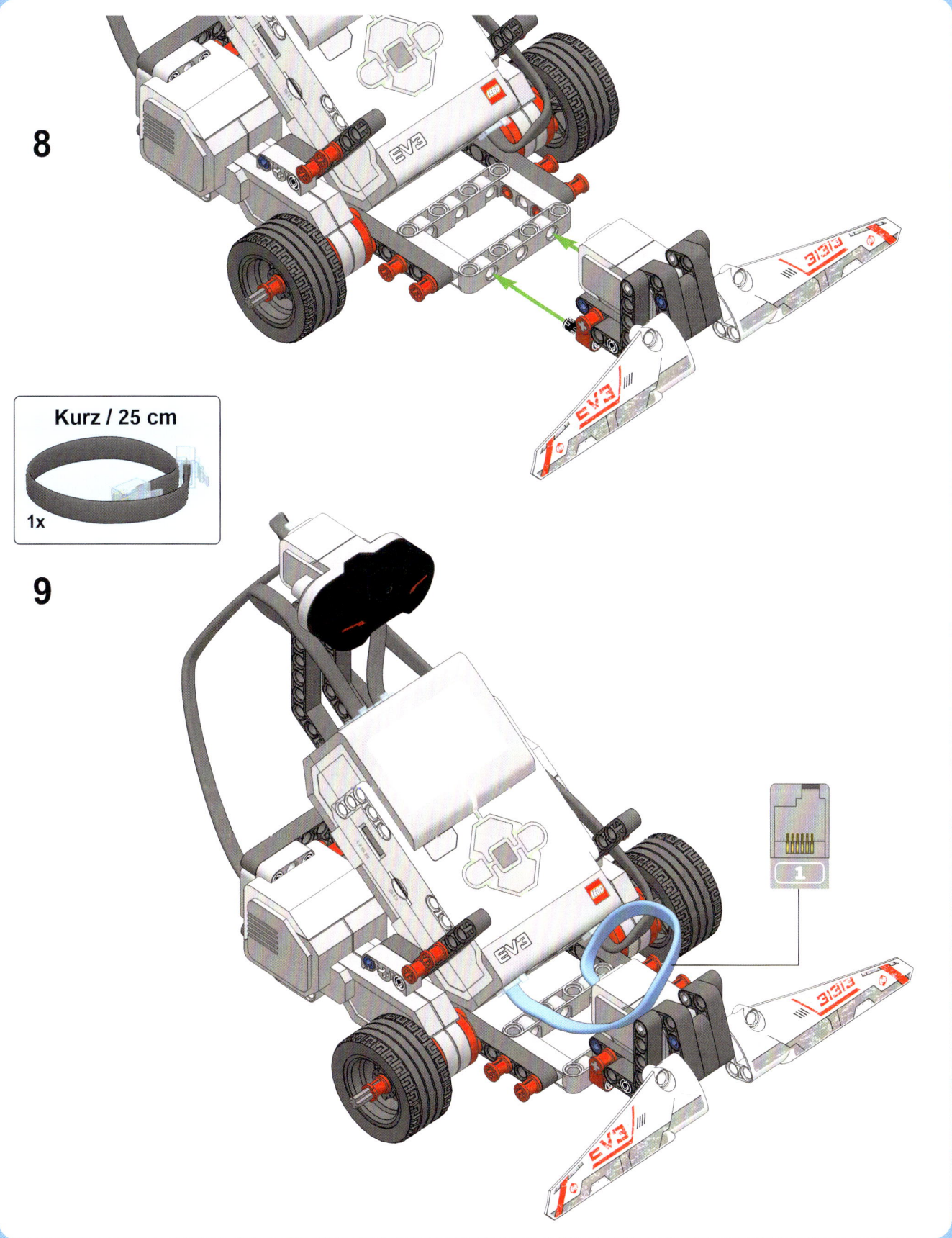

Sensorwerte anzeigen

Du kannst die gemessenen Werte der Sensoren in der Anwendung **Anschlussansicht** auf dem EV3-Stein ansehen, wie in Abbildung 6-4 gezeigt. Beim Berührungssensor bedeutet der Wert 1, dass er betätigt wird, während 0 für losgelassen steht.

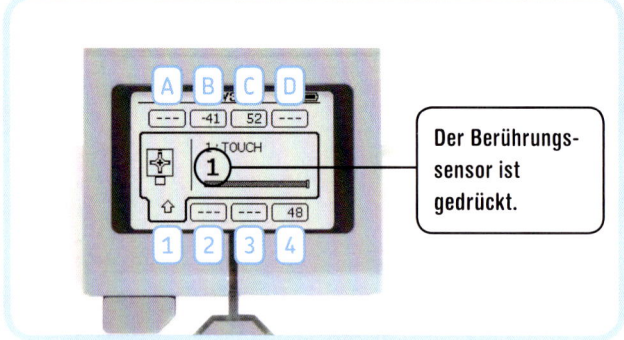

*Abbildung 6-4: Die Anwendung **Anschlussansicht** auf dem EV3-Stein. Der EV3 erkennt automatisch, welche Sensoren du angeschlossen hast, und zeigt ihre Messwerte auf dem Display. Mit den Tasten (Links, Rechts, Auf, Ab) zeigst du weitere Details der Sensoren an.*

Du kannst die Tasten auf dem EV3 verwenden, um durch die Messwerte zu navigieren. Unten rechts auf dem Display (Anschluss 4) siehst du die Distanzmessung des Infrarotsensors (in diesem Beispiel 48%). Die beiden Werte oben (-41 und 52) zeigen die Positionen der Roboter-Motoren an den Anschlüsse B und C an.

Manche Sensoren können mehr als eine Art von Messung durchführen. Um andere Messungen des Infrarotsensors zu sehen, gehst du zu Anschluss 4, drückst die Mitte-Taste und wählst einen Sensor-Modus. Du erfährst mehr über die Meldungen, wenn du weiterliest.

Wenn dein Roboter an einen Computer angeschlossen ist, kannst du die Messwerte auch auf der Hardwareseite in der EV3-Software ansehen, wie in Abbildung 6-5 gezeigt. Nutze einfach die Methode, die für dich am bequemsten ist.

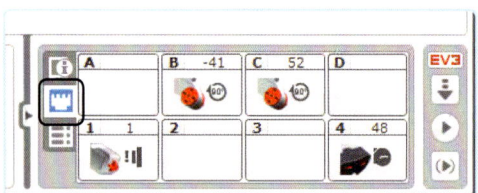

Abbildung 6-5: Du kannst die Messwerte auch in der EV3-Software ansehen. Wenn die Werte nicht kontinuierlich angezeigt werden, lädst du ein Programm herunter, das die Verbindung zum Roboter aktualisiert. Klicke auf einen der Sensoren, um auszuwählen, welche Art von Messung du ansehen möchtest.

Sensoren programmieren

Jetzt werfen wir einen Blick auf die Verwendung der Messwerte in deinen Programmen. Versuche den Berührungssensor in einem Programm zu nutzen, das einen Klang abspielt, wenn der Berührungssensor betätigt wird.

Mehrere Programmierblöcke ermöglichen dir die Verwendung von Sensoren in Programm, z.B. die Warte-, Schleifen- und Schalterblöcke. In diesem Kapitel lernst du, wie diese Blöcke mit dem Berührungssensor funktionieren. Das Prinzip gilt jedoch auch für die anderen Sensoren im EV3-Kasten.

Sensoren und der Warteblock

Weiter vorn hast du einen Warteblock verwendet, um das Programm für eine bestimmte Zeit (z.B. fünf Sekunden) anzuhalten. Du kannst einen Warteblock jedoch auch einsetzen, um ein Programm anzuhalten, bis ein Sensor ausgelöst wird. Zum Beispiel kannst du einen Warteblock so konfigurieren, dass er auf die Auslösung des Berührungssensors reagiert, wie in Abbildung 6-6 gezeigt.

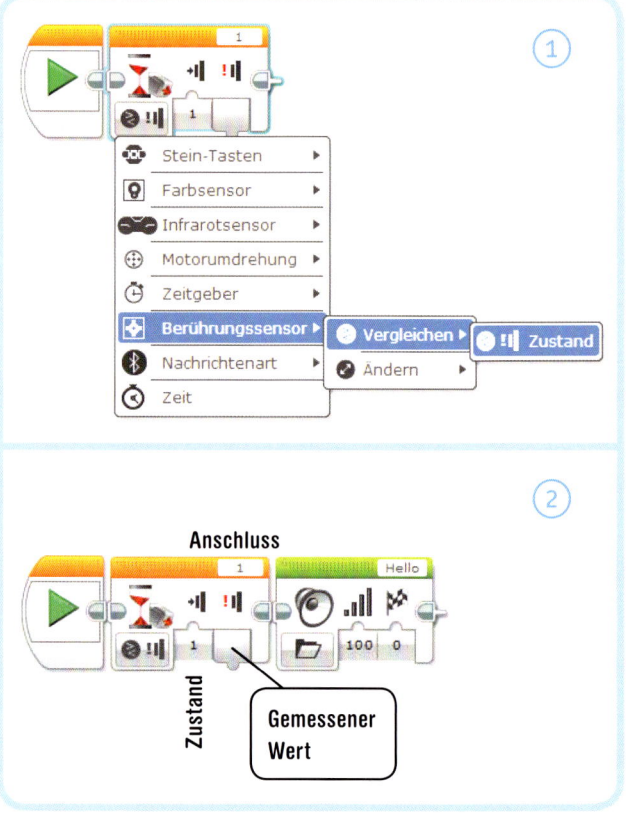

*Abbildung 6-6: Das Programm **WaitForTouch** lässt den Roboter einen Klang abspielen, wenn der Berührungssensor ausgelöst wird.*

Wenn du den Modus **Berührungssensor ▸ Vergleichen ▸ Zustand** auswählst, musst du auch festlegen, ob verglichen oder auf eine Änderung gewartet werden soll. Im *Vergleichsmodus* gibst du durch einen Zustand an, ob das Programm warten soll, bis der Sensor losgelassen wird (0), bis er gedrückt wird (1) oder angestoßen (2). Wenn du *Angestoßen* wählst, wartet das Programm auf eine Betätigung und anschließendes Loslassen.

Im Modus *Ändern* wartet das Programm, bis sich der Zustand des Sensors ändert: Ist der Sensor gedrückt, wenn der Block beginnt, wartet das Programm, bis der Sensor losgelassen wird. Ist der Sensor losgelassen, wartet das Programm, bis er gedrückt wird.

Mit der Anschluss-Einstellung kannst du festlegen, an welchen Eingang der Sensor angeschlossen ist (in diesem Fall Anschluss 1). Schließlich ermöglicht dir eine Datenleitung für den Messwert, diesen später in deinem Programm zu verwenden (wir kommen darauf in Teil V dieses Buchs zurück).

Sensoren und der Warteblock in Aktion

Erstelle ein neues Projekt namens EXPLOR3R-*Touch* mit einem Programm namens *WaitForTouch* wie in Abbildung 6-6. Der Modus des Warteblocks ist auf **Berührungssensor ▸ Vergleichen ▸ Zustand** gesetzt. Wenn du das Programm ausführst, passiert zuerst nichts, aber wenn du den Berührungssensor auslöst (indem du die Stoßstange drückst), sagt der Roboter »Hello«.

Halte den Sensor diesmal gedrückt und starte das Programm erneut. Die Sprachausgabe wird sofort abgespielt, weil der Block auf nichts warten muss, denn der Sensor ist schon betätigt.

SELBST ENTDECKEN 23: HELLO UND GOODBYE

Schwierigkeitsgrad: ▭▭ **Zeit:** ◔

Kannst du ein Programm erstellen, das den Roboter »Hello« sagen lässt, wenn du die Stoßstange drückst, und »Goodbye«, wenn du sie wieder loslässt?

HINWEIS **Füge ein weiteres Paar Warte- und Klangblöcke in das Programm *WaitForTouch* ein (siehe Abbildung 6-6). Der erste Warteblock sollte auf die Betätigung warten und der zweite auf das Loslassen. Wo bringst du diese neuen Blöcke unter?**

Mit dem Berührungssensor Hindernissen ausweichen

Nachdem du jetzt mit dem Berührungssensor und dem Warteblock vertraut bist, kannst du dich an weitere spannende Programme machen. Das nächste Programm, *TouchAvoid*, lässt den EXPLOR3R in einem Raum herumfahren und umdrehen, wenn er mit der Stoßstange etwas berührt, wie eine Wand oder einen Stuhl. Eine Übersicht über das Programm findest du in Abbildung 6-7.

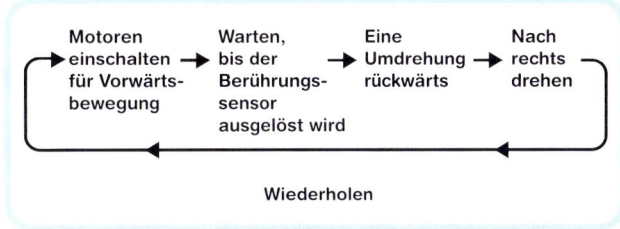

Abbildung 6-7: Der Programmablauf von *TouchAvoid*. Nach einer Rechtsdrehung kehrt das Programm zum Anfang zurück und startet erneut.

Du kannst jede Aktion dieses Diagramms mit einem Programmierblock umsetzen. Verwende einen *Bewegungslenkung*block im Modus *An*, um die Motoren einzuschalten, und einen *Warte*block, um auf die Betätigung des Sensors zu warten. (Während das Programm wartet, fährt der Roboter weiter.)

Wird der Sensor ausgelöst, verwendest du einen Bewegungslenkungsblock für die Rückwärtsfahrt und einen weiteren zum Wenden, wobei beide im Modus *An für n Umdrehungen* sind. Nachdem der Roboter gewendet hat, springt das Programm zum Anfang zurück, weshalb du die vier Blöcke in einer Schleife im Modus *Unbegrenzt* unterbringen musst. Erstelle das Programm jetzt, wie in Abbildung 6-8 gezeigt.

SELBST ENTDECKEN 24: HINDERNISSE UND SCHLECHTE LAUNE VERMEIDEN

Schwierigkeitsgrad: ▭ **Zeit:** ◔

Erweitere das Programm *TouchAvoid* so, dass es ein Lächeln auf dem EV3-Display anzeigt, während sich der Roboter vorwärts bewegt, und ein trauriges Gesicht, wenn er rückwärts fährt und umdreht.

HINWEIS **Platziere dazu zwei Anzeigeblöcke im Schleifenblock.**

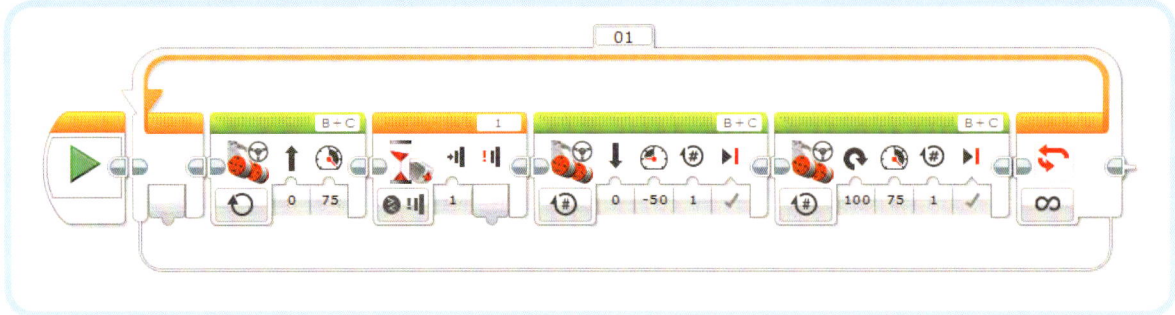

Abbildung 6-8: Das Programm TouchAvoid. Der Warteblock ist im Modus Berührungssensor ▸ Vergleichen ▸ Zustand konfiguriert.

SELBST ENTDECKEN 25: EINFACH DRÜCKEN

Schwierigkeitsgrad: 🔲🔲 **Zeit:** 🕐🕐

Kannst du den EXPLOR3R so lange rückwärts fahren lassen, wie du die Stoßstange drückst, und ihn zum Anhalten bringen, wenn du sie wieder loslässt? Dieses Verhalten sollte so lange dauern, bis du das Programm manuell beendest. Teste dein Programm, indem du die Stoßstange per Hand gedrückt hältst. (Das wirkt so, als wenn du den Roboter rückwärts drückst, aber in Wirklichkeit leistet er die ganze Arbeit.)

HINWEIS Du benötigst eine Schleife, zwei Warteblöcke und zwei Bewegungslenkungsblöcke (einen im Modus *An* und einen im Modus *Aus*).

Den Änderungsmodus verwenden

Bislang haben wir den Warteblock im Modus *Vergleichen* verwendet, damit das Programm anhält, bis der Berührungssensor einen bestimmten Zustand erkennt. Nun erstellen wir ein Programm mit einem Warteblock im Modus *Änderung*, der das Programm anhält, bis der Sensor seinen Zustand wechselt (entweder von Losgelassen auf Gedrückt oder umgekehrt). Erstelle das Programm *WaitForChange* wie in Abbildung 6-9 und führe es aus.

Ist die Stoßstange frei, wenn das Programm gestartet wird, fährt der Roboter so lange, bis er ein Objekt berührt, und hält dann an. Hat die Stoßstange beim Programmstart

schon Kontakt, sollte der Roboter versuchen, weiter vorwärts zu fahren, bis der Sensor freikommt, und dann anhalten.

In den meisten Programmen ist der Vergleichen-Modus am sinnvollsten, denn damit lässt sich das Verhalten des Roboters besser vorhersagen. Unabhängig vom Ausgangszustand des Sensors wartet der Roboter immer mit seiner Aktion, bis der Berührungssensor einen gewünschten Zustand erreicht.

Sensoren und der Schleifenblock

Wie du in Kapitel 5 gelernt hast, kannst du einen Schleifenblock eine bestimmte Anzahl Wiederholungen laufen lassen, eine bestimmte Anzahl Sekunden oder unbegrenzt. Du kannst eine Schleife auch auf Basis von Sensormesswerten steuern. Zum Beispiel kann dein Roboter vorwärts und rückwärts fahren, bis der Berührungssensor betätigt wird. Um den Schleifenblock auf diese Weise zu konfigurieren, wählst du den Modus **Berührungssensor ▸ Zustand**, wie in Abbildung 6-10 gezeigt. Wie vorher auch wählst du Anschluss **1**.

Erstelle das Programm *LoopUntilTouch* und führe es aus, um zu sehen, wie es funktioniert. Du solltest erkennen, dass das Programm die Sensorwerte nur einmal je Schleifendurchlauf prüft. Damit die Schleife beendet wird, muss der Sensor gedrückt werden, kurz

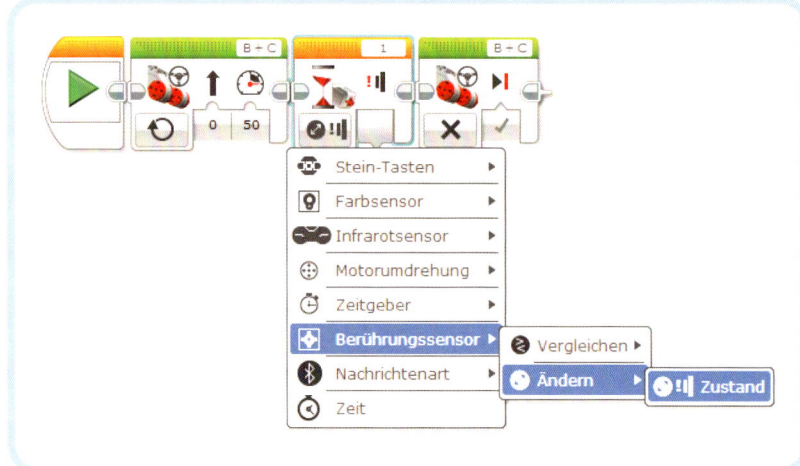

Abbildung 6-9: Das Programm WaitForChange

Abbildung 6-10: Das Programm **LoopUntilTouch.** *Um den Schleifenblock zu konfigurieren, klickst du auf dem Moduswähler und wählst* Berührungssensor ▸ Zustand.

nachdem der Roboter vorwärts fährt. Wird der Sensor nicht an diesem Punkt der Schleife betätigt, fährt der Roboter einmal mehr rückwärts und vorwärts, bevor er den Zustand des Berührungssensors erneut prüft.

Hierbei handelt es sich um ein erwartetes Verhalten des Schleifenblocks, aber manchmal möchtest du die Schleife beenden, auch wenn du den Sensor nicht exakt zum richtigen Zeitpunkt betätigst. Um das zu erreichen, setzt du den Zustand auf *Angestoßen* (2) und führst das Programm erneut aus. In dieser Konfiguration prüft die Schleife nicht, ob der Sensor *am Ende* der Schleife betätigt wurde, sondern ob der Sensor *während* des Durchlaufs betätigt, also gedrückt und losgelassen wurde. Wenn ja, halten die Blöcke nach dem aktuellen Durchlauf an. (Der EV3 beobachtet den Status des Berührungssensors kontinuierlich während der Schleife, sodass du dich nicht darum kümmern musst.)

SELBST ENTDECKEN 26: LUSTIGE MELODIEN

Schwierigkeitsgrad: ▢ **Zeit:** ◷

Verwende eine Schleife, damit der Roboter eine Melodie abspielt, bis die Stoßstange berührt wird. Dann soll er schreien und sich schnell umdrehen.

HINWEIS **Du kannst den Eigenen Block verwenden, den du in *Selbst entdecken 19* auf Seite 56 für deine Melodie erstellt hast. Wenn du noch keine Melodie komponiert hast, wähle einfach eine Klangdatei aus der Liste im Klangblock.**

Sensoren und der Schalterblock

Mit einem Schalterblock kann dein Roboter eine Entscheidung auf Basis eines Messwerts treffen. Zum Beispiel kann der Roboter rückwärts fahren, wenn der Berührungssensor ausgelöst wird, oder »No Object« sagen, wenn er nicht betätigt wird, wie in Abbildung 6-11.

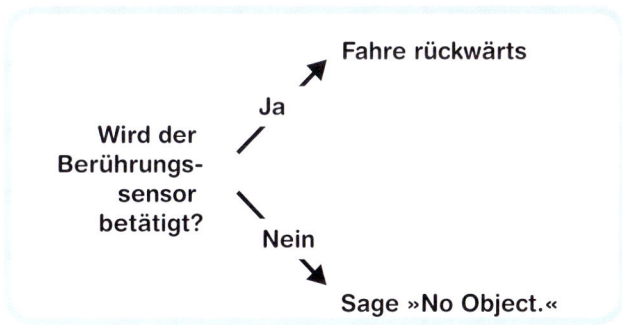

Abbildung 6-11: Ein Roboter kann Entscheidungen auf Basis von Messwerten treffen.

Der Schalterblock prüft, ob eine gegebene Bedingung (wie »Der Berührungssensor wird betätigt«) wahr oder falsch ist, wie in Abbildung 6-12.

Der Schalterblock in diesem Beispiel enthält zwei Sequenzen mit Blöcken: Der Schalter entscheidet auf Basis einer gegebenen Bedingung, welche Sequenz ausgeführt wird. Ist die Bedingung wahr, wird der obere Block ausgeführt und der Roboter fährt rückwärts. Ist die Bedingung falsch, werden die unteren Blöcke ausgeführt und der Roboter sollte sagen »No Object«.

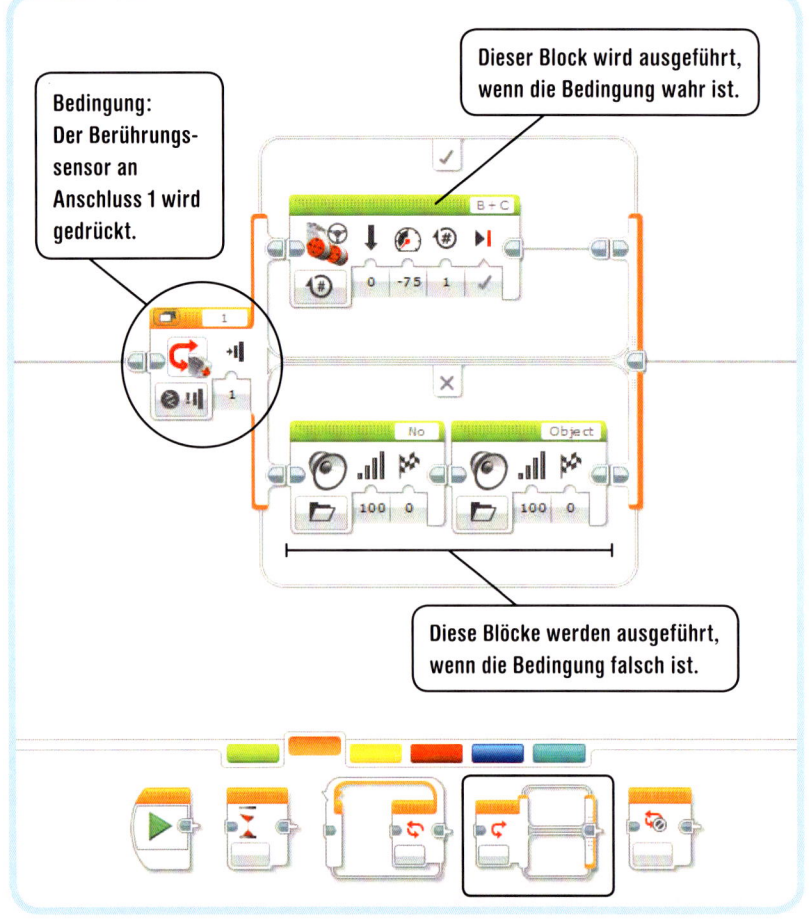

Bedingung: Der Berührungs-sensor an Anschluss 1 wird gedrückt.

Dieser Block wird ausgeführt, wenn die Bedingung wahr ist.

Diese Blöcke werden ausgeführt, wenn die Bedingung falsch ist.

Abbildung 6-12: Der Schalterblock prüft, ob eine Bedingung erfüllt wird, und führt dann entsprechende Blöcke aus. Die Bedingung gibst du über den Modus und die Einstellungen des Schalterblocks an.

Einen Schalterblock konfigurieren

Du definierst die Bedingung, indem du Modus und Einstellungen des Schalterblocks konfigurierst. Kommt das Programm zum Schalterblock, prüft der Roboter, ob die Bedingung erfüllt wird. Dann entscheidet er, welcher Satz von Programmierblöcken ausgeführt werden soll.

Für jeden Sensor gibt es einen Modus. In diesem Fall wählst du den Modus für den Berührungssensor namens **Berührungssensor ▸ Vergleichen ▸ Zustand** (die einzige verfügbare Option). In diesem Modus kannst du in den Einstellungen dann angeben, ob der Sensor gedrückt (1) oder losgelassen (0) werden muss, damit die Bedingung erfüllt ist. Wie vorher setzen wir den Ausgang auf 1, um anzugeben wo der Sensor an den EV3 angeschlossen ist.

Sensoren und der Schalterblock in Aktion

Das Programm *TouchSwitch*, das du nun erstellst, lässt den Roboter drei Sekunden lang vorwärts fahren. Wenn dann der Berührungssensor gedrückt wird, fährt der Roboter eine kurze Strecke rückwärts. Wird der Sensor nicht gedrückt, sagt der Roboter stattdessen »No Object.«. Unabhängig von der Entscheidung des Schalterblocks spielt der Roboter dann einen Klang. Erstelle das Programm jetzt, wie in Abbildung 6-13 gezeigt.

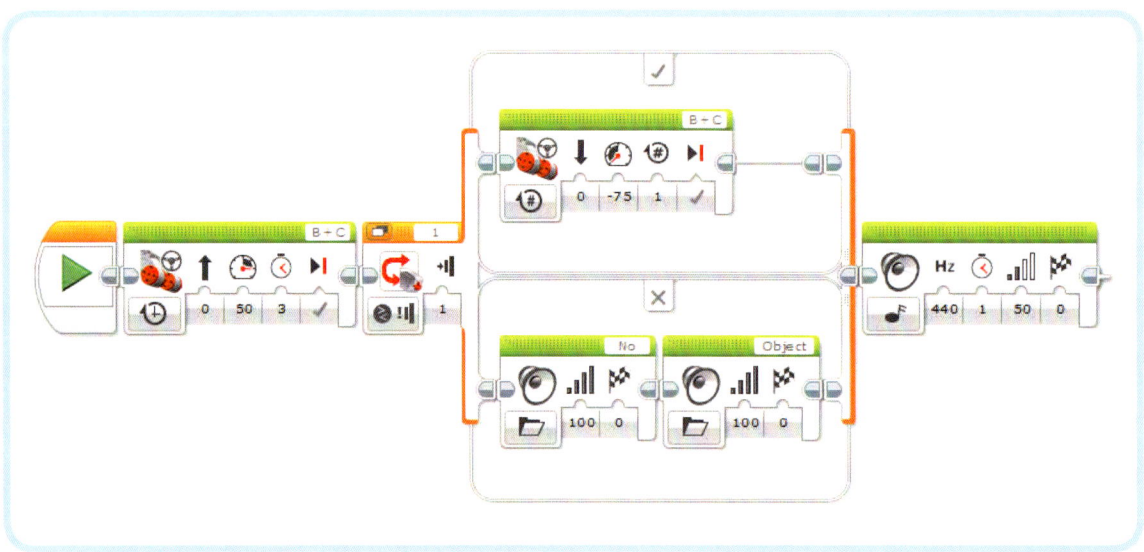

Abbildung 6-13: Das Programm TouchSwitch *lässt den Roboter auf Basis von Sensorwerten Entscheidungen treffen.*

Lass das Programm ein paar Mal laufen und finde heraus, wann du den Sensor drücken musst, damit der Roboter rückwärts fährt. Deine Experimente sollten zeigen, dass der Roboter eine Messung im Schalterblock ausführt und diese eine Messung dann für seine Entscheidung heranzieht. In diesem Programm erfolgt die Messung dann, wenn der Roboter gerade losfährt. Wenn die Aktion »Rückwärts fahren« oder »No Object« abgeschlossen ist, wird der Klang gespielt.

Einem Schalterblock weitere Blöcke hinzufügen

Für die Anzahl von Blöcken innerhalb eines Schalterblocks gibt es keine Beschränkung. Wenn ein Teil des Schalterblocks mehrere Blöcke enthält, werden sie einfach nacheinander ausgeführt. Du kannst auch einen der beiden Schalterblock-Teile leer lassen, wie in Abbildung 6-14 gezeigt.

Führe dieses modifizierte Programm aus und sieh dir an, was passiert. Wenn die Bedingung wahr ist (die Stoßstange wird gedrückt), sollte der Roboter »Object« sagen, sich rückwärts bewegen und danach sollte das Programm den Klang abspielen. Ist die Bedingung falsch (der Sensor wird nicht gedrückt), findet das Programm keine auszuführenden Blöcke im unteren Teil des Schalters und fährt sofort mit dem Klangblock danach fort.

SELBST ENTDECKEN 27: BLEIBEN ODER GEHEN?

Schwierigkeitsgrad: Zeit: ⏱

Lasse den Roboter drei Sekunden lang stillstehen. Wenn dann der Berührungssensor losgelassen wird, sollte sich der Roboter herumdrehen und fünf Radumdrehungen lang vorwärts fahren. Wenn der Sensor aber gedrückt wird, sollte der Roboter nichts tun und das Programm sofort beendet werden.

SELBST ENTDECKEN 28: SCHWERE ENTSCHEIDUNGEN

Schwierigkeitsgrad: 🔲 Zeit: ⏱⏱

Lass uns mit dem Schalterblock herumspielen. Erstelle ein Programm, um den Entscheidungsbaum in Abbildung 6-15 umzusetzen. Wie konfigurierst du den Schalterblock und warum musst du am Ende des Programms einen Warteblock einfügen?

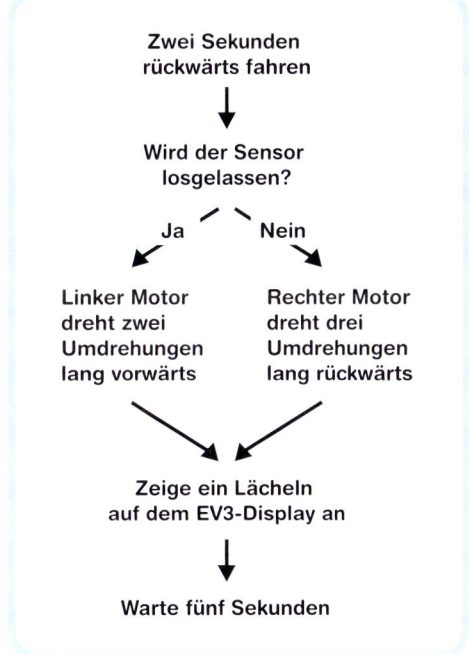

Abbildung 6-15: Der Programmablaufplan für Selbst entdecken 28

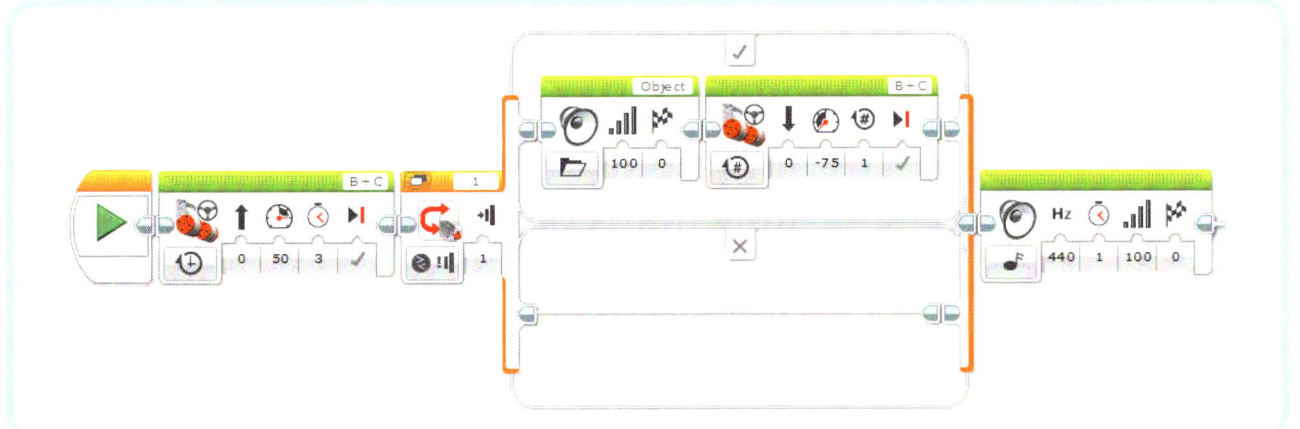

Abbildung 6-14: Eine modifizierte Version des Programms TouchSwitch. Wenn die Bedingung falsch ist, gibt es keine Blöcke zum Ausführen, sodass das Programm den Klang sofort nach der Vorwärtsbewegung abspielt, wenn der Sensor nicht gedrückt wird.

Offene und Registeransicht

Normalerweise erstellst du einen Schalterblock in *offener Ansicht*. Wenn du lange Programme mit Schalterblöcken schreibst, kannst du leicht den Überblick über die Funktionen deines Programms verlieren. In diesen Fällen kannst du den Block in *Registeransicht* darstellen, um seine Größe zu verringern, wie in Abbildung 6-16 gezeigt. Beide Teile des Schalters befinden sich zwar noch im Programm, aber auf unterschiedlichen Registern, die du per Mausklick öffnen kannst.

Schalter wiederholen

Immer, wenn dein Programm an einem Schalterblock ankommt, prüft es den Status des Berührungssensors, um zu entscheiden, welcher der Blöcke in den Teilen Wahr oder Falsch ausgeführt werden soll.

Damit der Roboter die Bedingung mehr als einmal prüft, kannst du einen Schalterblock in eine Schleife einfügen. Du kannst z.B. einen Roboter programmieren, der »Yes« sagt, wenn der Sensor gedrückt wird, und »No«, wenn nicht. Wenn du einen Schalterblock mit dieser Konfiguration in eine Schleife einfügst, prüft der Roboter die Sensoren dauernd und sagt dabei jedes Mal »Yes« oder »No«.

Erstelle jetzt das Programm *RepeatSwitch* aus Abbildung 6-17.

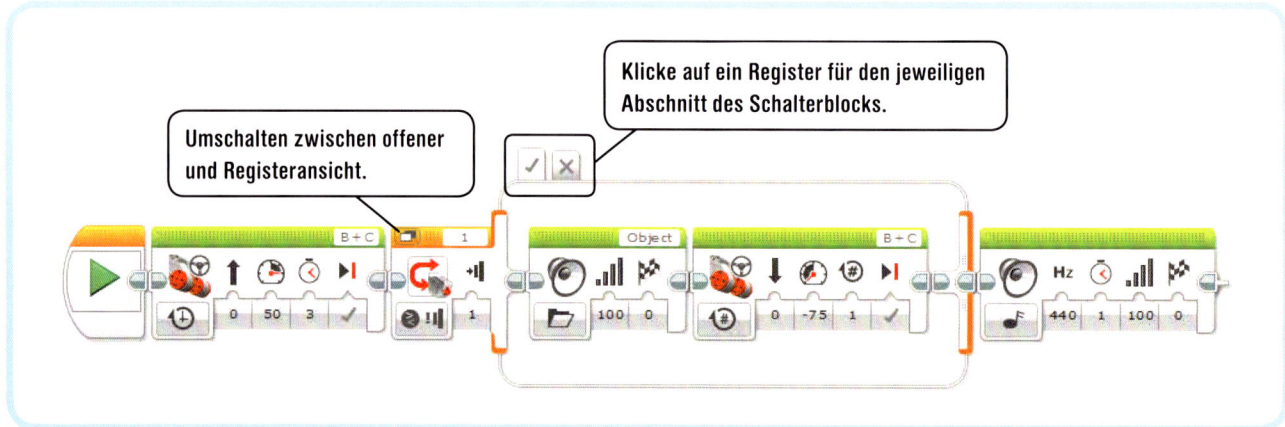

Abbildung 6-16: Verkleinere die Schalterblock-Darstellung mit der Registeransicht. Diese Option verändert nur die Anzeige des Blocks, aber nicht die Programmfunktion.

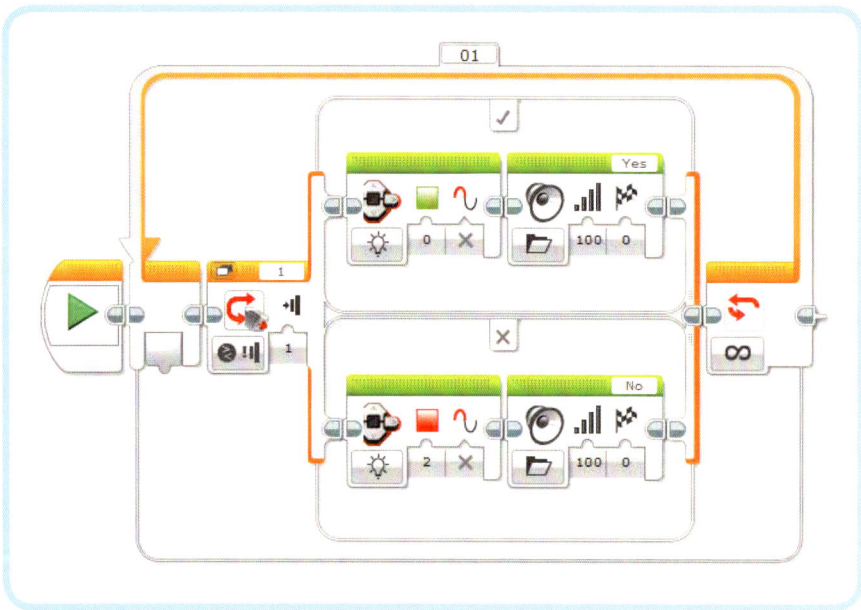

Abbildung 6-17: Das Programm RepeatSwitch

Die Modi Vergleichen, Ändern und Messen

Wenn du Sensorwerte in Programmen mit Warte-, Schleifen- oder Schalterblöcken einsetzt, musst du bei der Konfiguration oft zwischen den Modi Vergleichen, Messen und Ändern wählen. Du findest weitere Beispiele dieser Modi, wenn du weiterliest. Jetzt nehmen wir uns aber etwas Zeit und vergleichen sie, damit du ihre Funktion kennenlernst.

Vergleichsmodus

Der Vergleichsmodus (⚡) liest einen Sensorwert und prüft ihn anhand einer in den Block-Einstellungen angegebenen Bedingung. Eine Bedingung ist eine Aussage wie »Der Berührungssensor wird gedrückt«, »Die gemessene Lichtintensität ist kleiner als 37%« oder »Der Farbsensor erkennt Rot oder Blau«.

✳ Ein Warteblock im Vergleichsmodus liest immer neue Sensorwerte ein, bis die Bedingung wahr wird. Dann macht das Programm mit dem nächsten Block in der Reihe weiter (siehe Abbildung 6-6).

✳ Ein Schleifenblock im Vergleichsmodus prüft die Bedingung anhand der Sensorwerte immer dann, wenn die Blöcke in der Schleife durchlaufen werden. Ist die Bedingung wahr, macht das Programm mit dem Block hinter der Schleife weiter. Ist sie falsch, läuft die Schleife erneut (siehe Abbildung 6-10). Schleifenblöcke befinden sich immer im Vergleichsmodus.

✳ Ein Schalterblock im Vergleichsmodus durchläuft eine Reihe von Blöcken im oberen Teil, wenn die Bedingung wahr ist. Ist sie falsch, werden die Blöcke im unteren Teil ausgeführt (siehe Abbildung 6-13).

Änderungsmodus

Der Änderungsmodus (⚡) ist nur in Warteblöcken verfügbar. Ein Warteblock im Änderungsmodus nimmt eine Anfangsmessung vor und macht dann neue Messungen, bis sie sich von der ersten unterscheiden. Ist der Berührungssensor z.B. gedrückt, wenn der Block ausgeführt wird, wartet er, bis er losgelassen wird. Dann macht das Programm mit dem nächsten Block weiter (siehe Abbildung 6-9).

Messmodus

Der Messmodus(⌗) ist nur in Schalterblöcken verfügbar. Ein Schalterblock in diesem Modus enthält für jeden möglichen Messwert einen Satz Blöcke. Wie das funktioniert, erfährst du in Kapitel 7, wo du ein Programm erstellst, das für jede Farbe, die der Farbsensor erkennt, eine andere Aktion ausführt.

Die Modi konfigurieren

Der Text erläutert normalerweise, welchen Modus du für die Programme in diesem Buch verwenden solltest. Die Informationen sind aber auch aus den Programmabbildungen ersichtlich. Wenn du unsicher bist, welchen Modus du verwenden sollst, sieh dir einfach die Symbole in den Blöcken an, wie in Abbildung 6-18.

Wenn du den Sensor ausgewählt hast (1) und den Modus (Vergleichen, Ändern oder Messen(2)), kannst du den Betriebsmodus des Sensors einstellen (3). Der Berührungssensor misst nur eine Sache (den Zustand des roten Tasters), aber der Farbsensor hat drei Betriebsmodi, wie in Abbildung 6-18 gezeigt. Wenn du in den folgenden Kapiteln die verschiedenen Modi ausprobierst, kannst du bald deine eigenen Sensorprogramme entwickeln.

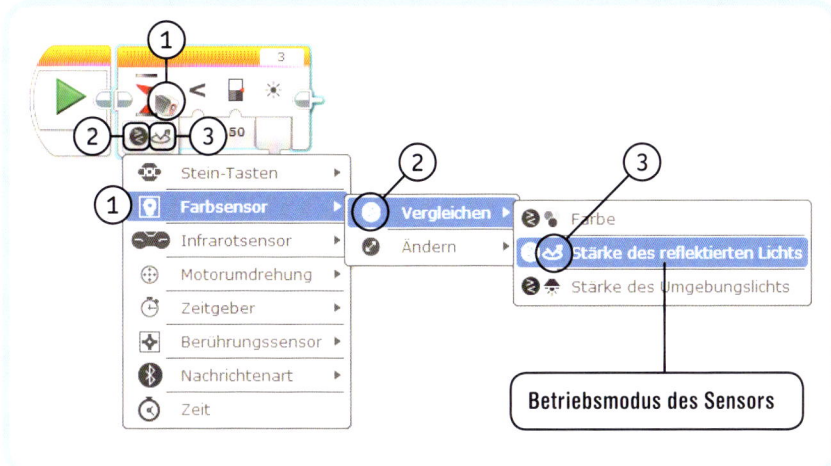

Abbildung 6-18: Wenn du in den Beispielprogrammen Warte-, Schleifen- oder Schalterblöcke siehst, wähle in den Menüoptionen genau die hier gezeigten Einstellungen. Wähle zuerst den passenden Sensor (1) und dann Vergleichen, Ändern oder Messen (2). Dann wählst du den Betriebsmodus.

Weitere Experimente

In diesem Kapitel hast du gelernt, wie Roboter Sensoren einsetzen um ihre Umgebung zu erkennen. Du kannst jetzt auch Programme für Roboter erstellen, die Sensoren in Warte-, Schleifen- oder Schalterblöcken einsetzen.

Bisher hast du nur den Berührungssensor eingesetzt. Die in diesem Kapitel gelernten Programmiertechniken funktionieren aber auch mit den anderen Sensoren. In Kapitel 7 machen wir mit dem Farbsensor weiter, in Kapitel 8 folgt der Infrarotsensor, und die integrierten Rotationssensoren sowie die Stein-Tasten folgen in Kapitel 9. Bevor du weitermachst, kannst du deine Kenntnisse mit folgenden *Selbst-entdecken-Aufgabe* vertiefen.

SELBST ENTDECKEN 29: DIE RICHTUNG WÄHLEN

Schwierigkeitsgrad:    Zeit: ◐

Erweitere das Programm *TouchAvoid* in Abbildung 6-8 so, dass der Roboter nach dem ersten Objektkontakt nach rechts dreht und nach links, wenn der Sensor erneut betätigt wird. Das nächste Hindernis sollte wieder eine Rechtsdrehung auslösen usw.

HINWEIS Dupliziere die vier Blöcke in der Schleife, sodass es acht werden, und ändere die Lenkungseinstellungen im zweiten Satz Blöcke.

SELBST ENTDECKEN 30: WARTEN, SCHLEIFE ODER SCHALTER?

Schwierigkeitsgrad:    Zeit: ◐

Programmiere den Roboter so, dass er auf die Betätigung des Berührungssensors wartet. Wenn der Sensor nach weiteren fünf Sekunden immer noch gedrückt wird, soll der Roboter »Yes« sagen, und wenn nicht »No«.

HINWEIS Du musst eine Kombination aus Schalter- und Warteblöcken verwenden.

SELBST ENTDECKEN 31: STEIN-TASTEN

Schwierigkeitsgrad:    Zeit:

Wie du in Kapitel 9 sehen wirst, kannst du die meisten Stein-Tasten wie den Berührungssensor verwenden. Ohne vorgreifen zu wollen: Kannst du einen Roboter programmieren, der »Left« sagt, wenn die linke Stein-Taste gedrückt wird, und »Right« bei der rechten? Kannst du dieses Programm auch für die Tasten »Oben« (»Up«) und »Unten« (»Down«) erweitern?

SELBST KONSTRUIEREN 4: EINBRUCHSALARM

Bau: Programmierung:

Kannst du deinen Roboter in eine Alarmanlage verwandeln, die dich vor Eindringlingen in dein Zimmer warnt? Verwende den Berührungssensor, der aktiviert wird, wenn jemand dein Zimmer betritt. Wenn das passiert, soll der Roboter einen lauten Signalton abspielen.

HINWEIS Stelle etwas Schweres vor deinen Roboter, wie ein Buch, sodass die Stoßstange gedrückt wird. Baue dann eine Konstruktion, die das Buch automatisch entfernt, wenn jemand das Zimmer betritt. Dein Roboter sollte den Klang sofort abspielen, wenn der Berührungssensor nicht mehr betätigt wird.

SELBST KONSTRUIEREN 5: LICHTSCHALTER

Bau:    Programmierung:

Entwickle einen Roboter, der den Lichtschalter in deinem Zimmer bedient, wenn du den Berührungssensor drückst. Jedes Mal wenn du den Sensor betätigst, sollte der Roboter das Licht an- oder ausschalten. Hierzu kannst du den mittleren Motor am EXPLOR3R verwenden oder einen komplett neuen Roboter entwerfen.

Den Farbsensor verwenden

In diesem Kapitel lernst du den Farbsensor kennen, indem du ihn an den EXPLOR3R anbaust (siehe Abbildung 7-1), sodass der Roboter farbiges Papier erkennen, Linien folgen und auf Lichtsignale reagieren kann.

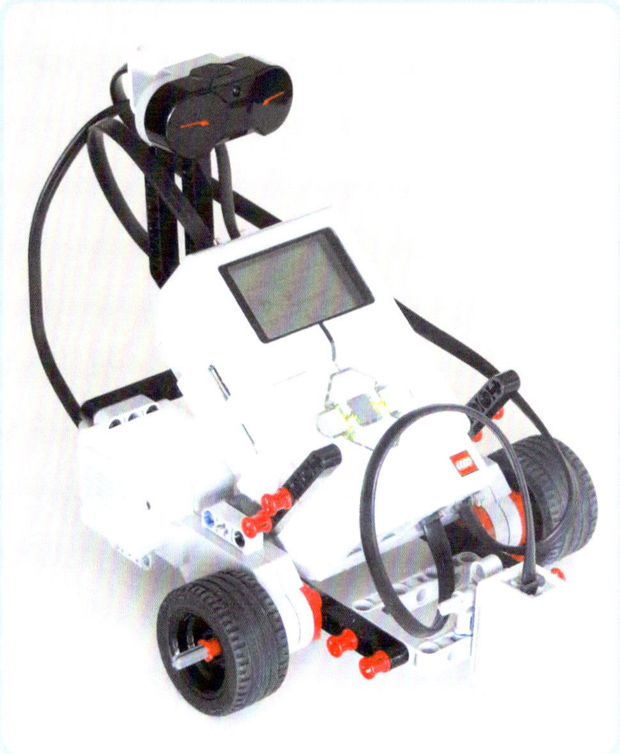

Du erstellst Programme für den EXPLOR3R, um alle diese Modi mit Warte-, Schleifen- oder Schalterblöcken auszuprobieren, so wie wir das bereits mit dem Berührungssensor getan haben. Du lernst weitere Anwendungen für diesen Sensor kennen, wenn wir weiter hinten in diesem Buch noch mehr Roboter bauen, zum Beispiel den LAVA R3X in Kapitel 19, der die Stärke des reflektierten Lichts misst, um einen Händedruck zu erkennen.

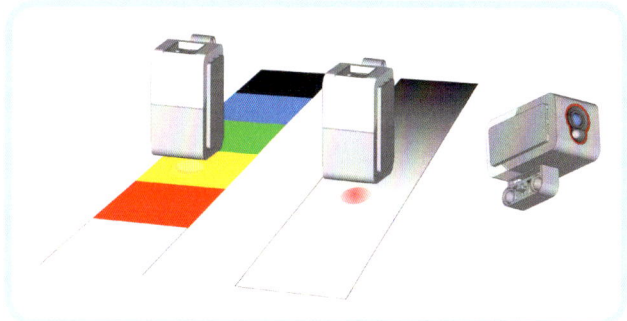

Abbildung 7-2: Die drei Betriebsmodi des Farbsensors: Farbe (links), Stärke des reflektierten Lichts (Mitte) und Stärke des Umgebungslichts (rechts). Der Sensor rechts zeigt nach oben, um die Lichtstärke in einem Zimmer zu messen.

Den Farbsensor anschließen

Bevor du mit der Programmierung beginnen kannst, entfernst du den Berührungssensor vom Roboter (baue ihn aber nicht auseinander, denn du benötigst ihn später noch). Dann schließt du den Farbsensor an den Roboter an, wie auf der nächsten Seite gezeigt.

Abbildung 7-1: Mit dem Farbsensor kann der EXPLOR3R Farben erkennen und Linien folgen.

Der Farbsensor kann die Farbe einer Oberfläche erkennen (im Modus *Stärke des reflektierten Lichts*) oder die Helligkeit des Umgebungslichts (im Modus *Stärke des Umgebungslichts*), wie in Abbildung 7-2 gezeigt.

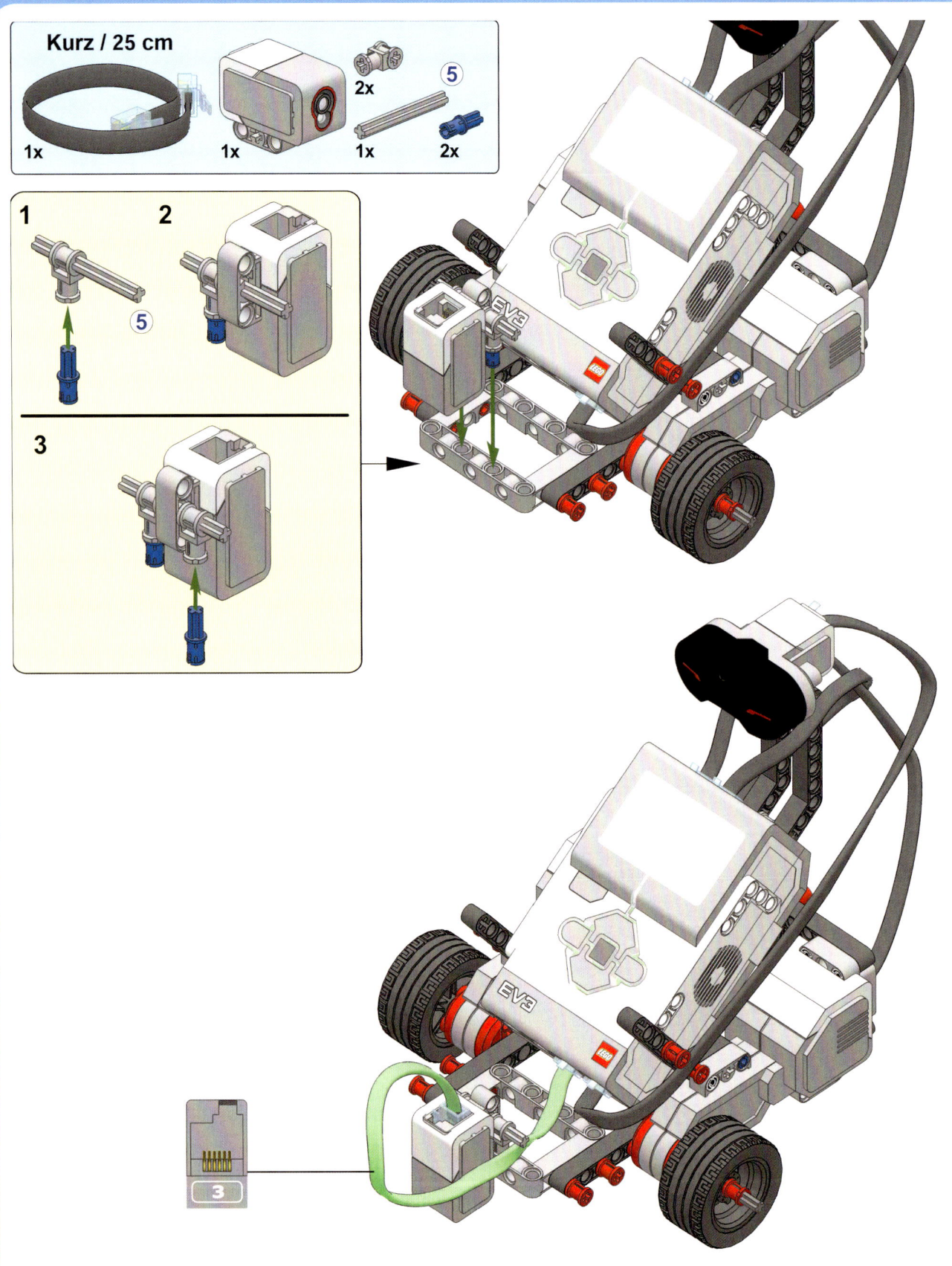

Kurz / 25 cm

1x   1x   2x   1x   ⑤   2x

1   2

⑤

3

3

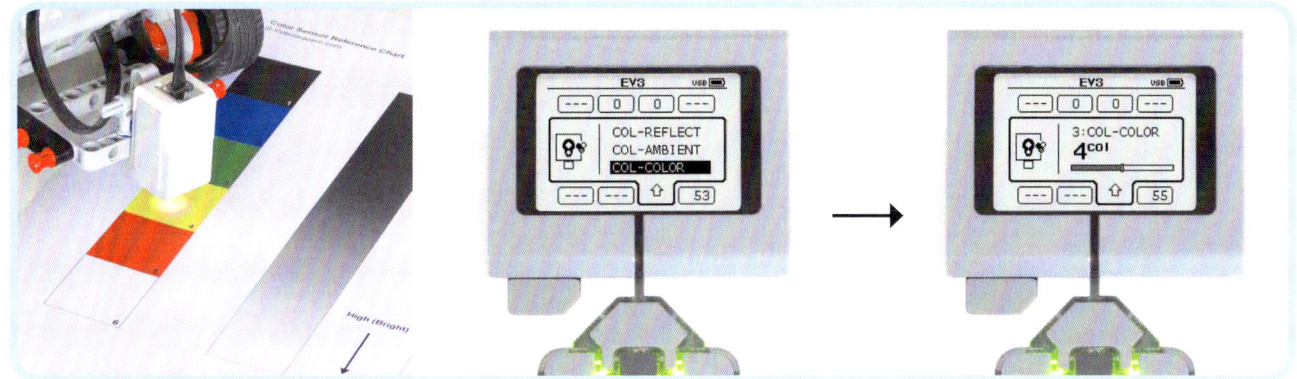

Abbildung 7-3: Sieh dir die Sensorwerte in der Anschlussansicht an. Gehe zum Sensor an Eingang 3, drücke die mittlere Taste, wähle COL-COLOR und drücke die mittlere Taste erneut. Du solltest eine Zahl zwischen 0 und 7 sehen, die für eine Farbe steht. Der Sensorwert ist in diesem Fall 4 (was Gelb bedeutet).

Der Farbmodus

Der erste Modus, den wir verwenden, ist der Farbmodus, in dem der Sensor die Farbe von Oberflächen erkennt, die etwa 1 cm entfernt sind. Der Sensor blickt gerade nach unten, sodass er die Farbe der Oberfläche neben dem Roboter erkennen kann.

Um die Farbmessung zu prüfen, lade dir die Farbtafel unter *http://ev3.robotsquare.com/color.pdf* herunter und stelle den Roboter darauf (wenn du keinen Farbdrucker hast oder deiner die Farben nicht exakt wiedergibt, probiere es mit der Vorlage, die dem EV3-Kasten beiliegt). Dann wechselst du zur Anschlussansicht auf dem EV3-Stein, um die als Zahl angezeigte erkannte Farbe anzusehen (siehe Abbildung 7-3).

Der Farbsensor kann zwischen den Farben Schwarz (1), Blau (2), Grün (3), Gelb (4), Rot (5), Weiß (6) und Braun (7) unterscheiden.

Ein Messwert von 0 bedeutet, dass der Sensor keine Farbe erkennen kann, eventuell weil die Oberfläche zu weit entfernt oder zu nah ist.

Innerhalb einer farbigen Linie bleiben

Programme können mit Warte-, Schleifen- oder Schalterblöcken Entscheidungen auf Basis von Sensorwerten treffen. Zum Beispiel kann dein Roboter innerhalb einer schwarzen, kreisförmigen Linie herumfahren, ohne den Bereich zu verlassen, wie in Abbildung 7-4. Um das zu erreichen, sollte der Roboter vorwärts fahren, bis er die schwarze Linie erkennt. Dann fährt er rückwärts, dreht und fährt in eine andere Richtung weiter.

Eine Teststrecke erstellen

Zuerst benötigst du eine kreisförmige Teststrecke, mit der du den Sensor ausprobierst. Die Strecke besteht aus mehreren Blättern DIN-A4-Papier. Lade die Blätter unter *http://ev3.robotsquare.com/testtrack.pdf* herunter, schneide sie entlang der gestrichelten Linie aus und klebe sie mit Klebeband so zusammen, dass die Teststrecke wie in Abbildung 7-4 aussieht.

Wenn du die Teststrecke nicht ausdrucken kannst, erstelle deine eigene mit schwarzem Klebeband auf weißen Küchenfliesen oder einem großen Stück Sperrholz.

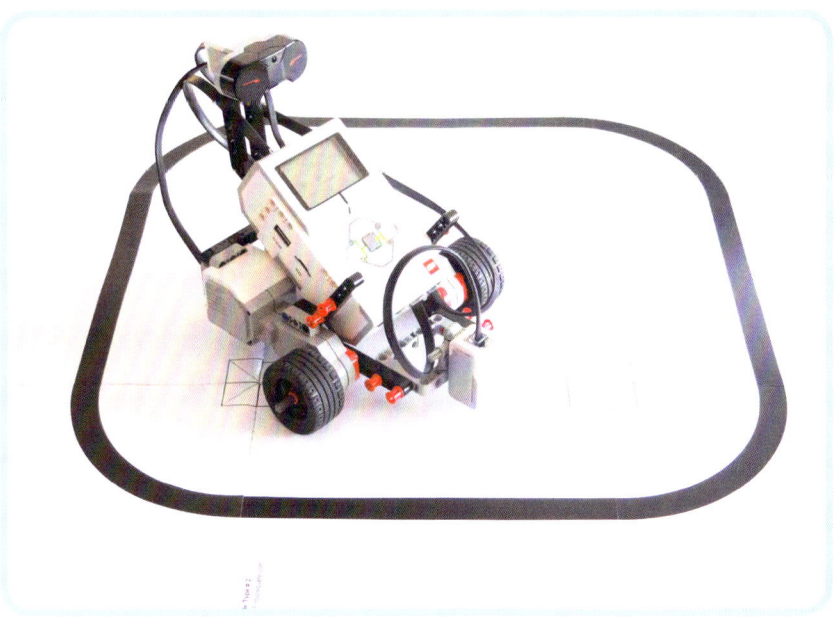

Abbildung 7-4: Der EXPLOR3R fährt herum, ohne die schwarze Linie der Teststrecke zu überqueren.

Das Programm erstellen

Abbildung 7–5 zeigt den Programmablauf, den wir benötigen, damit der Roboter innerhalb der Teststrecke herumfährt. Er gleicht dem Programm zum Umfahren von Hindernissen, das du für den Berührungssensor geschrieben hast (siehe Abbildung 6-7 auf Seite 67), nur dass das Programm diesmal wartet, bis es die Farbe Schwarz sieht, statt auf einen Tastendruck.

In diesem Programm verwendest du einen Warteblock im Modus **Farbsensor ▸ Vergleichen ▸ Farbe**. In dieser Konfiguration kannst du eine Menge von Farben festlegen, auf die der Sensor reagiert. Wird eine der Farben erkannt, wartet der Block nicht mehr und das Programm fährt mit dem nächsten Block fort. Abbildung 7-6 zeigt das fertige *StayInCircle*-Programm mit einem Warteblock, der auf eine schwarze Linie wartet. Platziere den Roboter innerhalb des schwarzen Kreises der Teststrecke und führe das Programm aus.

SELBST KONSTRUIEREN 6: BULLDOZER

Bau: ❇ **Programmierung:** ▭

Mit dem Programm *StayInCircle* fährt der Roboter innerhalb der Teststrecke herum. Wenn du einige Lego-Teile in den Kreis hineinlegst, kann dein Roboter diese herausschieben. Zuerst muss der EXPLOR3R jedoch eine Schaufel bekommen. Kannst du eine solche Schaufel aus Lego-Teilen bauen?

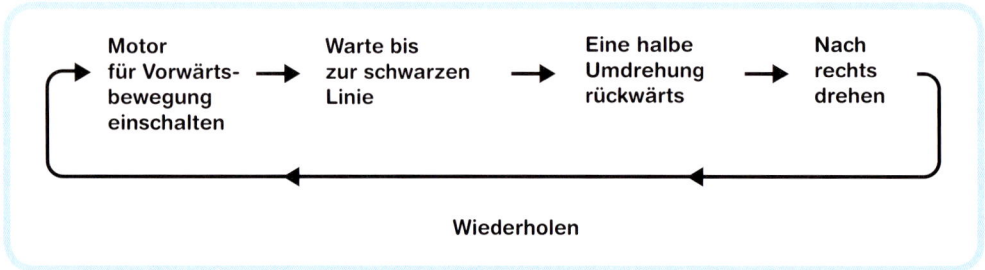

Abbildung 7-5: Der Programmablauf des StayInCircle-Programms

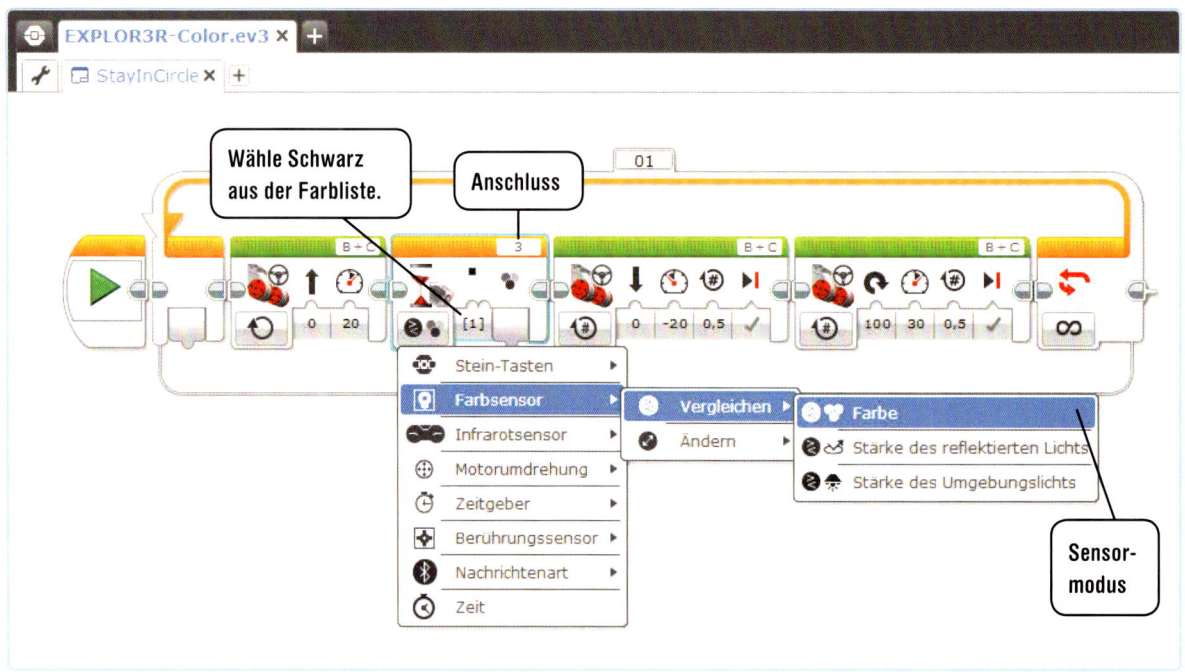

Abbildung 7-6: Erstelle ein neues Projekt, EXPLOR3R-Color mit einem Programm namens StayInCircle. Um den Warteblock zu konfigurieren, wählst du zuerst den Modus und aus einer Liste von Farben dann Schwarz (1) aus.

Einer Linie folgen

Im nächsten Projekt verwenden wir den Farbsensor, um einen Roboter zu bauen, der einer Linie folgt, z.B. der Linie auf der Teststrecke. Schauen wir uns die Idee hinter diesem Programm an.

Wenn der Roboter einer schwarzen Linie auf einer weißen Oberfläche folgt, erkennt der Sensor immer eine von zwei Farben: Weiß oder Schwarz. Wenn du ein Programm entwickelst, das den Roboter auf einer schwarz-weißen Unterlage einer Linie folgen lässt, setzt du daher einen Schalterblock ein, der nach der Farbe Schwarz sucht. Wenn der Sensor die Farbe Schwarz sieht, wird der Schalterblock einen Bewegungsblock starten, der eine Bewegung des Roboters auslöst. Nimmt der Sensor eine andere Farbe (d.h. Weiß) wahr, wird der Schalterblock eine andere Bewegung auslösen (siehe Abbildung 7-7).

Erkennt der Roboter eine weiße Fläche, weiß er nicht, auf welcher Seite der Linie er sich befindet. Du musst daher dafür sorgen, dass er immer auf einer Seite der Linie bleibt – ansonsten kann es passieren, dass er sich immer weiter von der schwarzen Linie entfernt. Dies erreichst du, indem du den Roboter immer nach rechts lenken lässt, wenn er die Farbe Schwarz wahrnimmt, und nach links, wenn er Weiß sieht. In Abbildung 7-8 siehst du das Programm, das deinen Roboter der Linie folgen lässt.

HINWEIS Wenn dein Roboter die Linie in scharfen Kurven oder Ecken überquert, lass ihn langsamer fahren (z.B. mit 20% statt 25% Leistung).

Jetzt werfen wir einen Blick auf das Roboterverhalten, während er der Linie folgt. Tatsächlich folgt der Roboter dem Rand der Linie. Das Programm lenkt den Roboter anhand der Sensormessungen, sodass er einen Zickzackkurs am Rand der Linie fährt: Erkennt er die schwarze Linie, vermeidet er sie durch Lenken nach rechts. Sobald er Weiß wahrnimmt, fährt er zurück, indem er nach links lenkt.

Im Ergebnis hält der Roboter sich auf der Linie links vom Sensor. Das führt dazu, dass der Roboter dem inneren Rand der Linie folgt, wenn du ihn im Uhrzeigersinn auf die Linie setzt. Setzt du ihn gegen den Uhrzeigersinn darauf, folgt er dem äußeren Rand. Um dies zu prüfen, drehst zu den Roboter per Hand um, während das Programm läuft, sodass er der Linie anders herum folgt. Jetzt hält er sich an anderen Rand der Linie.

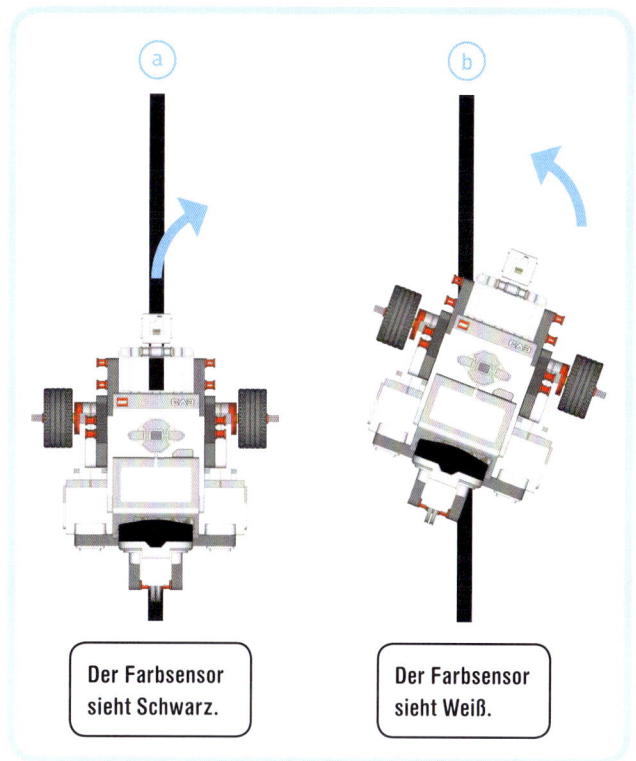

Der Farbsensor sieht Schwarz.

Der Farbsensor sieht Weiß.

Abbildung 7-7: Der Roboter lenkt nach rechts, wenn er die schwarze Linie sieht (a), und nach links, wenn er eine weiße Oberfläche sieht (b). Während des Lenkens bewegt sich der Roboter vorwärts. Wenn du dieses Verhalten wiederholst, bringst du deinen Roboter dazu, der Linie zu folgen.

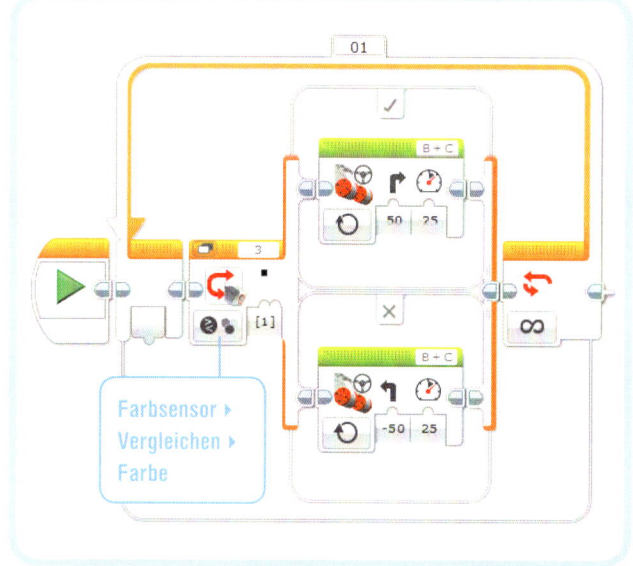

Abbildung 7-8: Das ColorLine-Programm. Wie du siehst, sind die Bewegungsblöcke auf An eingestellt. Sobald der Roboter zu fahren beginnt, kehrt er unmittelbar zum Anfang des Programms zurück, um zu überprüfen, ob eine andere Farbe erkannt wurde oder ob er weiter in die gleiche Richtung lenken soll. Bewegungsblöcke, die auf An eingestellt sind, schalten lediglich die Motoren ein und lassen das Programm weiterlaufen.

Der Schalterblock im Messmodus

Der Schalterblock im Programm *ColorLine* lässt den Roboter nach rechts steuern, wenn der Sensor die schwarze Linie erkennt. Sieht er eine andere Farbe, wie Grün oder Rot, dreht er nach links. Durch Ändern des Schalterblock-Modus auf **Farbsensor ▸ Messen ▸ Farbe** kannst du den Roboter so konfigurieren, dass er auf jede Farbe anders reagiert.

Das Programm *ShowColor* in Abbildung 7-9 ändert die Stein-Statusleuchte auf Basis der Farbsensorwerte. Der Schalterblock in diesem Programm hat vier Fälle mit jeweils einem oder mehreren Blöcken. Jeder Fall entspricht einer anderen Farbmessung: Die Statusleuchte wird grün, wenn der Sensor Grün misst, rot bei Rot und orange, wenn Gelb gemessen wird. Wird keine Farbe erkannt, geht die Statusleuchte aus. Das Programm führt die zum jeweiligen Fall gehörenden Blöcke abhängig von den Farbsensorwerten aus.

Was passiert, wenn der Sensor Schwarz, Blau, Weiß oder Braun erkennt? Wenn keiner der Fälle zum Sensorwert passt, wird der Standardfall verwendet, der durch einen Punkt gekennzeichnet ist, wie in Abbildung 7-9 gezeigt. In diesem Fall werden die Blöcke ausgeführt, die auch laufen, wenn keine Farbe erkannt wird.

Erstelle jetzt das Programm und bewege den Sensor über die Farbtafel, um es auszuprobieren.

Der Modus Stärke des reflektierten Lichts

Der Farbsensor kann auch die Helligkeit einer Farbe messen, wenn er im Modus Stärke des reflektierten Lichts betrieben wird. Zum Beispiel erkennt er den Unterschied zwischen weißem, grauem und schwarzem Papier, indem er es beleuchtet und das reflektierte Licht misst. Die Stärke des Lichts wird als Prozentwert zwischen 0% (sehr geringe Reflexion: dunkel) und 100% (hohe Reflexion: hell) angegeben.

Schwarzes Papier reflektiert wenig Licht, sodass die Messung unter 10% liegt. Weißes Papier resultiert in Werten größer 60%. Um diese Werte zu überprüfen, verwendest du die Anschlussansicht auf dem EV3-Stein, wählst Anschluss 3 und COL-REFLECT (Anweisungen findest du in Abbildung 7-3). Stelle den Roboter auf die Farbtafel und beobachte, wie sich die Sensorwerte verändern, wenn du ihn über den Balken mit verschiedenen Grautönen schiebst.

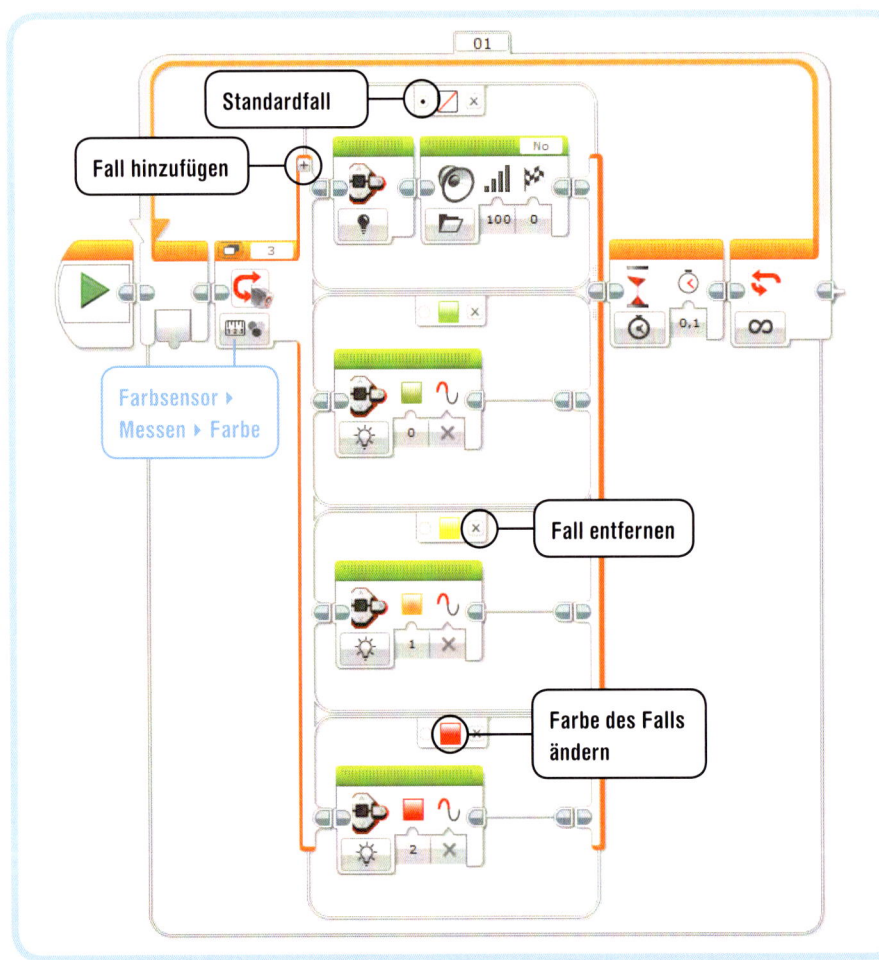

Abbildung 7-9: Das Programm ShowColor. *Um den Schalterblock für diese Fälle zu konfigurieren, wählst du zuerst den Modus* **Farbsensor – Messen – Farbe** *aus und fügst durch Klicken auf das Pluszeichen zwei Fälle ein. Nachdem der Schalter jetzt über vier Fälle verfügt, wählst du für jeden die passende Farbe. Vergiss nicht den Fall für keine erkannte Farbe als Standardfall zu markieren, indem du das entsprechende Feld ankreuzt.*

SELBST ENTDECKEN 32: ERSTELLE DEINE EIGENE TESTSTRECKE

Schwierigkeitsgrad: 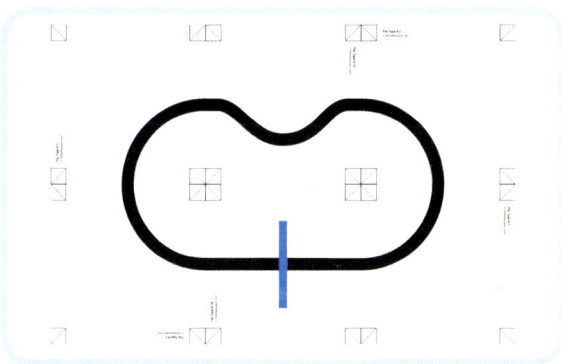 Zeit: ⏱⏱⏱

Die bisher verwendete Teststrecke ist für den Anfang ganz nett, der EXPLOR3R kann aber wesentlich anspruchsvollere Strecken meistern. Unter *http://ev3.robotsquare.com/lines.pdf* kannst du deine eigene Strecke zusammenstellen. Hier findest du 30 Arten von Blättern, z.B. gerade Linien, Ecken und Kreuzungen. Drucke die gewünschten Blätter aus, schneide sie entlang der gestrichelten Linien aus und verbinde sie mit Klebeband.

Für den Anfang druckst du vier Ecken (vier Exemplare von Blatt 3), eine Zickzacklinie (Blatt 15) und eine gerade Linie mit einem blauen Kreuz (Blatt 18) aus, um eine Strecke wie die hier gezeigte zu konstruieren. Führe das Programm *ColorLine* aus, mit dem du den EXPLOR3R schon getestet hast.

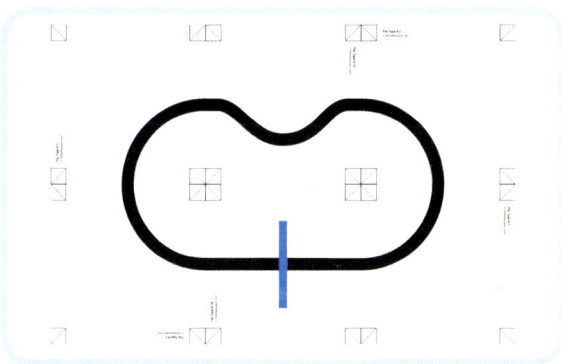

Abbildung 7-10: Die Teststrecke für die Selbst-entdecken-Aufgaben 32 und 33

TIPP Manche Drucker ermöglichen es, alle gewünschten Blätter im Feld Seiten und durch Kommata getrennt auf einmal anzugeben (also 3,3,3,3,15,18).

SELBST ENTDECKEN 33: AM BLAUEN SCHILD ANHALTEN

Schwierigkeitsgrad: Zeit: ⏱

Bearbeite das Programm *ColorLine* so, dass es der schwarzen Linie auf der Teststrecke aus *Selbst entdecken 32* folgt, bis es zur blauen Linie kommt. Wenn Blau erkannt wird, soll der Roboter anhalten und einen Klang abspielen.

HINWEIS Ändere den Modus des Schleifenblocks, sodass er auf Blau reagiert.

SELBST ENTDECKEN 34: NENNE DIE FARBE

Schwierigkeitsgrad: Zeit: ⏱⏱

Erstelle ein Programm, mit dem der Roboter sagt, welche Farbe er sieht. Lass ihn »Blue« sagen, wenn der Sensor Blau erkennt, usw. Erkennt er keine Farbe, soll der Roboter »No Object Detected« sagen. Wenn du fertig bist, verwandelst du den Schalterblock in einen Eigenen Block namens *SayColor*. Du kannst diesen Block dann immer einsetzen, wenn du wissen willst, welche Farbe der Roboter sieht.

HINWEIS Dein Programm wird dem Programm *ShowColor* recht ähnlich.

SELBST ENTDECKEN 35: SUPERREFLEKTOR

Schwierigkeitsgrad: Zeit: ⏱

Du solltest mindestens ein Material finden, das für reflektiertes Licht einen Wert von 100% ergibt. Um welches Material handelt es sich und warum ist der Wert so groß?

Einen Schwellenwert festlegen

Im Farbmodus konnte der Sensor erkennen, ob die Teststrecke schwarz oder weiß war. Jetzt beobachtest du die Messwerte für reflektiertes Licht, während du den Roboter per Hand (sehr langsam) von der schwarzen Linie zum weißen Bereich der Teststrecke schiebst. Du wirst sehen, dass der Messwert langsam von etwa 6% (Schwarz) zu 62% (Weiß) wandert. Wenn der Sensor einen Teil der schwarzen Linie und weißes Papier sieht, ist der Wert eine Mischung dieser Extreme, so als wenn der Sensor eine graue Oberfläche sieht. Du kannst diese genaueren Messwerte verwenden, um den Linienverfolgungsroboter zu verbessern.

Um dem Roboter mitzuteilen, welche Werte er als Weiß und Schwarz betrachten soll, definierst du dafür Schwellenwerte in deinem Programm. Du stufst einen Messwert über dem Schwellenwert dann als Weiß ein und einen Messwert darunter als Schwarz. Mit anderen Worten definierst du dunkelgraue Farben als Schwarz und hellgraue als Weiß, wie in Abbildung 7-11 gezeigt.

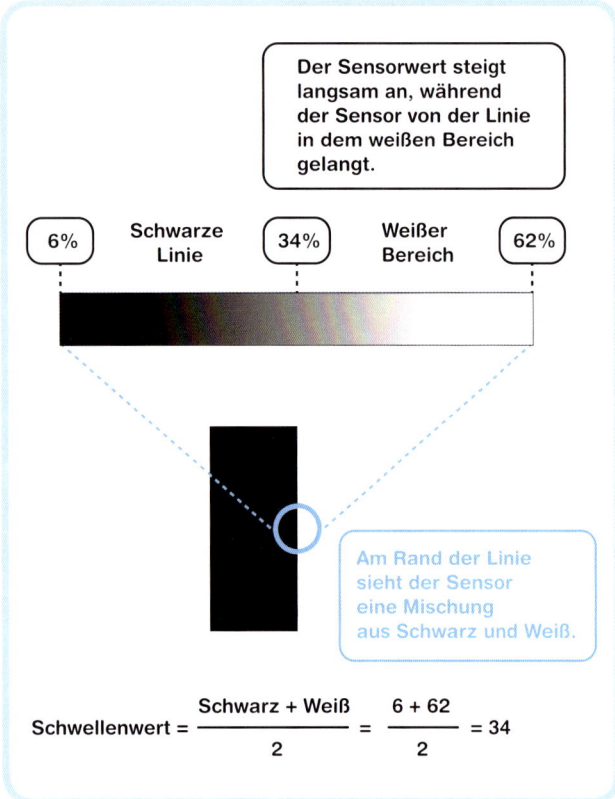

Abbildung 7-11: Am Linienrand sieht der Sensor eine Mischung aus Schwarz und Weiß, was zu Messwerten dazwischen führt, so als wäre die Farbe Grau. Der Schwellenwert ist ein Durchschnitt der Sensorwerte für Schwarz und der Sensorwerte für Weiß. Um den Wert zu ermitteln, addierst du beide Zahlen und teilst die Summe durch zwei.

Sensorwerte mit einem Schwellenwert vergleichen

Jetzt erstellst du ein Programm zum Linienverfolgen, das im Modus Stärke des reflektierten Lichts läuft und einen Schwellenwert verwendet, um zu ermitteln, ob der Sensor einen schwarzen oder einen weißen Bereich sieht. Wie vorher auch sollte der Roboter bei Schwarz nach rechts drehen und bei Weiß nach links.

Um das zu erreichen, verwendest du einen Schalterblock im Modus **Farbsensor ▸ Vergleichen ▸ Stärke des reflektierten Lichts** wie in Abbildung 7-12. Gib den vorher errechneten Schwellenwert als Einstellung an. Die Einstellung **Ergebnis vergleichen** legt fest, welche Werte die Bedingung erfüllen, also welche Werte dafür sorgen, dass die oberen Blöcke ausgeführt werden. Du kannst bestimmen, dass diese Blöcke ausgeführt werden, wenn folgende Bedingungen erfüllt werden:

0. Gleich dem (=) Schwellenwert

1. Ungleich (≠) dem Schwellenwert

2. Größer als (>) der Schwellenwert

3. Größer oder gleich (>=) dem Schwellenwert

4. Kleiner als (<) der Schwellenwert

5. Kleiner oder gleich (<=) dem Schwellenwert

Du möchtest, dass der Roboter nach rechts dreht, wenn er Schwarz sieht, was der Fall ist, wenn der Sensorwert kleiner als der Schwellenwert ist. Dies ist also die Bedingung zum Ausführen der oberen Blöcke. Erstelle jetzt das Programm *ReflectedLine1*, führe es aus (siehe Abbildung 7-12) und prüfe, ob es sich genau so wie das vorherige Programm verhält.

HINWEIS **Errechne besser deine eigenen Schwellenwerte, statt die aus den Diagrammen zu verwenden. Du wirst vermutlich andere Werte für Schwarz und Weiß ermitteln, abhängig von Faktoren wie der Helligkeit in deinem Zimmer, dem Batteriestand des Roboters und der Papierart.**

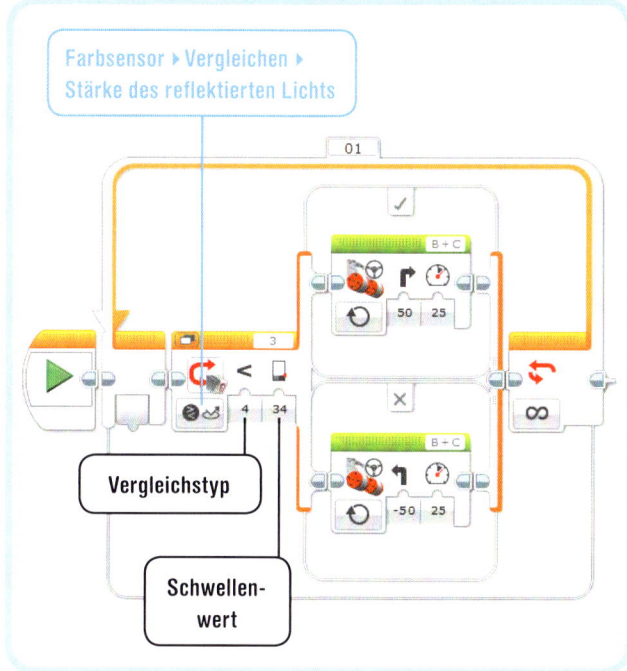

Farbsensor ▸ Vergleichen ▸
Stärke des reflektierten Lichts

Vergleichstyp

Schwellen-
wert

Abbildung 7-12: Das Programm ReflectedLine1 *lässt den EXPLOR3R im Modus Stärke des reflektierten Lichts einer Linie folgen. Kleiner als (<) ist die Option 4 in der Liste von Vergleichstypen.*

Der Linie etwas sanfter folgen

Der Vorteil des Modus für reflektiertes Licht besteht darin, dass der Roboter nicht nur Schwarz und Weiß messen kann, sondern auch eine Mischung daraus, während er sich über den Linienrand bewegt. Sieht der Roboter im Programm *ReflectedLine1* Weiß, macht er eine scharfe Kurve nach links, um zur Linie zurückzugelangen.

Scharfe Kurven sind jedoch nicht notwendig, wenn sich der Sensor nahe an der Linie befindet. Misst der Roboter Hellgrau, ist vielleicht eine weiche Kurve ausreichend, um zur Linie zu kommen. So folgt der Roboter der Linie etwas sanfter, statt immer nach links oder rechts auszubrechen. Sanfte Kurven sind allerdings nicht immer ausreichend, um wieder zur Linie zurückzukommen, sodass der Roboter eine scharfe Kurve fährt, wenn er zu weit weg ist (also die Farbe Weiß sieht).

Um zu entscheiden, ob der Roboter Schwarz, Dunkelgrau, Hellgrau oder Weiß sieht, benötigst du zwei weitere Schwellenwerte, die zwischen den bekannten Werten liegen, wie in Abbildung 7-13 gezeigt.

Das Diagramm in Abbildung 7-14 zeigt, wie sich der Roboter für eine Richtung entscheidet und ob er eine scharfe Kurve machen soll oder eine sanfte. Führe das Programm *ReflectedLine2* aus (siehe Abbildung 7-15), um zu prüfen, ob sich der Roboter sanfter bewegt als vorher. Die Stein-Statusleuchte hilft dir dabei, zu sehen, ob der Roboter eine scharfe Kurve macht (rot) oder eine sanfte (grün), während das Programm läuft.

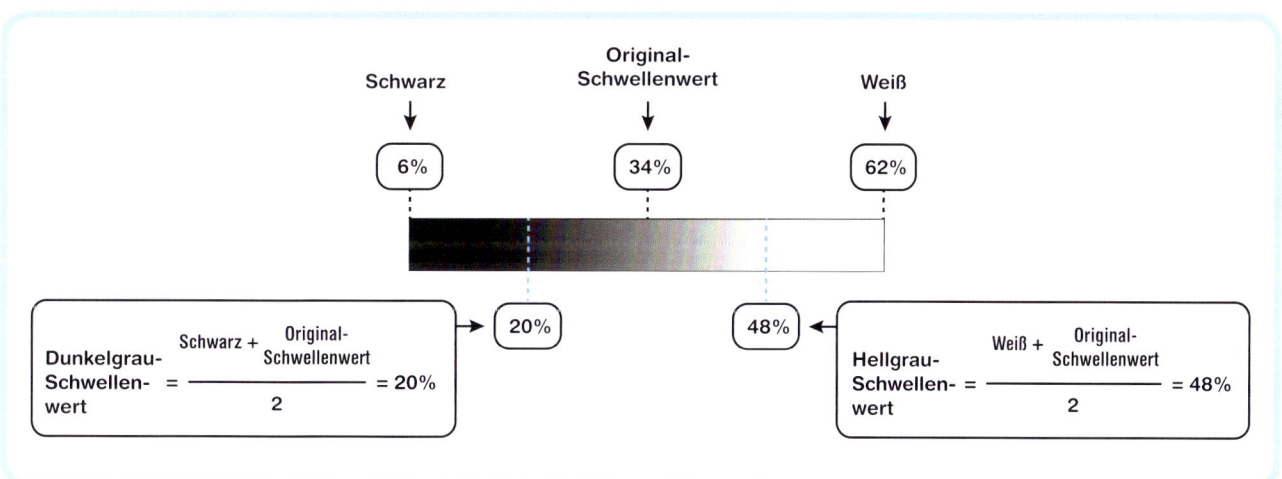

Abbildung 7-13: Du musst zwei verschiedene Schwellenwerte berechnen, um Schwarz, Dunkelgrau, Hellgrau und Weiß zu unterscheiden. Wie vorher ist der Schwellenwert der Durchschnitt zweier bekannter Werte. Zum Beispiel ist der Schwellenwert für Dunkelgrau (20%) der Durchschnitt aus Schwarz (6%) und dem ursprünglichen Schwellenwert (34%).

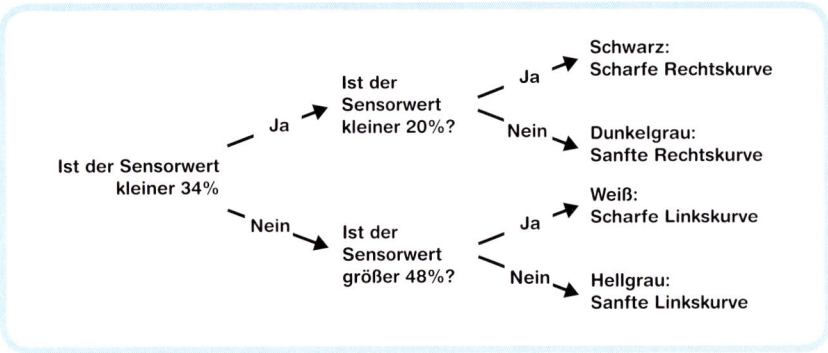

Abbildung 7-14: Das Ablaufdiagramm des Programms ReflectedLine2

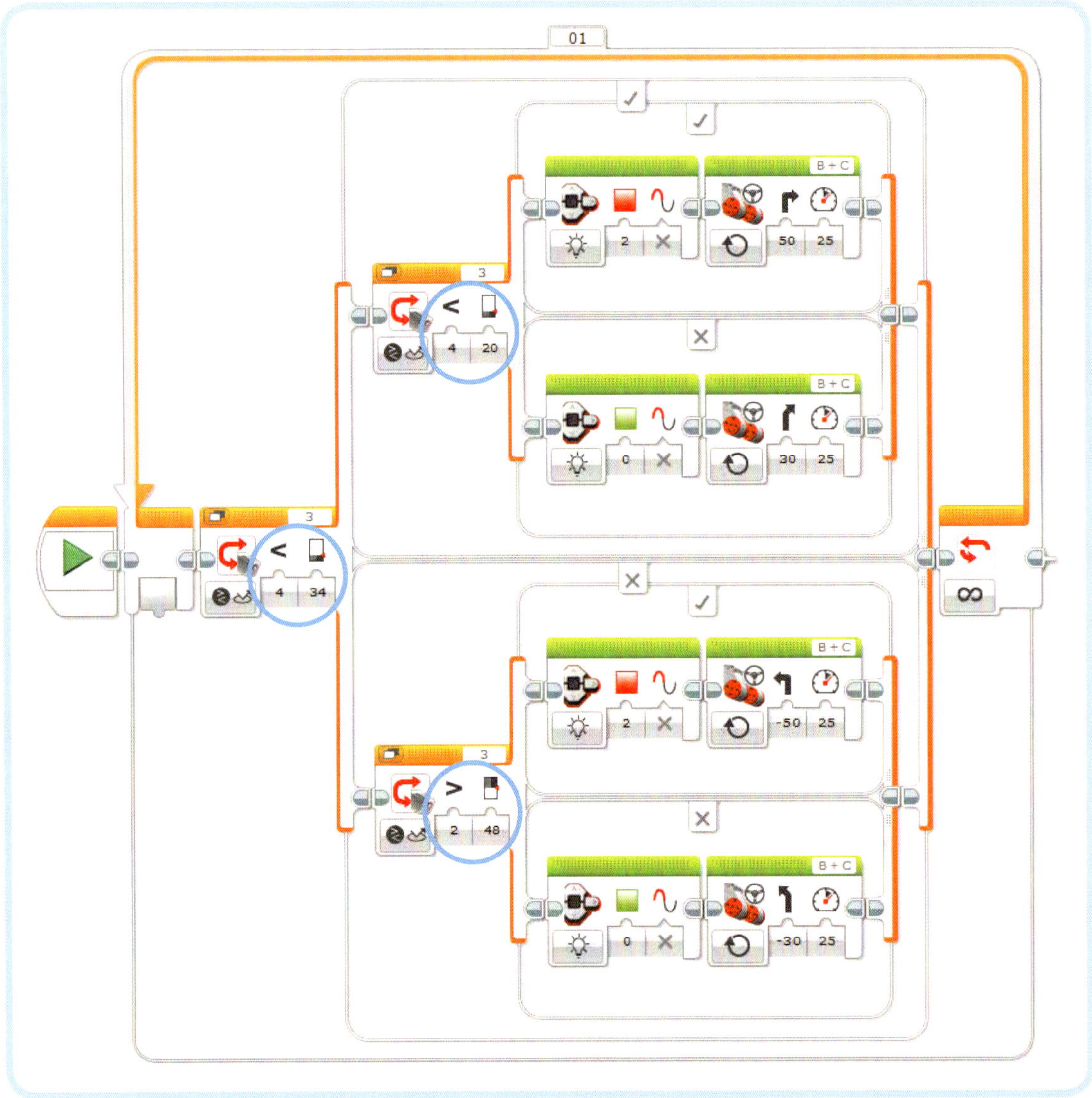

Abbildung 7-15: Das Programm ReflectedLine2. *Der Schalterblock unten wird so konfiguriert, dass er die Blöcke im oberen Zweig ausführt, wenn der Sensorwert größer als der Schwellenwert für Hellgrau ist. Für größer als (>) wählst du die Option 2 als Vergleichstyp.*

Der Modus Stärke des Umgebungslichts

Der Farbsensor kann im Modus **Stärke des Umgebungslichts** verwendet werden, um die Lichtstärke in einem Zimmer zu messen oder die einer Lichtquelle. Mit dieser Messung kannst du ermitteln, ob das Licht in deinem Zimmer ein- oder ausgeschaltet ist. Um dem Sensor eine bessere Sicht auf die Umgebung zu ermöglichen, montiere den Sensor so, wie in Abbildung 7-16 gezeigt.

Abbildung 7-16: Entferne den Farbsensor von der Vorderseite deines Roboters und baue ihn an der Seite an. Du benötigst keine zusätzlichen Lego-Steine. Das Kabel verbleibt im Eingabeanschluss 3.

Der Stärke des Umgebungslichts messen

Verwende die Anschlussansicht des EV3 und wähle **COL-AMBIENT**, um die Messwerte für das Umgebungslicht zu sehen. Der Sensorwert variiert zwischen 0% (sehr dunkel) und 100% (sehr hell). Wenn du den Sensor z.B. mit deiner Hand abdeckst, sollte der Wert unter 5% liegen, während er knapp unter 70% liegt, wenn du ihn in die Nähe einer Lampe bringst.

Du kannst das Umgebungslicht mit einem Programm mit denselben Methoden messen wie das reflektierte Licht, jetzt aber im Modus **Farbsensor ▸ Vergleichen ▸ Stärke des Umgebungslichts**. Um zu erkennen, ob das Licht in einem Zimmer eingeschaltet ist, kann der Roboter z.B. einen Schalterblock verwenden, um zu prüfen, ob der Messwert über einem Schwellenwert liegt. In diesem Fall sollte der Schwellenwert der Durchschnitt der Sensorwerte bei ein- bzw. ausgeschaltetem Licht sein.

HINWEIS Im Umgebungslicht-Modus strahlt der Sensor ein blaues Licht aus, während der Messung wird es jedoch kurz ausgeschaltet. So wird nicht das reflektierte Licht gemessen, sondern nur das Licht aus der Umgebung des Roboters.

Eine Morse-Programm

Jetzt erstellst du ein Programm, mit dem du deinen Roboter mit Lichtsignalen in einem dunklen Raum steuern kannst. Du programmierst den Roboter nach rechts zu fahren, wenn er Licht für mehr als zwei Sekunden empfängt, und nach links, wenn das Signal kürzer ist. So kannst du den Roboter mit dem Lichtschalter in deinem Zimmer steuern. Es handelt sich hier um eine einfache Form von Morse-Code, einer Kommunikationsform, die vor Erfindung des Telefons verwendet wurde.

Zuerst wartet der Roboter mit einem Warteblock, bis ein Licht leuchtet. Nachdem ein weiterer Warteblock zwei Sekunden abgewartet hat, verwendet das Programm einen Schalterblock, um zu entscheiden, ob das Licht immer noch brennt. Wenn ja, steuert es den Roboter nach rechts, ansonsten nach links.

Erstelle das Programm *MorseCode*, wie in Abbildung 7-17 gezeigt, und führe es in einem dunklen Zimmer aus. Alternativ kannst du es auch in einem beleuchteten Raum verwenden und die Signale mit einer starken Taschenlampe geben.

HINWEIS In meinem Zimmer beträgt der Sensorwert 2% bei ausgeschaltetem Licht und 16% bei eingeschaltetem. Ich habe daher einen Schwellenwert von 9% für das Programm verwendet. Du solltest deine eigenen Schwellenwerte ermitteln.

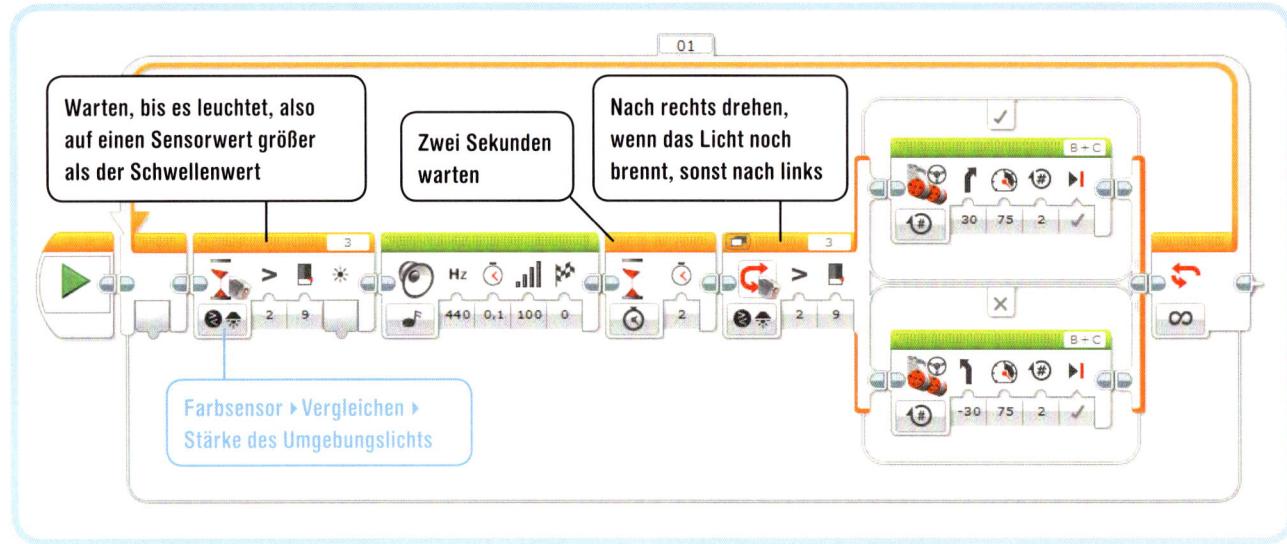

Abbildung 7-17: Das Programm **MorseCode**. *Der erste Warte- und der Schalterblock sind im Modus* **Farbsensor** ▸ **Vergleichen** ▸ **Stärke** *des Umgebungslichts.*

Inside the figure:

Warten, bis es leuchtet, also auf einen Sensorwert größer als der Schwellenwert

Zwei Sekunden warten

Nach rechts drehen, wenn das Licht noch brennt, sonst nach links

Farbsensor ▸ Vergleichen ▸ Stärke des Umgebungslichts

SELBST ENTDECKEN 36: MORGENALARM

Schwierigkeitsgrad: 🔲   Zeit: 🕐🕐

Kannst du deinen Roboter einen Alarm auslösen lassen, wenn die Sonne aufgeht? Stelle deinen Roboter an ein Fenster und programmiere einen Warteblock, der das Programm anhält, bis die Lichtstärke einen berechneten Schwellenwert überschreitet. Dann soll der Roboter mehrfach laute Klänge spielen, bis du den Berührungssensor drückst, der als Schlummertaste dient.

TIPP Normalerweise schaltet sich dein Roboter ab, wenn du ihn länger als 30 Minuten nicht benutzt, sodass er dich am nächsten Morgen nicht wecken würde. In den Einstellungen für den EV3-Stein kannst du diesen Modus aber deaktivieren. Vergiss jedoch nicht, den Modus nach dem Experiment wieder einzuschalten, sonst verbrauchst du unnötig viel Batterien.

Weitere Experimente

Der Farbsensor ermöglicht es deinem Roboter, seine Umgebung mittels Farben, reflektiertem und Umgebungslicht wahrzunehmen. Roboter können mit diesen Sensorwerten verschiedene Aufgaben durchführen. Der EXPLOR3R konnte z.B. einer Linie folgen und auf Lichtsignale reagieren.

Du hast außerdem gelernt, Schwellenwerte zu berechnen und sie mit Sensorwerten zu vergleichen, sodass der Roboter Änderungen seiner Umgebung erkennen konnte. Mit einem Schwellenwert konnte der Roboter eine schwarze Linie erkennen und feststellen, ob das Licht im Raum eingeschaltet war. Schwellenwerte sind auch für andere Sensoren nützlich und wir werden ihnen später wieder begegnen.

Der Farbsensor ist ein Universalgerät und es gibt viele coole Einsatzgebiete. Versuche, einige der Selbst-entdecken-Aufgaben zu lösen, um zu sehen, was alles möglich ist!

SELBST ENTDECKEN 37: FARBMARKIERUNGEN

Schwierigkeitsgrad: Zeit:

Baue den Farbsensor an deinen Roboter, wie in Abbildung 7-16 gezeigt, und lasse ihn in verschiedene Richtungen fahren, abhängig von der Farbe eines vor den Sensor gehaltenen Objekts. Jede Bewegung sollte drei Sekunden lang dauern.

SELBST ENTDECKEN 38: EIN FINGERABDRUCKSCANNER

Schwierigkeitsgrad: Zeit:

Kannst du den Roboter nach links fahren lassen, wenn du den Berührungssensor drückst, und nach rechts, wenn du den Finger auf den Farbsensor legst? Löse beide Sensoren von ihren Befestigungen, sodass du sie in der Hand halten kannst. Schließe sie dann mit den längsten vorhandenen Kabeln an den EV3-Stein an. Wie bringst du den Farbsensor dazu, deinen Finger zu erkennen?

HINWEIS Wie ist die Stärke des reflektierten Lichts, wenn du deinen Finger auf den Sensor legst?

SELBST ENTDECKEN 39: FARBMUSTER

Schwierigkeitsgrad: Zeit:

Erweitere das Programm aus *Selbst entdecken 37*, damit der Roboter auf verschiedene Farbmuster reagiert. Zum Beispiel soll er nach links lenken, wenn er Rot für mehr als zwei Sekunden sieht, aber nach rechts, wenn Rot nur eine Sekunde zu sehen ist und danach eine Sekunde Blau.

HINWEIS Erstelle ein Programm ähnlich wie MorseCode.

SELBST ENTDECKEN 40: HINDERNISSE AUF DER LINIE

Schwierigkeitsgrad: Zeit:

Kannst du den Roboter auf der Teststrecke fahren und wenden lassen, wenn er auf ein Hindernis trifft? Schließe den Berührungssensor wieder an den Roboter an und baue den Farbsensor links davon ein, wie in Abbildung 7-18. (Es wird nur eine blaue Noppe verbunden, aber das reicht aus.)

HINWEIS Ändere den Schleifenblock im Linienverfolgungsprogramm so, dass es wiederholt wird, bis der Berührungssensor gedrückt wird. Dann soll der Roboter wenden, die Linie wiederfinden und ihr in der anderen Richtung folgen.

Abbildung 7-18: Der EXPLOR3R mit Farbsensor (Anschluss 3) und Berührungssensor (Anschluss 1). Das Linienverfolgungsprogramm läuft auch in dieser Konfiguration.

SELBST ENTDECKEN 41:
EIN VERRÜCKTER KURS

Schwierigkeitsgrad:  Zeit: ⏱⏱⏱

Gehe zu *http://ev3.robotsquare.com/lines.pdf* und drucke zwei Ecken (zwei Mal Blatt 3), eine Dreifachkreuzung (Blatt 33) und einen Wendehammer (Blatt 17), ein gelbes Gesicht (Blatt 26) und einen grünen Stern (Blatt 28) aus und baue damit die Strecke in Abbildung 7-19.

Lasse den Roboter der Linie folgen, bis er den grünen Stern findet, unabhängig von seiner Startposition.

HINWEIS Lassen den Roboter wenden und der Linie in anderer Richtung folgen, wenn er das gelbe Gesicht sieht.

Abbildung 7-19: Die Fahrstrecke für Selbst entdecken 41

SELBST KONSTRUIEREN 7:
TÜRGLOCKE

Bau: ✸ Programmierung: ▭

Kannst du den EV3-Stein einen Klang spielen lassen, wenn jemand durch die Tür kommt? Baue den Farbsensor auf eine Seite des Türrahmens und positioniere eine Taschenlampe auf der anderen, sodass sie direkt auf den Sensor zeigt. Wie programmierst du den Roboter, damit er erkennt, wenn jemand durch die Tür kommt?

HINWEIS Die Stärke des Umgebungslichts sollte sich verändern, wenn jemand den Lichtstrahl von der Taschenlampe beim Hereinkommen unterbricht.

SELBST KONSTRUIEREN 8:
EIN SICHERER TRESOR

Bau: ✸✸✸ Programmierung:

Kannst du einen Tresor bauen, der nur mit einer farbigen Sicherheitskarte geöffnet werden kann, wie in Abbildung 7-20 gezeigt? Verwende einen Motor, um die farbigen Quadrate am Farbsensor entlangzuführen, und einen weiteren, um den Tresor zu öffnen, wenn die Karte erfolgreich gescannt wurde. Diese spezielle Karte kannst du wie folgt scannen:

1. Drehe das Rad, bis der Farbsensor entweder Rot, Gelb, Grün oder Blau sieht.

2. Wirf die Karte aus, wenn die Farbe nicht Rot ist. Sonst weiter.

3. Drehe den Motor bis zur nächsten Farbe.

4. Wirf die Karte aus, wenn es nicht Gelb ist. Sonst weiter.

5. Drehe den Motor bis zur nächsten Farbe.

6. usw.

HINWEIS Verwende für jedes Farbquadrat einen Schalterblock. Im ersten ermittelst du, ob die Farbe Rot ist. Wenn ja (wahr), drehe den Motor und verwende einen weiteren Schalter, um festzustellen, ob die Farbe Gelb ist. Wenn ja (wahr), drehe den Motor usw. Der Falsch-Teil jedes Schalterblocks sollte Blöcke enthalten, die die Karte auswerfen.

Abbildung 7-20: Eine Version der Karte zum Ausdrucken findest du unter http://ev3.robotsquare.com/securitycard.pdf.

Den Infrarotsensor verwenden

Mit dem *Infrarotsensor* nimmt dein Roboter seine Umgebung wahr, indem er mittels Infrarotlicht den Abstand zu Objekten ermittelt. Zusätzlich dient er als Empfänger für Signale der IR-Fernsteuerung (auch Sender genannt). Der Sensor erkennt, wenn Knöpfe auf der Fernsteuerung gedrückt werden, wie weit sie etwa entfernt ist und die relative Richtung und Position des Roboters. dazu.

Du kannst alle diese Funktionen durch einen der vier Modi des Infrarotsensors in deinen Programmen nutzen: Nähemodus, Fernsteuerungsmodus, Signal-Nähe und Signal-Richtung (siehe Abbildung 8-1). Du kannst Infrarotlicht eines Senders mit einer Digitalkamera sehen, wie du sie vielleicht in einem Smartphone besitzt. Außerdem siehst du im Nähemodus ein schwaches Licht aus dem Sensor kommen. In diesem Kapitel lernst du, wie die einzelnen Modi funktionieren und wie du Programme schreibst, mit denen der EXPLOR3R Hindernissen ausweicht, auf Fernsteuerungssignale reagiert und einen Sender findet.

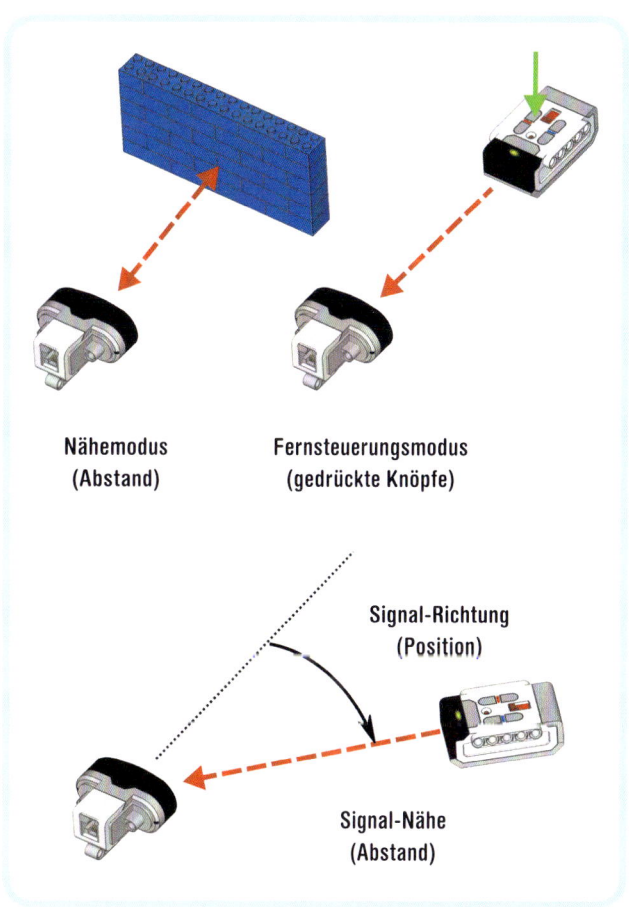

Der Nähemodus

Der Roboter misst im Nähemodus den Abstand des Sensors zu einem Objekt. Statt die Strecke in Zentimetern zu messen, gibt dir der Sensor den Wert als Prozentangabe zwischen 0% (sehr nah) und 100% (weit weg) an. Gehe zur Anschlussansicht des EV3-Steins, wähle Eingang 4 und IR-PROX (kurz für Infrarot Proximity), um die Sensorwerte zu erhalten.

Der Sensorwert basiert auf der von einem Objekt zurückgeworfenen Lichtmenge, wenn es vom Sensor angestrahlt wird. Je näher das Objekt am Sensor ist, desto mehr Licht wird von ihm reflektiert. Manche Oberflächen reflektieren Licht besser als andere, sodass sie näher am Sensor zu sein scheinen. Eine weiße Wand scheint z.B. näher zu sein als eine schwarze, auch wenn beide genau gleich weit entfernt sind.

Abbildung 8-1: Die Betriebsmodi des Infrarotsensors. Die rot gestrichelten Linien zeigen die unsichtbaren Strahlen des Infrarotlichts. Wenn du den Weg zwischen Sensor und Fernsteuerung unterbrichst, erhält der Sensor keine korrekte Messung.

Hindernissen ausweichen

Der Sensor kann zwar nicht die genaue Distanz zu einem Objekt ermitteln, trotzdem kann er gut erkennen, ob sich eines im Weg befindet. Der Sensorwert beträgt 100%, wenn nichts zu erkennen ist, und verringert sich bis auf etwa 30%, wenn sich der Roboter einer Wand nähert. Wenn du den Roboter programmierst, vorwärts zu fahren, aber auszuweichen, sobald der Sensorwert 65% unterschreitet, hast du schon einen Roboter, der Hindernisse umfährt. Das Programm *ProximityAvoid* in Abbildung 8-2 verwendet einen Warteblock, um auf Messwerte unter 65% zu reagieren.

Sensoren kombinieren

Du bist in deinen Programmen nicht auf einzelne Sensoren beschränkt. Alle EV3-Sensoren können in einem Programm kombiniert werden. Dadurch reagiert dein Roboter zuverlässiger.

Der Infrarotsensor sieht z.B. kleine Objekte, die im Weg liegen, nicht immer, der Berührungssensor aber schon. Andererseits reagiert der Berührungssensor nicht auf bestimmte weiche Objekte, wie eine Gardine, der Infrarotsensor aber schon. Wenn du die Sensorwerte kombinierst, wird der EXPLOR3R weniger oft irgendwo hängenbleiben, wenn er herumfährt.

Eine Möglichkeit, Sensormessungen zu kombinieren, besteht darin, einen Schalterblock innerhalb eines Schalterblocks zu verwenden, was zu einem Programm wie in Abbildung 8-3 führt. Erstelle das Programm *CombinedSensors*, das einen Entscheidungsbaum wie in Abbildung 8-4 umsetzt, und führe es aus.

HINWEIS Vergiss nicht, den Berührungssensor aus Kapitel 6 wieder anzubauen. Der Sensor sollte an Eingabeanschluss 1 angeschlossen werden.

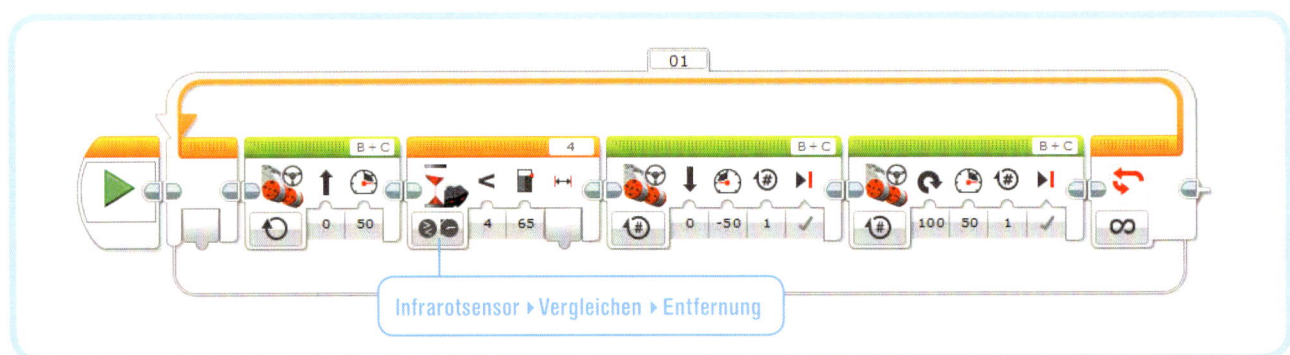

Abbildung 8-2: Erstelle ein neues Projekt, EXPLOR3R-IR, und ein Programm namens ProximityAvoid *und konfiguriere die Blöcke wie gezeigt. Beachte die Ähnlichkeit zum Programm* TouchAvoid *in Kapitel 6.*

SELBST ENTDECKEN 42: NAH HERAN

Schwierigkeitsgrad: 🔲   **Zeit:** ⏱

Lasse den Roboter mehrfach »Detected« sagen, wenn er ein Objekt erkennt, das näher als 50% ist, und ansonsten »Searching«. Experimentiere auch mit anderen Schwellenwerten, wie 5% oder 95%, um zu sehen, aus welchen Entfernungen der Sensor ein Objekt zuverlässig erkennt. Der Sensor misst keine exakte Distanz und du wirst sehen, dass sich die Messwerte abhängig vom jeweiligen Objekt unterscheiden.

HINWEIS **Du musst einen Schalterblock innerhalb eines Schleifenblocks verwenden.**

SELBST ENTDECKEN 43: DREI SENSOREN

Schwierigkeitsgrad: 🔲🔲   **Zeit:** ⏱

Erweitere das Programm um einen dritten Sensor. Lass den Roboter anhalten, wenn der Farbsensor etwas Blaues sieht, und weiterfahren, wobei er Hindernissen ausweicht, wenn das blaue Objekt entfernt wird.

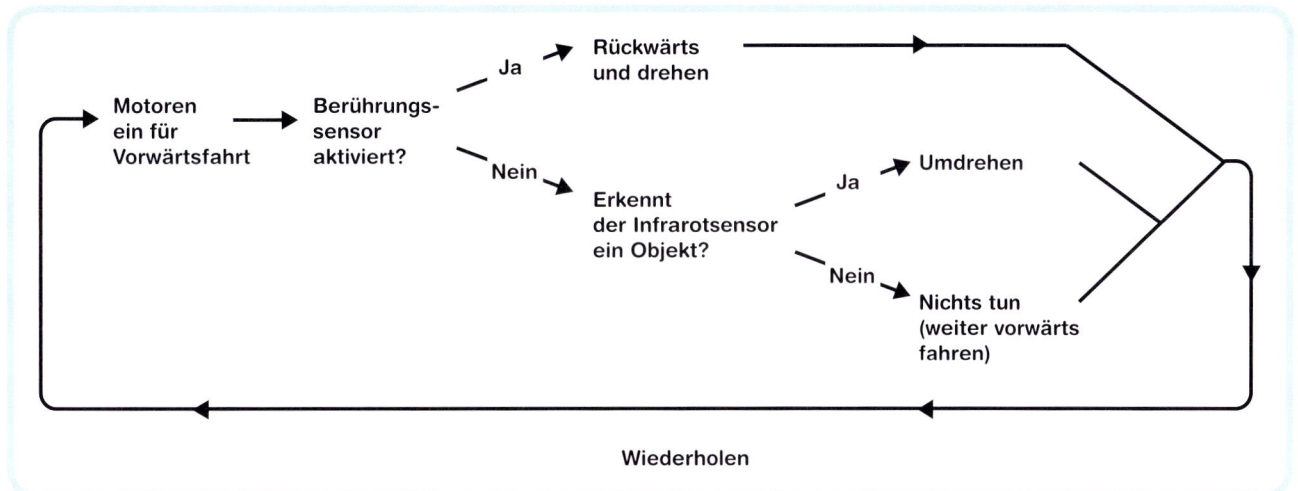

Abbildung 8-3: Das Flussdiagramm für CombinedSensors

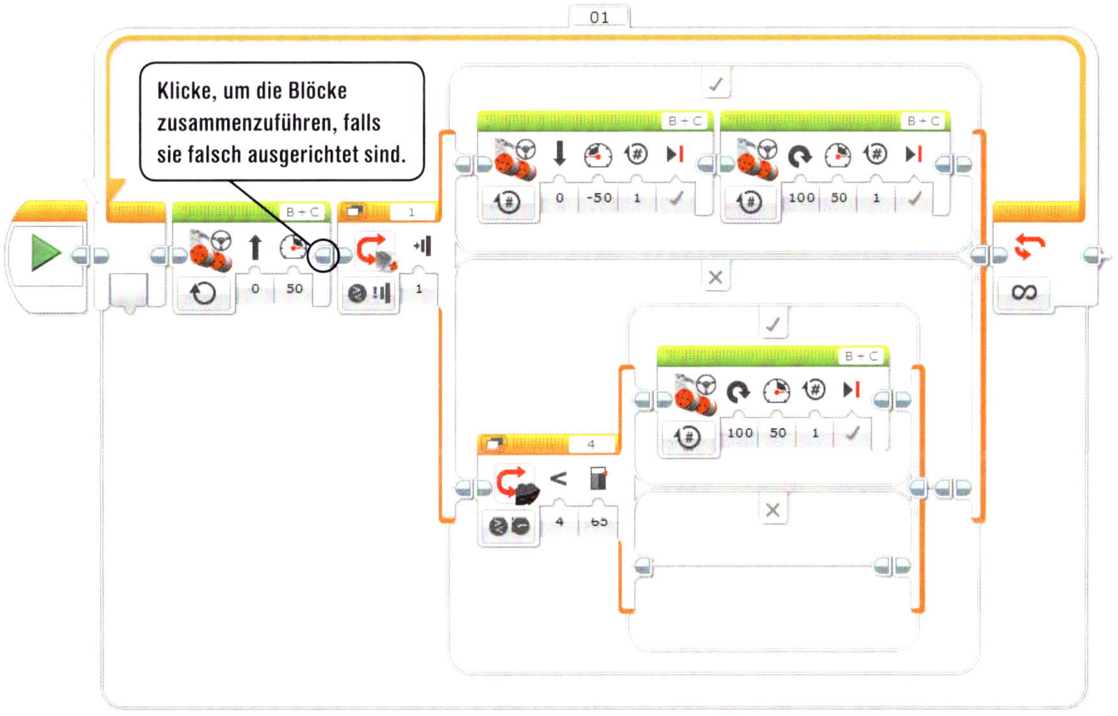

Abbildung 8-4: Das Programm CombinedSensors. *Passe die Schalt- und Schleifenblöcke in der Größe an, wenn nötig.*

Der Fernsteuerungsmodus

Im Fernsteuerungsmodus erkennt der Infrarotsensor, welche Knöpfe auf der Fernsteuerung gedrückt wurden, sodass dein Programm darauf reagieren kann. So konntest du deinen Roboter auch in Kapitel 2 fernsteuern. Die Anwendung IR-Fernsteuerung des EV3-Steins ist in Wirklichkeit ein Programm, das den Roboter abhängig vom gedrückten Knopf in verschiedene Richtungen lenkt. Der Sensor kann 12 Knopfkombinationen, *Button-IDs* genannt, erkennen, wie in Abbildung 8-5 gezeigt.

Mit einem Schalterblock im Messmodus kannst du für jeden Sensorwert die auszuführenden Blöcke festlegen, in diesem Beispiel für jede *Button-ID*. Das Programm *CustomRemote* nutzt einen Schalterblock, um den EXPLOR3R vorwärts fahren zu lassen, wenn die beiden oberen Knöpfe gedrückt werden (*Button-ID* 5). Es steuert nach links, wenn der Knopf oben links gedrückt wird (*ID* 1), und nach rechts, wenn der Knopf oben rechts gedrückt wird (*ID* 3), und hält an,

SELBST ENTDECKEN 44: DIE FERNBEDIENUNG SICHERN

Schwierigkeitsgrad: 🔲   Zeit: 🕐

Kannst du dein Programm durch eine geheime Knopfkombination schützen? Füge zwei Warteblöcke genau vor dem Schleifenblock ein. Diese Blöcke warten auf die Knöpfe mit ID 10 und 11, bevor der Rest des Programms ausgeführt wird. (Als besondere Herausforderung kannst du versuchen, den Code noch sicherer zu machen, indem du die Technik verwendest, die du in Selbst-konstruieren-Aufgabe 8 auf Seite 88 gelernt hast.)

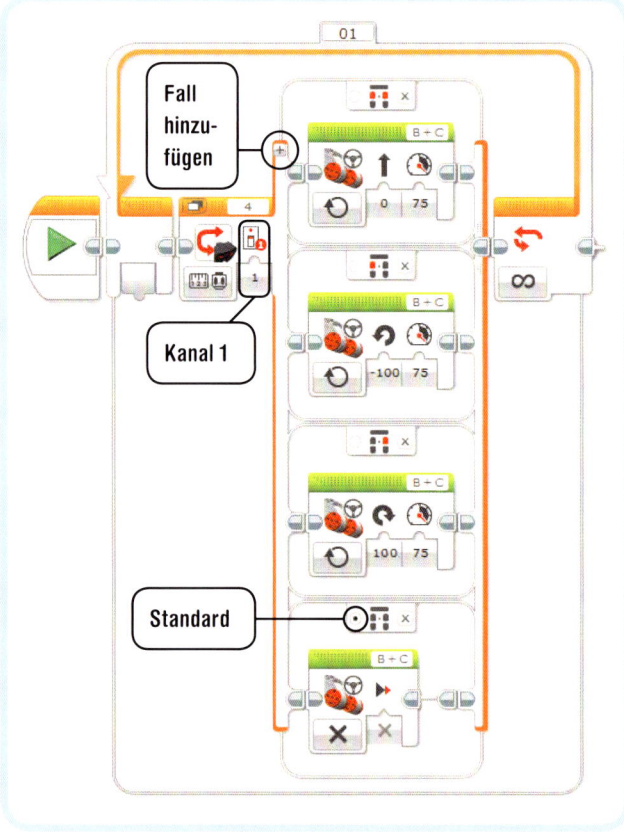

Abbildung 8-6: Das Programm CustomRemote

wenn kein Knopf gedrückt wird (*ID* 0). Der Standardwert ist anhalten, sodass der Roboter anhält, wenn eine ungültige Kombination gedrückt wird.

Da das Programm so konfiguriert ist, dass es auf Kanal 1 der Fernsteuerung reagiert, sollte diese auf Kanal 1 eingestellt sein (siehe Abbildung 2-10). Wenn du einen weiteren EV3-Roboter hast, verwende für ihn einen anderen Kanal (2, 3 oder 4), um Interferenzen zu vermeiden. Erstelle jetzt das Programm und führe es aus (siehe Abbildung 8-6) und lasse den Roboter mit der Fernsteuerung herumfahren.

Diese Technik ist besonders nützlich (und lustig), denn jetzt kannst du ein eigenes Fernsteuerprogramm für alle Roboter erstellen. In Kapitel 12 baust du z.B. einen Formel-1-Rennwagen, der anders lenkt und steuert als der EXPLOR3R. Die normale IR-Fernsteuerung funktioniert damit nicht, aber du kannst das Problem umgehen, indem du ein eigenes Programm für die Steuerung des Rennwagens schreibst.

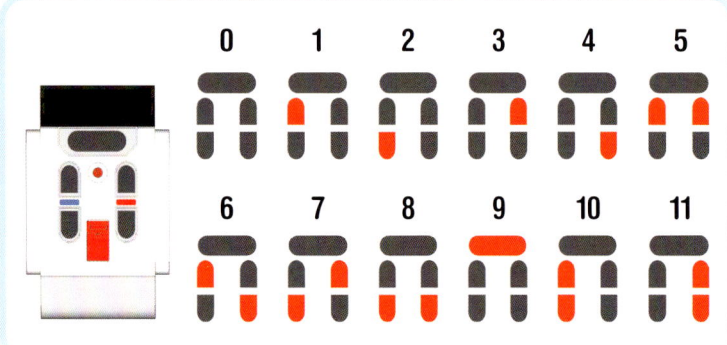

Abbildung 8-5: Der Infrarotsensor erkennt 12 Knopfkombinationen (Button-IDs) der Fernsteuerung. Gedrückte Knöpfe sind rot dargestellt.

Der Modus Signal-Nähe

Zusätzlich zur Erkennung gedrückter Fernsteuerungsknöpfe kann der Infrarotsensor auch die Signalstärke und –richtung erkennen. Der Roboter kann diese Informationen verwenden, um die Fernsteuerung (also den Sender) zu orten und darauf zuzufahren.

Im Modus Signal-Nähe verwendet der Sensor die Signalstärke des Senders, um eine relative Distanz von 1% (der Sender ist sehr nah am Sensor) und 100% (er ist sehr weit weg) zu errechnen. Die besten Ergebnisse erhältzu, wenn sich der Sender auf gleicher Höhe wie der Empfänger befindet oder nur wenig darüber und die »Augen« auf den Roboter gerichtet sind (siehe Abbildung 8-1).

Das kleine grüne Licht auf dem Sender zeigt an, wenn ein Signal gesendet wird. Es spielt keine Rolle, welcher Knopf gedrückt wird, wenn es um die Ermittlung von Abstand oder Richtung geht, am besten passt jedoch der Knopf oben (Button-ID 9). Das grüne Licht leuchtet, wenn du den Knopf drückst, und erlischt, wenn du ihn erneut drückst, sodass du ihn nicht die ganze Zeit betätigen musst.

Jetzt erstellst du das Programm *BeaconSearch1*, das den Roboter wiederholt »Searching« sagen lässt, bis der Infrarotsensor eine Signal-Nähe von weniger als 10% erkennt. Mit anderen Worten sagt der Roboter so lange »Searching«, bis du die Fernsteuerung nah an den Sensor hältst. Das erreichst du mit einem Schleifenblock, der wie in Abbildung 8-7 konfiguriert ist. Wenn die Schleife beendet ist, sagt der Roboter »Detected«.

HINWEIS Der Sensor kann auch erkennen, ob er überhaupt ein Signal empfängt. Du kannst den Roboter anhalten lassen, wenn er kein Signal mehr erkennt. Hierzu verwendest du einige neue Blöcke, auf die wir in Kapitel 14 zurückkommen

Der Modus Signal-Richtung

Im Modus Signal-Richtung kann der Sensor die Richtung des Senders erkennen. Die Richtung gibt dem Roboter eine grobe Vorstellung, in welchem Winkel sich die Fernsteuerung befindet. Die Messwerte liegen zwischen -25 und 25, wie in Abbildung 8-8 gezeigt. Der Sensor erkennt keine genauen Winkel, aber die Werte sind gut genug, um zu entscheiden, ob der Sender sich links (negative Werte) oder rechts (positive Werte) vom Roboter befindet.

Der Sensor kann den Sender in allen Richtungen erkennen, auch wenn er sich hinter dem Sensor befindet, aber im grünen Bereich in Abbildung 8-8 ist die Messung an genauesten. Ein Richtungswert von 0 bedeutet, entweder, dass der Sensor genau vor oder hinter dem Roboter ist, oder, dass kein Signal empfangen wird.

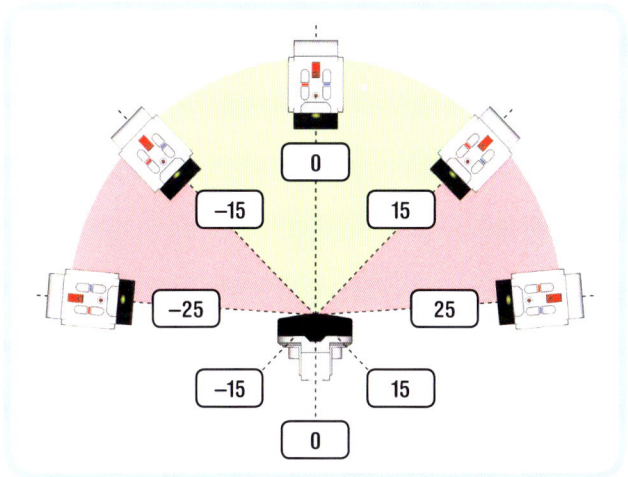

Abbildung 8-8: Die Werte für die Signal-Richtung reichen von -25 bis 25. Negative Werte bedeuten, dass sich der Sender links vom Sensor befindet, positive Werte bedeuten rechts. Ein Wert von 0 zeigt an, dass der Roboter den Sender genau vor- oder hinter sich hat.

Abbildung 8-7: Das Programm BeaconSearch1

Die Information, ob sich der Sender links oder rechts vom Roboter befindet, reicht aus, um ihn auf den Sender zufahren zu lassen. Sieht der Sensor den Sender auf der linken Seite, sollte der Roboter nach links fahren. Sieht er ihn rechts, sollte er nach rechts fahren. Du kannst mit einem Schalterblock prüfen, ob der Wert kleiner als 0 ist (<), was bedeutet, dass sich der Sender links befindet.

Wenn du die Lenkung kontinuierlich an den Sensorwert anpasst und gleichzeitig vorwärts fährst, findet das Programm und damit der Roboter den Sender. Entferne die Klangblöcke aus dem vorherigen Programm und füge einen Schalterblock mit zwei Bewegungslenkungsblöcken ein, um das *BeaconSearch2*-Programm fertigzustellen, wie in Abbildung 8-9. Die Schleife lässt den Roboter nach dem Sender suchen, bis die Nähe (Entfernungswert) unter 10% sinkt. Dann ist das Programm beendet.

HINWEIS Der Sender muss kontinuierlich senden, entweder durch Drücken eines beliebigen Knopfes oder durch Einschalten des Senders über den Knopf ganz oben (Button-ID 9), sodass die grüne Lampe ständig leuchtet.

SELBST ENTDECKEN 45: SANFTER VERFOLGER

Schwierigkeitsgrad: **Zeit:** ⏱

Kannst du *BeaconSearch2* so verändern, dass der Roboter dem Signal nicht so abrupt folgt? Lasse den Roboter weiche Kurven fahren (25% Lenkung), wenn das Signal im grünen Bereich von Abbildung 8-8 ist, und scharfe Kurven (50% Lenkung), wenn es außerhalb ist.

HINWEIS **Nutze die Techniken, die du in »Der Linie etwas sanfter folgen« auf Seite 83 gelernt hast. Du musst keine Schwellenwerte berechnen, sie sind schon in Abbildung 8-8 enthalten.**

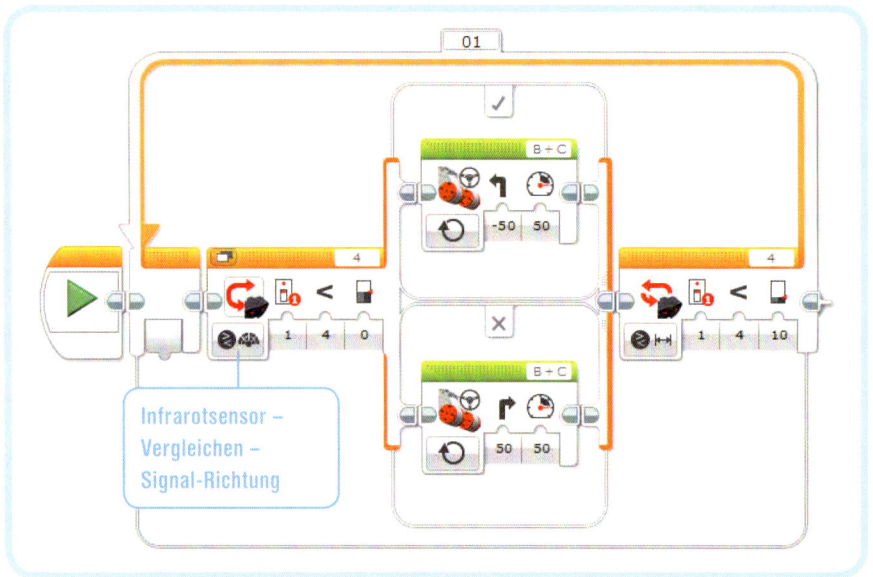

Abbildung 8-9: Der Programm BeaconSearch2 *lässt den Roboter auf den Sender zufahren und anhalten, wenn er ganz nahe ist. Wenn du dich um den Roboter herumbewegst, folgt dir der Roboter.*

Sensormodi kombinieren

Mehrere Betriebsmodi des Infrarotsensors in einem Programm zu kombinieren kann zu unerwartetem Verhalten führen, da der Sensor zwischen den Modi umschalten muss. (Signal-Nähe und Signal-Richtung sind die einzigen Modi des Infrarotsensors, zwischen denen du ohne Pause umschalten kannst.)

Nimm an, du möchtest den Schleifenblock im Programm *CustomRemote* (siehe Abbildung 8-6) laufen lassen, bis er eine Nähe (Entfernungswert) unter 10% erkennt. Ein Schalterblock würde den gedrückten Knopf im Fernsteuerungsmodus erkennen und eine Schleife die Entfernung im Nähemodus. Da der Sensor aber von einem zum anderen Modus umgeschaltet werden muss, würde das Programm sehr langsam laufen und dein Roboter nur verzögert auf die Fernsteuerung reagieren. (Wenn du möchtest, probiere es aus.)

Wenn das Timing nicht kritisch ist, kannst du verschiedene Modi in einem Programm kombinieren. Das *MultiMode*-Programm in Abbildung 8-10 funktioniert wie erwartet. Zuerst wartet es, bis du den Knopf oben rechts auf der Fernsteuerung drückst (Button-ID 3), worauf du einen Piepton hörst. Dann sagt es »Yes«, wenn die Nähe (Entfernungswert) kleiner als 30% ist und sonst »No«. Zwischen dem Piepton und dem gesprochenen Wort hörst du eine Pause. Das ist die Verzögerung durch das Umschalten vom Fernsteuerungs- zum Nähemodus.

Weitere Experimente

Mit dem Infrarotsensor kann der Roboter Objekte in seiner Umgebung aus der Ferne erkennen. Zusammen mit der Fernsteuerung kann der Sensor als Empfänger und Signaldetektor dienen. Du weißt jetzt auch, wie der Berührungssensor und der Infrarotsensor den Roboter Hindernisse sicherer erkennen lassen. Natürlich kannst du auch den Farbsensor hinzufügen und in den Selbst-entdecken-Aufgaben noch ausgefeiltere Programme schreiben!

SELBST ENTDECKEN 46: FOLGE MIR

Schwierigkeitsgrad: ▫▫ **Zeit:** ⏱⏱

Kannst du den EXPLOR3R genau hinter dir mit einem festen Abstand herfahren lassen? Mit dem Infrarotsensor im Nähemodus erkennst du den Abstand zu deiner Hand (halte sie vor den Roboter). Der Roboter sollte nachfolgen, wenn du deine Hand wegbewegst, und rückwärts fahren, wenn du sie auf ihn zubewegst. Lasse den Roboter anhalten, wenn er deine Hand mit einem Abstand von 35% bis 45% sieht.

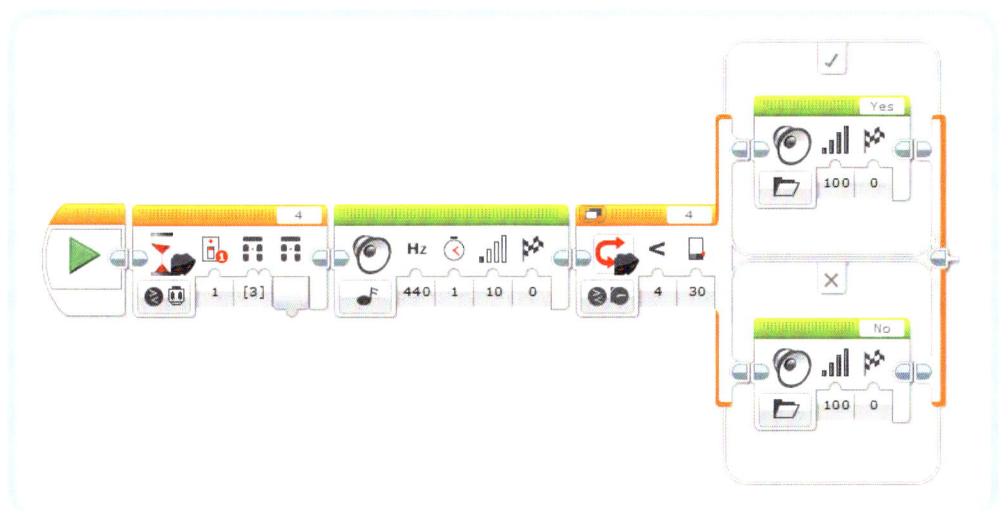

*Abbildung 8-10: Das Programm **MultiMode**. Das Timing ist hier nicht kritisch, sodass Fernsteuerungs- und Nähemodus im selben Programm verwendet werden können.*

SELBST ENTDECKEN 47: ECHOLOT

Schwierigkeitsgrad:  Zeit:

Kannst du den EV3 Töne spielen lassen, die dich zum Sender leiten, während du die Augen geschlossen hast? Lass ihn Töne mit unterschiedlicher Frequenz und Lautstärke spielen, abhängig von der Senderposition. Verwende tiefe Töne (400 Hz), wenn der Sender links vom Sensor ist, und hohe Töne (1000 Hz), wenn er sich rechts befindet. Je näher du an den Sender kommst, desto lauter sollten die Töne werden.

HINWEIS Zuerst verwendest du einen Schalterblock, um zu entscheiden, ob sich der Sender links oder rechts befindet. In beiden Teilen des Schalters fügst du dann einen Schalterblock ein, der erkennt, ob der Sender nah oder fern ist. Dadurch ergeben sich vier Stellen für einen Klangblock, wobei jeder für einen dieser Töne konfiguriert sein sollte: tief und laut, tief und leise, hoch und laut sowie hoch und leise.

SELBST KONSTRUIEREN 9: EIN BAHNÜBERGANG

Bau: Programmierung:

Kannst du einen automatischen Bahnübergang für die Lego-Modelleisenbahn bauen? Verwende einen Motor, um eine Schranke zu bewegen, der verhindert, dass Autos über die Gleise fahren, während ein Zug durchfährt. Setze den Infrarotsensor ein, um festzustellen, ob sich eine Modellbahn nähert und wann die Schranke geschlossen und wieder geöffnet werden soll.

SELBST KONSTRUIEREN 10: EIN NARRENSICHERER ALARM

Bau: Programmierung:

Kannst du mit allen drei Sensoren im EV3-Kasten einen Einbruchsalarm bauen, der niemals fehlschlägt? Verwende den Berührungssensor, um zu erkennen, ob eine Tür geöffnet wird (siehe *Selbst konstruieren 4* auf Seite 74), den Farbsensor, um Personen in der Tür zu erkennen (*Selbst konstruieren 7* auf Seite 88), und den Infrarotsensor im Nähemodus, um Bewegungen in der Nähe eines interessanten Objekts, wie einem Telefon, aufzuspüren.

TIPP Baue deinen Roboter und dein Programm so, dass du (und nur du) den Raum immer noch betreten kannst, ohne dass Alarm ausgelöst wird.

Die Stein-Tasten und Motorumdrehungssensoren verwenden

Zusätzlich zum Berührungs-, Farb- und Infrarotsensor bietet der EV3 auch zwei integrierte Sensoren: Stein-Tasten und Motorumdrehungssensoren, die wir hier Drehsensoren nennen. Mit den Stein-Tasten auf dem EV3 kannst du Programme beeinflussen oder steuern, die gerade laufen. Zum Beispiel könnte das Programm über eine Taste abfragen, was der Roboter als Nächstes tun soll.

Jeder EV3-Motor hat einen eingebauten Drehsensor, der die Position des Motors bestimmt, sodass du Räder oder andere Mechanismen genau steuern kannst. Der Sensor misst auch die Motorgeschwindigkeit, damit kannst du erkennen, ob der Motor schneller oder langsamer dreht, als er sollte.

Die Stein-Tasten verwenden

Du kannst die Stein-Tasten Links, Rechts, Oben, Unten und Mitte in Programmen verwenden wie den Berührungssensor. Dein Roboter kann auf einen Tastendruck reagieren, indem er z.B. einen Klang abspielt. Du kannst den Roboter auch warten lassen, bis eine Taste losgelassen oder angetippt wird (also gedrückt und gleich wieder losgelassen).

Ein interessanter Weg, mehrere Tasten in einem Programm zu verwenden, ist, ein Menü auf dem EV3-Display anzuzeigen, in dem man die nächste Programmaktion wählen kann. Das Programm *ButtonMenu* in Abbildung 9-1 spielt einen von drei Klängen ab, den der Anwender per Taste wählt.

Zwei Anzeigeblöcke zeigen ein einfaches Menü auf dem Display an und fragen den Anwender, ob der Roboter »Hello«, »Okay« oder »Yes« sagen soll. Dann wartet ein Warteblock (im Modus **Stein ▸ Tasten ▸ Vergleichen**), darauf, dass der Anwender entweder Links, Mitte oder Rechts drückt.

SELBST ENTDECKEN 48: EINE LANGE NACHRICHT

Schwierigkeitsgrad: ☐ Zeit: ◷

Wenn du eine lange Nachricht auf dem EV3-Display anzeigst, passt sie vielleicht nicht ganz darauf. Erstelle ein Programm, mit dem du per Unten-Taste durch die Nachricht scrollen kannst.

HINWEIS Lasse den Roboter nach jedem Tastendruck etwas neuen Text auf dem Display anzeigen.

SELBST ENTDECKEN 49: EIGENES MENÜ

Schwierigkeitsgrad: ☐ Zeit: ◷ ◷

Kannst du das Programm *ButtonMenu* so erweitern, dass der Roboter nützlichere Dinge erledigt? Nimm drei Programme aus früheren Projekten, wandle sie in Eigene Blöcke um und platziere sie im Schalterblock von *ButtonMenu*. Konfiguriere die Anzeigeblöcke neu, sodass beschrieben wird, was passiert, wenn die jeweilige Taste gedrückt wird.

TIPP Diese Technik wird oft in Roboterwettbewerben verwendet, denn so können unterschiedliche Programme sehr schnell gestartet werden. Um die Aktionen in *Unterprogrammen* zu ändern, modifizierst zu einfach die Blöcke in den jeweiligen Eigenen Blöcken.

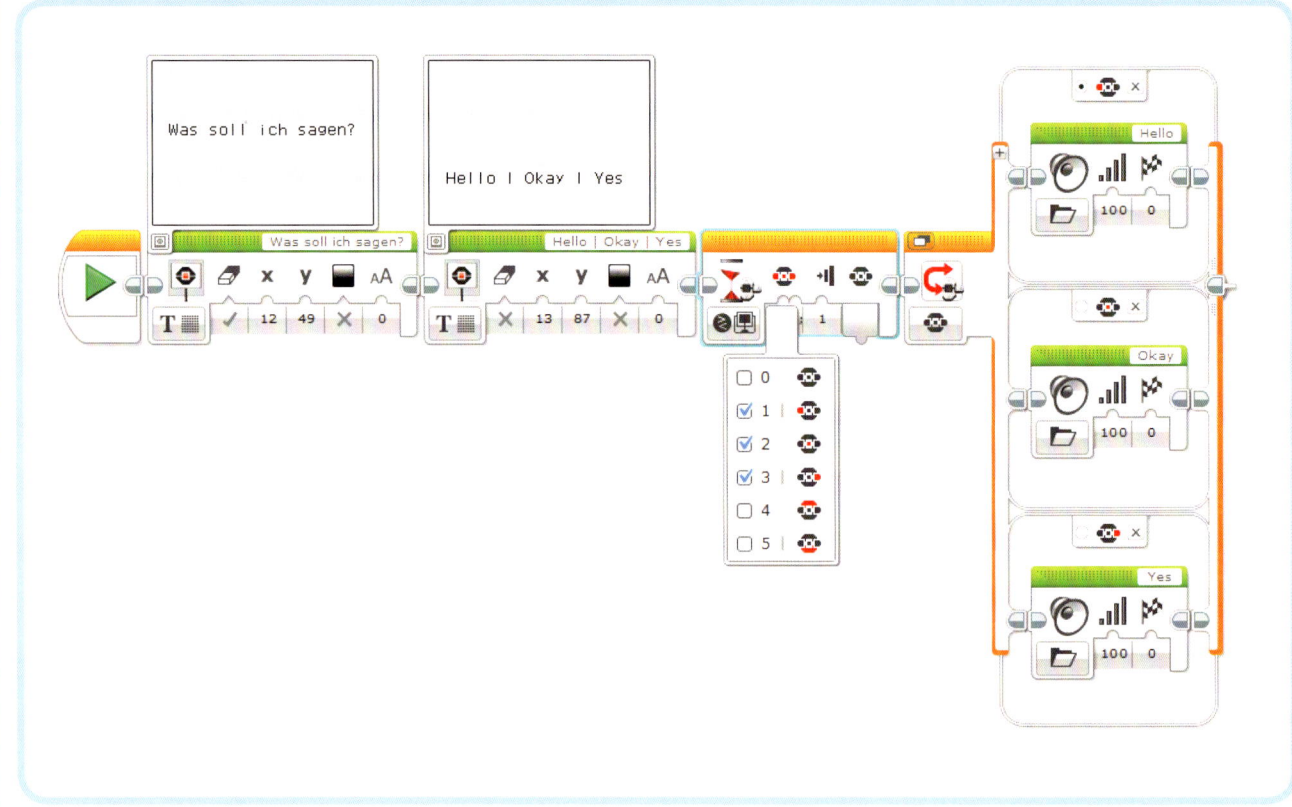

Abbildung 9-1: Das Programm **ButtonMenu**. Der Warteblock ist im Modus **Stein–Tasten ▸ Vergleichen** konfiguriert und der Schalterblock im Modus **Stein–Tasten ▸ Messen**.

Jetzt entscheidet ein Schalterblock (im Modus **Stein–Tasten ▸ Messen**), welche Taste gedrückt wurde, und der Roboter spielt den passenden Klang. Ist der Warteblock beendet, kommt der Schalterblock so schnell dahinter, dass die Taste noch immer gedrückt ist, wenn er den Tastenzustand prüft, selbst wenn du glaubst, die Taste sofort losgelassen zu haben.

Den Drehsensor verwenden

Wenn du den Roboter mit dem Bewegungslenkungsblock drei Umdrehungen vorwärts fahren lässt, weiß das Fahrzeug, wann es anhalten muss, weil der Drehsensor im EV3-Motor dem EV3 mitteilt, wie weit er sich gedreht hat. Ein Programm kann dir auch mitteilen, wie schnell sich der Motor dreht, indem es ermittelt, wie schnell sich die Motorposition ändert.

Du kannst die Motorposition in Warte-, Schleifen- und Schalterblöcken verwenden (im *Grad*-Modus oder *Umdrehungen*-Modus) sowie die Motorgeschwindigkeit (Modus *Aktuelle Leistung*).

Die Motorposition

Die Motorposition gibt an, wie weit sich ein Motor seit Programmstart gedreht hat. Verwende die Anschlussansicht auf dem EV3-Stein, gehe zu Motor B oder C und drehe die Motoren per Hand, um zu sehen, wie sich der Wert verändert.

Wenn du die Anschlussansicht das erste Mal startest (oder dein eigenes Programm), ist der Sensorwert 0. Der Wert wird positiv, wenn du den Motor vorwärts drehst, er wird negativ, wenn du ihn rückwärts über die 0 hinaus drehst, wie in Abbildung 9-2 gezeigt. Wenn du den Motor z.B. 90 Grad vorwärts drehst und dann eine Umdrehung rückwärts (360 Grad), sollte der Motor eine Position von 270 Grad anzeigen.

Du kannst die Positionsmessung verwenden, um ein Programm zu schreiben, das einen Klang spielt, wenn du ein Rad 180 Grad vorwärts drehst, wie in Abbildung 9-3 gezeigt. Ein Warteblock im Modus **Umdrehungen ▸ Vergleichen ▸ Grad** wartet, bis der Drehsensor größer oder gleich 180 Grad ist. Da die Sensoren in die EV3-Motoren eingebaut sind, werden sie immer an die Ausgabeanschlüsse angeschlossen (in diesem Programm an Ausgang B).

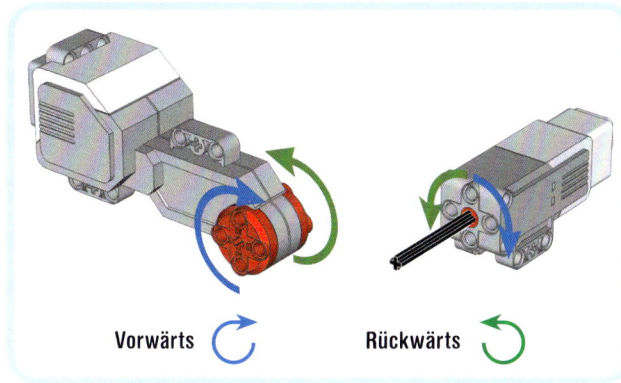

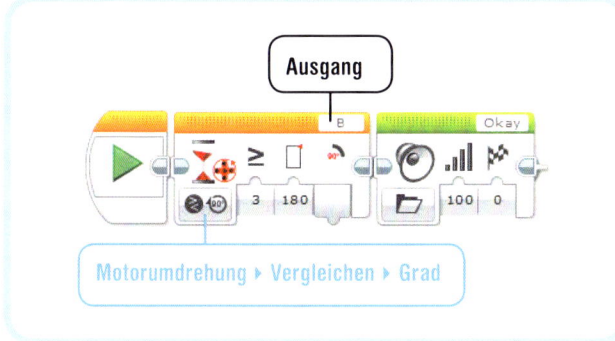

Abbildung 9-2: Wenn du einen großen oder mittleren Motor zur Vorwärtsdrehung programmierst, dreht er sich in Richtung des blauen Pfeils und die Werte des Drehsensors
werden positiv.

Abbildung 9-3: Das Programm HandRotate lässt den Roboter »Okay« sagen, wenn
du den Motor B um 180 Grad vorwärts drehst. Ein Warteblock mit der Konfiguration
Motorumdrehungen ▸ Vergleichen ▸ Umdrehungen und einem Schwellenwert von 0,5
würde das Gleiche tun.

Die Motorposition zurücksetzen

Nehmen wir an, wir möchten die Aktion in *HandRotate* in einer
Schleife wiederholen, sodass der Klang erneut abgespielt wird, wenn
du das Rad um weitere 180 Grad gedreht hast. Aber im ersten Durchlauf wurde der Motor ja bereits so weit gedreht, sodass die Bedingung
zu Anfang des zweiten Durchlaufs schon erfüllt wäre und der Klang
sofort abgespielt werden würde. Das wollen wir aber nicht.

Die Lösung besteht darin, den Drehsensorwert am Anfang der
Schleife zurück auf 0 zu stellen, indem wir einen Motorumdrehun-
gensblock im Modus *Zurücksetzen* verwenden, wie in Abbildung 9-4
gezeigt. (Du erfährst mehr über die anderen Funktionen dieses Blocks
und der anderen Sensorblöcke später in Kapitel 14.)

Starte das Programm und prüfe, ob du den Klang jedes Mal
hörst, wenn du das Rad um weitere 180 Grad gedreht hast.

Die Drehgeschwindigkeit

Der Drehsensor errechnet die Rotationsgeschwindigkeit eines Motors
als Wert zwischen -100% und 100% abhängig von der Schnelligkeit
der Positionsänderungen. Der Wert ist positiv, wenn der Motor vorwärts dreht (blauer Pfeil in Abbildung 9-2), negativ, wenn er rückwärts
dreht (grüner Pfeil), und 0, wenn sich der Motor nicht dreht.

Beim großen Motor entspricht ein Sensorwert für *Aktuelle
Leistung* von 50% einer Drehgeschwindigkeit von 85 Umdrehungen
pro Minute (U/min). Diesen Wert kannst du entweder durch Drehung
per Hand erreichen oder durch einen Bewegungsblock mit einer
Leistungseinstellung von 50%.

HINWEIS Der Modus Aktuelle Leistung misst die Drehgeschwindigkeit und keinen Strom oder Stromverbrauch.

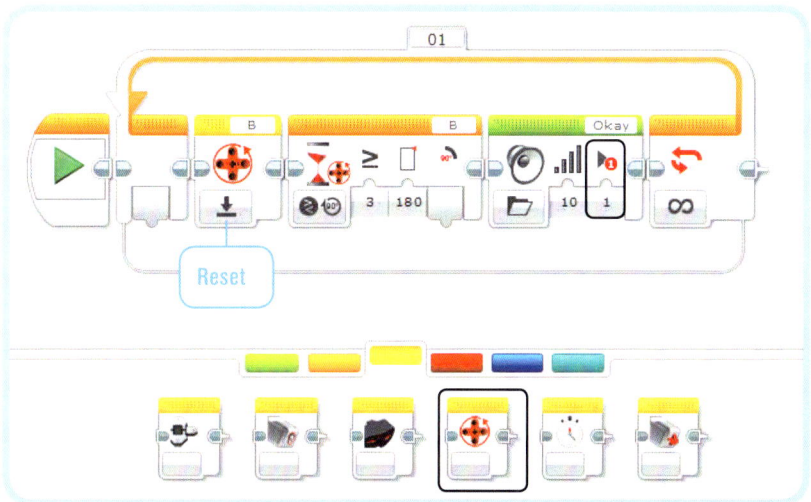

Abbildung 9-4: Das Programm HandRotateReset setzt den Sensorwert am Schleifenanfang durch den **Motorumdrehungsblock** im **Zurücksetzen-Modus** zurück auf 0. Die Wiedergabeart im Klangblock ist Einmal abspielen
(1), sodass das Programm nicht darauf wartet, dass der Klang fertig abgespielt wurde.

SELBST ENTDECKEN 50:
ZURÜCK ZUM ANFANG

Schwierigkeitsgrad: ▨▨ Zeit: ⏱

Kannst du ein Programm schreiben, das den Motor so lange zurücklaufen lässt, bis er wieder zum Startpunkt kommt? Der Roboter sollte dir 5 Sekunden Zeit geben, den Motor manuell auf eine zufällige Position zu drehen, und dann soll der Motor sich zum Ausgangspunkt zurückdrehen. Der Entscheidungsbaum in Abbildung 9-5 kann dir als Hilfestellung dienen.

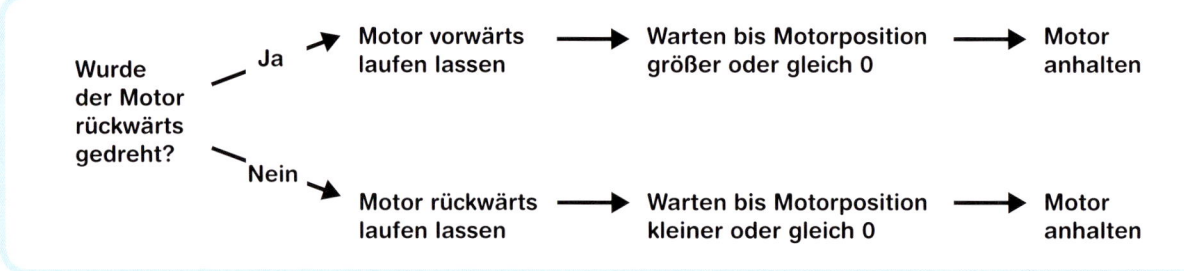

Abbildung 9-5: Das Ablaufdiagramm für Selbst entdecken 50. Wie erkennt der Roboter, dass der Motor rückwärts gedreht wurde?

Die Rotationsgeschwindigkeit berechnen

Du kannst die mit dem Modus *Aktuelle Leistung* gemessene Drehgeschwindigkeit in Umdrehungen pro Sekunde wie folgt berechnen:

Großer Motor
Umdrehungen/min = Sensorwert x 1,70

Mittlerer Motor
Umdrehungen/min = Sensorwert x 2,67

Wenn die aktuelle Leistung eines großen Motors also bei 30% liegt, dreht der Motor mit 30 x 1,70 = 51 Umdrehungen/min. Da eine Umdrehung pro Minute auch sechs Grad je Sekunde entspricht, kannst du die Drehgeschwindigkeit in Grad pro Sekunde wie folgt berechnen:

Drehgeschwindigkeit (Grad/s) = Umdrehungen pro Minute x 6

In diesem Beispiel erhältst du 51 x 6 = 306 Grad pro Sekunde.

Motorumdrehungen ▸ Vergleichen ▸ Aktuelle Leistung

Abbildung 9-6: Das Programm PushToStart

Die Drehgeschwindigkeit in einem Programm messen

Um die Drehgeschwindigkeit in einem Programm zu messen, verwendest du den Modus *Aktuelle Leistung* des Drehsensors, wie in Abbildung 9-6 gezeigt. Das Programm *PushToStart* verwendet einen Warteblock, der es anhält, bis Motor B einen Sensorwert von 30% (51 U/min) erreicht. Dann übernimmt ein Bewegungsblock mit derselben Geschwindigkeit. Starte das Programm und schiebe den EXPLOR3R per Hand vorwärts, bis er von selbst zu fahren beginnt.

SELBST ENTDECKEN 51:
GESCHWINDIGKEIT IN FARBE

Schwierigkeitsgrad: ▨▨ Zeit:

Erstelle ein Programm, das die Stein-Statusleuchte permanent auf Grün ändert, wenn sich Motor B vorwärts dreht, bei Rückwärts auf Orange und auf Rot, wenn er stillsteht. Drehe Motor B per Hand, um das Programm zu testen.

HINWEIS Du benötigst einen Schleifenblock, zwei Schalterblöcke und drei Stein-Statusleuchte-Blöcke.

Funktionsweise der Geschwindigkeits-regelung

Bis jetzt haben wir verschiedene Versionen der grünen Bewegungs-blöcke verwendet, um den Roboter zu bewegen. Diese Blöcke lassen den Motor mit einer konstanten, geregelten Geschwindigkeit laufen. Wenn der Motor wegen eines Hindernisses oder einer Steigung langsamer wird, gibt ihm der EV3 mehr Strom, sodass die gewünschte Geschwindigkeit erhalten bleibt. Die Leistungseinstellung dieser Blöcke legt in Wirklichkeit die Geschwindigkeit fest, die der Motor aufrechtzuerhalten versucht. Daher kann ein großer Motor, der mit 20% Geschwindigkeit dreht (34 U/min), bei einer schweren Arbeit mehr Strom verbrauchen als ein Motor bei einer leichten Aufgabe bei 40% Geschwindigkeit (68 U/min).

Wenn du nicht möchtest, dass der EV3 dem Motor mehr Leistung zuführt, um die Geschwindigkeit zu erhalten, kannst du ungeregelte Motoren verwenden.

Geschwindigkeitsregelung in der Praxis

Um den Unterschied zwischen geregelter und ungeregelter Geschwindigkeit zu sehen, erstellst du ein Programm, das den Roboter eine Steigung hinauffahren lässt, z.B. einen schräg stehenden Tisch. Zuerst fährt der Roboter drei Sekunden ungeregelt und dann drei Sekunden geregelt.

Du benötigst zwei Blöcke vom Typ *Ungeregelter Motor* (einen für jeden Motor) auf der erweiterten Programmierpalette mit einer Leistungseinstellung von 20%, wie in Abbildung 9-7. Nach drei Sekunden hältst du die Motoren an, indem du ihre Leistung auf 0% setzt. Für eine geregelte Geschwindigkeit von 20% (34 U/min) verwendet das Programm einen Bewegungsblock wie vorher auch.

Setze den EXPLOR3R auf eine schräge Oberfläche und führe das Programm *SteepSlope* aus. Du wirst feststellen, dass der Roboter die Schräge in den ersten drei Sekunden recht langsam hinauffährt und danach drei Sekunden lang schneller.

Im ersten Teil der Fahrt schaltet der EV3 die Motoren ein und lässt sie drei Sekunden lang einfach laufen. Der Roboter bewegt sich langsam, da er mehr Kraft benötigt, einen Hügel hinaufzufahren, als in der Ebene. Im zweiten Teil melden die Drehsensoren dem Roboter, dass er langsam ist, und der EV3-Stein liefert mehr Leistung, damit der Roboter schneller wird.

Einen blockierten Motor stoppen

Wenn du versuchst, ein Rad zu bremsen, während ein Bewegungsblock läuft, merkst du, dass der Roboter versucht, dagegen anzuarbeiten. Bei Radfahrzeugen ist das sehr nützlich, aber bei Mechanismen, die keine ganze Umdrehung machen, häufig unerwünscht, z.B. bei einem Greifer.

Um dieses Problem zu vermeiden, kannst du den *Ungeregelter-Motor*-Block verwenden und den Drehsensor, um zu erkennen, wenn der Motor blockiert ist, wie im Programm *WaitForStall* gezeigt (siehe Abbildung 9-8). Das Programm schaltet Motor B mit 30% Leistung ein, wartet, bis die Geschwindigkeit unter 5% sinkt, was anzeigt, dass der Motor blockiert ist. Wenn du dieses Programm auf dem EXPLOR3R ausführst, sollte dein Roboter Kreise fahren, bis du ihn verlangsamst, indem du seinen Weg blockierst.

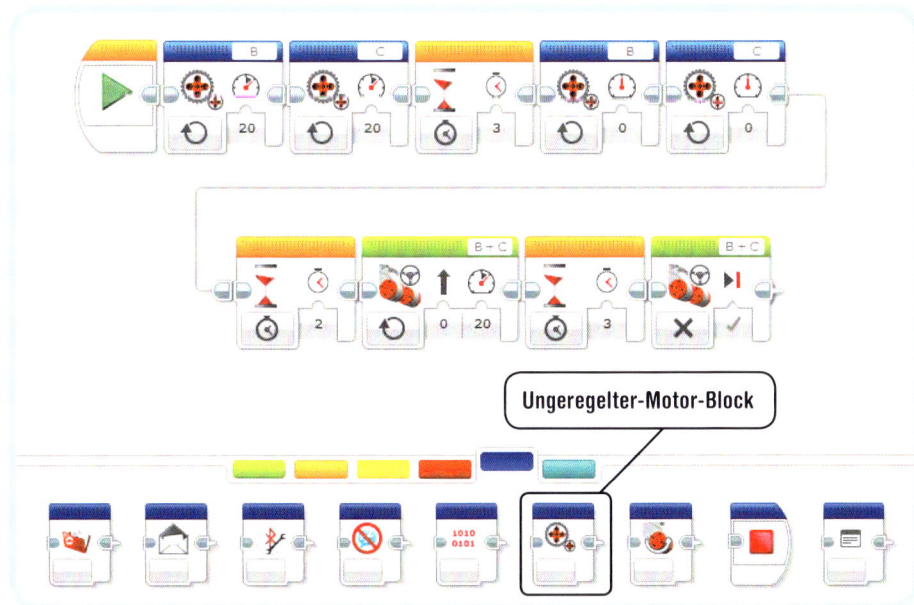

Ungeregelter-Motor-Block

Abbildung 9-7: Das Programm SteepSlope. *Mit einer Weiterleitung habe ich das Programm zur besseren Lesbarkeit aufgeteilt, du musst dies aber nicht ungedingt tun.*

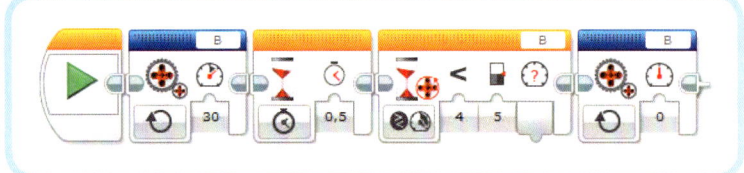

Abbildung 9-8: Das WaitForStall-Programm dreht Motor B, bis er blockiert. Der erste Warteblock ist notwendig, damit der Motor auf eine gewisse Drehzahl kommt. Sonst wäre die Drehgeschwindigkeit bei der ersten Messung 0, sodass das Programm sofort anhalten würde.

Weitere Experimente

Jetzt hast du gelernt, mit allen Sensoren im EV3-Kasten umzugehen und Roboter zu bauen, die mit ihrer Umgebung interagieren. Der EXPLOR3R ist dafür nur ein Beispiel. Wenn du in diesem Buch weiterliest, findest du viele weitere Roboter mit Sensoren, die sie auf unterschiedliche Weise einsetzen.

Bislang hast du die Teile kennengelernt, die für den Bau eines Roboters unersetzlich sind: den EV3, Motoren, Sensoren und die EV3-Software. Die folgenden Kapitel erläutern jede Komponente genauer, sodass du ausgefeiltere und damit auch lustigere Roboter bauen kannst. Im folgenden Kapitel zeige ich dir, wie du Technic-Elemente mit dem EV3-Kasten verwendest, um eigene Roboter zu bauen.

Die folgenden Selbst-entdecken-Aufgaben helfen dir dabei, weitere Einsatzmöglichkeiten für Sensoren aus diesem Kapitel zu entdecken.

SELBST ENTDECKEN 53: HINDERNISERKENNUNG BEI GERINGER GESCHWINDIGKEIT

Schwierigkeitsgrad:  Zeit:

Kannst du den Roboter im Zimmer herumfahren lassen und dabei Hindernissen ohne Berührungs-, Farb- oder Infrarotsensor ausweichen? Lasse den Roboter mit dem *Ungeregelter-Motor*-Block vorwärts fahren, bis ein Hindernis erkannt wird. Dann sollte der Roboter rückwärts fahren, umdrehen und in eine andere Richtung fahren.

HINWEIS Die Drehgeschwindigkeit eines Motors verringert sich, wenn der Roboter in ein Hindernis fährt.

SELBST ENTDECKEN 52: FERNGESTEUERTE STEIN-TASTEN

Schwierigkeitsgrad: Zeit:

Entferne den EV3-Stein von deinem Roboter (wobei die Kabel angeschlossen bleiben) und erstelle ein Programm, mit dem du den Explorer steuern kannst, indem du die Stein-Tasten betätigst. Lasse den Roboter vorwärts fahren, wenn du Oben drückst, links, wenn du Links drückst, usw.

HINWEIS Verwende einen Schalterblock im Modus *Stein-Tasten ▸ Messen ▸ Stein-Tasten*.

SELBST KONSTRUIEREN 11: VOLLAUTOMATISCHES HAUS

Bau: Programmierung:

Hast du schon Häuser aus normalen Lego-Steinen gebaut? Nachdem du jetzt mit Motoren, Sensoren und Programmen umgehen kannst, warum baust du mit dem EV3 kein Roboterhaus?

TIPP Öffne die Tür automatisch mit einem Motor, wenn jemand den Klingelknopf drückt (den Berührungssensor), und richte einen Alarm ein, falls der Infrarotsensor jemand erkennt. Verwende einen weiteren Motor, um die Fensterläden je nach mit dem Farbsensor gemessener Lichtmenge zu öffnen und zu schließen.

TEIL III

Techniken des Roboterbaus

Mit Balken, Achsen, Verbindern und Motoren arbeiten

Du hast bereits viel über Roboterprogrammierung gelernt, aber das Bauen von Robotern ist genauso wichtig. Die Baukenntnisse kommen mit der Praxis, aber dieser Teil des Buchs gibt dir eine grundlegende Einführung in den Bau von Robotern mit dem EV3-Kasten. In diesem Kapitel lernst du, stabile Konstruktionen für Roboter zu bauen, indem du Balken, Rahmen, Pins, Verbinder und Achsen verwendest (siehe Abbildung 10-1). Du lernst auch, wie das Lego-Raster dir beim Bau

eigener Konstruktionen mit Balken und Verbindern hilft. In Kapitel 11 erfährst du, wie Zahnräder funktionieren.

Jedes der Beispiele in diesem Kapitel kann mit den Teilen aus dem EV3-Kasten gebaut werden, aber nicht alle gleichzeitig. Baue die Beispiele nach, um ein Gefühl dafür zu entwickeln, welche für deine Roboter nützlich sind.

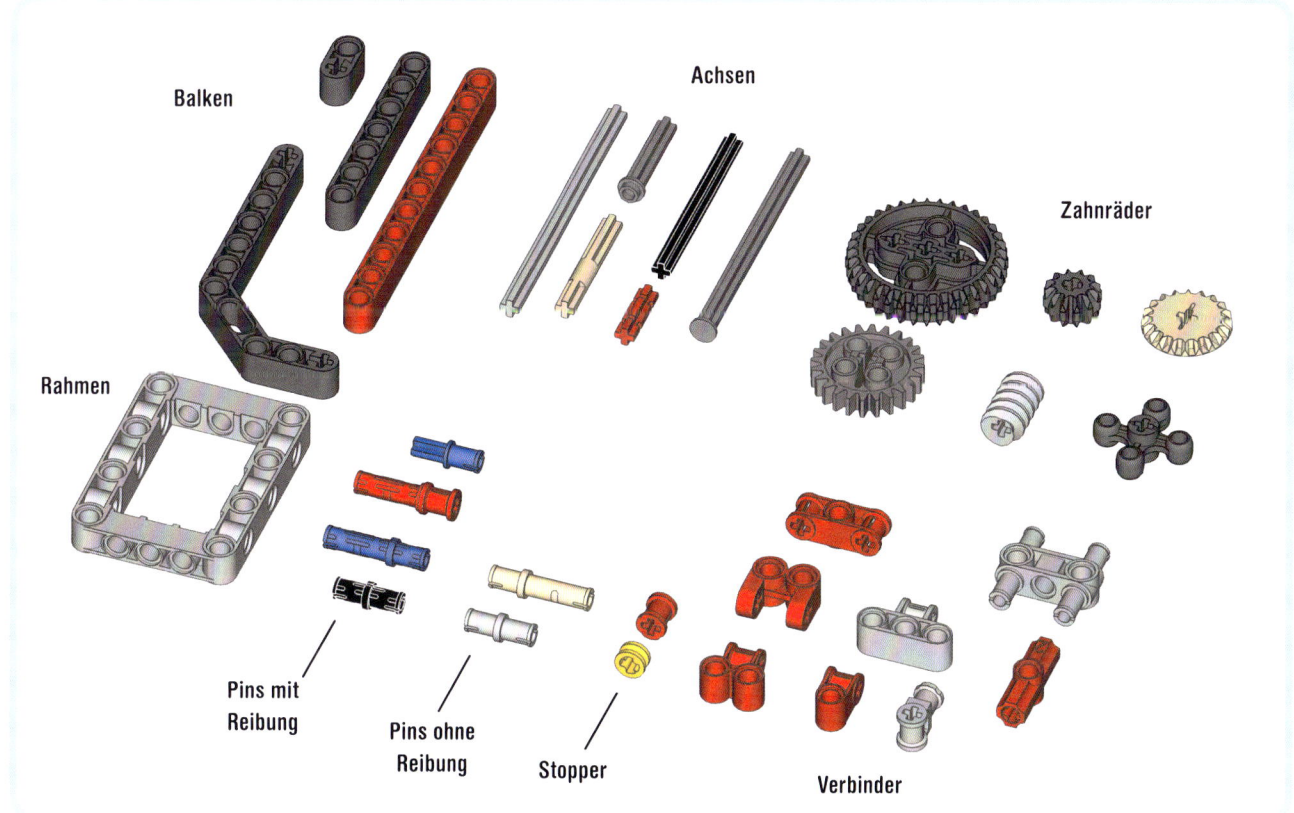

Abbildung 10-1: Der EV3-Kasten enthält viele unterschiedliche Balken, Rahmen, Achsen, Zahnräder, Verbinder und Pins. (Eine komplette Bauteilliste findest du auf der Innenseite des Buchumschlags.)

Balken und Rahmen verwenden

Bisher hast du gelernt, Motoren, Sensoren und den EV3-Stein für deine Roboter zu verwenden. Mit Balken baust du Konstruktionen, die diese Teile zusammenhalten. Die Länge von Balken und anderen Elementen wird in Lego-Einheiten gemessen, manchmal M (Modul) genannt (siehe Abbildung 10-2). Der kürzeste gerade Balken ist zwei M lang, oder 2M, der längste 15M.

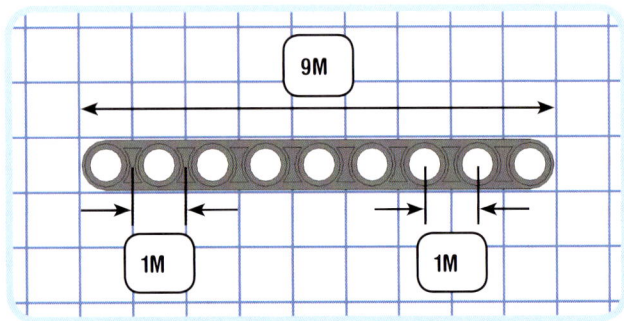

Abbildung 10-2: Die Länge der Balken und anderer Elemente wird in Lego-Einheiten gemessen. Der Abstand zwischen den Mittelpunkten zweier Löcher ist genau eine Lego-Einheit. Daher beträgt der Abstand zwischen den Mittelpunkten der beiden äußeren Löcher dieses 9M-Balkens 8M.

Balken verlängern

Du kannst Balken in der Länge oder Breite verlängern, indem du mehrere Balken mit Pins mit Reibung verbindest. Für eine feste Verbindung benötigst du mindestens zwei Pins, und am besten überlappen sich mindestens drei Löcher (siehe Abbildung 10-3).

Verwende mindestens zwei Pins mit Reibung und bilde eine Überlappung von drei Löchern.

Abbildung 10-3: Du kannst Balken mithilfe von Pins mit Reibung verbinden (die roten, blauen und schwarzen Pins im Kasten).

Rahmen verwenden

Der EV3-Kasten enthält zwei Arten von Rahmen (siehe Abbildung 10-4). Rahmen erleichtern es, große Konstruktionen mit vielen Anbaupunkten für weitere Elemente, wie Balken und Motoren, zu bauen. Rahmen sind auch nützlich, um Balken im rechten Winkel anzubauen.

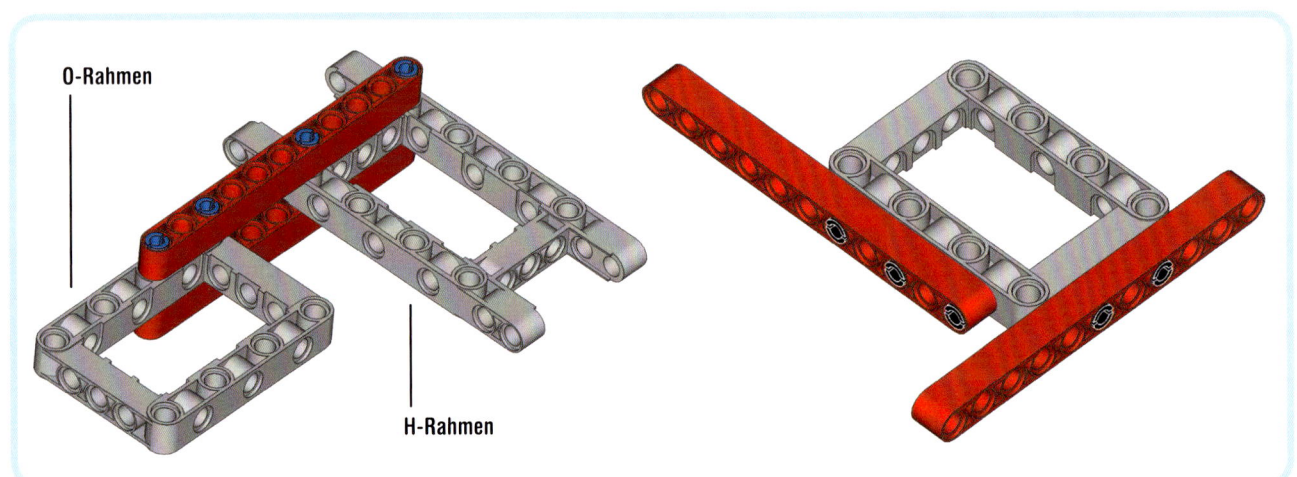

Abbildung 10-4: Rahmen können verwendet werden, um große und stabile Konstruktionen mit vielen Verbindungspunkten für andere Elemente zu bauen (links), oder um Balken im rechten Winkel anzubauen (rechts).

Konstruktionen mit Balken verstärken

Mit Balken können nicht nur neue Konstruktionen gebaut, sondern auch vorhandene verstärkt werden. Sieh dir z.B. die obere Konstruktion aus zwei Rahmen in Abbildung 10-5 an. Es ist leicht, die Rahmen auseinanderzuziehen, denn sie sind nur durch zwei Pins verbunden.

Die untere Konstruktion ist mit zwei 3M-Balken verstärkt, sodass es sehr schwer ist, sie auseinanderzuziehen. (Du könntest die Konstruktion noch stabiler machen, indem du statt der 3M-Balken 11M-Balken verwendest, die über die gesamte Länge des Rahmens gehen.)

Winkelbalken verwenden

Der EV3-Kasten enthält viele Winkelbalken mit unterschiedlichen Winkeln und Längen, darunter vier Arten von Winkelbalken mit 90 Grad (rechter Winkel), wie in Abbildung 10-6 gezeigt. Damit verbindest du Balken im rechten Winkel miteinander.

Zusätzlich zu den rechten Winkeln sind in deinem Kasten noch zwei Arten von Balken mit einem Winkel von 53,13 Grad (siehe Abbildung 10-7). Der Wert mag sich komisch anhören, ist aber sehr geschickt, da er die Ecken eines häufig genutzten Dreiecks ergibt. Genauer gesagt kannst du damit ein rechtwinkliges Dreieck mit den Seitenlängen 3M, 4M und 5M bauen (siehe Abbildung 10-8).

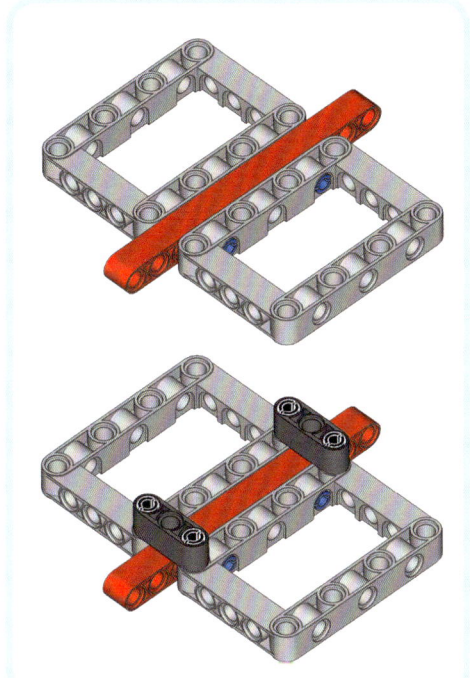

Abbildung 10-5: Du kannst eine Konstruktion mit Balken verstärken. Vergleiche die Stärke beider Konstruktionen, indem du versuchst, sie auseinanderzuziehen. Die untere Konstruktion ist viel stabiler.

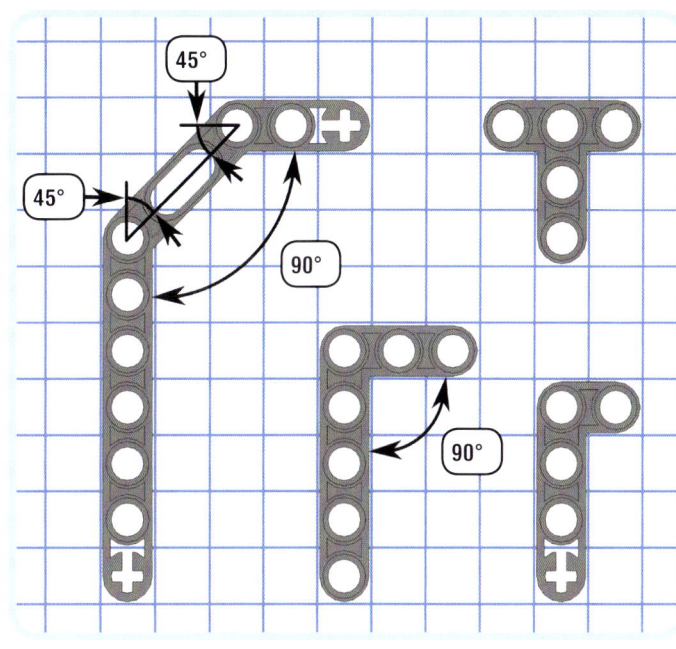

Abbildung 10-6: Vier Arten von Balken mit rechtem Winkel (90 Grad)

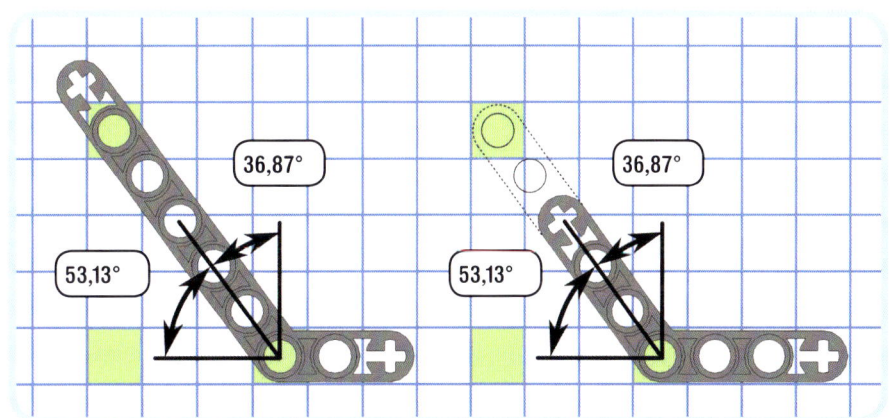

Abbildung 10-7: Zwei Balken mit 53,13-Grad-Winkel. Da die Winkel beider Balken gleich sind, kannst du den kürzeren (rechts) mit einem geraden Balken verlängern, um dieselben Einsatzmöglichkeiten zu haben wie mit dem größeren (links).

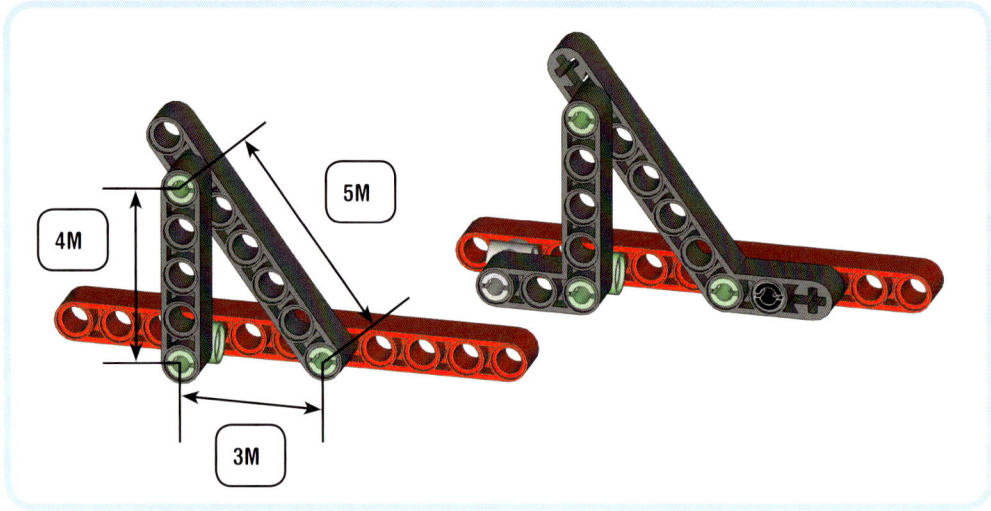

Abbildung 10-8: Zwei gleiche rechtwinklige Dreiecke mit geraden Balken (links) und Winkelbalken (rechts). Die Pins sind in Wirklichkeit

nicht grün, sondern wurden eingefärbt, um die in Abbildung 10-7 grün markierten Verbindungspunkte anzuzeigen. Die Seiten der Dreiecke

werden zwischen den Mittelpunkten der Löcher gemessen, statt die Löcher des Balkens zu zählen.

SELBST ENTDECKEN 54: GRÖSSERE DREIECKE

Schwierigkeitsgrad: ☀️   **Zeit:** ⏱️

Es gibt ein weiteres nützliches rechtwinkliges Dreieck, das du mit den Teilen des EV3-Kastens bauen kannst. Es ist doppelt so groß wie das in Abbildung 10-8. Kannst du dieses Dreieck bauen? Wie wäre es mit einem Dreieck, das drei Mal so groß ist?

Das Lego-Raster

Links in Abbildung 10-9 befindet sich ein Raster aus 1M-Quadraten. Dieses Raster hilft dir dabei, stabile Roboter in strukturierter Weise zu bauen. Wenn du an Balken neue Elemente so befestigst, dass ihre Löcher mit dem Raster übereinstimmen, ist es später leichter, weitere Elemente damit zu verbinden (a).

Wenn du ohne Rücksicht auf das Raster baust und Teile in anderen Winkeln anbaust, wird die Verbindung mit neuen Lego-Teilen schwierig, denn es gibt nur eine begrenzte Zahl von festen Längen (b).

Es ist nicht empfehlenswert, die Hauptkonstruktion deines Roboters auf diese Weise zu bauen. Für dekorative Elemente, wie den Schwanz eines Robotertiers, ist das aber möglich.

Wenn man außerhalb des Rasters baut, führt das dazu, dass Balken gedehnt oder gebogen werden und dabei beschädigt werden können (c). Solche Konstruktionen solltest du immer vermeiden. Generell solltest du nichts bauen, was ein Dehnen oder Biegen von Elementen erfordert. Wenn du nicht sicher bist, ob durch eine Winkelkonstruktion Teile gebogen werden oder nicht, ist es am besten, im rechten Winkel zum Raster zu arbeiten.

Du bleibst auch mit 53,13-Grad-Winkeln im Raster, wenn du die grünen Verbindungslöcher aus Abbildung 10-7 verwendest. So kannst du Winkelbalken einsetzen und doch rechtwinklige Konstruktionen erschaffen (siehe Abbildung 10-10).

HINWEIS **Eine Kopie des Lego-Rasters kannst du unter *http://ev3.robotsquare.com/grid.pdf* herunterladen und als Grundlage für eigene Bauten verwenden. Beim Ausdruck solltest zu darauf achten, in Originalgröße oder mit 100% zu drucken. Der 15M-Balken im Ausdruck sollte genau so lang sein wie der echte 15M-Balken. Stimmen sie nicht überein, ändere den Vergrößerungsfaktor und drucke das Raster erneut aus.**

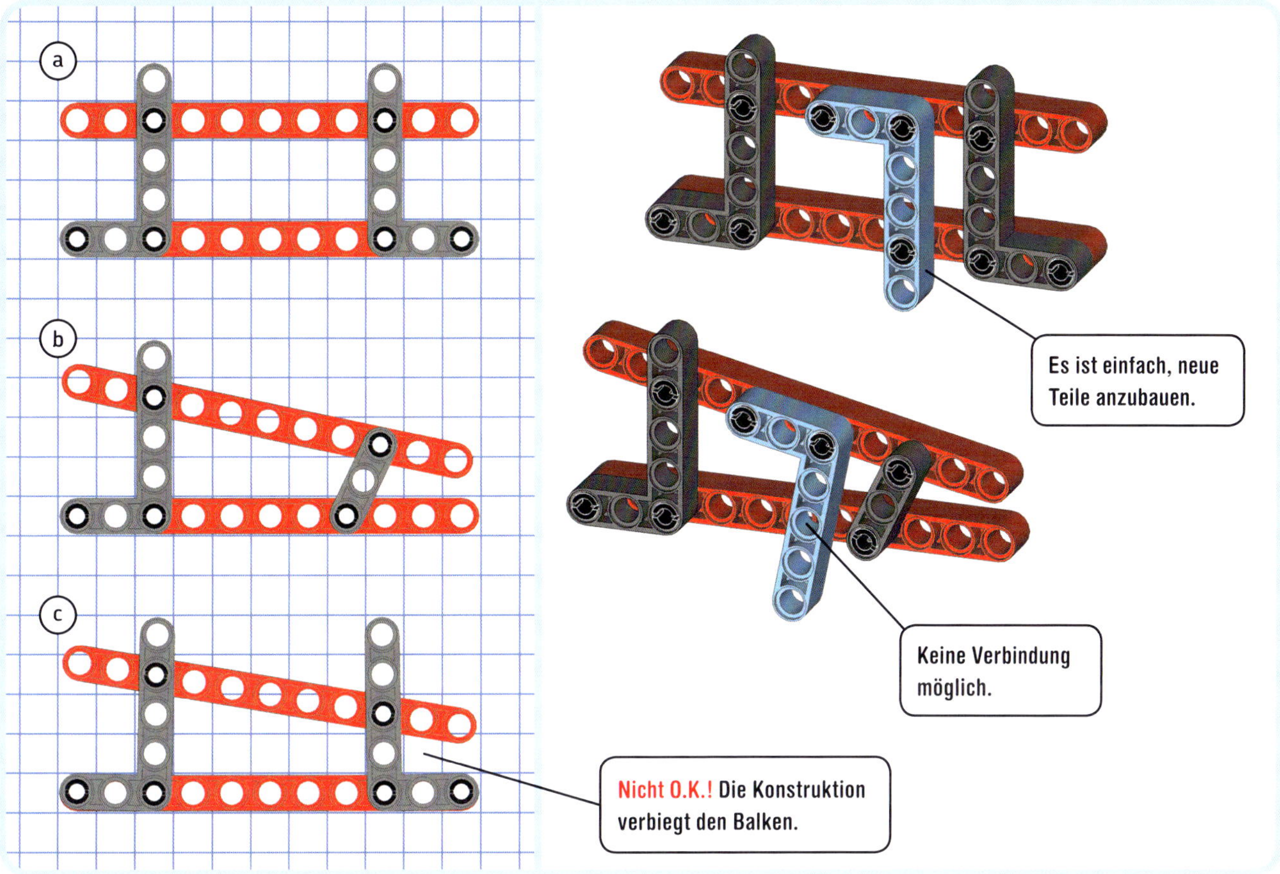

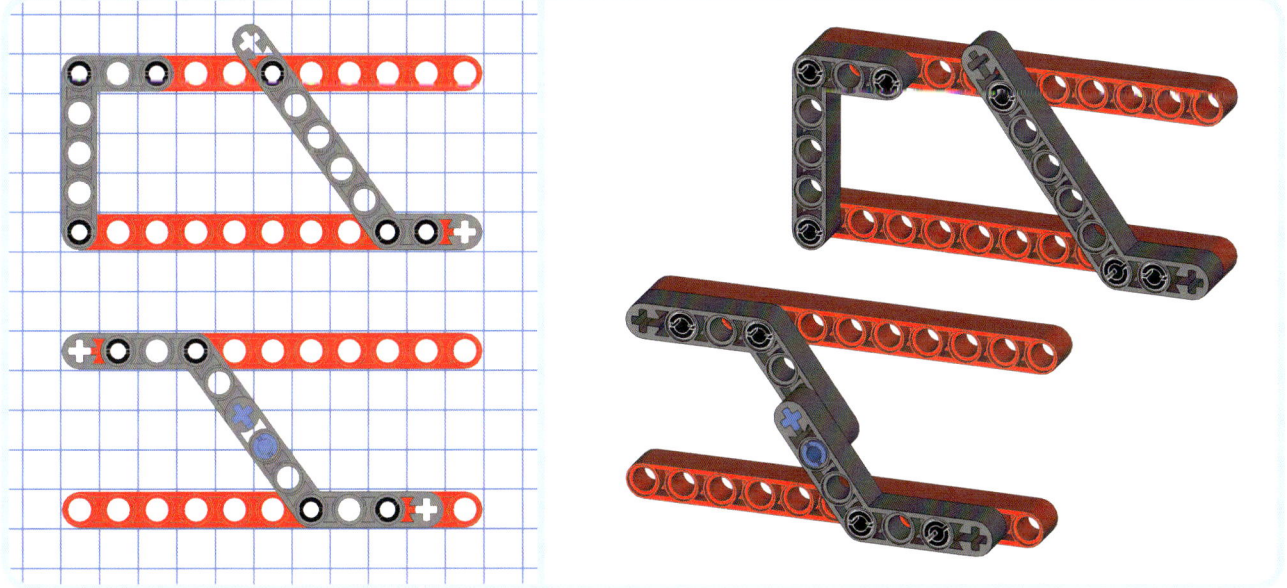

Es ist einfach, neue Teile anzubauen.

Keine Verbindung möglich.

Nicht O.K.! Die Konstruktion verbiegt den Balken.

Abbildung 10-9: Es wird empfohlen, im Raster zu arbeiten (a). Wenn nötig, kannst du das Raster verlassen (b), solange du die Balken nicht biegen musst, damit sie passen (c).

Abbildung 10-10: Zwei Bauweisen, bei denen der 53,13-Grad-Winkel im Raster bleibt.

SELBST ENTDECKEN 55: WINKELKOMBINATIONEN

Schwierigkeitsgrad: ☀️ **Zeit:** ⏱️

Kannst du eine Kombination aus zwei 53,13-Grad-Winkelbalken finden, um zwei parallele 11M-Balken wie in Abbildung 10-11 zu verbinden?

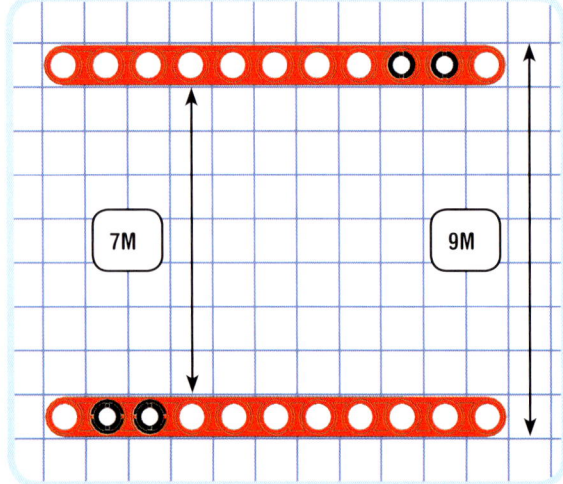

Abbildung 10-11: Die beiden geraden Balken aus Selbst entdecken 55

Achsen und Kreuzlöcher verwenden

Eine Achse ist ein Stift, an den du rotierende Elemente anbauen kannst, so wie Räder oder Zahnräder. Achsen drehen sich frei in runden Löchern, aber du kannst mit ihnen auch feste Verbindungen bauen, indem du sie in Kreuzlöcher steckst (siehe Abbildung 10-12). Die kürzeste Achse im EV3 hat die Länge 2M, die längste 9M.

Du kannst verhindern, dass eine Achse aus dem Loch fällt, indem du einen Stopper hinzufügst oder eine Achse mit Stopper verwendest (siehe Abbildung 10-13).

Der Achspin mit Reibung (siehe Abbildung 10-14) ist ein nützlicher Verbinder. Das eine Ende ist ein Pin mit Reibung, der in einem runden Loch befestigt werden kann und sich mit Widerstand drehen lässt, das andere eine Achse, die in ein Kreuzloch gesteckt wird und dort fest sitzt. Einige Lego-Kästen enthalten eine ähnliche Achse in Braun oder Grau ohne Reibung – ihr Pin rotiert ohne Widerstand in einem runden Loch.

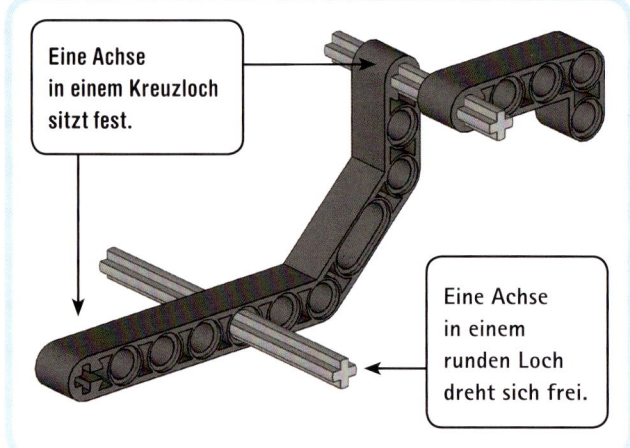

Abbildung 10-12: Achsen drehen sich frei in runden Löchern, bilden aber in Kreuzlöchern eine feste Verbindung.

> Eine Achse in einem Kreuzloch sitzt fest.

> Eine Achse in einem runden Loch dreht sich frei.

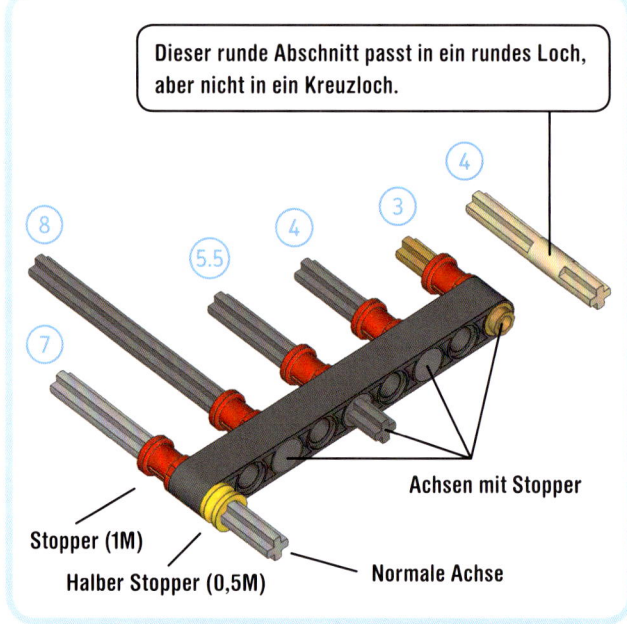

> Dieser runde Abschnitt passt in ein rundes Loch, aber nicht in ein Kreuzloch.

Stopper (1M)
Halber Stopper (0,5M)
Achsen mit Stopper
Normale Achse

Abbildung 10-13: Du kannst eine Achse in einem Balken mit Stoppern sichern. Hat die Achse bereits einen Stopper auf einer Seite, benötigst du nur einen weiteren.

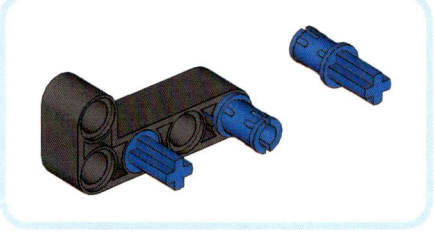

Abbildung 10.14: Der blaue Achspin mit Reibung verbindet ein rundes und ein Kreuzloch.

Verbinder verwenden

Mit Verbindern kannst du Balken, Achsen, Motoren und Sensoren in verschiedenen Winkeln verbinden. Jede Art von Verbinder im EV3-Kasten kann vielfältig eingesetzt werden, in diesem Abschnitt findest du zum Einstieg einige nützliche Beispiele.

Achsen verlängern

Einige Verbinder dienen zur Verlängerung zweier Achsen (siehe Abbildung 10-15). So verbindest du Achsen in einem bestimmten Winkel oder machst sie einfach länger.

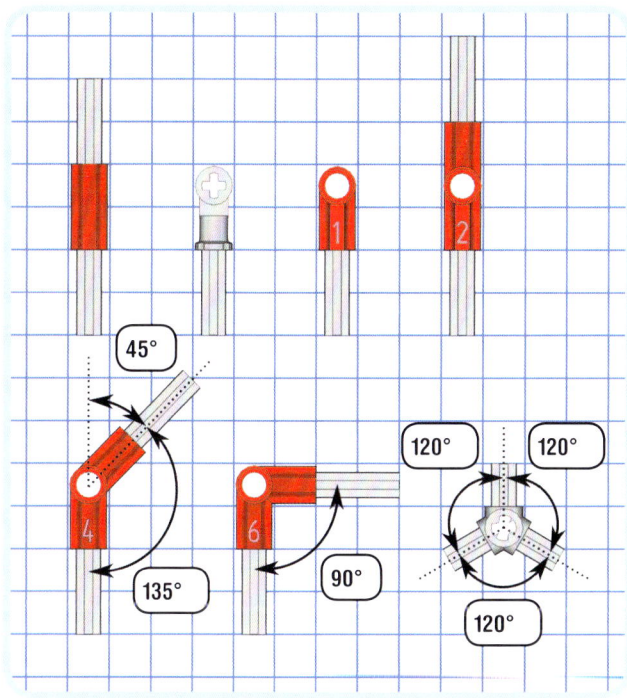

Abbildung 10-15: Achsen mit Verbindern verlängern

Parallele Balken verbinden

Du kannst Rahmen oder Balken verwenden, um zwei parallele Balken zu verbinden, oder dazu eine Kombination aus Verbindern nutzen (siehe Abbildungen 10-16 und 10-17). Dies ist nützlich, wenn du wenig Platz hast oder wenn dir Balken oder Rahmen ausgehen. Nutze das Raster als Grundlage für deine eigenen Entwürfe. Wenn du z.B. eine 3M-Lücke zwischen parallelen Balken überbrücken musst, kannst du Beispiel (f) in Abbildung 10-16 nutzen.

In den Abbildungen 10-16 bis 10-18 siehst du links, wie bestimmte Verbinder kombiniert werden, und rechts Beispiele für Verbindungen damit.

HINWEIS Die Beispiele zeigen, wie zwei Balken mit Verbindern verbunden werden. Das Prinzip gilt aber auch für andere Elemente mit Löchern. Du kannst diese Kombinationen z.B. auch für die Verbindung von Sensoren mit Balkenlöchern in Motoren oder dem EV3-Stein verwenden.

Balken im rechten Winkel verbinden

Viele Verbinder haben runde Löcher oder Kreuzlöcher im rechten Winkel zueinander. Auf diese Weise kannst du Balken im rechten Winkel anbauen oder parallele Balken, deren Löcher sich im rechten Winkel zueinander befinden, wie in Abbildung 10-18.

Parallele Balken befestigen

Du hast bereits früher gesehen, dass du Konstruktionen mit Balken verstärken kannst (siehe Abbildung 10-5). Abhängig von der Ausrichtung der Balkenlöcher benötigst du eventuell Verbinder, bevor du die Balken als Verstärkung einsetzen kannst (siehe Abbildung 10-19).

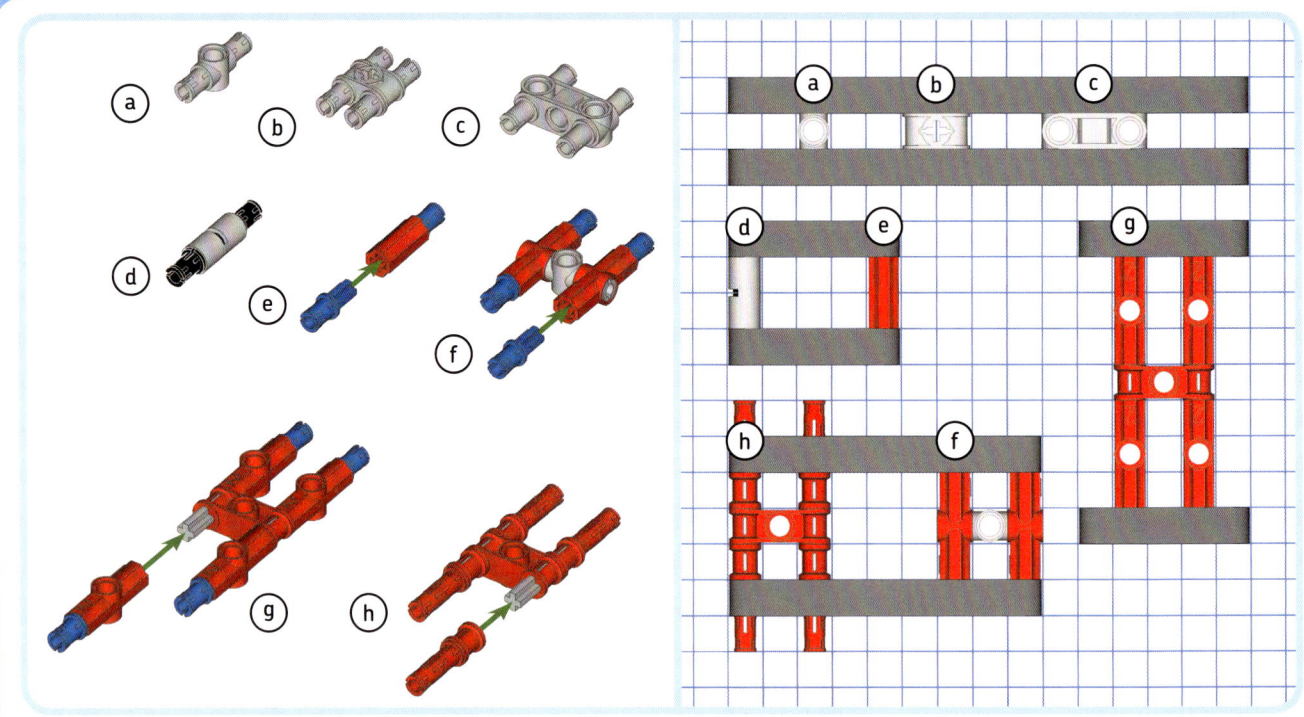

Abbildung 10-16: Parallele Balken, deren Löcher sich gegenüberstehen, miteinander befestigen.

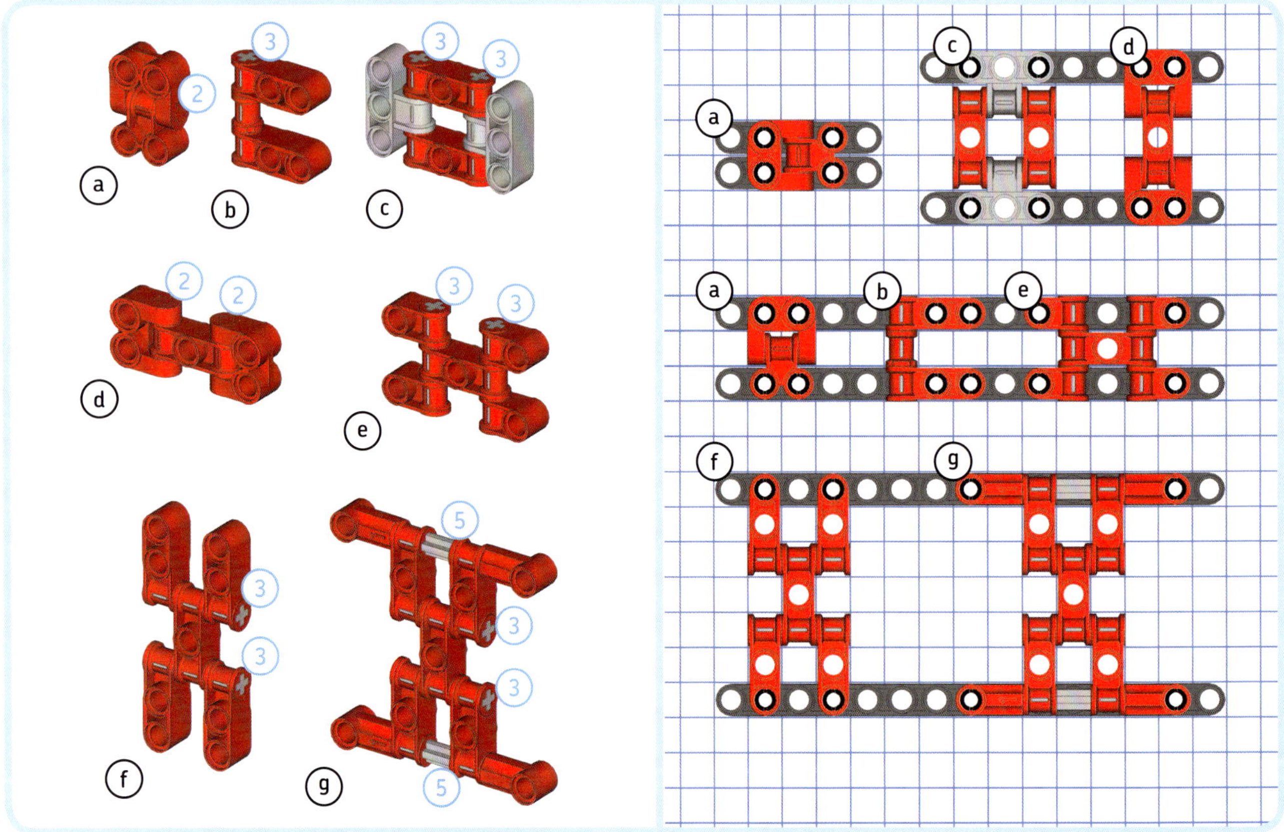

Abbildung 10-17: Parallele Balken, deren flache Seiten gegenüberstehen, miteinander befestigen. Die Zahlen geben die Länge der in diesen Konstruktionen verwendeten Achsen an.

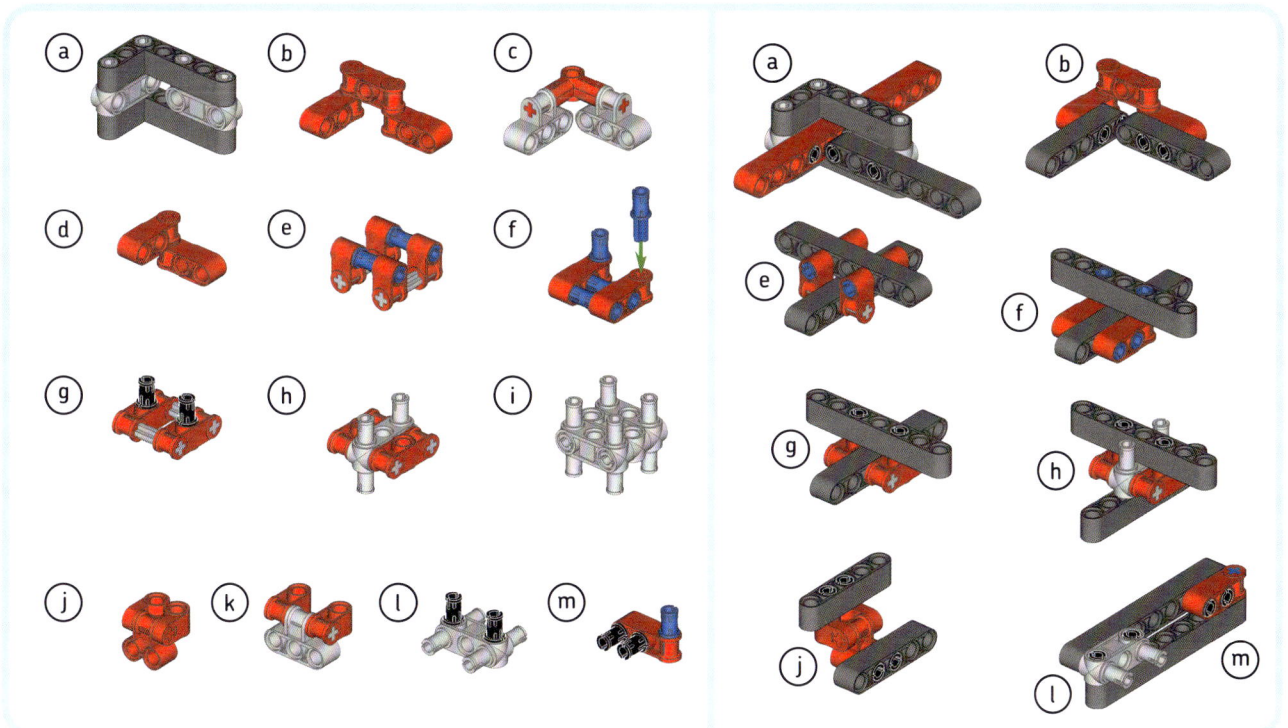

Abbildung 10-18: Balken mit Verbindern im rechten Winkel verbinden. Jede graue Achse hat eine Länge von 3M.

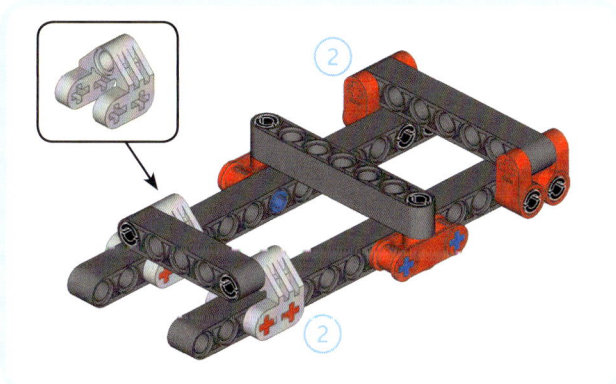

Abbildung 10-19: Mit Verbindern kannst du Anbaupunkte für Balken schaffen, die eine Konstruktion verstärken. Beachte, dass diese Konstruktionen alleine keine Festigkeit aufweisen. Du solltest sie nur verwenden, um bestehende Konstruktionen zu versteifen, wie die in Abbildung 10-16.

SELBST ENTDECKEN 56: KONSTRUKTIVE VERBINDER

Schwierigkeitsgrad: ☼　**Zeit:** ◔◔

Kannst du Verbinder miteinander kombinieren, um eine stabile Konstruktion zwischen Balken zu schaffen wie in Abbildung 10-20? Erweitere die Beispiele aus den Abbildungen 10-16 bis 10-19 für deine eigenen Konstruktionen.

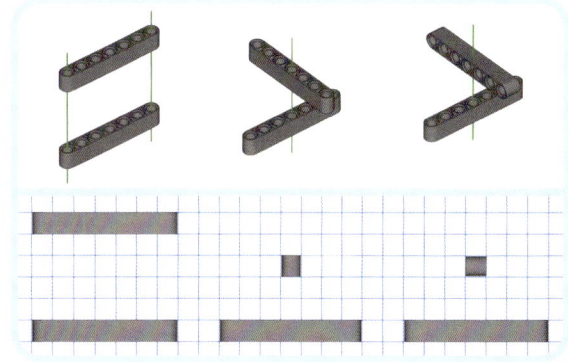

Abbildung 10-20: Die grünen Linen zeigen, wie die Balken relativ zueinander positioniert sind.

Halbe Lego-Einheiten nutzen

Bestimmte Kombinationen von Verbindern führen zu einem Versatz von 0,5M (siehe Abbildung 10-21). Bei richtiger Verwendung hast du mit dieser Technik mehr Möglichkeiten, stabile Konstruktionen zu erstellen. Zum Beispiel kannst du Konstruktionen bauen, die 7,5M groß sind statt 7M oder 8M.

Solche Konstruktionen sind allerdings nicht leicht mit Balken zu verstärken, da der Abstand zwischen den Balkenlöchern immer ganzzahlig ist. In dieser speziellen Konstruktion kannst du daher keinen Balken nutzen, um den oberen mit dem mittleren zu verbinden.

Dünne Elemente verwenden

Die meisten Elemente im EV3-Kasten sind 1M breit, einige dünne aber nur 0,5M (siehe Abbildung 10-22). Dünne Elemente können verwendet werden, wenn es keinen Platz für größere gibt. (Der EV3-Kasten enthält nicht viele dünne Elemente. Um den Vorteil dieser Technik richtig zu nutzen, benötigst du Elemente aus anderen Lego-Technic-Kästen.)

Ein besonders hervorzuhebendes Element ist die Nocke, die sehr nützlich ist, wenn z.B. ein rotierendes Element den Berührungssensor einmal pro Umdrehung betätigen soll, wie du in Kapitel 13 sehen wirst.

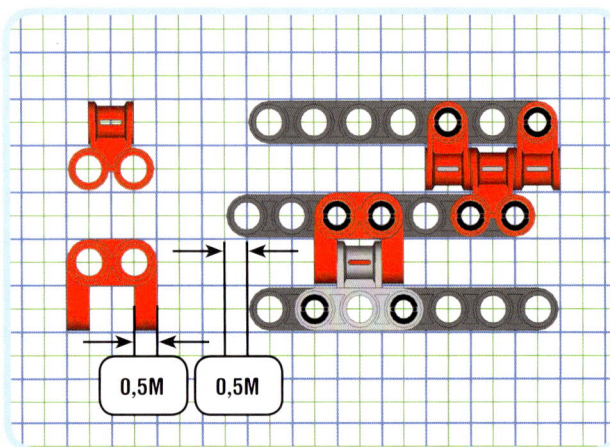

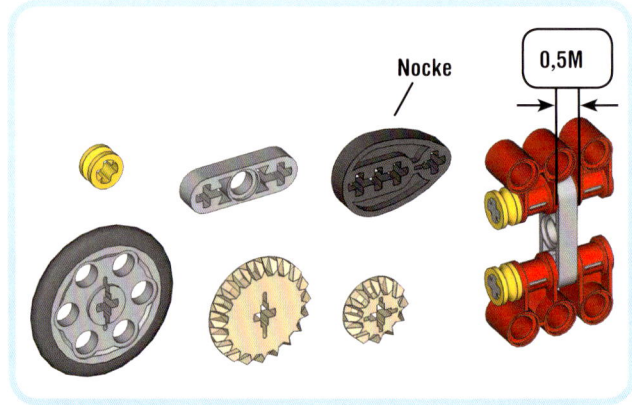

Abbildung 10-22: Die dünnen Elemente des EV3-Kastens

Abbildung 10-21: Einige Kombinationen von Verbindern führen zu einem Versatz von 0,5M zum Raster. Der Balken in der Mitte hat einen relativen Versatz von 0,5M zu den beiden anderen.

SELBST ENTDECKEN 57: BALKEN MIT EINEM HALBEN M

Schwierigkeitsgrad: ☀ **Zeit:** ⏱

Kannst du zwei Balken mit Verbindern verbinden, sodass sie einen 18,5M-Balken ergeben?

HINWEIS Verwende die Verbinder aus Abbildung 10-21.

Flexible Konstruktionen bauen

Mit Pins ohne Reibung (die grauen und braunen Pins im EV3-Kasten) baust du Scharniere und flexible Mechanismen statt fester Konstruktionen. Die Pins ohne Reibung in Abbildung 10-23 machen es z.B. einfach, das Zahnrad zu drehen.

Der EV3-Kasten enthält zwei Arten von Verbindungsgliedern (6M und 9M), die normalerweise für Lenkungen in Lego-Technic-Autos eingesetzt werden. Diese Glieder können in bestimmten Kombinationen als Ersatz für Balken dienen, wobei aber eine weniger stabile Konstruktion entsteht als bei einem Balken. Sie können aber auch dazu dienen, Elemente zu verbinden, die nicht in einer Ebene liegen. Wenn du den beweglichen Balken des vorherigen Mechanismus verlängerst, kannst du ihn nicht mit einem Balken ans Zahnrad befestigen, aber mit einem Verbindungsglied (siehe Abbildung 10-24).

Abbildung 10-23: Diese bewegliche Konstruktion verwendet Pins ohne Reibung, sodass das Zahnrad leicht gedreht werden kann, um den Balken vor- und zurückzubewegen. Zum Vergleich kannst du die Pins durch solche mit Reibung ersetzen und du wirst feststellen, dass das Drehen des Zahnrads viel schwerer geht.

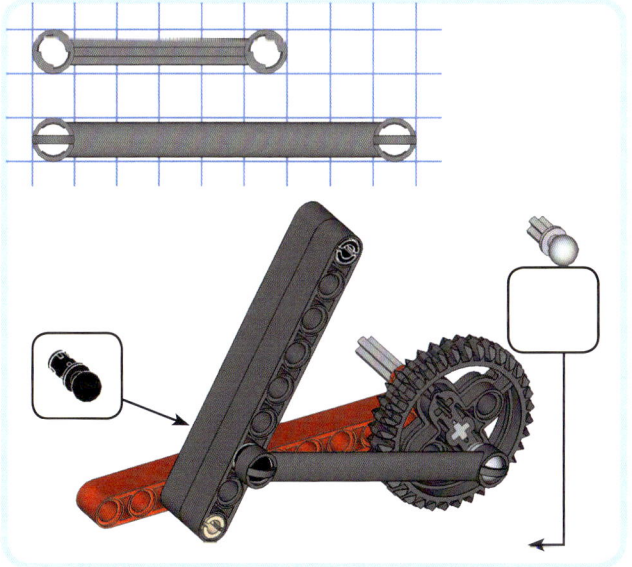

Mit Motoren und Sensoren bauen

Jetzt werfen wir einen Blick darauf, wie du die Größe und Form von Motoren nutzt, um sie als zentrale Elemente deiner Konstruktionen zu verwenden. Weil Motoren groß sind und viele Anbaupunkte für Pins und Achsen aufweisen, ist es oft praktisch, einen Motor als Ausgangspunkt für einen Mechanismus wie einen Greifer oder einen Raupenantrieb zu verwenden.

Diese Methode ermöglicht es, jeden Mechanismus (oder Modul) einzeln zu testen. Wenn du geprüft hast, dass alle Module für sich allein korrekt funktionieren, kannst du sie in einem stabilen Roboter miteinander kombinieren.

Mit dem großen Motor bauen

Die Form und Maße des großen Motors (siehe Abbildung 10-25) machen es einfach, zwei davon mit einem Rahmen und Pins mit Reibung zu kombinieren. So kommst du auf einfache Weise zu einem Fahrzeugroboter (siehe Abbildung 10-26). Du musst nur noch Räder oder Raupen sowie den EV3-Stein anbauen.

Räder oder Raupen anbauen

Der große Motor ist schnell und stark genug, um Räder direkt anzutreiben (siehe Abbildung 10-27). Du kannst Raupen anbauen, indem du sie an 13M-Balken anfügst. Abbildung 10-28 zeigt die grundlegende Bauweise. Du findest ein weiteres Beispiel, wenn du den SNATCH3R in Kapitel 18 baust. (Im nächsten Kapitel lernst du, wie du an den großen Motor Zahnräder anschließt.)

Abbildung 10-24: Diese modifizierte Version der beweglichen Konstruktion verwendet ein Verbindungsglied und keinen Balken. Du befestigst das Verbindungsglied in einem runden Loch oder einem Kreuzloch über einen Pin mit Kugelkopf, wie hier gezeigt.

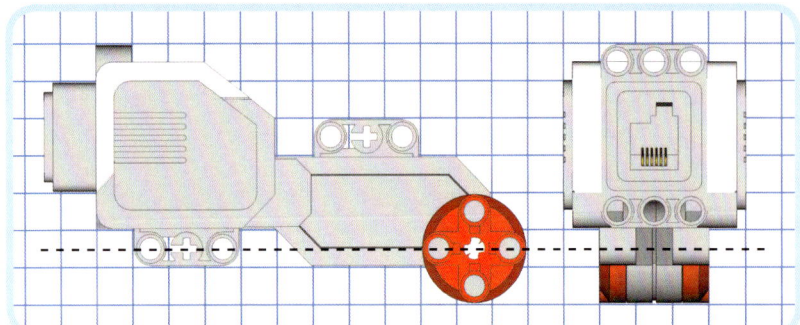

Abbildung 10-25: Die Form und Maße des großen Motors

Abbildung 10-26: Der Einbau eines Motors in einen Rahmen macht es später einfacher, ihn in einen Roboter zu integrieren. Du kannst z.B. eine Fahrzeugbasis erstellen, indem du zwei große Motoren mit Rahmen, Balken und Pins mit Reibung auf unterschiedliche Weise kombinierst.

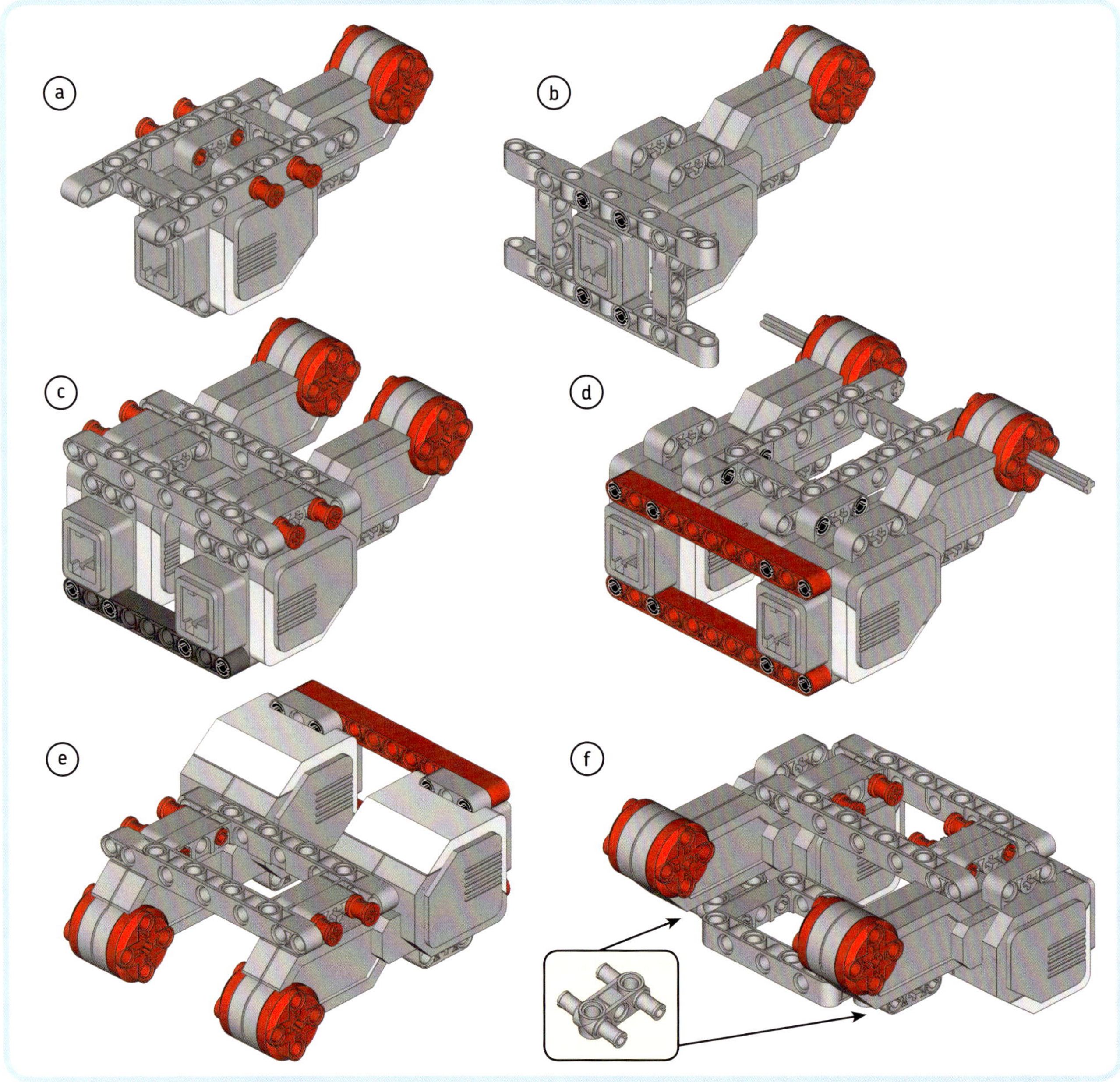

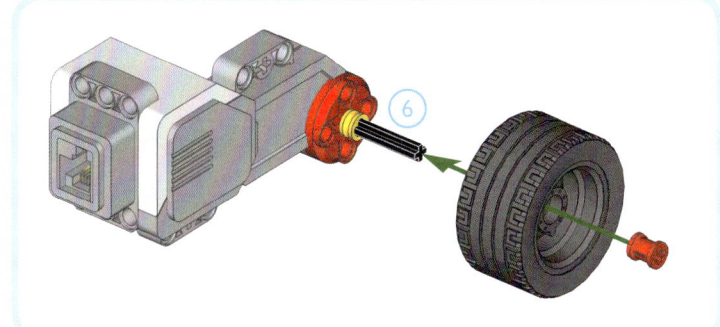

Abbildung 10-27: Mit einer 6M-Achse kannst du Räder direkt an den großen Motor anschließen und mit einem halben Stopper für Abstand zwischen Motor und Rad sorgen und mit einem ganzen Stopper verhindern, dass sich das Rad von der Achse löst.

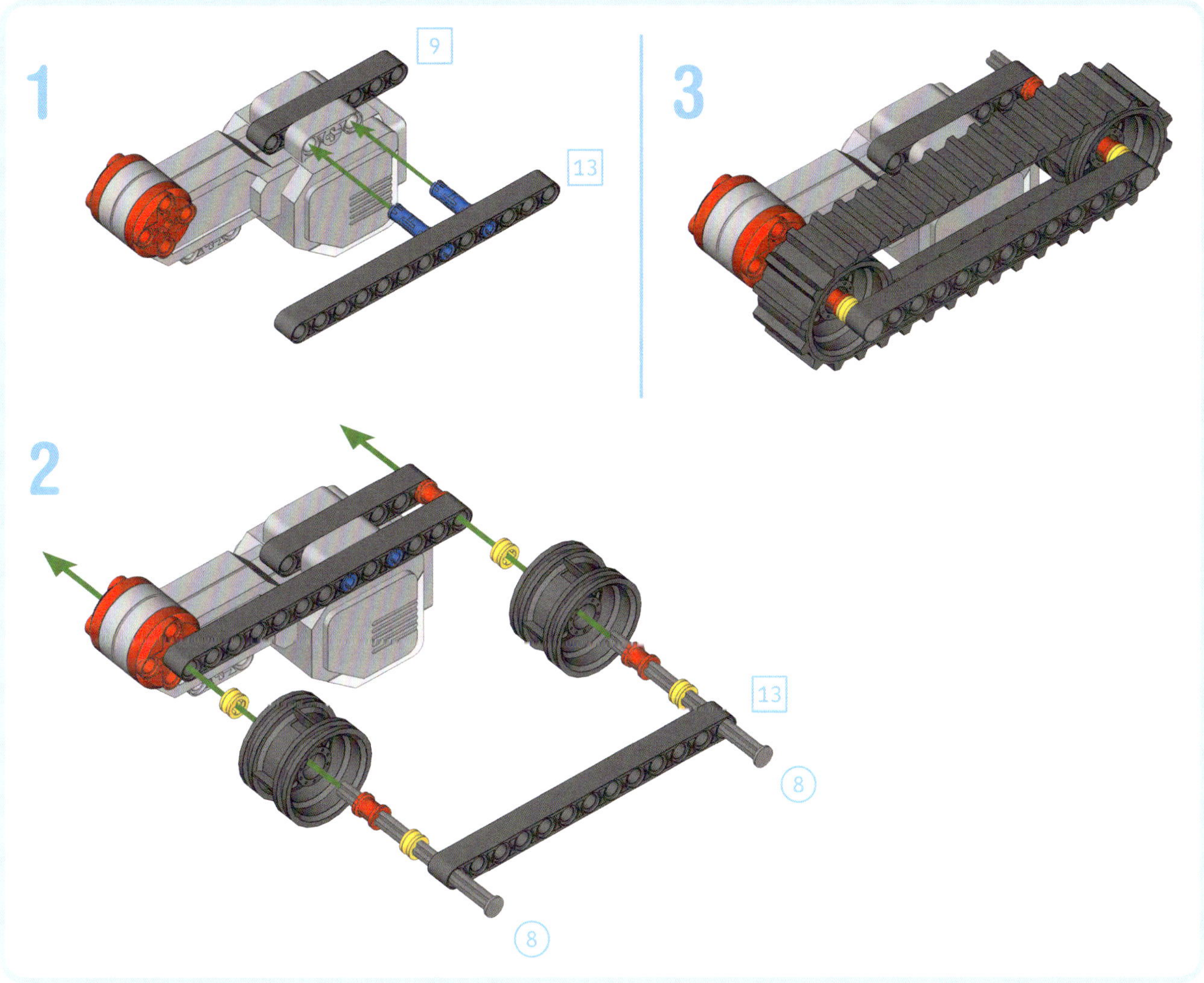

1

2

3

Abbildung 10-28: Eine Raupe kannst du mit zwei 13M-Balken und zwei 8M-Achsen mit Stoppern an den großen Motor anschließen.

Balken an den die Motorwelle anschließen

Du kannst Räder und Zahnräder mit Kreuzlöchern an die Welle des großen Motors anschließen, aber auch Balken und andere Teile zum Rotieren bringen, indem du sie mit den runden Löchern an der Welle verbindest. Du kannst z.B. einen 3M-Balken kontinuierlich mit dem Motor antreiben, um einen hin- und zurücklaufenden Mechanismus zu bauen (siehe Abbildung 10-29).

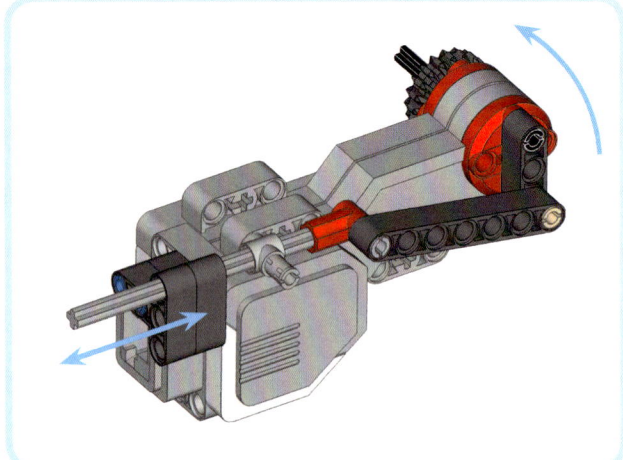

Abbildung 10-29: Du kannst Räder oder Zahnräder mit einer Achse an die Motorwelle anschließen oder Balken über die runden Pinlöcher. Dieser Mechanismus bewegt die graue 9M-Achse bei jeder Wellenumdrehung vor und zurück.

Mit dem mittleren Motor bauen

Der mittlere Motor (siehe Abbildung 10-30) ist kompakter als der große, sodass du ihn in kleinen Mechanismen einsetzen kannst, z.B. zur Steuerung eines Rennwagens. Der Motor hat runde Befestigungslöcher an seiner Vorderseite und du kannst hinten mit einem Rahmen weitere Befestigungspunkte hinzufügen (siehe Abbildung 10-31). Du kannst den Rahmen auch wie in Abbildung 10-32 anbauen, sodass er zwischen zwei große Motoren eines Fahrzeugroboters passt, z.B. als Antrieb für einen Gabelstapler-Mechanismus.

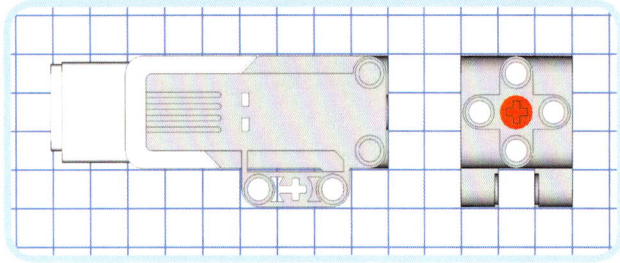

Abbildung 10-30: Die Form und Maße des mittleren Motors

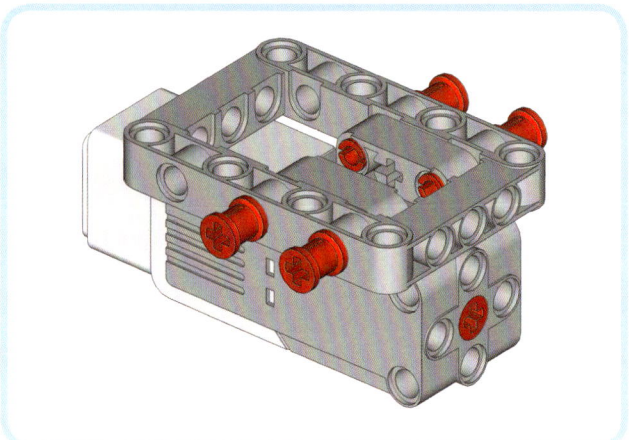

Abbildung 10-31: Mit einem Rahmen bietet der mittlere Motor mehr Befestigungspunkte.

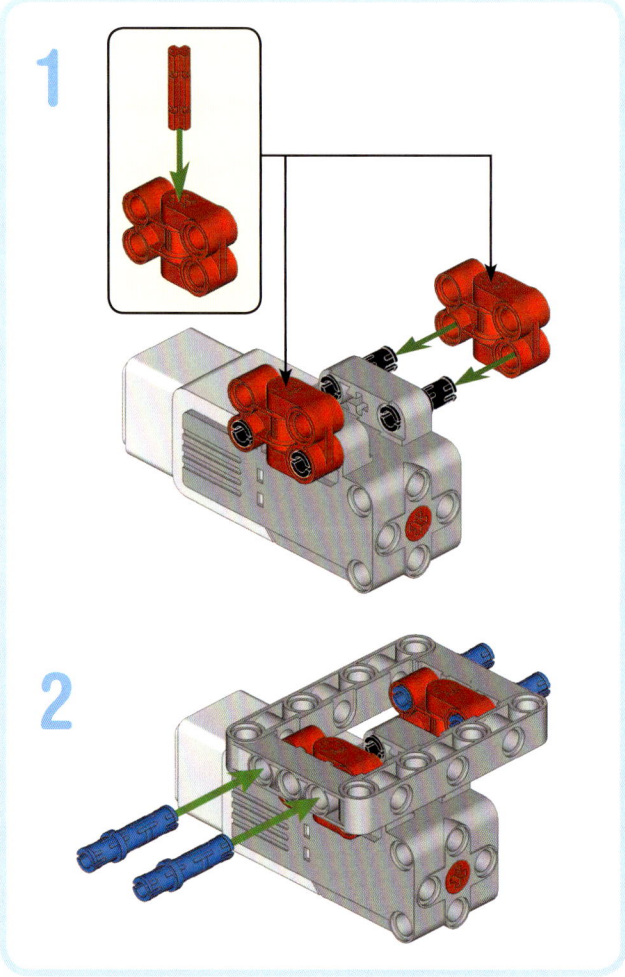

Abbildung 10-32: Mit einem Rahmen kannst du den mittleren Motor leicht zwischen den großen Motoren eines Fahrzeugroboters einbauen. Du kannst den Rahmen in Beispiel (e) in Abbildung 10-26 z.B. entfernen und stattdessen diese Konstruktion verwenden.

Mit Sensoren bauen

Jeder Sensor im EV3-Kasten hat Befestigungspunkte für eine Achse und zwei Pins (siehe Abbildung 10-33). Zusätzlich hat der Infrarotsensor hinten zwei Löcher. Um eine feste Verbindung zu erreichen, musst du entweder zwei Pins und einen Balken oder eine Achse und einen Balken mit Kreuzloch verwenden.

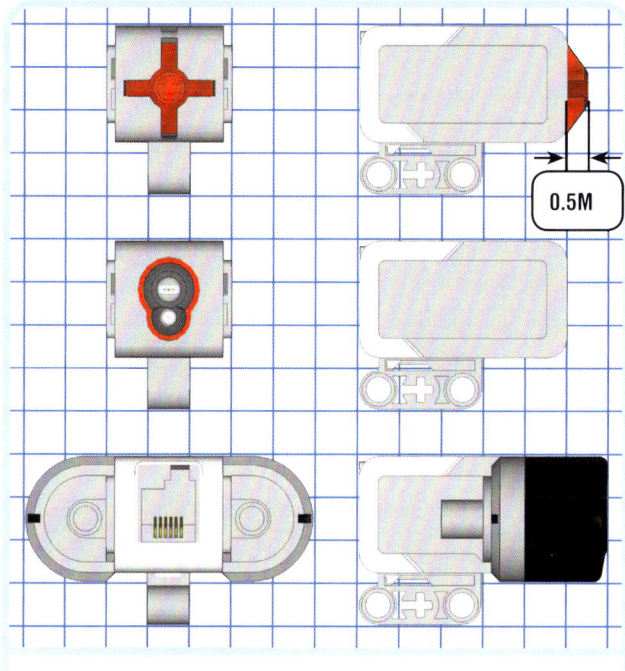

Abb. 10-33: Form und Maße der Sensoren im EV3-Set (oben) und wie du sie mit deinem Roboter verbindest (unten).

Verschiedene Elemente

Zusätzlich zu den in diesem Teil des Buchs beschriebenen Elementen befinden sich noch weitere Teile in deinem Kasten, wie Schwerter und Monsterzähne, mit denen du den Roboter verzieren kannst. Außerdem enthält der Kasten ein Ballschussgerät und ein Ballmagazin. Wie du damit eine Kanone bauen kannst, erfährst du in der Bauanleitung für EV3RSTORM in der EV3-Software (siehe Abbildung 3-2 auf Seite 26).

Weitere Experimente

In diesem Kapitel hast du die Grundlagen über das Bauen mit Balken, Rahmen, Pins, Achsen, Verbindern und Motoren gelernt, um Komponenten für deine Roboter zu erstellen. Du weißt jetzt, wie du das Lego-Raster verwendest, um stabile eigene Konstruktionen zu erschaffen. Für den perfekten Roboter gibt es kein Rezept. Stattdessen besteht der beste Weg darin, durch den Bau eigener Roboter Erfahrung zu sammeln und Dinge einfach auszuprobieren. Beginne damit, die Bauvorschläge dieses Buchs nachzubauen und sie zu modifizieren, um in den Selbst-Konstruieren-Aufgaben deine eigenen Roboter zu entwickeln.

Im nächsten Kapitel erfährst du, wie Zahnräder funktionieren und wie du sie mit den EV3-Motoren einsetzt.

SELBST KONSTRUIEREN 12: RAUPENANTRIEB

Bau: Programmierung:

Der EXPLOR3R bewegt sich mit zwei Haupträdern und einem Stützrad hinten. Kannst du eine Version des EXPLOR3Rs bauen, die auf Raupen fährt? Teste deine Konstruktion, indem du sie mit der IR-Fernsteuerung lenkst.

HINWEIS Nutze das Beispiel für den Raupenantrieb in Abbildung 10-28. Warum solltest du das Stützrad des EXPLOR3Rs entfernen?

SELBST KONSTRUIEREN 13: EIN TISCHREINIGER

Bau:  Programmierung:

Kannst du einen Roboter konstruieren, der auf dem Tisch herumfährt, ohne herunterzufallen? Lasse den Roboter alle auf dem Tisch liegenden Lego-Steine mit dem mittleren Motor wegfegen, sodass er den Tisch abräumt, während er herumfährt.

Baue den Infrarotsensor vorn am Roboter an, etwa 25 cm von den Vorderrädern entfernt, und richte ihn nach unten, sodass er auf die Tischober-fläche sieht. Wie kann der Roboter die Tischkante erkennen?

TIPP Den Roboter hast du bereits in Selbst konst-ruieren 12 auf Seite 119 gebaut. Du kannst ihn als Ausgangpunkt für diese Aufgabe verwenden.

SELBST KONSTRUIEREN 14: EIN VORHANGÖFFNER

Bau:  Programmierung:

Kannst du einen Roboter bauen, der die Vorhänge bei Sonnenaufgang automatisch öffnet und bei Sonnenuntergang wieder schließt? Miss mit dem Farbsensor das Umgebungslicht im Zimmer und berücksichtige eine Möglichkeit, die Roboterauto-matik mit der Fernsteuerung zu übergehen.

TIPP Wenn du nur einen Schwellenwert verwen-dest, kann es passieren, dass der Roboter den Vorhang bei schwankenden Lichtverhältnissen immer wieder öffnet und schließt. Um dieses Prob-lem zu vermeiden, kannst du zwei unterschiedliche Schwellenwerte einsetzen. Was sollte der Roboter tun, wenn die Lichtstärke zwischen diesen beiden Werten liegt?

Mit Zahnrädern und Getrieben arbeiten

Mit Zahnrädern kannst du Bewegungen von einer rotierenden Achse auf eine andere übertragen. Du kannst damit z.B. die Bewegung eines Motors auf die Räder eines Roboters übertragen, sodass er fährt. Zahnräder können auch dazu verwendet werden, die Endgeschwindigkeit oder das Drehmoment einer Achse zu verändern.

Eine Aneinanderreihung von Zahnrädern, die eine Bewegung übertragen, wird Getriebe genannt. In diesem Kapitel erfährst du, wie Zahnräder eingesetzt werden, während du mit einfachen Getrieben experimentierst. Danach lernst du, wie das Übersetzungsverhältnis die Leistung eines Getriebes beeinflusst. Schließlich beschäftigst du dich

mit den einzelnen Zahnrädern im EV3-Kasten und lernst, wie du sie effektiv für deine Roboter nutzen kannst.

Getriebe-Grundlagen

Wir beginnen mit einem Mechanismus mit zwei Zahnrädern, dessen Konstruktion in den folgenden Schritten gezeigt wird. Mit diesem Mechanismus führst du Grundlagenexperimente durch. Probiere auch

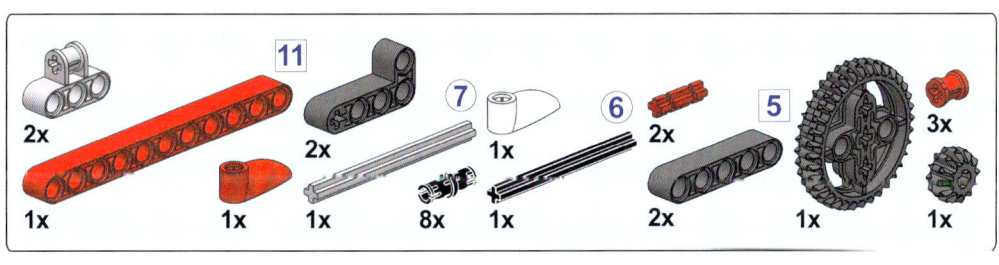

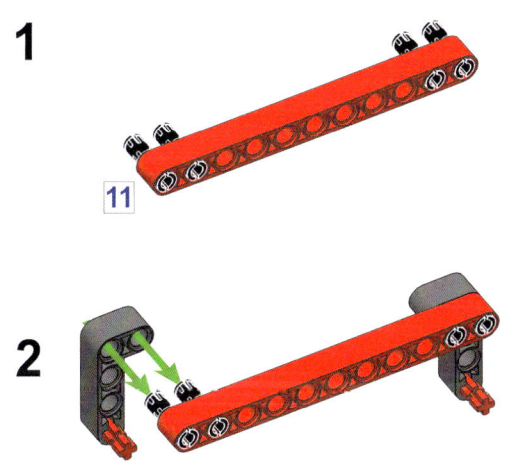

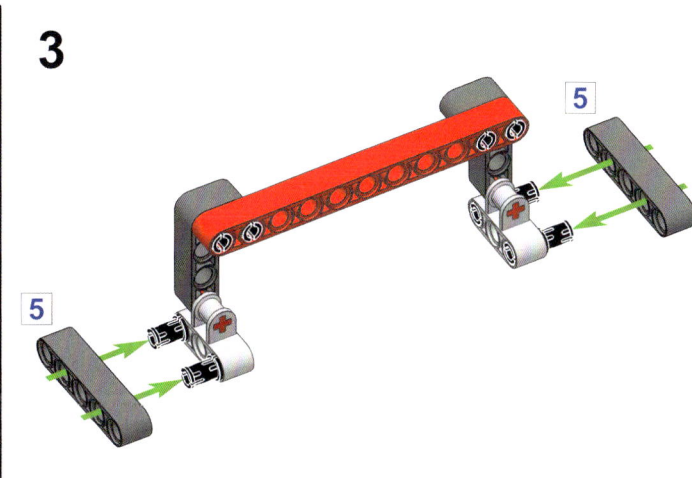

4

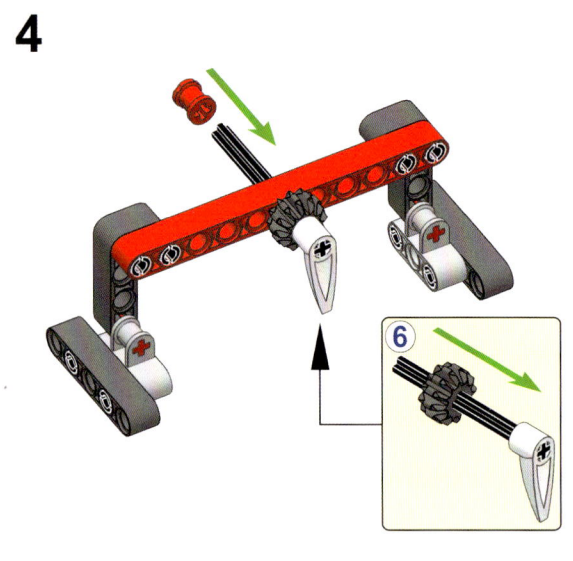

Befestige die Stopper nicht zu fest, die Zahnräder sollen sich leicht drehen lassen.

5

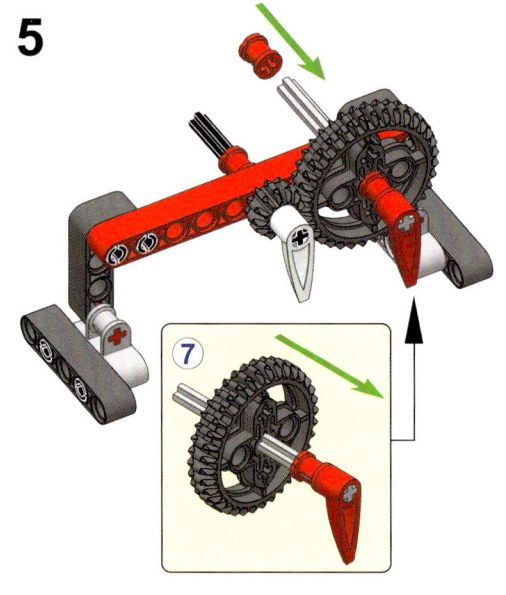

Beide Zeiger sollen nach unten zeigen, bevor du die Stopper befestigst.

---

die anderen Beispiele aus, während du weiterliest – so lernst du am besten zu verstehen, wie Getriebe funktionieren.

Bevor wir uns Getriebe genauer anschauen, drehen wir die Zahnräder manuell und sehen, was passiert:

✳ Die Drehung eines Zahnrads überträgt sich auf das andere. Egal, welches Zahnrad du drehst, das andere dreht sich in die entgegengesetzte Richtung.

✳ Bei jeder Umdrehung des roten Zeigers macht der weiße genau drei Umdrehungen. (Um das zu prüfen, lasse beide Zeiger zuerst nach unten zeigen und zähle, wie oft sich der weiße Zeiger dreht, während du den roten einmal herumdrehst.)

✳ Das kleinere Zahnrad dreht sich immer schneller als das große. Tatsächlich dreht sich das kleine drei Mal schneller als das große.

✳ Wenn du versuchst, die graue Achse per Hand zu blockieren (die mit dem großen Zahnrad verbunden ist), merkst du, dass du die schwarze Achse (am kleinen Zahnrad) noch mit einigem Aufwand drehen kannst. Andererseits ist es sehr schwer, die graue Achse zu drehen, wenn du die schwarze blockierst.

Erklärungen für dieses Verhalten erhältst du, wenn du weiterliest.

Ein genauerer Blick auf Zahnräder

Wenn du dir die Zahnräder aus unserem Beispiel genauer ansiehst, erkennst du, dass das kleine Zahnrad 12 *Zähne* besitzt (daher nennen wir es 12z-Zahnrad), während das große 36 Zähne hat (36z). An der Kontaktstelle greifen die Zähne *ineinander* (siehe Abbildung 11-1).

SELBST ENTDECKEN 58: ZAHNRÄDER BEOBACHTEN

Schwierigkeitsgrad: ✳ **Zeit:**

Wenn du die Zahnräder langsam drehst, kannst du erkennen, dass die beiden Zeiger mehrmals in dieselbe Richtung zeigen. Wie oft geschieht das, während der rote Zeiger eine vollständige Drehung vollführt? Kannst du erklären, warum da so ist?

Wenn du das kleine Zahnrad per Hand drehst, zwingen seine Zähne das größere, ihm zu folgen, sodass es sich in entgegengesetzter Richtung dreht. Das von Hand gedrehte Zahnrad bezeichnen wir als Antriebszahnrad, das sich drehende als angetriebenes Zahnrad (oder Ausgangszahnrad).

Jeder Zahn des Antriebszahnrads bewegt genau einen Zahn des angetriebenen Zahnrads. Wenn das kleine Zahnrad (12z) drei volle Umdrehungen macht, bewegt sich jeder seiner Zähne drei Mal durch das große Zahnrad, sodass insgesamt 36 Zähne am Kontaktpunkt vorbeikommen (3 x 12 = 36). Bis hierhin werden also alle 36 Zähne des großen Zahnrads (36z) am Kontaktpunkt entlanggeführt, sodass das große Zahnrad eine komplette Drehung macht.

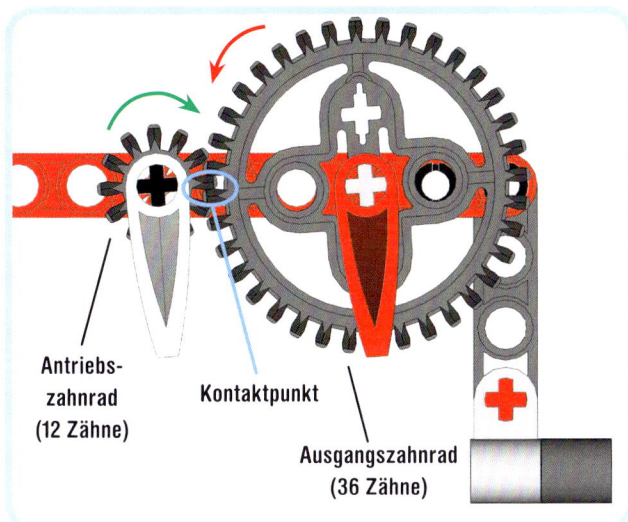

Antriebs-
zahnrad
(12 Zähne)

Kontaktpunkt

Ausgangszahnrad
(36 Zähne)

Abbildung 11-1: Wenn du dir das Getriebe genau ansiehst, erkennst du, dass die Zähne beider Zahnräder ineinandergreifen. Das Antriebszahnrad bringt das andere Zahnrad zum Drehen, indem seine Zähne die des anderen am Kontaktpunkt in Pfeilrichtung drücken.

Das Übersetzungsverhältnis zweier Zahn-räder berechnen

Wie wir gerade gesehen haben, resultieren drei Umdrehungen des 12z-Zahnrads (mit dem weißen Zeiger) in einer Umdrehung des 36z-Zahnrads (mit dem roten Zeiger). Diese Konfiguration kannst du als *Übersetzungsverhältnis* beschreiben. Das Übersetzungsverhältnis ist der Faktor, um den sich das Ausgangsdrehmoment relativ zum Eingangsdrehmoment vergrößert. (Ein größeres Drehmoment erleichtert es einem Fahrzeug, einen Hügel hinaufzufahren. Gleich beschreibe ich genauer, worum es sich beim Drehmoment handelt.)

Du berechnest das Verhältnis wie folgt:

$$\text{Übersetzungsverhältnis} = \frac{\text{Zahl der Zähne am Ausgangszahnrad}}{\text{Zahl der Zähne am Antriebszahnrad}} \qquad \boxed{1}$$

Das Ausgangszahnrad hat 36 Zähne und das Antriebszahnrad 12, sodass in unserem Beispiel die Formel 36 ÷ 12 = 3 ergibt. Das Übersetzungsverhältnis gibt den Faktor an, um den sich die Geschwindigkeit verringert. Das Ausgangszahnrad dreht sich also drei Mal so langsam wie das Antriebszahnrad, oder mit anderen Worten: Drei Umdrehungen des Antriebszahnrads führen zu einer Umdrehung des Ausgangszahnrads.

Übersetzungsverhältnisse werden manchmal als Anzahl der Zähne beider Zahnräder, getrennt durch einen Doppelpunkt, angegeben, in diesem Fall also 36:12. Dieses Verhältnis kannst du wie einen Bruch kürzen, sodass du 3:1 erhältst, was dieselbe Bedeutung hat. (Von links nach rechts gelesen siehst du wieder, dass drei Umdrehungen des einen Zahnrads zu einer Umdrehung des anderen führen.)

Die Geschwindigkeit des Ausgangszahnrads berechnen

Wenn du das Übersetzungsverhältnis einer vorhandenen Konstruktion berechnet hast, kannst du es verwenden, um die Geschwindigkeit des Ausgangszahnrads zu errechnen, wenn du die Antriebsgeschwindigkeit (Eingangsgeschwindigkeit) kennst.

$$\text{Ausgangsgeschwindigkeit} = \frac{\text{Eingangsgeschwindigkeit}}{\text{Übersetzungsverhältnis}} \qquad \boxed{2}$$

Ist das Übersetzungsverhältnis 3 und du drehst das Antriebszahnrad 30 Mal pro Minute, dreht sich das andere Zahnrad 30 ÷ 3 = 10 Mal pro Minute, was bestätigt, dass sich die Geschwindigkeit um den Faktor drei reduziert.

Das benötigte Übersetzungsverhältnis berechnen

Die Formel kannst du umstellen, um das notwendige Übersetzungsverhältnis für einen Entwurf zu errechnen, bei dem du die Eingangs- und die gewünschte Ausgangsgeschwindigkeit kennst:

$$\text{Übersetzungsverhältnis} = \frac{\text{Eingangsgeschwindigkeit}}{\text{Ausgangsgeschwindigkeit}} \qquad \boxed{3}$$

Wenn du z.B. ein Ausgangszahnrad mit einem Rad benötigst, das sich mit 120 U/min dreht, und das Antriebszahnrad 72 U/min hat, brauchst du folgendes Übersetzungsverhältnis: 72 ÷ 120 = 0,6. Du erreichst dieses Verhältnis mit einem 20z-Zahnrad als Antrieb und einem 12z-Zahnrad als Ausgang (12 ÷ 20 = 0,6).

Mit den Zahnrädern im EV3-Kasten ist nicht jedes Übersetzungsverhältnis möglich, weshalb du eine der in diesem Kapitel vorgestellten Kombinationen verwenden und Formel 2 dazu heranziehen solltest, um festzustellen, ob die resultierende Ausgangsgeschwindigkeit in einem akzeptablen Bereich für deine Konstruktion liegt.

HINWEIS **Achte darauf, dass Eingangs- und Ausgangsgeschwindigkeit dieselbe Einheit haben. (Wenn du die Eingangsgeschwindigkeit als U/min misst, sollte die Ausgangsgeschwindigkeit ebenso gemessen werden.)**

Die Rotationsgeschwindigkeit verringern und vergrößern

Sehen wir uns an, wie das Beispielgetriebe in einem Roboter verwendet werden könnte. Mit Zahnrädern kannst du die Rotationsgeschwindigkeit eines Ausgangs, wie einem Rad, relativ zur Eingangsgeschwindigkeit ändern, z.B. an einem Motor. Um die Geschwindigkeit zu verringern (das nennt man untersetzen), muss das angetriebene Zahnrad mehr Zähne haben als das Antriebszahnrad, sodass das Übersetzungsverhältnis größer als 1 ist (siehe Abbildung 11-2).

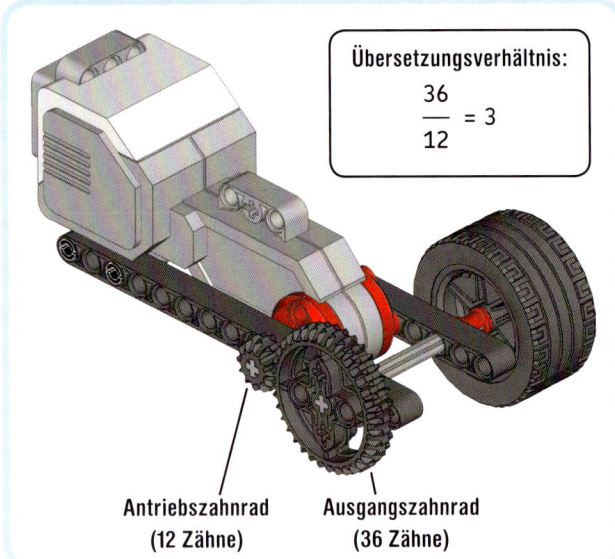

Übersetzungsverhältnis:

$$\frac{36}{12} = 3$$

Antriebszahnrad
(12 Zähne)

Ausgangszahnrad
(36 Zähne)

Abbildung 11-2: Die Umdrehungsgeschwindigkeit wird um den Faktor 3 reduziert, während das Drehmoment um den Faktor 3 steigt. Das Übersetzungsverhältnis ist 3 (3:1).

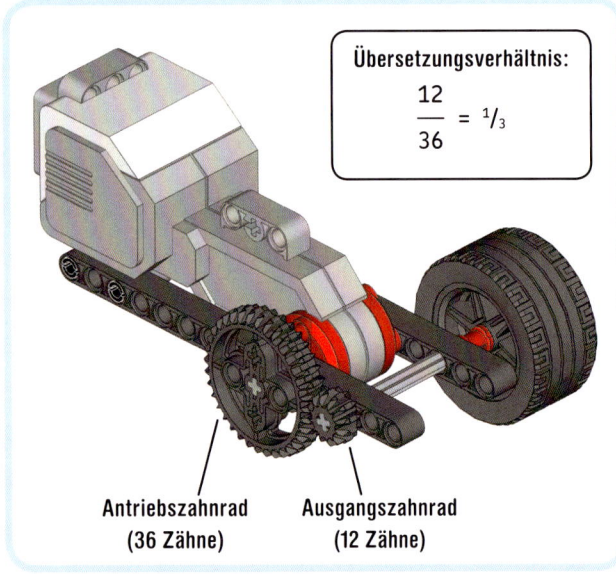

Übersetzungsverhältnis:

$$\frac{12}{36} = \frac{1}{3}$$

Antriebszahnrad
(36 Zähne)

Ausgangszahnrad
(12 Zähne)

Abbildung 11-3: Die Ausgangsgeschwindigkeit erhöht sich um den Faktor 3, während sich das Drehmoment um den Faktor 3 verringert. Das Übersetzungsverhältnis ist 1/3 (oder 1:3). ¹/₃ (or 1:3).

Diese Konfiguration verringert die Radgeschwindigkeit um den Faktor 3. Im Ergebnis erhöht sich das Ausgangsdrehmoment um den Faktor 3.

Jetzt sehen wir uns an, was passiert, wenn du die beiden Zahnräder wie in Abbildung 11-3 vertauschst. Das 36z-Zahnrad ist das vom Motor angetriebene Eingangszahnrad, und das 12z-Zahnrad ist der Ausgang, an dem sich ein Rad befindet.

SELBST ENTDECKEN 59: GETRIEBEMATHEMATIK

Schwierigkeitsgrad: ☀ Zeit: ◷

Wie ist das Übersetzungsverhältnis der in Abbildung 11-4 gezeigten Getriebe? Wenn du das Antriebszahnrad mit 10 U/min drehst, wie hoch ist die Ausgangsgeschwindigkeit?

TIPP Du kannst die Antwort prüfen, indem du die Getriebe nachbaust. Mit Zeigern an den Achsen ist es leichter, die Umdrehungen zu zählen.

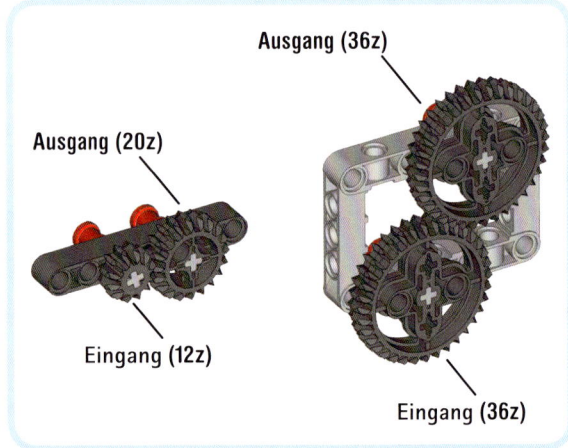

Ausgang (36z)

Ausgang (20z)

Eingang (12z)

Eingang (36z)

Abbildung 11-4: Wie sind die Übersetzungsverhältnisse dieser Getriebe?

Das Übersetzungsverhältnis ist 12 ÷ 36 = 1/3 oder etwa 0,333. Daher verringert sich die Geschwindigkeit um den Faktor 1/3, was jedoch dasselbe ist, wie zu sagen, dass sie sich verdreifacht. (Wenn du den Eingang mit 30 U/min drehst, ergibt Formel 2: 30 ÷ 0,333 = 90 U/min als Ausgangsgeschwindigkeit, also das Dreifache). Das Erhöhen der Ausgangsgeschwindigkeit nennt man übersetzen. Erhöhen der Ausgangsgeschwindigkeit bedeutet, dass sich das Ausgangsdrehmoment verringert, sodass es schwieriger wird, einen Hügel hinaufzufahren.

Wenn du zwei Zahnräder mit derselben Anzahl Zähne verwendest, ist das Übersetzungsverhältnis 1 und die Geschwindigkeit und das Drehmoment bleiben gleich.

Was ist ein Drehmoment?

Gerade hast du gesehen, dass sich das Drehmoment vergrößert, aber was ist das genau? Warum ist eine Erhöhung sinnvoll? Um das Drehmoment besser zu verstehen, ersetze das rote Zahnrad durch ein Gewicht aus zwei Rädern (siehe Abbildung 11-5). Hebe dieses Gewicht jetzt an, indem du die graue Achse per Hand drehst. Deine Hand muss dabei ein Drehmoment auf die Achse aufbringen, um dem Drehmoment des Gewichts entgegenzuwirken, das über einen Hebel auf die Achse wirkt.

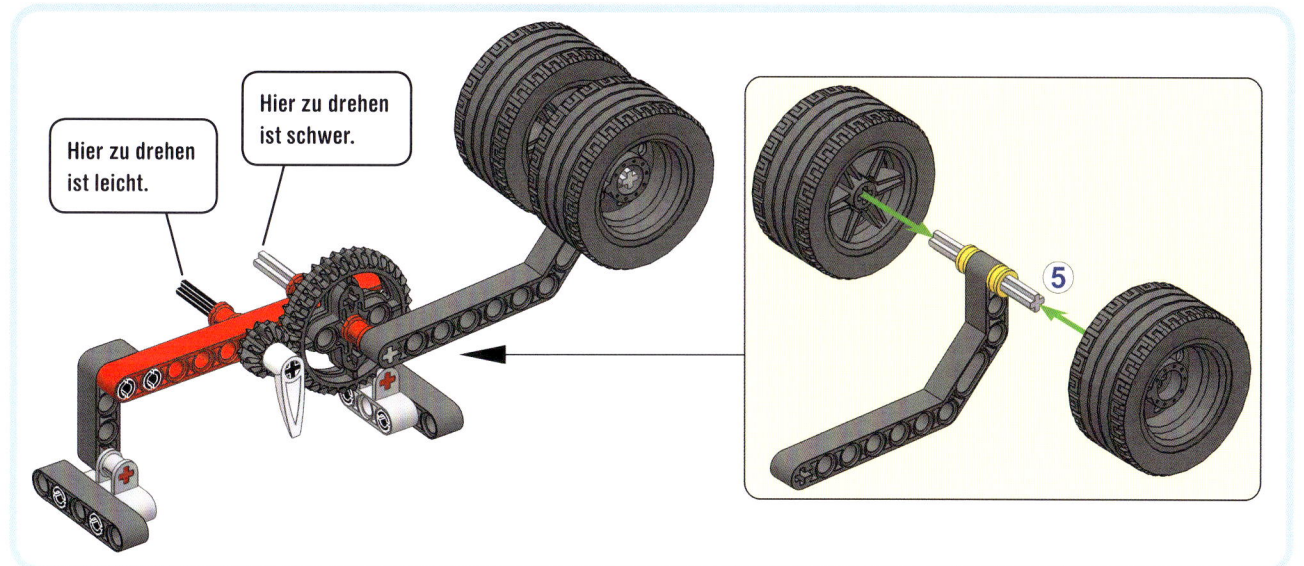

Abbildung 11-5: Das Gewicht durch Drehen der schwarzen Achse anzuheben ist leichter, weil das dazu benötigte Drehmoment nur ein Drittel des an der grauen Achse erforderlichen Drehmoments beträgt.

Drehmoment ist das Produkt aus der Kraft und dem Abstand zwischen der Kraft und der Achse. In diesem Fall ist die Kraft die Schwerkraft, die auf die Räder wirkt. Wenn du das Gewicht erhöhst, indem du mehr Räder hinzufügst oder die Räder mit einem längeren Hebel weiter weg von der Achse positionierst, erhöht sich das durch die Räder ausgeübte Drehmoment und du musst auch an der Achse ein höheres Drehmoment aufbringen, um sie anzuheben.

Versuche jetzt das Gewicht anzuheben, indem du die schwarze Achse drehst. Wenn du das machst, vergrößern die Zahnräder das Drehmoment deiner Hand um den Faktor 3, sodass das Anheben des Gewichts wesentlich einfacher ist. Allerdings musst du die schwarze Achse weiter drehen als die graue, um das Gewicht komplett hochzuheben. (Du musst genau drei Mal so weit drehen, um denselben Effekt zu erzielen.)

Warum das Drehmoment erhöhen?

Das Drehmoment mit Zahnrädern zu erhöhen ist sinnvoll, wenn ein Motor für eine bestimmte Aufgabe, wie das Heben eines schweren Gewichts, nicht genug Drehmoment besitzt. Wenn dein Motor Probleme hat, bestimmte Bewegungen des Programms auszuführen, kannst du mittels Zahnrädern das Ausgangsdrehmoment erhöhen und die Belastung des Motors verringern (siehe Abbildung 11-2).

Das maximale Drehmoment des großen Motors ist drei Mal größer als das des mittleren, weshalb die großen Motoren für schwere Arbeiten besser geeignet sind. Wenn beide großen Motoren aber schon verbaut sind, z.B. um den Roboter anzutreiben, kannst du das Ausgangsdrehmoment des mittleren Motors mit Zahnrädern erhöhen. Unter http://ev3.robotsquare.com/ findest du weitere Einzelheiten über das Verhältnis zwischen Drehmoment und Drehgeschwindigkeit von EV3-Motoren.

Das Drehmoment verringern

Manchmal ist es sinnvoll, das Drehmoment eines Motors herabzusetzen, damit er keine empfindlichen Mechanismen beschädigt. Auch wenn du das Ausgangsdrehmoment mit Zahnrädern (siehe Abbildung 11-3), verringern kannst, ist es in der Praxis einfacher, das mit einem *Ungeregelter-Motor*-Block bei geringer Leistung, z.B. 30%, zu tun, wie du in Kapitel 9 gelernt hast. Wenn du diesen Block verwendest, erhöht der Motor sein Drehmoment nicht wesentlich, wenn ihn eine externe Kraft abbremst.

Größere Getriebe bauen

Unser bisheriges Getriebe bestand nur aus zwei Zahnrädern, du kannst es aber mit weiteren Zahnrädern versehen, um die Bewegung über eine längere Strecke zu übertragen. Du kannst z.B. ein 20z-Zahnrad einbauen, wie in Abbildung 11-6, und es als Antrieb verwenden. Sehen wir uns diese Konstruktion einmal genauer an.

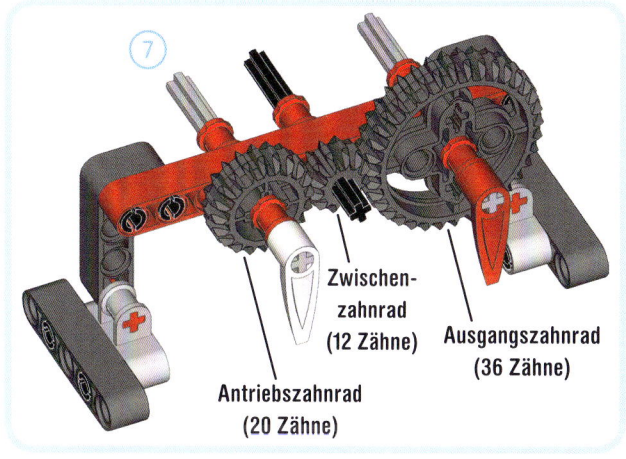

Abbildung 11-6: Entferne den weißen Zeiger von der schwarzen Achse und baue eine 7M-Achse mit einem 20z-Zahnrad wie gezeigt ein. Beide Zeiger sollen nach unten zeigen.

Das Getriebe besteht jetzt aus einen Antriebszahnrad (20z), einem Ausgangszahnrad (36z) und einem Zwischenzahnrad (12z) in der Mitte, das die Bewegung des Antriebs- auf das Ausgangszahnrad überträgt. Zusätzlich dreht es die Richtung des Antriebsrades um, da dass sich Antriebs- und Ausgangszahnrad gleichsinnig drehen (siehe Abbildung 11-7).

HINWEIS Jedes Zahnrad im Getriebe dreht das daneben liegende Zahnrad in der anderen Richtung. Daher sind Antriebs- und Ausgangsdrehrichtung bei Getrieben mit einer ungeraden Anzahl Zahnräder gleich, und bei einer geraden Anzahl Zahnräder dreht sich das Ausgangsrad genau andersherum.

Das Gesamtübersetzungsverhältnis

Du kannst das Verhältnis zwischen Geschwindigkeit des Antriebszahnrads und des Ausgangszahnrads als Gesamtverhältnis ausdrücken. Um es zu berechnen, ermittelst du die Übersetzungsverhältnisse aller Zahnradpaare und multiplizierst sie dann (siehe Abbildung 11-7).

Unser Beispiel hat zwei Paare benachbarter Zahnräder. Zuerst überträgt das Antriebszahnrad die Bewegung auf das Zwischenzahnrad bei einem Übersetzungsverhältnis von 0,6. Dann überträgt das Zwischenzahnrad die Bewegung auf das Ausgangszahnrad mit einem Verhältnis von 3. Das Zwischenzahnrad dient dabei als Ausgang des ersten Paares und als Eingang des zweiten.

Wenn wir das Gesamtverhältnis berechnen, erhalten wir 0,6 x 3 = 1,8. Das bedeutet, dass die Ausgangsgeschwindigkeit um den Faktor 1,8 verringert wird.

Also entsprechen 1,8 Umdrehungen des Antriebszahnrads einer Umdrehung des Ausgangszahnrads. Um das zu prüfen, lassen wir beide Zeiger nach unten zeigen, wie in Abbildung 11-7, und drehen den weißen Zeiger 9 Mal herum. Der rote Zeiger sollte sich 5 Mal drehen (9 ÷ 1,8 = 5), und dann sollten beide Zeiger wieder nach unten zeigen.

Da das innere Zahnrad ein Zwischenzahnrad ist, hat es keinen Einfluss auf das Übersetzungsverhältnis. Dasselbe Verhältnis erhältst du auch, wenn du nur das Antriebs- durch das Ausgangszahnrad teilst, was 36 ÷ 20 = 1,8 ergibt. Das liegt daran, dass sich die Anzahl der Zähne des Zwischenrads (12z) bei der Berechnung des Gesamtverhältnisses herauskürzt:

$$\frac{\cancel{12}}{20} \times \frac{36}{\cancel{12}} = \frac{36}{20} = 1,8$$

Noch höheres Drehmoment und geringere Geschwindigkeit

Manchmal ist die Erhöhung des Drehmoments mit zwei Zahnrädern nicht ausreichend. Du kannst das Verhältnis weiter vergrößern, und damit auch das Drehmoment, indem du mehrere Zahnradpaare mit einem Verhältnis größer als 1 koppelst. Um das zu prüfen, modifizierst du das Getriebe, sodass es wie in Abbildung 11-8 aussieht.

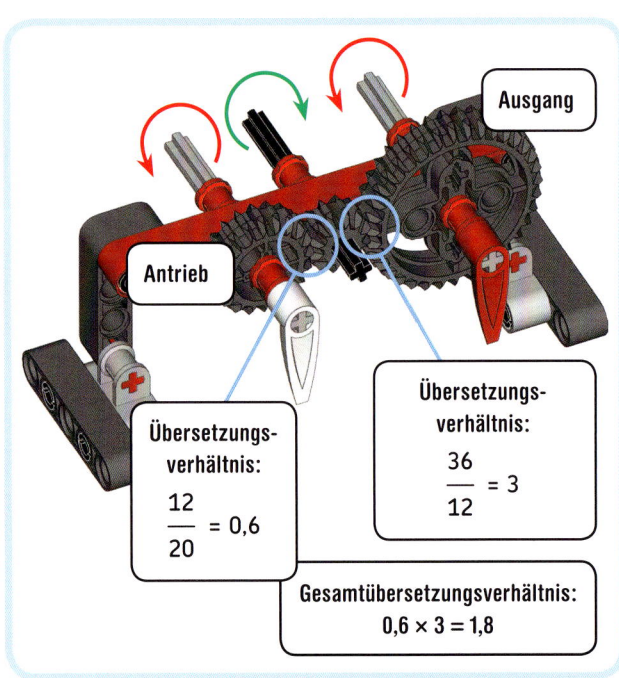

Abbildung 11-7: Berechnung des Gesamtübersetzungsverhältnisses

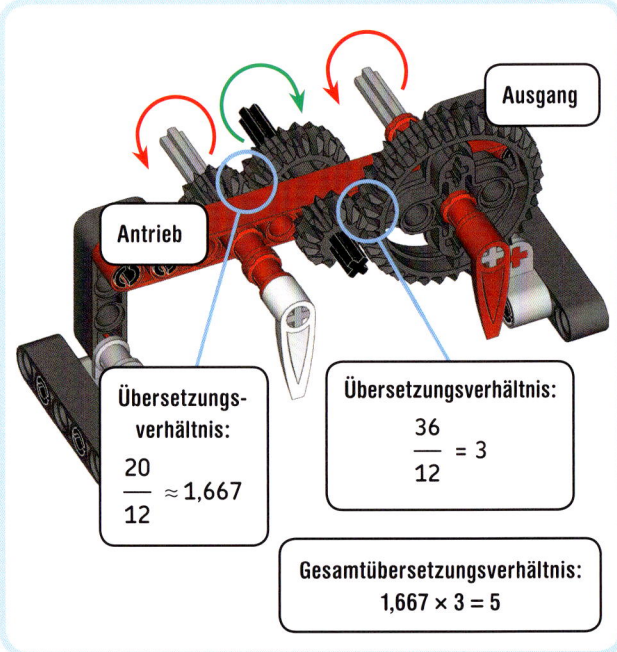

Abbildung 11-8: Die Kombination zweier Zahnradpaare ermöglicht größere Übersetzungsverhältnisse. Wenn du das Verhältnis des Zwischengetriebes nicht aufrundest, beträgt das Gesamtverhältnis in diesem Beispiel genau 5.

In unserem Beispiel hat das erste Zahnradpaar ein Übersetzungsverhältnis von 20 ÷ 12 = 1,667. Das zweite hat ein Verhältnis von 36 ÷ 12 = 3. Du erhältst das Gesamtübersetzungsverhältnis, indem du diese Zahlen multiplizierst, was 1,667 x 3 = 5 ergibt. Also ist das Ausgangszahnrad fünf Mal so langsam wie das Antriebszahnrad. Anders ausgedrückt: Wenn der weiße Zeiger fünf Mal gedreht wird, dreht sich der rote ein Mal.

Die Drehzahl erhöht sich dabei um den Faktor 5. Wenn du das rote Zahnrad durch das in Abbildung 11-5 gebaute Gewicht ersetzt, sollte es einfach sein, es anzuheben, da sich das Drehmoment erhöht hat.

Geschwindigkeit und Drehmoment ausbalancieren

Wenn du das Zahnrad mit dem roten Zeiger in Abbildung 11-8 als Antriebszahnrad verwendest, dreht sich der weiße Zeiger fünf mal so schnell. Im Prinzip kannst du die Ausgangsgeschwindigkeit durch mehr Zahnräder erhöhen, aber das verringert auch das Drehmoment. Irgendwann bist du in einem Bereich, in dem das Drehmoment die Reibung des Getriebes nicht mehr überwinden kann und sich die Zahnräder nicht mehr drehen. Genauso kannst du die Geschwindigkeit eines Rennwagens nicht beliebig steigern, da das Drehmoment irgendwann nicht mehr ausreicht, um ihn in Bewegung zu versetzen.

Meist musst du verschiedene Getriebekombinationen ausprobieren, um eine zu finden, die die richtige Balance aus Drehmoment und Geschwindigkeit hat.

✳ Überlege zuerst, ob es notwendig ist, überhaupt Zahnräder zu verwenden. Du erreichst die benötigte Geschwindigkeit vielleicht auch durch die Leistungseinstellung in deinen Programmierblöcken.
✳ Wenn die Höchstgeschwindigkeit deines Motors nicht ausreicht, versuche sie mit einem Übersetzungsverhältnis kleiner 1 zu erhöhen, und stelle dabei sicher, dass immer noch genug Drehmoment für die korrekte Funktion des Roboters übrig bleibt.
✳ Wenn der Motor eine schwere Arbeit kaum schaffen kann, nutze ein Übersetzungsverhältnis größer als 1, wobei du eine Verlangsamung in Kauf nehmen musst.

SELBST ENTDECKEN 60: VORHERSEHBARE BEWEGUNG

Schwierigkeitsgrad: ✳ **Zeit:** 🕐

Kannst du das Getriebe aus Abbildung 11-9 analysieren, ohne es vorher zu bauen? Wie schnell dreht sich der rote Zeiger rechts im Verhältnis zum weißen Zeiger? Wie schnell dreht er sich im Verhältnis zum roten Zeiger links? In welche Richtung drehen sich die einzelnen Zeiger? Wenn du glaubst, die Antworten zu kennen, baue das Getriebe und prüfe deine Vorhersage.

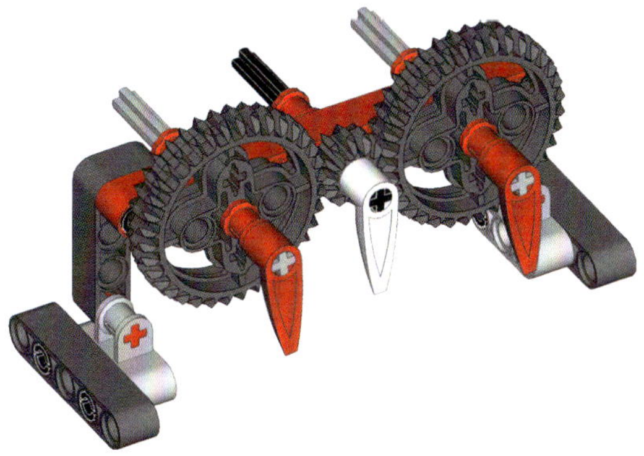

SELBST ENTDECKEN 61: GESAMTRICHTUNG

Schwierigkeitsgrad: ✳ **Zeit:** 🕐

Wie ist das Gesamtübersetzungsverhältnis des Getriebes in Abbildung 11-10? Wie unterscheidet sich das Getriebe von dem aus Abbildung 11-1? Warum könnte es sinnvoll sein, die beiden 24z-Zahnräder zu verwenden?

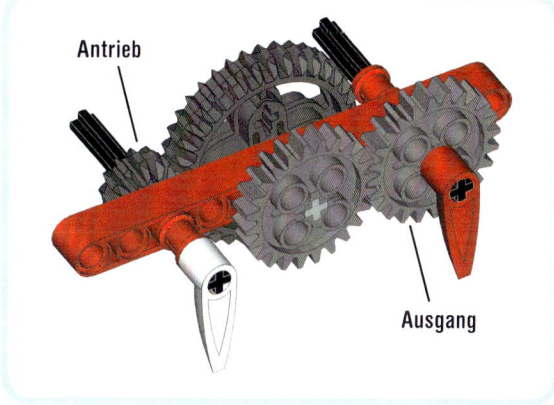

Abbildung 11-9: Getriebe mit einem 36z-Zahnrad (links) einem 12z-Zahnrad (Mitte) und einem 36z-Zahnrad (rechts).

Abbildung 11-10: Wie ist das Gesamtübersetzungsverhältnis dieses Getriebes?

Reibung und Schlupf

Es gibt zwei wichtige Aspekte, die die Leistung deiner Getriebe verringern. Einerseits verursacht jedes Getriebe in seinem Mechanismus Reibung. Reibung bremst rotierende Objekte ab, wenn sie andere Objekte berühren, und sie reduziert das Ausgangsdrehmoment. Du kannst die Reibung fühlen, wenn du die Zahnräder und Stopper fest an die Balken in Abbildung 11-8 drückst. Du solltest jetzt spüren, dass mehr Kraft erforderlich ist, um die Achse zu drehen, als wenn die Zahnräder und Stopper nur lose verbunden sind. Du kannst die Reibung deiner Getriebe verringern, indem du sie zwischen zwei Balken einbaust, wie du in »Stabile Getriebekonstruktionen« auf Seite 134 sehen wirst.

Zweitens hat jedes Getriebe Spiel oder Schlupf (siehe Abbildung 11-11). Auch wenn du das Zahnrad links blockierst, kann sich das Zahnrad rechts noch ein wenig drehen, weil zwischen den Zähnen ein Abstand ist. Dadurch verlierst du den Einfluss auf die exakte Position des Ausgangszahnrads. Wie genau auch immer du das Antriebszahnrad positionierst, das Ausgangszahnrad kann sich immer ein wenig vor- und zurückbewegen. Je länger das Getriebe ist, desto mehr Schlupf hast du.

Die Ausgangswellen der EV3-Motoren haben ebenfalls etwas Schlupf, da sich innen im Motor auch ein Getriebe befindet.

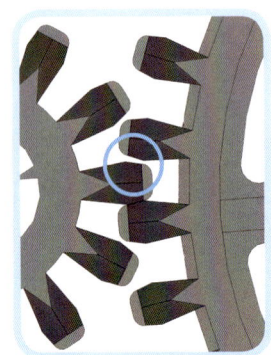

Abbildung 11-11: Schlupf wird durch die kleinen Abstände zwischen den Zahnradzähnen verursacht.

Die Zahnräder im EV3-Kasten

Der EV3-Kasten enthält Stirnräder, Kegelräder, Doppelkegelräder, Kugelzahnräder und Schneckenräder (siehe Tabelle 11-1). Stirnräder werden verwendet, um Bewegung zwischen zwei Achsen zu übertragen, während Kegelräder dazu dienen, eine Bewegung zwischen rechtwinkligen Achsen zu übertragen. Doppelkegelräder können für rechtwinklige oder parallele Konfigurationen verwendet werden.

Tabelle 11-1: Die Technic-Zahnräder

Kategorie	Anzahl	Zahnrad	Zähne	Radius
Stirnrad	0*		8	0,5M
	0*		16	1M
	2		24	1,5M
	0*		40	2,5M
Kegelrad	1		12	N/A
	1		20	N/A
Doppel-kegelrad	2		12	0,75M
	4		20	1,25M
	5		36	2,25M
Kugel-zahnrad	4		N/A	N/A
Schnecken-rad	2		1	N/A

* Diese Zahnräder sind im EV3-Kasten nicht enthalten. Bei der Kombination von EV3 mit anderen Technic-Kästen kann es aber nützlich sein, ihre Eigenschaften zu kennen.

Mit dem Einheitenraster arbeiten

Wenn du Zahnräder zu einem Getriebe kombinierst, ist es wichtig, sie mit dem richtigen Abstand einzubauen, sodass ihre Zähne gut ineinandergreifen. Wenn du die Zahnräder zu dicht anordnest, können sie sich nicht drehen. Sind sie zu weit auseinander, haben die Zähne Schlupf. Wenn das der Fall ist, fassen die Zähne nicht richtig ineinander und du hörst im Betrieb ein rasselndes Geräusch.

Mit dem richtigen Abstand kannst du jede Kombination von Stirnrädern verwenden, um ein Getriebe zu bauen. Genauso kannst du auch alle Doppelkegelräder kombinieren. Du kannst sogar Stirnräder mit Doppelkegelrädern kombinieren.

Der notwendige Abstand zwischen den Mittelpunkten zweier Zahnräder ist die Summe ihrer Radien (siehe Abbildung 11-12). Die Radien von Stirnrädern und Doppelkegelrädern, gemessen in Lego-Einheiten (M), werden in Tabelle 11-1 genannt. Der Radius eines 12z-Zahnrads beträgt z.B. 0,75M und der eines 36z-Zahnrads 2,25M,

sodass der benötigte Abstand 0,75M + 2,25M = 3M ist. Da es sich um eine ganze Zahl handelt, ist es einfach, diese Zahnräder mittels Achsen genau 3M voneinander entfernt an einem Balken zu befestigen.

Zahnräder und halbe Einheiten

Manchmal ist die Summe zweier Radien auch keine ganze Zahl, z.B. 1,5M oder 2,25M. Wenn der Abstand zwischen zwei 20z-Zahnrädern 1,25M + 1,25M =2,5M beträgt, musst du Verbinder einsetzen, um den richtigen Abstand zu erzeugen (siehe Abbildung 11-13).

HINWEIS Statt den benötigten Abstand selbst zu berechnen, kannst du den Zahnradrechner unter *http://gears.sariel.pl/* verwenden. Dort kannst du wählen, wo die Getriebeachsen auf dem Raster positioniert werden sollen und *der Rechner* sagt dir, mit welchen Zahnrädern du diesen Abstand überbrücken kannst.

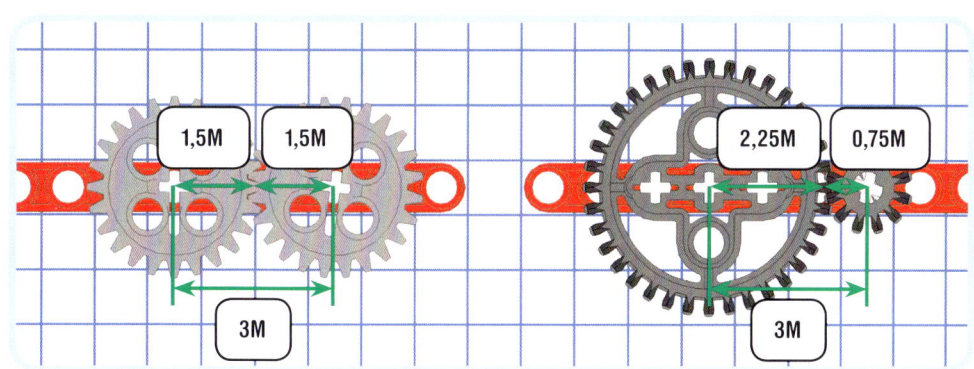

Abbildung 11-12: Der benötigte Abstand wird zwischen den Mittelpunkten zweier Zahnräder gemessen. Ist die Summe der Radien eine ganze Zahl, kannst du die Zahnräder mit einem Balken verbinden.

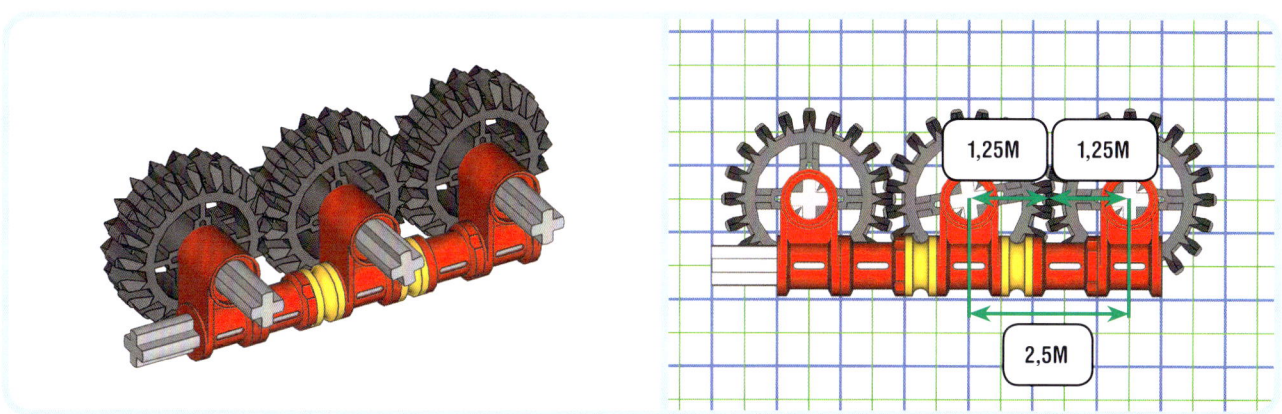

Abbildung 11-13: Liegt die Summe der Radien zwischen zwei ganzen Zahlen, musst du Verbinder verwenden, um einen Versatz von 0,5M zu erhalten, wie in Kapitel 10 erläutert.

Eck-Getriebe

Du kannst ein Getriebe um die Ecke eines rechtwinkligen Balkens führen, indem du an der Ecke ein Zahnrad anbringst (siehe Abbildung 11-14). Dabei ist es am besten, das Getriebe zwischen zwei Balken einzubauen, wie dies später in diesem Kapitel gezeigt wird.

Unpassende Kombinationen einsetzen

Du kannst Stirnräder auch mit Doppelkegelrädern kombinieren, aber die richtige Positionierung kann schwierig werden, da ihre Radien sich nicht zu einer ganzen Zahl oder überhaupt einer einigermaßen passenden Zahl addieren. Das 12z-Doppelkegelrad und das 24z-Stirnrad müssen z.B. 0,75M + 1,5M = 2,25M weit auseinander verbaut werden.

Dieser Abstand kann nicht im Raster und auch nicht mit einen 0,5M-Versatz erzeugt werden, aber du kommst nahe an diesen Wert, wenn du die Ecke eines rechtwinkligen Balkens verwendest (siehe Abbildung 11-15).

Du kannst den Abstand zwischen Löchern und einem rechtwinkligen Balken mit dem Satz des Pythagoras berechnen oder ihn mit einem Lineal messen (1M entspricht etwa 8 mm).

Deine Getriebe solltest du immer gründlich prüfen, damit die Zahnräder den richtigen Abstand haben. Die Zahnräder sollten sich leicht drehen lassen, ohne Schlupf zu haben, selbst wenn du eines per Hand blockierst. Wenn du nicht sicher bist, ob eine bestimmte Kombination funktioniert, ist es besser, eine zu wählen, deren Radien als Summe eine ganze Zahl ergeben.

Kegel- und Doppelkegelräder verwenden

Du kannst mit Kegel- und Doppelkegelrädern eine Bewegung zwischen zwei rechtwinkligen Achsen übertragen (siehe Abbildung 11-16).

Ein Doppelkegelrad ist eine Kombination aus Stirnrad und zwei Kegelrädern. Bislang haben wir nur die Übertragung von Bewegungen zwischen parallelen Achsen besprochen, mit einem Kegelrad auf beiden Seiten kannst du Bewegungen aber auch rechtwinklig übertragen. Ein 20z-Kegelrad ist praktisch identisch mit dem Kegelabschnitt eines 20z-Doppelkegelrads und das 12z-Kegelrad genau wie der Kegelabschnitt des 12z-Doppelkegelrads, sodass alle Kombinationen in Abbildung 11-16 dasselbe Verhältnis haben.

Rechtwinklige Verbindungen im Einheitenraster

Jede Kombination aus Kegel- und Doppelkegelrad passt ins Raster, Abbildung 11-17 zeigt jedoch besonders nützliche Kombinationen. Um Bewegungen zwischen rechtwinkligen Achsen in deiner Konstruktion zu übertragen, kannst du eines dieser Beispiele verwenden und das Raster als Grundlage für die Konstruktion nutzen, die die Achsen hält.

HINWEIS Die Methode, den Abstand zwischen zwei Zahnrädern über ihre Radien zu errechnen, funktioniert nur bei parallelen Getriebekombinationen, wie in Abbildung 11-12. Bei rechtwinkligen Kombinationen verwendest du das Einheitenraster aus Abbildung 11-17.

Abbildung 11-14: Ein Getriebe an einer Balkenecke. Beide 20z-Zahnräder drehen sich in dieselbe Richtung und mit gleicher Geschwindigkeit. Das 12z-Zwischenzahnrad hat keinen Einfluss auf das Übersetzungsverhältnis.

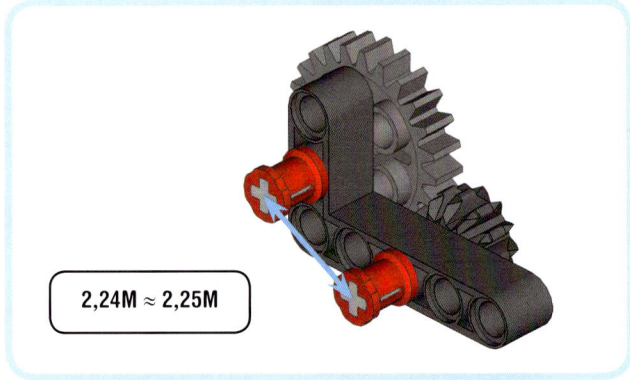

2,24M ≈ 2,25M

Abbildung 11-15: Du kannst keinen Abstand von 2,25M bauen, aber diese Konstruktion kommt auf 2,24M, was ausreichend ist. Diese Zahnradkombination ist sinnvoll, da das Übersetzungsverhältnis genau 2 beträgt, sodass du das Drehmoment verdoppeln und die Geschwindigkeit um den Faktor 2 verringern kannst (oder andersherum).

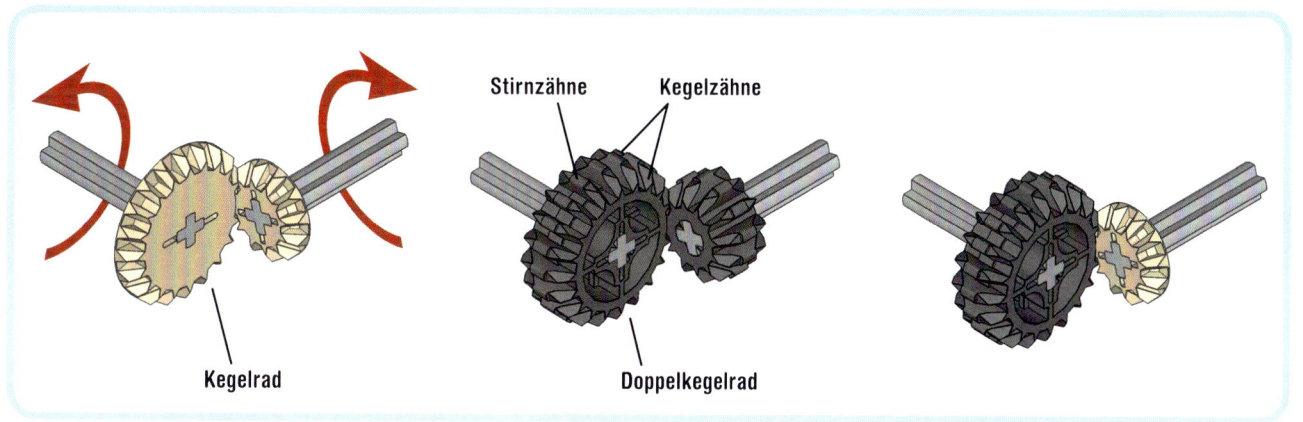

Stirnzähne   Kegelzähne

Kegelrad

Doppelkegelrad

Abbildung 11-16: Mit Kegel- und Doppelkegelrädern kannst du Bewegungen zwischen rechtwinkligen Achsen übertragen. Das Übersetzungsverhältnis aller gezeigten Kombinationen ist gleich. Wenn du ein 20z-Zahnrad als Antrieb und das 12z-Zahnrad als Ausgang verwendest, ist das Verhältnis 12 ÷ 20 = 0,6.

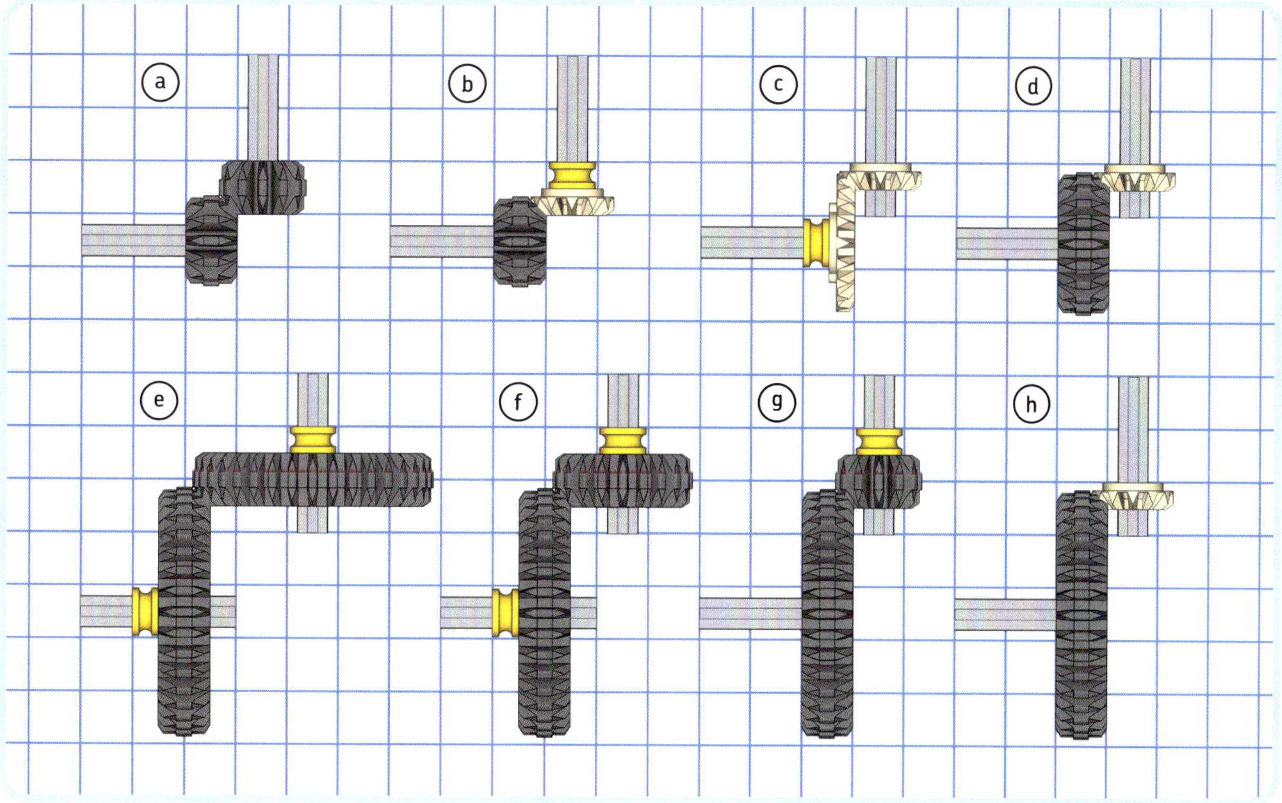

a   b   c   d

e   f   g   h

Abbildung 11-17: Du kannst jede Kombination aus zwei Kegel- und Doppelkegelrädern verwenden, um eine Bewegung zwischen rechtwinkligen Achsen zu übertragen. In manchen Fällen musst du gelbe Stopper einsetzen, um zu einem 0,5M-Versatz zu kommen.

Rechtwinklige Achsen verbinden

Bei der Bewegungsübertragung zwischen zwei rechtwinklig zuein-ander stehenden Achsen ist es wichtig, eine stabile Konstruktion zu bauen, sodass die Zahnräder keinen Schlupf haben. Abbildung 11-18 zeigt, wie du das mit Winkelbalken und Verbindern erreichst.

Der EV3-Kasten enthält auch ein spezielles Element für die Verbindung von kleinen Zahnrädern auf rechtwinkligen Achsen, das Abbildung 11-19 zeigt. Dieses Element kann leicht mit dem mittleren Motor verbunden werden (siehe Abbildung 11-28 weiter hinten in die-sem Kapitel). Auch mit einem Rahmen kannst du Achsen im rechten Winkel fest verbinden.

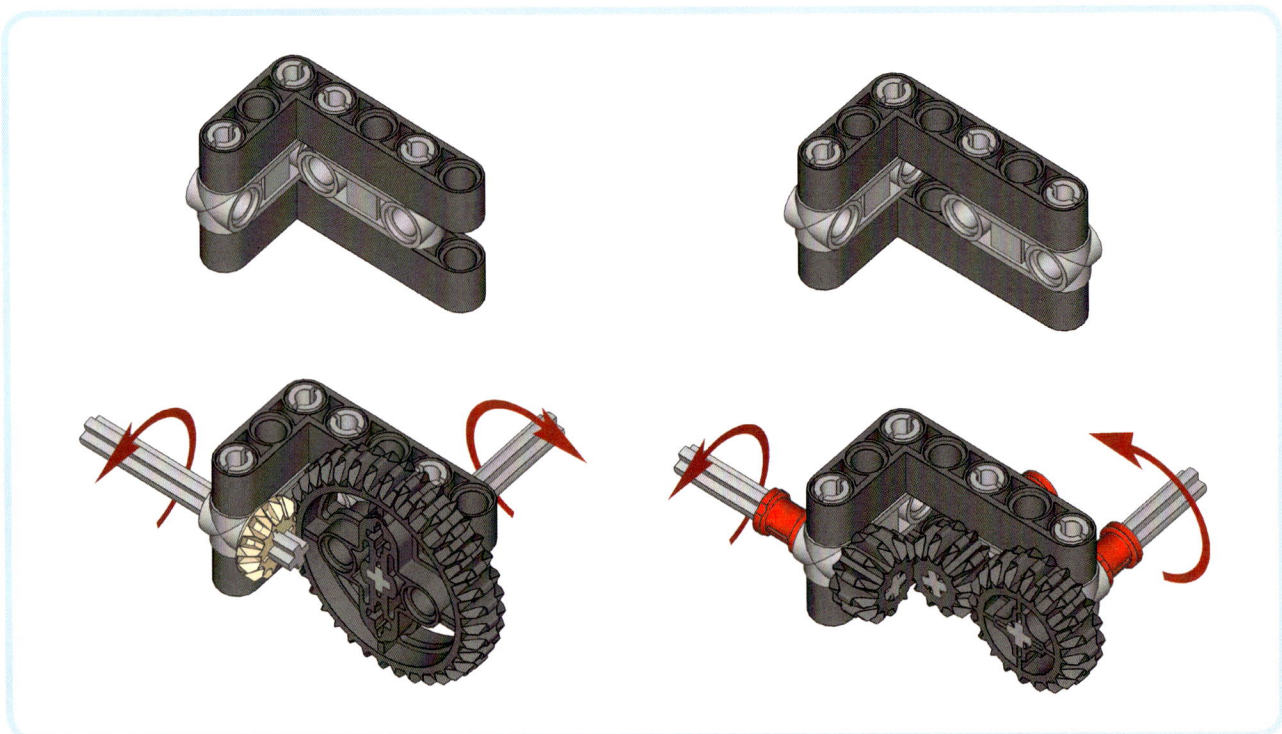

Abbildung 11-18: Mit zwei Winkelbalken und zwei Verbindern lassen sich Achsen im rechten Winkel fest verbinden. Das rechte Getriebe enthält eine rechtwinklige Verbindung und eine Verbindung zwischen zwei parallelen Achsen. Das 12z-Zahnrad in der Mitte dient als Zwischenzahnrad.

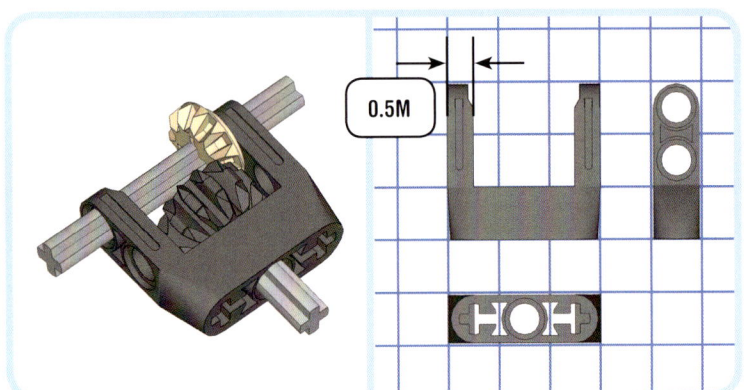

Abbildung 11-19: Eine kompakte rechtwinklige Verbindung

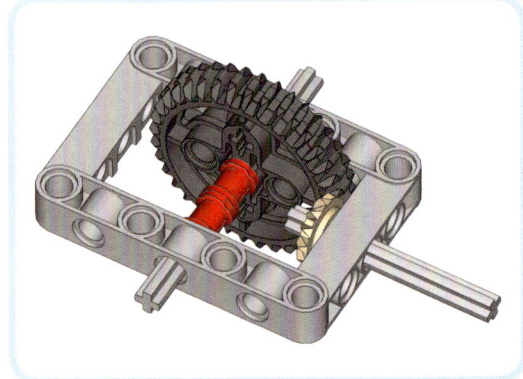

Abbildung 11-20: Eine rechtwinklige Verbindung von Achsen mithilfe eines Rahmens

SELBST ENTDECKEN 62: OPTIONEN FÜR RECHTE WINKEL

Schwierigkeitsgrad: ☀ Zeit: ⏱

Es gibt eine weitere Kombination von Kegelrädern, die in das Element in Abbildung 11-19 passt. Um welche Zahnräder handelt es sich und wie ist ihr Übersetzungsverhältnis?

SELBST ENTDECKEN 63: STARKE GETRIEBE

Schwierigkeitsgrad: ☀☀ Zeit: ⏱⏱

Kannst du ein Getriebe mit einem Übersetzungsverhältnis von 15 mit den Zahnrädern im EV3-Kasten bauen? Wenn du fertig bist, prüfe das zusätzliche Drehmoment, indem du das Gewicht zweier Räder anhebst (siehe Abbildung 11-5).

HINWEIS Welches Gesamtübersetzungsverhältnis erhältst du, wenn du die Getriebe aus Abbildung 11-8 und 11-20 in einem großen Getriebe kombinierst?

Kugelzahnräder verwenden

Das Kugelzahnrad wird verwendet, um eine Bewegung zwischen zwei parallelen Achsen oder zwei rechtwinkligen Achsen zu übertragen, wie in Abbildung 11-21. Das Kugelzahnrad kann ohne Schlupf größere Drehmomente übertragen als Kegelräder und ist für stark belastete rechtwinklige Achsen gut geeignet. Durch seine spezielle Form kann es nur ein weiteres Kugelzahnrad antreiben, aber kein Stirnrad, Kegel- oder Doppelkegelrad. Das Übersetzungsverhältnis ist immer 1.

Schneckenräder verwenden

Das Schneckenrad kann Stirnräder antreiben und erzielt dabei eine erhebliche Verringerung der Geschwindigkeit (siehe Abbildung 11-22). Bei der Berechnung des Übersetzungsverhältnisses musst du es als Zahnrad mit nur einem Zahn betrachten. Ist das Ausgangsrad ein 24z-Stirnrad, ergibt sich ein Übersetzungsverhältnis von 24 ÷ 1 = 24. Die Geschwindigkeit reduziert sich also um den Faktor 24. Im Prinzip steigt das Drehmoment ebenfalls um den Faktor 24, da diese Kombination aber mehr Reibung aufweist als normale Getriebe, wird etwas vom Drehmoment verschenkt.

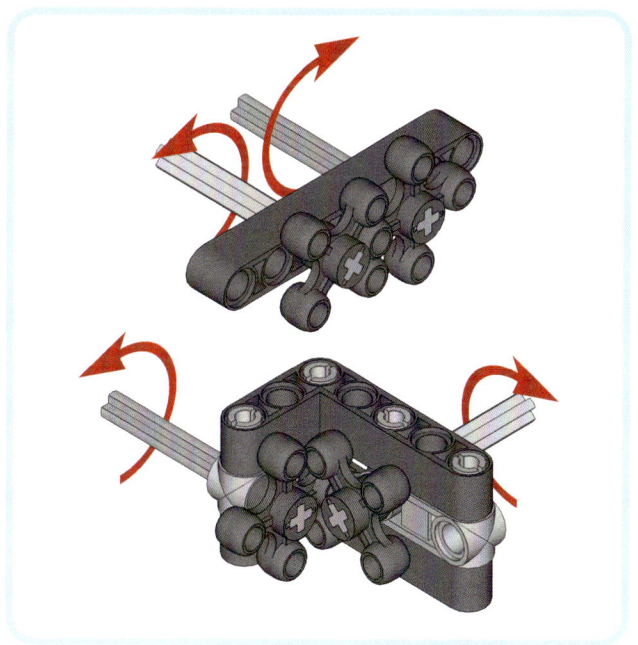

Abbildung 11-21: Das Kugelzahnrad mit zwei parallelen Achsen (oben) und rechtwinkligen Achsen (unten)

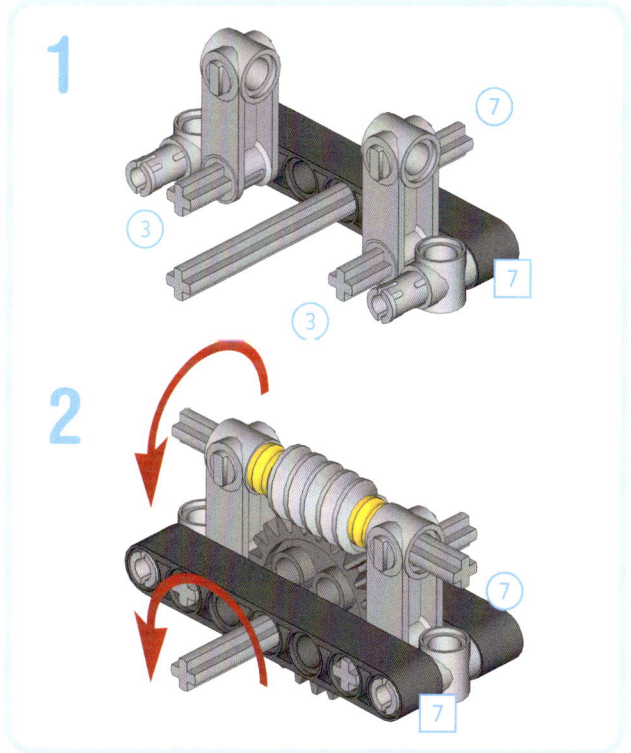

Abbildung 11-22: Du kannst ein 24z-Stirnrad mit einem Schneckenrad antreiben und die Ausgangsgeschwindigkeit um den Faktor 24 reduzieren. Die speziellen grauen Verbinder halten das Schneckenrad mit dem richtigen Abstand und ermöglichen es dem 24z-Stirnrad, sich zu drehen. Diese Anordnung kannst du als Ausgangskonstruktion für eigene Schneckengetriebe verwenden.

Im Gegensatz zu den anderen bisher vorgestellten Getrieben funktioniert die Bewegungsübertragung hier nur in eine Richtung: Du kannst das Schneckenrad drehen, um das Stirnrad anzutreiben, aber nicht das Stirnrad, um das Schneckenrad zu bewegen. Dies kann für deine Konstruktion von Vorteil sein. Wenn du mit einem Schneckenrad z.B. einen Roboterarm steuerst, kann sich der Arm nicht nach unten neigen, wenn der Motor keinen Strom mehr erhält. Bei normalen Zahnrädern würde die Schwerkraft auf den Arm und auf die Zahnräder seines Getriebes wirken und ihn langsam nach unten bewegen.

SELBST ENTDECKEN 64: SCHNECKENANTRIEB

Schwierigkeitsgrad: ✳✳✳   Zeit: ⏱⏱

Kannst du ein Getriebe bauen, das die Ausgangsgeschwindigkeit um den Faktor 8 reduziert?

HINWEIS Verringere die Geschwindigkeit erst um den Faktor 24 und steigere sie dann um den Faktor 3. Warum hat das denselben Effekt?

Stabile Getriebe-konstruktionen

Wenn du die Zahnräder für dein Getriebe ausgewählt hast, muss du sie an den Roboter anbauen. Für jeden Roboter gibt es dazu andere Möglichkeiten, immer ist es jedoch wichtig, die Achsen so sicher anzubringen, dass sie sich nicht biegen oder verdrehen können und die Zahnräder keinen Schlupf bekommen.

Zahnräder mit Balken flankieren

Die Kraft zwischen den Zähnen zweier Zahnräder drückt die Achsen, an denen sie befestigt sind, auseinander. Wenn der Abstand zwischen den Zahnrädern größer wird, greifen sie nicht mehr richtig ineinander und ihre Zähne rutschen. Du kannst das Verbiegen der Achsen vermeiden, indem du sie direkt an Balken anbaust, wie in Abbildung 11-23. Noch robuster wird dein Getriebe, wenn du es von beiden Seiten mit Balken stützt. Die Kraft zwischen den Zähnen ist immer noch vorhanden, die Balken halten die Achsen mit den Zahnrädern jedoch sicher an Ort und Stelle und es tritt kein Schlupf auf.

Falls es nicht möglich ist, einen zweiten langen Balken anzubringen, kannst du einen kurzen Balken oder einen Verbinder verwenden (siehe Abbildung 11-24). Diese Lösung ist nicht ganz so robust, aber auch sie verhindert Schlupf.

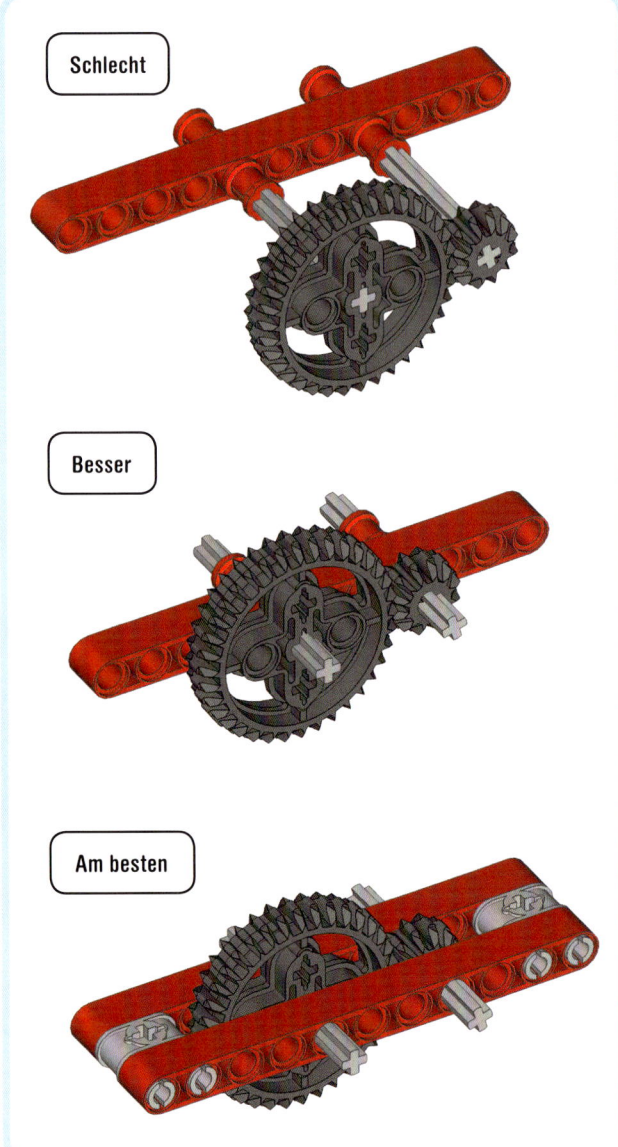

Abbildung 11-23: Zahnräder mit Balken zu flankieren stellt sicher, dass ihre Zähne keinen Schlupf haben.

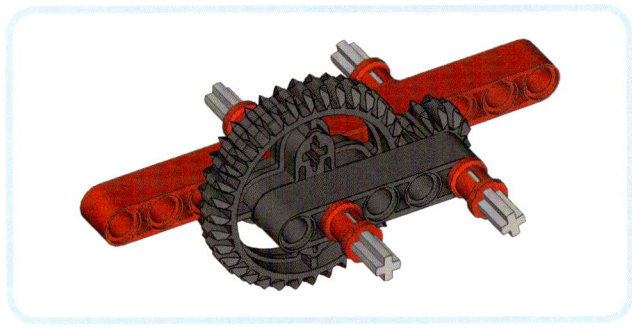

Abbildung 11-24: Ein Zahnrad mit einem kurzen Balken flankieren

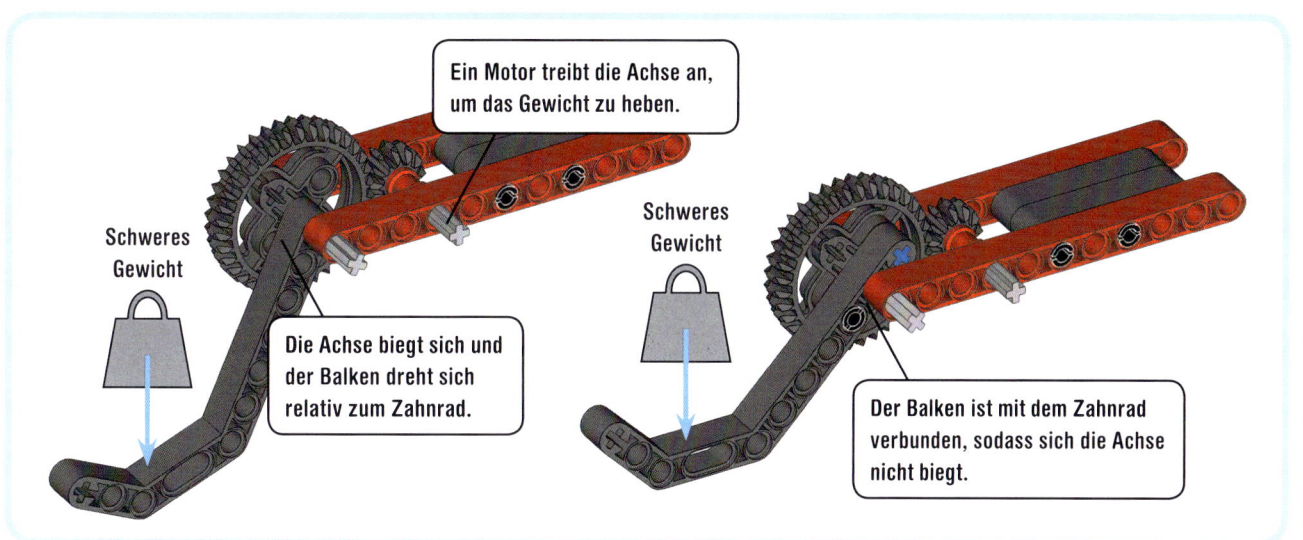

Ein Motor treibt die Achse an, um das Gewicht zu heben.

Schweres Gewicht

Die Achse biegt sich und der Balken dreht sich relativ zum Zahnrad.

Schweres Gewicht

Der Balken ist mit dem Zahnrad verbunden, sodass sich die Achse nicht biegt.

Abbildung 11-25: Ein hohes Drehmoment kann Achsen verbiegen (links). Du kannst die Belastung der Ausgangsachse verringern, indem du sie mit einem Winkelbalken verbindest, der eine schwere Last direkt mit den Achslöchern am Zahnrad verbindet.

Achsenverdrehung verhindern

Wenn du das Drehmoment mit Zahnrädern vergrößerst, können Kräfte erreicht werden, die die Achsen verdrehen, so wie oben in Abbildung 11-25 gezeigt. Die Verdrehung der Ausgangsachse kannst du verhindern, indem du einen Mechanismus anbaust, der das schwere Gewicht direkt mit dem 36z-Doppelkegelrad statt mit der Achse verbindet, wie rechts dargestellt.

Aus demselben Grund ist es sinnvoll, Balken direkt an den Löchern der Motorwelle zu montieren statt nur mit einer Achse (siehe Abbildung 10-29 auf Seite 118).

Die Drehrichtung umkehren

Du kannst die Drehrichtung einer Achse ändern, indem du den Motor in die andere Richtung laufen lässt, oder mittels Zahnrädern (siehe Abbildung 11-26). Das ist nützlich, wenn ein einzelner Motor auf einer Achse zwei Mechanismen antreibt, diese sich aber in verschiedene Richtungen drehen sollen.

Mit Zahnrädern und EV3-Motoren bauen

Oft wirst du Bewegungen von einem Motor per Zahnrad auf Mechanismen, wie einen Roboterarm, übertragen. Der große Motor hat wenig Anbaupunkte neben seiner Welle, du kannst aber selbst welche mit Balken hinzufügen (siehe Abbildung 11-27). Abbildung 11-28 zeigt, wie du mit der Motorwelle Achsen parallel (a) oder rechtwinklig (b) antreiben kannst.

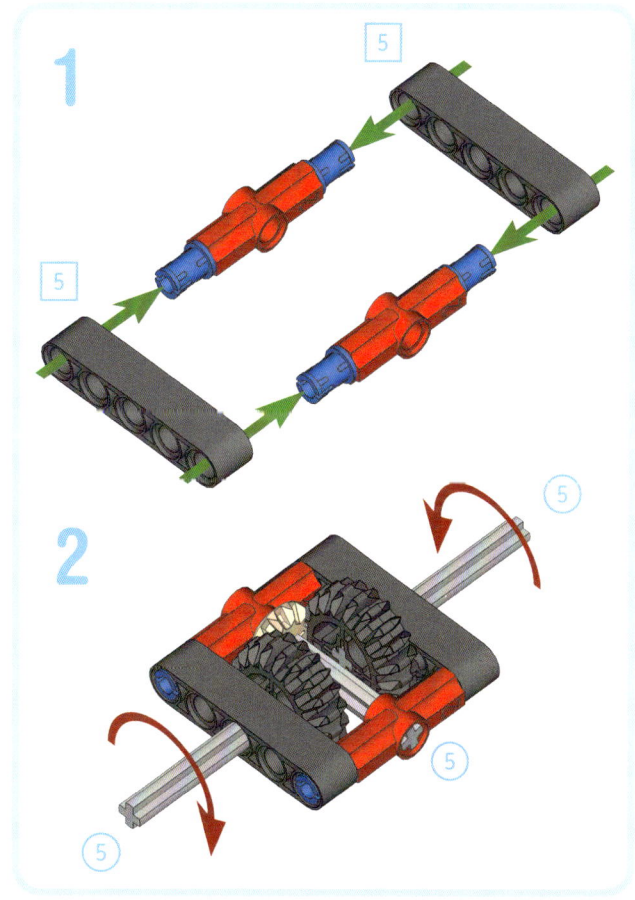

Abbildung 11-26: Mit Zahnrädern die Drehrichtung umkehren

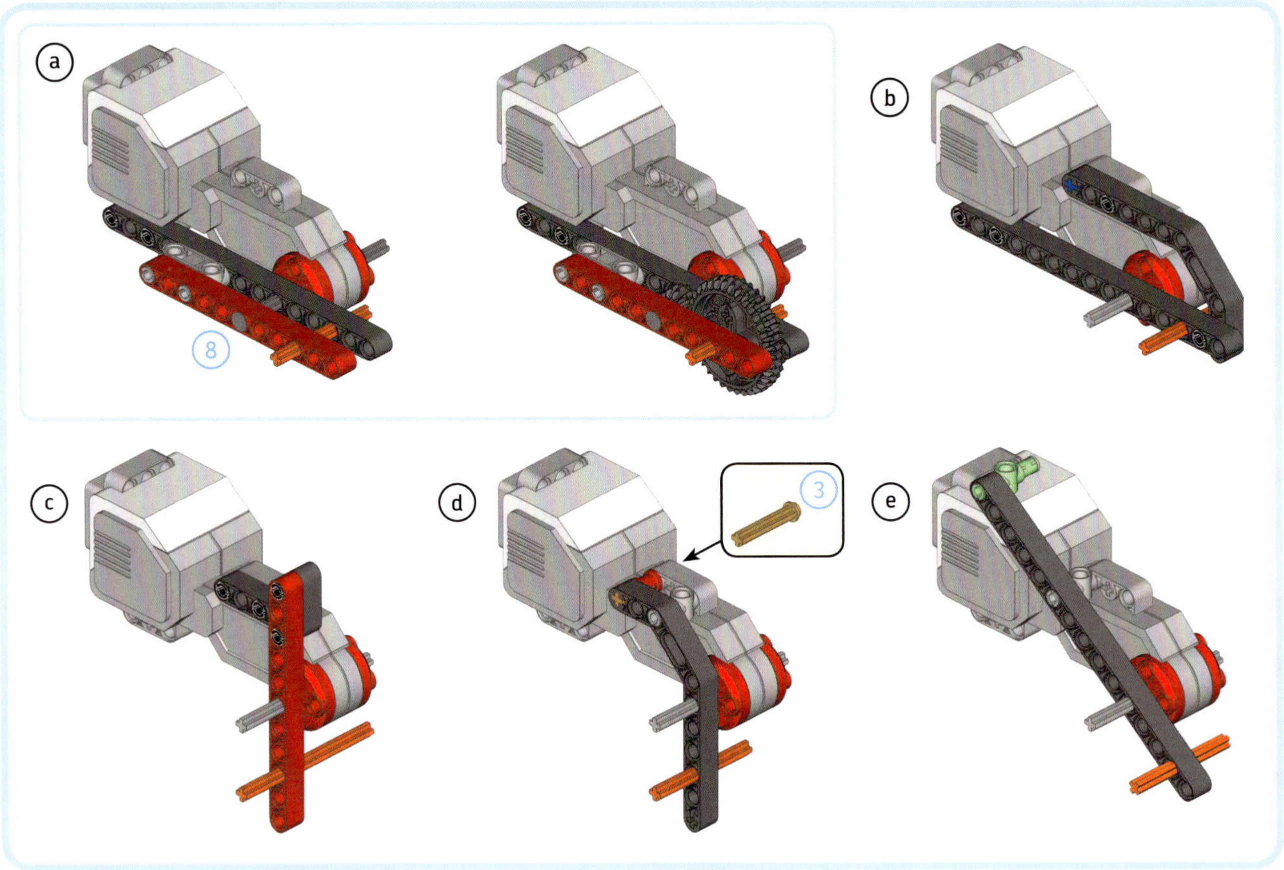

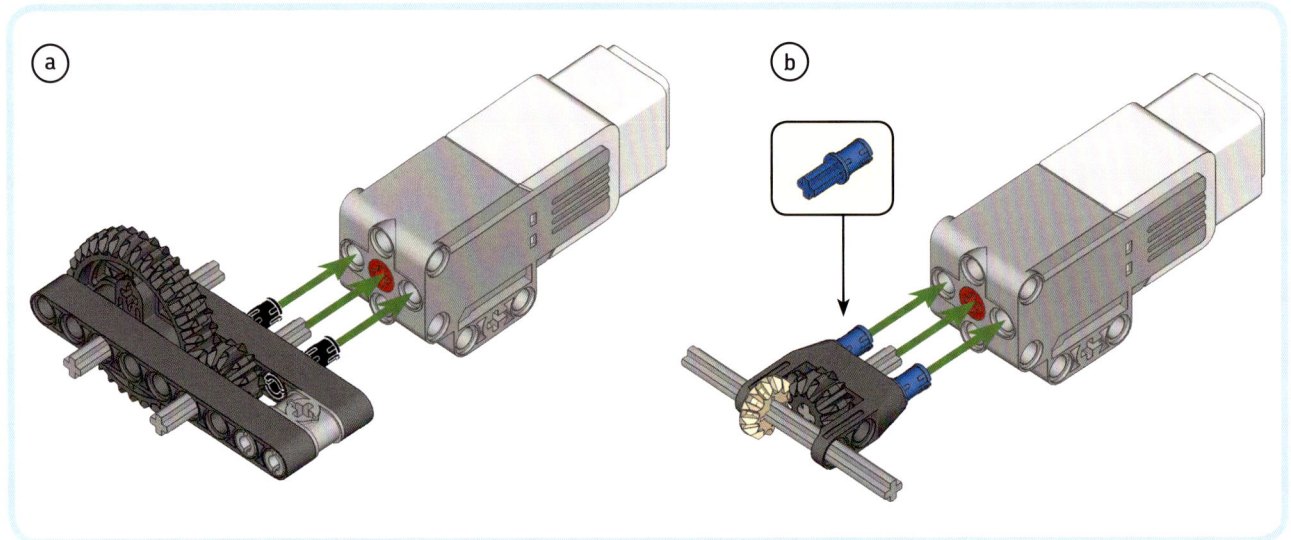

Abbildung 11-27: Mit zusätzlichen Balken kannst du für den großen Motor mehr Anbaupunkte für Achsen und Zahnräder schaffen. Die grauen Achsen sind mit der Motorwelle verbunden und die orangefarbigen zeigen, wo du ein 36z-Zahnrad anbauen kannst, um z.B. ein Übersetzungsverhältnis von 3 zu erhalten. Der Balken im Beispiel (e) wird im Winkel von 53,13 Grad platziert, wie in Kapitel 10 beschrieben. Der Verbinder in grüner Farbe passt zum Raster.

Abbildung 11-28: Zahnräder an den mittleren Motor anschließen. Die Ausgangsachse steht in Beispiel (a) parallel zur Motorwelle und rechtwinklig in Beispiel (b).

Weitere Experimente

In diesem Kapitel hast du gelernt, wie Zahnräder funktionieren und wie du sie einsetzt, um Geschwindigkeit und Drehmoment der EV3-Motoren zu verändern. Du weißt auch, wie Übersetzungsverhältnis, Reibung und Schlupf die Leistung eines Getriebes beeinflussen. Zusätzlich hast du gesehen, wie stabile Getriebe mit Stirnrädern, Kegelrädern und Doppelkegelrädern konstruiert werden. Im nächsten Teil dieses Buchs kannst du deine Baukenntnisse unter Beweis stellen, wenn du einen Rennwagen und ein Roboterinsekt baust. Zuerst löse jedoch die folgenden Selbst-konstruieren-Aufgaben, damit du noch mehr Erfahrung mit Zahnrädern sammelst.

Wenn du mehr über die Grundprinzipien von Getrieben und über andere Bautechniken lernen willst, empfehle ich das »Inoffizielle LEGO-Technic-Buch« von Pawel Sariel Kmiec, dpunkt.verlag 2013, das die Technic-Elemente noch viel genauer erläutert.

SELBST KONSTRUIEREN 16: SCHNECKENROBOTER

Bau:  Programmierung:

Welches ist das größte Übersetzungsverhältnis, das du mit den Zahnrädern im EV3-Kasten bauen kannst? Finde es heraus und baue damit den langsamsten Roboter aller Zeiten. (Er sollte sich jedoch noch bewegen!)

HINWEIS In deinem Getriebe sollte das Schneckenrad verwendet werden.

SELBST KONSTRUIEREN 15: DRAGSTER

Bau:  Programmierung:

Kannst du einen richtig schnellen Rennroboter bauen? Konstruiere einen Roboter mit vier Rädern und treibe zwei von ihnen mit großen Motoren an. Für diese Aufgabe ist keine Steuerung notwendig. Nutze Zahnräder, um den Roboter schneller zu machen. Mit welchem Übersetzungsverhältnis fährt der Roboter am schnellsten?

HINWEIS Baue den Infrarotsensor vorn am Roboter an und programmiere ihn so, dass er anhält, wenn ein Hindernis zu nahe kommt.

SELBST KONSTRUIEREN 17: EIN SCHORNSTEINKLETTERER

Bau:  Programmierung:

Kannst du einen Roboter konstruieren, der senkrecht zwischen zwei Wänden hochklettert, wie in einem Schornstein? Um den Schornstein zu bauen, verwendest du ein großes Buch, das ca. 30 cm hoch ist, und richtest es genau parallel zur Wand aus. Lege ein Kissen auf den Boden, für den Fall, dass der Roboter herunterfällt.

Wie kann der Roboter nach oben klettern? Kannst du Räder verwenden, um die Wände hochzufahren?

HINWEIS Unter *http://robotsquare.com/* siehst du, wie ich mit einer früheren Generation von Lego Mindstorms einen solchen Roboter gebaut habe. Kannst du das auch mit EV3?

SELBST KONSTRUIEREN 18: DREHSCHEIBE

Bau:  Programmierung:

Kannst du eine automatische Drehscheibe bauen? Eine Drehscheibe ist eine rotierende Plattform, die schwere Objekte wie Züge oder Autos trägt und rotiert. Für EV3-Roboter kann eine Drehscheibe als Basis für eine feststehende Maschine dienen, wie einen Roboterarm oder einen Roboter, der bestimmte Lego-Steine in Fächer sortiert. Verwende einen Motor für die Drehung im und gegen den Uhrzeigersinn.

HINWEIS Baue die Plattform mit Balken und verwende darunter vier Räder, angeordnet wie in Abbildung 11-29. In welche Richtung sollten sich die Räder drehen? Musst du alle vier Räder antreiben und warum könnte der Mechanismus aus Abbildung 11-26 hierfür nützlich sein?

Abbildung 11-29: Die Radkonfiguration für Selbst konstruieren 18

SELBST KONSTRUIEREN 19: ROBOTERARM

Bau: Programmierung:

Kannst du einen Roboterarm bauen, der Objekte um sich herum greifen und aufheben kann? Mit einem Motor drehst du den Roboter und mit dem anderen hebst und senkst du seinen Roboterarm. Mit einem dritten Motor öffnest und schließt zu den Greifer. Erstelle ein Programm, mit dem du jeden Motor per Fernsteuerung steuern kannst.

HINWEIS Verwende die Drehscheibe aus Selbst konstruieren 18 als Basisplatte für den Roboter.

TEIL IV

Fahrzeuge und Robotertiere

Formel EV3: Ein Rennroboter

Nachdem du jetzt gelernt hast, den EV3 so zu programmieren, dass du Motoren und Sensoren steuern kannst, kannst du mit anspruchsvolle- ren Robotern beginnen, wie selbstständigen Fahrzeugen, Tierrobotern und komplexen Maschinen. Dieses Kapitel stellt dir einen Formel-EV3- Rennwagen vor (siehe Abbildung 12-1).

Anders als der vorher gebaute EXPLOR3R nutzt der Rennwagen drei Motoren. Zwei große Motoren hinten am Heck treiben den Wagen an und ein mittlerer Motor steuert die Vorderräder. Betrachte die hinteren Motoren als Automotor und den Motor vorn als Lenkrad.

Wenn du den Rennwagen gebaut hast, erstellst du mehrere Eigene Blöcke, die es erleichtern, den Wagen zu fahren und zu steuern. Dann kombinierst du diese Blöcke in einem Programm, mit dem du den Wegen fernsteuern kannst, und in einem anderen, durch das der Wagen selbstständig herumfährt und Hindernissen ausweicht. Schließlich ergänzt du den Wagen um weitere Funktionen und machst ihn mittels Getrieben noch schneller.

Abbildung 12-1: Der Formel-EV3-Rennwagen

Den Formel-EV3-Rennwagen bauen

Baue den Rennwagen anhand der Anweisungen auf den folgenden Seiten. Stelle die notwendigen Teile zusammen, bevor du mit dem Bau beginnst (siehe Abbildung 12-2).

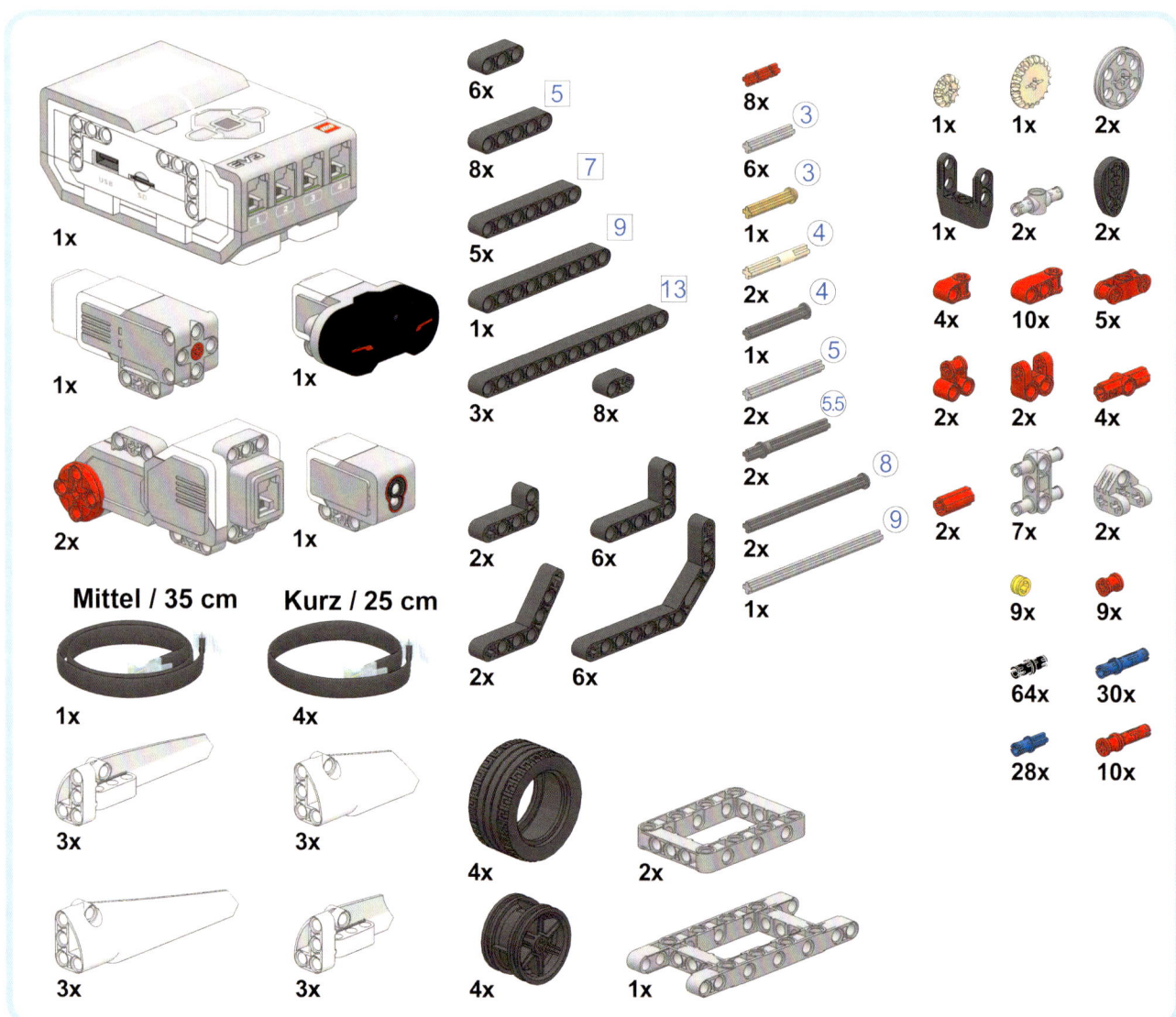

Abbildung 12-2: Die Teile für den Formel-EV3-Rennwagen

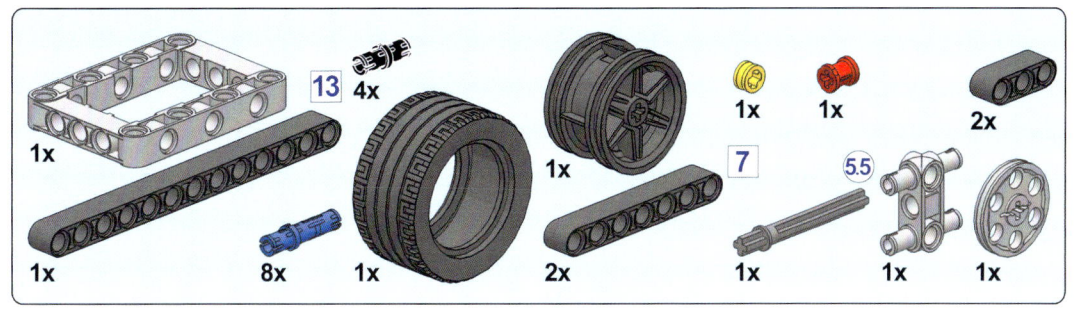

1

2

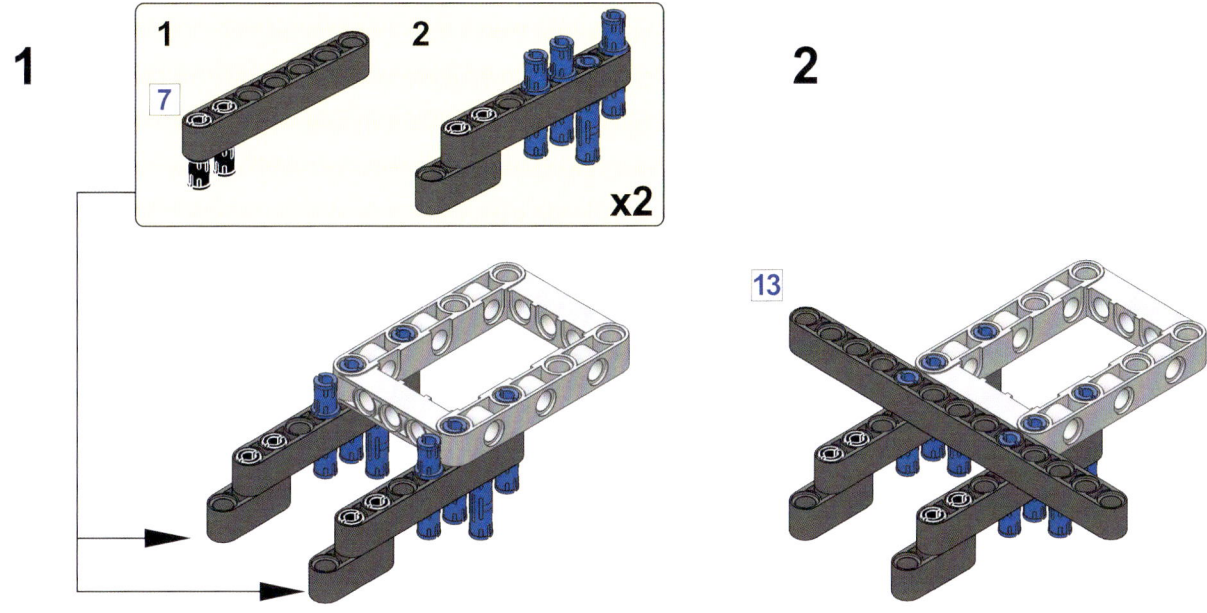

3

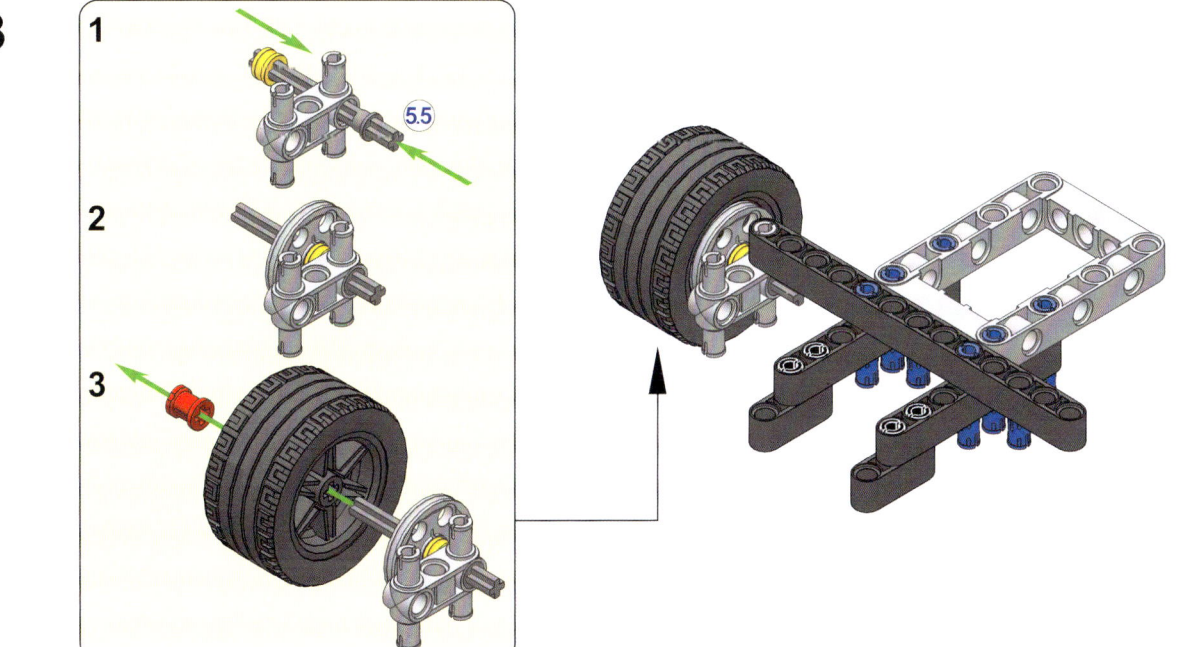

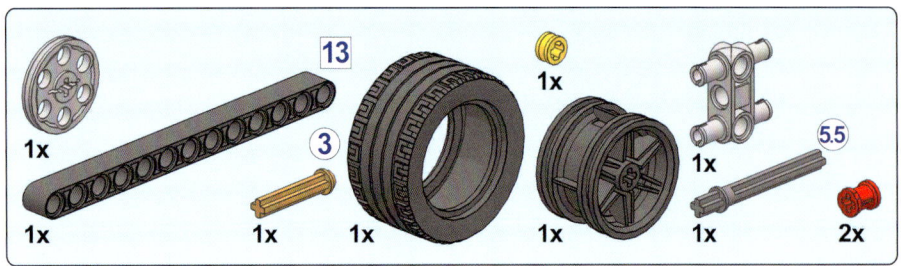

4

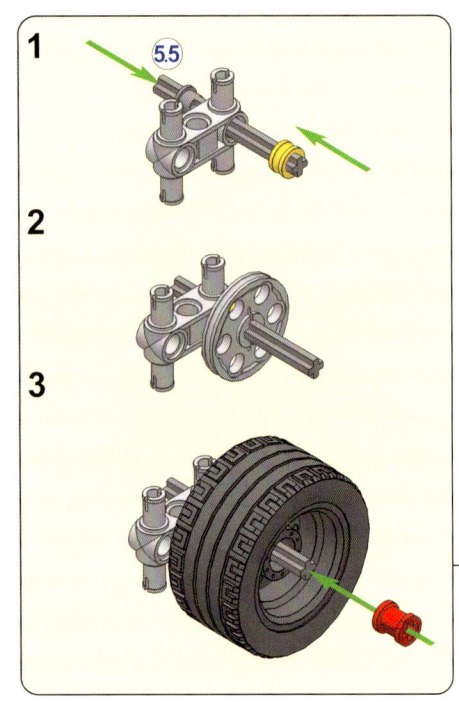

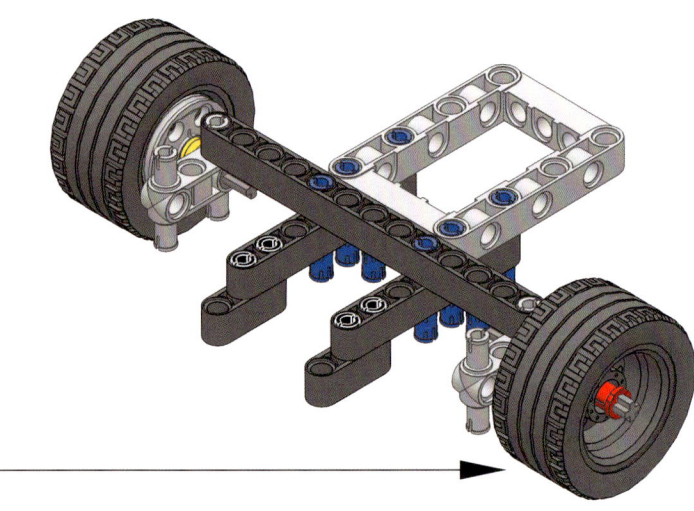

5

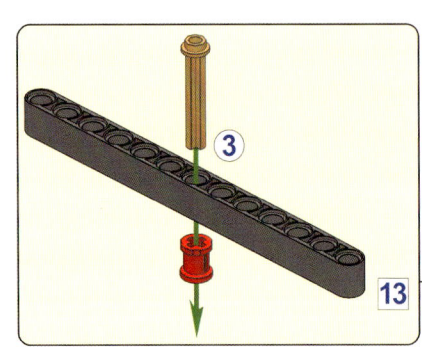

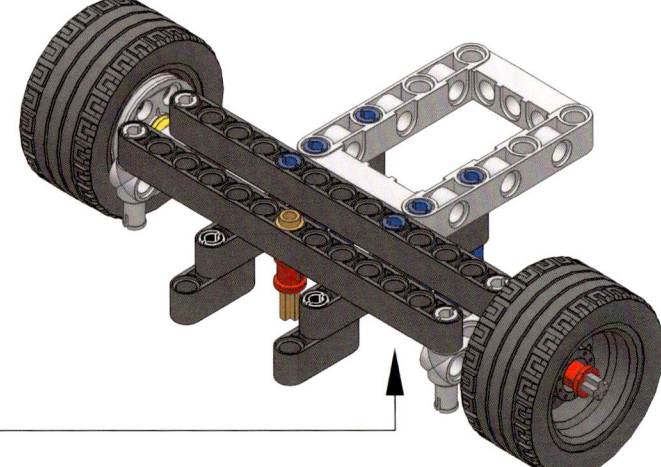

6

7

1

2

3

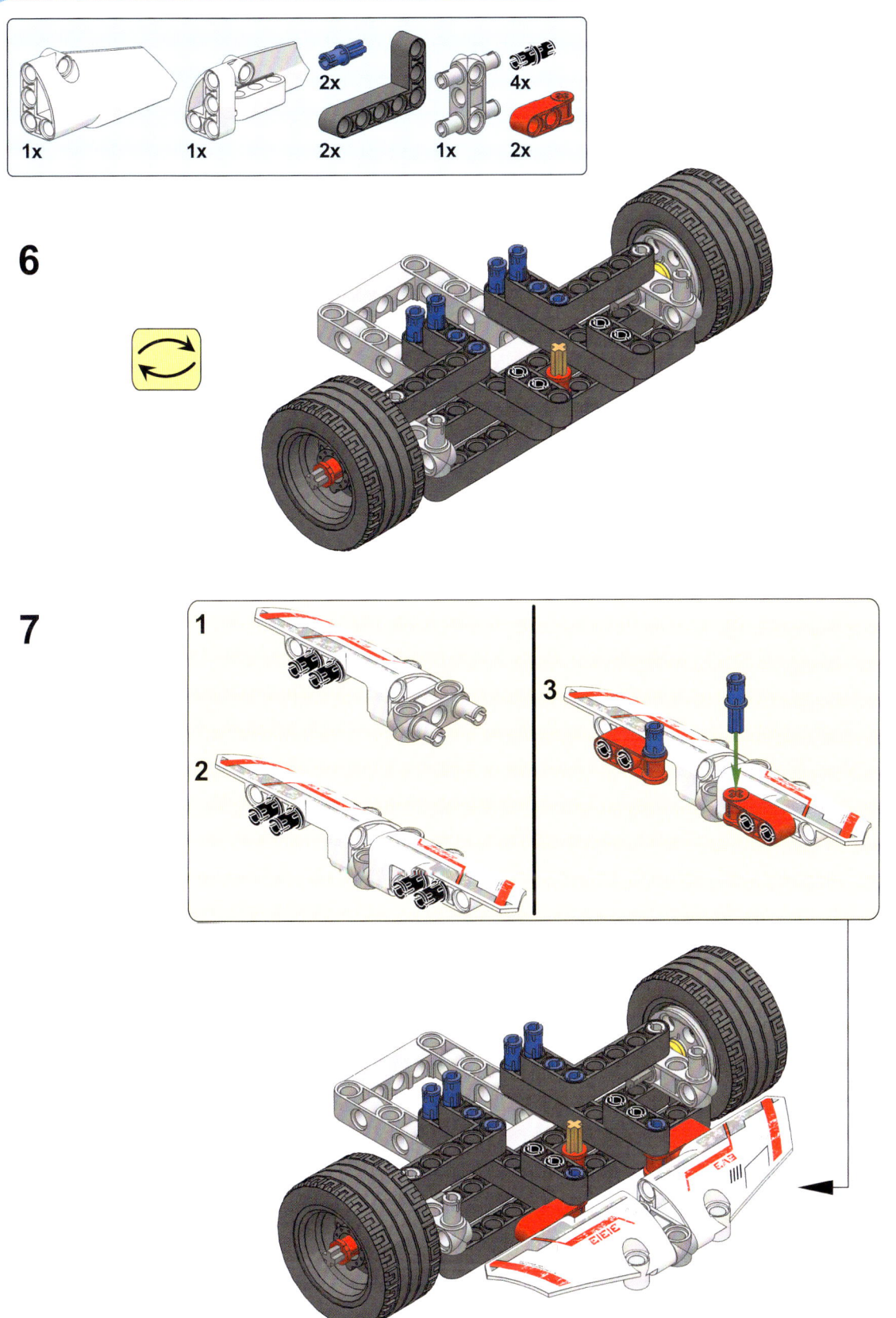

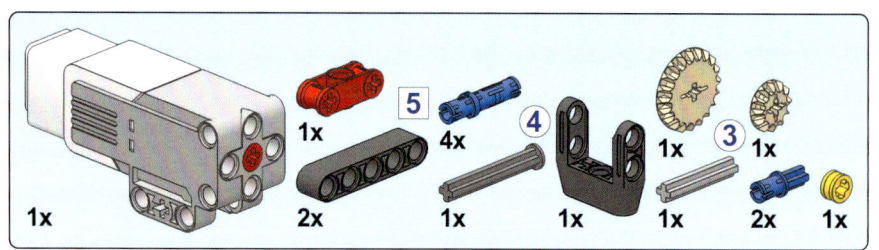

8

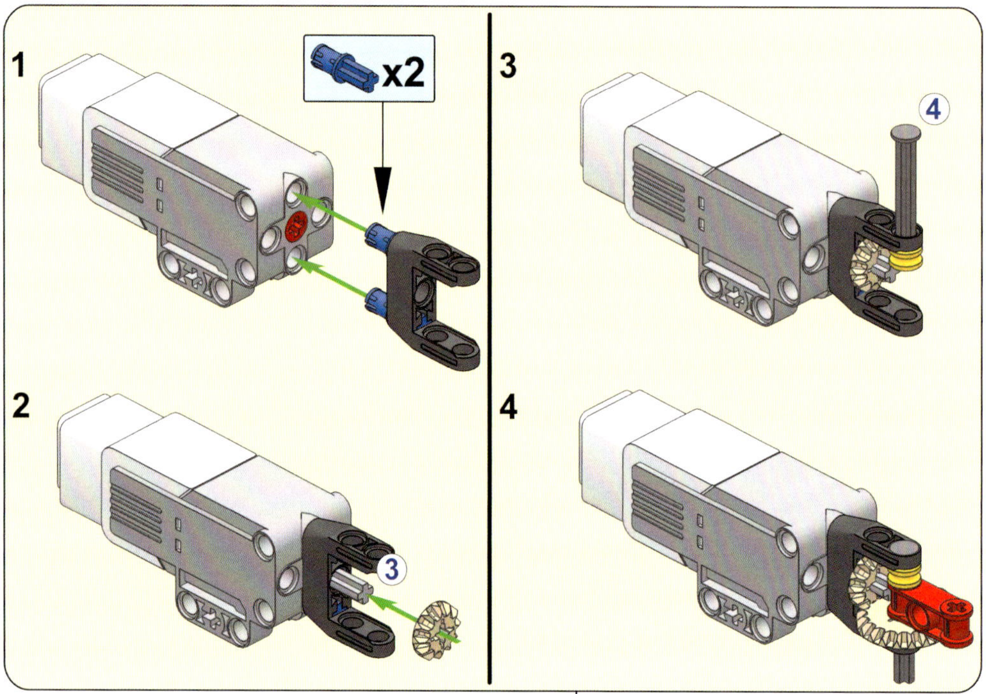

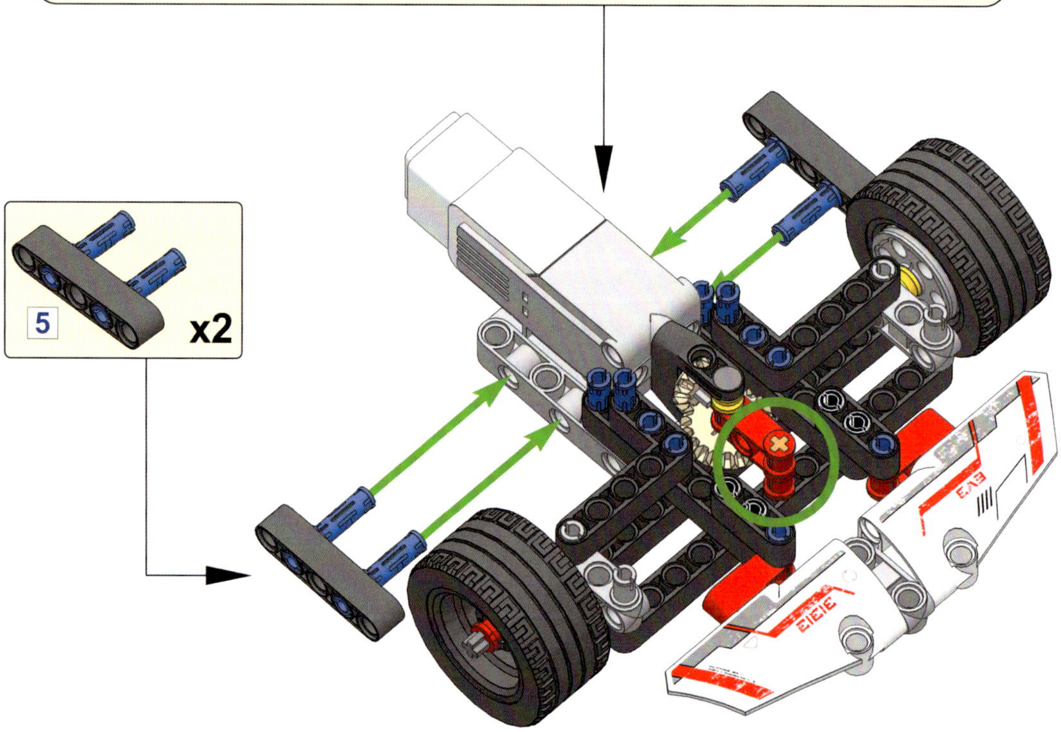

1 x2

2 3

3 4

4

5 x2

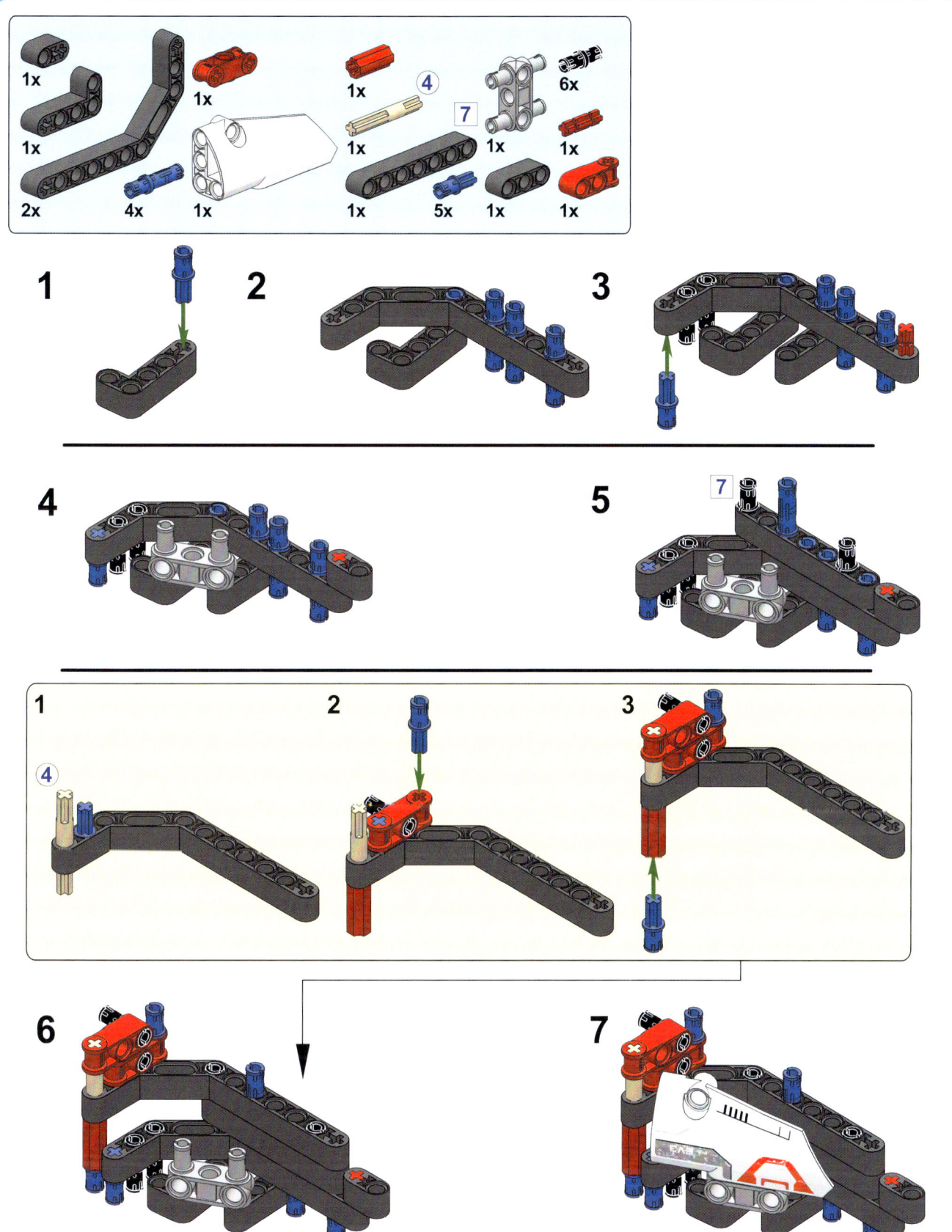

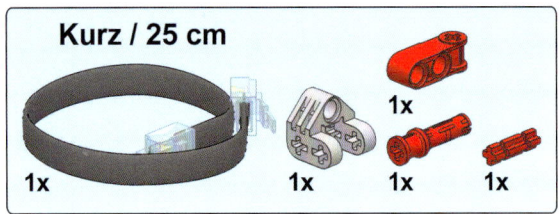

Kurz / 25 cm

1x   1x   1x   1x

8

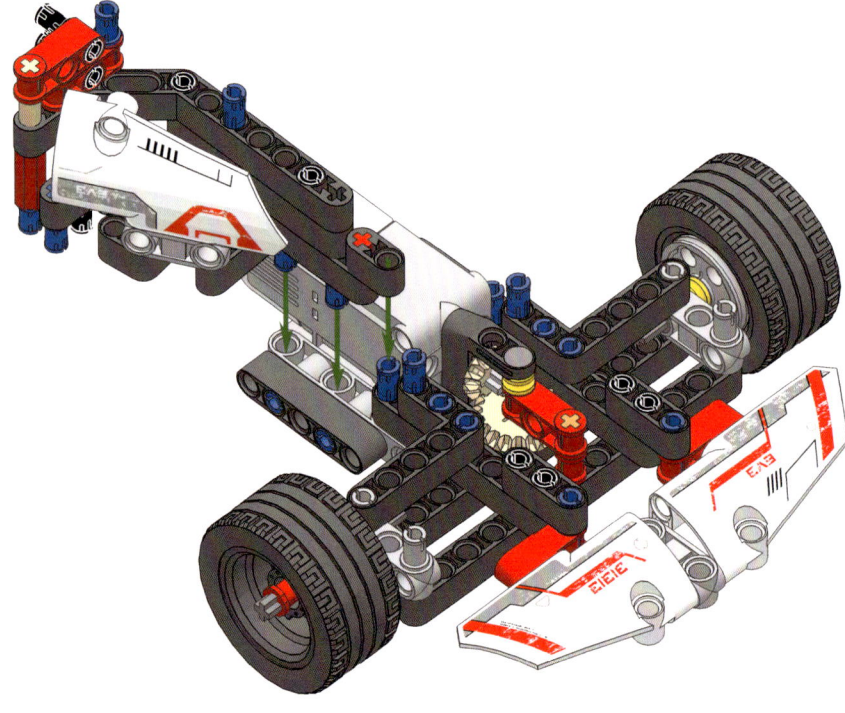

9

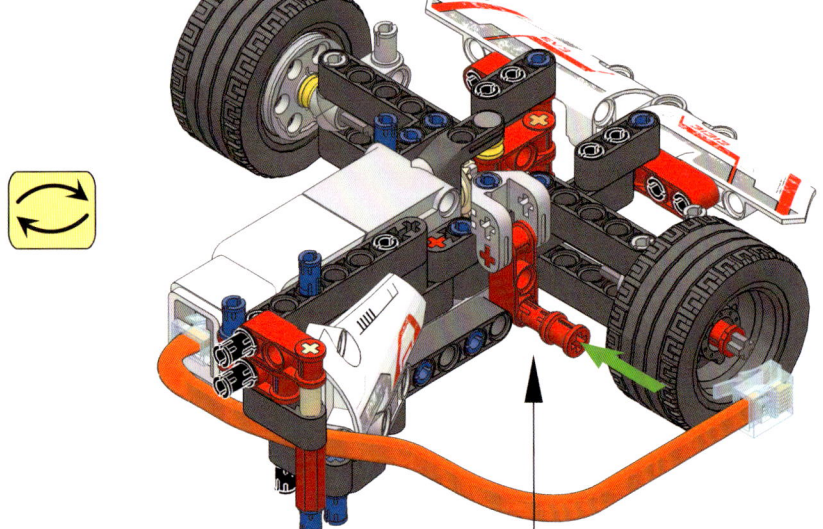

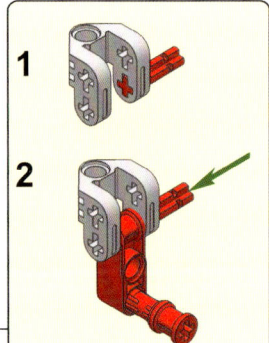

1

2

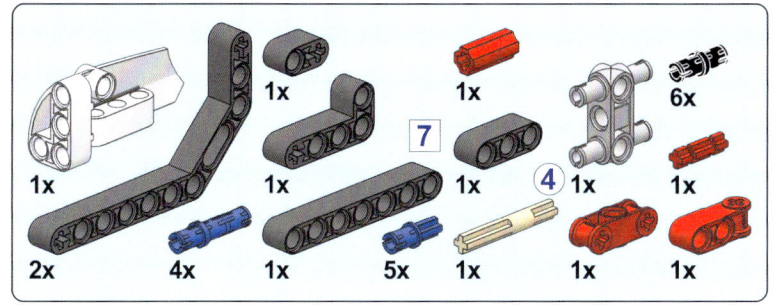

1

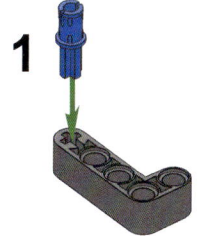

2

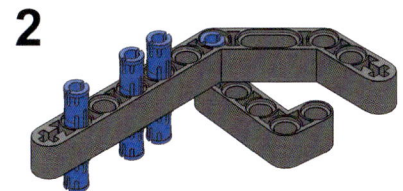

3

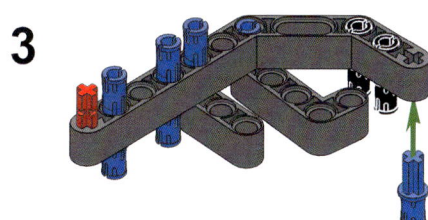

4

5

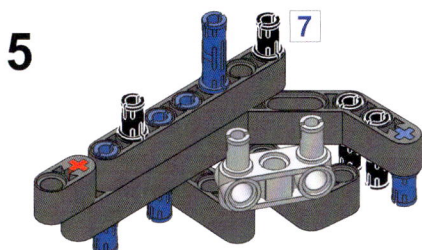

1   **2**   **3**

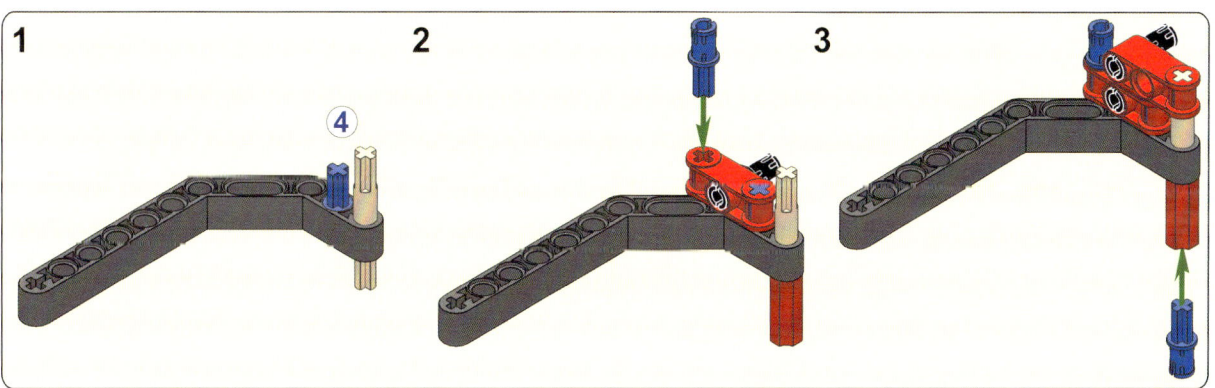

6

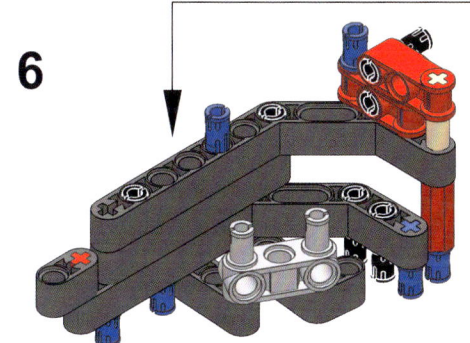

7

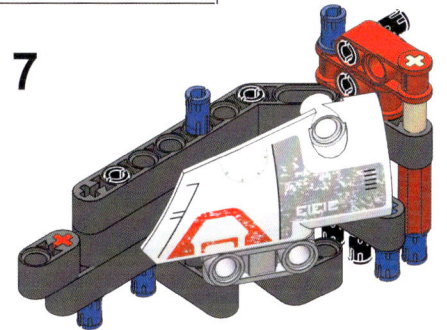

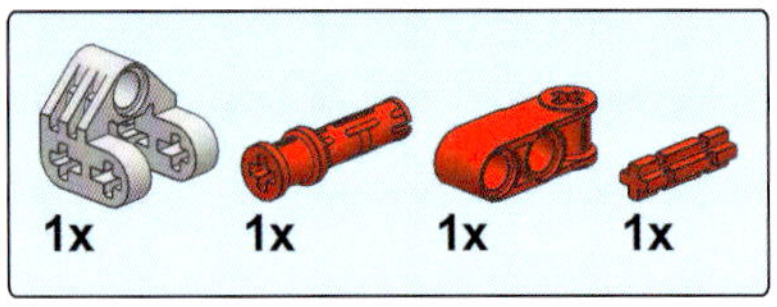

8

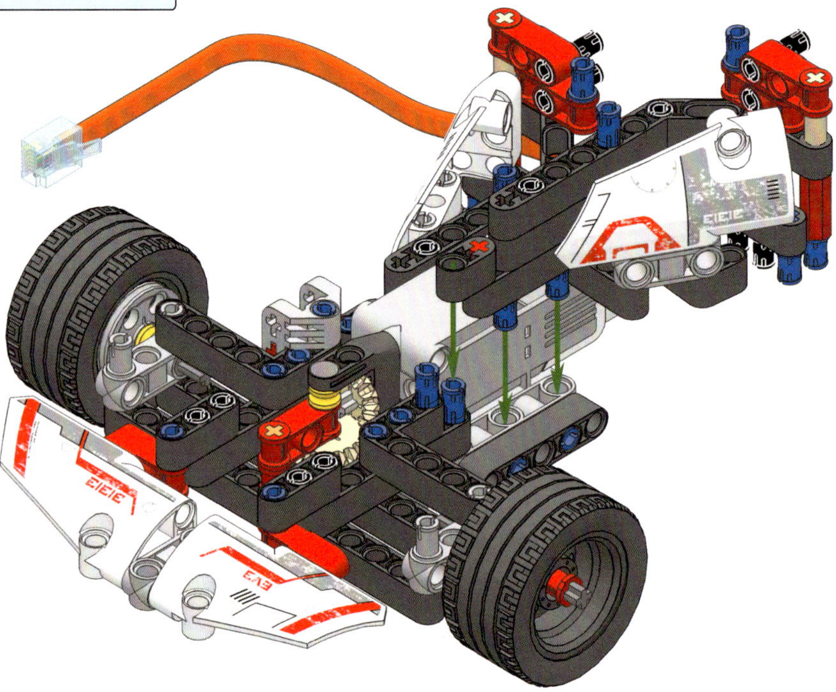

1x 1x 1x 1x

9

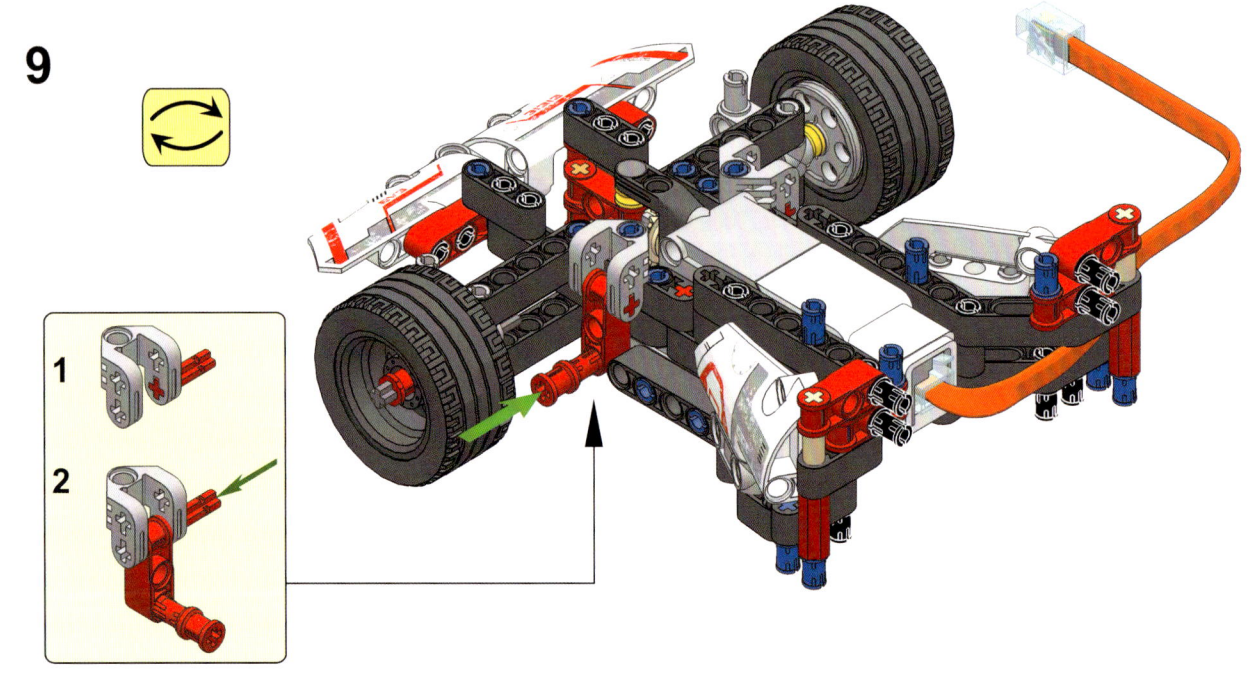

1

2

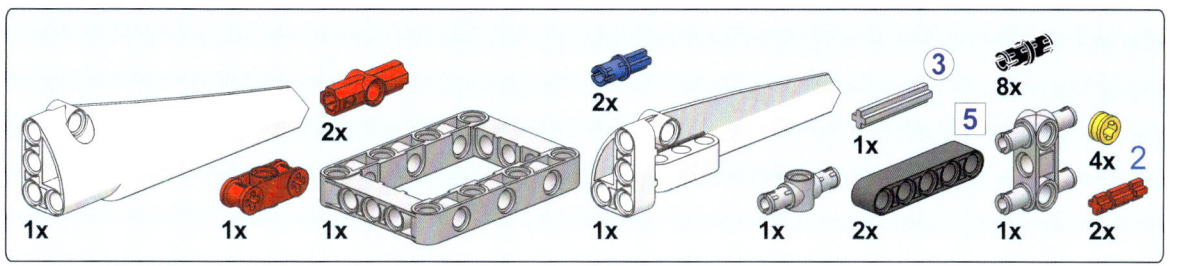

1

2

3

4

5

6

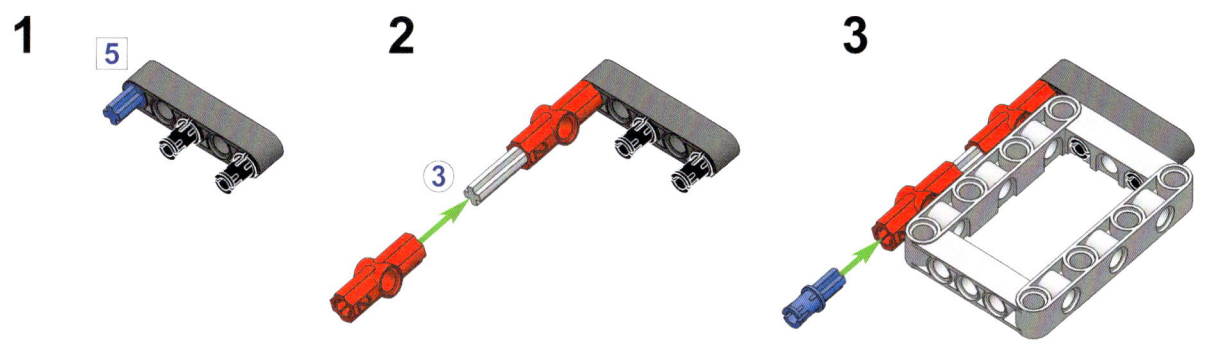

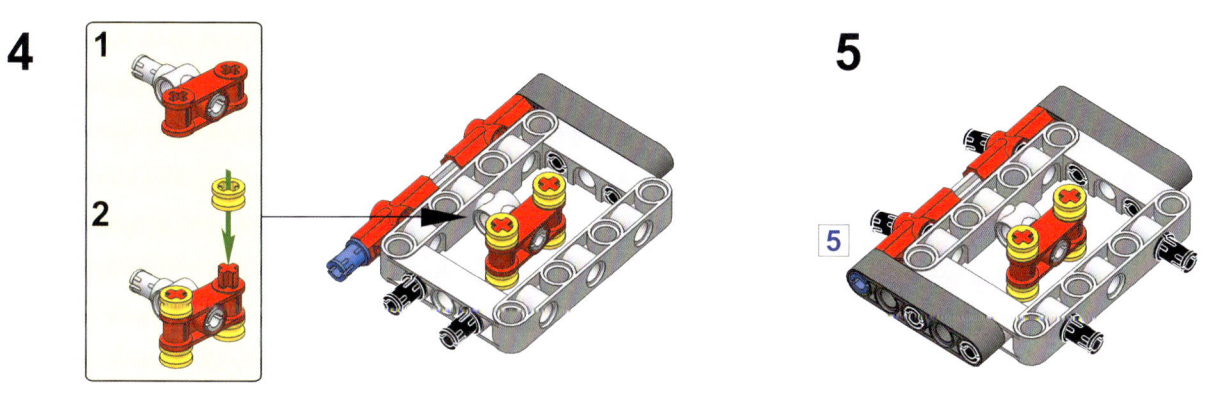

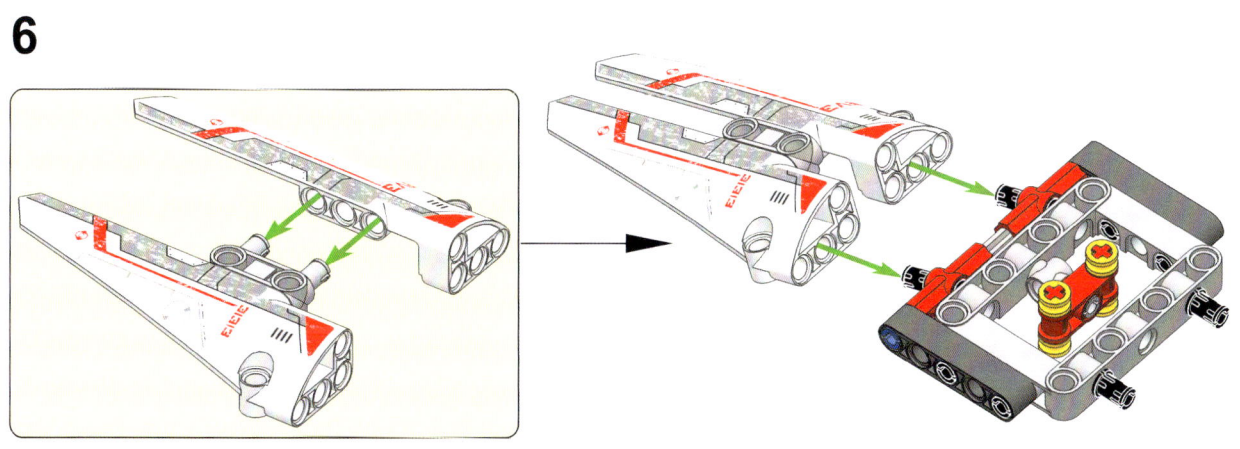

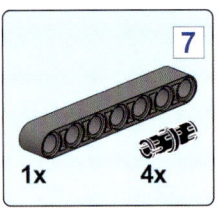

7

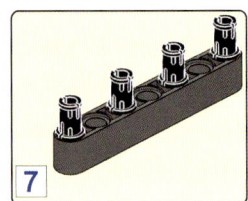

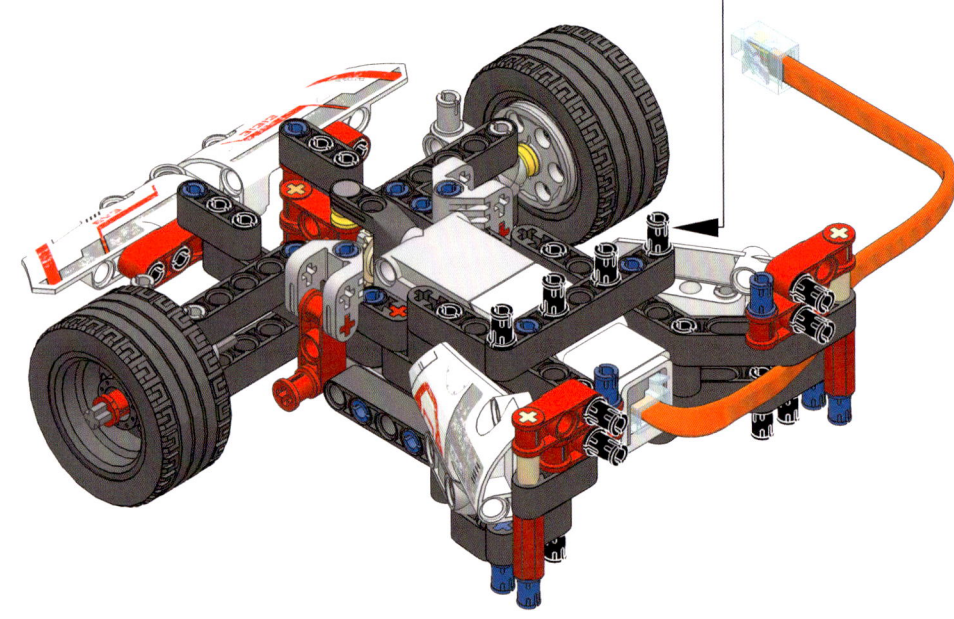

8

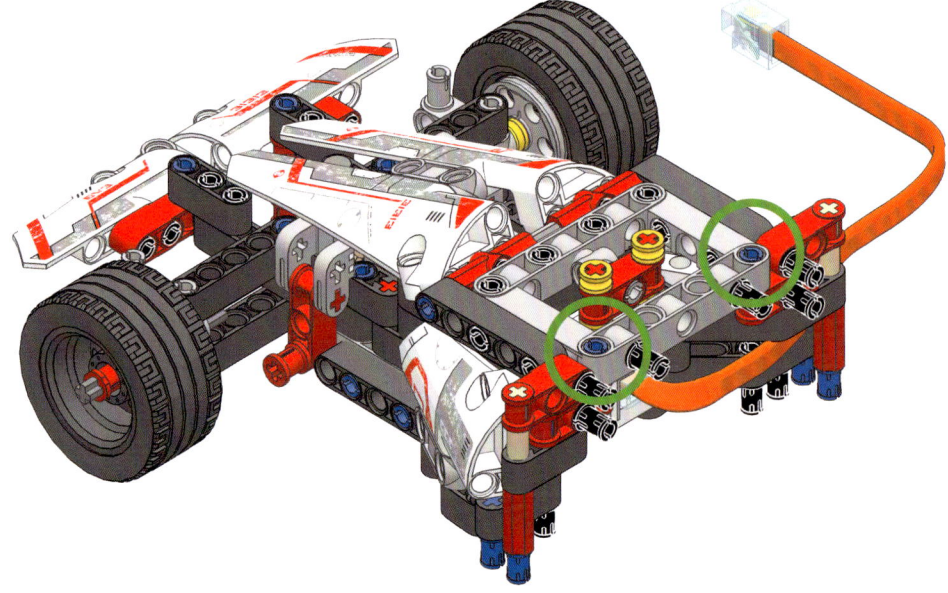

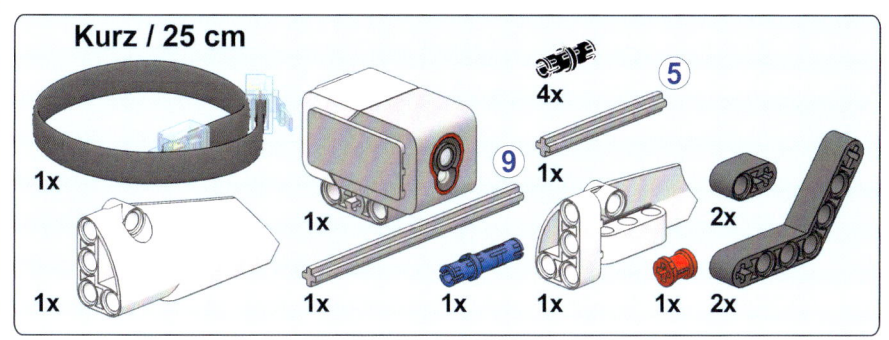

Kurz / 25 cm

1x 1x 1x 1x 1x 4x 5 1x 9 1x 1x 1x 2x 2x

1

9

2

5

3

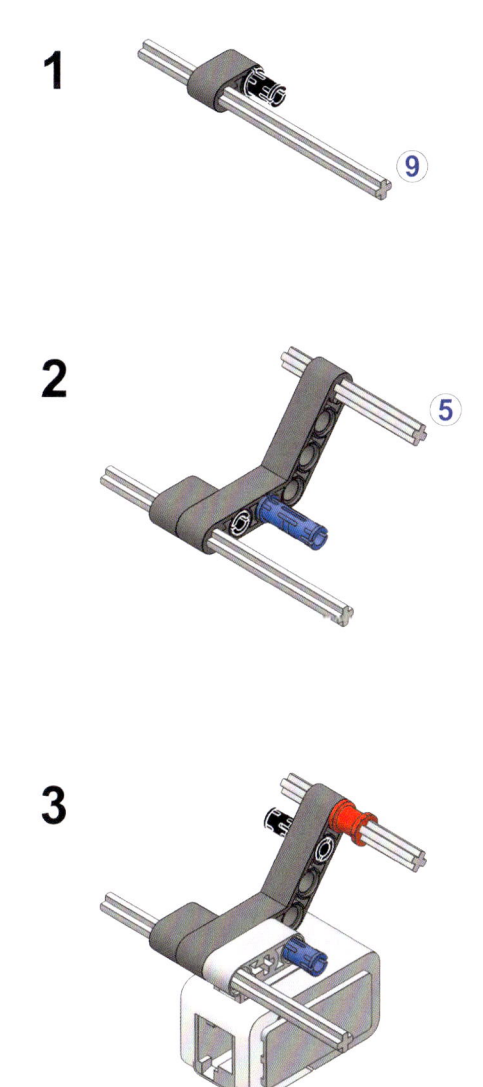

4

5

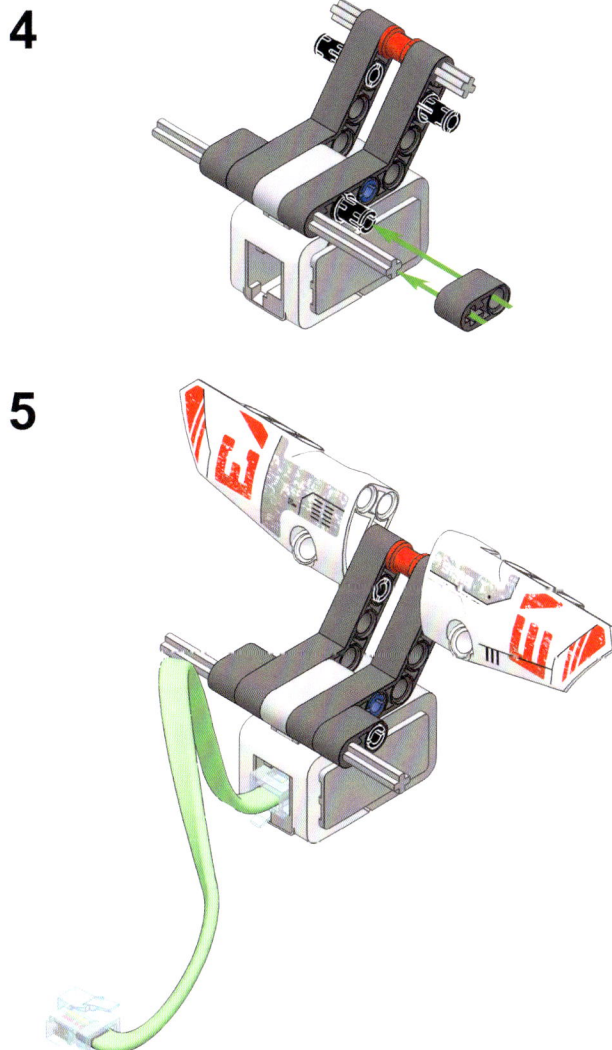

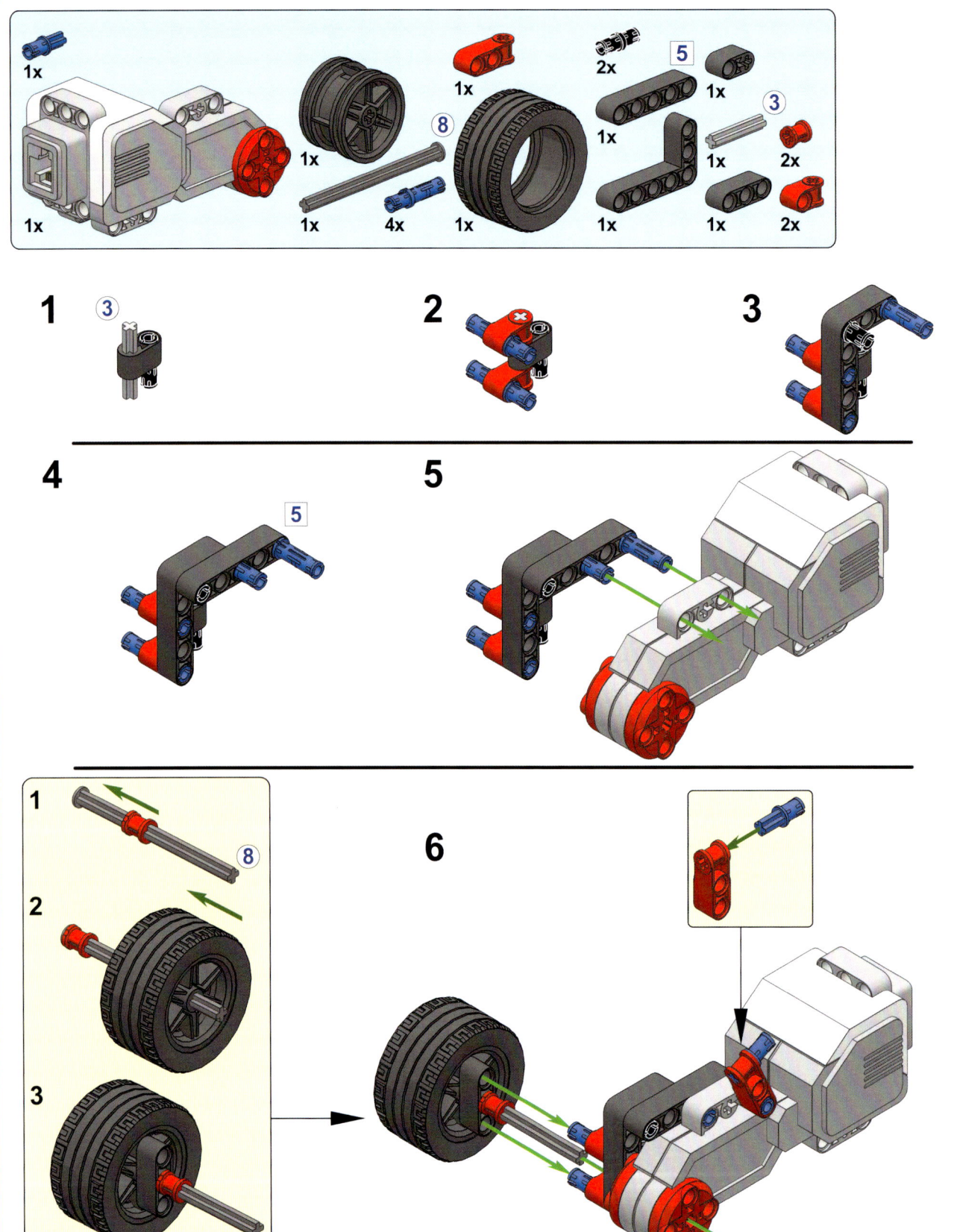

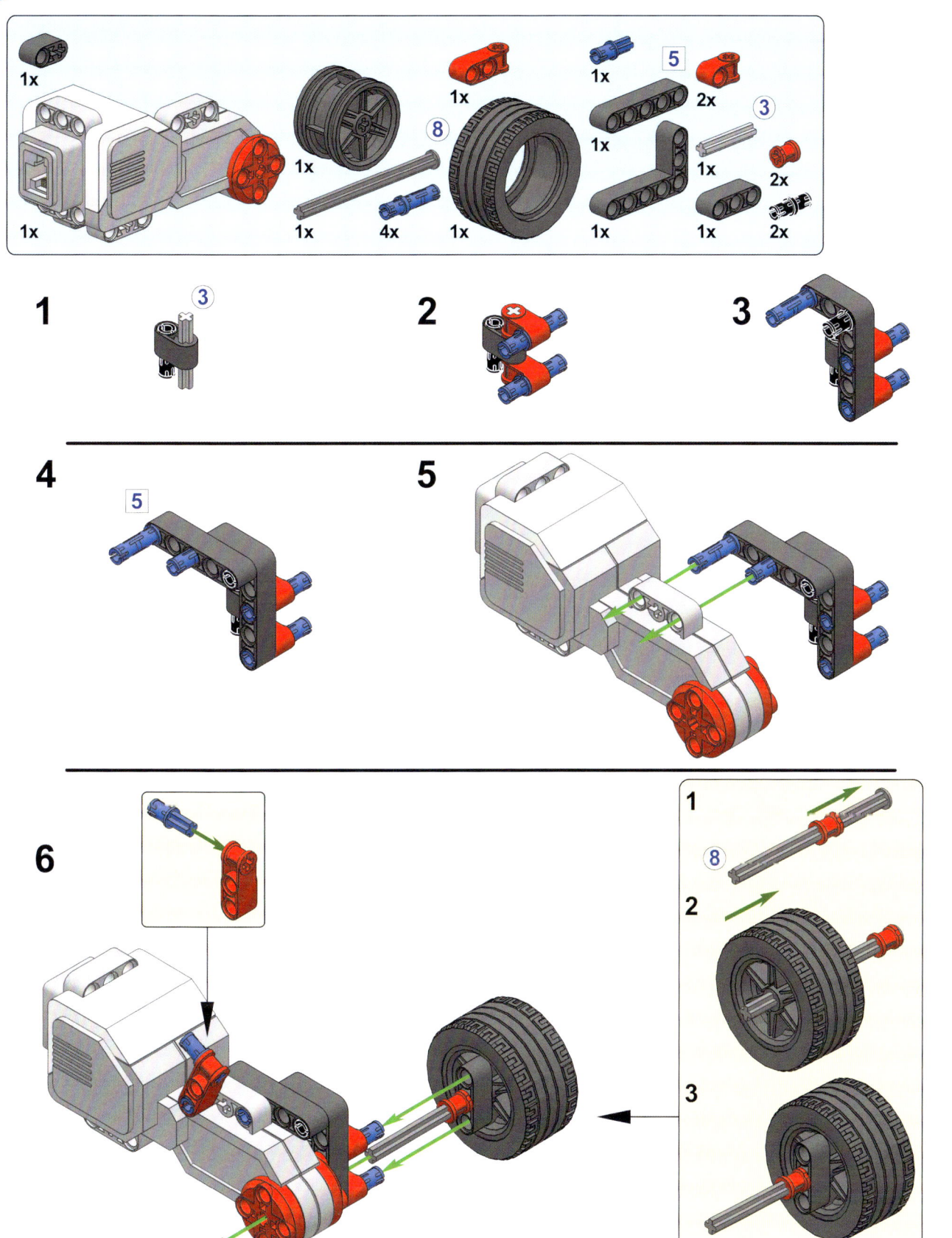

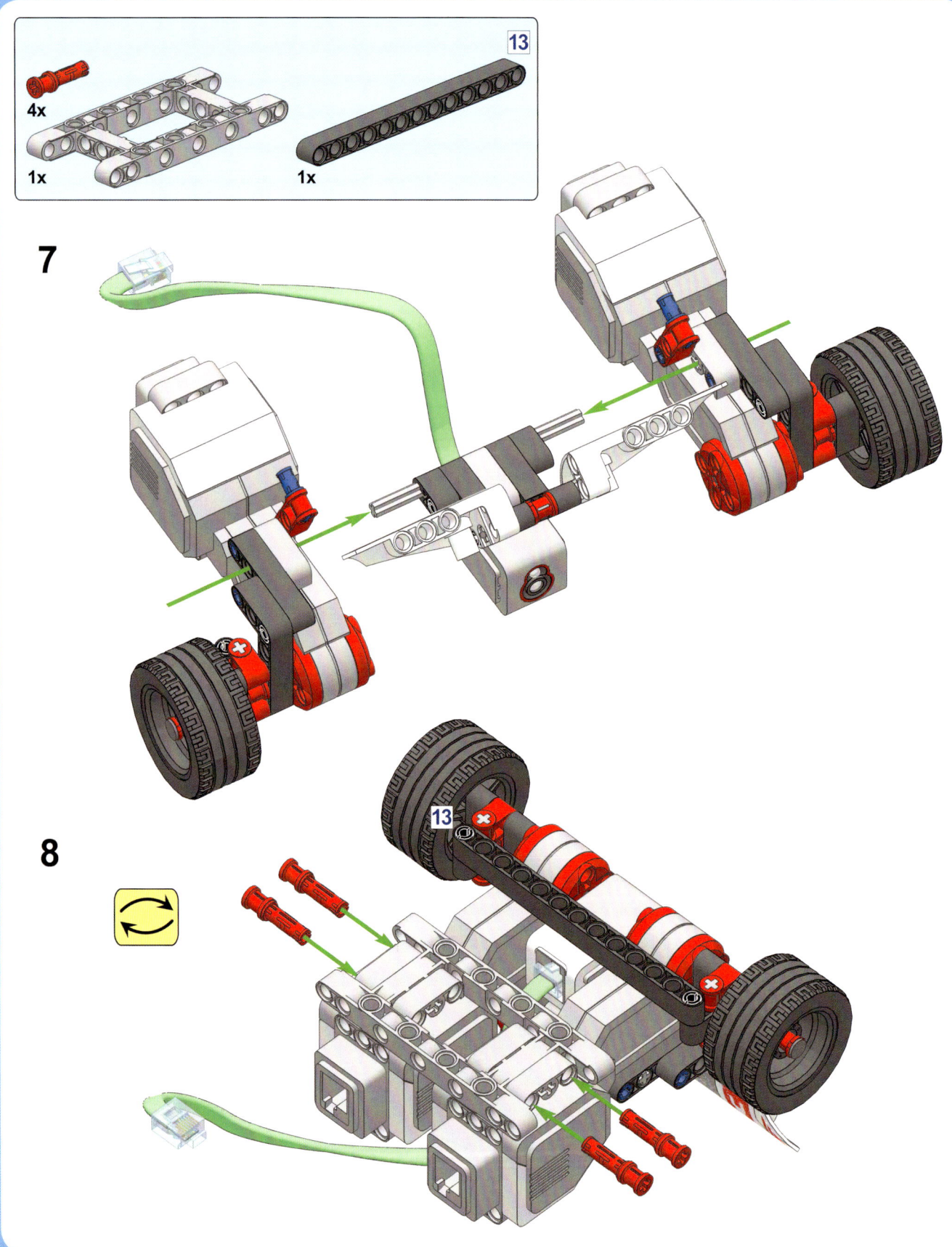

7

8

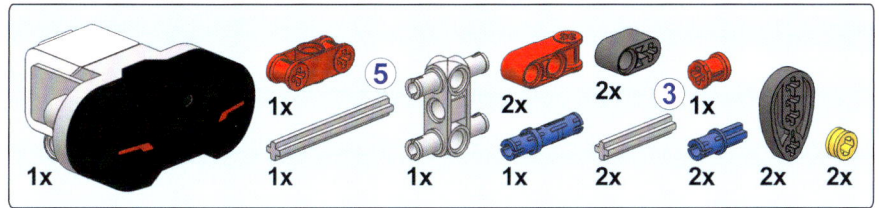

1

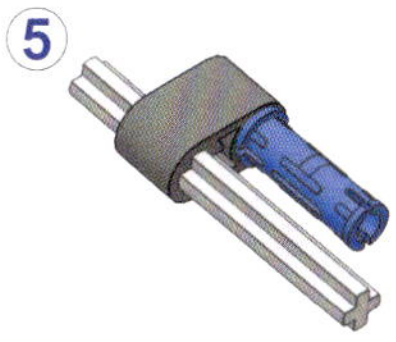

2

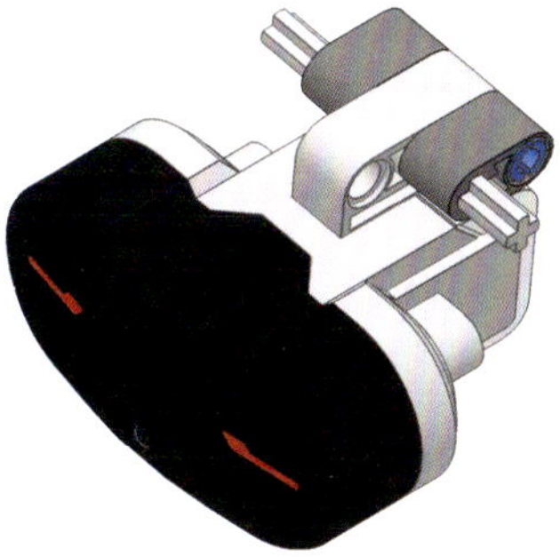

3

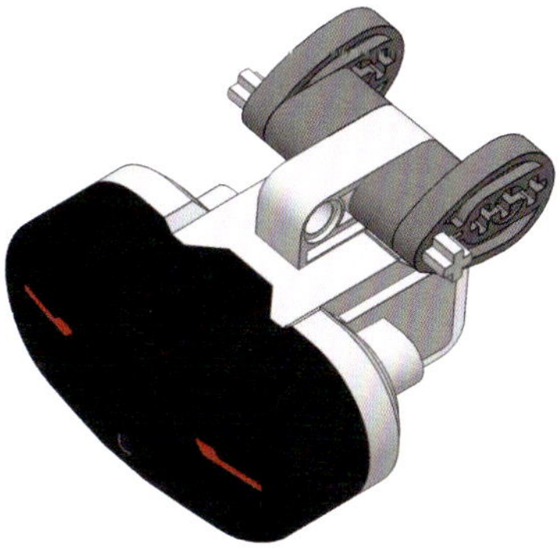

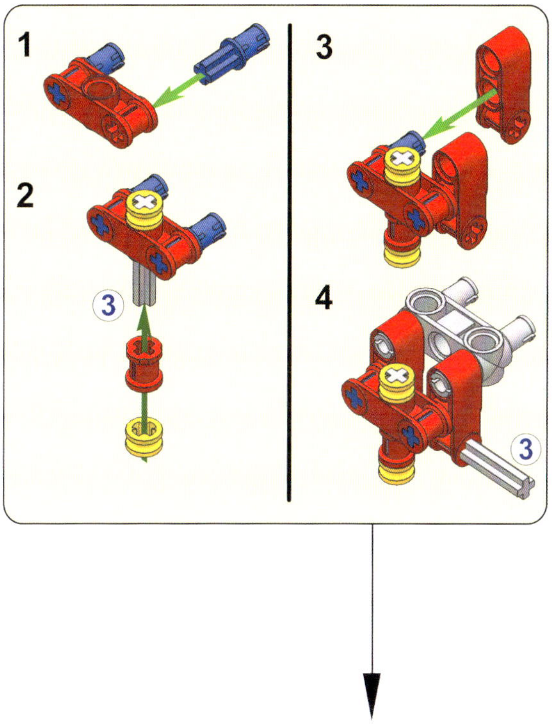

4

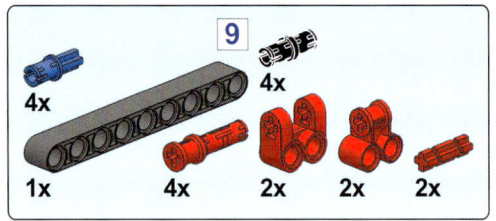

1

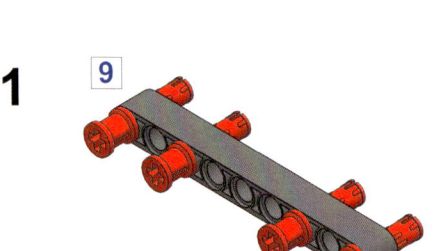

2

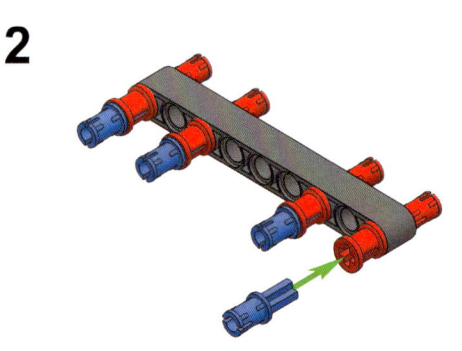

3

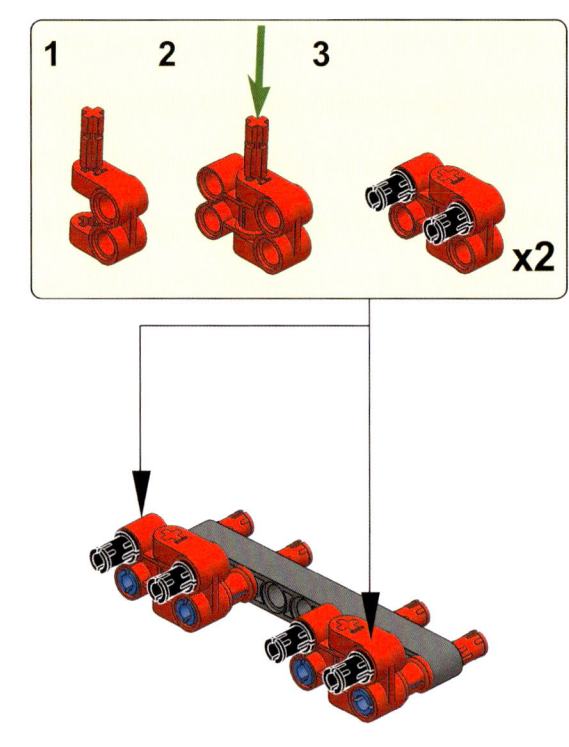

4

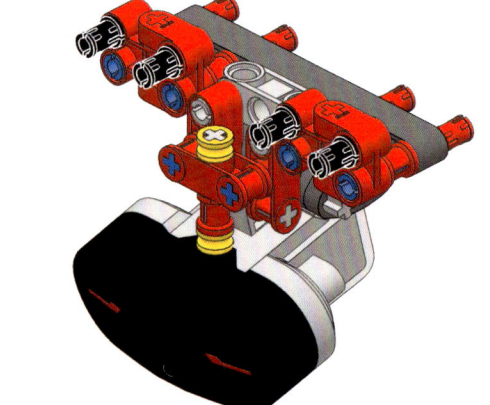

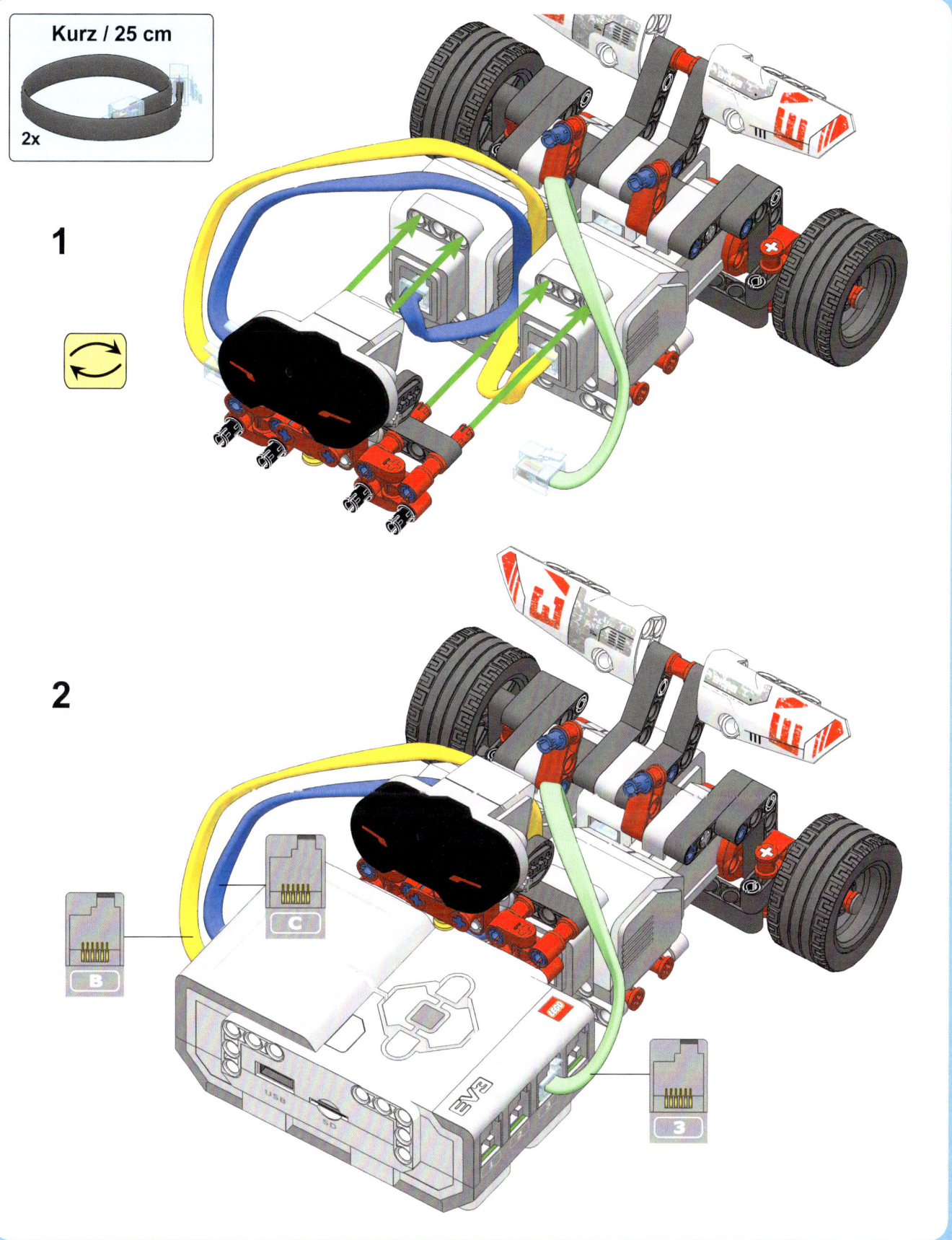

Kurz / 25 cm

2x

1

2

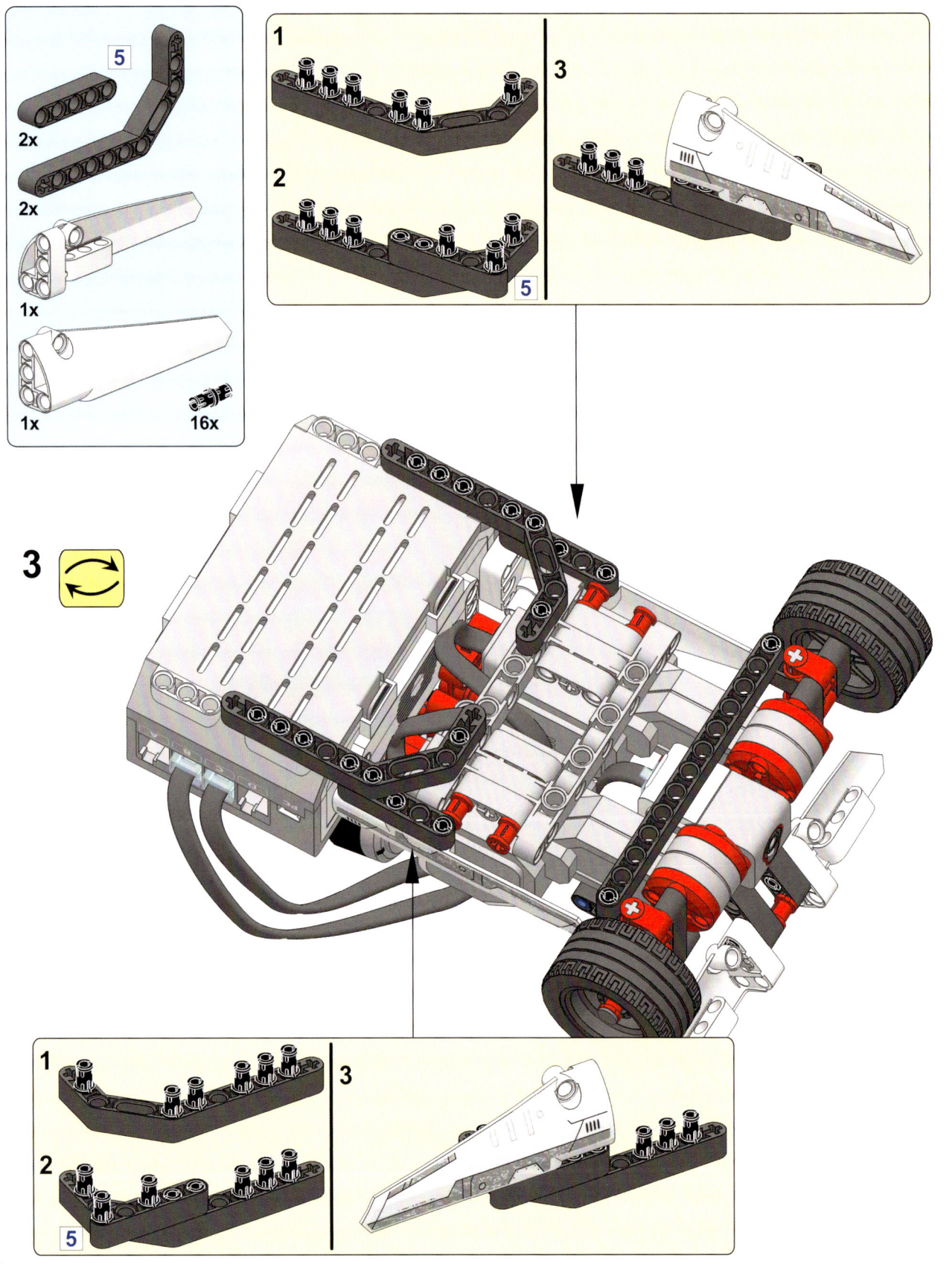

3

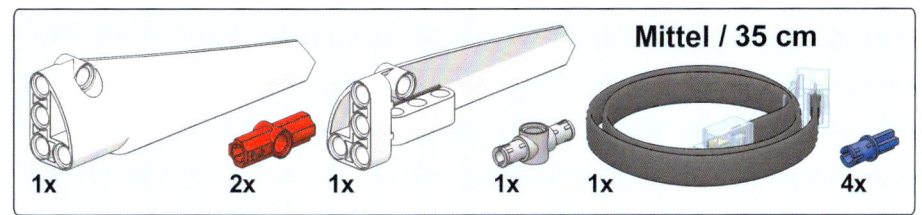

Mittel / 35 cm

1x 2x 1x 1x 1x 4x

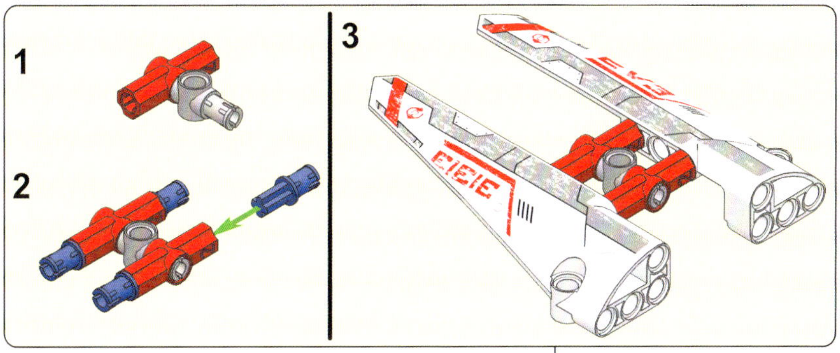

1

2

3

4

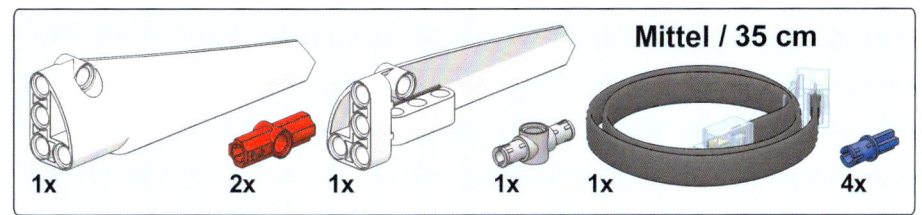

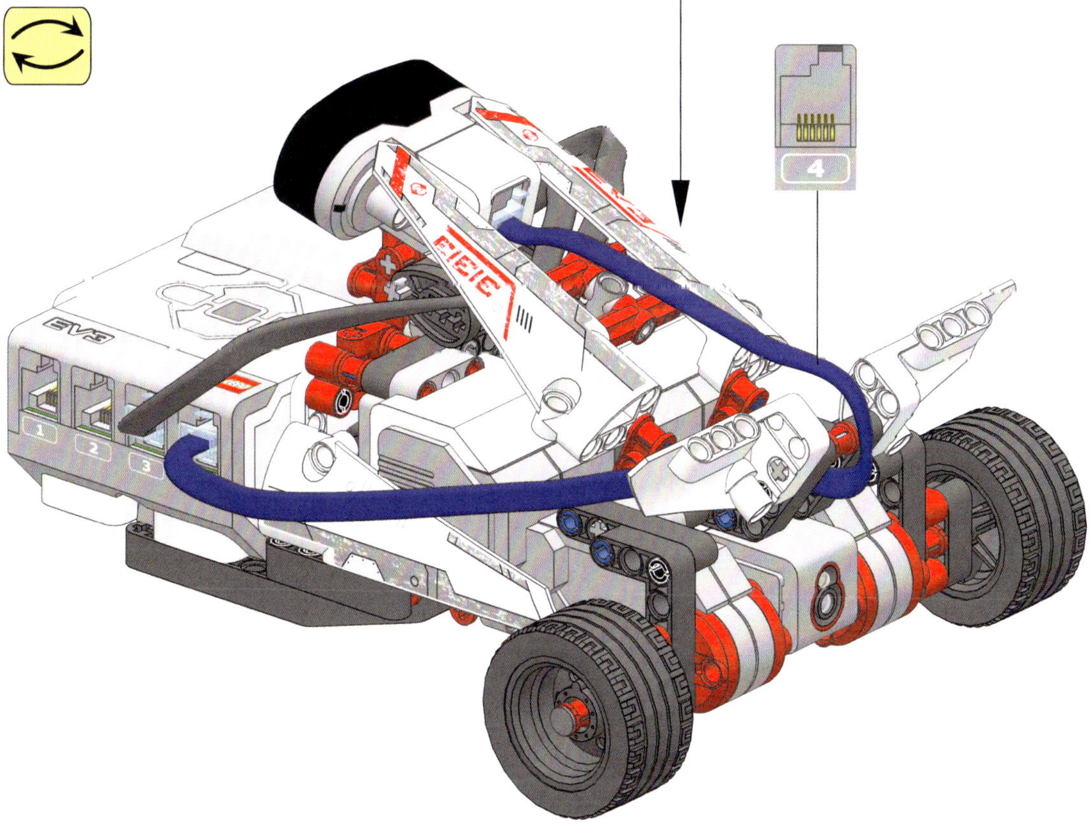

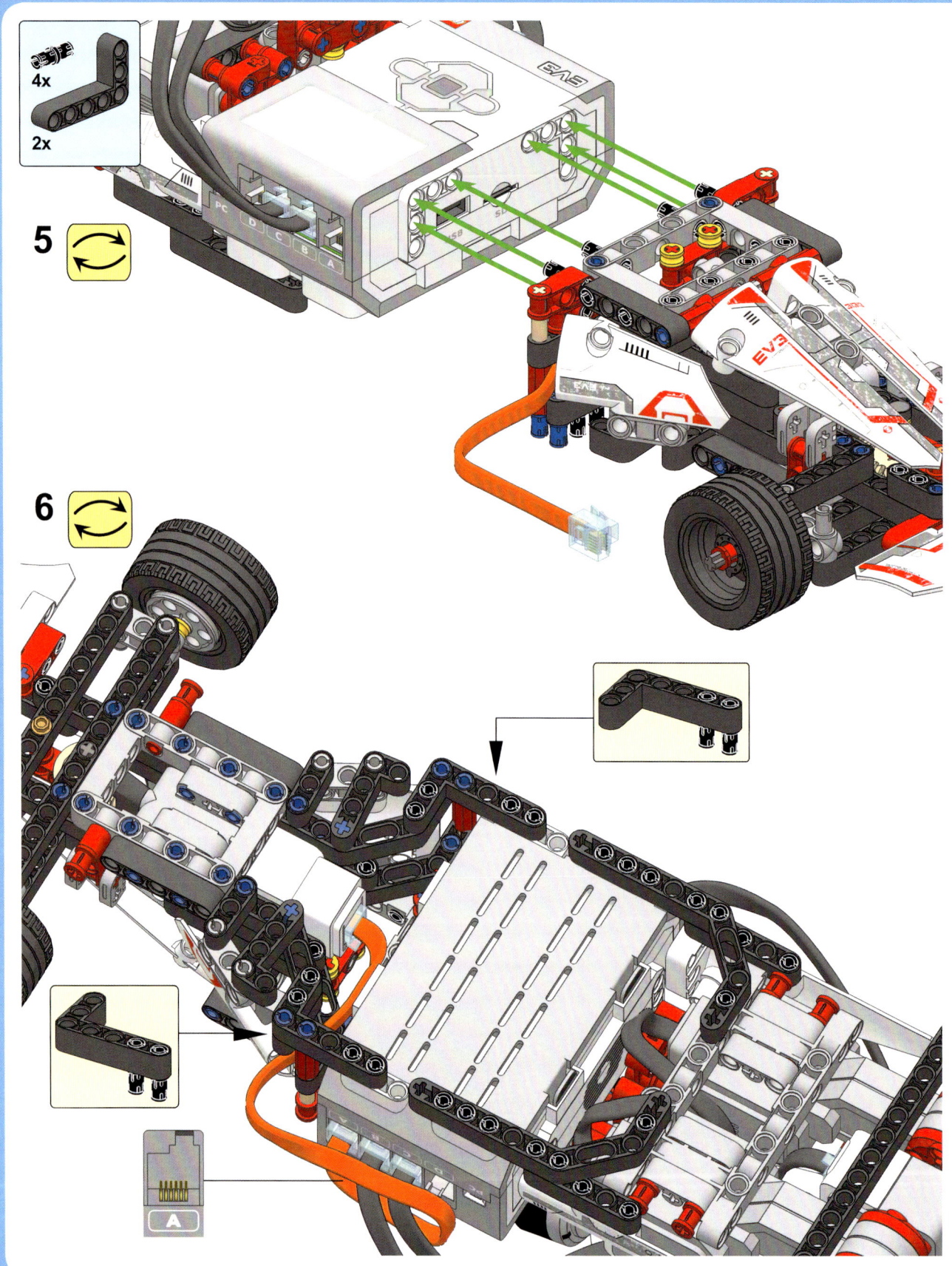

5

6

Fahren und Lenken

Der Formel-EV3-Rennwagen verwendet zum Fahren und Steuern zwei verschiedene Mechanismen. Um zu fahren, schaltest du die großen Motoren im Heck ein. Du lenkst den Wagen, indem du die Vorderräder mit dem mittleren Motor vorn nach rechts oder links bewegst. Wenn du Fahren und Lenken in einem Programm kombinierst, kannst du deinen Wagen in alle Richtungen bewegen.

Eigene Blöcke für die Lenkung erstellen

Wir werden gleich Eigene Blöcke erstellen, mit denen du den Wagen einfach in verschiedene Richtungen lenken kannst. Vorher sehen wir uns jedoch an, wie die Lenkung funktioniert. Dein Programm verwendet den Drehsensor im mittleren Motor, um die Ausrichtung der Vorderräder exakt zu steuern, die die Fahrtrichtung des Roboters bestimmen.

Wie das funktioniert, siehst du, wenn du die Vorderräder in mittlere Position bringst (siehe Abbildung 12-3). Dann gehst du zur Anschlussansicht des EV3-Steins und beobachtest den Drehsensorwert (Anschluss A), während du die Räder manuell von links nach rechts bewegst. Du siehst Werte von etwa 60 Grad für links, 0 Grad für Mitte und -60 Grad für rechts. Diese Winkel beschreiben die Position des Motors. Die Räder drehen sich etwas weniger weit nach links und rechts, da in der Lenkung noch Zahnräder verbaut sind.

Wie in Abbildung 12-3 gezeigt, sollte sich der mittlere Motor auf den Punkt zubewegen, an dem der Sensor 60 Grad misst, damit der Roboter nach links steuert. Um nach rechts zu lenken, muss sich der Motor auf -60 Grad zubewegen und für Geradeausfahrt auf 0 Grad.

Du erstellst drei Eigene Blöcke namens *Left*, *Right* und *Center*, um die Räder in die jeweilige Stellung zu bringen.

Diese Blöcke funktionieren nur dann richtig, wenn der Sensor 0 Grad anzeigt, wenn sich die Räder in Mittelstellung befinden. Da du die Räder nicht jedes Mal manuell in diese Position bringen möchtest, wenn du das Programm ausführst, erstellst du einen weiteren Eigenen Block namens *Reset*, der das für dich erledigt. Dieser Block zentriert die Räder und setzt den Wert des Drehsensors auf 0. Der Block kommt an den Anfang jedes Programms für diesen Roboter.

Eigener Block 1: Reset

Die Vorderräder können sich beim Programmstart in jeder Position befinden, also müssen wir sie in eine bekannte Position bringen, bevor du sie zentrieren kannst. Um das zu erreichen, steuerst du die Räder vollständig nach links, indem der mittlere Motor vorwärts dreht, bis er blockiert.

Die Position des blockierten Motors sollte 78 Grad hinter der Mittelstellung liegen, was bedeutet, dass du den Mittlerer-Motor-Block 78 Grad rückwärts drehen musst, um die Mitte zu erreichen. Sind die Vorderräder richtig ausgerichtet, setzt du den Drehsensorwert auf 0. Von jetzt an bedeuten Drehsensorwerte nahe 0, dass die Räder in der Mitte stehen.

Erstelle ein neues Projekt namens *FormulaEV3* für alle Rennwagenprogramme. Dann erstellst du den Eigenen Block *Reset* (siehe Abbildung 12-4).

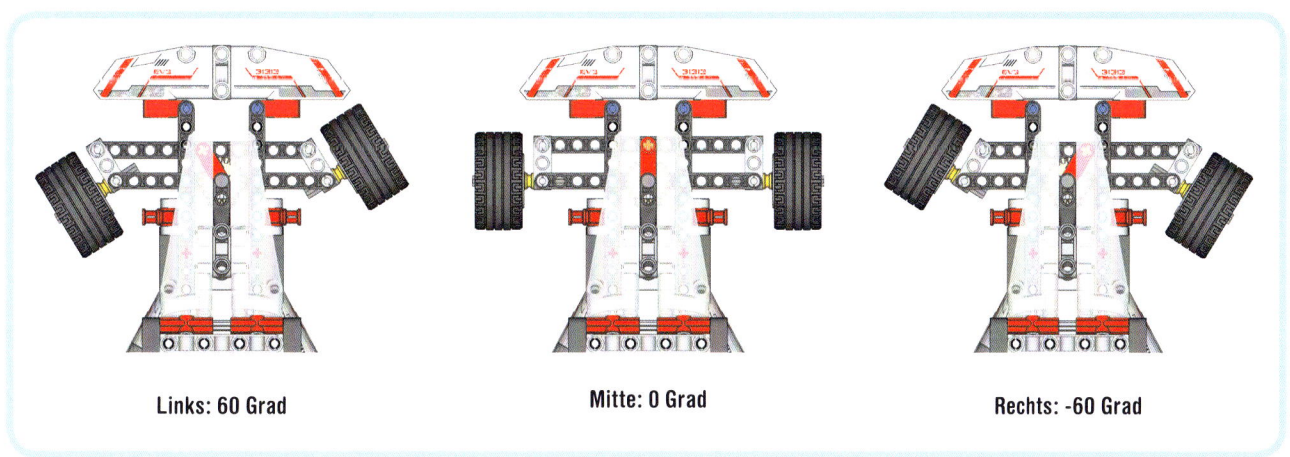

Links: 60 Grad   **Mitte: 0 Grad**   **Rechts: -60 Grad**

Abbildung 12-3: Drehsensorwerte für verschiedene Positionen der Vorderräder. Stelle die Räder in Mittelposition, bevor du die Anschlussansicht startest, um die Messwerte zu sehen.

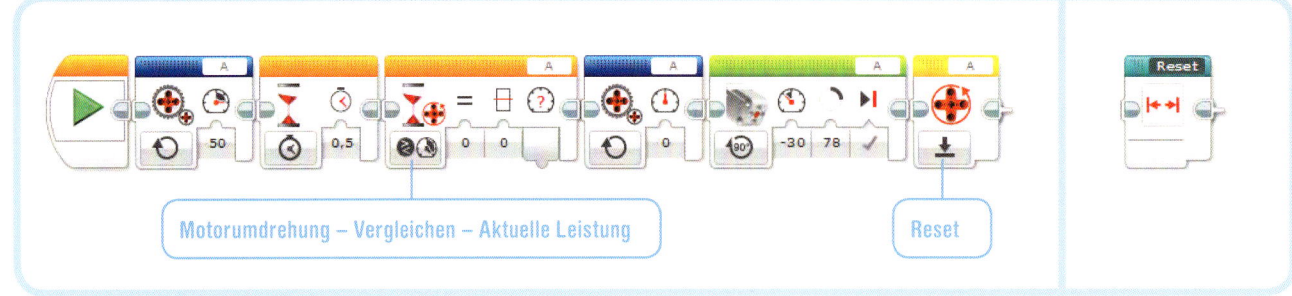

Abbildung 12-4: Der Eigene Block Reset bewegt das Lenkrad in die Mitte und setzt den Drehsensor auf 0. Der fertige Eigene Block befindet sich rechts.

Eigener Block 2: Left

Der nächste Eigene Block lässt die Vorderräder nach links lenken, indem der mittlere Motor vorwärts dreht, bis der Drehsensorwert 60 Grad beträgt – aber nur, wenn sich die Räder nicht bereits links befinden.

Mit einem Schalterblock entscheidest du, ob die Räder sich bereits links befinden. Wenn ja, wird der Motor abgeschaltet. Wenn nicht, dreht er vorwärts, bis er 60 Grad erreicht. Das funktioniert unabhängig davon, ob die Räder in der Mitte stehen oder ganz rechts, denn der Motor dreht sich, bis die korrekte Position erreicht ist und nicht um eine bestimmte Anzahl Grad.

Die Einstellung *Am Ende bremsen* ist auf wahr gesetzt, sodass der Motor in dieser Position verbleibt, bis er eine andere Bewegung ausführt. Platziere und konfiguriere die Blöcke aus Abbildung 12-5 und wandle sie in einen Eigenen Block namens *Left* um.

HINWEIS Die Schalter- und Warteblöcke in den Eigenen Blöcken Left, Right und Center sind alle im Modus Motorumdrehung – Vergleichen – Grad.

Eigener Block 3: Right

Der Eigene Block *Right* macht genau das Gegenteil: Zuerst prüft er, ob sich die Räder bereits rechts befinden. Wenn ja, wird der Motor abgeschaltet. Wenn nicht, läuft der Motor rückwärts, bis er die Position -60 Grad erreicht. Um das zu erreichen, wird der mittlere Motor mit negativer Geschwindigkeit (-30%) betrieben, ein Warteblock hält das Programm an, bis der Drehsensorwert unter -60 Grad sinkt, und dann wird der Motor abgeschaltet.

Erstelle den Eigenen Block *Right* (siehe Abbildung 12-6).

Eigener Block 4: Center

Die Vorderräder stehen genau in der Mitte, wenn der Sensorwert 0 beträgt, in diesem Block betrachten wir jedoch jede Position zwischen -5 und 5 Grad als nahe genug an der Mitte. (Wenn du diesen Bereich kleiner einstellst, neigen die Motoren dazu, bei jedem Versuch, die Mitte zu erreichen, darüber hinaus zu drehen.)

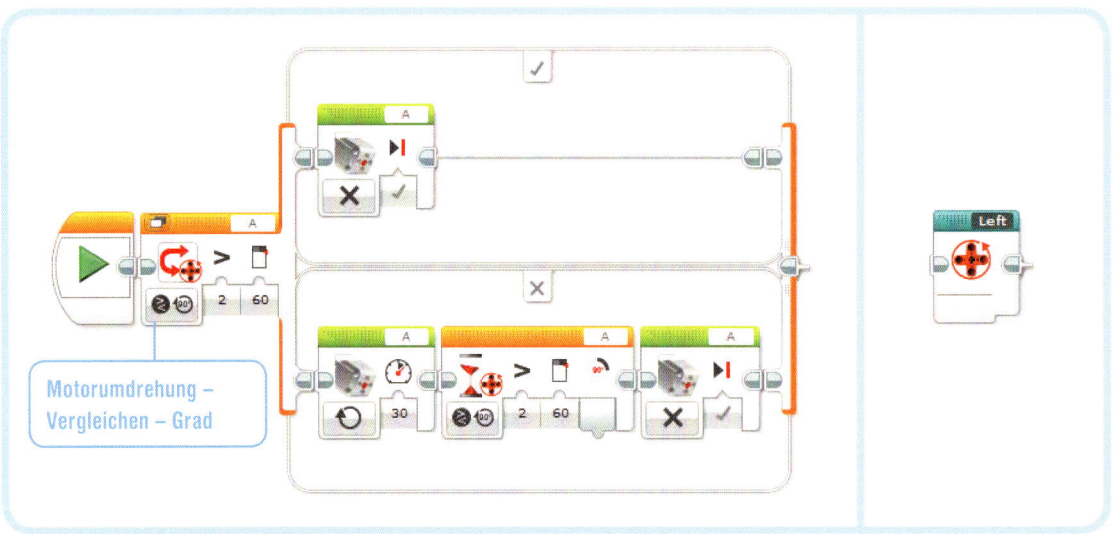

Abbildung 12-5: Der Eigene Block Left lässt die Räder nach links steuern. Der fertige Eigene Block steht rechts.

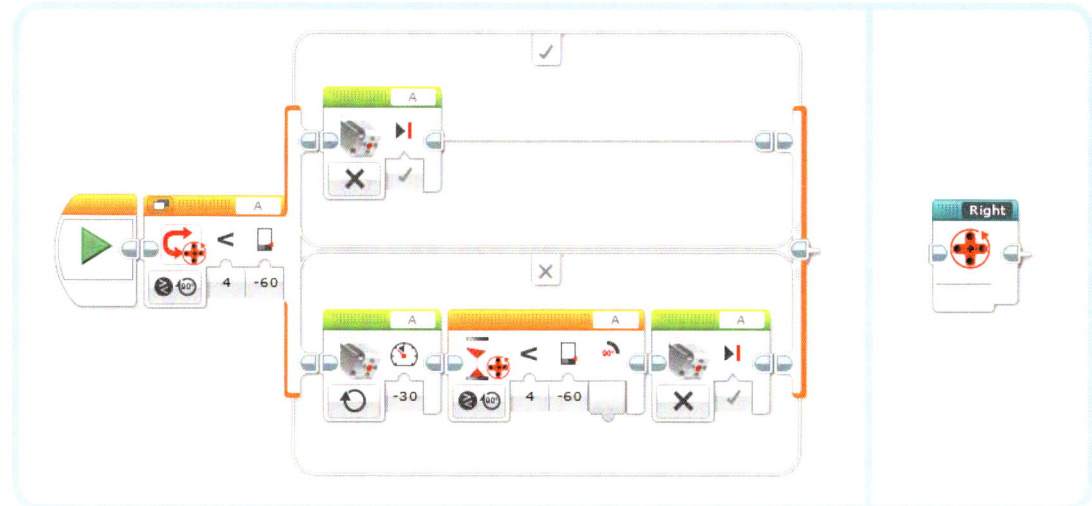

Abbildung 12-6: Der Eigene Block Right steuert die Vorderräder nach rechts. Der fertige Eigene Block ist rechts abgebildet.

Befindet sich der Motor bereits in der Mitte, wenn dieser Eigene Block gestartet wird, schaltet er den Motor aus. Befinden sich die Räder links von der Mitte (der Sensor liefert einen Wert größer als 5 Grad), drehen sie sich nach rechts, bis sie die Mitte erreichen (weniger als 5 Grad). Stehen die Räder rechts (weniger als -5 Grad), drehen

sie sich nach links, bis sie die Mitte erreichen (größer als -5 Grad). Du verwendest zwei Schalterblöcke, um zu entscheiden, in welcher Position sich der Motor befindet.

Erstelle den Eigenen Block *Center* (siehe Abbildung 12-7).

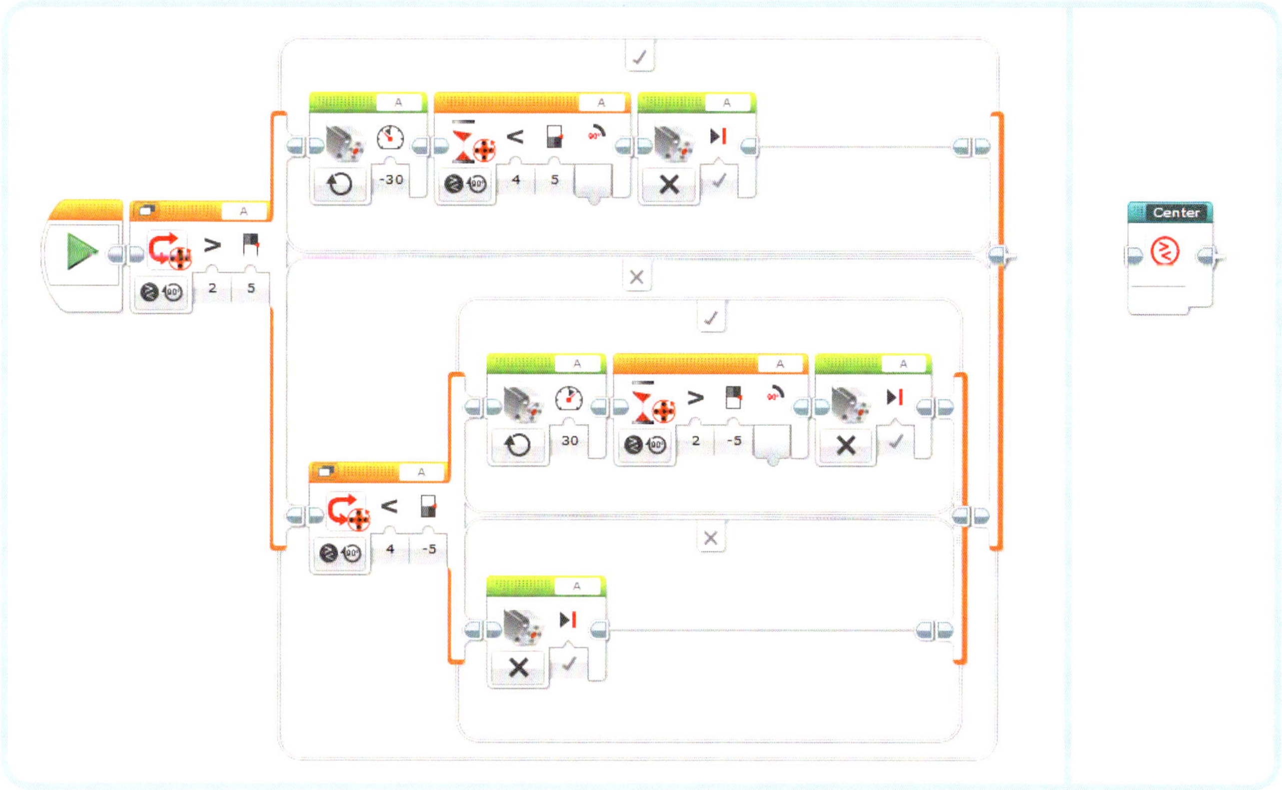

Abbildung 12-7: Der Eigene Block Center lenkt die Vorderräder in die Mitte, unabhängig von ihrer Ausgangsposition. Der fertige Eigene Block befindet sich rechts.

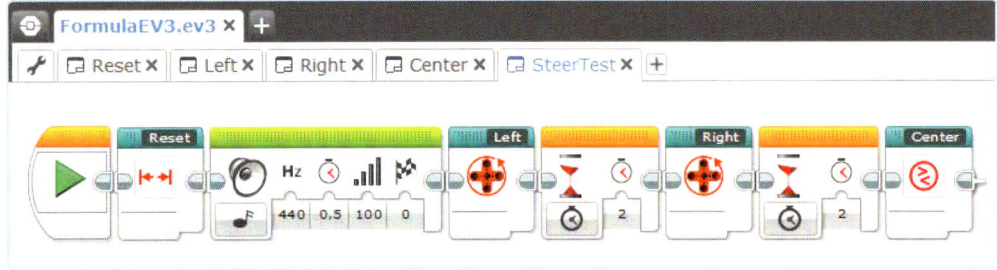

Abbildung 12-8: Verwende das Programm **SteerTest**, um deine Eigenen Blöcke auszuprobieren. Lasse das Programm mehrmals laufen, jeweils mit einer anderen Startposition der Vorderräder.

Die Eigenen Blöcke testen

Bevor du das Programm fertigstellen kannst, solltest du die Eigenen Blöcke testen, um zu prüfen, ob sie wie erwartet funktionieren. Erstelle das Programm *SteerTest* aus Abbildung 12-8 und führe es aus. Die Vorderräder sollten sich automatisch mit den Hinterrädern ausrichten, wenn der Eigene Block *Reset* läuft. Danach sollten sie sich nach links, rechts und zurück in die Mitte bewegen.

Das Fernsteuer-programm schreiben

Da die Eigenen Blöcke für die Steuerung jetzt fertig sind, ist es einfach, ein Fernsteuerprogramm mit den Techniken aus Kapitel 8 zu erstellen. Dein nächstes Programm lässt den Wagen in alle Richtungen fahren, während du die Tasten auf der IR-Fernsteuerung drückst (siehe Abbildung 12-9). Bei jeder Tastenkombination führt der Roboter einen der Eigenen Blöcke aus, um die Vorderräder zu lenken, und einen Hebellenkungsblock, um die Hinterräder einzuschalten.

Mit dem Hebellenkungsblock kannst du die Geschwindigkeit der Hinterräder getrennt regeln. Wenn der Roboter geradeaus oder rückwärts fährt, drehen beide Räder mit 75% Geschwindigkeit. In Kurven bewegt sich das äußere Rad etwas schneller als das innere, weshalb du das schnellere Rad mit 80% und das langsamere mit 70% laufen lässt.

Ein negativer Wert für Geschwindigkeit, wie -75, lässt den Roboter wegen der Motorausrichtung vorwärts fahren. Positive Werte, wie 75, lassen ihn rückwärts fahren. Erstelle jetzt das Programm *RemoteControl* aus Abbildung 12-10.

HINWEIS Wenn der Roboter bei Vorwärtsfahrt nicht genau geradeaus lenkt, justierst du die Gradwerte im Mittlerer-Motor-Block nach (siehe Abbildung 12-4). Versuche einen geringfügig größeren Wert als 78 Grad, wenn der Roboter nach links abweicht, und einen kleineren Wert, wenn er nach rechts abweicht.

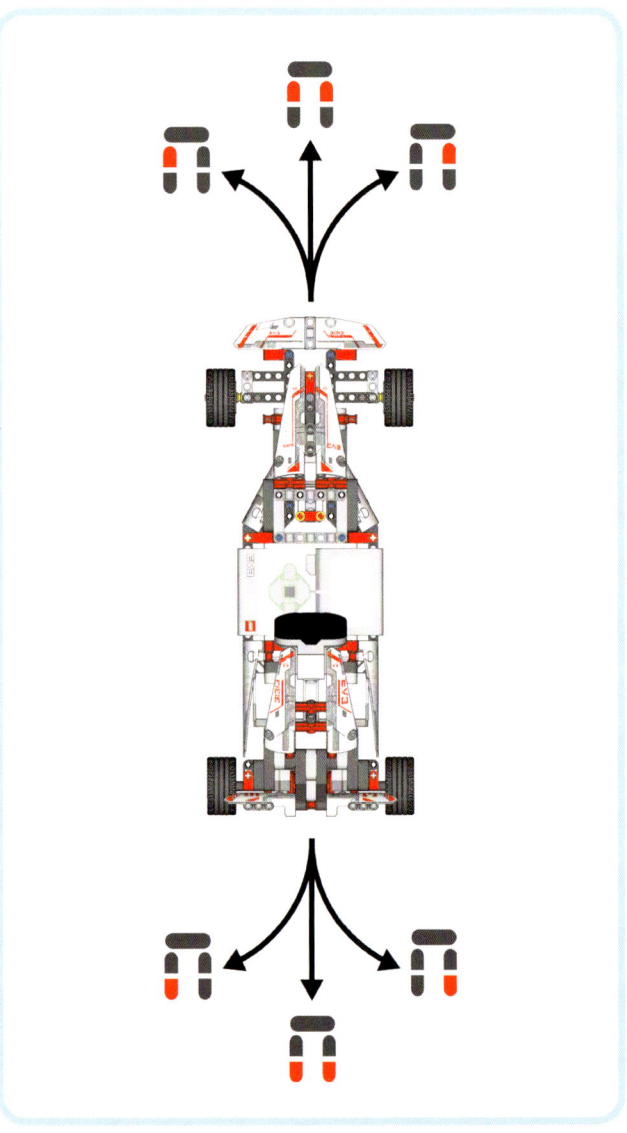

Abbildung 12-9: Die Tastenkombinationen, mit denen der Formel-EV3-Rennwagen in alle Richtungen fährt.

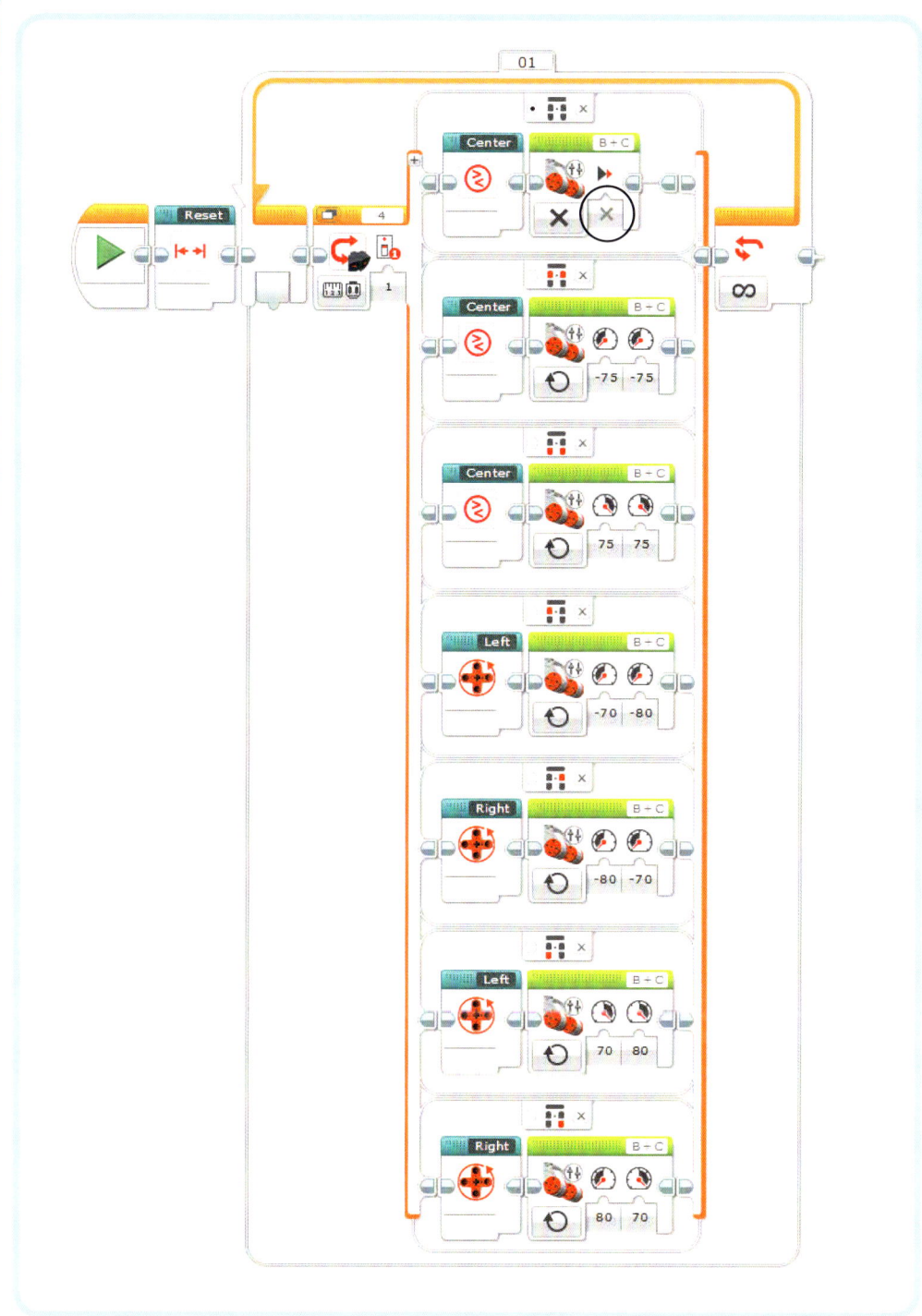

Abbildung 12-10: Das Programm **RemoteControl.** *Vergiss nicht, einen Eigenen Block Reset am Programmanfang einzufügen. Wird keine der Tasten auf der Fernsteuerung gedrückt (der Standardfall), zentriert der Roboter die Vorderräder und schaltet die Hinterräder aus.*

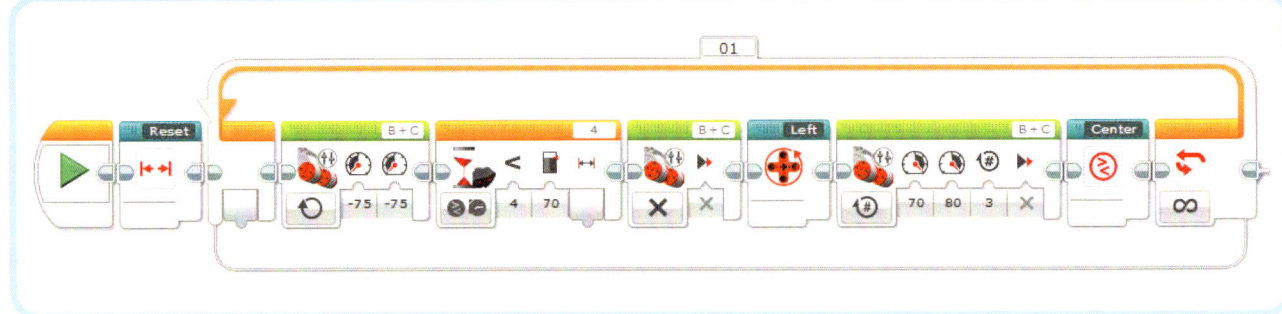

Abbildung 12-11: Das selbstständige Fahrprogramm AutonomousDrive

Selbstständig fahren

Jetzt erstellst du ein Programm, mit dem der Roboter selbstständig in deinem Zimmer herumfährt und dabei Hindernissen mit dem Infrarotsensor ausweicht. Der Roboter beginnt damit, geradeaus zu fahren, bis der Sensor einen Entfernungswert von unter 70% erkennt. Dann fährt der Roboter rückwärts und steuert nach links, um vom Hindernis wegzukommen. Anschließend zentriert er seine Vorderräder, sodass er in der neuen Richtung geradeaus fährt. Erstelle das Programm *AutonomousDrive* (siehe Abbildung 12-11).

Weitere Experimente

In diesem Kapitel hattest du die Gelegenheit, einen Roboter anhand von Anweisungen zu bauen und zu programmieren. Das macht natürlich viel Spaß. Besser ist es jedoch, eigene Roboter zu bauen. Du kannst den Entwurf z.B. mit Getrieben oder größeren Rädern erweitern, sodass er schneller fährt, oder ihn in ein komplett anderes Gefährt verwandeln, wie einen Personen- oder einen Geländewagen.

Mach dir keine Sorgen, wenn es nicht sofort klappt. Mit jedem neuen Entwurf kommen neue Erfahrungen hinzu. Probiere die Selbst-konstruieren-Aufgaben am Ende dieses Kapitels aus, um weiterzumachen, und verwende dabei die Techniken, die du in Kapitel 10 und 11 gelernt hast.

SELBST ENTDECKEN 65: ÜBERLENKUNGSEXPERIMENTE

Schwierigkeitsgrad: ▭   **Zeit:** ◷

Im Eigenen Block *Center* bist du davon ausgegangen, dass jede Position zwischen -5 und 5 Grad nah genug an der Mitte liegt. Um zu sehen, warum der Roboter einen so großen Bereich benötigt, versuche, die Werte in den Warte- und Schalterblöcken zu ändern, sodass der Bereich nur noch von -1 bis 1 geht. Was passiert, wenn du das Programm *RemoteControl* ausführst?

SELBST ENTDECKEN 66: NACHTRENNEN

Schwierigkeitsgrad: ▭   **Zeit:** ◷

Bislang hast du den am Heck des Roboters angebauten Farbsensor noch nicht genutzt. Kannst du den Sensor verwenden, um den Roboter nur fahren zu lassen, wenn das Licht im Zimmer aus ist? Erkennt der Roboter die Hindernisse bei Dunkelheit immer noch?

HINWEIS **Beginne mit dem Programm AutonomousDrive und modifiziere es, sodass es die Stärke des Umgebungslichts misst. Du benötigst einen Schalterblock, um zu entscheiden, ob das Licht an oder aus ist. Was ist der Schwellenwert und wie platzierst du die anderen Blöcke im Schalter?**

SELBST ENTDECKEN 67:
DAS VERRÜCKTE GASPEDAL

Schwierigkeitsgrad: ▢▢ Zeit: ⏲⏲

Kannst du ein Programm erstellen, das die Geschwindigkeit des Rennwagens mit dem Berührungssensor steuert und die Lenkung mit der Fernsteuerung? Erstelle zwei parallele Sequenzen in deinem Programm: Die eine sollte die Richtung der Vorderräder steuern, wenn die Fernbedienung benutzt wird. Die andere sollte die Geschwindigkeit des Rennwagens beeinflussen, indem die Geschwindigkeit der Hinterräder mit dem Berührungssensor geregelt wird.

Wenn du fertig bist, füge deinem Programm Motorgeräusche mittels Klangblöcken hinzu, um Beschleunigung, Leerlauf und Abbremsen zu simulieren.

HINWEIS Schließe den Berührungssensor an Eingang 1 am EV3-Stein mit einem langen Kabel an. Beachte dabei: Der Berührungssensor kann nur erkennen, ob er betätigt wird oder nicht – er kennt keine Zwischenstellungen.

SELBST ENTDECKEN 68:
EIN BLINKENDES RÜCKLICHT

Schwierigkeitsgrad: ▢▢ Zeit: ⏲⏲

Formel-1-Rennwagen haben hinten ein helles rotes Licht, das bei schlechten Wetterbedingungen blinkt, damit sie für andere Fahrer besser zu erkennen sind. Kannst du das Licht des Farbsensors einmal pro Sekunde zwischen Blau und Rot umschalten, um das Blinken zu simulieren? Es gibt keinen Standardblock, der die Lichtfarbe ändert, du musst also einen Eigenen Block erstellen, um das Licht auf Blau zu schalten und einen anderen für die Farbe Rot.

HINWEIS Verwende einen Schalterblock, um die Stärke des Umgebungslichts zu messen, aber platziere darin keine Blöcke. Der Roboter macht nichts mit der Messung, aber während der Messung des Umgebungslichts leuchtet der Sensor blau.

SELBST ENTDECKEN 69:
UNFALLERKENNUNG

Schwierigkeitsgrad: ▢▢▢ Zeit: ⏲⏲⏲

Als du das automatische Fahrprogramm ausgeführt hast, hast du sicher bemerkt, dass der Infrarotsensor gut in der Erkennung von Wänden und anderen großen Objekten ist, kleine Objekte wie ein Stuhlbein aber nicht immer sieht. Kannst du den Roboter Hindernisse auf andere Weise umfahren lassen? Nutze Ungeregelter-Motor-Blöcke, um zu fahren, und die Drehsensoren der Heckmotoren, um einen plötzlichen Abfall der Drehgeschwindigkeit zu erkennen. Lasse den Roboter rückwärts und in eine andere Richtung fahren, wenn er entweder ein Objekt mit dem Infrarotsensor erkennt oder in eines hineinfährt.

HINWEIS Diese Techniken hast du in Selbst entdecken 53 auf Seite 102 kennengelernt.

SELBST KONSTRUIEREN 20: SCHNELLER FAHREN

Bau:  Programmierung:

Kannst du den Entwurf des Formel-EV3-Renn-wagens verbessern, sodass er schneller fährt? Verwende 36z- und 12z-Zahnräder, um die Hinter-räder um den Faktor 3 zu beschleunigen (siehe Abbildung 12-12). Du kannst den Wagen auch noch schneller fahren lassen, indem du größere Räder aus anderen Technic-Kästen verwendest, aller-dings musst du dann auch die Kotflügel umbauen, damit die Räder hineinpassen.

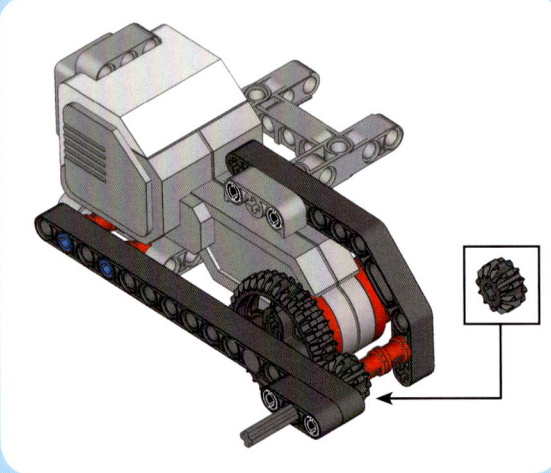

Abbildung 12-12: Mit Zahnrädern aus dem EV3-Kasten kannst du den Renn-wagen noch schneller machen. (Das Rad und der Rest des Wagens sind zur besseren Darstellung weggelassen worden.)

SELBST KONSTRUIEREN 21: EIN WAGEN-UPGRADE

Bau:  Programmierung:

Kannst du ein eigenes Fahrzeug auf Basis des Roboters in diesem Kapitel bauen? Nimm den For-mel-EV3-Rennwagen auseinander, mit Ausnahme der Vorderradlenkung (Seite 164). Indem du eine neue Position für den EV3-Stein und die Heck-motoren wählst, kannst du ein komplett anderes Fahrzeug konstruieren.

Um z.B. einen Personenwagen zu bauen, platzierst du die Hinterräder näher zu den Vorder-rädern und den EV3-Stein oben auf die Motoren. Du kannst auch einen Geländewagen bauen, indem du die Motoren in einem Winkel anbaust, um mehr Bodenfreiheit zu bekommen. Teste deinen Entwurf mit dem Fernsteuerprogramm, das du in diesem Kapitel geschrieben hast.

ANTY: Die Roboterameise

Bislang haben wir Modelle gebaut, die sich mit Rädern fortbewegen. Eine andere, wenn auch etwas kompliziertere Art von Modell ist ein Robotertier, das sich auf Beinen und nicht auf Rädern fortbewegt. In diesem Kapitel baust und programmierst du ANTY (siehe Abbildung 13-1). ANTY ist eine sechsbeinige, insektenartige Kreatur, die herumläuft und auf ihre Umgebung reagiert, indem sie sich abhängig davon, was die Sensoren sehen, unterschiedlich benimmt.

Der Infrarotsensor dient ANTY als Augen, sodass der Roboter Objekte in seiner Umgebung erkennen kann, um Futter zu finden. Der Farbsensor im Schwanz des Roboters ermöglicht es ihm, Änderungen in der Umgebung wahrzunehmen. Unterschiedliche Umgebungen, in diesem Fall verschiedenfarbige Objekte, führen zu unterschiedlichem Verhalten des Roboters. Grüne Objekte geben ANTY ein Gefühl der Sicherheit, sodass sie ein Nickerchen macht. Rote Objekte bedeuten Gefahr, sodass sie sich aggressiv schüttelt, um Feinde zu verscheuchen. Blaue Objekte jagen ANTY Angst ein und sie läuft weg. Gelbe Objekte schließlich machen sie hungrig und sie beginnt, nach Futter zu suchen.

Abbildung 13-1: ANTY

Der Lauf-
mechanismus

ANTY geht mit zwei Motoreinheiten, wobei jede drei Beine
steuert. Die Vorwärtsdrehung eines Motors lässt die drei
daran angeschlossenen Beine vorwärts gehen (siehe Abbildung 13-2). Wenn beide Motoren gleichzeitig vorwärts
laufen, bewegt sich der ganze Roboter vorwärts.

　　Das funktioniert aber nur, wenn sich die Beine auf der
linken Seite in entgegengesetzter Position zu den Beinen
auf der rechten Seite befinden. Zum Beispiel sollten die
Beine links in Position 2 sein, wenn die Beine rechts sich in
Position 4 befinden, sodass immer mindestens drei Beine
Bodenkontakt haben. Das ist der Fall, wenn ein Motor
genau 180 Grad weiter gedreht ist als der andere.
(Der grüne Punkt in Position 4 ist dem grünen Punkt
in Position 2 um 180 Grad voraus.)

　　Der Roboter verwendet den Berührungssensor, um
die absolute Position der Motoren zu ermitteln, sodass
sie beim Programmstart in gegenüberliegende Positionen
gebracht werden können. Der Roboter weiß, dass ein Satz
Beine sich in Position 1 befindet, wenn der Berührungssensor durch eine Nocke betätigt wird (siehe Abbildung 13-2).

　　Wenn du den Roboter gebaut hast, erstellst du einen
Eigenen Block, der die Beine auf beiden Seiten in die erforderliche Position bringt. Dann kann der Roboter mittels
Hebellenkungsblöcken laufen. Solange beide Motoren mit
derselben Geschwindigkeit drehen, bleiben sie zueinander
um 180 Grad versetzt.

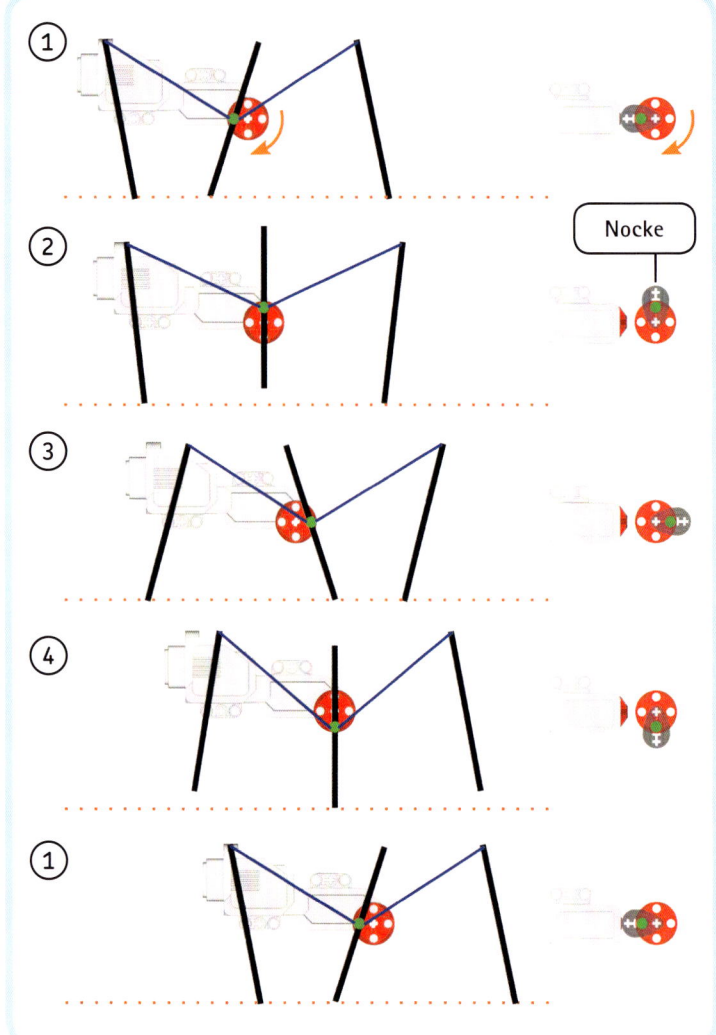

Nocke

Abbildung 13-2: Die Vorwärtsdrehung des Motors lässt drei Beine (schwarze Linien) einen Schritt
vorwärts machen. Der Motor bewegt das mittlere Bein, indem der Pivot (grüner Punkt) sich kreis-
förmig dreht. Im Gegenzug bewegt das mittlere die äußeren Beine durch einen Satz Balken (blaue
Linien). Nach einer vollen Umdrehung befinden sich die Beine wieder in Position 1 und der Roboter
hat sich vorwärts bewegt.

ANTY bauen

Nachdem du jetzt ein wenig die Funktion des Roboters kennst, kannst du ihn bauen. Folge den Anweisungen auf den kommenden Seiten, suche aber erst die Teile zusammen, die du dafür benötigst (siehe Abbildung 13-3).

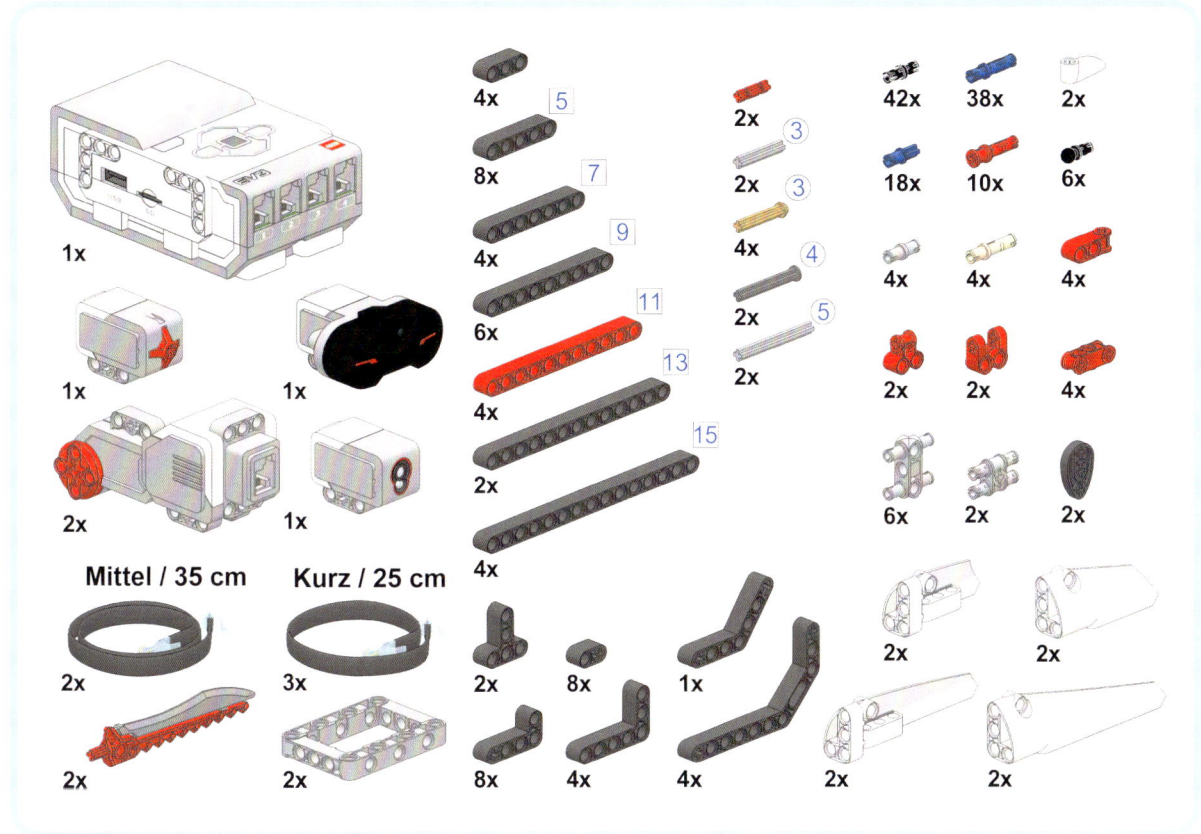

Abbildung 13-3: Die Bauteile für ANTY

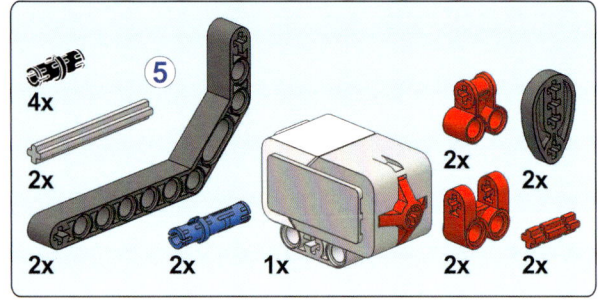

1

2

3

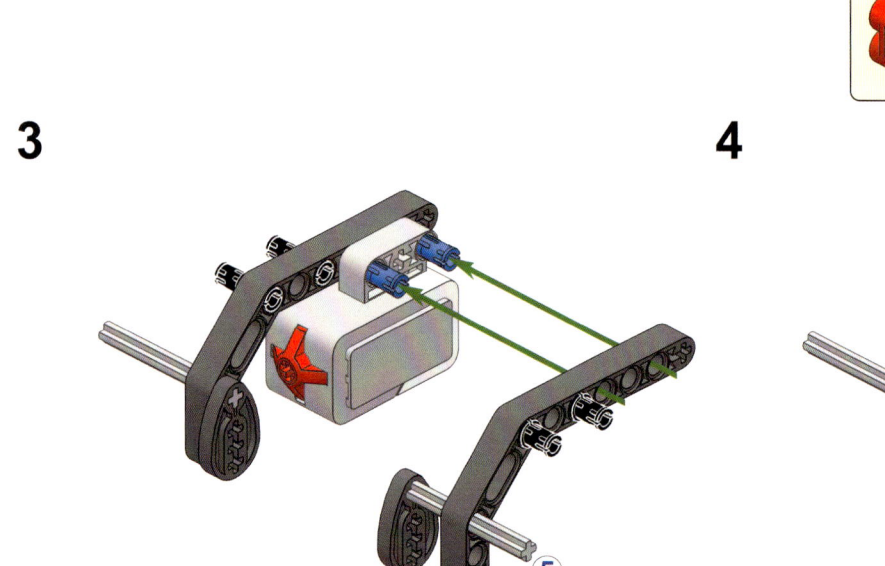

4

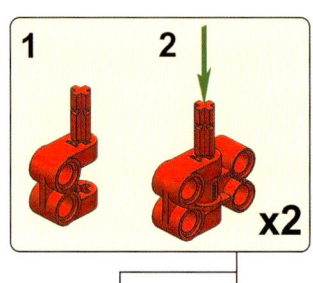

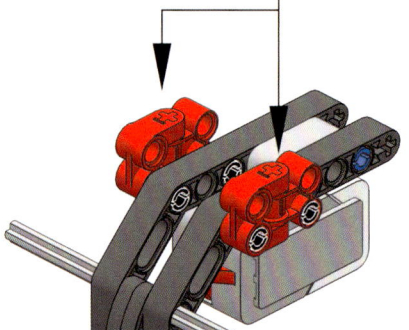

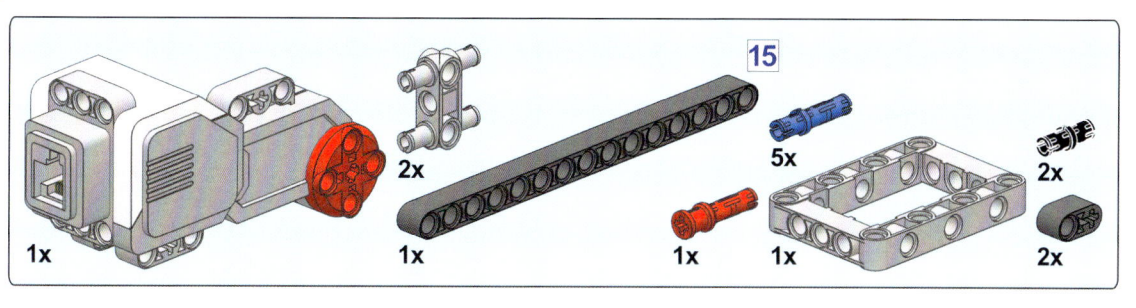

15

2x 1x 5x 1x 1x 2x
1x 1x 2x

5

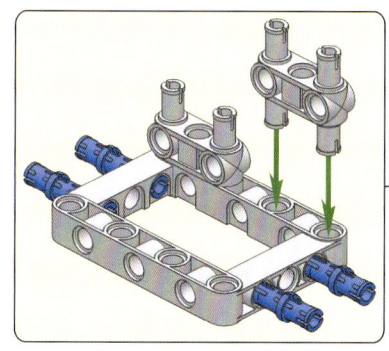

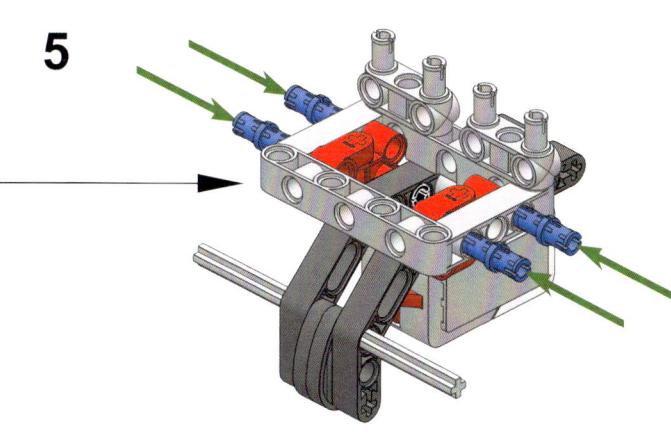

1

2

15

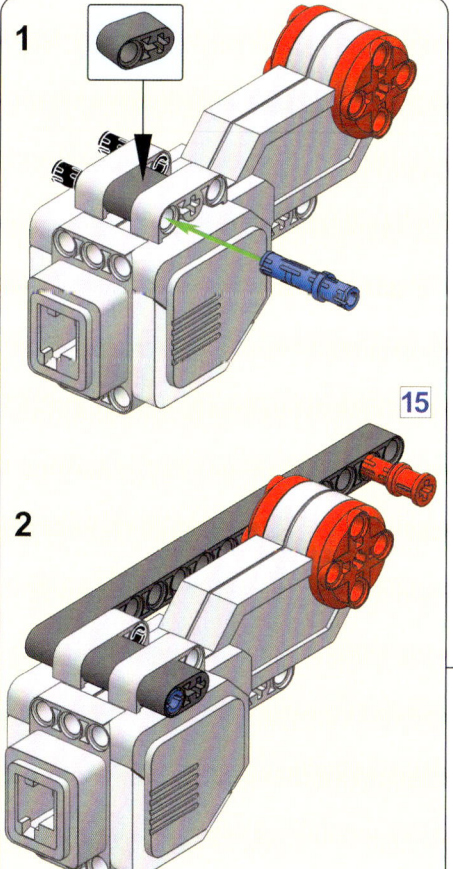

6

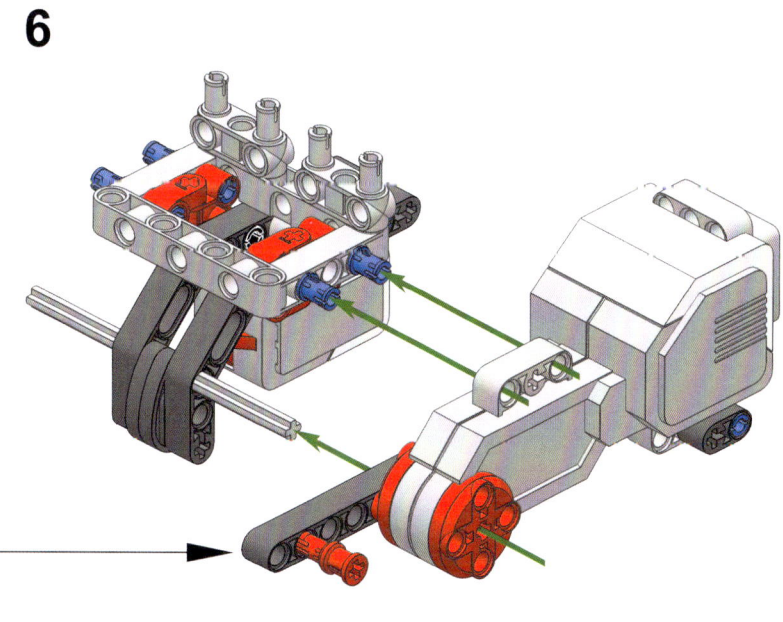

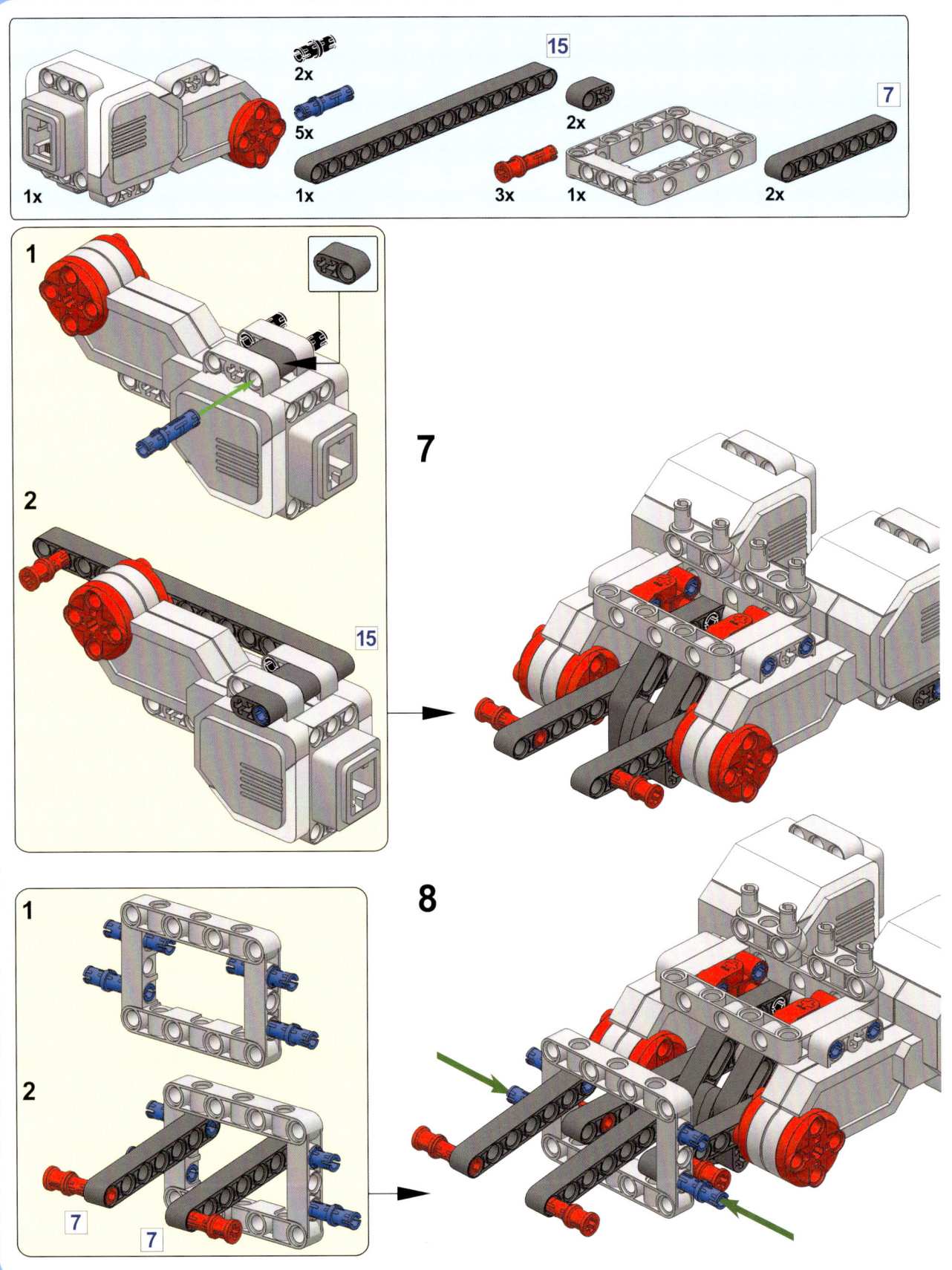

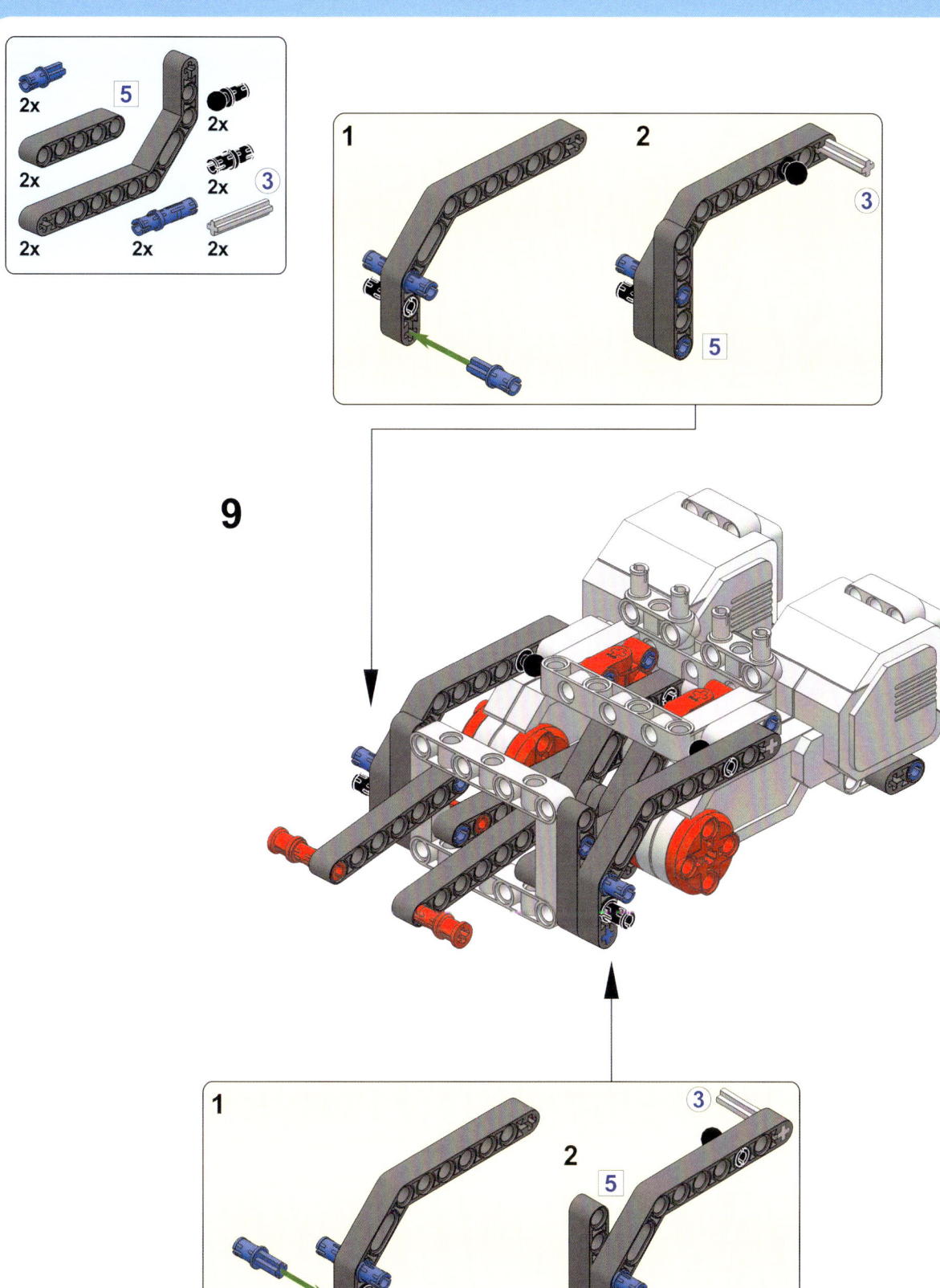

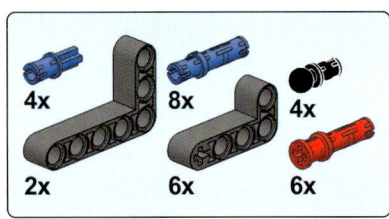

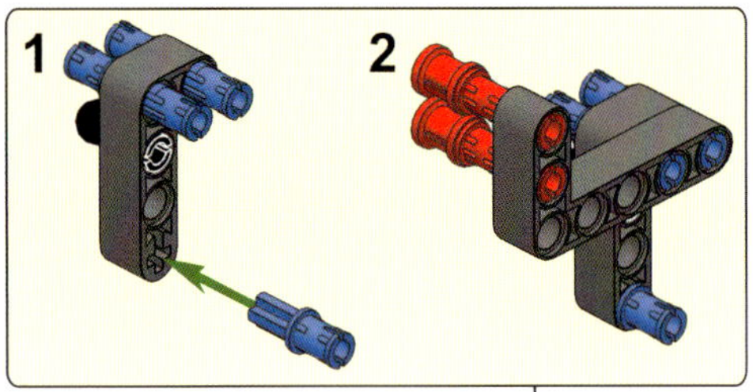

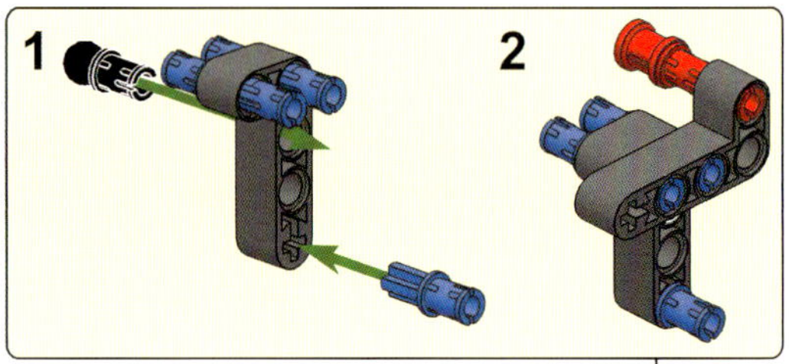

10

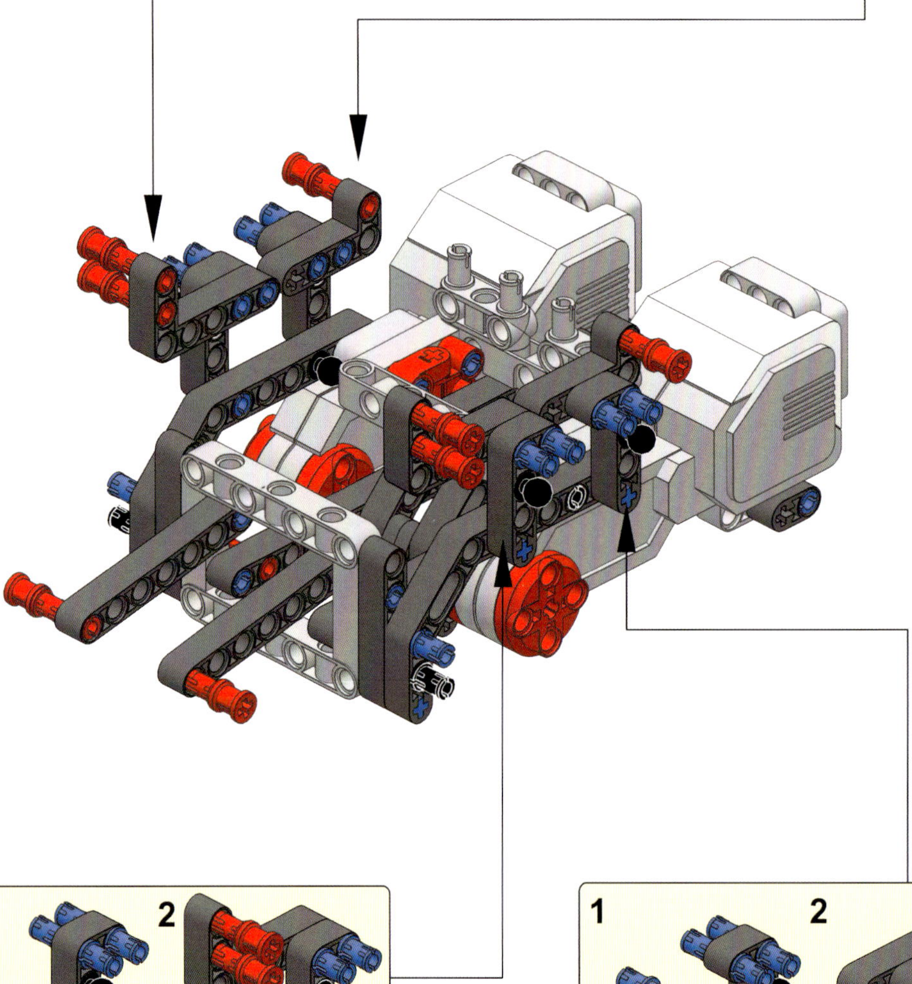

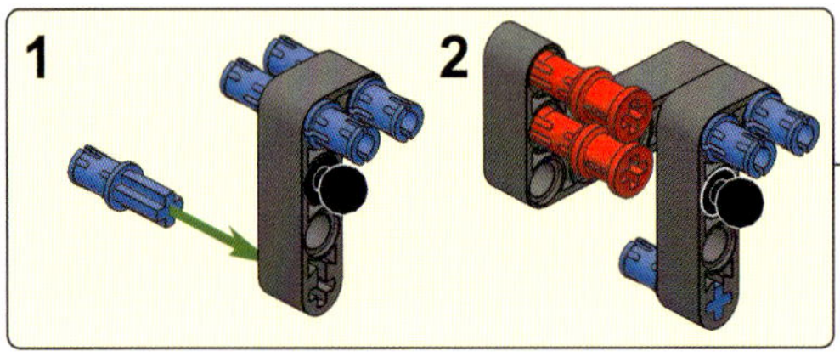

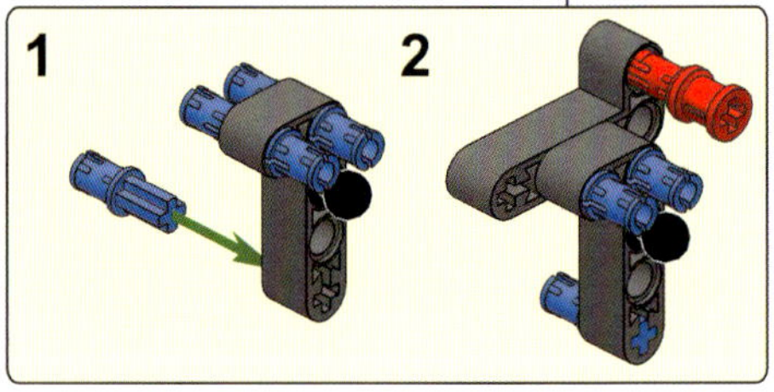

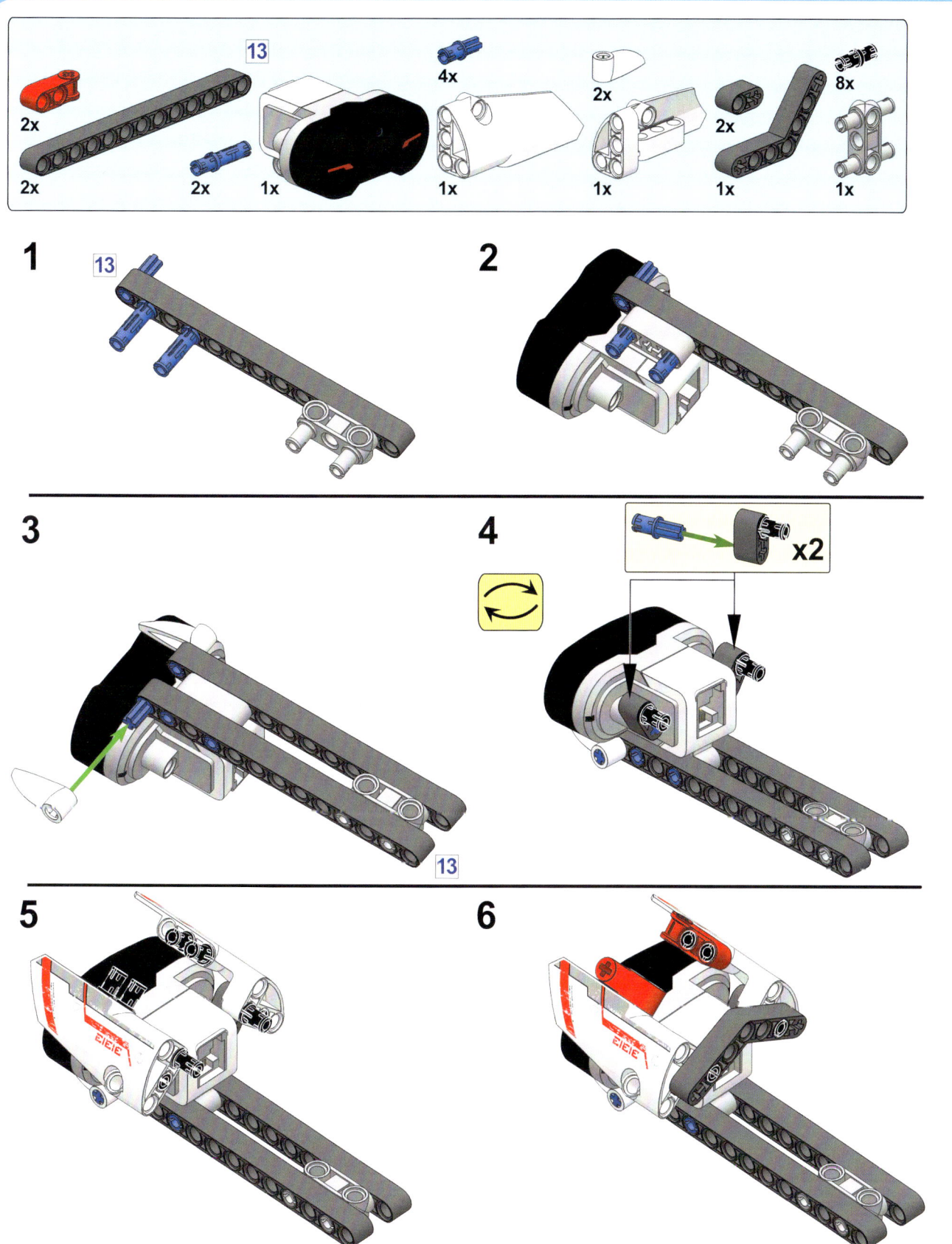

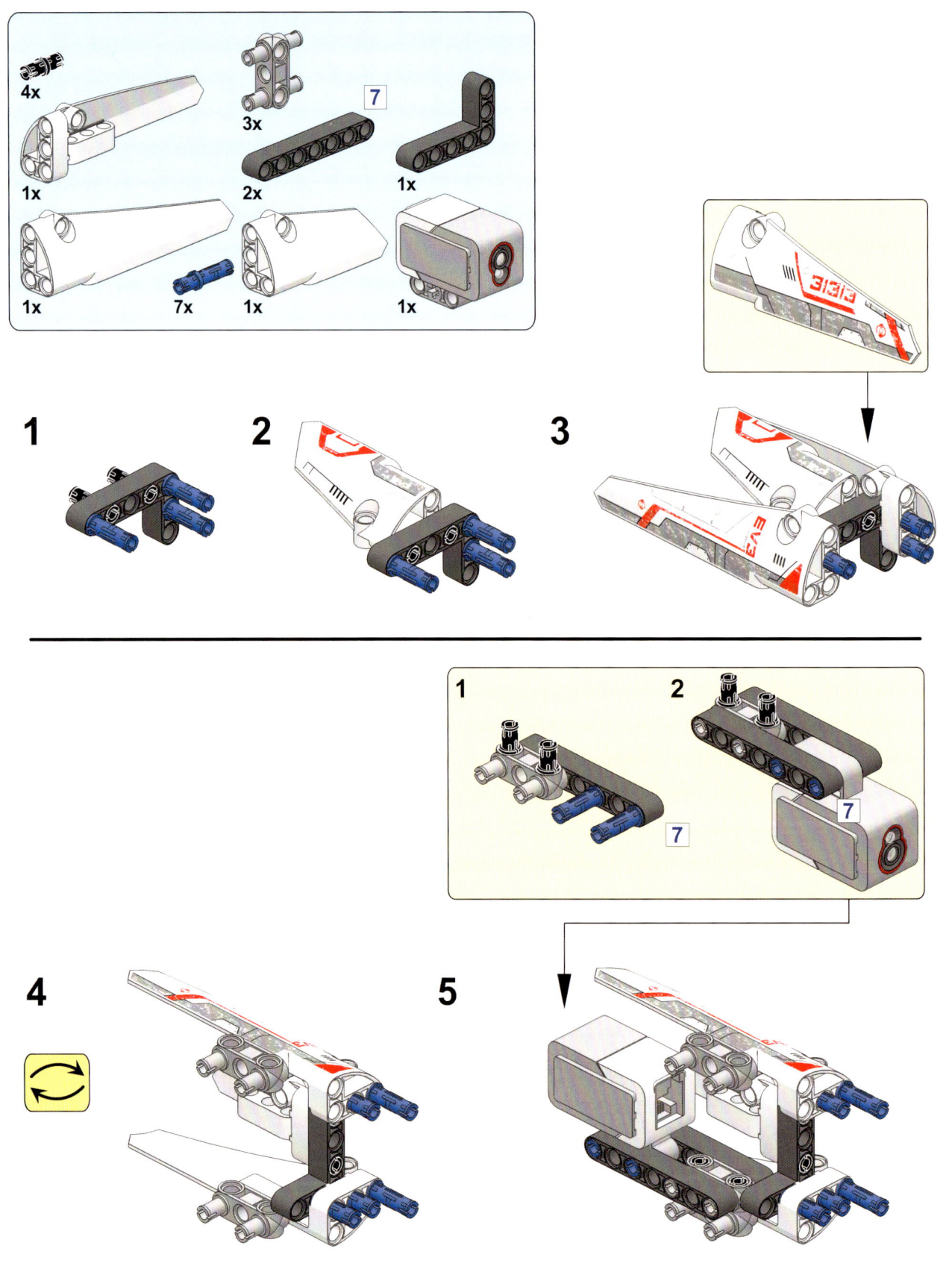

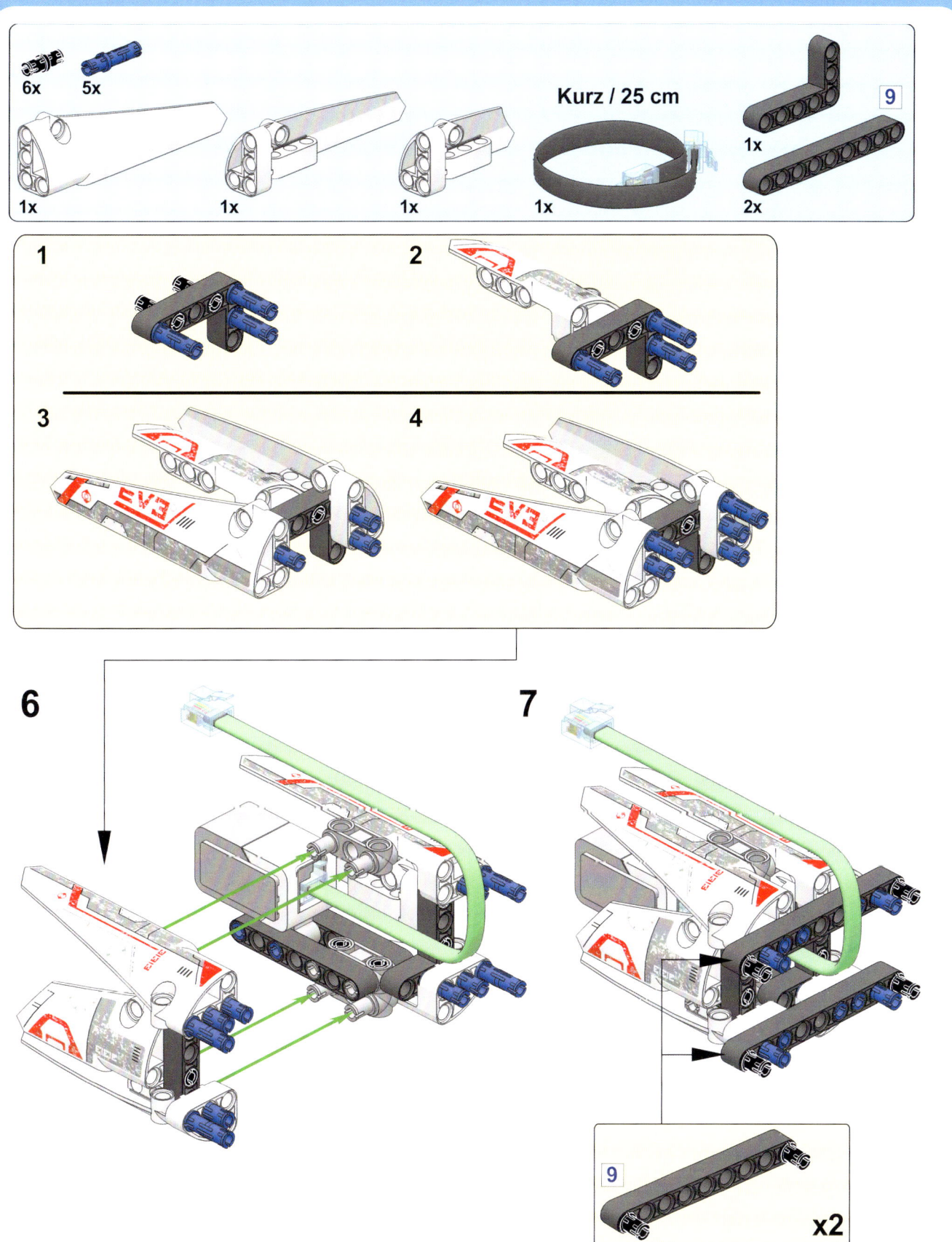

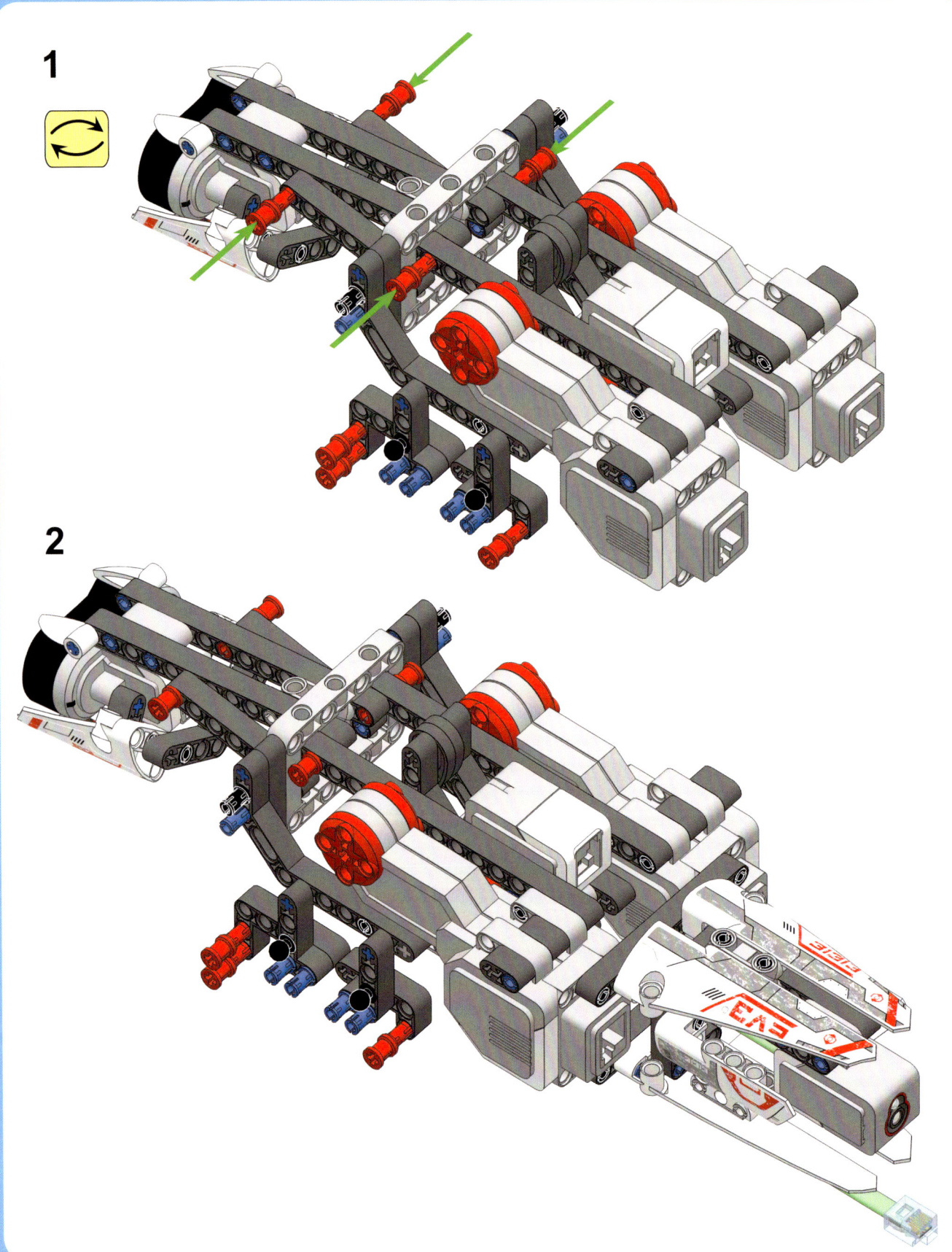

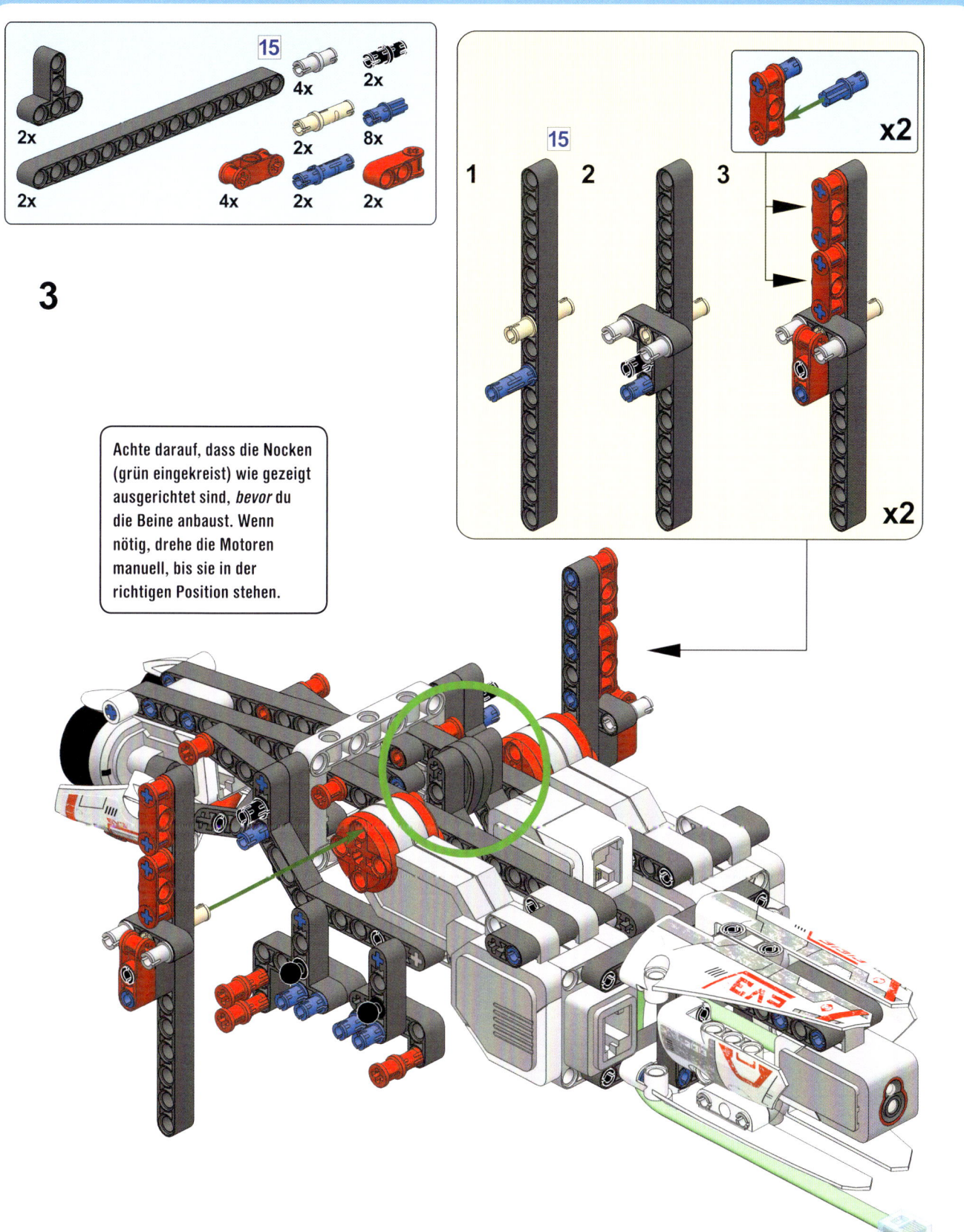

3

Achte darauf, dass die Nocken (grün eingekreist) wie gezeigt ausgerichtet sind, *bevor* du die Beine anbaust. Wenn nötig, drehe die Motoren manuell, bis sie in der richtigen Position stehen.

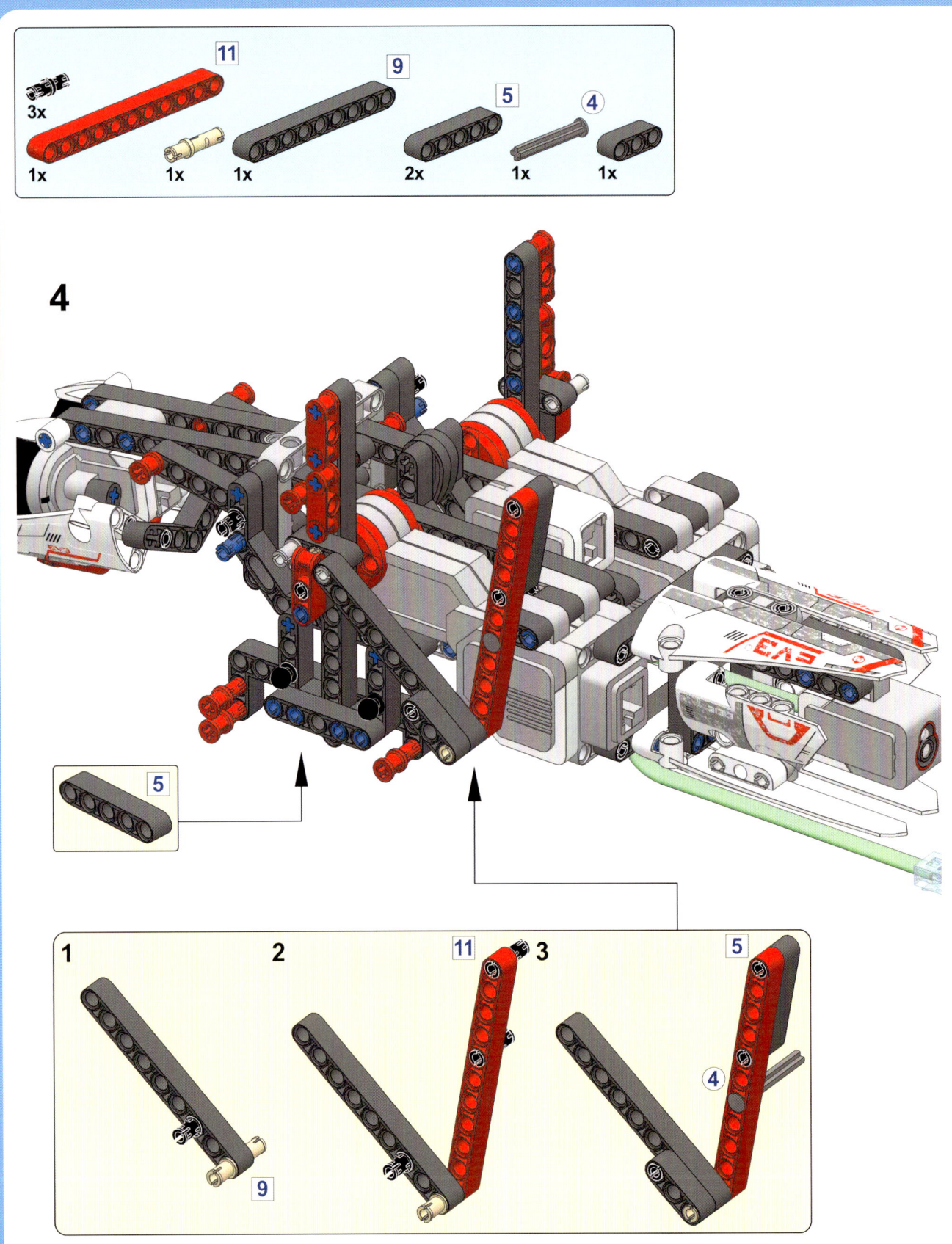

4

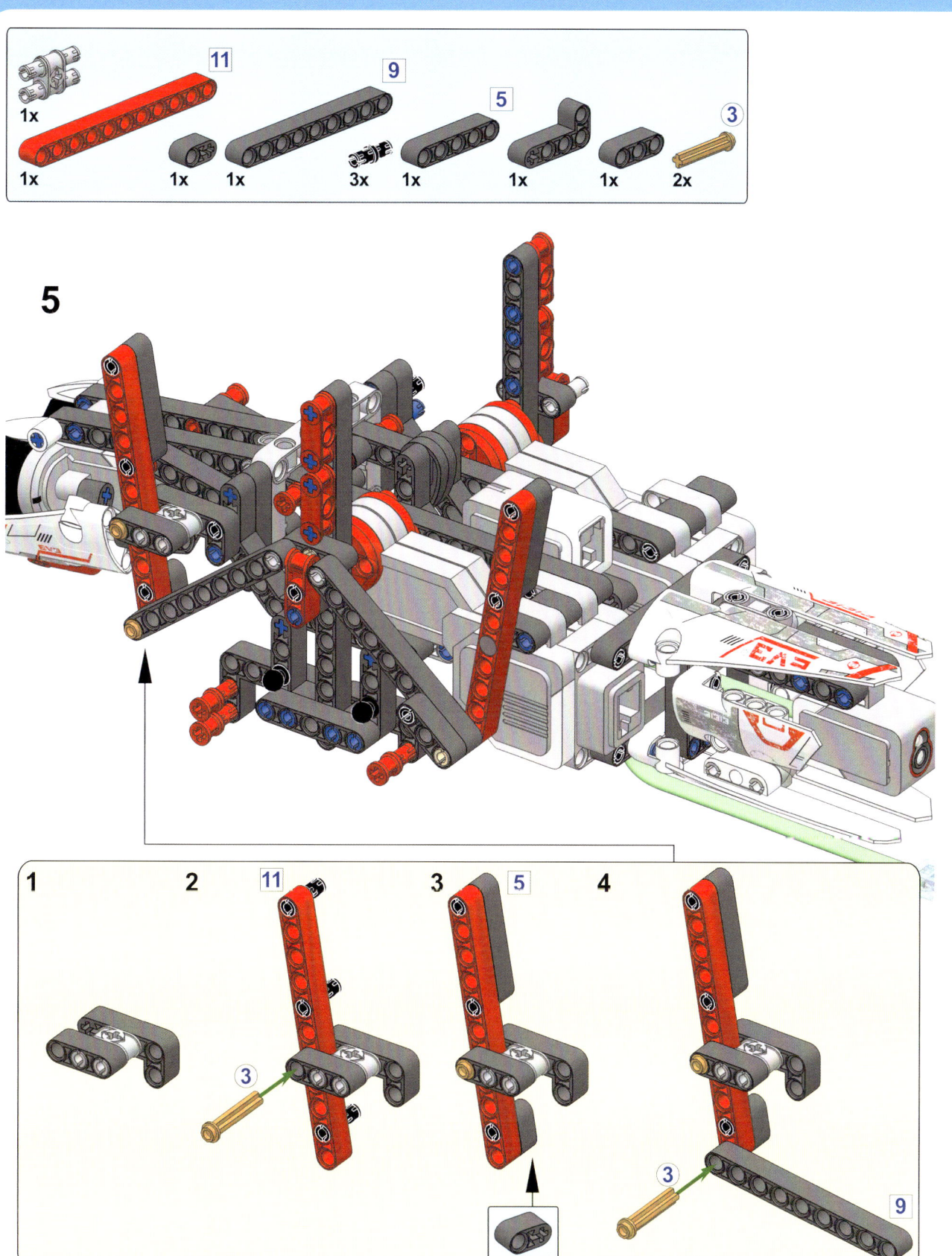

5

1   2   **11**   3   **5**   4

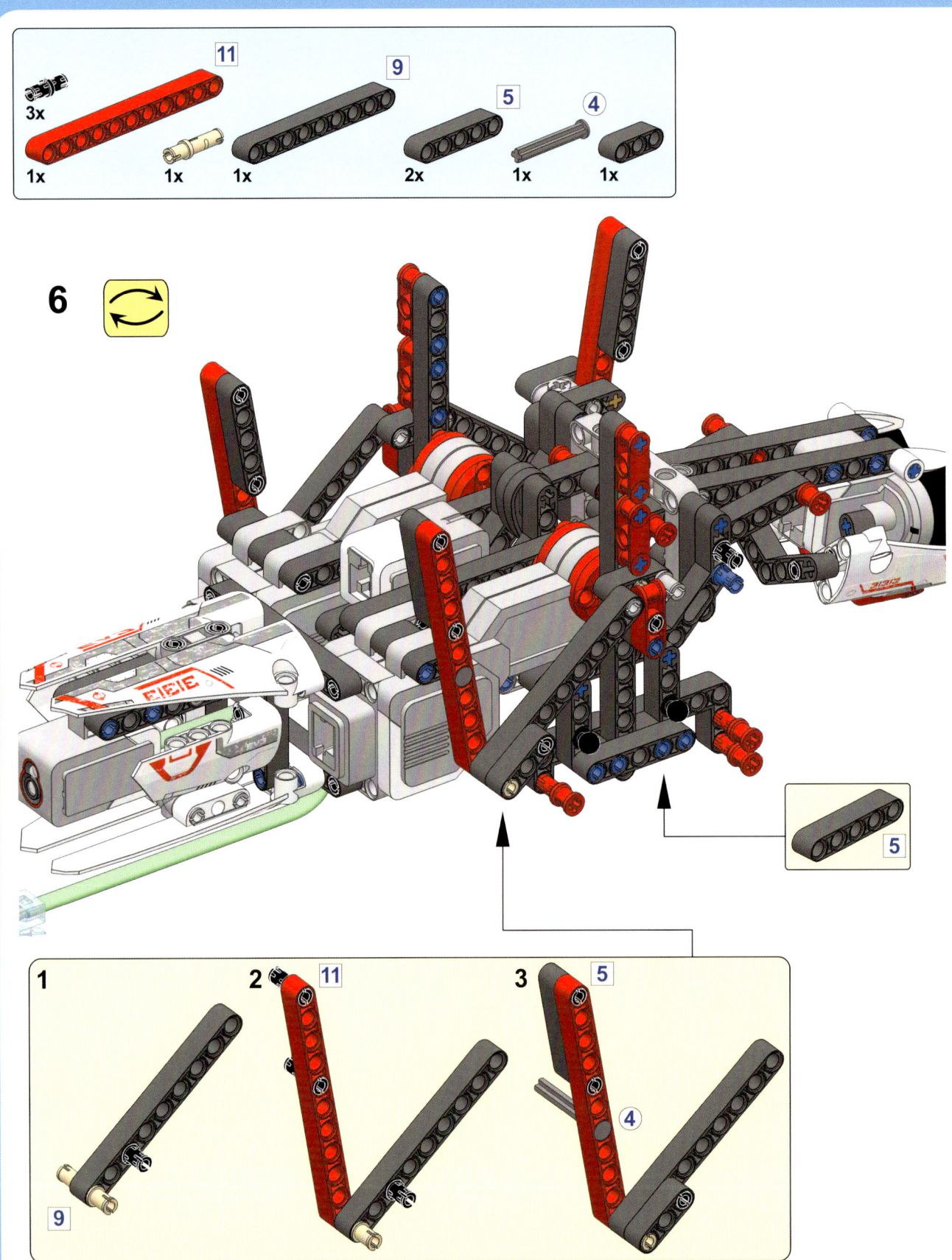

6

1

9

2 11

3 5

4

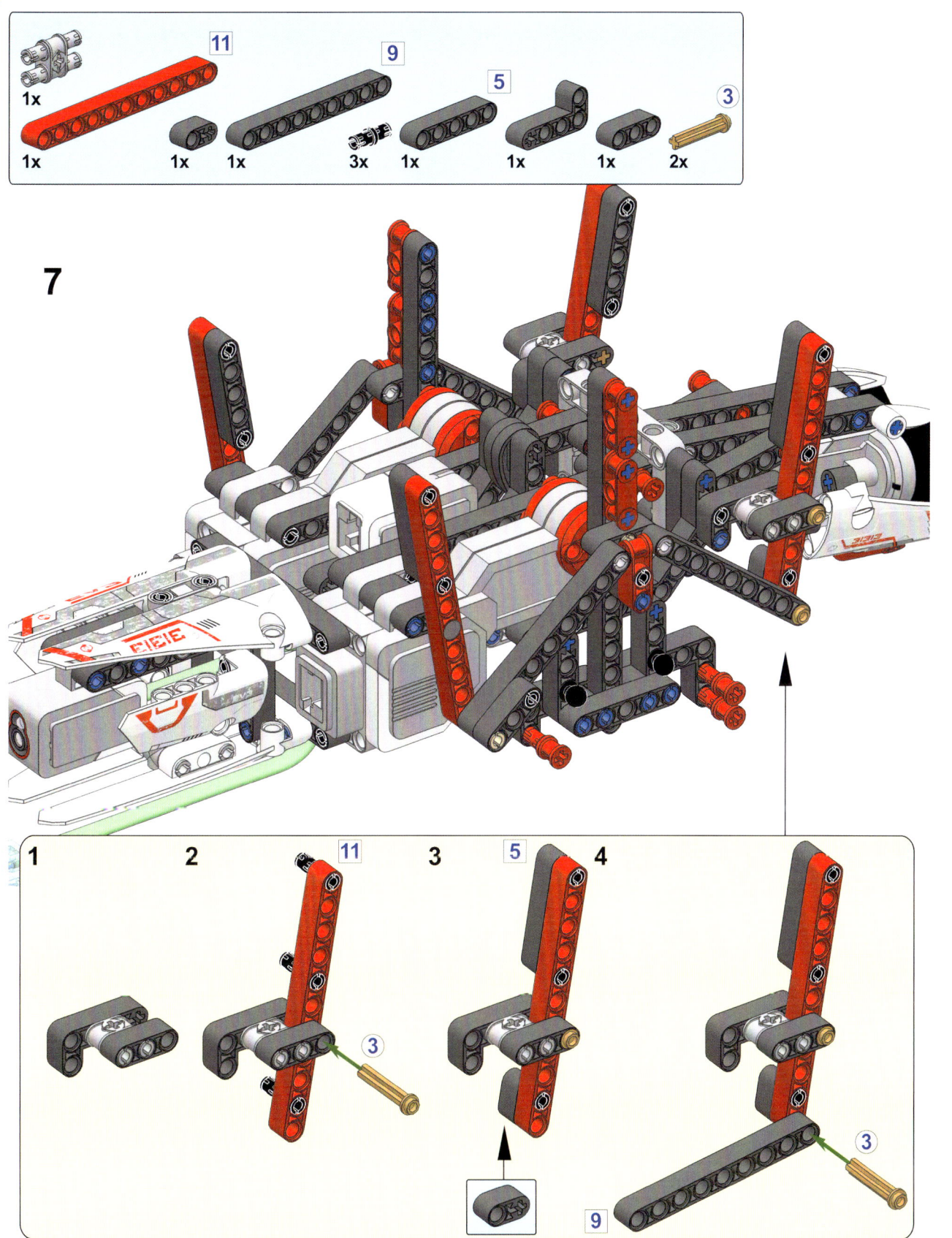

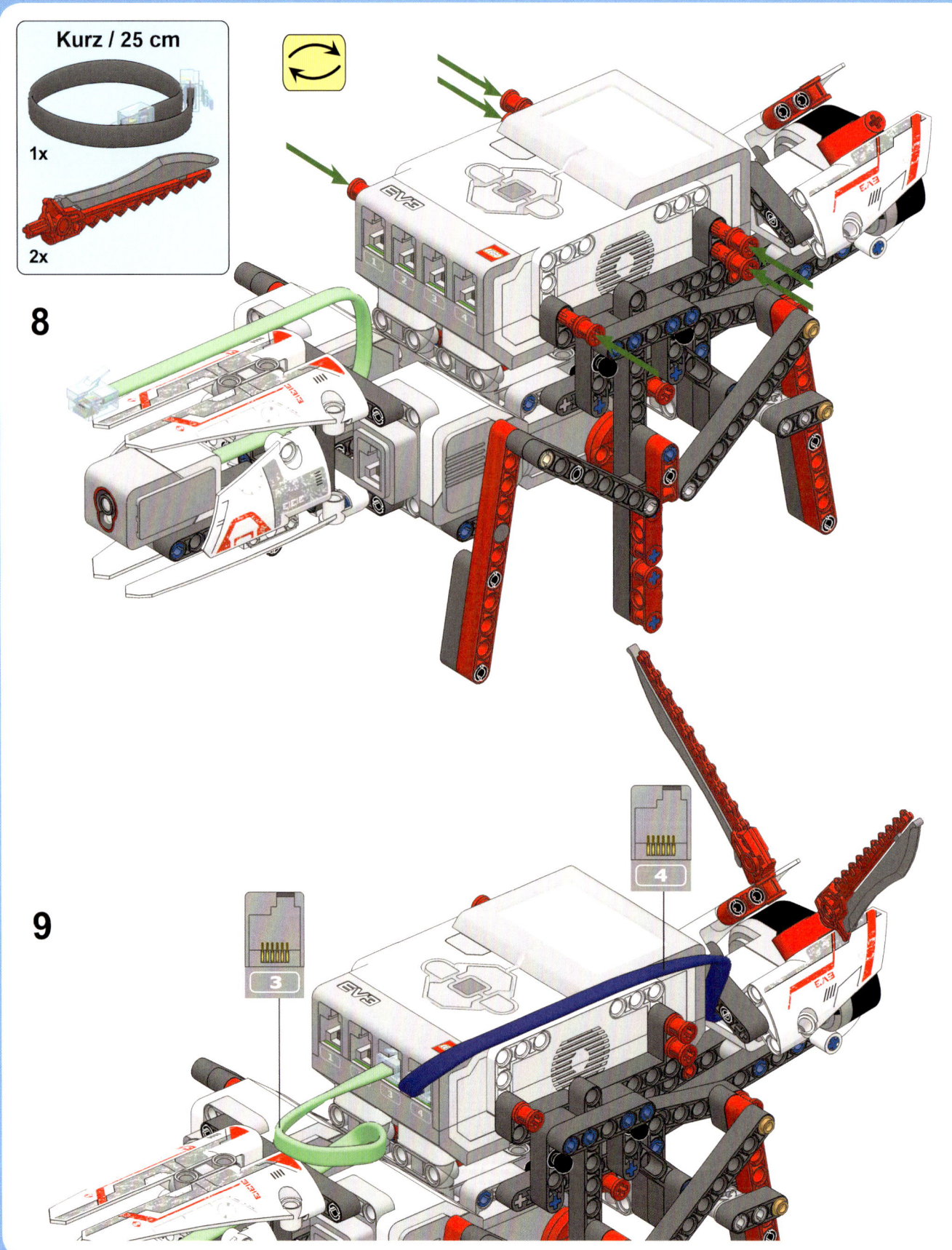

Kurz / 25 cm

1x

2x

8

9

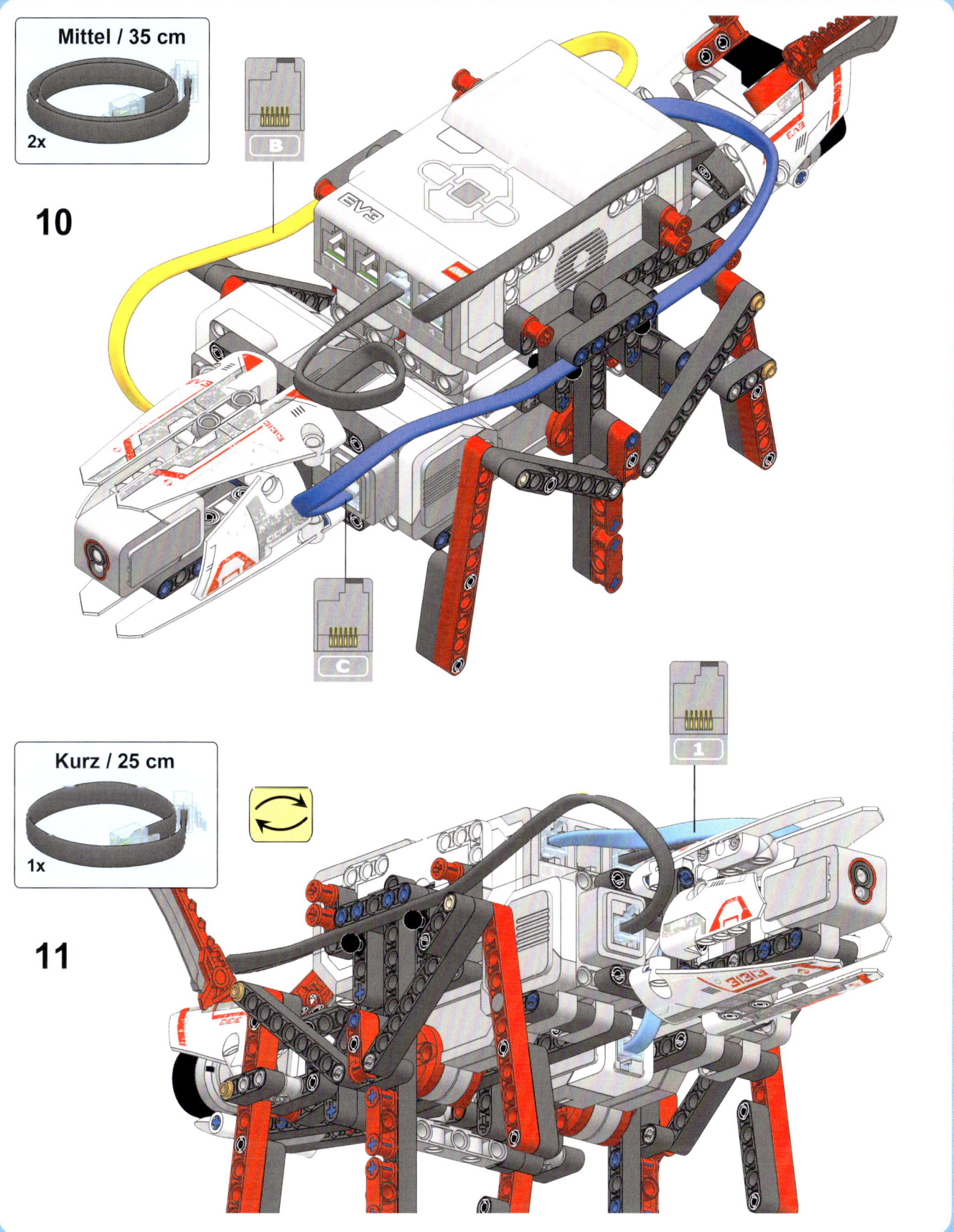

Mittel / 35 cm
2x

10

11

Kurz / 25 cm
1x

ANTY zum Gehen bringen

Du weißt bereits, dass ANTY vorwärts geht, indem sich beide Motoren gleichzeitig vorwärts drehen. Dazu müssen aber die Beine beider Seiten in entgegengesetzten Positionen ausgerichtet sein (also um 180 Grad entgegengesetzt). Du erstellst einen Eigenen Block, um die rechten Beine in Position 1 und die linken in Position 3 zu bringen (siehe Abbildung 13-2). Dazu nutzt du die Information der Nocke aus, dass der Motor den Bewegungssensor auslöst, wenn sich die Nocke in Position 1 befindet. Diesen Block verwendest du bei jedem Start des Programms für ANTY.

Ist dieser Block durchgelaufen, bringen Hebellenkungsblöcke den Roboter zum Gehen, indem sie beide Motoren *mit der gleichen Geschwindigkeit* laufen lassen, damit sie in entgegengesetzten Positionen bleiben.

Den gegenüberliegenden Eigenen Block erstellen

Da beide Motoren denselben Berührungssensor verwenden, um ihre absolute Position zu ermitteln, weiß der Roboter nicht, ob der Sensor durch den linken Motor (B) oder den rechten Motor (C) oder durch beide ausgelöst wird. Du kannst die Position der Motoren jedoch trotzdem bestimmen, indem du jeweils nur einen Motor laufen lässt und folgende Schritte ausführst:

1. Schalte beide Motoren gleichzeitig ein, bis der Berührungssensor losgelassen wird. (Der Roboter macht das, indem er beide Motoren wiederholt ein wenig vorwärts laufen lässt, bis der Sensor freigegeben wird.)

2. Drehe den linken Motor vorwärts, bis der Berührungssensor ausgelöst wird. Die Beine befinden sich jetzt ein klein wenig über Position 1 hinaus.

3. Drehe den linken Motor 180 Grad vorwärts. Die linken Beine sind jetzt ein klein wenig hinter Position 3.

4. Drehe den rechten Motor vorwärts, bis der Berührungssensor ausgelöst wird. Die rechten Beine befinden sich jetzt in Position 1, genau gegenüber den linken Beinen.

Erstelle ein neues Projekt namens ANTY. Platziere und konfiguriere die Blöcke, die diese Schritte umsetzen (siehe Abbildung 13-4). Dann wandelst du sie in einen Eigenen Block namens *Opposite* um und führst ihn testweise aus.

Falls der Eigene Block die Beine nicht in gegenüberliegende Positionen bringt, auch wenn dein Programm genau wie das vorgestellte aussieht, könntest du die Nocken falsch angebracht haben. Schau dir die Seite 183 noch einmal an und korrigiere den Roboter, falls das notwendig sein sollte. (Du musst den Roboter nicht vollständig auseinanderbauen: Es ist einfacher, die Nocken an ihren Positionen zu belassen. Entferne einfach die mittleren Beine von den Motoren und baue sie so wieder an, dass alles den Anweisungen entspricht.)

Hindernissen ausweichen

Wenn die Beine in Position sind, kannst du den Roboter vorwärts gehen lassen, indem du beide Motoren mittels Hebellenkungsblöcken in derselben Geschwindigkeit laufen lässt. Der Roboter dreht nach links oder rechts, indem er einen Motor rückwärts laufen lässt. Du kannst diese Techniken verwenden, um ein Programm zum Umgehen von Hindernissen zu schreiben.

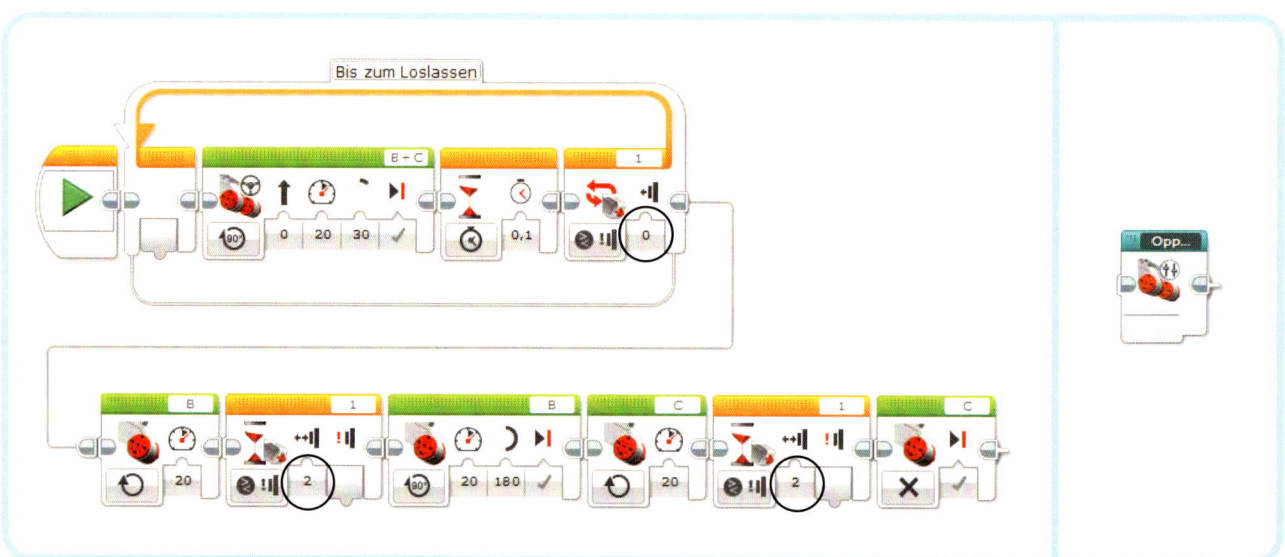

*Abbildung 13-4: Die Konfiguration der Blöcke (links) und der fertige Eigene Block **Opposite** (rechts). Ich habe eine Weiterleitung verwendet, um das Programm zur besseren Lesbarkeit aufzuteilen. Du musst dies aber nicht tun.*

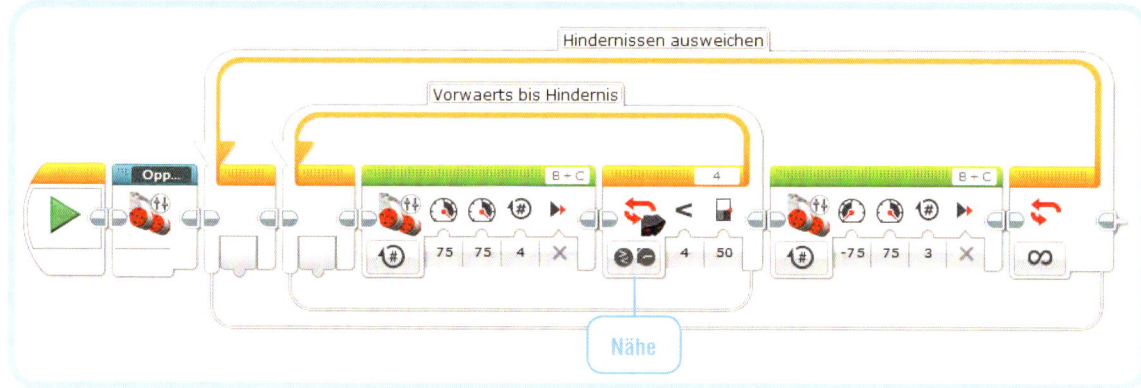

Abbildung 13-5:
Das Programm
ObstacleAvoid

Statt Bewegungsblöcke im *An*-Modus zu verwenden, wie bei der Programmierung des EXPLOR3Rs, lässt dieses Programm die Motoren vier ganze Umdrehungen mit dem Modus *An für n Umdrehungen* laufen. Diese Bewegung wird wiederholt, bis die Messung des Infrarotsensors unter 50% fällt. Dann dreht sich der Roboter nach links, indem er den linken Motor rückwärts laufen lässt und den rechten Motor drei Umdrehungen lang vorwärts.

Erstelle das Programm *ObstacleAvoid* zum Ausweichen von Hindernissen gemäß den Anweisungen in Abbildung 13-5. Achte darauf, beide Motoren mit derselben Geschwindigkeit eine feste Anzahl kompletter Umdrehungen laufen zu lassen, sodass die Beine immer in entgegengesetzter Position stehen bleiben, bereit für weitere Schritte. Wenn du Bewegungen programmierst, bei denen die Beine in anderen Positionen bleiben, musst du den Eigenen Block *Opposite* erneut ausführen, um die Beine neu zu positionieren.

HINWEIS ANTY funktioniert am besten auf glatten Oberflächen, wie Fliesen oder Holz. Wenn der Roboter Schwierigkeiten hat, vorwärts zu gehen, versuche, die Leistungseinstellung im Hebellenkungsblock auf 40 statt auf 75 zu stellen.

Das Verhalten programmieren

Als Nächstes wirst du das Programm erstellen, das den Roboter verschiedene Verhaltensweisen durchlaufen lässt, abhängig von Änderungen in seiner Umgebung. Wir beginnen mit dem komplizierteren Verhalten, dem Suchen nach Futter, sodass wir dieses Programm separat testen können. Wenn du fertig bist, kombinierst du es mit den anderen Verhaltensweisen.

Futter suchen

Wir ahmen die Suche nach Futter nach, indem wir den Roboter nach dem Signal der Fernbedienung suchen lassen. Du kennst diese Technik aus Kapitel 8. ANTY sucht nach dem Signal, geht darauf zu und hält an, wenn sie es gefunden hat. Um das zu erreichen, macht der Roboter zwei Schritte nach links oder rechts, abhängig von der Seite,

von der das Signal kommt, und dann zwei Schritte vorwärts. Dieses Verhalten wird so lange wiederholt, bis das Signal in der Nähe ist, der Roboter also sein Ziel erreicht hat.

Erstelle das Programm *FindingFood* (siehe Abbildung 13-6). Wenn du überprüft hast, dass es funktioniert, wandelst du den Schleifenblock mit seinen Elementen in einen Eigenen Block namens *Find* um, sodass du ihn im nächsten Programm aufrufen kannst. (Baue den Block *Opposite* nicht in den Eigenen Block *Find* ein – du wirst ihn im fertigen Programm an einer anderen Stelle einfügen.)

HINWEIS Vergiss nicht, die obere Taste der Fernbedienung zu aktivieren (Button-ID 9), sodass die grüne Lampe eingeschaltet bleibt. Halte die Fernsteuerung auf Augenhöhe des Roboters.

Die Umgebung überwachen

Das fertige Programm lässt ANTY verschiedene Verhaltensweisen zeigen, abhängig von der mit dem Farbsensor im Schwanz gemessenen Farbe. Zum Beispiel macht ANTY ein kleines Nickerchen, wenn du ein grünes Objekt in die Nähe des Sensors hältst, denn die Farbe Grün bedeutet Sicherheit wie auf einer Wiese.

Beginnen wir mit der Grundstruktur des Programms *ColorBehavior*. Der Roboter sollte regelmäßig prüfen, welche Farbe er sieht, und eine der Farbe entsprechende Aktion ausführen. Du programmierst den Roboter dazu mit einem Schalterblock im Modus *Farbsensor – Messen – Farbe*, den du in einen Schleifenblock einfügst (siehe Abbildung 13-7).

Der Schalterblock hat fünf Fälle: keine Farbe, Grün, Gelb, Blau und Rot. Der Standardfall ist keine Farbe. Blöcke in diesem Register werden also ausgeführt, wenn Schwarz, Weiß oder Braun erkannt werden. Der nächste Schritt besteht darin, jedem Register des Schalters Blöcke hinzuzufügen.

Keine Farbe: Still stehen

Ohne die Farben Grün, Gelb, Blau oder Rot steht ANTY einfach still da und gibt zirpende Geräusche von sich. Platziere einen Klangblock im Register *Keine Farbe* (siehe Abbildung 13-8). Die Klangdatei Insect Chirp spielt zwei Zirplaute ab, sodass der Sensor nach jedem zweiten Zirpen eine Messung vornimmt.

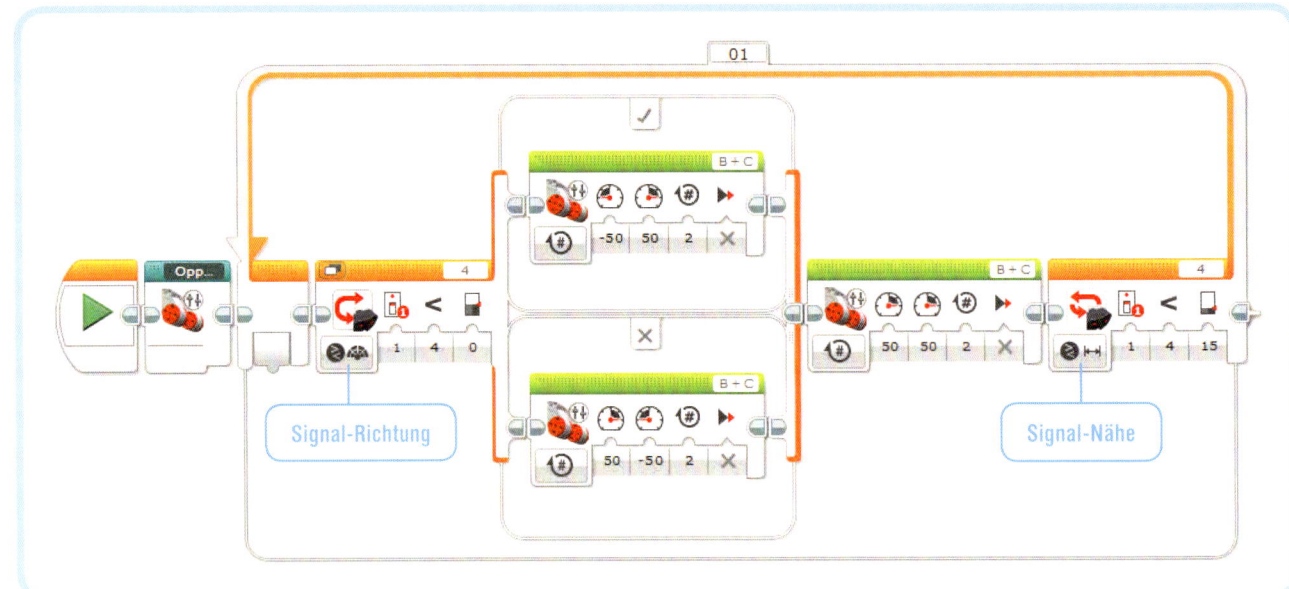

Abbildung 13-6: *Das Programm* FindingFood. *Der Schleifenblock wird zum Eigenen Block* Find.

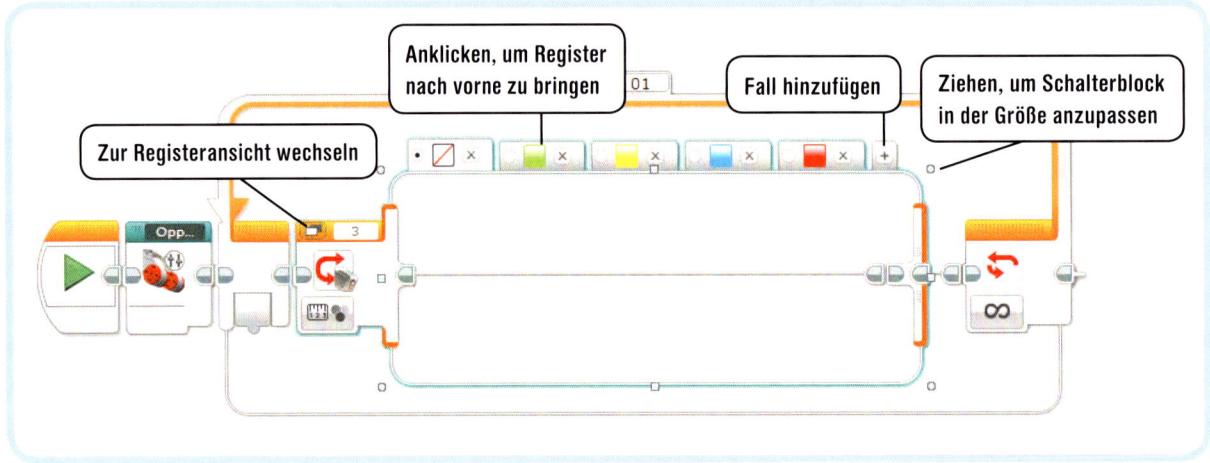

Abbildung 13-7: *Die Grundstruktur des Programms* ColorBehavior. *In jedes Register fügst du Blöcke ein.*

Grün: Sicherheit

Wenn ANTY eine grüne Wiese sieht, weiß sie, dass es sicher ist, ein kleines Nickerchen zu machen. Füge die Blöcke für dieses Verhalten in das Register für Grün ein (siehe Abbildung 13-9).

Gelb: Futter

Ein gelbes Objekt zu sehen macht ANTY hungrig, sodass sie anfängt, nach Futter (dem Signal) mittels des *Find*-Blocks zu suchen (siehe Abbildung 13-10). Siehe nach unter »Futter suchen« auf Seite 191, wenn du den Eigenen Block noch nicht erstellt hast.

Blau: Raubtiere

Blaue Objekte zeigen die Nähe von Raubtieren an. Die beste Möglichkeit für ANTY besteht im Weglaufen, indem du die Hebellenkungsblöcke verwendest (siehe Abbildung 13-11). Diese Blöcke lassen den Roboter fünf Schritte zurück gehen und dann zwei Schritte nach links.

Rot: Aggression

Rot lässt ANTY aggressiv werden, sodass sie sich schrecklich schüttelt, um Feinde zu vertreiben (siehe Abbildung 13-12).

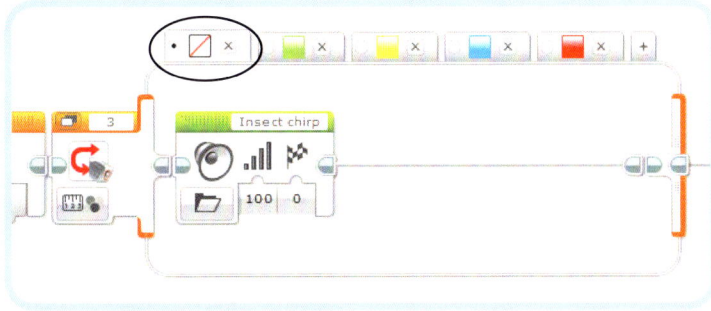

Abbildung 13-8: ANTY macht ein Zirpgeräusch, wenn sie nichts Grünes, Gelbes, Blaues oder Rotes sieht.

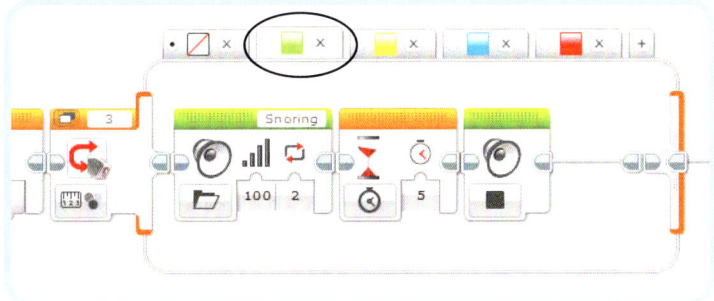

Abbildung 13-9: ANTY macht ein kleines Nickerchen, wenn sie ein grünes Objekt sieht.

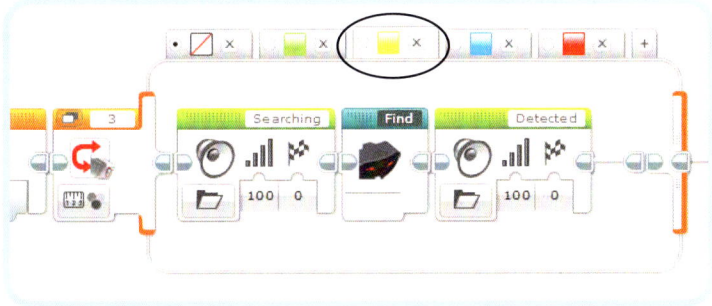

Abbildung 13-10: ANTY sucht nach dem Infrarotsignal und geht darauf zu, wenn der Farbsensor Gelb erkennt.

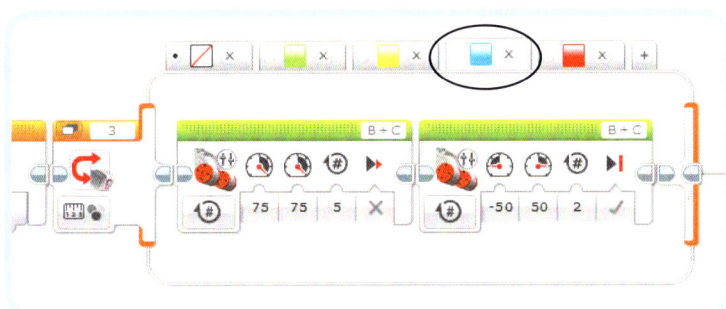

Abbildung 13-11: ANTY läuft weg, wenn sie etwas Blaues sieht. Beachte, dass die Motoren eine feste Anzahl Umdrehungen laufen, sodass die Beine in der Ausgangsposition stehen bleiben, um danach weitergehen zu können.

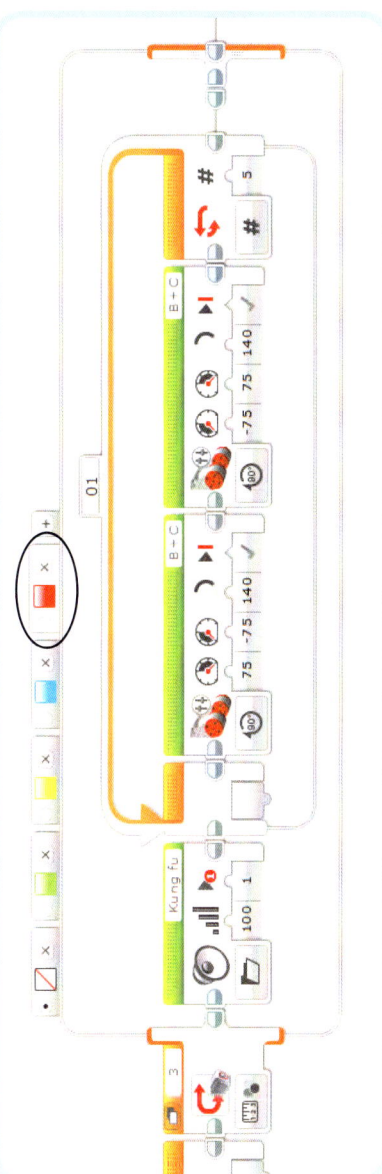

Abbildung 13-12: ANTY schüttelt sich aggressiv, wenn sie ein rotes Objekt sieht.

Das Programm ist jetzt vollständig, führe es aus und teste jedes Verhalten von ANTY, indem du verschiedenfarbige Objekte vor den Farbsensor hältst.

Weitere Experimente

Mit dem EV3 kannst du nicht nur Fahrzeuge und Maschinen bauen, sondern auch Robotertiere und andere Kreaturen. In diesem Kapitel hast du ANTY gebaut, einen sechsbeinigen Laufroboter. Du hast gelernt, ihn mithilfe von zwei großen Motoren und in Verbindung mit dem Berührungssensor, der die absolute Position der Motoren überwacht, zum Gehen zu bringen.

Zusätzlich zum Gehen hast du dem Roboter auch per Programmierung verschiedene Verhaltensweisen beigebracht, sodass ANTY auf Basis verschiedener Sensorwerte das Verhalten eines echten Tieres nachahmt. Probiere jetzt die Selbst-entdecken-Aufgaben aus, um den Roboter besser kennenzulernen. Was für coole Monster kannst du bauen?

SELBST ENTDECKEN 70: FERNSTEUERUNG

Schwierigkeitsgrad: 　Zeit: ◔◔

Kannst du eine Fernsteuerung für ANTY programmieren? Lass den Roboter mit der Fernsteuerung in eine beliebige Richtung gehen. Die Technik dazu hast du in Kapitel 8 kennengelernt.

TIPP Lass das Programm den Eigenen Block Opposite laufen, wenn du die Taste oben auf der Fernsteuerung drückst. Drücke diese Taste immer dann, wenn ANTYs Beine nicht mehr richtig positioniert sind und neu ausgerichtet werden müssen.

SELBST ENTDECKEN 71: NACHTWESEN

Schwierigkeitsgrad: ▢▢　Zeit: ◔◔

Modifiziere das Programm *ObstacleAvoid*, um ANTYs Laufgeschwindigkeit an die Tageszeit anzupassen. Lass den Roboter bei Nacht normal herumlaufen, bei Sonnenauf- und -untergang langsam herumkriechen und während des Tages still stehen. Verwende hierzu den Modus *Stärke des Umgebungslichts*, um die Tageszeit zu schätzen.

TIPP Teste dein Programm in einem dunklen Zimmer, um die Nacht zu simulieren. Schalte eine einzelne Lampe als Dämmerung ein und alle Lampen, um Tageslicht zu imitieren. Wie berechnest du die Schwellenwerte in deinem Programm?

SELBST ENTDECKEN 72: HUNGRIGE ROBOTER

Schwierigkeitsgrad: 　Zeit:

Kannst du ein Programm erstellen, mit dem der Roboter herumläuft und Objekten ausweicht, bis er hungrig wird? Wenn er hungrig ist, sollte er in Richtung Infrarotsender gehen, um Futter zu finden. Wenn der Roboter das drei Mal gemacht hat, sollte er ein Nickerchen einlegen.

HINWEIS Entscheide, wie hungrig ANTY ist, indem du prüfst, wie oft sich die Motoren seit der letzten Nahrungsaufnahme gedreht haben (50 Schritte sind ein guter Schwellenwert). Wenn der Roboter Futter gefunden hat, setze den Wert des Drehsensors zurück auf 0, um das »Energielevel« wieder herzustellen.

SELBST KONSTRUIEREN 22: EINE ROBOTERSPINNE

Bau: 　Programmierung:

Kannst du eine Roboterspinne bauen? Entferne ANTYs Schwanz und baue den Infrarotsensor und den EV3-Stein so wieder ein, dass die Form einer Spinne entsteht. Du musst das Design außerdem um zwei Beine erweitern, denn Spinnen haben 8 Beine. Wenn du fertig bist, verziere die Spinne mit Teilen an Beinen und am Körper, damit die Spinne echter aussieht (und furchterregender).

TIPP Wenn du nicht sicher bist, wie sich die Extrabeine bewegen können, konstruiere einfach zwei feststehende Elemente, die wie Beine aussehen, und lasse den Roboter auf nur sechs Beinen laufen. Wenn du so vorgehst, dürfen die neuen Beine beim Laufen den Boden und die anderen Beine nicht berühren.

SELBST KONSTRUIEREN 23: FÜHLER

Bau: Programmierung: 🟦🟦

Insekten können ihre Umgebung mittels Antennen erfühlen, die sich normalerweise auf ihrem Kopf befinden. Kannst du Antennen für ANTY bauen, mit denen sie Objekte fühlen und bei Berührung von ihnen dann weglaufen kann? Der Berührungssensor wird bereits verwendet, kannst du dir daher eine andere Möglichkeit überlegen, wie du den Kontakt mit einem Objekt mit anderen Sensoren erspüren kannst?

HINWEIS Baue die Antennen so, dass sie Tasten auf der Fernbedienung drücken, wenn ANTY auf ein Hindernis stößt (siehe Abbildung 13-13), und verwende den Infrarotsensor, um zu prüfen, ob eine Taste der Fernbedienung gedrückt wurde.

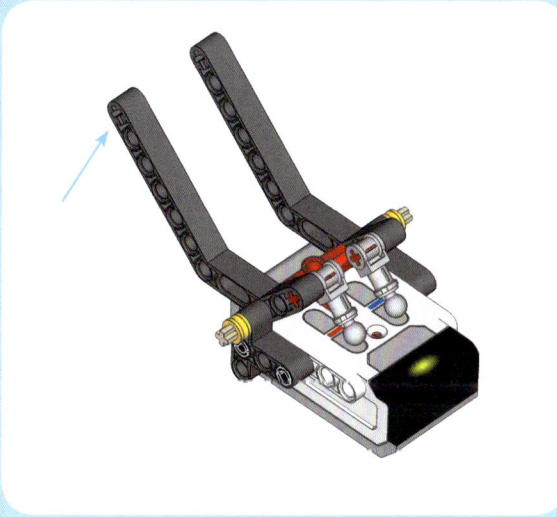

Abbildung 13-13: Du kannst die Fernbedienung zusammen mit dem Infrarotsensor als Kontaktsensor nutzen. Ein Druck auf eine Antenne (blauer Pfeil) löst einen Tastendruck auf der Fernsteuerung aus. Nutze den Infrarotsensor, um zu erkennen, welche Taste es war oder ob es beide gewesen sind.

SELBST KONSTRUIEREN 24: FÜRCHTERLICHE KLAUEN

Bau: Programmierung: 🟦🟦

Kannst du ANTY mit Klauen ausrüsten, mit denen sie Objekte greifen und in ihr Nest ziehen kann? Verwende den mittleren Motor, um die Klauen zu öffnen und zu schließen. Als besondere Herausforderung kannst du ANTY den Infrarotsender suchen und darauf zugehen lassen und ihn dann mit den Klauen festhalten lassen.

TIPP Entferne oder verändere den Kopf des Roboters, um Platz für den mittleren Motor zu schaffen.

TEIL V

Fortgeschrittene Programme erstellen

Datenleitungen nutzen

Im fünften Teil dieses Buchs lernst du den Einsatz von Datenleitungen (in diesem Kapitel), Datenoperationen (Kapitel 15) und Variablen (Kapitel 16), um anspruchsvollere Programme für deine Roboter zu schreiben.

Kapitel 17 zeigt, wie du diese Techniken in einem größeren Programm kombinierst, in dem du mit einer Art Zaubertafel auf dem EV3 spielen kannst. Hierzu dient uns ein Roboter namens SK3TCHBOT (siehe Abbildung 14-1).

In früheren Kapiteln hast du Programmierblöcke konfiguriert, indem du die gewünschten Werte manuell eingetragen hast. Eines der grundlegenden Konzepte dieses Kapitels ist es, dass Blöcke sich gegenseitig konfigurieren können, indem sie sich Informationen mit einer Datenleitung senden. Ein Block kann z.B. den Entfernungswert des Infrarotsensors messen und ihn an den Großer-Motor-Block weitersenden. Der Motorblock verwendet diesen Wert, um die Motorgeschwindigkeit zu regeln. Im Ergebnis dreht der Motor dann bei kleinen Sensorwerten langsamer (27% Nähe führen zu 27% Leistung) und schneller bei höheren Sensorwerten (85% Entfernung bedeuten 85% Leistung).

Dieses Kapitel zeigt dir, wie du Programme mit Datenleitungen erstellst. Es mag dir zuerst ein wenig schwierig erscheinen, wenn du aber die Beispielprogramme und Selbst-entdecken-Aufgaben durchgehst, wirst du diese neuen Techniken beherrschen!

Abbildung 14-1: Mit dem SK3TCHBOT lernst du viele neue Programmiertechniken, mit denen du z.B. auf dem EV3-Display ein Spiel wie Zaubertafel spielen kannst.

Den SK3TCHBOT bauen

Der SK3TCHBOT dient zum Testen von Programmen mit Datenleitungen und Variablen. Der Roboter besteht aus dem EV3-Stein, drei Sensoren und zwei großen Motoren, die du als Eingabe und Ausgabe für deine Programme verwendest, sodass du Datenleitungen in Aktion erleben kannst. In Kapitel 17 schreibst du ein Programm, das den SK3TCHBOT in eine Art Zaubertafel verwandelt, mit der du auf dem Display zeichnen kannst, indem du die Eingabeknöpfe drehst, die an den Motoren befestigt sind.

Baue den SK3TCHBOT anhand der Anweisungen auf den folgenden Seiten, aber stelle zuerst die notwendigen Bauteile zusammen (siehe Abbildung 14-2).

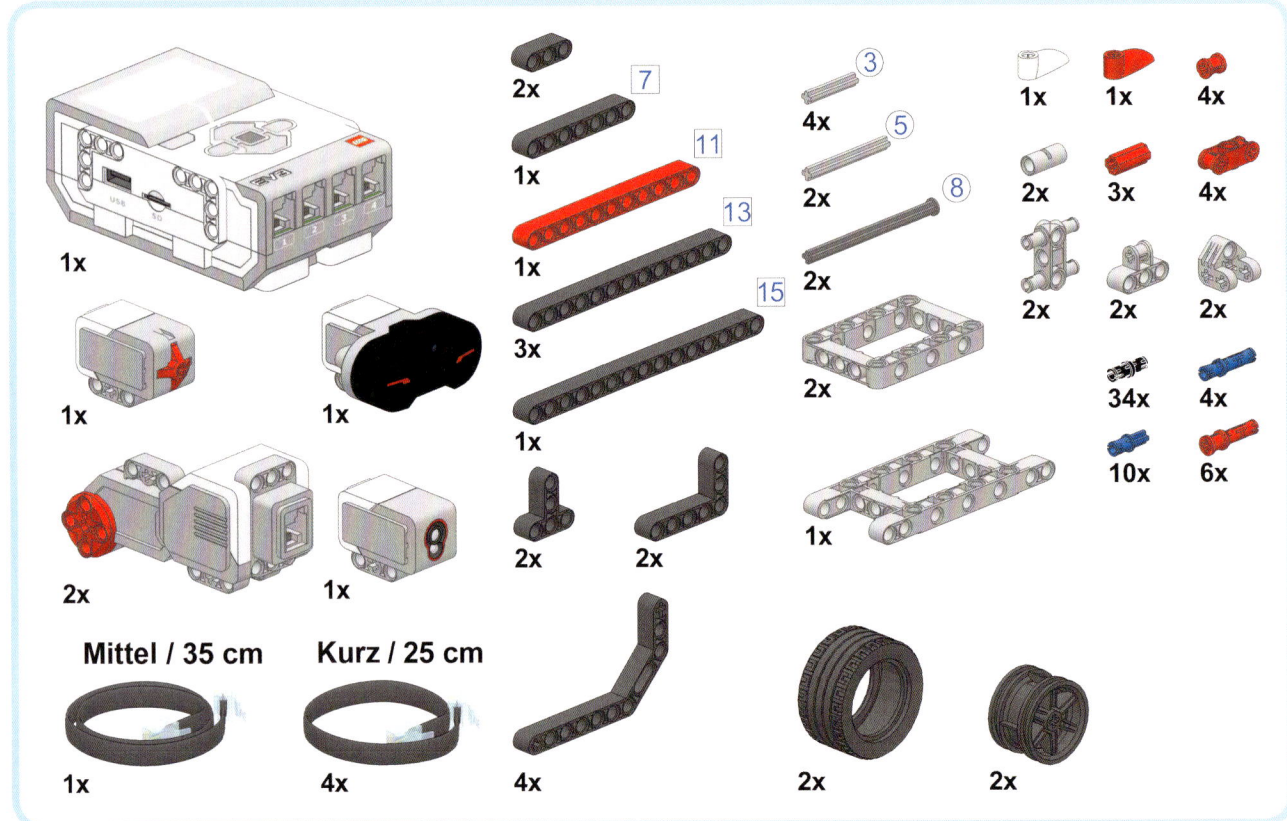

Abbildung 14-2: Die Teile für den SK3TCHBOT

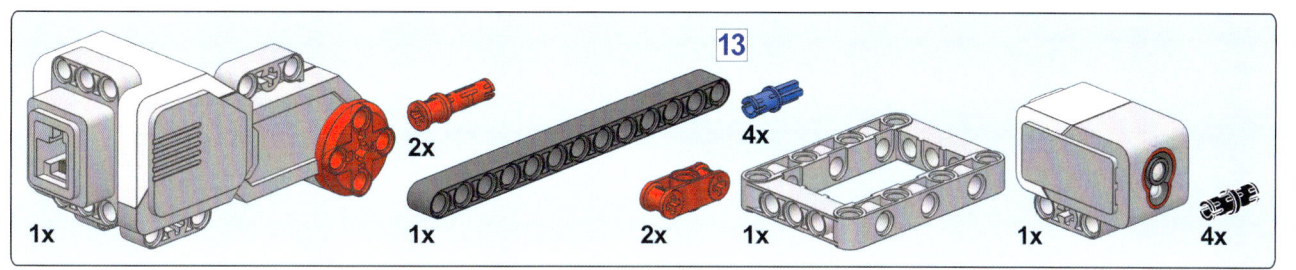

1

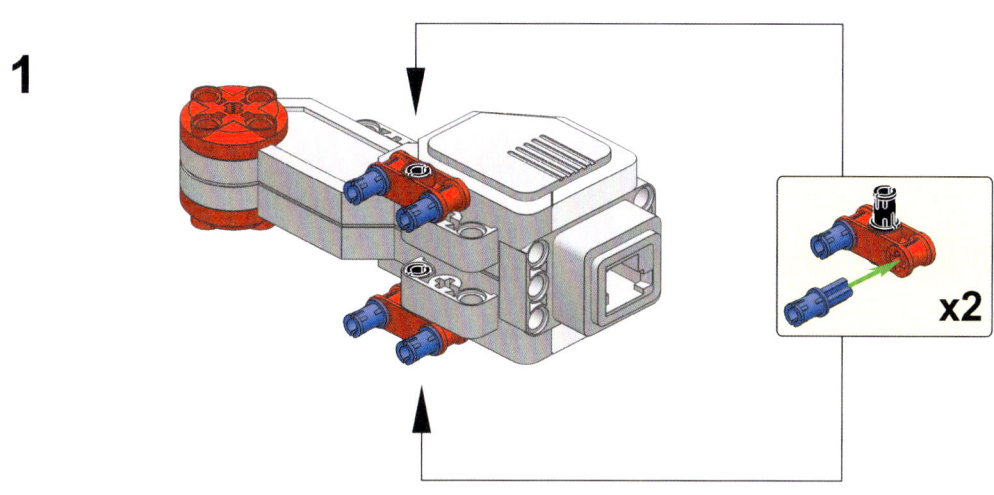

x2

2

13

3

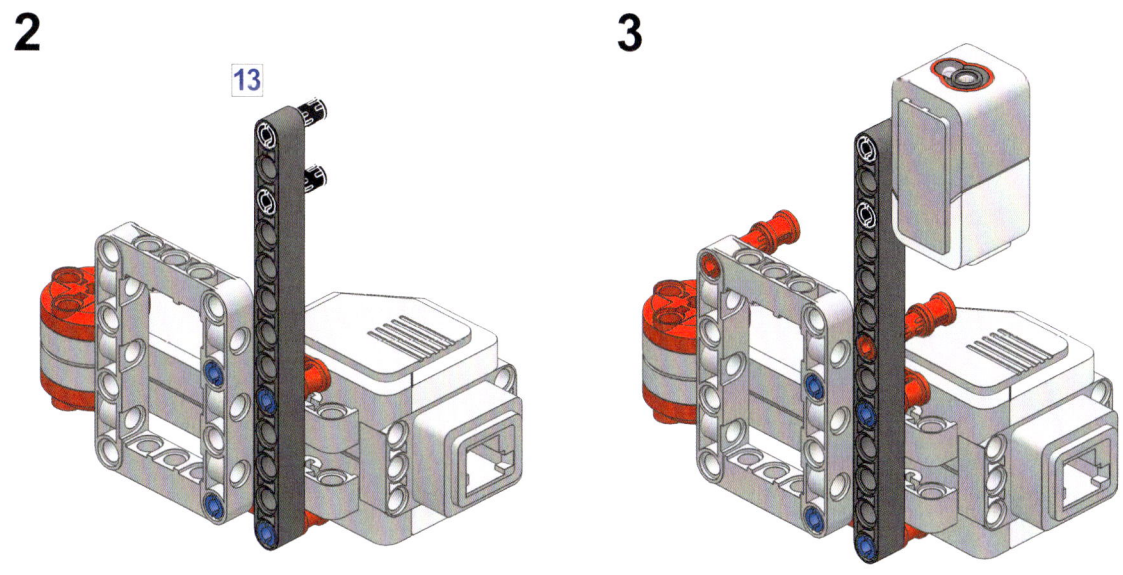

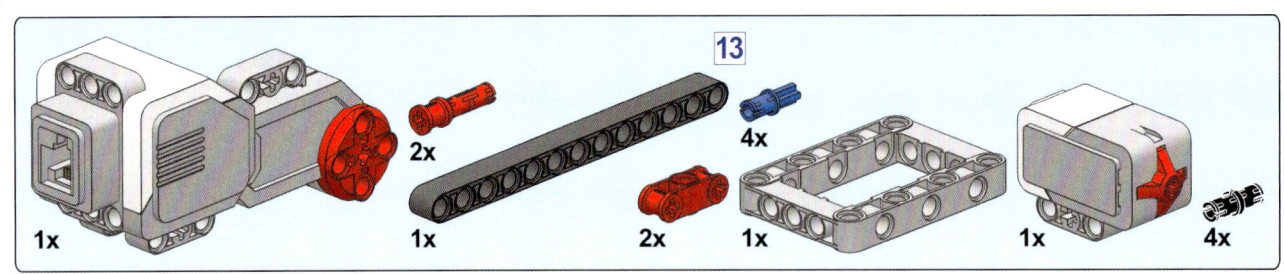

1

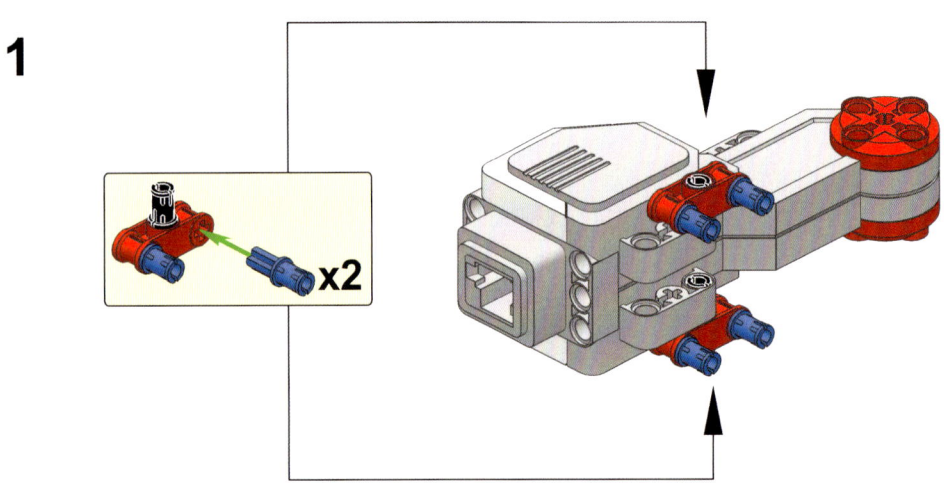

x2

2

3

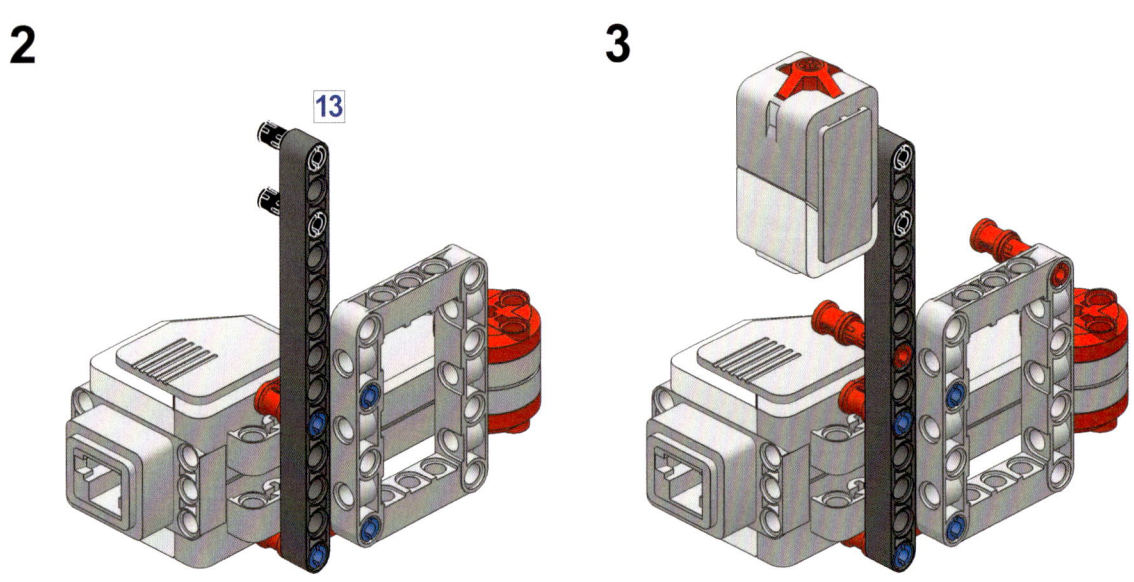

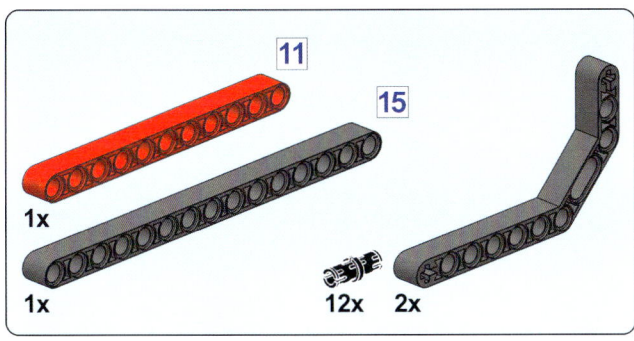

4

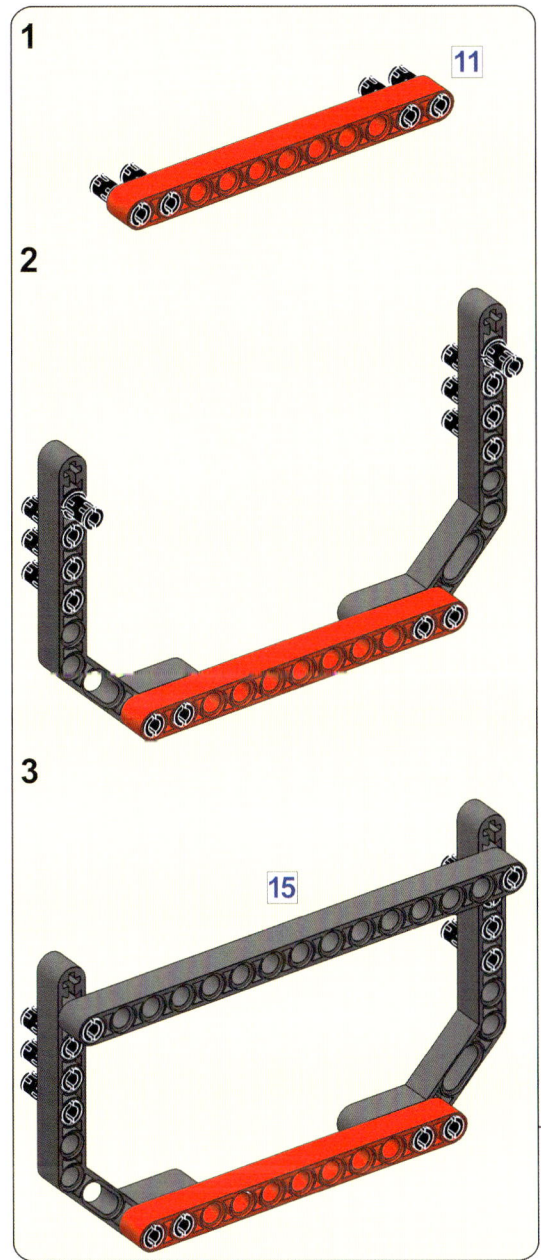

1

11

2

3

15

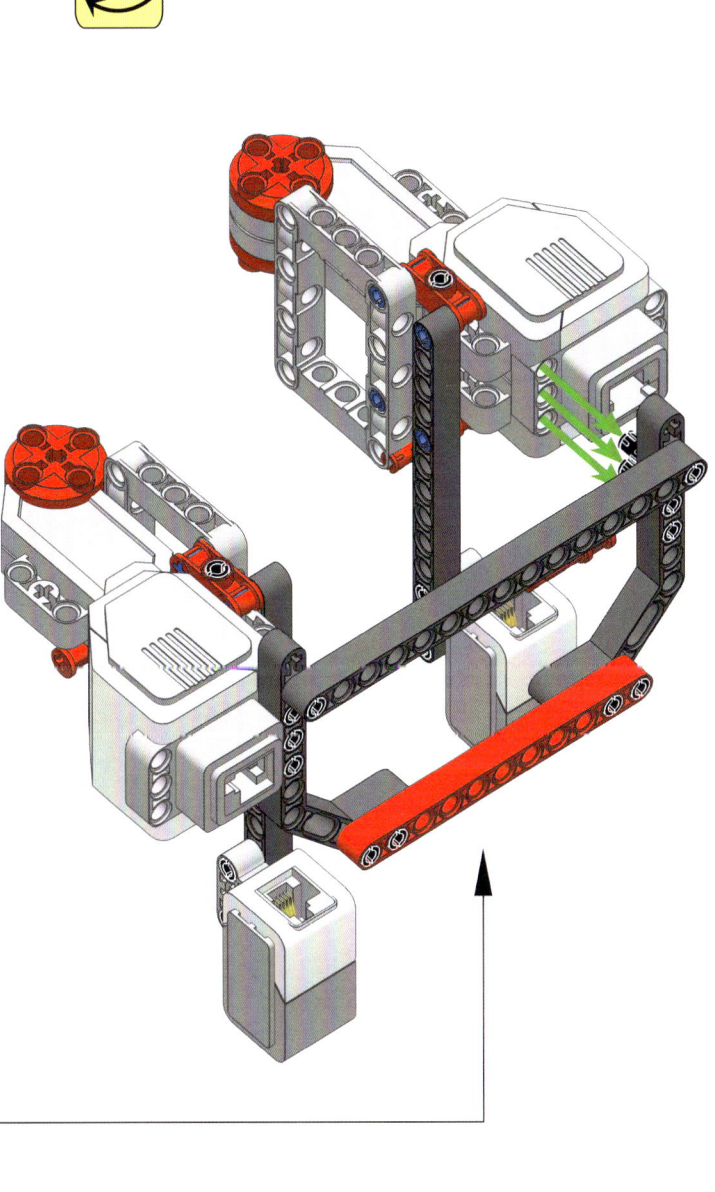

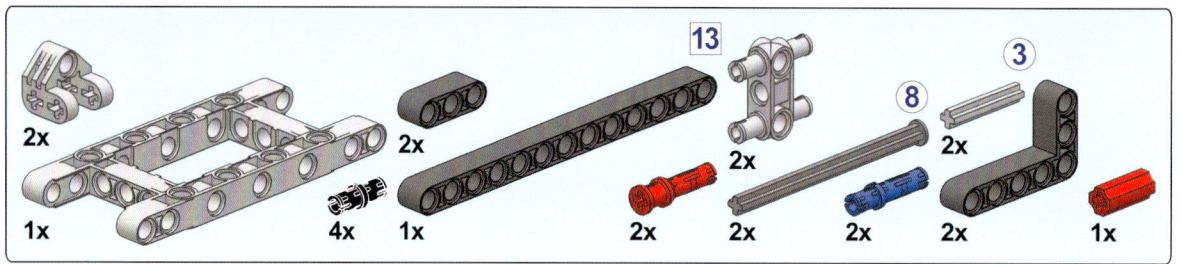

1

2

3

4

5

6

7

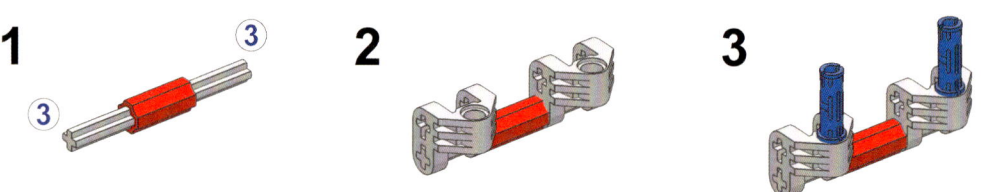

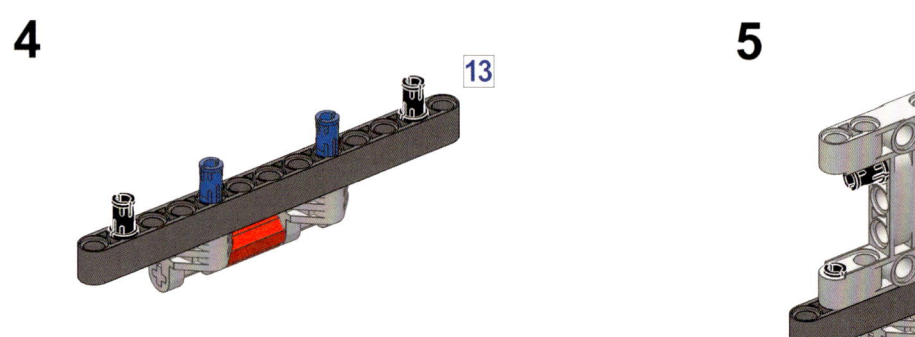

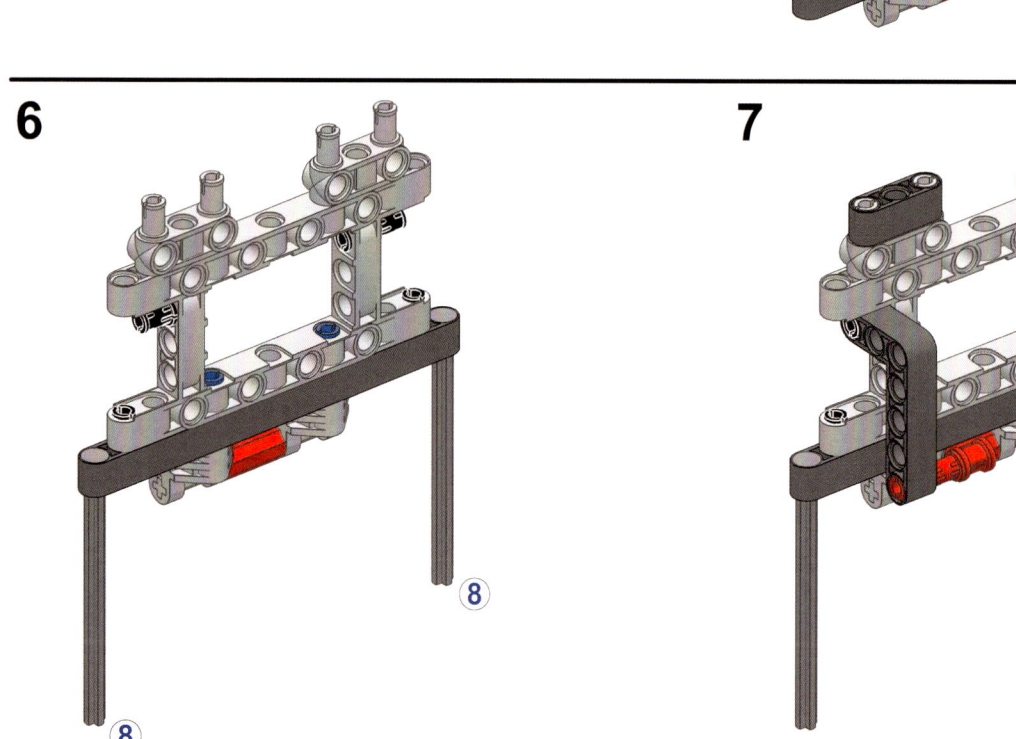

8

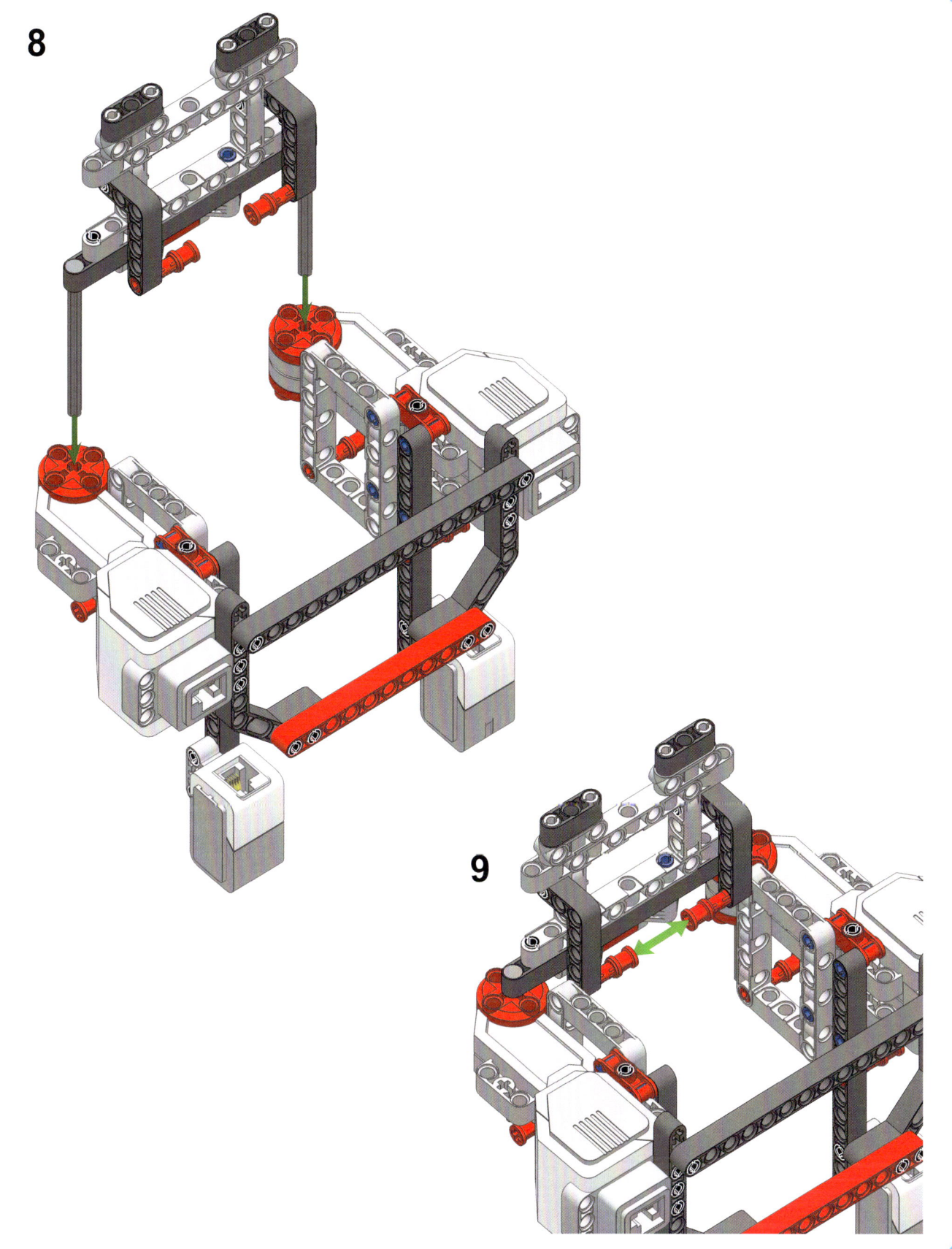

9

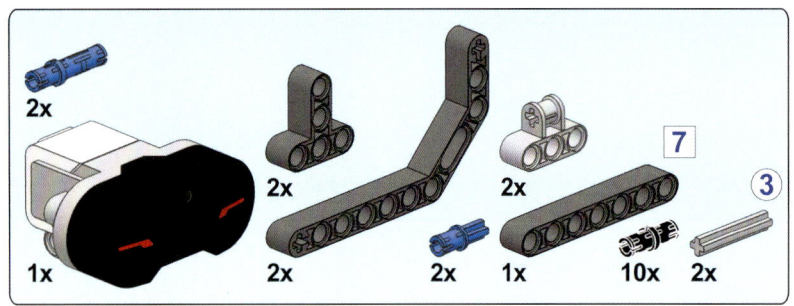

1

2

3

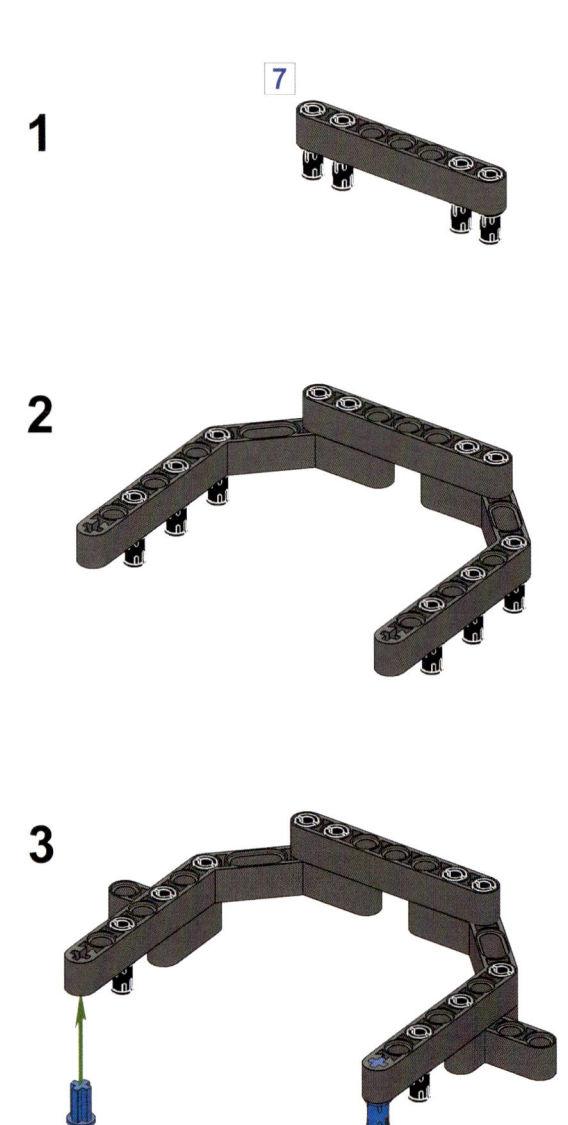

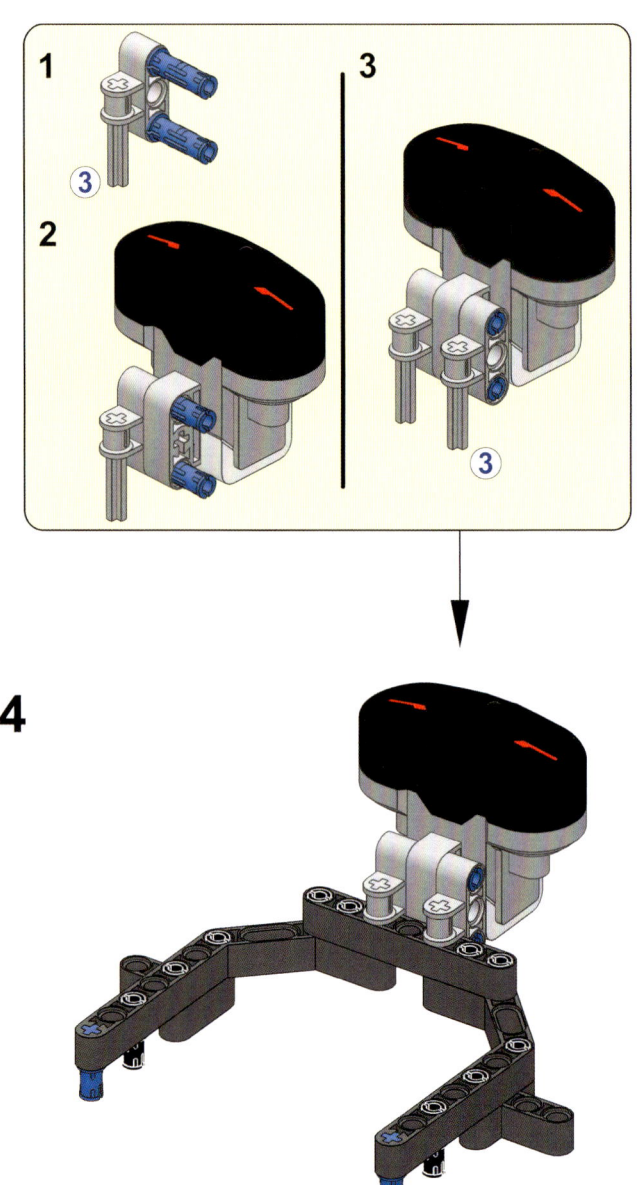

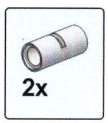

5

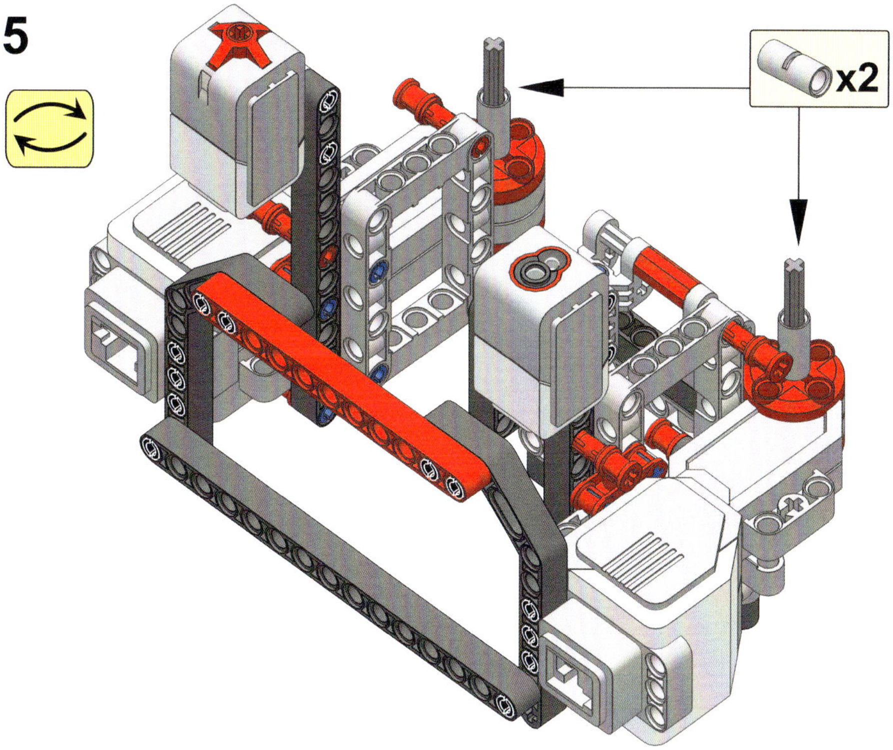

2x

x2

6

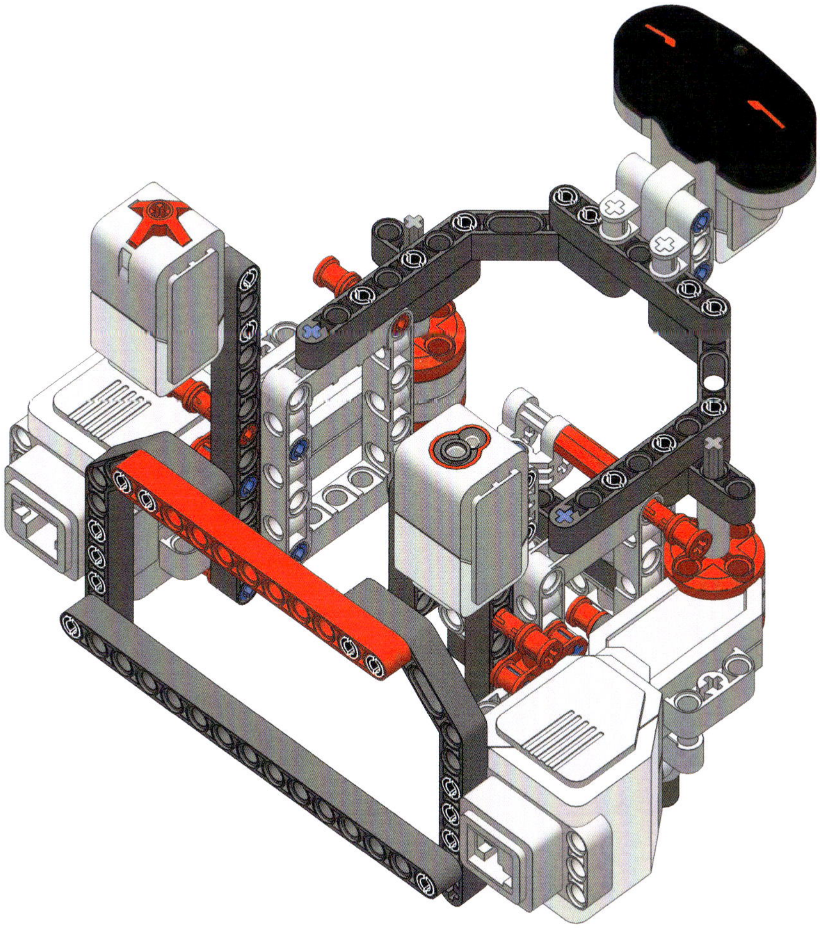

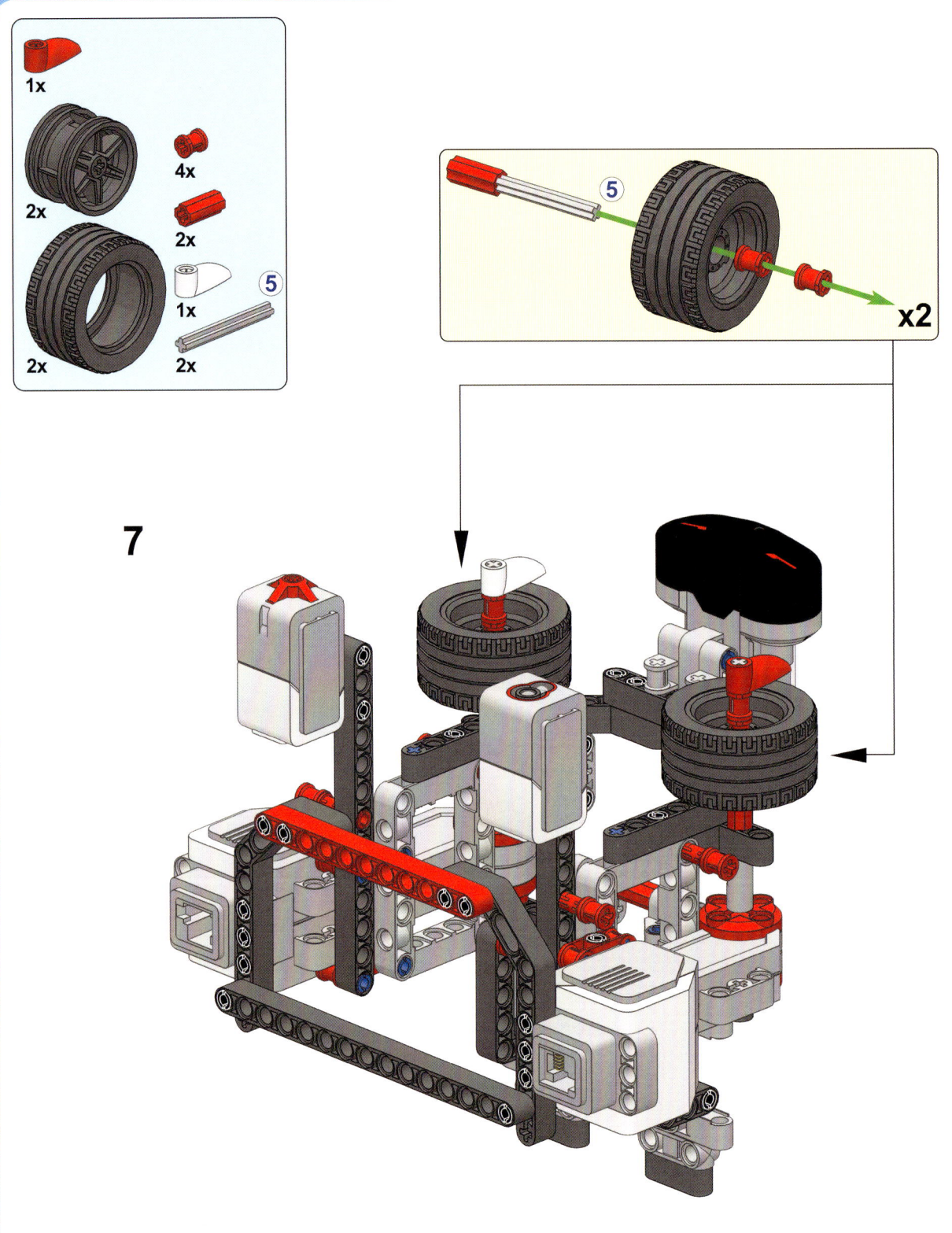

7

Mittel / 35 cm

1x

Kurz / 25 cm

4x

8

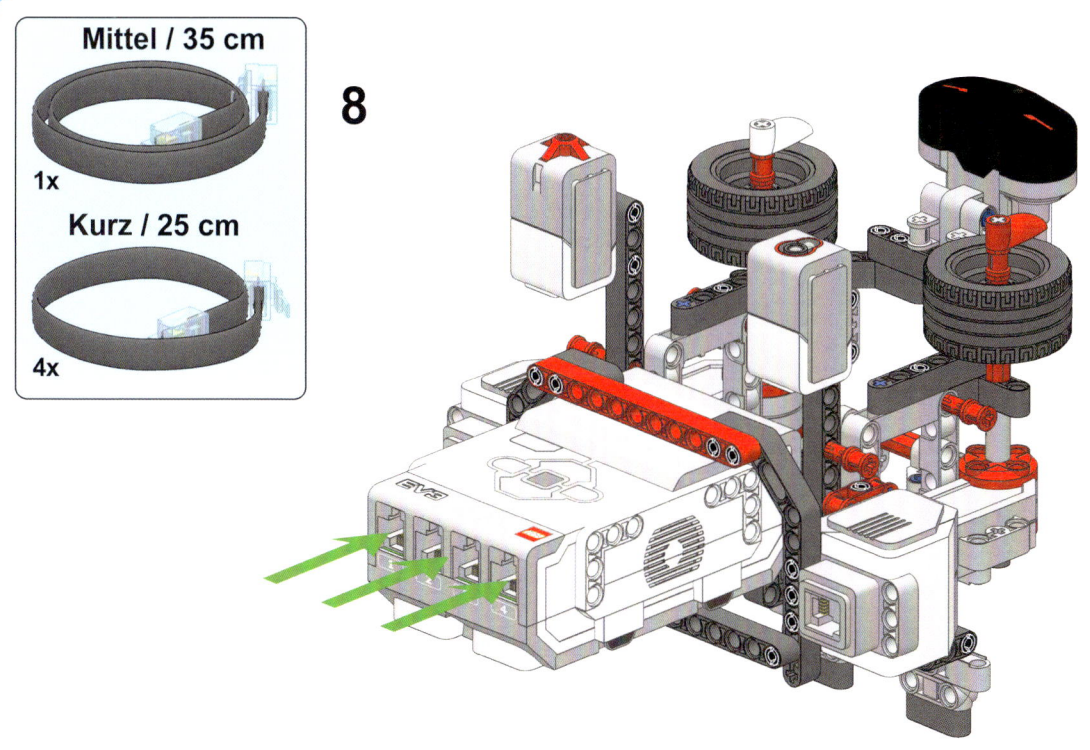

9

Drücke die roten Pins in den EV3-Stein, wie hier gezeigt. Schließe dann die Motoren und Sensoren an die gekennzeichneten Anschlüsse am EV3-Stein an.

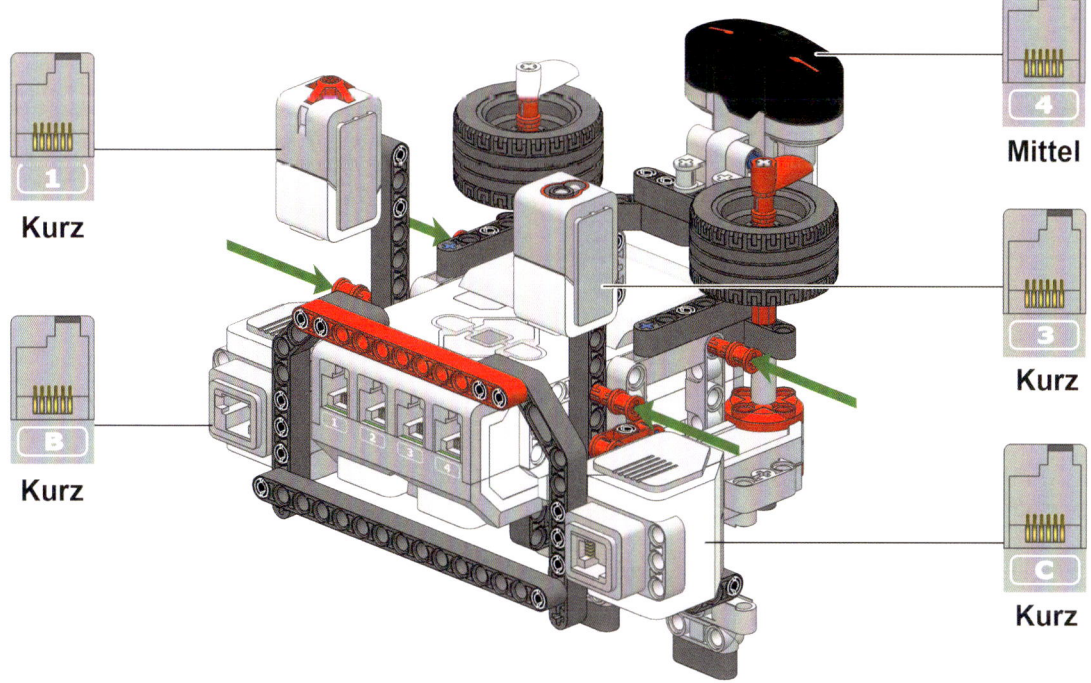

1
Kurz

B
Kurz

4
Mittel

3
Kurz

C
Kurz

Erste Schritte mit Datenleitungen

Um zu sehen, wie Datenleitungen funktionieren, erstellt du ein kleines Programm, das den SK3TCHBOT einen Klang abspielen lässt und dann den weißen Zeiger drei Sekunden lang dreht. Die Motorleistung, und damit auch seine Geschwindigkeit, entspricht den Messwerten des Infrarotsensors: Ist der Entfernungswert des Sensors 27%, läuft der Motor auch mit 27% Leistung. Misst der Sensor 85%, ist die Motorleistung ebenfalls 85% usw.

Mit dem Infrarotsensorblock liest du den Sensor aus. (Mehr über Sensorblöcke erfährst du später.) Erstelle ein neues Projekt namens SK3TCHBOT-Wire und ein Programm namens *FirstWire* (siehe Abbildungen 14-3 und 14-4), und lade sie auf den Roboter herunter.

Du wirst feststellen, dass sich der weiße Zeiger bei jeder Programmausführung mit einer anderen Geschwindigkeit dreht. Wenn du deine Hand nah an den Sensor hältst und das Programm startest, dreht sich das Rad langsam, und es dreht sich schnell, wenn deine Hand beim Start weit entfernt ist.

Herzlichen Glückwunsch! Gerade hast du dein erstes Programm mit Datenleitungen erstellt. Sehen wir uns an, wie die einzelnen Blöcke funktionieren. Der erste Klangblock spielt einfach einen Klang ab. Ist der Klang beendet, nimmt der Infrarotsensor eine Messung vor (sagen wir, er misst eine Entfernung von 27%). Die gelbe Datenleitung transportiert den Messwert zum Großer-Motor-Block, der Motor B dann drei Sekunden lang drehen lässt. Die Leistungseinstellung des Motorblocks hängt vom Wert der Datenleitung ab, in diesem Fall 27%. Abbildung 14-5 zeigt eine Übersicht der Geschehnisse.

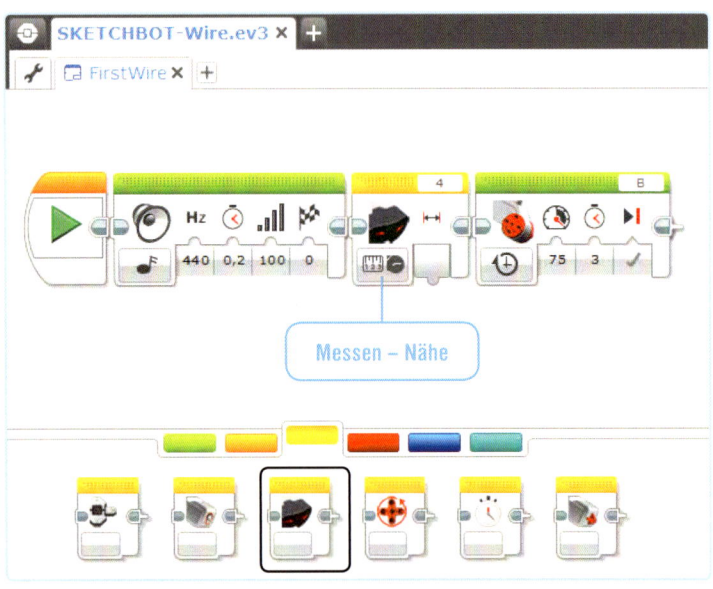

Abbildung 14-3: Schritt 1: Platziere alle notwendigen Blöcke im Programmierbereich und konfiguriere sie wie gezeigt. Du findest den Infrarotsensorblock auf dem gelben Register der Programmierpalette. Wähle den Modus **Messen – Nähe**.

SELBST ENTDECKEN 73: KLANG JE NACH ENTFERNUNG

Schwierigkeitsgrad: ▭   Zeit: ◔

Entferne den Motorblock aus dem Programm *FirstWire* und ersetze ihn durch einen Klangblock, der »Hello« sagt. Verbinde die Datenleitung vom Infrarotsensorblock mit der Lautstärkeregelung des Klangblocks. Dadurch sollte der Roboter leise »Hello« sagen, wenn du in der Nähe bist, und laut, wenn er dich nur in der Ferne wahrnimmt.

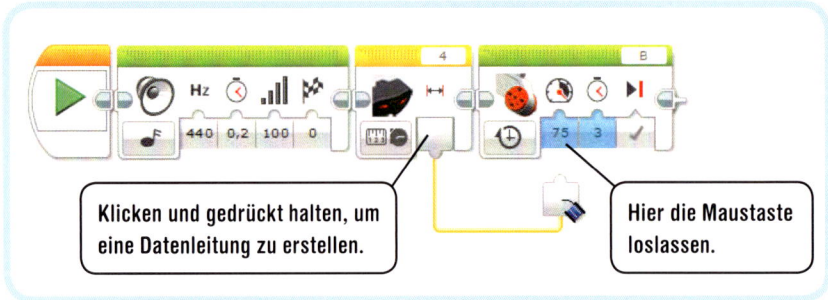

Abbildung 14-4: Schritt 2: Erstelle die gelbe Datenleitung wie gezeigt und verbinde sie. Führe das Programm dann aus.

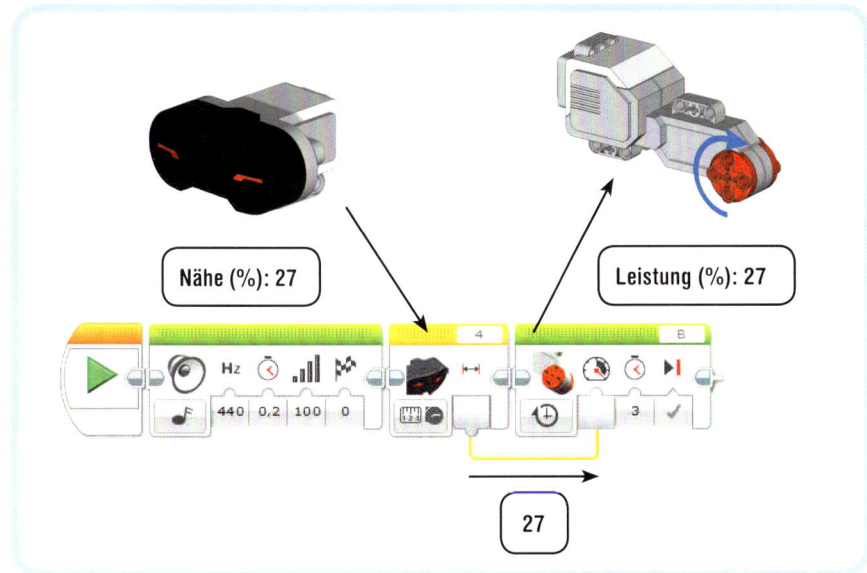

Abbildung 14-5: Der Infrarotsensorblock liest den Sensor aus und sendet den Messwert mit einer Datenleitung an den Großer-Motor-Block, der mit diesem Wert die Motorleistung regelt.

Mit Datenleitungen arbeiten

Wie du gesehen hast, überträgt eine Datenleitung Informationen zwischen Blöcken. Die Informationen werden immer von einem Ausgang an einen Eingang gesendet (siehe Abbildung 14-6). Im Beispielprogramm überträgt die Datenleitung den Sensorwert vom Näheausgang des Sensorblocks an den Leistungseingang des Motorblocks.

Die Datenleitung versteckt den zuerst als Leistung eingestellten Wert (75). Das Programm ignoriert diesen Wert und verwendet stattdessen den Wert in der Datenleitung. Da du andererseits keine Datenleitungen an die anderen Eingänge des Motorblocks angeschlossen hast (Sekunden und Am Ende Bremsen), funktionieren diese ganz normal. Zum Beispiel lässt die 3 in der Sekunden-Einstellung den Motor drei Sekunden lang laufen.

Jetzt sehen wir uns die anderen Eigenschaften der Datenleitungen an.

Den Wert in einer Datenleitung ansehen

Du kannst dir den in einer Datenleitung übertragenen Wert anschauen, indem du die Maus über die Leitung hältst, während das Programm läuft (siehe Abbildung 14-7). Das hilft dir dabei, zu verstehen, was gerade in deinem Programm vorgeht.

Du siehst die Werte der Datenleitungen aber nur, wenn der Roboter an den Computer angeschlossen ist und du das Programm über die Taste *Herunterladen und ausführen* am EV3 startest. Wenn du es manuell auf dem EV3 startest, kannst du keine Werte sehen.

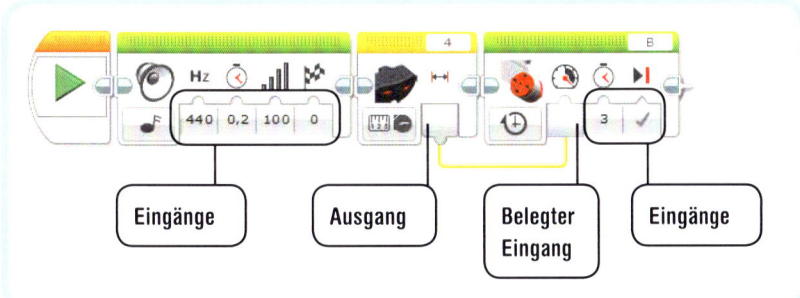

Abbildung 14-6: Die Datenleitung überträgt Informationen von einem Ausgang (hier am Infrarotsensorblock) an einen Eingang (hier am Großer-Motor-Block).

Abbildung 14-7: Fahre mit der Maus über eine Datenleitung, um ihren Wert zu sehen.

Eine Datenleitung löschen

Lösche die Datenleitung, indem du ihr rechtes Ende entfernst (siehe Abbildung 14-8).

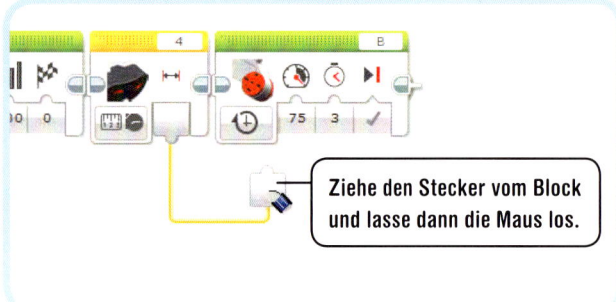

Ziehe den Stecker vom Block und lasse dann die Maus los.

Abbildung 14-8: Eine Datenleitung löschen.

Datenleitungen zwischen Programmen

Wenn du Programme mit Datenleitungen konfigurierst, musst du sie nicht mit einem direkt rechts anschließenden Block verbinden, es können auch Blöcke dazwischen liegen, so wie in Abbildung 14-9. Das Programm *WirePause* liest den Sensor aus, wartet 5 Sekunden und bewegt dann den Motor. Die Motorgeschwindigkeit basiert auf der Sensormessung beim Programmstart.

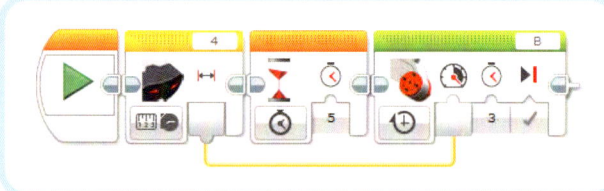

Abbildung 14-9: Das Programm WirePause *nimmt eine Messung vor, wenn der Sensorblock ausgeführt wird (z.B. 34%). Nach fünf Sekunden dreht sich der Motor mit 34% Leistung, auch wenn sich der Sensorwert in der Zwischenzeit verändert hat.*

Der umgekehrte Weg ist aber nicht möglich (siehe Abbildung 14-10). Der Motorblock kann die Datenleitung nicht verwenden, da sie ohne Messung keinen Wert enthält. Der Block mit dem Eingang (hier der Motorblock) muss also hinter dem Block mit dem Ausgang liegen (hier der Sensorblock).

✗ Nicht möglich

Abbildung 14-10: Du kannst eine Datenleitung nicht von rechts nach links verbinden. Die EV3-Software verhindert einen solchen Anschluss.

Mehrere Datenleitungen verwenden

Du kannst einen Ausgang auch für mehrere Datenleitungen verwenden, so wie in Abbildung 14-11. Das Programm *MultiWire* sendet die Entfernungsmessung an die Leistungseinstellung des Motors an Anschluss B (weißer Zeiger) und an die Grad-Einstellung des Motors an Anschluss C (roter Zeiger). Wenn der Sensor z.B. 34% liefert, dreht Motor B mit 34% Leistung und Motor C dreht sich um 34% Grad bei 75% Leistung.

Andererseits kannst du nicht mehrere Datenleitungen an einen Eingang anschließen. Ist ein Eingang einmal belegt (siehe Abbildung 14-6), kannst du keine andere Leitung daran anschließen. (Wenn das möglich wäre, wüsste der jeweilige Block nicht, welcher Wert zu verwenden wäre.)

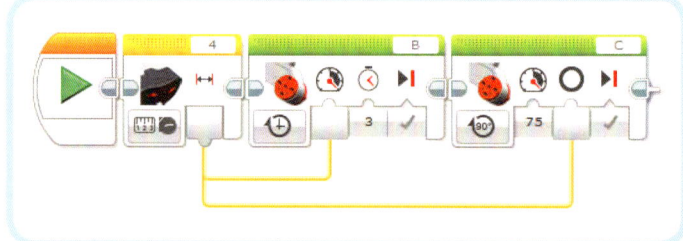

Abbildung 14-11: Zwei Datenleitungen mit demselben Ausgangspunkt im Programm MultiWire. *Der Sensor misst den Entfernungswert und gibt diesen Wert an beide Motorblöcke weiter.*

Blöcke mit Datenleitungen wiederholen

Im Programm *WireFirst* hat sich der Motor 3 Sekunden lang mit konstanter Geschwindigkeit auf Basis des Messwerts vor der Motorbewegung gedreht. Jetzt erweiterst du das Programm, damit der Motor seine Leistung kontinuierlich an die Messungen anpasst. Dazu platzierst du den Sensorblock und den Motorblock in einer Schleife und setzt den Modus des Motorblocks auf *An* (siehe Abbildung 14-12).

Wenn du das Programm *RepeatWire* startest, ändert sich die Motorleistung allmählich, während du deine Hand langsam vom Motor wegbewegst. Wenn du deine Hand plötzlich nahe an den Sensor bringst, fällt der Sensorwert und der Motor hält schnell an.

Die Leistung ändert sich kontinuierlich, weil die Blöcke in der Schleife kaum Zeit für den Ablauf benötigen. Der Sensorblock nimmt eine Messung vor und der Motorblock schaltet den Motor auf die gewünschte Leistung. Dann durchläuft das Programm die Blöcke in der Schleife erneut, nimmt eine neue Messung vor, regelt die Leistung usw.

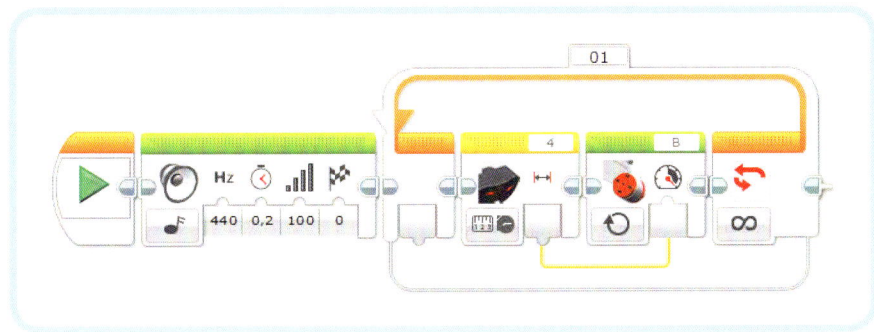

Abbildung 14-12: Das Programm RepeatWire *passt die Motorleistung kontinuierlich an die Entfernungsmessung an.*

SELBST ENTDECKEN 74: BALKENGRAPHEN

Schwierigkeitsgrad:

Zeit:

Das unvollständige Programm in Abbildung 14-13 zeigt auf dem EV3-Display eine Balkengrafik an, aber es fehlt eine Datenleitung. Wie schließt du die Datenleitung an, damit die Balkenlänge dem Entfernungsmesswert entspricht?

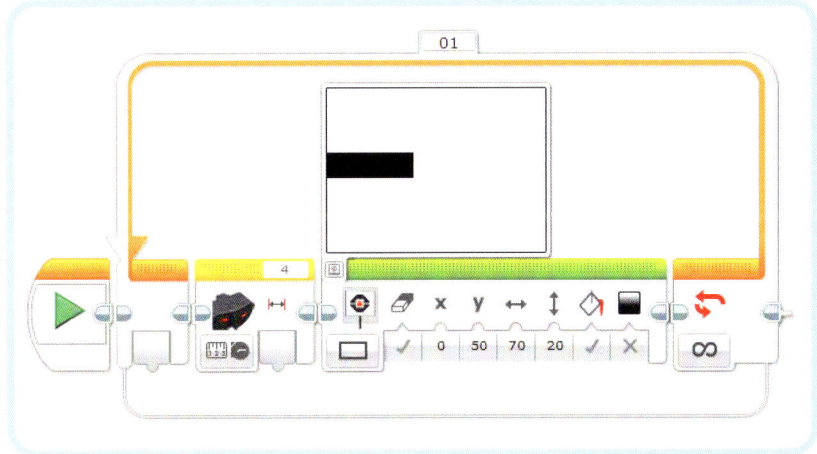

Abbildung 14-13: Das unvollständige Programm für Selbst entdecken 74

SELBST ENTDECKEN 75:
EIN ERWEITERTER GRAPH

Schwierigkeitsgrad: ☐☐☐ Zeit: ⏱⏱

Erweitere das Programm aus Selbst entdecken 74 auf Seite 213, indem du zwei weitere Balken hinzufügst, die die Stärke des reflektierten Lichts und des Umgebungslichts darstellen, das vom Farbsensor gemessen wird.

HINWEIS Verwende zwei Exemplare des Farbsensorblocks. Füge der Schleife einen Warteblock hinzu, der 0,2 Sekunden wartet, um ein Displayflackern zu verhindern. Welcher der Anzeigeblöcke sollte das Display löschen, bevor etwas Neues angezeigt wird?

Datenleitungstypen

Bislang hast du Datenleitungen verwendet, die Zahlenwerte übertragen haben. Es gibt jedoch drei verschiedene Datentypen, die über Leitungen übertragen werden können: numerische, logische und Text. Jede Art hat ihre eigene Farbe und Anschlussform (rund/gelb, dreieckig/grün und quadratisch/orange), wie in Tabelle 14-1 gezeigt. Die Anschlussform entspricht der Eingangsform wie in einem Puzzlespiel. Dadurch kannst du leichter erkennen, welche Leitungen an welche Eingänge angeschlossen werden können.

Numerische Datenleitungen

Die numerische Datenleitung (gelb) überträgt klassische Zahleninformationen, zu denen ganze Zahlen (0, 15, 1427), Zahlen mit Dezimalstellen (0,1 oder 73,14) und negative Zahlen zählen (-14 oder -31,47). Die Nähe eines Infrarotsensors ist ein Beispiel für einen numerischen Wert (sie reicht von 0 bis 100).

Logische Datenleitungen

Logische Datenleitungen (grün) können nur zwei Werte übertragen: wahr oder falsch. Diese Leitungen werden oft verwendet, um Einstellungen eines Blocks zu übertragen, die nur zwei Werte annehmen können, z.B. die Einstellung *Bildschirm löschen* des Anzeigeblocks. Da der Berührungssensor auch nur zwei mögliche Werte besitzt (gedrückt oder nicht gedrückt), nutzt er eine logische Datenleitung, um seine Werte zu übermitteln. Der Berührungssensorblock im Modus *Messen – Zustand* bietet dir eine logische Datenleitung, die wahr übermittelt, wenn der Sensor gedrückt wurde, und falsch, wenn nicht.

Erstelle das Programm *LogicWire*, um die logische Datenleitung in Aktion zu sehen (siehe Abbildung 14-14). Das Programm beginnt mit der Anzeige eines Bildes zweier verärgerter Augen auf dem EV3-Display. Zwei Sekunden später ermittelt der Roboter den Wert des Berührungssensors und gibt ihn an die Einstellung *Bildschirm löschen* des Anzeigeblocks über eine Datenleitung weiter. Wird der Sensor gedrückt (wahr), wird das Display gelöscht, bevor das Wort »Mindstorms« ausgegeben wird. Wenn nicht (falsch), wird das Display nicht gelöscht und das Wort einfach über das Bild geschrieben.

Tabelle 14-1: Grundtypen von Datenleitungen

Typ		Beispielwerte
Numerisch		−5 0 3,75 75
Logisch		Wahr Falsch
Text		Hallo Ich bin ein Roboter. 5 Äpfel

SELBST ENTDECKEN 76:
SANFTES ANHALTEN

Schwierigkeitsgrad: ☐☐ Zeit: ⏱

Erstelle ein Programm, das Motor B bei höchster Leistung drehen lässt, bis der Infrarotsensor ein Objekt in der Nähe sieht. Verwende eine logische Datenleitung, um den Motor abrupt anhalten zu lassen, wenn der Berührungssensor gedrückt wird, und lasse ihn sanft anhalten, wenn er nicht gedrückt wird.

HINWEIS  Du kannst den Bremsmodus eines Motors über die Einstellung Am Ende bremsen regeln.

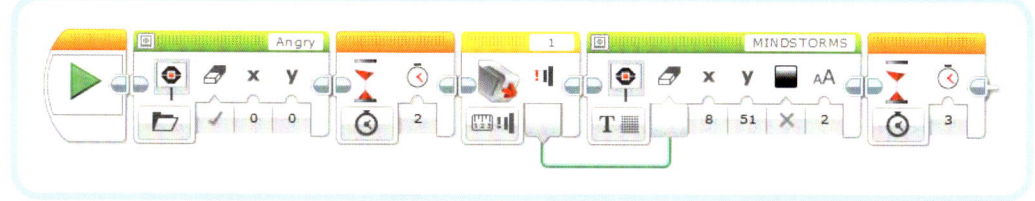

*Abbildung 14-14: Das Programm **LogicClear**. Du siehst den Berührungssensorblock zwischen den Sensorblöcken (das gelbe Register in der Programmierpalette).*

Textdatenleitungen

Die Textdatenleitung (orange) überträgt Text z.B. zu einem Anzeige-block, sodass er auf dem EV3-Display erscheint. Der Text kann ein Wort oder ein ganzer Satz sein, wie »Hallo, ich bin ein Roboter« oder »5 Äpfel«. Diesen Leitungstyp finden wir in Kapitel 15 wieder.

Numerische und logische Arrays

Zusätzlich zu den Datenleitungstypen numerisch, logisch und Text bietet die EV3-Software die Datenleitungen *numerisches Array* und *logisches Array*. Ein numerisches Array besteht aus einer Liste numerischer Werte, die mehrere Zahlenwerte über eine einzelne Leitung sendet. Du kannst z.B. ein Array verwenden, um die letzten fünf Sensorwerte an einen Eigenen Block zu senden, der sie auf dem EV3-Display anzeigt.

Genauso enthält ein logisches Array eine Liste von Logikwerten. Wir werden keine Arrays verwenden, aber wenn du dieses Buch gelesen hast, kannst du mit einem Beispielprogramm mit Arrays experimentieren, das du unter http://ev3.robotsquare.com/ findest.

Typumwandlung

Normalerweise schließt du eine numerische Datenleitung an Eingänge an, die numerische Werte benötigen (der runde Anschluss), logische Datenleitungen an Logikeingänge (dreieckiger Anschluss) und Textda-tenleitungen an Texteingänge (quadratische Eingänge).

Die EV3-Software ermöglicht jedoch drei weitere Verbindungen, die in Tabelle 14-2 gezeigt werden. Du kannst funktionsfähige Verbindungen an ihrer Anschlussform erkennen. In einigen Fällen passen die Anschlüsse nicht exakt zueinander, eine Verbindung ist aber dennoch möglich. Zum Beispiel kann der dreieckige Anschluss mit einem runden verbunden werden, was bedeutet, dass du einen numerischen Eingang mit einer logischen Datenleitung steuern kannst. Andererseits passt ein runder Stecker nicht zu einem dreieckigen Anschluss, du kannst also keinen Logikanschluss mit einer numerischen Datenleitung verbinden.

In den drei Beispielen in Tabelle 14-2 wird die übertragene Information in der Leitung umgewandelt, sodass dein Programm trotzdem funktioniert. Wir erstellen nun zwei Programme, um herauszufinden, wie das geht.

Tabelle 14-2: Typumwandlungen in Datenleitungen

Von		Nach	Auswirkung
Logisch		Numerisch	**Wahr** wird 1 **Falsch** wird 0
Logisch		Text	**Wahr** wird 1 **Falsch** wird 0
Numerisch		Text	Die Zahl wird in ein Format umgewandelt, das der Anzeige-block verstehen und anzeigen kann.

Logikwerte in numerische umwandeln

Das Programm *ConvertWire* (Abbildung 14-15) zeigt die Umwandlung eines Logikwerts in einen numerischen Wert. Der Warteblock benötigt numerische Werte für die Sekunden-Einstellung, aber er empfängt von Berührungssensorblock nur Logikwerte. Das funktioniert, da die Software den Logikwert in einen numerischen umwandelt: Wahr wird 1, Falsch wird 0. Du hörst also eine Ein-Sekunden-Pause zwischen den Pieptönen, wenn du den Sensor drückst, und keine Pause (0 Sekunden), wenn der Sensor nicht gedrückt wird.

Zahlen auf dem EV3-Display anzeigen

Wenn du mit einem Anzeigeblock Text auf dem EV3-Display anzeigen möchtest, kannst du entweder etwas ins Textfeld eingeben oder *Per Leitung übertragen* (siehe Abbildung 14-16). Wenn du die Leitung wählst, erscheint ein extra Anschluss, den du mit einer Datenleitung für Text verbinden kannst.

Der Block erwartet, dass du ihn mit einer Textdatenleitung verbindest, du kannst aber auch eine numerische Datenleitung anschließen.

Computer wie der EV3-Stein speichern Zahlen und Text unterschiedlich ab. Daher kannst du normalerweise keinen numerischen Wert an einen Texteingang senden. Glücklicherweise konvertiert die Software eine Zahl in ein Textformat, das der Anzeigeblock verstehen kann. Diese Umwandlung macht es möglich, auf dem EV3-Display Zahlenwerte anzuzeigen, wie im Programm *DisplayNumeric* gezeigt (siehe Abbildung 14-17).

Das Programm aktualisiert die Sensorwerte kontinuierlich und zeigt sie auf dem Display an. Das Anzeigen von Werten ist nützlich, wenn du deine Programme testest. Natürlich weißt du bereits, wie du sie mit der Anschlussansicht prüfst, aber mit diesem Datenleitungsverfahren kannst du auch Berechnungen mit Sensorwerten durchführen und die Ergebnisse in Echtzeit anzeigen, wie du z.B. im nächsten Kapitel sehen wirst.

Zusätzlich zu den Text- und numerischen Datenleitungen kann auch ein Texteingang Logikwerte verarbeiten. Auch hier speichert der EV3-Stein die Logikwerte in einem anderen Format, konvertiert sie jedoch in ein Textformat, wenn nötig. Wahr wird mit dem Anzeigeblock als 1 angezeigt, während Falsch zu einer 0 führt. Ersetze den Infrarotsensorblock durch einen Berührungssensorblock, um das auszuprobieren.

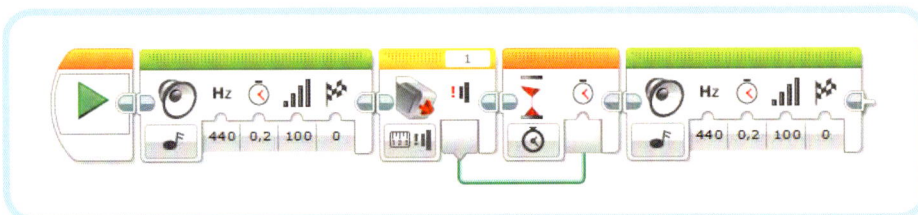

Abbildung 14-15: Das Programm ConvertWire

Abbildung 14-16: Nimm einen Anzeigeblock von der Palette, wähle den Modus Text-Raster (1), klicke in das Textfeld (2) und wähle Per Leitung übertragen *(3), um den Texteingang anzuzeigen.*

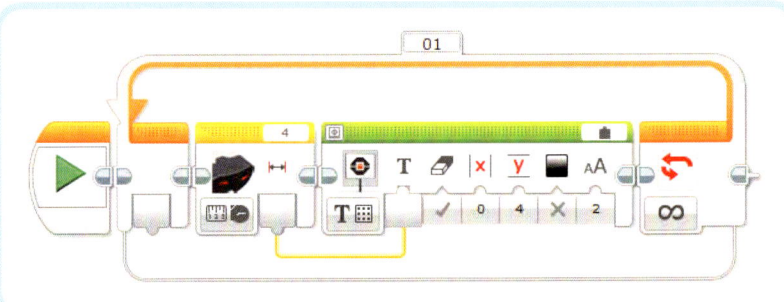

Abbildung 14-17: Das Programm DisplayNumeric

Sensorblöcke verwenden

In Teil II hast du gelernt, Sensoren zu benutzen, indem du Programme mit Warte-, Schleifen- und Schalterblöcken erstellt hast. Die letzte Möglichkeit, Sensoren auszulesen, sind Sensorblöcke. Diese Blöcke sind nützlich, wenn du einen Sensorwert abfragen und ihn an einen anderen Block per Datenleitung übertragen möchtest, wie du im Programm *FirstWire* gesehen hast. Für jeden Sensor im Register Sensoren in der Programmierpalette gibt es einen Sensorblock (siehe Abbildung 14-18). Jeder Block kann im Modus *Messen* oder *Vergleichen* benutzt werden.

Der Modus Messen

Ein Sensorblock im Modus *Messen* nimmt eine Messung vor und gibt den Wert per Datenleitung an einen anderen Block weiter. Du wählst die Art der Messung, indem du einen Betriebsmodus des Sensors auswählst. Zum Beispiel kannst du den Entfernungswert an einen

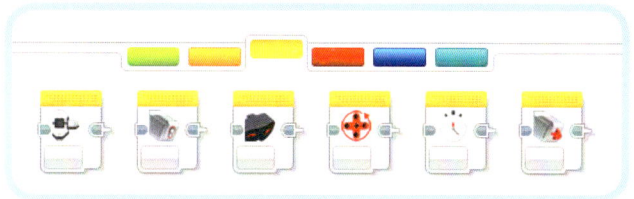

Abbildung 14-18: Von links nach rechts: Blöcke für Stein-Tasten, Farbsensor, Infrarotsensor, Motorumdrehungen, Zeitgeber und Berührungssensor

Motorblock übertragen, indem du einen Infrarotsensorblock im Modus *Messen – Nähe* verwendest.

Alles, was du über Sensor-Modi und Sensorwerte gelernt hast, gilt auch für Sensorblöcke. Tabelle 14-3 gibt eine Übersicht über die Sensorwerte jedes Modus. Nutze diese Angaben zum Nachschauen, wenn du deine eigenen Programme schreibst, ganz gleich ob du Warte-, Schleifen- oder Sensorblöcke verwendest.

Tabelle 14-3: Sensorwerte für die einzelnen Modi

Sensorblock	Operation Modus	Min.	Max.	Bedeutung	Seite	Anmerkung
Stein-Tasten	Stein-Tasten	0	5	0 = Keine, 1 = Links, 2 = Mitte, 3 = Rechts, 4 = Oben, 5 = Unten	97	Erkennt nur eine Taste auf einmal
Farbsensor	Farbe	0	7	0 = Keine Farbe, 1 = Schwarz, 2 = Blau, 3 = Grün, 4 = Gelb, 5 = Rot, 6 = Weiß, 7 = Braun	77	
	Starke des reflektierten Lichts	0	100	0 = geringste Reflexion, 100 = höchste Reflexion	81	
	Stärke des Umgebungslichts	0	100	0 = Dunkelheit, 100 = sehr helles Licht	85	
Infrarotsensor	Nähe	0	100	0 = sehr nah, 100 = weit entfernt	89	
	Signal (Nähe)	1	100	1 = sehr nah, 100 = weit entfernt	93	Der Wert ist nicht *definiert*, wenn kein Signal erkannt wird (siehe Abbildung 14-26).
	Signal (Richtung)	−25	25	−25 = Links, 0 = Mitte, 25 = Rechts	93	Der Wert ist ebenfalls 0, wenn kein Signal empfangen wird oder die Signalrichtung nicht erkannt wird.
	Fernsteuerung	0	11	Die Zahl entspricht der Kombination der auf der Fernsteuerung gedrückten Tasten.	92	

(Fotsetzung)

Tabelle 14-3: Sensorwerte für die einzelnen Modi *(Fortsetzung)*

Sensorblock	Operation Modus	Min.	Max.	Bedeutung	Seite	Anmerkung
Motor-umdrehungen	Grad	–	–	Anzahl Grad, die sich der Motor seit Programmstart gedreht hat	98	Der Wert kann auf 0 zurückgesetzt werden.
	Umdrehungen	–	–	Anzahl der Umdrehungen des Motors seit Programmstart	98	Der Wert ist eine Dezimalzahl, wie 1,5 für eineinhalb Umdrehungen. Der Wert kann auf 0 zurückgesetzt werden.
	Aktuelle Leistung	–100	100	Die Zahl entspricht der Umdrehungs-geschwindigkeit des Motors. 100% entspricht 170 U/min beim großen Motor und 267 U/min beim mittleren Motor.	99	Der Modus misst die Umdrehungs-geschwindigkeit und nicht den Stromverbrauch. Der Messwert ist unabhängig vom Ladezustand der EV3-Batterie.
Zeitgeber	Zeit	0	–	Zeit in Sekunden, die seit Programm-start verstrichen ist	235	Der Wert ist eine Dezimalzahl, wie 1,5 für eineinhalb Sekunden. Der Wert kann auf 0 zurückgesetzt werden.
Berührungssensor	Zustand	Falsch	Wahr	Falsch = Losgelassen, Wahr = Gedrückt	66	Der Wert wird über eine logische Datenleitung übertragen.

Der Modus Vergleichen

Wie im Modus Messen nimmt ein Sensorblock im Modus *Vergleichen* eine Messung vor und gibt den Wert über eine Datenleitung aus. Zusätzlich vergleicht er den gemessenen Wert mit einem Schwellen-wert und übergibt das Ergebnis an eine logische Datenleitung. Der Anschluss *Ergebnis vergleichen* liefert wahr, wenn die Bedingung erfüllt ist (z.B. »Die Entfernung ist größer als 40%«) und falsch, wenn die Bedingung falsch ist. Du gibst die Bedingung durch einen Schwel-lenwert und einen Vergleichsmodus in den Block-Einstellungen an, wie beim Warte-, Schleifen- und Schalterblock auch.

Jetzt erstellst du ein Programm, um zu sehen, wie das Ganze funktioniert. Das Programm *SensorCompare* (siehe Abbildung 14-19) enthält einen Infrarotsensorblock im Modus *Vergleichen – Nähe*, um den Sensorwert zu ermitteln, und prüft, ob er größer als 40% ist. Der Entfernungswert steuert die Geschwindigkeit von Motor B, der 5 Sekunden lang läuft. Die Ausgabe von *Ergebnis vergleichen* steuert die *Pulsieren*-Einstellung der Stein-Statusleuchte. Wenn der Vergleich wahr ist (der Sensorwert wirklich größer ist als 40%), wird die *Pulsieren*-Einstellung wahr, sodass die Statusleuchte blinkt. Ist sie falsch, bleibt das Licht einfach angeschaltet.

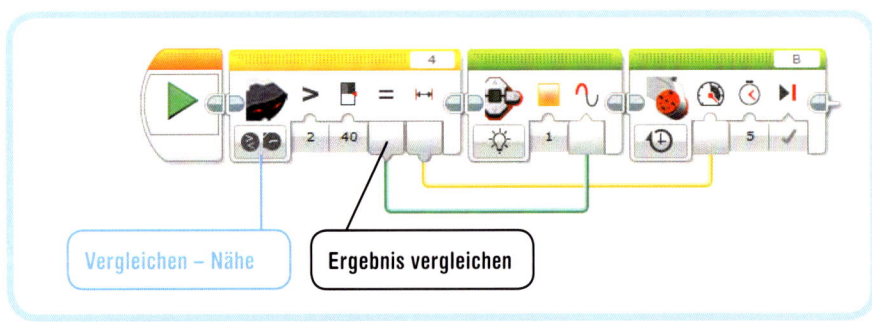

Vergleichen – Nähe

Ergebnis vergleichen

Abbildung 14-19: Das Programm SensorCompare

Der Modus Vergleichen und Signalwerte

Signal-Entfernung und Signal-Richtung sind in einem Modus zusammengefasst (Signal-Modus genannt), wenn du einen Infrarotsensorblock im Modus *Messen* verwendest (siehe Abbildung 14-23). Sie erscheinen als separate Modi, wenn du den *Vergleichen*-Modus benutzt, ansonsten gibt es jedoch keinen Unterschied. Du findest später in diesem Kapitel ein Beispiel für den Signal-Modus.

Der Modus Vergleichen und der Berührungssensor

Ein Berührungssensorblock im Modus *Vergleichen* kann ermitteln, ob der Sensor gedrückt wurde, und zwar seit der letzten Abfrage des Sensors durch irgendeinen Block. Wenn du den Berührungssensor also auslöst und seinen Status erst später abfragst, sagt der Block, er wäre aktiviert worden: Der Ausgang mit dem numerischen Wert liefert 2. Das ist jedoch etwas irreführend. Wenn du den Sensor abfragst, ob er losgelassen wurde, nachdem du ihn gedrückt hast, gibt der Block falsch aus (da er gedrückt wurde), auch wenn der Sensor jetzt wieder frei ist.

Normalerweise willst du den Zustand des Sensors erfahren, während der Block ausgeführt wird. Es ist daher besser, den Berührungssensorblock im Modus *Messen* zu betreiben. In diesem Modus gibt der Block einfach wahr aus, wenn der Sensor momentan betätigt wird, und falsch, wenn er gerade frei ist, ungeachtet dessen, was früher im Programm passiert ist.

SELBST ENTDECKEN 77: EIN SENSOR-GASPEDAL

Schwierigkeitsgrad: **Zeit:**

Kannst du ein Programm schreiben, das die Geschwindigkeit des weißen Zeigers (Motor B) abhängig von der Position des roten Zeigers (Motor C) regelt? Drehe den roten Zeiger per Hand, um dein Programm zu testen.

HINWEIS Verwende das Programm *RepeatWire* (siehe Abbildung 14-12) als Ausgangspunkt und den Block Motorumdrehungen im Modus *Messen – Grad*.

Der Wertebereich von Datenleitungen

Wenn du Programme mit Datenleitungen erstellt, ist es wichtig, zu wissen, was passiert, wenn sich der Wert für eine Leitung außerhalb des zulässigen Bereichs befindet. Die Stein-Statusleuchte akzeptiert z.B. drei Werte, die die Farbe auf Grün (0), Orange (1) oder Rot (2) stellen. Was passiert aber, wenn du die Leuchte mit einer Datenleitung steuerst, die den Wert 4 liefert? Um das auszuprobieren, erstellst du das Programm *ColorRange* aus Abbildung 14-20. Verwende dazu Tabelle 14-3, in der du die Datenleitungswerte für alle EV3-Tasten findest.

SELBST ENTDECKEN 78: EINE EIGENE ANSCHLUSSANSICHT

Schwierigkeitsgrad:  **Zeit:**

Erweitere das Programm *DisplayNumeric* (siehe Abbildung 14-17), um auf dem EV3-Display die Stärke des reflektierten Lichts des Farbsensors anzuzeigen, den Wert des Berührungssensors und die Positionen der Drehsensoren. Die Werte sollten vier Mal je Sekunde aktualisiert werden.

Wenn du fertig bist, wandelst du Blöcke in der Schleife in einen Eigenen Block namens *MyPortView* um. Du kannst ihn jederzeit in deinen Programmen für SK3TCHBOT verwenden, um Informationen über die Sensoren zu erhalten.

HINWEIS Platziere einen Warteblock mit 0,25 Sekunden innerhalb der Schleife.

SELBST ENTDECKEN 79: GRÖSSENVERGLEICH

Schwierigkeitsgrad:  **Zeit:**

Kannst du einen Kreis im EV3-Display anzeigen, dessen Größe und Farbe von einer Entfernungsmessung abhängen? Verwende die Einstellung *Radius* im Anzeigeblock, um die Kreisgröße zu steuern, und die *Füllung*-Einstellung, um bei Entfernungswerten unter 30% einen ausgefüllten Kreis und bei Werten darüber einen leeren Kreis anzuzeigen. Platziere den Sensorblock und den Anzeigeblock in einer Schleife, sodass der Kreis ständig neu gezeichnet wird.

HINWEIS Verwende der Infrarotsensorblock im Modus *Vergleichen – Nähe*.

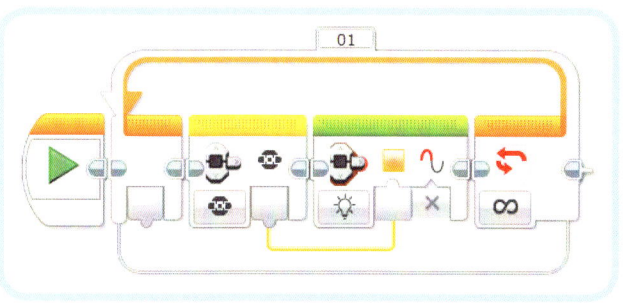

Abbildung 14-20: Das Programm ColorRange

Du solltest feststellen, dass die Leuchte grün ist, wenn keine Tasten gedrückt werden (0), orange, wenn die linke (1), und rot, wenn die mittlere Taste gedrückt wird (2). Alle anderen Tasten (3, 4 und 5) führen ebenfalls zu einer roten Leuchte.

Die zulässigen Werte für die Eingänge findest du unter **Hilfe ▸ EV3-Hilfe einblenden**, die Dokumentation sagt dir aber nicht, was passiert, wenn du über diesen Bereich hinauskommst. Als Daumenregel gilt, dass die EV3-Software immer den nächstliegenden zulässigen Wert verwendet. Um aber sicherzugehen, dass das auch bei deinem konkreten Programm der Fall ist, musst du jedes Mal ein kleines Experiment wie das Programm *ColorRange* durchführen. (In diesem Fall besagt die Regel: Der Wert 2, oder Rot, ist der nächste zulässige Wert, wenn die Datenleitung 3, 4 oder 5 liefert.)

Fortgeschrittene Programmablaufblöcke

Da du jetzt weißt, wie Datenleitungen funktionieren, kannst du herausfinden, was es mit Warte-, Schleifen- und Schalterblöcken auf sich hat, die Datenleitungen benötigen. Du lernst auch den Schleifen-Interrupt-Block kennen.

Datenleitungen und der Warteblock

Ein Warteblock hält ein Programm an, bis ein Sensor einen bestimmten Auslöse- oder Schwellenwert annimmt. Der Ausgang Messwert liefert den Wert, der den Warteblock beendet hat. Das Programm *WireWait* (siehe Abbildung 14-21) wartet z.B., bis der Farbsensor entweder Blau (2), Grün (3), Gelb (4) oder Rot (5) wahrgenommen hat, und zeigt dann die letzte Messung im Display an.

Datenleitungen und der Schleifenblock

Schleifenblöcke haben zwei Funktionen, die Datenleitungen benötigen: Schleifenindex und logischer Wert. Beide Funktionen probierst du mit einem Beispielprogramm aus.

Der Schleifenindex

Der Schleifenindex-Ausgang (siehe Abbildung 14-22) liefert dir die Anzahl der Durchläufe der in der Schleife enthaltenen Blöcke. Der Index beginnt bei 0 und erhöht sich bei jedem Schleifendurchlauf um 1.

Du erstellt jetzt das Programm *Accelerate*, das den Schleifenindex als Eingang für die Motorgeschwindigkeit verwendet. Wenn du das Programm startest, ist der Index 0, und der Motor läuft 0,2 Sekunden mit einer Geschwindigkeit von 0 (er steht still). Wenn der Schleifenblock zu seinem Anfang zurückkehrt, erhöht sich der Index auf 1, und er wiederholt den Motorblock, wobei diesmal die Geschwindigkeit auf 1 gesetzt wird. Beim nächsten Durchlauf wird die Geschwindigkeit 2 usw.

Der Schleifenblock ist so konfiguriert, dass er 101 Mal läuft, sodass die Geschwindigkeit beim letzten Durchlauf 100 beträgt. Wenn das Programm beendet ist, hörst du einen Klang. Du kannst die Schleife auch auf z.B. 150 Durchläufe einstellen, aber der Motor wird nach dem Index 100 nicht weiter beschleunigen, weil das seine Höchstgeschwindigkeit ist.

Eine Schleife im Modus Logischer Wert beenden

Du hast früher gelernt, dass ein Schleifenblock nach einer bestimmten Anzahl von Durchläufen oder Sekunden beendet wird oder dann, wenn ein bestimmter Auslösewert erreicht wird. Im Modus *Logischer Wert* kannst du die Schleife über eine logische Datenleitung anhalten.

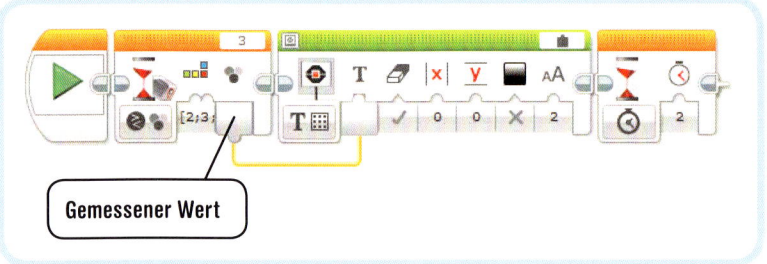

Abbildung 14-21: Das Programm **WireWait**

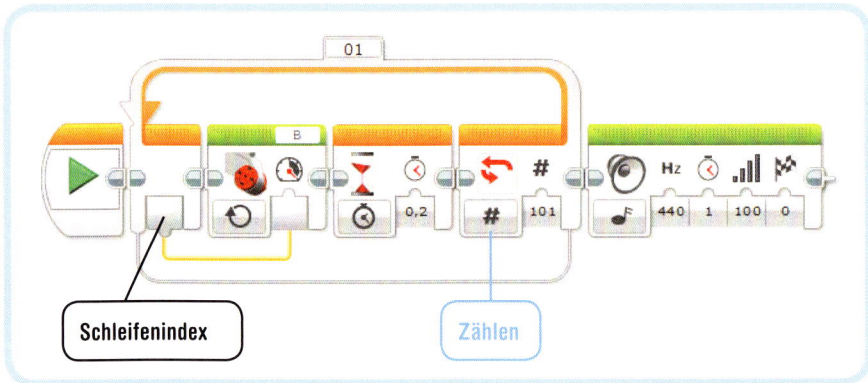

Abbildung 14-22: Das Programm **Accelerate**

Der Schleifenblock prüft den Wert der Datenleitung einmal je Durchlauf. Ist der Wert der Datenleitung falsch, werden die Blöcke erneut ausgeführt. Ist er wahr, endet die Schleife. Mit anderen Worten: Die Blöcke werden wiederholt, bis der Wert der Datenleitung wahr ergibt.

Das Programm *LogicLoop* (siehe Abbildung 14-23) zeigt diese Technik mit einem Schleifenblock im Modus *Logischer Wert* und einem Infrarotsensor im Modus *Messen – Signal.* Der Sensorblock liefert dir die Signal-Richtung und -Nähe, hier verwendest du aber nur den Ausgang *Erkannt,* der angibt, ob der Sensor erfolgreich ein Signal empfängt. Wird ein Signal empfangen, liefert die Datenleitung den Wert *wahr* und die Schleife wird beendet. Wird kein Signal empfangen, liefert die Datenleitung *falsch* und die Schleife läuft weiter. Mit anderen Worten: Das Programm wartet, bis der Sensor ein Signal empfängt, und spielt dann einen Klang ab.

Wenn du das Programm startest, solltest du festellen, dass der Sensor ein Signal erfolgreich erkennen kann, das bis zu 3 m entfernt ist.

SELBST ENTDECKEN 80: IR-BESCHLEUNIGUNG

Schwierigkeitsgrad: ▭ **Zeit:** ◷

Kannst du Motor B beschleunigen, *bis* der Infrarotsensor ein Signal vom Sender empfängt?

HINWEIS **Kombiniere das Programm Accelerate (Abbildung 14-22) und das Programm LogicLoop (Abbildung 14-23) in einem einzigen Programm.**

Datenleitungen und der Schalterblock

Wie du aus Kapitel 6 weißt, kannst du Schalterblöcke verwenden, damit dein Roboter Entscheidungen trifft. Der Roboter verwendet Sensorwerte, um zu entscheiden, ob eine bestimmte Bedingung wahr ist (z.B. »Der Entfernungswert ist größer als 30%«). Wenn ja, werden die Blöcke oben im Schalter ausgeführt (✓), wenn nicht, die unten (✕), wie im Programm *SwitchReminder* in Abbildung 14-24 demonstriert.

Der Modus Logischer Wert

Statt einen Sensorwert zu verwenden, um eine Logikentscheidung zu treffen, kannst du einen Schalterblock mit einer logischen Datenleitung verbinden, indem du den Modus *Logischer Wert* verwendest (siehe Abbildung 14-25). Wenn der Wert der Datenleitung wahr ergibt, werden die Blöcke oben im Schalter ausgeführt, ansonsten die unten.

Das Programm *LogicSwitch1* (siehe Abbildung 14-25) prüft dauernd, ob der Infrarotsensor ein Signal empfängt. Wenn ja (wahr), zeigt der Roboter »Erfolg!« auf dem EV3-Display an und Motor B wird bewegt. Wenn nicht, (falsch), sagt er »Fehler« und der Motor hält an. (Der Sensor empfängt nach Loslassen der Taste mit einer Verzögerung von einer Sekunde kein Signal mehr, sodass es auch eine Sekunde dauert, bis die Fehlermeldung erscheint.)

Der Modus Numerisch

Wenn du den Schalterblock im Modus *Numerisch* verwendest und eine numerische Datenleitung anschließt, kannst du spezielle Aktionen für jeden Wert ausführen, indem du die Technik für Schalterblöcke mit mehr als zwei Fällen verwendest, wie in Kapitel 7 beschrieben (siehe Abbildung 7-10 auf Seite 81). Zum Beispiel kann dein Roboter »Hello« sagen, wenn die Datenleitung 3 liefert, »Good morning«, wenn sie 10 liefert, und in allen anderen Fällen (also bei allen anderen Datenwerten) »No«, was der Standardfall ist. Das probierst du im nächsten Kapitel aus.

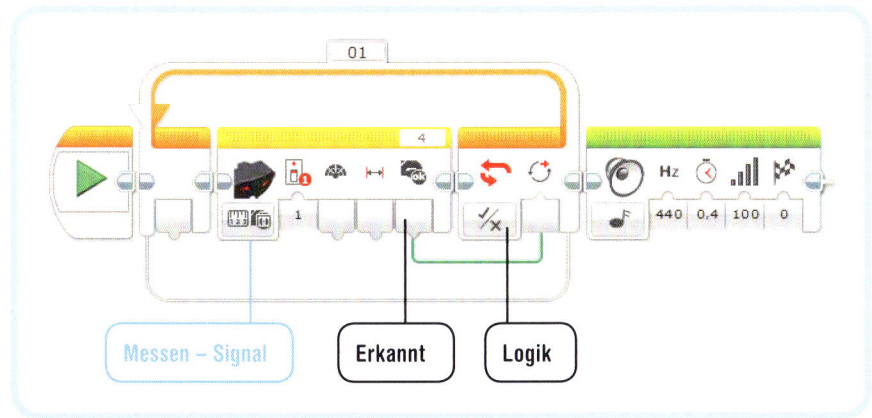

Abbildung 14-23: Das Programm LogicLoop *spielt einen Klang ab,wenn der Infrarotsensor erfolgreich ein Signal empfängt.*

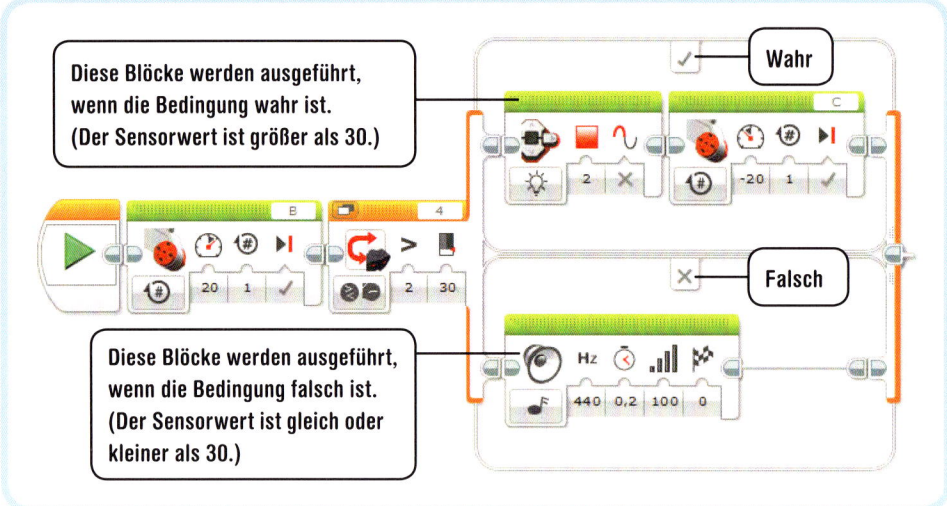

Diese Blöcke werden ausgeführt, wenn die Bedingung wahr ist. (Der Sensorwert ist größer als 30.)

Wahr

Falsch

Diese Blöcke werden ausgeführt, wenn die Bedingung falsch ist. (Der Sensorwert ist gleich oder kleiner als 30.)

Abbildung 14-24: Das Programm SwitchReminder

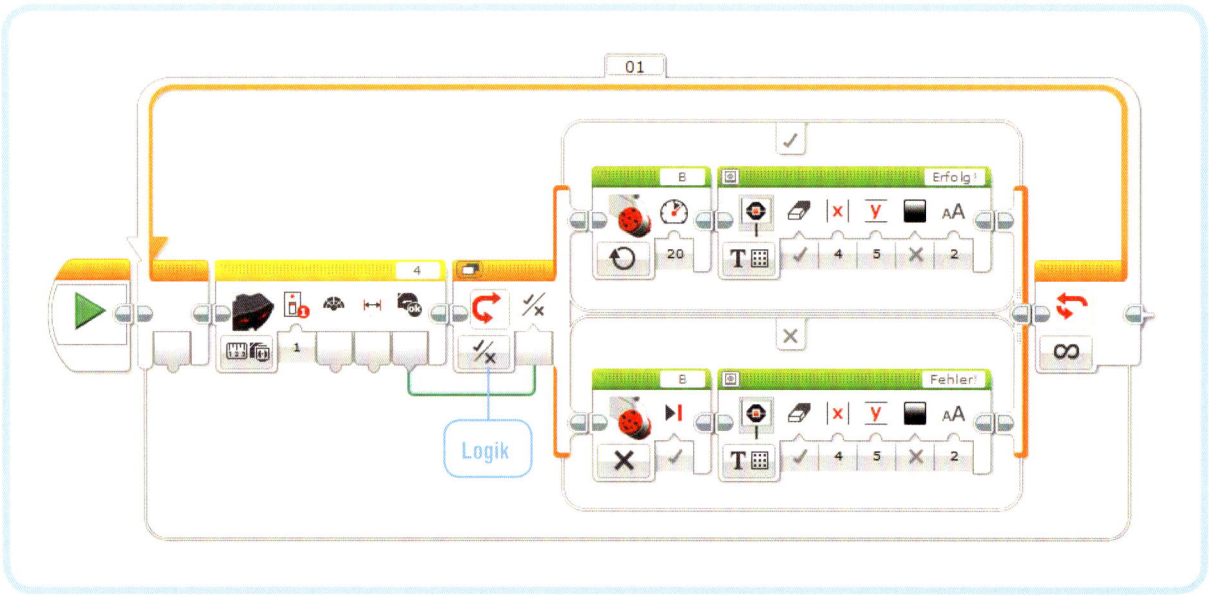

Logik

Abbildung 14-25: Das Programm LogicSwitch1

Datenleitungen mit Blöcken innerhalb von Schalterblöcken verbinden

In einigen Fällen kann es nützlich sein, Datenleitungen von außerhalb eines Schalterblocks an Blöcke innerhalb anzuschließen. Zum Beispiel kannst du dein vorheriges Programm so verändern, dass die Motorgeschwindigkeit durch den Entfernungswert des Senders geregelt wird, ohne einen weiteren Infrarotsensorblock zu verwenden.

Um das zu tun, schalte den Schalterblock in die Registeransicht und schließe die Datenleitung wie in Abbildung 14-26 an. Das fertige

LogicSwitch2-Programm steuert die Motorgeschwindigkeit über die Signal-Nähe, wenn ein Signal empfangen wird. Ansonsten wird der Motor gestoppt.

Wie in Tabelle 14-3 gezeigt, ist der Wert für die Signal-Nähe undefiniert, wenn kein Signal empfangen wird. Wenn der Wert der Signal-Nähe an einen Motorblock angeschlossen ist, während kein Signal empfangen wird, erhält der Motorblock keinen Wert und verhält sich unvorhersehbar. Du kannst dieses potenzielle Problem vermeiden, indem du den Wert nur dann verwendest, wenn der Sensor eine gültige Messung liefert, d.h., wenn *Erkannt* wahr ist.

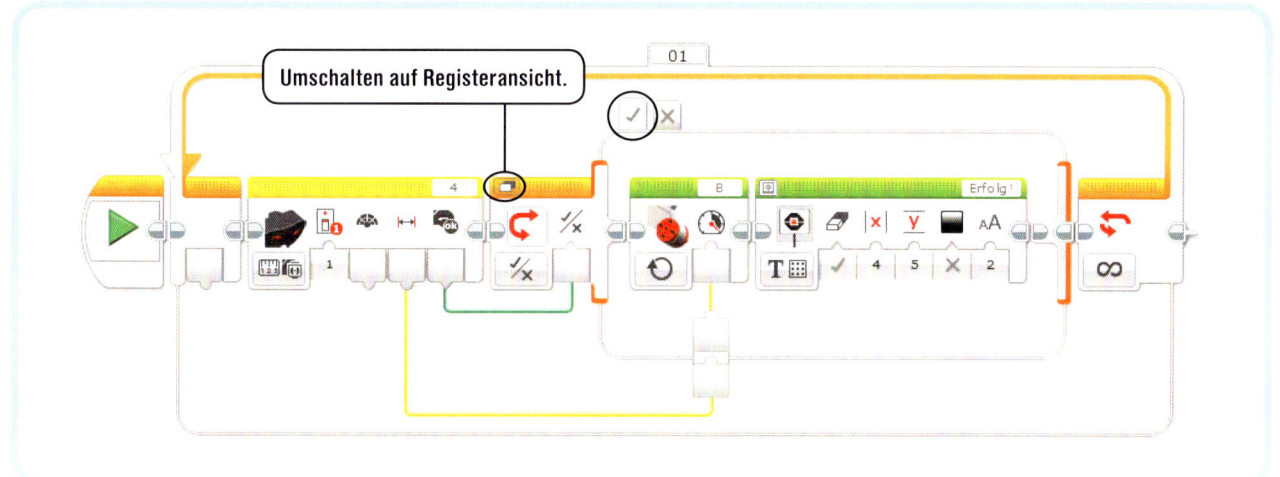

Abbildung 14-26: Das Programm LogicSwitch2. Beginne mit dem Programm LogicSwitch1, schalte in die Registeransicht, bringe den Fall »Wahr« nach vorn und verbinde die numerische Datenleitung wie gezeigt. (Ein Paar von Ein- und Ausgängen am Rand des Schalterblocks sollte automatisch angezeigt werden, wenn du versuchst, die Leitung anzuschließen.) Die Blöcke im Fall »Falsch« bleiben unverändert.

Aus diesem Grund benötigst du den Schalterblock im Programm *LogicSwitch2*. Der Sensorwert wird nur verwendet, um den Motor zu regeln, wenn ein Signal erkannt wird. Ansonsten werden die Blöcke im Fall »Falsch« ausgeführt und der Großer-Motor-Block im Modus *Aus* lässt den Motor anhalten.

Im Modus *Signal – Richtung* ist der Ausgangswert andererseits 0, wenn sich der Sender genau vor dem Empfänger befindet oder gar kein Signal empfangen wird. Zwischen diesen beiden Fällen kannst du mit dem Verfahren aus unserem letzten Programm unterscheiden. Zum Beispiel kannst du den Signal-Richtungs-Wert auf dem Display anzeigen und ansonsten »Fehler«.

HINWEIS Du kannst die Datenleitungen nur an Blöcke in einem Schalterblock anschließen, wenn er sich in der Registeransicht befindet. Das Umschalten in die offene Ansicht entfernt sie. Auf diese Weise kannst du auch Datenleitungen an Blöcke in einem Schleifenblock anschließen.

Der Schleifen-Interrupt-Block

Die letzte Technik, einen Schleifenblock zu beenden, besteht im Schleifen-Interrupt-Block. Ein Schleifenblock prüft normalerweise einen Sensor oder eine Logikbedingung für jeden Durchlauf der inneren Blöcke. Ein Schleifen-Interrupt-Block stoppt die Schleife jedoch *sofort*.

Du kannst aus einer Liste wählen, welche Schleife du unterbrechen willst, wie in Abbildung 14-27. Mit dem Schleifen-Interrupt-Block kannst du eine Schleife von innen heraus beenden oder eine, die in einer parallelen Sequenz läuft. Wenn eine Schleife unterbrochen wird, macht das Programm mit den Blöcken hinter der Schleife weiter.

Eine Schleife von innen unterbrechen

Der Schleifen-Interrupt-Block ist nützlich, um Schleifen an beliebiger Stelle abzubrechen, statt abzuwarten, dass alle Blöcke im Inneren zu Ende ausgeführt werden. Sieh dir das Programm *BreakFromInside* in Abbildung 14-27 an, das wiederholt Motor B eine Umdrehung lang laufen lässt und dann »LEGO« sagt. Wenn der Entfernungswert des Infrarotsensors kleiner ist als 50%, nachdem der Roboter »LEGO« gesagt hat, endet die Schleife normal, und du hörst gleich danach »MINDSTORMS«.

Dank des Schleifen-Interrupt-Blocks kannst du die Schleife auch durch Drücken des Berührungssensors genau nach dem Drehen des Motors B beenden. Dann springt das Programm hinter die Schleife und du hörst nur »MINDSTORMS«.

Erstelle das Programm aus Abbildung 14-27 und führe es ein paar Mal aus, um zu prüfen, welcher Sensor wann ausgelöst werden muss, damit die Schleife beendet wird.

Eine Schleife von außen unterbrechen

Da kannst einen Schleifenblock auch aus einer parallel laufenden Sequenz heraus unterbrechen. Wenn du das tust, endet die Schleife und das Programm fährt mit dem Block hinter der Schleife fort. Gleichzeitig versucht das Programm, den Block fertig auszuführen, der lief, als du den Schleifen-Interrupt-Block ausgeführt hast.

Das Programm *BreakFromOutside* (siehe Abbildung 14-28) hat z.B. einen Schleifenblock, der Motor B immer wieder eine Umdrehung laufen lässt. In einer Parallelsequenz wird bei jedem Auslösen des Infrarotsensors ein Schleifen-Interrupt-Block ausgeführt. Dann endet die Schleife und der Klangblock spielt umgehend einen Klang ab.

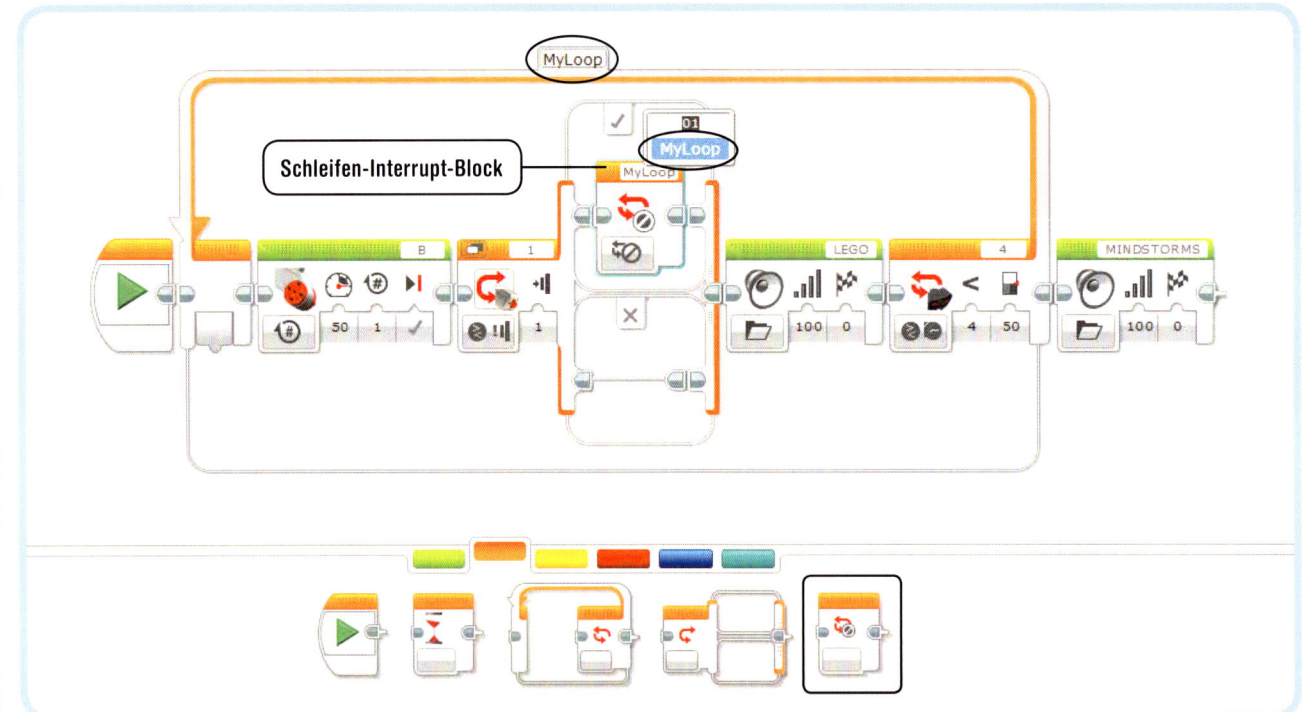

Abbildung 14-27: Das Programm **BreakFromInside** *enthält eine Schleife namens* **MyLoop**, *die beendet wird, wenn der Berührungssensor gedrückt wird, nachdem der Motor sich gedreht hat, oder wenn der Infrarotsensor ausgelöst wird, nachdem der Roboter »LEGO« gesagt hat.*

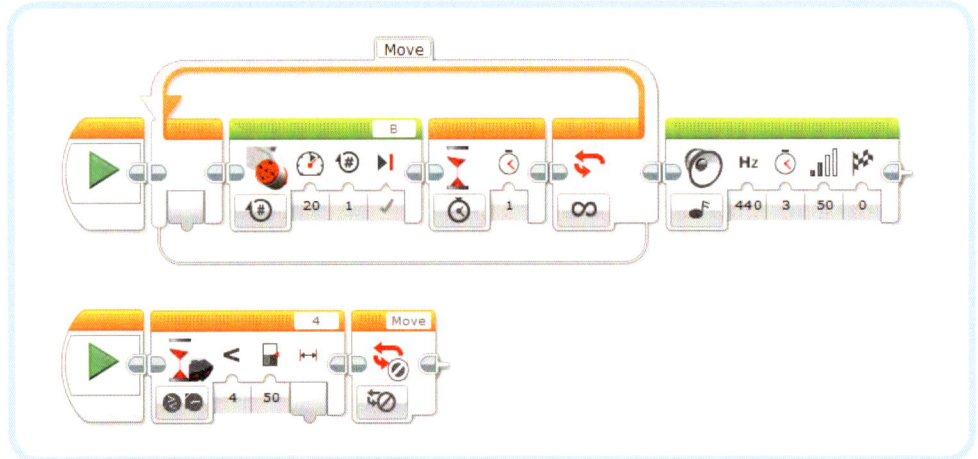

Abbildung 14-28: Das Programm **BreakFromOutside** *unterbricht eine Schleife namens* **Move**, *wenn der Infrarotsensor ausgelöst wird.*

Wenn du den Sensor auslöst, wenn der Motor eine Umdrehung noch nicht abgeschlossen hat, beendet er seine Drehung, während der Klang gespielt wird. Für einen Augenblick laufen also der Großer-Motor-Block und der Klangblock gleichzeitig.

Ändere jetzt die Einstellung *Dauer* im Klangblock auf 0,1 Sekunden und führe das Programm erneut aus. Wenn du den Sensor mitten in der Motorumdrehung auslöst, endet das Programm beinahe sofort und der Motor hält an, bevor er die Umdrehung beendet hat.

Ich rate zur Vorsicht bei Verwendung dieser Technik. Eine parallel laufende Schleife zu unterbrechen kann zu unvorhersehbarem Verhalten des Roboters führen. (Was geschieht z.B., wenn Motor B genau hinter der Schleife eine weitere Bewegung macht? Wird der vorhergehende Block weiter ausgeführt oder der neue Block?)

Eine Schleife von Innen zu unterbrechen hat nicht diese problematischen Auswirkungen auf das Programm: *BreakFromInside* unterbricht die eigene Schleife, aber keinen anderen parallel laufenden Block.

SELBST ENTDECKEN 81: UNTERBRECHUNGEN UNTERBRECHEN

Schwierigkeitsgrad: ▭▭ Zeit: ◔

Kannst du ein Programm erstellen, das den Motor kontinuierlich bewegt und einen Klang abspielt, bis der Berührungssensor ausgelöst wird *und* der Farbsensor die Farbe Grün sieht? Das gleichzeitige Auslösen der Sensoren sollte die Schleife nach der Motorbewegung beenden. (Du lernst später, wie du eine Schleife beendest, wenn mehrere Sensoren ausgelöst werden, jetzt verwende bitte einfach den Schleifen-Interrupt-Block.)

HINWEIS Füge einen Schalterblock zum Programm BreakFromInside hinzu (siehe Abbildung 14-27).

Weitere Experimente

In diesem Kapitel hast du gelernt, wie Datenleitungen benutzt werden, um Informationen von einem zum anderen Block zu übertragen. Zusätzlich hast du gelernt, Sensorblöcke zum Auslesen von Sensorwerten zu verwenden und mit den erweiterten Funktionen von Warte-, Schleifen- und Schalterblöcken zu arbeiten.

Die meisten Programme mit Datenleitungen, die du bisher erstellt hast, sind recht klein, und Datenleitungen scheinen auch nicht besonders nützlich zu sein. Sie sind jedoch unabdingbar, wenn es um die Programmierung ausgefeilter Roboter geht, wie die in Teil VI. Die folgenden Selbst-entdecken-Aufgaben vermitteln dir die Kenntnisse, die du später benötigst.

SELBST ENTDECKEN 82: SENSORÜBUNGEN

Schwierigkeitsgrad: ▭▭ Zeit: ◔◔

Erstelle ein Programm, das den weißen Zeiger auf Basis der Entfernungsmesswerte des Infrarotsensors drehen lässt, jedoch nur dann, wenn der Berührungssensor und der Farbsensor gleichzeitig aktiviert werden. Wenn einer der beiden Sensoren nicht aktiviert ist, sollte sich der Motor nicht drehen.

HINWEIS Du hast in diesem Kapitel viel über Sensorblöcke und Datenleitungen gelernt, aber manchmal wirst du immer noch Warte-, Schleifen- oder Schalterblöcke benötigen, um mit Sensoren zu arbeiten.

SELBST ENTDECKEN 83: LEISTUNG VS. GESCHWINDIGKEIT

Schwierigkeitsgrad: ▭▭ Zeit: ◔

Erstelle ein Programm, das Motor B mit 30% Leistung (51 U/min) mit einem Großer-Motor-Block laufen lässt und Motor C mit 30% Leistung und einem Ungeregelter-Motor-Block. Lasse dann kontinuierlich die Geschwindigkeit beider Motoren anzeigen, indem du Motorumdrehungsblöcke im Modus *Aktuelle Leistung* verwendest. (Dieser Modus liefert dir die Motorgeschwindigkeit, wie in Kapitel 9 besprochen.)

Beobachte jetzt, was passiert, wenn du versuchst, die Motoren per Hand abzubremsen. Du wirst sehen, dass die Geschwindigkeit von Motor C rapide fällt: 30% Leistung ist zu wenig, um die Reibung durch deine Hand zu überwinden. Motor B dreht jedoch mit beinahe 30% Geschwindigkeit weiter, da der Block den EV3 dazu veranlasst, dem Motor zusätzliche Leistung zuzuführen, wenn er langsamer wird.

SELBST ENTDECKEN 84:
DIE WIRKLICHE RICHTUNG

Schwierigkeitsgrad:  Zeit: ◔

Kannst du ein Programm schreiben, dass den Signal-Richtungswert anzeigt, wenn ein Signal vom Sender erkannt wird, und anderenfalls »Error!« ausgibt?

HINWEIS Verwende das Programm *LogicSwitch2* (siehe Abb. 14-26) als Ausgangspunkt.

SELBST ENTDECKEN 85:
SK3TCHBOT BEOBACHTET DICH

Schwierigkeitsgrad: Zeit: ◔

Schreibe ein Programm, das zählt, wie viele Personen an dem Roboter vorübergehen. Stelle den Roboter dazu so auf, dass der Infrarotsensor Personen wahrnimmt, die vor ihm stehen. Platziere zwei Warteblöcke in einem Schleifenblock und richte den ersten so ein, dass er wartet, bis der Sensor jemanden vorbeigehen sieht. Mit dem zweiten Block wartest du, bis die Person wieder außer Sicht gerät. Jedes Mal, wenn jemand vorbeigeht, soll die Schleife einmal durchlaufen werden. Wenn du dann den Schleifenindex auf dem EV3-Bildschirm ausgibst, zeigt er an, wie viele Personen vorbeigegangen sind. Um zu überprüfen, ob das Programm richtig funktioniert, stellst du noch einen Klangblock in die Schleife, damit jedes Mal ein Ton abgespielt wird, wenn jemand vorbeigeht.

SELBST KONSTRUIEREN 25:
BIONISCHE HAND

Bau: ✳✳✳ Programmierung: ▭▭

Kannst du eine Roboterhand bauen, die du auf deinen Arm aufsetzt? Steuere die Bewegungen dieser Hand über die Sensoren und die EV3-Tasten. Baue auch den Infrarotsensor ein und programmiere den Roboter so, dass der Arm dich warnt, wenn du dich einer Wand näherst. Nutze die Programmiertechniken, die du in diesem Kapitel gelernt hast, um die Sensorwerte auf dem Bildschirm anzuzeigen oder um auf ihrer Grundlage Töne abzuspielen.

SELBST ENTDECKEN 86:
OSZILLOSKOP

Schwierigkeitsgrad:  Zeit: ◔◔◔

Kannst du aus dem EV3-Stein ein Messgerät machen, das Sensormesswerte wie in Abbildung 14-29 auf dem Bildschirm ausgibt? Zeige die Nähewerte als kleine Kreise an, deren x-Koordinate durch den Schleifenindex und deren y-Koordinate durch die Höhe des Messwerts bestimmt wird. Wenn die Schleife ausgeführt wird, kommen immer wieder neue Messwerte hinzu und bilden schließlich eine Form, wie du sie in der Abbildung siehst.

Der Bildschirm umfasst in x-Richtung 178 Pixel. Nachdem der Schleifenblock 178 Mal durchgelaufen ist (mit einer Pause von je 0,05 Sekunden zwischen den Messungen), werden also 178 Kreise angezeigt. Danach soll das Programm den Bildschirm löschen und von vorn beginnen.

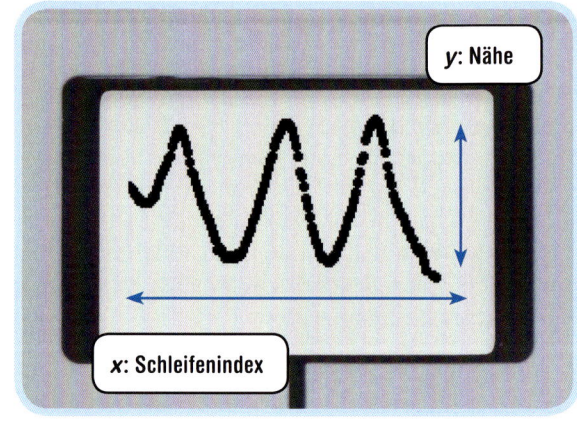

Abb. 14-29: Ausgabe von **Selbst entdecken 86**. Das hier gezeigte Muster der Messwerte entsteht, wenn ein Objekt vor dem Sensor ständig hin- und herbewegt wird.

HINWEIS Damit der Anzeigeblock den Bildschirm nach 178 Messungen löscht, lässt du ein Rechteck anzeigen, dass den Bildschirm mit weißer Farbe füllt. (Dazu setzt du die Einstellung *Farbe* auf *wahr*.)

Datenblöcke und Eigene Blöcke mit Datenleitungen verwenden

Da du jetzt weißt, wie Datenleitungen funktionieren, kannst du einige wirklich interessante Dinge mit weiteren Programmierblöcken anstellen. Zum Beispiel kannst du den EV3 Sensorwerte zusammenfügen und bearbeiten lassen, sodass sie als Eingangswerte für andere Aktionen dienen. Mit den Tricks in diesem Kapitel kannst du deinen Roboter so programmieren, dass er aus zufälligen Aktionen eine auswählt oder etwas nur dann macht, wenn zwei Sensoren gleichzeitig aktiviert werden, anstatt nur vorprogrammierten Schritten zu folgen.

In diesem Kapitel lernst du die Verwendung des Matheblocks, mit dem dein Roboter Berechnungen anstellt, die du in deinen Programmen verwendest. So könnte er eine zurückzulegende Strecke auf Basis eines Sensorwerts berechnen. Ich zeige dir auch einige neue Programmierblöcke, wie Zufall, Vergleichen und Logische Verknüpfungen, und wie du Eigene Blöcke mit Ein- und Ausgängen erstellst.

Diese Verfahren und Programmierblöcke sind für die Programmierung komplexer Roboter wichtig, die du in Teil VI bauen wirst, und zur erweiterten Programmierung deiner eigenen Projekte. Wie in Kapitel 14 verwenden wir den SK3TCHBOT, um die neuen Programme in diesem Kapitel zu testen.

Die Selbst-entdecken-Aufgaben dieses Kapitels mögen dir zuerst ein wenig schwierig erscheinen, sie zeigen dir aber grundlegende Programmierkenntnisse, mit denen du viel interessantere Programme und bessere Roboter erstellen kannst!

Datenblöcke verwenden

Die Programmierpalette enthält eine Reihe von Blöcken, die du noch nicht benutzt hast: Datenblöcke (siehe Abbildung 15-1). Dazu gehören der Mathe-, Zufalls- und Vergleichsblock sowie der Block Logische Verknüpfungen. Jeder Block hat seine eigene Funktion, sie alle jedoch verarbeiten Werte aus Datenleitungen und generieren neue auf Basis der Eingabewerte. Dieser Abschnitt erläutert, wie diese Blöcke in deinen Programmen zum Einsatz kommen.

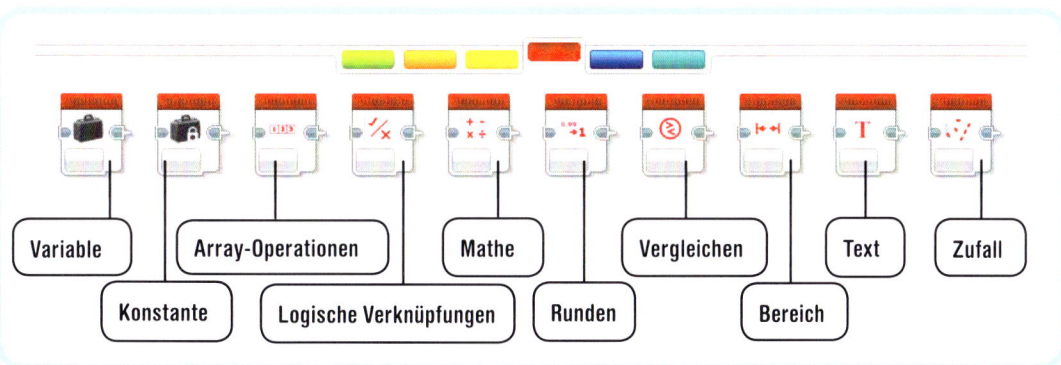

Abbildung 15-1: Datenblöcke

Der Matheblock

Der Matheblock (siehe Abbildung 15-2) ermöglicht dem EV3, arithmetische Operationen, wie Addition, Subtraktion, Multiplikation und Division, durchzuführen. Du gibst in die Felder a und b zwei Zahlen ein und verwendest den Moduswähler, um die gewünschte Operation, z.B. Division, auszuwählen (im Falle einer Division wird a durch b geteilt). Eine Datenleitung gibt das Ergebnis aus. Statt die Werte für a und b selbst einzugeben, kannst du sie auch einer Datenleitung entnehmen.

Der Matheblock in Aktion

Das Programm in Abbildung 15-3 zeigt, wie der Matheblock die Multiplikation des Messwerts des Farbsensors ausführt, um die Geschwindigkeit von Motor B zu steuern. Der Wert des Farbsensors (eine Zahl zwischen 0 und 7) ist zur Motorsteuerung nicht geeignet, da sich der Motor nur langsam drehen würde (maximal 7% Leistung). Der Matheblock multipliziert den Wert mit 10 und sendet das Ergebnis (eine Zahl zwischen 0 und 70) an die Leistungseinstellung des Motorblocks. Im Ergebnis dreht der Motor mit 10% für Schwarz, 20% für Blau usw. bis zu 70% für Braun.

Erstelle ein neues Projekt namens SK3TCHBOT-Data mit einem Programm namens *MathSpeed* (siehe Abbildung 15-3).

SELBST ENTDECKEN 87: 100%-MATHE

Schwierigkeitsgrad: ▭ Zeit: 🕐

Der Matheblock im Programm *MathSpeed* ermöglicht es, einen gemessenen Farbwert als Motorleistung zu verwenden. Sie reicht aber nur bis zu 70%. Kannst du das Programm so verändern, dass es den ganzen Bereich der Motorleistung abdeckt? Füge einen Anzeigeblock hinzu, um zu zeigen, dass der Matheblock bei Braun wirklich 100% errechnet.

HINWEIS In die Felder a und b des Matheblocks können auch Zahlen mit Dezimalstellen eingegeben werden.

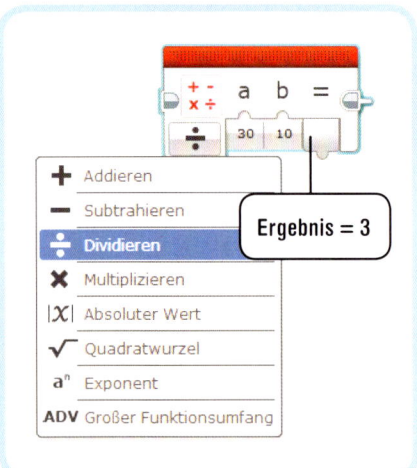

Abbildung 15-2: Der Matheblock. Der Ausgabewert dieses Blocks beträgt 30/10 = 3.

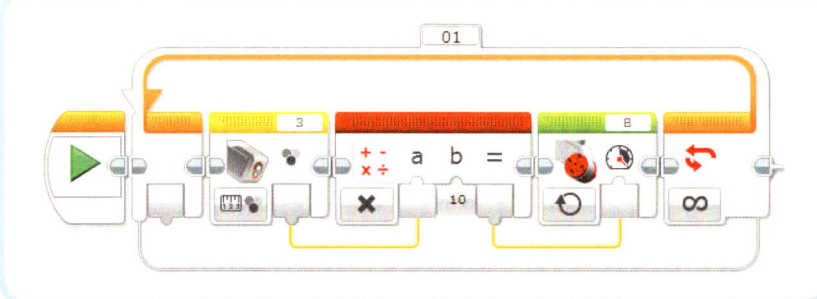

Abbildung 15-3: Das Programm MathSpeed

Der erweiterte Modus

Einige Berechnungen benötigen mehr als eine Arithmetikoperation. Zum Beispiel möchtest du vielleicht zwei Zahlen voneinander abziehen und das Ergebnis mit einer dritten Zahl multiplizieren. Das kannst du mit zwei Matheblöcken erledigen (einen für die Subtraktion und einen für die Multiplikation), die Berechnungen können aber auch in einem Block im erweiterten Modus ausgeführt werden (siehe Abbildung 15-4).

In der Einstellung *Gleichung* gibst du die Berechnung, die der Matheblock ausführen soll, wie in einen Taschenrechner ein. Die Eingabe von (7 – 3)×1,5 ergibt z.B. 6. (Wie bei einem Taschenrechner kannst du Klammern verwenden, um sicherzustellen, dass die Subtraktion vor der Multiplikation ausgeführt wird.)

Du kannst auch Symbole in Gleichungen verwenden (a, b, c oder d) und für jedes einen Wert in den jeweiligen Einstellungen festlegen. Gib zum Beispiel (b – c)×a als Gleichung ein und 7 für b, 3 für c und 1,5 für a. Du erhältst dann dasselbe Ergebnis. Schließlich kannst du die Werte für die Symbole noch mit numerischen Datenleitungen übertragen.

Um den erweiterten Modus in Aktion zu sehen, erstellst du ein Programm, das Motor C (roter Zeiger) den Bewegungen von Motor B (weißer Zeiger) folgen lässt, den du per Hand drehst. Da Motor C in

deinem Roboter verkehrt herum eingebaut ist, dreht er sich in entgegengesetzter Richtung, aber um denselben Betrag. Um das zu erreichen, setzt du die Geschwindigkeit von Motor C auf folgenden Wert:

Geschwindigkeit von Motor C =
(Grad von Motor B – Grad von Motor C) x 1,5

Um zu sehen, wie die Formel funktioniert, überlege, was passiert, wenn du Motor B um 70 Grad vorwärts drehst, während Motor C bei 60 Grad steht. Die Geschwindigkeit von Motor C wird auf (70 – 60) × 1,5 = 15 gesetzt, sodass er sich vorwärts dreht, um Motor B einzuholen. Ist C Motor B voraus, wäre das Ergebnis negativ und Motor C dreht sich rückwärts. Je größer die Differenz beider Motorpositionen, desto schneller dreht Motor C. Sind beide Motoren in der gleichen Position, ist das Ergebnis 0, und der Motor hält an.

Erstelle das Programm *PositionControl* (siehe Abbildung 15-5). Drehe den weißen Zeiger per Hand und beobachte, wie der rote die Bewegung in entgegengesetzter Richtung ausführt.

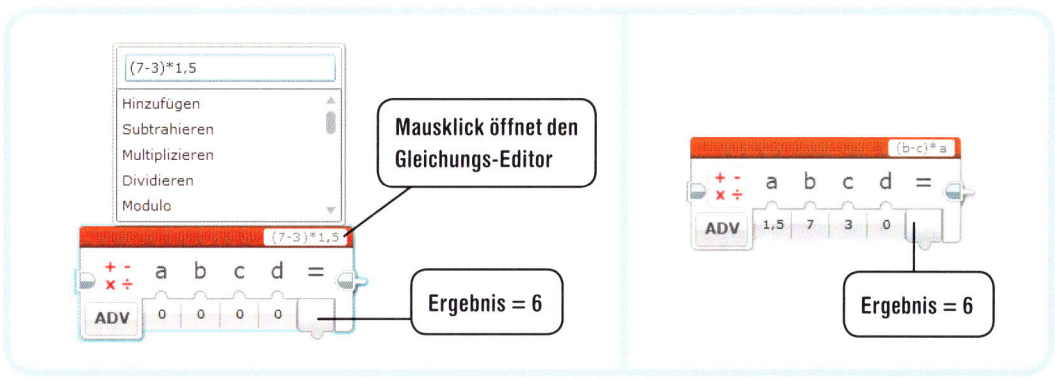

Abbildung 15-4: *Der Matheblock im erweiterten Modus. Du kannst eine Formal mit Zahlen (links), mit Variablen (rechts) oder eine Kombination aus beiden eingeben. Operatoren wie * für Multiplikation oder / für Division kannst du manuell eingeben oder aus der Operatoren-Liste auswählen.*

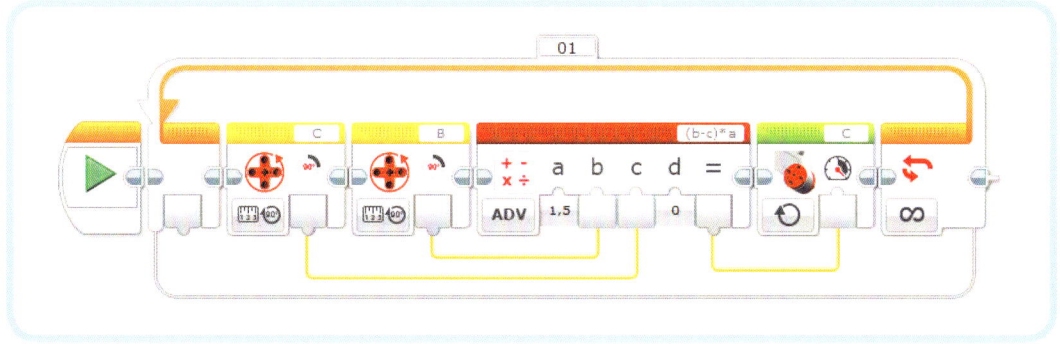

Abbildung 15-5: *Das Programm* PositionControl. *Die Grad-Ausgabe von Motor B ist an Eingang b des Matheblocks angeschlossen. Die Grad-Ausgabe von Motor C ist an Eingang c angeschlossen.*

Mit dem Matheblock üben

Da der Matheblock eine wichtige Komponente vieler Programme ist, die Datenleitungen einsetzen, ist es sinnvoll, mit ihm ein wenig zu üben, bevor wir weitermachen. Die folgenden Selbst-entdecken-Aufgaben helfen dir dabei.

SELBST ENTDECKEN 88: ADDIERTE WERTE

Schwierigkeitsgrad: ▱ Zeit: ⏱

Kannst du ein Programm erstellen, das den Entfernungswert des Infrarotsensors und die Stärke des reflektierten Lichts auf dem Display anzeigt sowie deren Summe?

SELBST ENTDECKEN 89: INFRAROT-GESCHWINDIGKEIT

Schwierigkeitsgrad: ▱▱ Zeit: ⏱⏱

Erstelle ein Programm wie *MathSpeed*, um Geschwindigkeit *und* Richtung von Motor B über den Entfernungswert des Infrarotsensors zu regeln. Der Motor sollte sich bei 100% Entfernung mit 50% Leistung drehen und mit -50% (also rückwärts) bei 0% Entfernung.

HINWEIS Verwende diese Formel: Geschwindigkeit = Entfernung - 50. Wie konfigurierst du den Matheblock für diese Operation?

SELBST ENTDECKEN 90: DOPPELTE INFRAROT-GESCHWINDIGKEIT

Schwierigkeitsgrad: ▱ Zeit: ⏱

Kannst du das Programm aus *Selbst entdecken 89* so erweitern, dass die Motorgeschwindigkeit zwischen -100 und 100 liegt?

HINWEIS Verwende diese Formel: Geschwindigkeit = (Entfernung - 50) × 2.

SELBST ENTDECKEN 91: ZUWACHSSTEUERUNG

Schwierigkeitsgrad: ▱▱ Zeit: ⏱

Welchen Effekt hat der Wert 1,5 im Programm *PositionControl*? Experimentiere, indem du einen kleineren Wert (0,1) oder einen größeren Wert (5) verwendest, und beobachte, wie schnell Motor C deinen Bewegungen folgen kann.

SELBST ENTDECKEN 92: RICHTUNGSSTEUERUNG

Schwierigkeitsgrad: ▱▱▱ Zeit: ⏱⏱

Kannst du das Programm *PositionControl* so verändern, dass sich der rote Zeiger in dieselbe Richtung dreht wie der weiße?

HINWEIS Multipliziere den Grad-Wert von Motor C mit -1, sodass die Vorwärtsbewegung als Rückwärtsbewegung gemessen wird und umgekehrt. Multipliziere die sich ergebende Geschwindigkeit ebenfalls mit -1, um sie umzukehren, bevor du sie an den Großer-Motor-Block weitergibst.

Der Zufallsblock

Mit dem Zufallsblock erzeugst du einen zufälligen Wert, den du in deinen Programmen verwenden kannst. Im Modus *Logischer Wert* ist die Ausgabe eine logische Datenleitung, die entweder wahr oder falsch liefert. In diesem Modus verhält sich der Block wie eine geworfene Münze mit dem Ergebnis wahr (Kopf) oder falsch (Zahl). Bei einem Münzwurf liegt die Wahrscheinlichkeit, wahr zu erhalten, bei 50%, also bei jedem zweiten Wurf. Der Zufallsblock ermöglicht es dir, die Wahrscheinlichkeit für wahr über einen Prozentwert anzugeben. Zum Beispiel sollte 33 dazu führen, dass wahr nur noch bei jedem dritten Wurf fällt, während falsch bei zwei Drittel aller Würfe kommt.

Im Modus *Numerischer Wert* ist die Ausgabe eine Datenleitung, mit einer Zufallszahl, die im Bereich zwischen *Untere Grenze* und *Obere Grenze* liegt. Wenn du z.B. 1 als untere Grenze und 6 als obere Grenze festlegst, sollten die Zahlen zwischen 1 und 6 liegen und gleich verteilt sein wie beim Würfeln.

Der Zufallsblock ist besonders nützlich, wenn dein Roboter etwas Unerwartetes tun soll. Du kannst ihn mit einem Zufallsblock z.B. zufällig »Left« oder »Right« sagen lassen, oder den weißen Zeiger mit zufälliger Geschwindigkeit drehen lassen, wie im Programm *RandomMotor* in Abbildung 15-6 gezeigt.

Der Schalterblock im Programm *RandomMotor* führt entweder den Block oben aus (wahr) oder die Blöcke unten (falsch). Wenn du ein Programm zufällig zwischen mehr als zwei Möglichkeiten wählen lassen möchtest, müssen Zufallsblock und Schalterblock im numerischen Modus sein. So kannst du Aktionen für jeden möglichen Wert angeben, wie im Programm *RandomCase* in Abbildung 15-7 gezeigt.

SELBST ENTDECKEN 93: ZUFALLSFREQUENZ

Schwierigkeitsgrad: ▭ **Zeit:** ⏱

Kannst du den EV3 bei jeder Betätigung des Berührungssensors eine halbe Sekunde lang einen zufälligen Ton spielen lassen? Erzeuge einen Zufallswert und verbinde ihn mit dem Frequenzeingang eines Klangblocks. Schließlich erweiterst du das Programm und zeigst die Frequenz auch auf dem EV3-Display an.

HINWEIS Welche Frequenzwerte werden vom Klangblock akzeptiert?

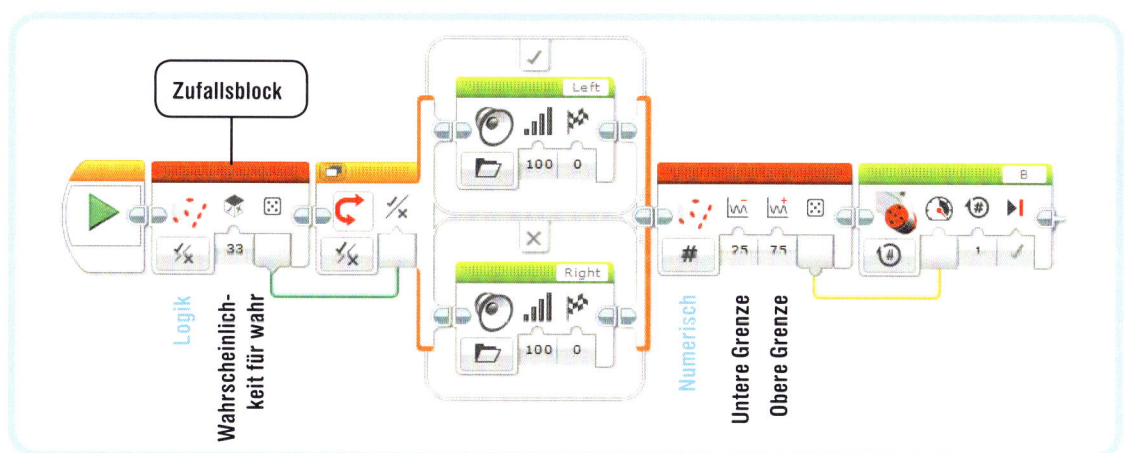

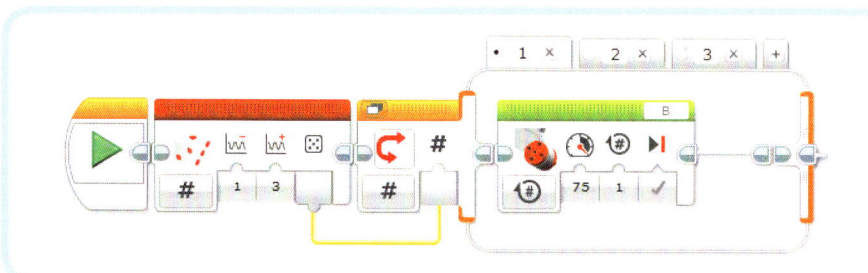

Abbildung 15-6: Das Programm RandomMotor. Wenn du es oft ausführst, solltest du sehen, dass der Roboter etwa ein Drittel der Zeit »Left« sagt. Nach der Sprachausgabe dreht sich Motor B eine Umdrehung bei einer zufälligen Geschwindigkeit zwischen 25% und 75%.

Abbildung 15-7: Das Programm RandomCase wählt zufällig einen auszuführenden Block auf dem ersten, zweiten oder dritten Register aus. (Nur der Block auf dem ersten Register ist zu sehen. Füge auf den anderen Registern beliebige Blöcke hinzu.)

Der Vergleichsblock

Der Vergleichsblock prüft, ob ein numerischer Wert gleich (=), ungleich (≠), größer als (>), größer oder gleich (>=), kleiner (<) oder kleiner oder gleich (<=) einem anderen numerischen Wert ist. Du kannst die zu vergleichenden Werte in die Einstellungen des Vergleichsblocks eingeben oder sie mittels Datenleitungen liefern.

Der Vergleichsblock gibt eine logische Datenleitung aus (wahr oder falsch), basierend auf dem Vergleichsergebnis von Wert a und b. Wenn du den Modus auf gleich (=) setzt, gibt der Block z.B. wahr aus, wenn a=b ist.

Das Programm *CompareValues* in Abbildung 15-8 zeigt den Vergleichsblock in Aktion. In diesem Programm wartet der Roboter, bis der Entfernungswert unter 80 sinkt. Der Wert, der den Warteblock abgebrochen hat, wird an den Vergleichsblock übertragen, der entscheidet, ob er unter 40 liegt. Wenn ja (wahr), sagt SK3TCHBOT »Down«, wenn nicht (falsch), sagt er »Up«.

Im Ergebnis sagt der Roboter »Down«, wenn du deine Hand schnell vor den Sensor hältst, indem du von der Seite kommst, und »Up«, wenn du langsam von vorn kommst.

SELBST ENTDECKEN 94: ZUFÄLLIGER MOTOR UND GESCHWINDIGKEIT

Schwierigkeitsgrad:  Zeit: ⏱

Erstelle ein Programm, das eine Zufallszahl zwischen 10 und 100 erzeugt, um die Geschwindigkeit entweder von Motor B oder Motor C zu steuern. Liegt die Zufallszahl unter 50, sollte sich Motor B drehen. Wenn nicht, sollte sich Motor C mit zufälliger Geschwindigkeit eine Sekunde lang drehen.

HINWEIS Du benötigst einen Zufallsblock, einen Vergleichsblock, einen Schalterblock (in Registeransicht) und zwei Großer-Motor-Blöcke.

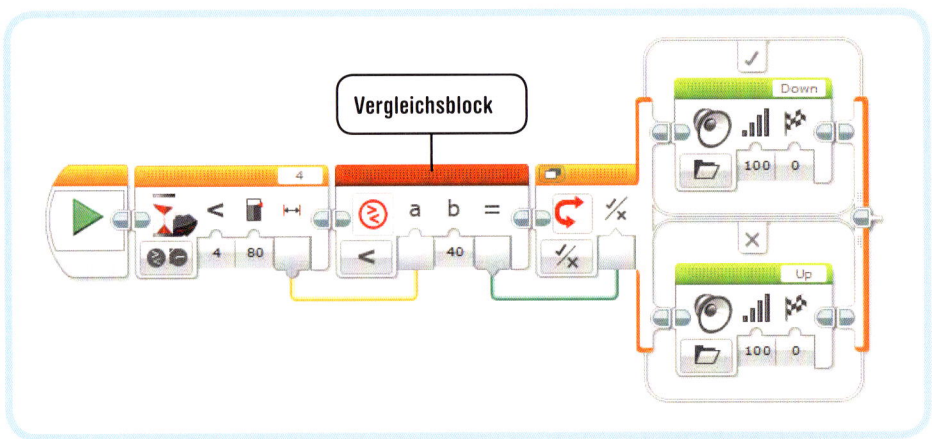

Abbildung 15-8: Das Programm CompareValues

Der Block Logische Verknüpfungen

Der Block Logische Verknüpfungen vergleicht zwei Werte aus logischen Datenleitungen und gibt das Ergebnis über eine logische Datenleitung weiter. Im Modus *Und* vergleicht er, ob beide Eingabewerte (a und b) wahr sind. Wenn ja, ist das Ergebnis wahr. Wenn eine oder beide Eingaben falsch sind, ist das Ergebnis falsch.

Du kannst den Block Logische Verknüpfungen in diesem Modus verwenden, um ein Programm zu erstellen, das einen ausgefüllten Kreis auf dem Display anzeigt, wenn der Berührungssensor gedrückt wird *und* die Entfernungsmessung unter 50% liegt. Wenn eine der beiden Bedingungen nicht eintritt, zeigt das Display einen leeren Kreis, da die Ausgabe des Blocks falsch ist. Abbildung 15-9 zeigt das Programm *LogicAnd*.

Logikoperationen

Wenn du den Logische-Verknüpfungen-Block konfigurierst, kannst du einen von vier Modi wählen: Und, Oder, Exklusives Oder und Nicht. Bei jeder Option vergleicht der Block die Eingabewerte unterschiedlich. Welche Option du wählst, hängt davon ab, was das Programm machen soll. Tabelle 15-1 zeigt die verfügbaren Modi und die Eingangswerte, die zu wahr führen.

Tabelle 15-1: Die Modi des Logische-Verknüpfungen-Blocks und ihre Ausgabewerte

Modus		Ausgabewert ist wahr, wenn ...
Und	ⒶⒷ	Beide Eingaben sind wahr
Oder	Ⓐ Ⓑ	Einer oder beide Eingaben sind wahr
Exklusives Oder	ⒶⒷ	Eine Eingabe ist wahr und die andere falsch
Nicht	Ⓐ	Die Eingabe ist falsch

Im *Oder*-Modus ist die Ausgabe wahr, wenn eine oder beide Eingaben wahr sind, wie im Programm *LogicOr* aus Abbildung 15-10 gezeigt. Das Programm prüft wiederholt, ob der Berührungssensor oder der Infrarotsensor ausgelöst werden. Wird einer (oder beide) ausgelöst, ist das Ergebnis wahr und die Schleife endet. Wenn die Schleife endet, wird ein Klangblock abgespielt. Dieses Verfahren ist nützlich, da du damit dein Programm warten lassen kannst, bis zumindest einer von mehreren Sensoren ausgelöst wird.

Ändere jetzt den Modus des Blocks Logische Verknüpfungen auf Exklusives Oder. Wenn du das Programm jetzt ausführst, solltest du den Klang hören, wenn der Berührungssensor oder der Infrarotsensor ausgelöst werden, aber nicht, wenn beide gemeinsam ausgelöst werden.

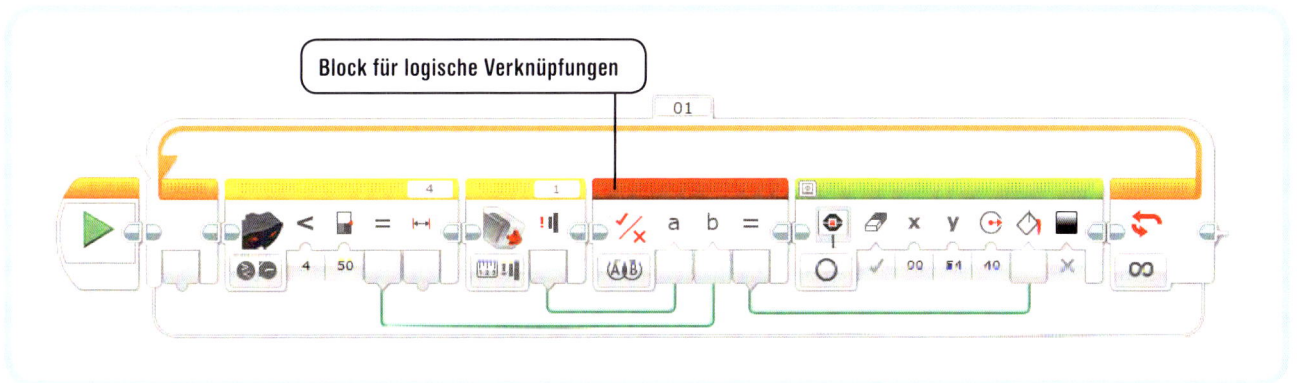

Abbildung 15-9: Das Programm LogicAnd

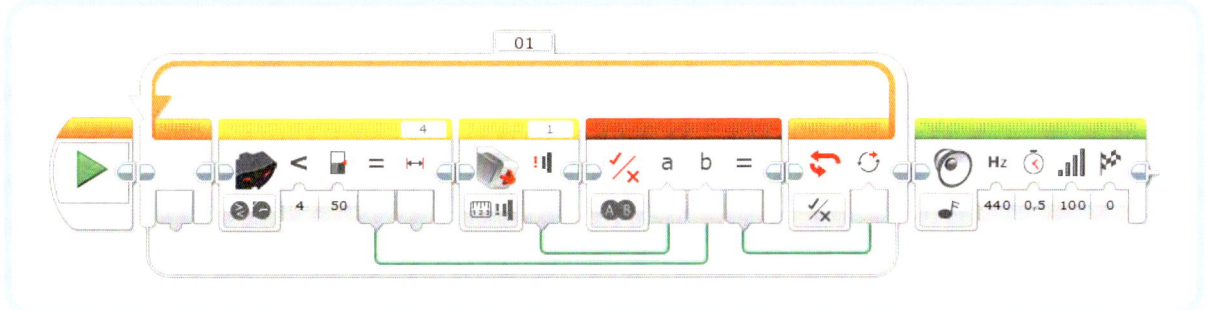

Abbildung 15-10: Das Programm LogicOr

SELBST ENTDECKEN 95: LOGIKSENSOREN

Schwierigkeitsgrad: ▭▭ **Zeit:** ⏱

Das Programm *LogicOr* **spielt einen Klang ab, wenn der Berührungs- oder der Infrarotsensor ausgelöst werden, aber es sagt dir nicht, welcher es war. Kannst du das Programm erweitern, sodass es »Touch« sagt, wenn es der Berührungssensor beendet hat, und »Detected«, wenn es der Infrarotsensor war?**

HINWEIS Platziere einen Schalterblock im Modus Logische Werte hinter die Schleife und nutze die Ausgabe des vorhandenen Berührungssensorblocks, um den Schalterblock zu steuern.

Der Modus Nicht

Wenn du den Modus *Nicht* verwendest, hat der Block Logische Verknüpfungen nur einen Eingang. Dieser Modus kehrt das Eingangssignal um: Ist der Wert (a) wahr, ist die Ausgabe falsch. Ist der Eingabewert falsch, ist die Ausgabe wahr.

Um diesen Modus in Aktion zu sehen, modifizierst du das Programm *LogicOr*, das du gerade erstellt hast, indem du den Infrarotsensorblock entfernst und den Modus des Blocks *Logische Verknüpfungen* auf *Nicht* stellst. Die Ausgabe des Blocks Logische Verknüpfungen ist falsch, wenn der Berührungssensor gedrückt wird, und wahr, wenn er losgelassen wird, sodass die Schleife läuft, bis der Sensor losgelassen wird.

SELBST ENTDECKEN 96: AUF DREI SENSOREN WARTEN

Schwierigkeitsgrad: ▭▭ **Zeit:** ⏱

Kannst du ein Programm erstellen, das einen Klang abspielt, wenn einer von drei Sensoren ausgelöst wird? Lasse das Programm auf eine Auslösung des Berührungssensors warten, auf eine Entfernungsmessung unter 50% oder dass die Stärke des Umgebungslichts über 15% steigt.

HINWEIS Beginne mit dem Programm *LogicOr*, aber füge einen Farbsensorblock und einen weiteren Logische-Verknüpfungen-Block hinzu. Wie schließt du die Datenleitungen an?

Der Bereichsblock

Der Bereichsblock entscheidet, ob ein Wert, der über eine numerische Datenleitung übertragen wird, innerhalb eines definierten Bereichs, also zwischen einer unteren und einer oberen Grenze, liegt. Die Randwerte zählen jeweils zum Bereich dazu.

Wenn du den Modus *Innerhalb* verwendest, ist die Ausgabe des Blocks wahr, wenn sich der Testwert innerhalb des Bereichs befindet. Ist die Ausgabe falsch, befindet sich der Wert nicht im Bereich. Wenn du den Modus *Außerhalb* wählst, geschieht genau das Gegenteil: Das Ergebnis ist wahr, wenn sich der Testwert außerhalb des angegebenen Bereichs befindet, und falsch, wenn er innerhalb liegt.

Das Programm *SensorRange* (siehe Abbildung 15-11) verwendet einen Bereichsblock (im Modus Innerhalb) und einen Schleifenblock (im Modus Logischer Wert), um darauf zu warten, dass der Entfernungswert des Infrarotsensors einen Wert von 40, 60 oder dazwischen annimmt.

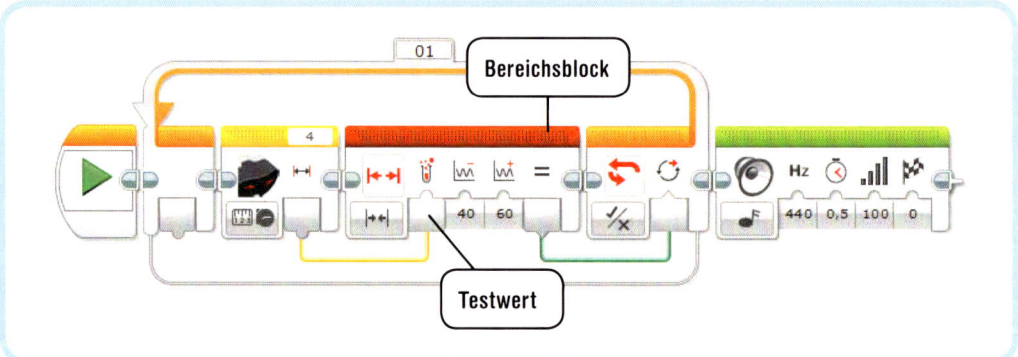

Abbildung 15-11: Das Programm SensorRange

Der Rundungsblock

Der Rundungsblock kann eine Zahl mit Dezimalstellen in eine ganze Zahl umwandeln, indem er sie rundet. Du kannst einen Modus zum Aufrunden (1,2 oder 1,8 wird zu 2), Abrunden (1,2 oder 1,8 wird zu 1) oder auf den nächsten Wert wählen (1,2 wird zu 1, 1,5 oder 1,8 wird zu 2). Du kannst auch den Modus *Kürzen* wählen, der Nachkommastellen ohne zu runden abschneidet (1,877 wird 1,8, wenn du nur eine Nachkommastelle erhalten willst).

Das Programm *RoundTime* (siehe Abbildung 15-12) zeigt die verstrichene Zeit seit Programmstart auf dem EV3-Display an, indem es den Wert des Dezimal-Zeitgebers (wie 3508) auf eine ganze Anzahl Sekunden rundet (3).

Wir haben den Zeitgeberblock in noch keinem Programm verwendet, aber seine Bedienung ist klar. Der Block misst die Zeit ähnlich wie eine Stoppuhr und beginnt beim Programmstart mit 0. Ein Zeitgeberblock im Modus *Messen* gibt uns die aktuelle Zeit als Dezimalwert, z.B. 1,500 für eineinhalb Sekunden. Du kannst den Zeitgeber auf 0 stellen, indem du den Block im Modus *Zurücksetzen* verwendest.

Du kannst in deinem Programm bis zu acht verschiedene Zeitgeber nutzen. Zum Beispiel kannst du Zeitgeber 1 verwenden, um zu messen, wie lang das Programm bereits ausgeführt wurde, und mit Nr. 2, wie viel Zeit seit der letzten Auslösung des Berührungssensors verstrichen ist, indem du ihn jedes Mal wieder auf 0 setzt. Um anzugeben, welchen Zeitgeber du auslesen oder zurücksetzen willst, wählst du eine von acht Timer-IDs. Timer-ID 1 hast du im Programm *RoundTime* verwendet.

Der Textblock

Der Textblock kombiniert die Eingaben von bis zu drei Textdatenleitungen in einer einzelnen Zeile. Zum Beispiel ist die Ausgabe von »EV3 macht Spaß« das Ergebnis der Eingabezeilen »EV3 «, »macht « und »Spaß«. Du musst ein Leerzeichen nach »EV3« und »macht« eingeben, sonst lautet die Ausgabe »EV3machtSpaß«. Ist ein Eingang leer, wird er ignoriert.

Du kannst den Textblock verwenden, um Text und Zahlen zur Anzeige auf dem EV3-Display zu kombinieren. Zum Beispiel kannst du das vorherige Programm so erweitern, dass es »Zeit: 41 s« ausgibt, statt nur eine Zahl anzuzeigen. Um das zu tun, kombinierst du das Wort »Zeit: «, den numerischen Wert der Zeit und » s« und zeigst das Ergebnis auf dem Bildschirm an, wie im Programm *TextTime* in Abbildung 15-13 gezeigt.

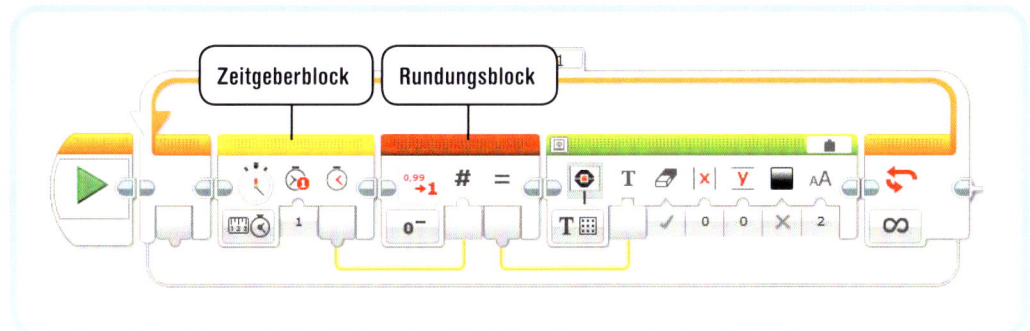

Abbildung 15-12: Das Programm RoundTime

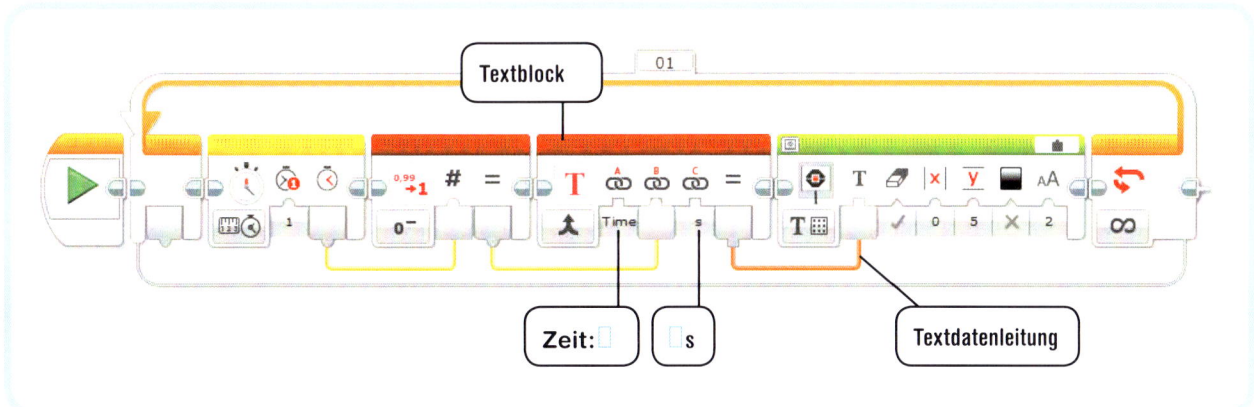

Abbildung 15-13: Das Programm TextTime. Vergiss nicht die Leerzeichen in »Zeit: « und » s« (hier durch blaue Rahmen gekennzeichnet). Nach 41 Sekunden zeigt das Display »Zeit: 41 s«.

SELBST ENTDECKEN 97: COUNTDOWN

Schwierigkeitsgrad: ▱▱▱ **Zeit:** ◷◷

Kannst du auf dem EV3-Display einen Countdown-Zeitgeber anzeigen? Lasse das Programm von 60 auf 0 herunterzählen, wobei die Restzeit angezeigt wird (»Noch 46 s!«) und lasse in den letzten 5 Sekunden einen Alarm spielen. Wenn die Zeit vorbei ist, soll der Roboter »Game over« sagen.

HINWEIS Verwende das Programm TextTime als Ausgangspunkt. Statt die verbleibende Zeit anzuzeigen, kannst du das Ergebnis folgender Berechnung ausgeben: Ergebnis = 60 - Verstrichene Zeit. Verwende die Vergleichsblöcke, um zu entscheiden, wann die verbleibende Zeit 5 Sekunden beträgt und wann sie abgelaufen ist.

Eigene Blöcke mit Datenleitungen erstellen

Bis jetzt hast du gesehen, wie Datenleitungen verwendet werden, um Informationen zwischen existierenden Programmierblöcken auszutauschen, z.B. zwischen Sensorblöcken, Datenblöcken und Aktionsblöcken. Du kannst Datenleitungen auch für deine Eigenen Blöcke verwenden. Dadurch kannst du sie mit Parametern (Eingabe- und Ausgabewerten) ausstatten. Zum Beispiel kannst du einen Eigenen Block erstellen, der die an ihn mit einer Datenleitung übergebenen Werte anzeigt.

Wie du einfache Eigene Blöcke ohne Eingangs- und Ausgangs-werte erstellst, hast du bereits in Kapitel 5 gelernt. In diesem Abschnitt lernst du Eigene Blöcke mit Ein- und Ausgabe zu programmieren. Du erfährst auch, wie du besonders nützliche Eigene Blöcke erstellst.

Ein Eigener Block mit Eingabe

Als Erstes erstellst du einen Eigenen Block namens *DisplayNumber* mit zwei Eingängen (siehe Abbildung 15-14). Der Zweck dieses Blocks ist, die Information aus der Texteingabe namens *Label* mit der numerischen Eingabe namens *Number* zu kombinieren und das Ergebnis auf dem EV3-Display anzuzeigen.

Der Block erleichtert es, eine Zahl mit Beschriftung auf dem Display auszugeben. Durch die Eingabe von IR und 15 erzeugt der Block die Ausgabe IR: 15. Erstelle diesen Eigenen Block wie folgt:

1. Erstelle ein neues Programm namens *NumberTest*. Du benötigst es, um den fertigen Eigenen Block zu prüfen.

2. Platziere und konfiguriere einen Textblock und einen Anzeigeblock im Programmierbereich (siehe Abbildung 15-15). Du verwendest den Textblock, um die Beschriftung, einen Doppelpunkt gefolgt von einem Leerzeichen und die Zahl in eine Textzeile umzuwandeln, die du mit dem Anzeigeblock auf dem Display ausgibst. Dann wählst du beide Blöcke aus, indem du mit der Maus ein Auswahlrechteck aufziehst.

3. Wähle **Eigene Blöcke erstellen** im Menü **Werkzeuge**.

4. Gib als Blockname *DisplayNumber* und eine Beschreibung ein und wähle für deinen Block ein Symbol (siehe Abbildung 15-16).

5. Jetzt konfigurieren wir den Block und seine Parameter. Füge zwei Eingänge hinzu, indem du auf **Parameter hinzufügen** klickst (siehe Abbildung 15-17).

6. Öffne das Register **Parametereinrichtung**, wähle den ersten Parameter aus und konfiguriere ihn als Texteingang namens *Label* (siehe Abbildung 15-18). Wähle außerdem ein erklärendes Symbol für den Eingang aus, wie das »T«.

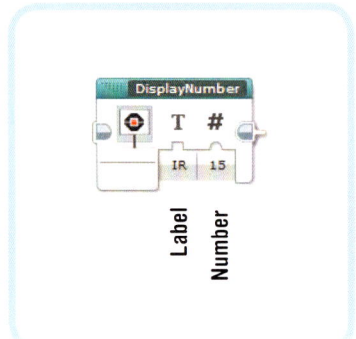

Abbildung 15-14: Der Eigene Block DisplayNumber. In dieser Konfiguration zeigt er IR: 15 an.

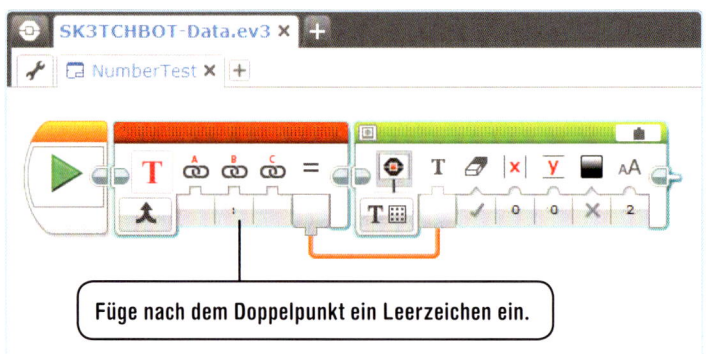

Füge nach dem Doppelpunkt ein Leerzeichen ein.

Abbildung 15-15: Konfiguriere einen Textblock und einen Anzeigeblock, wie hier gezeigt, und wähle dann beide aus.

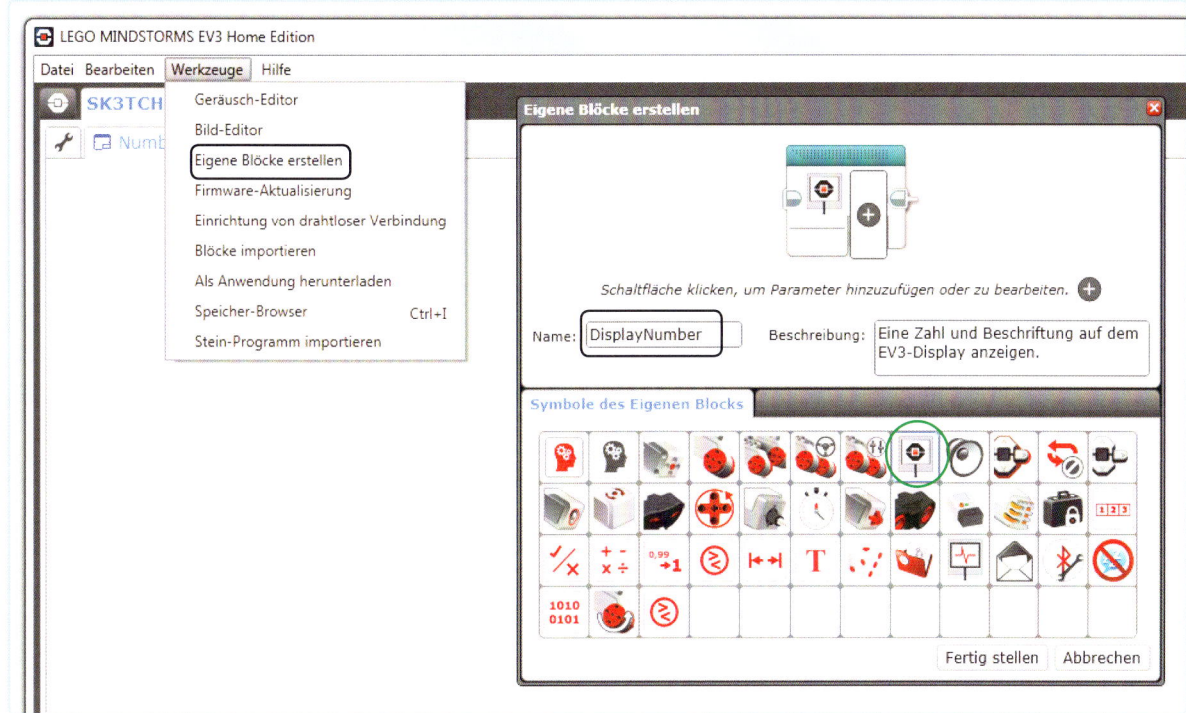

Abbildung 15-16: Öffne das Werkzeug **Eigene Blöcke erstellen**, gib einen Namen und eine Beschreibung ein und wähle ein Symbol für den Eigenen Block. Da der Block etwas auf dem EV3-Display ausgegeben wird, wählen wir das Symbol des EV3-Displays.

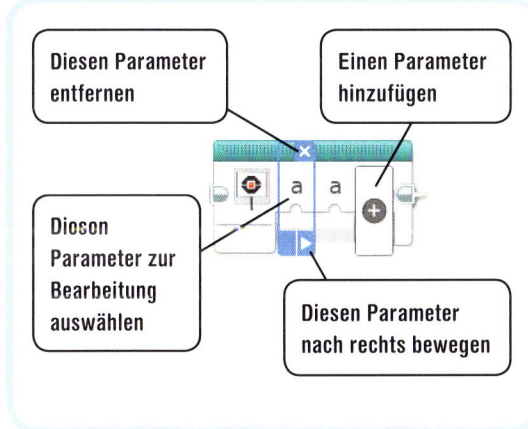

Abbildung 15-17: Parameter hinzufügen, entfernen oder ihre Reihenfolge ändern

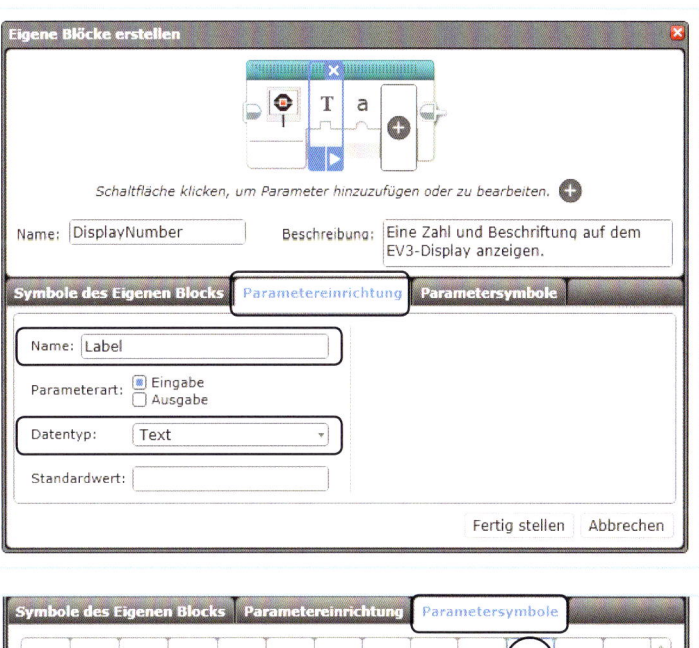

Abbildung 15-18: Den **Label**-Eingabeparameter konfigurieren

7. Wähle jetzt den zweiten Parameter aus und konfiguriere ihn als numerischen Eingang namens *Number* (siehe Abbildung 15-19). Der Standardwert wird auf 0 gesetzt, was bedeutet, dass diese Einstellung 0 beträgt, wenn du sie später aus der Programmierpalette wählst. Wähle als Parameterformat einen normalen Eingang. Damit erzeugst du einen generischen Eingang, der beliebige Werte aufnimmt (wie die Eingänge des Matheblocks), statt eines Reglers, der nur einen Wertebereich akzeptiert (wie Leistung und Lenkung im Bewegungslenkungsblock).

8. Klicke auf **Fertig stellen**. Jetzt solltest du den Inhalt des Eigenen Blocks *DisplayNumber* auf seinem eigenen Register in deinem Projekt sehen können, so wie in Abbildung 15-20 gezeigt. Du solltest auch die Anschlüsse *Label* und *Number* sehen, auch wenn sie momentan nicht verbunden sind. Die Anschlüsse übertragen die vom Hauptprogramm an den eigenen Block übergebenen Werte. Wenn du also IR und 15 eingibst, wie in Abbildung 15-14, überträgt *Label* IR und *Number* die 15.

9. Vervollständige den Eigenen Block, indem du Werte für *Label* und *Number* an den Textblock anfügst und dein Projekt sicherst (Abb. 15-20). (Der Textblock kombiniert die Informationen seiner Eingänge in einer Textzeile. Der Anzeigeblock zeigt ihn auf dem Display an.)

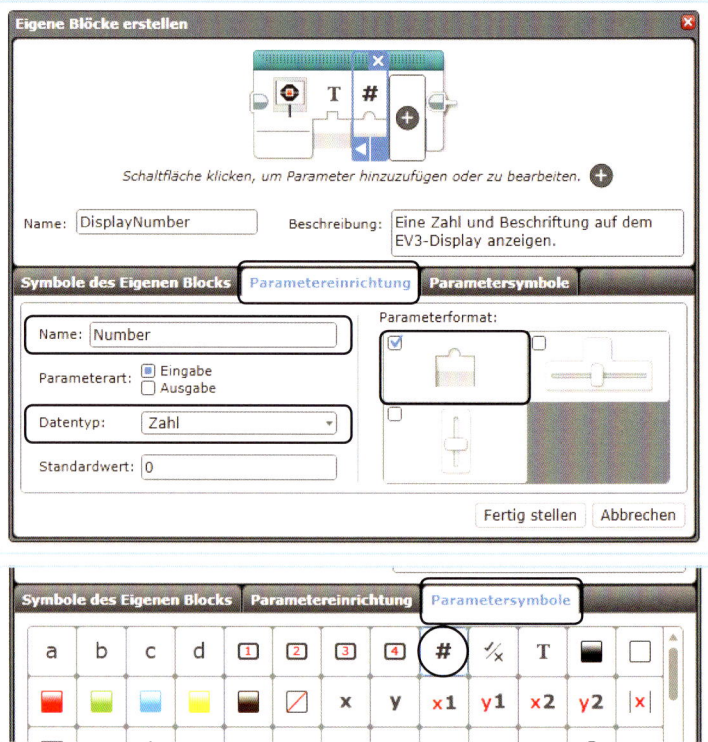

Abbildung 15-19: Den Eingabeparameter **Number** *konfigurieren*

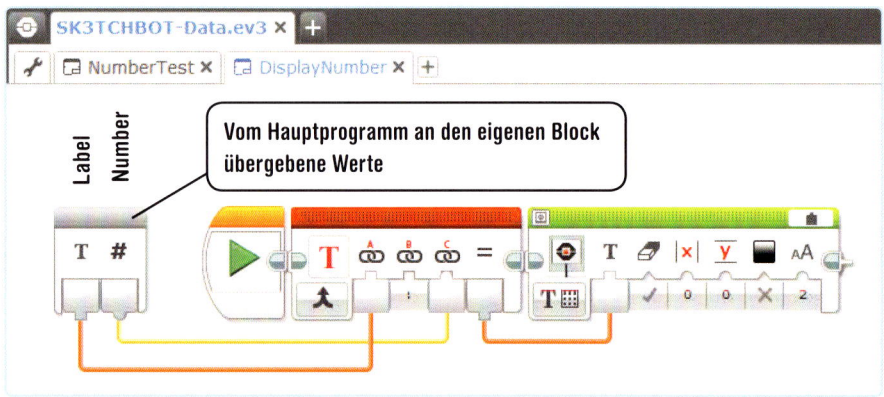

Abbildung 15-20: Wenn du in Eigene Blöcke erstellen auf Fertig stellen klickst, siehst du den Eigenen Block DisplayNumber auf seinem eigenen Register im Projekt SK3TCHBOT-Data. Stelle den Block fertig, indem du die Leitungen wie gezeigt anschließt.

Herzlichen Glückwunsch, du hast gerade einen Eigenen Block mit Eingängen erstellt! Du findest den Eigenen Block im hellblauen Register der Programmierpalette. Stelle jetzt das Programm *NumberTest* fertig, um deinen neuen Block auszuprobieren (siehe Abbildung 15-21). In diesem Beispiel übergibt das Hauptprogramm (*NumberTest*) dem Eigenen Block (*DisplayNumber*) zwei Werte. Die Blöcke im Eigenen Block lesen diese Werte aus und zeigen sie auf dem EV3-Display an.

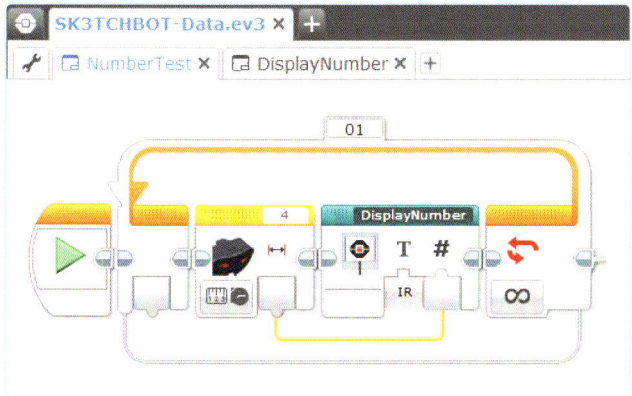

Abbildung 15-21: Das Programm NumberTest. *Der Infrarotsensorblock sendet den Entfernungswert an den Eingang* Number *des Eigenen Blocks* DisplayNumber *und für Label gibst du per Hand den Wert ein (IR). Der Eigene Block verbindet Label mit einem Doppelpunkt, einem Leerzeichen und einem Sensorwert und zeigt das Ergebnis auf dem EV3-Display an. Bei einer Messung von z.B. 65 zeigt das Display IR: 65 an.*

Eigene Blöcke bearbeiten

Wenn du einen Eigenen Block erstellt hast, kannst du seine Funktion verändern, indem du auf ihn doppelklickst und die darin enthaltenen Blöcke bearbeitest. Du kannst z.B. einen Klangblock an den DisplayNumber-Block anfügen, so dass der Roboter jedes Mal piept, wenn er eine Zahl anzeigt.

Als dieses Buch geschrieben wurde, unterstützte die EV3-Software (Version 1.10) nicht das nachträgliche Bearbeiten der Eingabe- und Ausgabeparameter von Eigenen Blöcken, nachdem sie mit dem Blöcke-erstellen-Werkzeug erzeugt wurden. Wenn du Parameter verändern oder neue hinzufügen willst, musst du den Eigenen Block neu erstellen. (Wenn du den neuen Block mit seinen Parametern erstellt hast, kopiere den Inhalt des alten Blocks und füge ihn gleichzeitig in den neuen ein, um Zeit zu sparen.)

SELBST ENTDECKEN 98: EIGENE EINHEITEN

Schwierigkeitsgrad: ▢▢ Zeit: ◷◷

Erstelle einen Eigenen Block basierend auf dem Block *DisplayNumber* mit einer zusätzlichen Texteingabe namens *Unit* (siehe Abbildung 15-22). Füge dann die Maßeinheit der Zahl hinzu. Der Wert des Drehsensors mit dem Label MB und Grad als Einheit sollte z.B. zur Ausgabe MB: 375 Grad (kurz für Motor B: 375 Grad) führen.

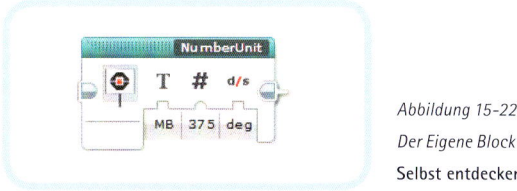

Abbildung 15-22: Der Eigene Block aus Selbst entdecken 98

HINWEIS Du benötigst einen zusätzlichen Textblock.

SELBST ENTDECKEN 99: ERWEITERTE ANZEIGE

Schwierigkeitsgrad: ▢▢▢ Zeit: ◷◷

Der Eigene Block *DisplayNumber*, den du gerade erstellt hast, ist nützlich, um einen einzelnen Wert oben auf dem Display anzuzeigen. Kannst du eine leistungsfähigere Version dieses Blocks erstellen, in der du eine Zeilennummer und eine Einstellung zum Löschen des Displays übergeben kannst (siehe Abbildung 15-23)?

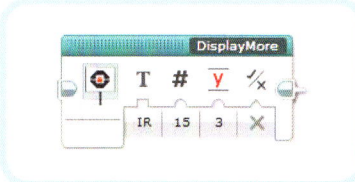

Abbildung 15-23: Der Eigene Block aus Selbst entdecken 99

HINWEIS Es gibt auf dem EV3-Display Platz für bis zu sechs Textzeilen, wenn du die größte Schrift verwendest. Verwende einen Matheblock, um die Eingabe für LineNumber in einen Wert für die Zeileneinstellung im Anzeigeblock umzurechnen: Zeile = LineNumber x 2.

Ein Eigener Block mit Ausgabe

Neben Eigenen Blöcken mit Eingabe kannst du auch Eigene Blöcke mit Ausgaben erstellen. Um zu sehen, wie das funktioniert, erstellst du einen Eigenen Block, der die Richtung sich bewegender Objekte mit dem Infrarotsensor erkennt. Der Eigene Block *Direction* hat einen Logikausgang namens *Approaching* (siehe Abbildung 15-24).

Die Ausgabe ist wahr, wenn sich ein Objekt dem Sensor nähert (die Entfernung zum Objekt verringert sich), und ansonsten falsch (entweder nimmt die Entfernung zu oder sie ist unverändert). Erstelle den Eigenen Block *Direction* und das Programm *DirectionSound* mit den folgenden Schritten.

1. Erstelle ein neues Programm namens *DirectionSound* und platziere zwei Infrarotsensorblöcke, einen Warteblock und einen Vergleichsblock im Programmierbereich (siehe Abbildung 15-25). Diese Blöcke nehmen mit einem Abstand von 0,2 Sekunden zwei Entfernungsmessungen vor und vergleichen sie, um festzustellen, ob der zweite Wert (a) kleiner ist als der erste (b). Wenn ja, nähert sich das Objekt dem Sensor und der Ausgang des Vergleichsblocks wird wahr.

2. Wähle die vier Blöcke aus und gehe zu **Werkzeuge ▸ Eigene Blöcke erstellen**. Gib *Direction* als Name ein und wähle den Infrarotsensor als Symbol (siehe Abbildung 15-26).

3. Füge einen Parameter hinzu, konfiguriere ihn als Logikausgang namens *Approaching* und wähle ein passendes Symbol (siehe Abbildung 15-26). Klicke dann auf **Fertig stellen**.

4. Um den eigenen Block fertigzustellen, verbinde den Ausgang *Ergebnis* des Vergleichsblocks mit dem Anschluss *Approaching* (siehe Abbildung 15-27). Dieser Wert wird dann an das Hauptprogramm übergeben, das den Eigenen Block *Direction* enthält.

Jetzt kehrst du zum Programm *DirectionSound* zurück und testest den Eigenen Block, indem du den Roboter einen hohen Ton abspielen lässt, wenn sich ein Objekt nähert (wahr), und einen tiefen, wenn es sich entfernt oder still steht (falsch) (siehe Abbildung 15-28). In diesem Beispiel berechnen die Blöcke im eigenen Block *Direction* die Richtung des sich bewegenden Objekts und übergeben das Ergebnis an das Hauptprogramm (*DirectionSound*) über den Ausgang *Approaching*.

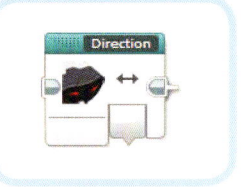

Abbildung 15-24: Der Eigene Block Direction

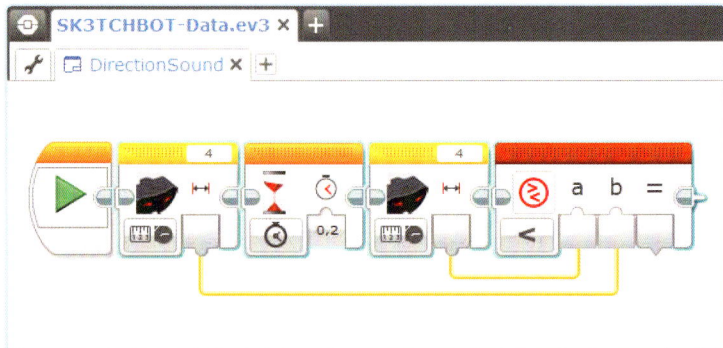

Abbildung 15-25: Konfiguriere die Blöcke für den Eigenen Block Direction *wie gezeigt. Wenn du fertig bist, ziehe eine Auswahl um die Blöcke und starte* Eigene Blöcke erstellen.

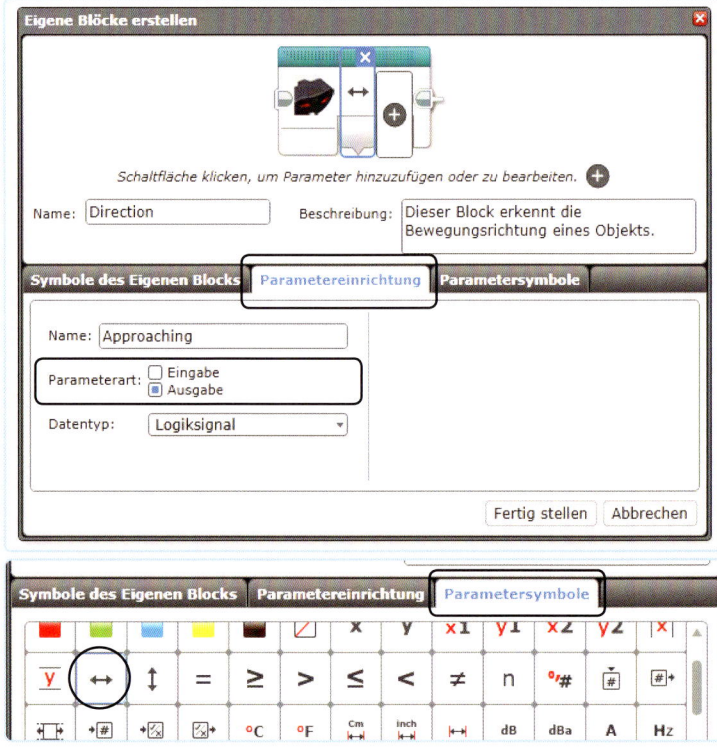

Abbildung 15-26: Konfiguriere den Eigenen Block und seine Logik-Ausgabeparameter wie gezeigt.

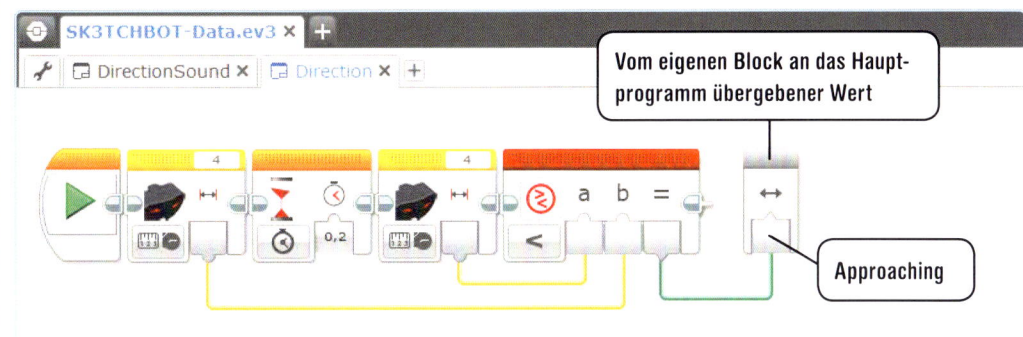

Abbildung 15-27: Verbinde den Ausgang Ergebnis des Vergleichsblocks mit dem Anschluss Approaching.

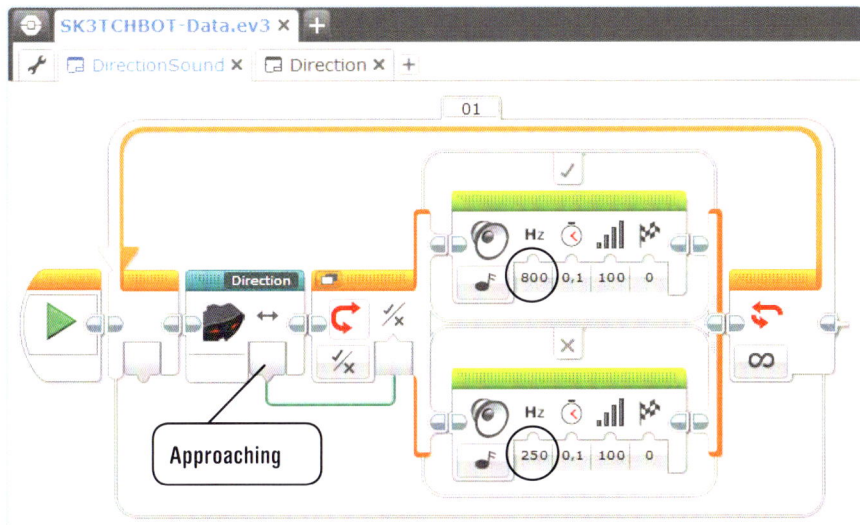

Abbildung 15-28: Das Programm DirectionSound verwendet den Logikwert vom Ausgang Approaching, um einen hohen Ton abzuspielen, wenn sich ein Objekt nähert, und einen tiefen, wenn es nicht näher kommt.

SELBST ENTDECKEN 100: ENTFERNUNGS- DURCHSCHNITT

Schwierigkeitsgrad: ⬜⬜

Zeit: 🕐🕐

Erstelle einen Eigenen Block, der die Mittelwerte zweier Entfernungsmessungen errechnet. Gib das Ergebnis über eine numerische Daten- leitung aus. Wie im Eigenen Block *Direction* sollten die Messungen 0,2 Sekunden aus- einander liegen.

SELBST ENTDECKEN 101: ANNÄHERUNGSRATE

Schwierigkeitsgrad: ⬜⬜   Zeit: 🕐🕐

Erstelle einen Eigenen Block mit einem numerischen Ausgang, der die Geschwindigkeit eines sich bewegenden Objekts ermittelt, indem er die Annäherungsrate berechnet. Um das zu erreichen, lässt du den Block zwei Sensormessungen vornehmen, wie im eigenen Block *Direction*, und berechnest die Rate wie folgt:

$$\text{Geschwindigkeit} = \frac{\text{Zweite Messung} - \text{Erste Messung}}{\text{Zeit zwischen den Messungen}}$$

Um den Block zu testen, lässt du den errechneten Geschwindig- keitswert auf dem Display anzeigen und änderst die Stein-Status- leuchte, sodass ein grünes Licht erscheint, wenn sich ein Objekt nähert, und ein rotes, wenn es sich vom Sensor entfernt. Wie kannst du anhand der Geschwindigkeit die Richtung erkennen?

Ein Eigener Block mit Ein- und Ausgabe

Im letzten Beispiel erstellst du einen Eigenen Block mit Eingang und Ausgang (siehe Abbildung 15-29). Der Eigene Block *IsEven* entscheidet, ob ein numerischer Eingabewert namens *Number* gerade ist. Wenn ja, wird ein Logikausgang namens *Even* auf wahr gesetzt, wenn nicht, auf falsch. Erstelle den Block mit den folgenden Schritten:

1. Erstelle ein neues Programm namens *EvenSound* und platziere einen Matheblock und einen Vergleichsblock im Programmierbereich. (Die Einstellungen lässt du erst einmal unverändert.)

2. Wähle die beiden Blöcke, die du gerade platziert hast, und öffne *Eigene Blöcke erstellen*. Wähle *Even* als Name und ein Symbol wie in Abbildung 15-29 aus.

3. Füge einen numerischen Eingang namens *Number* und einen Logikausgang namens *Even* hinzu und konfiguriere die Symbole (siehe Abbildung 15-29). Klicke auf **Fertig stellen**.

4. Vervollständige den Matheblock jetzt, indem du die beiden Blöcke konfigurierst und die Datenleitungen wie in Abbildung 15-30 verbindest. Der Matheblock verwendet den Modulo-Operator (%), der den Rest nach der Division zweier Zahlen berechnet. In diesem Fall gibt er uns den Rest an, nachdem der Eingabewert durch 2 geteilt wurde. Gerade Zahlen sind durch 2 teilbar, sodass der Rest 0 ist und der Vergleichsblock wahr ausgibt. Bei ungeraden Zahlen ist der Rest nicht 0, sodass der Vergleichsblock falsch ausgibt. (Zum Beispiel ergibt 7 % 2 einen Rest von 1, der Vergleichsblock gibt falsch aus, und wir wissen, es handelt sich um eine ungerade Zahl.)

Nachdem du den Eigenen Block fertiggestellt hast, prüfst du ihn mit dem Programm *EvenSound* (siehe Abbildung 15-31). Das Programm zeigt eine Zufallszahl zwischen -100 und 100 auf dem EV3-Display an und entscheidet anhand des Eigenen Blocks IsEven, ob die Zahl gerade oder ungerade ist. Bei geraden Zahlen sagt der Roboter »Yes« und bei ungeraden »No«.

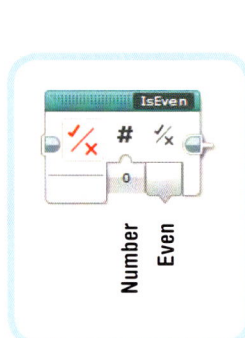

Abbildung 15-29: Der Eigene Block IsEven

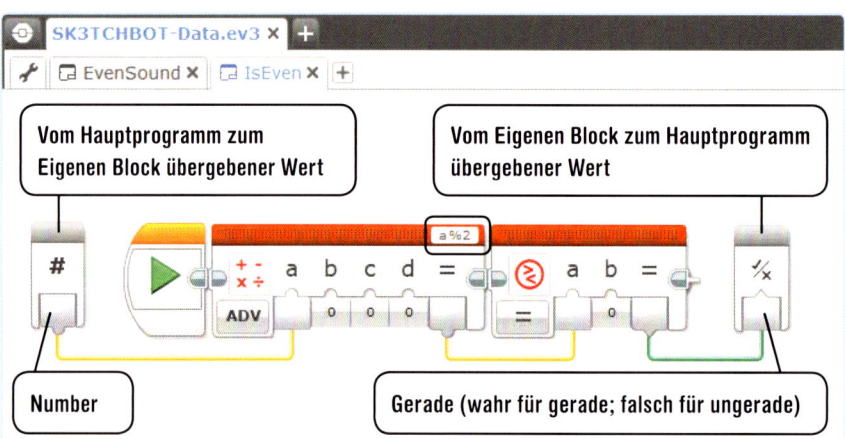

Abbildung 15-30: Die Konfiguration der Blöcke im eigenen Block IsEven

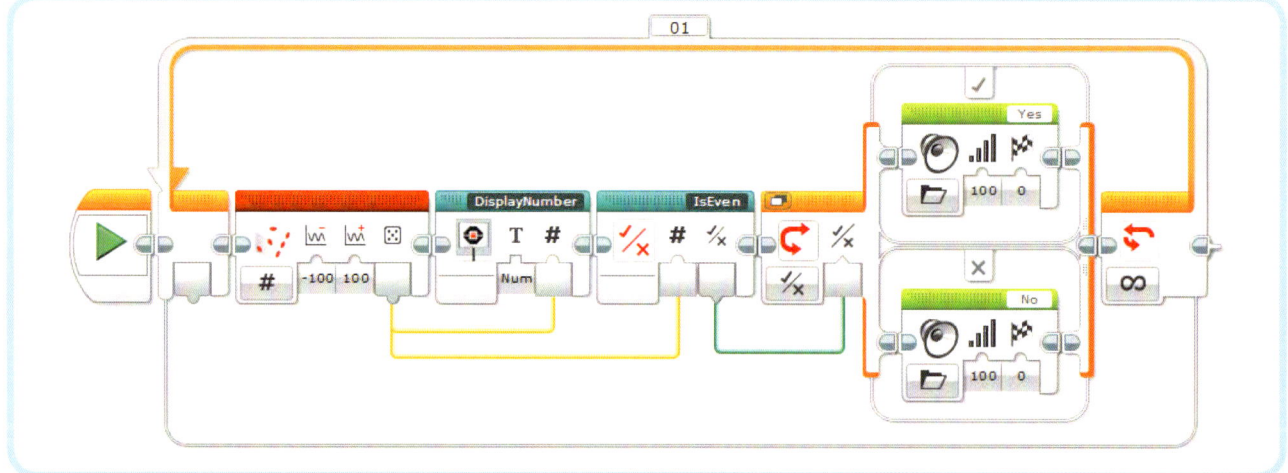

Abbildung 15-31: Das Programm EvenSound

SELBST ENTDECKEN 102: KREISBERECHNUNGEN

Schwierigkeitsgrad: 🔲🔲 **Zeit:** 🕐🕐

Kannst du einen Eigenen Block erstellen, der den Umfang und die Fläche eines Kreises berechnet, wenn du den Radius angibst? Erstelle einen Eigenen Block mit einem numerischen Eingang namens *Radius* und zwei numerischen Ausgängen namens *Circumference* und *Area*.

HINWEIS Verwende folgende Formeln und vergiss dabei nicht, dass Pi ungefähr 3,14 beträgt.

$$\text{Umfang} = 2 \times \pi \times \text{Radius}$$
$$\text{Fläche} = \text{Radius}^2 \times \pi$$

Strategien für Eigene Blöcke

Eigene Blöcke mit Ein- und Ausgängen ermöglichen es dir, eine Vielzahl von Blöcken zu erstellen. Eigene Blöcke können in folgenden Fällen nützlich sein:

Sich wiederholende Aufgaben: Es gibt viele Dinge, die du in vielen Programmen immer wieder machst, wie z.B. Werte auf dem Display anzuzeigen. Wenn du für eine solche Aufgabe einen Eigenen Block erstellst, sparst du auf lange Sicht Zeit.

Programmorganisation: Du kannst große Programme in Eigene Blöcke aufteilen, um sie leichter zu verstehen und Teile einzeln testen zu können. Wenn du z.B. ein Programm für einen autonomen Roboterarm schreibst, kannst du einen Eigenen Block verwenden, um ein Objekt zu finden, einen zweiten, um darauf zuzufahren, und einen dritten, um das Objekt anzuheben und zu bewegen.

Informationsverarbeitung: Wenn du Programme schreibst, die Werte mit Datenblöcken verarbeiten, kann es schwer sein, deren Funktionsweise später noch zu verstehen. Um dieses Problem zu lösen, kannst du komplizierte Berechnungen in kleinere aufteilen, die in eigenen Blöcken stehen. Zum Beispiel ist das Programm *EvenSound* (siehe Abbildung 15-31) deshalb viel leichter zu verstehen, weil die Modulo-Operation in einem Eigenen Block untergebracht ist.

Ausgangspunkte für Eigene Blöcke

Du kannst mit Eigenen Blöcken auf zwei Weisen beginnen:

Wandle eine Auswahl von Blöcken in einen Eigenen Block um: Nutze diese Methode, wenn du die Blöcke in deinen Programmen bereits konfiguriert und getestet hast. Auf diese Weise kannst du ein langes Programm einfach in kleinere Abschnitte unterteilen, wobei jeder seine eigene Funktionalität hat. Wenn die Auswahl deiner Blöcke mit anderen Blöcken in deinem Programm über Datenleitungen verbunden wird, solltest du für jede Datenleitung einen Eigenen Block konfigurieren. Das Werkzeug *Eigene Blöcke erstellen* konfiguriert solche Parameter sogar automatisch, du musst jedoch noch eine Beschreibung und ein Symbol für sie wählen.

Einen Eigenen Block von Grund auf programmieren: Verwende diese Methode, wenn du weißt, was der eigene Block tun soll, aber du noch nicht sicher bist, wie du seine Blöcke konfigurieren musst, um die Aufgabe zu erledigen. Wenn du z.B. einen Block erstellen willst, der erkennt, ob eine Zahl gerade oder ungerade ist, aber nicht weißt, wie du das genau anstellst, kannst du zuerst einen Eigenen Block mit numerischer Eingabe und Logikausgabe erstellen. Danach experimentierst du mit den Blöcken im Inneren, bis du erfolgreich bist. (Beachte, dass du *Eigene Blöcke erstellen* nicht starten kannst, ohne Blöcke ausgewählt zu haben. Daher solltest du mit einem Dummy-Block, wie einem Warteblock, beginnen.)

Eigene Blöcke zwischen Projekten austauschen

Wenn du einen Eigenen Block erstellst, kannst du ihn nur im aktuellen Projekt nutzen. Um ihn in einem anderen zu verwenden, musst du ihn aus dem aktuellen Projekt dorthin kopieren oder in ein anderes importieren. (Siehe auch »Eigene Blöcke in Projekten verwalten« auf Seite 53.)

Weitere Experimente

In diesem Kapitel hast du Datenblöcke kennengelernt und erfahren, wie du Eigene Blöcke mit Ein- und Ausgabeparametern erstellst. Diese Verfahren ermöglichen es deinem Roboter, Sensorwerte zu verarbeiten und zu kombinieren und sie als Eingabe für Aktionen wie Klänge und Bewegungen zu verwenden. Du findest in den verbleibenden Kapiteln dieses Buchs viele Beispiele dazu. Vertiefe dein neu gewonnenes Wissen jetzt mit den folgenden Selbst-entdecken-Aufgaben.

SELBST ENTDECKEN 103:
IST ES EINE GANZE ZAHL?

Schwierigkeitsgrad: Zeit:

Kannst du einen Eigenen Block erstellen, der erkennt, ob eine numerische Eingabe eine ganze Zahl oder eine Zahl mit Dezimalstellen ist? Erstelle einen Eigenen Block namens *IsInteger* mit Parametern wie bei *IsEven*, aber auf Basis anderer Blöcke.

HINWEIS Runde den Eingabewert und vergleiche ihn mit der Originaleingabe. Was bedeutet es, wenn die Eingabe ihrem gerundeten Wert entspricht?

SELBST ENTDECKEN 104:
DOPPELT BLOCKIERT

Schwierigkeitsgrad: Zeit:

Kannst du ein Programm schreiben, das Motor B und Motor C laufen lässt, bis einer von ihnen blockiert? Wenn du fertig bist, wandle die Blöcke, die das Programm auf die Blockierung eines Motors warten lassen, zu einem Eigenen Block namens *WaitForStall*, sodass du ihn in allen deinen Programmen verwenden kannst. (Besonders sinnvoll wäre es für Fahrzeuge wie EXPLOR3R und den Formel-EV3-Rennwagen.)

HINWEIS Teile deines Programms gleichen denen in LogicOr aus Abbildung 15-10. Verwende zwei Motorumdrehungsblöcke im Modus *Vergleichen – Aktuelle Leistung*.

HINWEIS Die Lösungen zu vielen der Selbst-entdecken/konstruieren-Aufgaben findest du auf der Begleitwebsite zu diesem Buch unter *http://ev3.robotsquare.com/*.

SELBST ENTDECKEN 105:
REFLEXTEST

Schwierigkeitsgrad:  Zeit:

Kannst du ein Programm zum Testen deiner Reaktionszeit schreiben? Lasse die Stein-Statusleuchte für einen kurzen Zeitraum grün leuchten und stelle sie dann auf Rot. Sobald du das rote Licht siehst, solltest du den Berührungssensor drücken. Danach sollte das Programm die Zeit anzeigen, die du benötigt hast, um das Licht zu erkennen und den Sensor zu drücken. Stelle das Programm in eine Schleife und finde heraus, ob du deine Reaktionszeit verbessern kannst! Wenn du fertig bist, erweitere das Programm so, dass Testpersonen nicht dadurch schummeln können, dass sie den Sensor zu früh drücken.

HINWEIS Die Aktionen des Programms sind wie folgt: Grünes Licht einschalten. Eine zufällige Dauer abwarten. Rotes Licht einschalten. Zeitgeber zurücksetzen. Auf die Aktivierung des Berührungssensors warten. Den Wert des Zeitgebers auf dem Display anzeigen. Drei Sekunden warten, damit der Wert abgelesen werden kann.

SELBST KONSTRUIEREN 26:
ROBOTER-STOPPUHR

Bau:  Programmierung:

Kannst du deine eigene EV3-Uhr konstruieren? Verwende die drei Motoren im EV3-Kasten, um den Stunden-, Minuten- und Sekundenzeiger deiner Uhr zu steuern. Verwende den Zeitgeberblock und berechne die Position der Zeiger auf Basis der Sekunden, die nach dem Start des Programms vergangen sind.

HINWEIS Multipliziere den Zeitgeberwert mit 10 oder mehr, wenn du den Roboter testest. So hast du es leichter, den Stundenzeiger zu prüfen.

Konstanten und Variablen verwenden

Wenn du es bis hierhin geschafft hast, bist du nur noch einen kleinen Schritt davon entfernt, alle Programmiertechniken dieses Buchs zu beherrschen. Du hast viele verschiedene Programmierblöcke kennengelernt und viel über den Umgang mit wichtigen Werkzeugen wie Datenleitungen erfahren. Dieses Kapitel vervollständigt den Programmierabschnitt dieses Buchs und erklärt, wie du Konstanten und den EV3-Speicher mit Variablen nutzt.

gleichen Geschwindigkeit laufen, aber in unterschiedliche Richtungen. Um das zu erreichen, sendet der Konstantenblock die Zahl 50 an den ersten Großer-Motor-Block und den Matheblock, der den Wert mit -1 multipliziert, bevor er ihn an den zweiten Großer-Motor-Block übergibt. Um den Wert beider Motoren gleichzeitig zu ändern, änderst du einfach den Wert im Konstantenblock. (Ohne diesen Block müsstest du zwei Werte ändern.)

Konstanten verwenden

Der Konstantenblock bietet den Ausgangspunkt für eine Datenleitung, deren Wert manuell festgelegt werden kann. Du wählst die Datenleitung mittels des Modus (Text, numerisch oder Logik) und gibst den Wert in das Wertfeld ein (siehe Abbildung 16-1).

Der Konstantenblock ist nützlich, wenn du mehrere Blöcke mit den gleichen Werten konfigurieren möchtest. Das Programm *ConstantDemo* (siehe Abbildung 16-1) lässt die Motoren des SK3TCHBOT mit der

Variablen verwenden

Stelle dir eine *Variable* als eine Art Koffer mit Informationen vor. Wenn ein Programm sich zur späteren Verwendung an einen Wert erinnern möchte (wie einen Sensorwert), legt es ihn im Koffer ab und stellt ihn zur Seite. Wenn das Programm den Wert wieder benötigt, öffnet es den Koffer und verwendet den gespeicherten Wert. Die Variable wird im EV3-Speicher abgelegt, bis sie wieder benötigt wird.

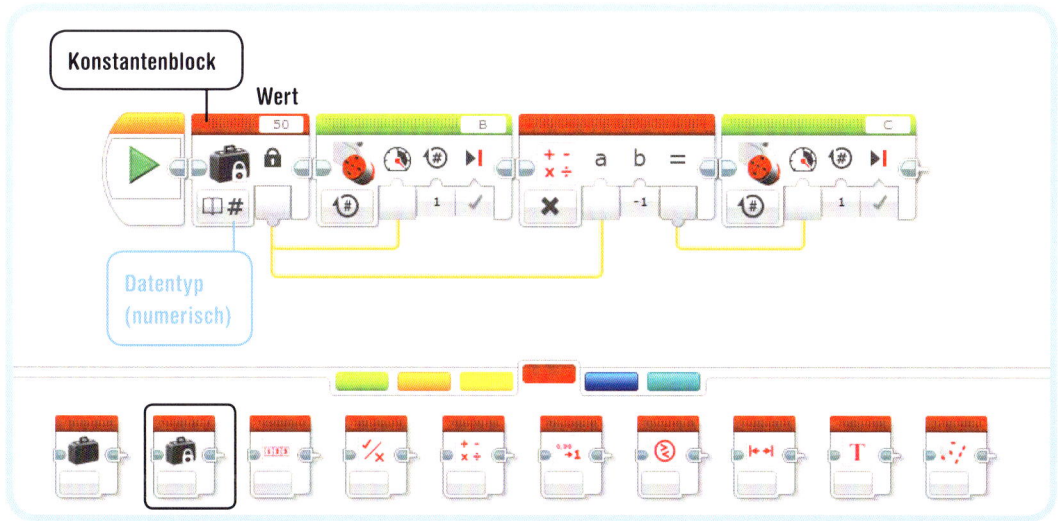

Abbildung 16-1: Das Programm ConstantDemo. *(Erstelle für alle Programme in diesem Kapitel ein neues Projekt namens SK3TCHBOT-Variable.)*

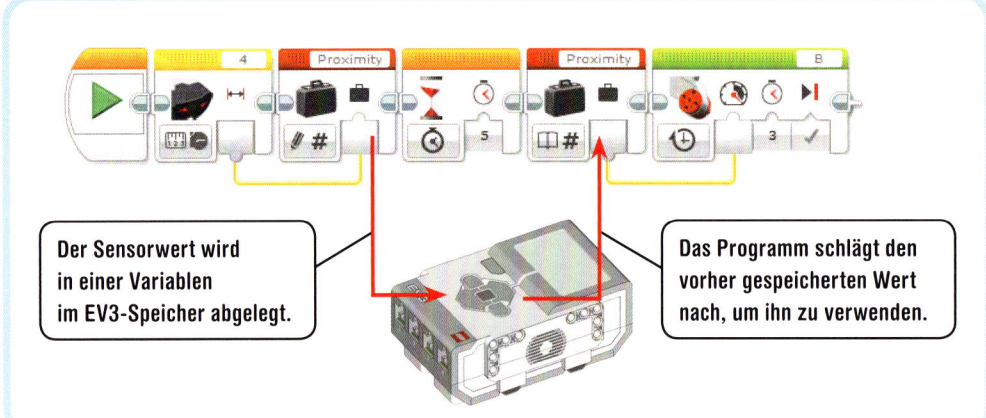

Abbildung 16-2: Werte, wie der hier gezeigte Entfernungswert, können als Variablen im EV3-Speicher abgelegt werden. (Du lernst später in diesem Kapitel, was dieses Programm macht und wie es erstellt wird.)

> **Der Sensorwert wird in einer Variablen im EV3-Speicher abgelegt.**

> **Das Programm schlägt den vorher gespeicherten Wert nach, um ihn zu verwenden.**

Ist die Information einmal in der Variablen gespeichert, kannst du von anderen Programmteilen auf sie zugreifen. Du kannst den Entfernungswert des Infrarotsensors z.B. im Koffer ablegen und ihn 5 Sekunden später verwenden, um die Motorgeschwindigkeit zu regeln.

Das Programm kann jederzeit auf gespeicherte Informationen zugreifen, wenn das Programm läuft, aber die Daten gehen verloren, wenn es unterbrochen wird. Um variable Informationen zu speichern und wieder abzurufen, verwendest du den Variablenblock, den du am Koffersymbol auf dem Block erkennst. Abbildung 16-2 zeigt in einer Übersicht, was passiert, wenn du Variablen verwendest.

Variablen definieren

Jede Variable verfügt über einen Namen, einen Datentyp und einen Wert. Zum Beispiel könnte ein numerischer Wert den Namen *Proximity* haben und einen Wert von 56. Neben numerischen Variablen gibt es Logikvariablen (die wahr oder falsch enthalten) und Textvariablen (die eine Textzeile wie »Hallo« enthalten).

Bevor du eine Variable in deinem Programm verwenden kannst, musst du sie definieren, indem du einen Namen und einen Typ für sie wählst. Du machst das auf der Seite mit den Projekteigenschaften (siehe Abbildung 16-3), oder du wählst den Variablenblock, um sie anzulegen, was ich gleich demonstriere. Wenn du in einem Projekt eine Variable definierst, kannst du sie in jedem Programm innerhalb des Projekts verwenden.

Um eine Variable zu löschen, öffnest du das Register Variablen auf der Projekteigenschaften-Seite, wählst die Variable aus und klickst auf **Löschen**.

Den Variablenblock einsetzen

Wenn du eine Variable definiert hast, kannst du sie im Programm mit dem *Variablenblock* verwenden. Dieser Block liest entweder Werte aus oder schreibt sie (legt sie ab) in eine Variable im EV3-Speicher (siehe Abbildung 16-4).

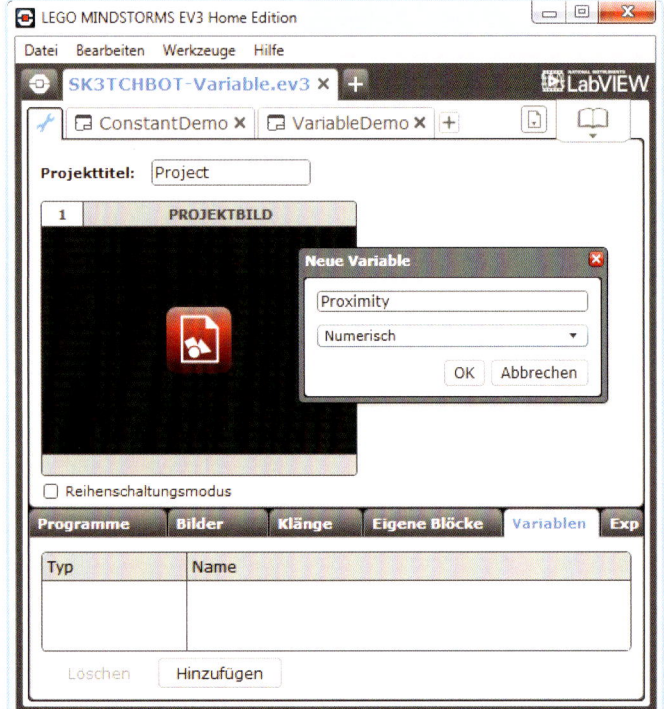

Abbildung 16-3: Eine Variable auf der Projekteigenschaften-Seite definieren. Schritt 1: Öffne die Projekteigenschaften-Seite. Schritt 2: Öffne das Register Variablen. Schritt 3: Klicke auf Hinzufügen. Schritt 4: Wähle einen Namen für die Variable (Proximity) und den Datentyp (numerisch). Dann klickst du auf Ok.

HINWEIS Die Namensliste enthält nur die Variablen, die dem Block-Modus entsprechen. Zum Beispiel siehst du die numerische Variable, die du gerade definiert hast (Proximity) nur, wenn sich der Block im Modus Lesen – Numerisch oder Schreiben – Numerisch befindet.

Um einen Variablenblock zu konfigurieren, verwendest du zuerst den Moduswähler, um festzulegen, ob du die Variable lesen (Lesen, Buch-Symbol) oder einen Wert hineinschreiben willst (Schreiben, Stift-Symbol). Dann wählst du den Variablentyp aus (Numerisch, Logik oder Text). Schließlich wählst du die gewünschte Variable aus der Liste aus.

Der Variablenblock hat einen Parameter namens *Wert*. Im Modus *Schreiben* kannst du den Wert angeben, der abgelegt werden soll. Wenn du eine Datenleitung verbindest, statt den Wert einzugeben, wird der Wert aus der Datenleitung abgelegt. Wenn in der Variablen vorher ein Wert abgelegt war, wird er gelöscht und der neue Wert gespeichert.

Im Modus *Lesen* erhält der Variablenblock die Information aus dem EV3-Speicher und gibt ihn an den Ausgang weiter, sodass du ihn per Datenleitung an andere Blöcke übertragen kannst. Wenn der Wert einer Variablen gelesen wird, verändert sich ihr Wert nicht. Wenn du sie also mit einem anderen Variablenblock ausliest, erhältst du denselben Wert.

Variablen mit dem Variablenblock definieren

Ein zweiter Weg, eine Variable zu definieren, besteht darin, in der Namensliste im Variablenblock auf **Variable hinzufügen** zu klicken (siehe Abbildung 16-5). Dadurch erstellst du eine neue Variable mit demselben Typ, auf den der Block eingestellt ist. Ist der Block z.B. im Modus Lesen – Numerischer Wert, wird die Variable numerisch.

(Um mit dieser Methode eine neue Logikvariable zu erstellen, änderst du den Modus zuerst auf *Lesen – Logischer Wert* oder *Schreiben – Logischer Wert*.)

Ein Programm mit einer Variablen erstellen

Jetzt kennst du die Grundlagen über das Definieren und Verwenden von Variablen und bist bereit, das *VariableDemo*-Programm aus Abbildung 16-6 zu erstellen. Das Programm legt den Entfernungswert des Infrarotsensors in einer Variablen namens *Proximity* ab. Nach 5 Sekunden liest es den Wert wieder aus und verwendet ihn, um die Geschwindigkeit von Motor B zu regeln. Die Geschwindigkeit beruht also auf einem 5 Sekunden alten Wert. (Bevor du dieses Programm konfigurierst, definierst du eine Variable *Proximity*, wenn du das nicht bereits getan hast, so wie in Abbildung 16-3.)

VariableDemo zeigt das Konzept der Variablenverwendung, ist aber ein ziemlich einfaches Programm. Wenn du es erstellt hast, experimentierst du in den Selbst-entdecken-Aufgaben 106 und 107 auf der nächsten Seite weiter mit Variablen.

HINWEIS Verwechsle den Variablenblock nicht mit dem Konstantenblock. Beide Blöcke haben ein Koffersymbol, der Konstantenblock zusätzlich jedoch ein Schloss, das als Erinnerung dienen soll, dass Konstanten sich nicht ändern, während das Programm läuft.

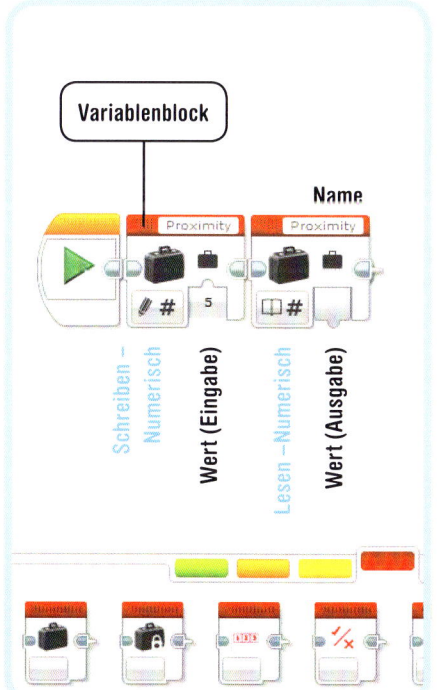

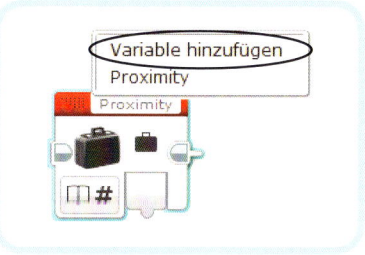

Abbildung 16-5: Um eine Variable direkt im Variablenblock zu definieren, klickst du auf **Variable hinzufügen**. *Gib einen Namen in den Dialog ein und klicke auf* **Ok**.

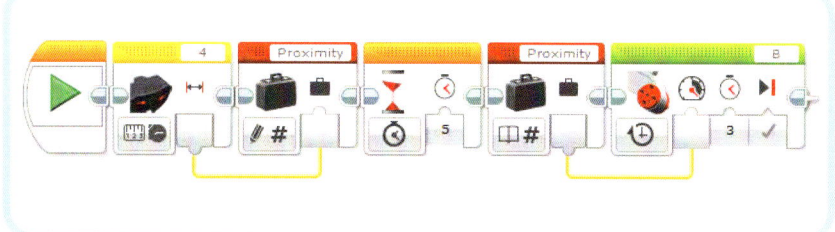

Abbildung 16-4: Werte mit dem Variablenblock lesen und schreiben

Abbildung 16-6: Das Programm **VariableDemo**

SELBST ENTDECKEN 106:
ALT VS. NEU

Schwierigkeitsgrad: 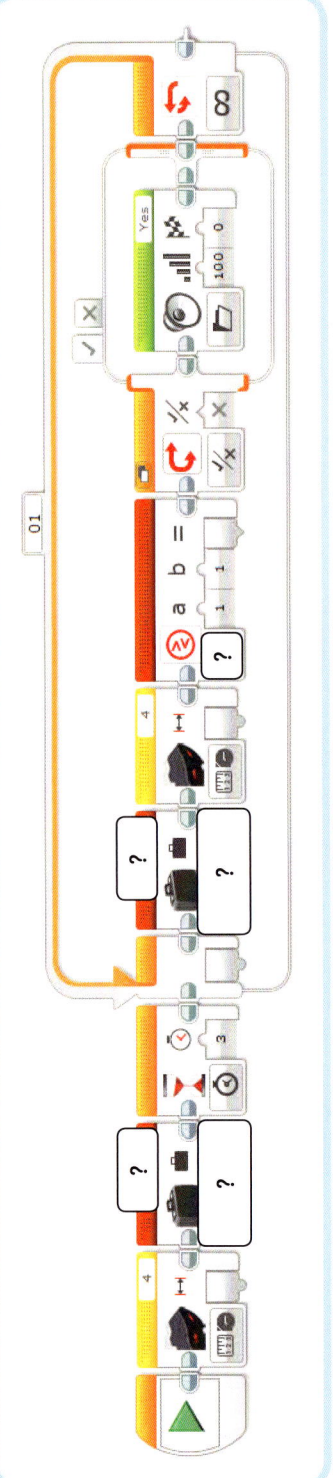 Zeit: 🕐

Kannst du ein Programm erstellen, das neue Sensorwerte wiederholt mit alten, beim Programmstart in Variablen abgelegten Werten vergleicht? Ist der neue Wert kleiner, soll der Roboter »Yes« sagen, wenn nicht »No«. Abbildung 16-7 zeigt einen Teil des Programms.

HINWEIS Was ist der erste Schritt, wenn du ein Programm mit Variablen erstellst? Welche Variable muss gelesen oder geschrieben werden? Wie verbindest du die Datenleitungen?

SELBST ENTDECKEN 107:
VORHER VS. NEU

Schwierigkeitsgrad: 🔲🔲 Zeit: 🕐🕐

Das Programm aus Selbst entdecken 106 vergleicht neue Sensorwerte mit einem zum Programmstart gemessenen Sensorwert. Kannst du ein neues Programm schreiben, das jede neue Messung mit der vorhergehenden vergleicht? Ist der neue Wert kleiner, soll der Roboter »Yes« sagen, ansonsten »No«. Somit sagt der Roboter immer dann »Yes«, wenn vor dem Infrarotsensor ein Objekt auftaucht.

HINWEIS Erstelle ein Programm wie das in Abbildung 16-7 mit einer Variablen namens Previous. Bei jedem Schleifendurchlauf sollte der Roboter den Wert Previous mit dem neuen Sensorwert vergleichen. Der letzte Block in der Schleife sollte ein Variablenblock sein, der den neueren Sensorwert in Previous ablegt. So enthält Previous beim nächsten Durchlauf die Messung des letzten Durchlaufs.

Abbildung 16-7: Der Ausgangspunkt für Selbst entdecken 106

Variablenwerte ändern und erhöhen

Manchmal möchtest du den Wert einer Variablen erhöhen, z.B. wenn du mit ihr eine Höchstpunktzahl oder die Gesamtzahl von Sensorbetätigungen speicherst. Häufig möchtest du ihren Wert dabei um 1 erhöhen, was Inkrementierung genannt wird. Das Programm *TouchCount*, das du jetzt erstellst, zeigt, wie du eine Variable verwendest, um zu zählen, wie oft der Berührungssensor ausgelöst wurde. Das Programm wartet, bis der Berührungssensor ausgelöst wird, und erhöht dann den Wert von *Count* um 1. Damit das Programm weiterzählt, verwendest du einen Schleifenblock.

Wie erhöhst du jedoch den Variablenwert um 1? Wie in Abbildung 16-8 gezeigt, verwendest du den Variablenblock, um den Wert *Count* zu lesen. Dann überträgst du den Wert an einen Matheblock, der 1 zum Wert hinzuzählt. Das Ergebnis dieser Addition wird in einen weiteren Variablenblock übertragen, der den neuen Wert in die Variable *Count* hineinschreibt, diese ist somit um 1 größer. Der Schleifenblock wiederholt diesen Vorgang für fünf Sekunden, und dann wird der Wert von Count auf dem EV3-Display angezeigt. (Die Schleife muss mindestens einmal ausgeführt werden, sodass der Endwert immer 1 oder mehr beträgt.)

Mit dieser Methode kannst du den Wert einer Variablen beliebig ändern. Im Beispiel haben wir 1 zur Variable addiert, aber natürlich kannst du mit dieser Methode auch 1 subtrahieren.

Variablen initialisieren

Beim Programmieren mit Variablen ist es wichtig, sie zu initialisieren, indem ihnen ein Startwert zugewiesen wird. Du hast das im Programm *TouchCount* erledigt, indem du den Wert *Count* am Programmanfang auf 0 gesetzt hast. Variablen zu initialisieren macht ein Programm zuverlässiger, indem sichergestellt wird, dass es sich bei jedem Start gleich verhält, da sein Ausgangszustand definiert ist.

Der Startwert muss nicht 0 betragen. Zum Beispiel kann Count auch mit dem Wert 5 initialisiert werden, sodass das Programm bei 5 zu zählen beginnt.

Wenn du für eine numerische Variable keinen Initialisierungswert angibst, macht das die EV3-Software automatisch mit 0. Es ist jedoch eine gute Angewohnheit, Variablen in deinen Programmen immer zu initialisieren, auch wenn der Wert 0 ist.

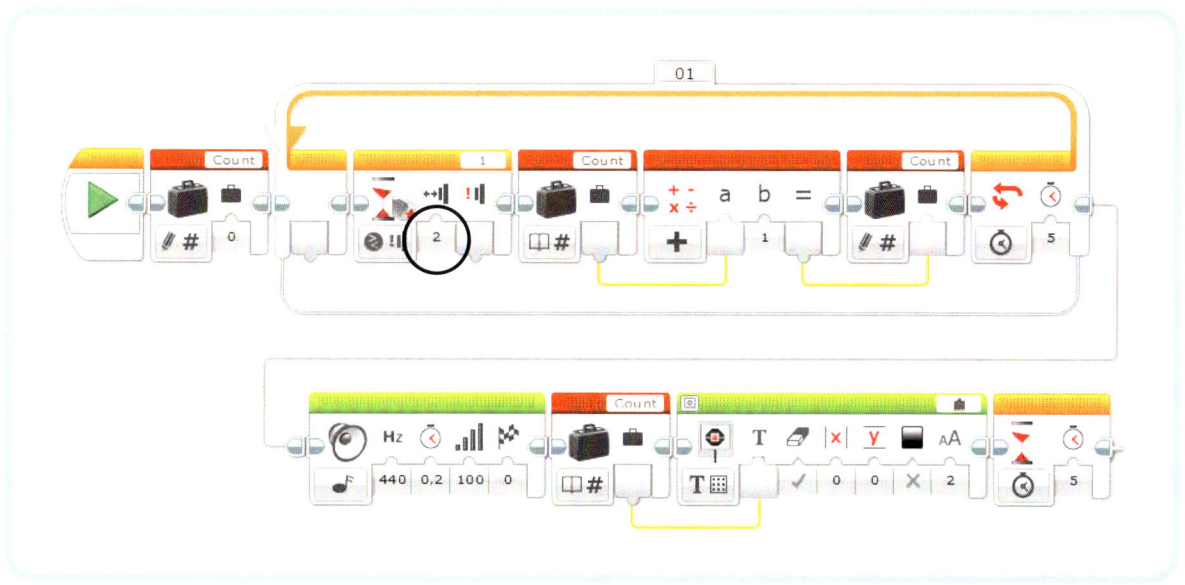

Abbildung 16-8: Das Programm TouchCount *zählt die Anzahl von Auslösungen des Berührungssensors innerhalb von 5 Sekunden und zeigt die Anzahl auf dem Display an. Zur besseren Sichtbarkeit habe ich mit einer Weiterleitung den Klangblock an den Schleifenblock angefügt, du kannst den Klangblock aber auch direkt hinter der Schleife platzieren.*

Einen Durchschnitt berechnen

Im folgenden Beispiel verwendest du eine Variable, um den Durchschnitt von 50 Sensormessungen zu berechnen. Um die Berechnung durchzuführen, teilst du die Summe aller Messungen durch die Anzahl der Messungen (in diesem Fall 50). Das Programm *Average* in Abbildung 16-9 berechnet diese Summe, indem es immer wieder den Sensorwert zur Variable *Sum* hinzuzählt. Die Variable wird mit 0 initialisiert und die Blöcke im Schleifenblock fügen *Sum* jedes Mal die jeweils letzte Sensormessung hinzu. Nach 50 Durchläufen wird die Summe durch 50 geteilt, um den Durchschnitt zu berechnen, der dann auf dem Display angezeigt wird.

Die Berechnung des Durchschnitts wird beispielsweise dazu genutzt, einen genaueren Sensorwert zu erhalten. Wenn du z.B. einen Roboter baust, der Hindernisse umfahren soll, deren Entfernungswert weniger als 50 beträgt, ist es möglich, dass der Sensor (fälschlicherweise) ein nahes Hindernis erkennt (z.B. mit dem Wert 40), obwohl dort gar keins ist. Normalerweise würde die Messung den Roboter umdrehen lassen, wenn du aber den Durchschnitt dreier Messungen bildest und dieser (100 + 100 + 40) / 3 = 80 ergibt, würde der falsche Messwert keinen Einfluss auf die Steuerung des Roboters haben.

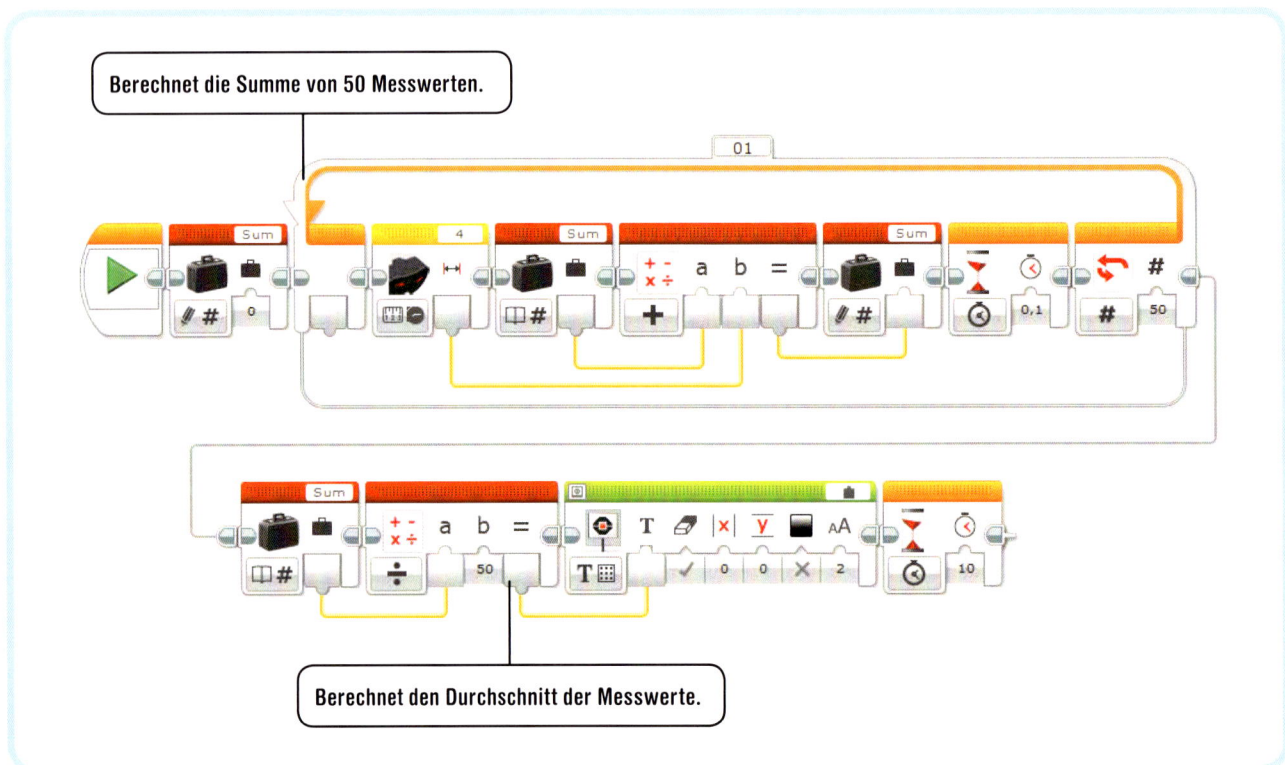

*Abbildung 16-9: Das Programm **Average**. Der Warteblock in der Schleife lässt das Programm zwischen den Messungen 0,1 Sekunden anhalten, sodass das Programm den Durchschnitt der Sensorwerte während einer Zeitspanne von 50 x 0,1 = 5 Sekunden berechnet.*

Weitere Experimente

Herzlichen Glückwunsch! Du hast die gesamte Theorie zur Programmierung in diesem Buch gemeistert! Jetzt kannst du zum nächsten Kapitel weitergehen, wo du ein größeres Programm entwickelst, das den SK3TCHBOT in eine Art Zaubertafel verwandelt. Bevor du das jedoch machst, sieh dir die Selbst-entdecken-Aufgaben an. Sie sind schwieriger als die letzten, aber vergiss nicht, dass es jeweils mehrere Lösungen geben kann. Probiere sie aus und vergleiche deine Lösungen mit denen unter *http://ev3.robotsquare.com/*.

SELBST ENTDECKEN 108: HOCH- UND RUNTERZÄHLEN

Schwierigkeitsgrad: **Zeit:** ⏱⏱

Kannst du ein Programm auf Basis des Programms *TouchCount* schreiben, das eine Variable verwendet, um zu zählen, wie oft die Tasten Links und Rechts am EV3-Stein gedrückt wurden? Wenn du die rechte Taste drückst, wird der Wert der Variablen um 1 erhöht. Wenn du die linke Taste drückst, soll er um 1 verringert werden. Zeige den Wert der Variablen auf dem EV3-Display an.

HINWEIS Verwende einen Warteblock, nachdem die linke oder rechte Taste gedrückt wurde. Mit einem Schalterblock entscheidest du dann, welche Taste gedrückt wurde. Im Schalterblock fügst du die Blöcke hinzu, die den Wert der Variablen verändern, und die Blöcke, die warten, bis die EV3-Tasten nicht mehr gedrückt werden.

SELBST ENTDECKEN 109: EIN BEGRENZTER DURCHSCHNITT

Schwierigkeitsgrad:  **Zeit:** ⏱⏱

Kannst du das Programm *Average* aus Abbildung 16-9 erweitern, sodass der Durchschnitt aller Entfernungswerte zwischen Programmstart und dem Moment, in dem der Berührungssensor ausgelöst wird, berechnet wird?

HINWEIS Konfiguriere die Schleife so, dass sie läuft, bis der Berührungssensor gedrückt wird. Definiere eine Variable namens Measurements, um die Anzahl der Messungen zu speichern, die der Variablen Sum hinzugefügt wurden. Wenn die Schleife endet, berechnest du den Durchschnitt, indem du Sum durch Measurements dividierst.

SELBST ENTDECKEN 110: ZUFALLSPRÜFUNG

Schwierigkeitsgrad: **Zeit:** ⏱⏱

In dieser Aufgabe sollst du prüfen, wie gut die Zufallsfunktion im Logik-Modus funktioniert. Dazu lässt du den Roboter 10.000 Logik-Zufallszahlen erstellen und wertest aus, wie viele davon wahr und wie viele falsch sind. Experimentiere mit der Einstellung *Wahrscheinlichkeit für wahr* und prüfe, ob du ein entsprechendes Ergebnis erhältst.

HINWEIS Erstelle zwei numerische Variablen namens TrueCount und FalseCount. Generiere eine zufällige Logikzahl mit dem Zufallsblock. Ist sie wahr, inkrementiere TrueCount, ist sie falsch, FalseCount. Zeige die Werte der Variablen nach 10.000 Durchläufen an. Welche Werte erwartest du?

SELBST ENTDECKEN 111: DICHTESTE ANNÄHERUNG

Schwierigkeitsgrad:  Zeit:

Kannst du ein Programm erstellen, das die geringste Entfernung aus 50 aufgezeichneten Messungen ermittelt? Lasse das Programm zwischen den Messungen 0,1 Sekunden warten und zeige dann den kleinsten Wert auf dem Display an.

HINWEIS Erstelle eine Variable namens Lowest, um den kleinsten Messwert zu speichern. Vergleiche diesen gespeicherten Wert immer wieder mit den neuen Sensormessungen. Ist die neue Messung kleiner, speichere diesen Wert in Lowest. Mit welchem Wert solltest du die Variable Lowest beim Programmstart initialisieren?

SELBST KONSTRUIEREN 27: EIN EIGENER ZÄHLER

Bau: Programmierung:

Kannst du einen Roboter bauen, der die Anzahl von Personen in einem Raum zählt? Entwickle eine Konstruktion, die eine Tür öffnet, wenn ein Gast den Berührungssensor auslöst, und lasse die Gäste ihre Hand dicht vor den Infrarotsensor halten, wenn sie den Raum verlassen wollen. Modifiziere das Programm aus Selbst entdecken 108 auf Seite 251 dann so, dass die Personen im Raum gezählt werden: Ein ausgelöster Berührungssensor sollte den Zähler erhöhen, ein Winken vor dem Infrarotsensor ihn verringern.

HINWEIS Statt einen Roboter zu konstruieren, der den Türgriff bedient, ist es viel einfacher, einen Fahrzeugroboter zu bauen, der die Tür öffnet, indem er sie ganz nach vorn drückt, und durch Zurückschieben schließt. Zusätzlich kannst du Klebeband oder eine Schnur verwenden, um zu verhindern, dass die Tür ins Schloss fällt.

Spiele auf dem EV3

In diesem Kapitel wirst du ein Programm erstellen, das viele der in diesem Buch beschriebenen Programmiertechniken kombiniert. Ich habe jede Technik und jeden Block vorher mit kleinen Beispielprogrammen eingeführt. Jetzt sind sie in einem größeren Kontext zu sehen.

Mit dem Programm, das du erstellst, kannst du ein Zaubertafel-Spiel auf dem EV3 spielen. Du kannst mit den großen Motoren als Eingabeknöpfe auf dem EV3-Display Zeichnungen erstellen und verwendest dabei den Berührungssensor und den Farbsensor als zusätzliche Eingabegeräte (siehe Abbildung 17-1).

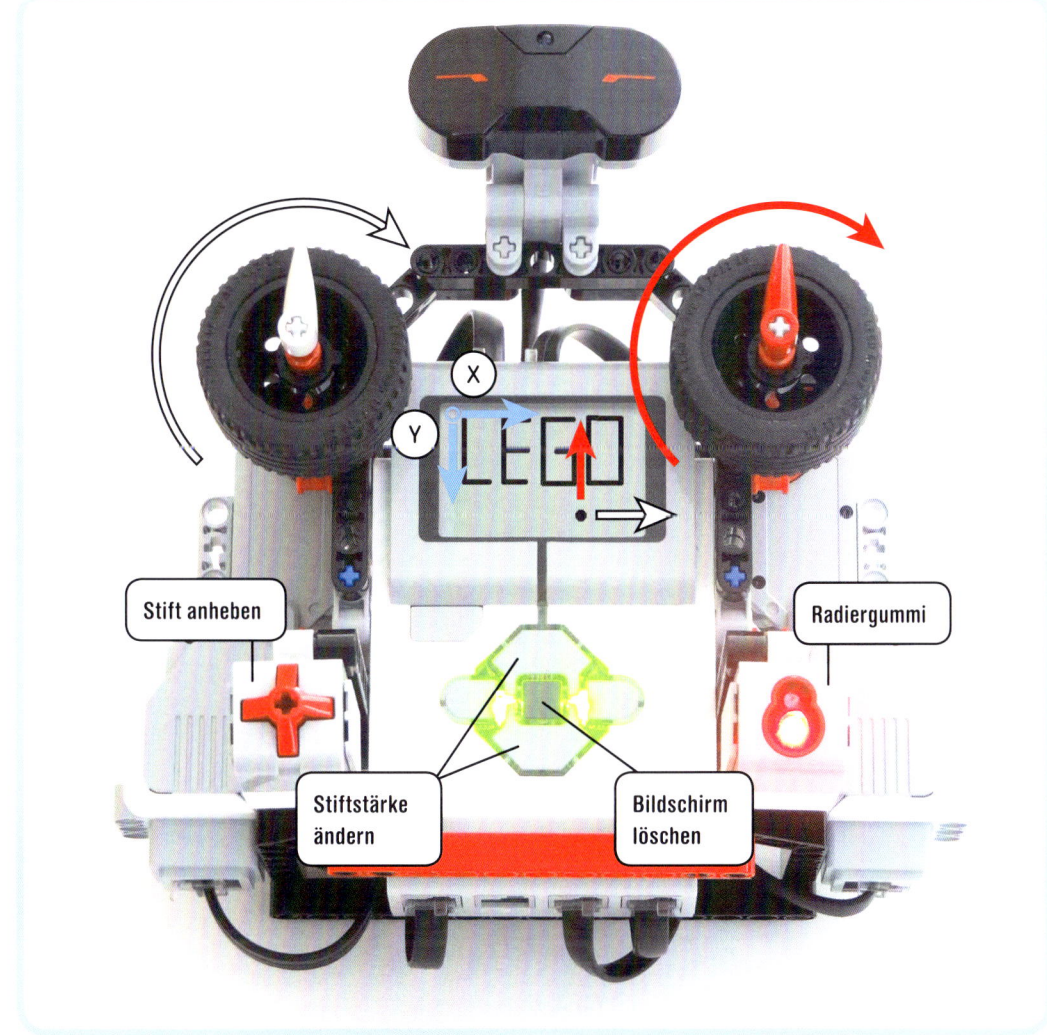

Stift anheben

Radiergummi

Stiftstärke ändern

Bildschirm löschen

Abbildung 17-1:
Ein Zaubertafel-Spiel
auf dem SK3TCHBOT

Schritt 1: Einfache Zeichnungen erstellen

Eine Zaubertafel zeichnet Linien, während du ihre Knöpfe drehst, als wenn du einen Stift über ein Stück Papier bewegen würdest. Der linke Knopf steuert die horizontale Position des Stifts (X) und der rechte die vertikale (Y). Dieses Verhalten ist in einem EV3-Programm überraschend leicht nachzuahmen (siehe Abbildung 17-2).

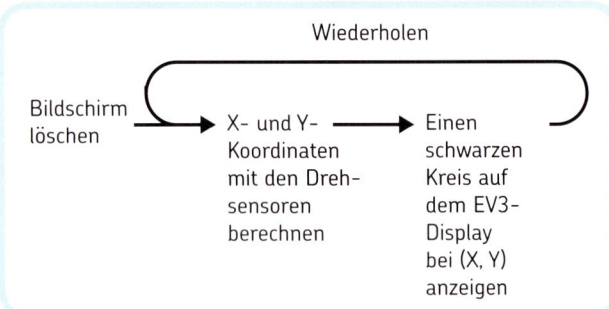

Abbildung 17-2: Der Ablauf des Basisprogramms für die Zaubertafel

Das Programm zeigt wiederholt einen kleinen Punkt (kleinen Kreis) auf dem EV3-Display an der Position an, die durch die X- und Y-Koordinate angegeben wird. Das Programm ermittelt diese Koordinaten anhand der Drehsensoren der großen Motoren. Der weiße Zeiger (Motor B) steuert die X-Position, der rote Zeiger (Motor C) die Y-Position. Während das Programm Punkte auf das Display schreibt, kannst du Zeichnungen wie mit einem Stift zeichnen, indem du die Zeiger des SK3TCHBOTs drehst.

Als Erstes erstellst du ein neues Projekt namens SK3TCHBOT-Games mit einem Programm namens *Etch-A-Sketch*. Um den Punkt anzuzeigen, verwendest du einen Anzeigeblock im Modus Formen – Kreis. Du musst jedoch zwei Anzeigeblöcke erstellen, um das Display zu löschen und um die Koordinaten zu berechnen, an denen der Punkt dargestellt werden soll.

Eigener Block 1: Clear

Der Anzeigeblock bietet keine Möglichkeit, das Display einfach zu löschen, ohne etwas Neues anzuzeigen. Du kannst dieses Verhalten jedoch simulieren, indem du einen einzelnen weißen Punkt anzeigst und den Bildschirm löschst. Konfiguriere den Anzeigeblock (siehe Abbildung 17-3), und wandle ihn in einen Eigenen Block namens *Clear* um.

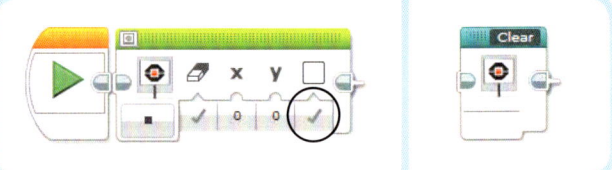

Abbildung 17-3: Der Eigene Block **Clear** löscht das EV3-Display. Der fertige Block ist rechts abgebildet.

Eigener Block 2: Coordinates

Jetzt erstellst du einen eigenen Block namens *Coordinates* (siehe Abbildung 17-4). Er hat zwei numerische Ausgabewerte (X und Y), mit denen du die Position der neuen Punkte steuerst. Sehen wir uns an, wie dieser Block die X-Koordinate berechnet.

Du erinnerst dich, dass der Drehsensor die Anzahl der Motorumdrehungen seit Programmstart in Grad angibt. Im Prinzip könntest du den Sensorwert von Motor B direkt auf die X-Koordinate übertragen. Dadurch würde sich der Stift allerdings zu schnell bewegen: Eine halbe Umdrehung des weißen Zeigers würde den Stift über das ganze Display bewegen. (Das Display ist in X-Richtung 178 Punkte groß.)

Um exaktere Bewegungen zu machen, teilst du den Gradwert durch 3, sodass eine Drehung um 180 Grad den Stift nur über ein Drittel des Displays bewegt. Füge dem Ergebnis der Division 89 hinzu (die Hälfte von 178), damit der Punkt in der Mitte des Displays angezeigt wird, wenn der Gradwert beim Programmstart 0 ist.

Die Vorgehensweise bei der Y-Koordinate ist gleich, abgesehen davon, dass du dafür Motor C verwendest und zur Division 64 hinzuzählst (es gibt 128 Punkte in Y-Richtung). Da Motor C verkehrt herum eingebaut ist, erhältst du einen negativen Gradwert, wenn du ihn in Richtung des roten Pfeils in Abbildung 17-1 drehst. Der Stift bewegt sich also nach oben (senkrechter roter Pfeil), was genau das Gegenteil der positiven Y-Richtung ist (senkrechter blauer Pfeil).

Um den Eigenen Block zu erstellen, platzierst du zwei Motorumdrehungsblöcke und zwei Matheblöcke im Programmierbereich und wandelst sie in einen Eigenen Block mit zwei numerischen Ausgängen namens *Coordinates* um (siehe Abbildung 17-4).

Das Basisprogramm fertigstellen

Jetzt hast du die grundlegenden Komponenten des Programmablaufs aus Abbildung 17-2 erstellt. Schließe das Programm jetzt ab (siehe Abbildung 17-5). Außer den beiden Eigenen Blöcken enthält das Programm einen Anzeigeblock, der den Punkt an den jeweiligen Koordinaten anzeigt (kleiner Kreis), und einen Schleifenblock, der das Programm wiederholt. Lade das Programm auf deinen Roboter herunter und teste es, bevor du es im nächsten Schritt erweiterst.

HINWEIS Wenn du bei der Erstellung dieses Programms Schwierigkeiten hast, lade die fertige Version von *http://ev3.robotsquare.com/* herunter und vergleiche sie mit deinem Programm.

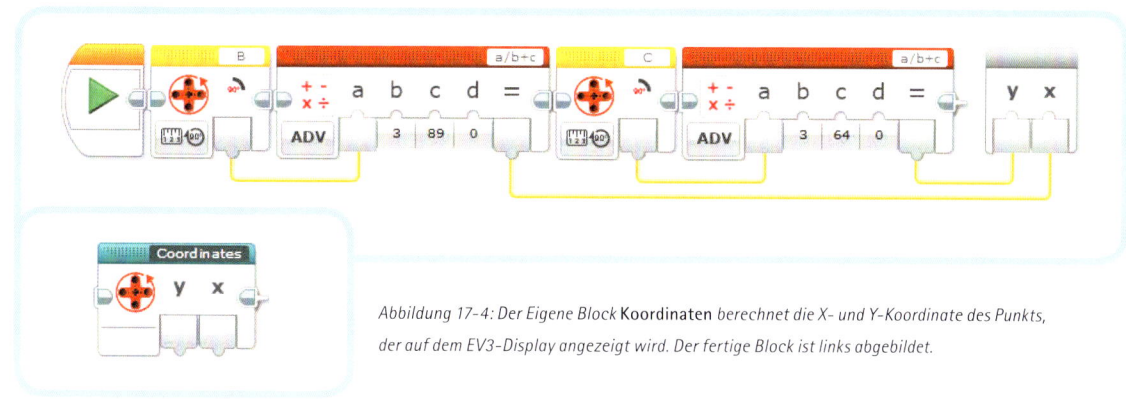

Abbildung 17-4: Der Eigene Block **Koordinaten** berechnet die X- und Y-Koordinate des Punkts, der auf dem EV3-Display angezeigt wird. Der fertige Block ist links abgebildet.

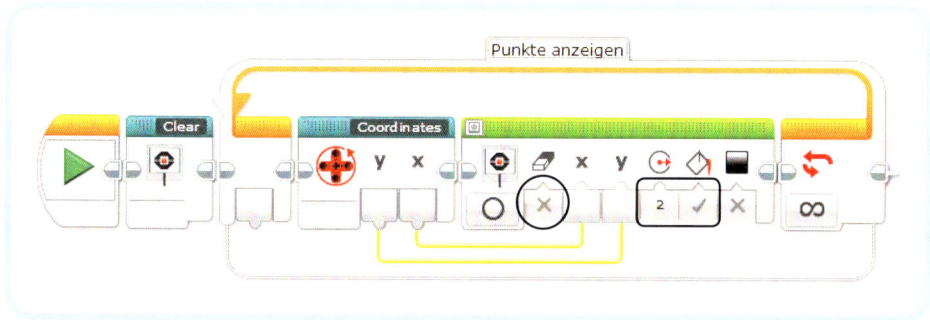

Abbildung 17-5: Das Basisprogramm der Zaubertafel **Etch-A-Sketch**. Der Anzeigeblock ist so eingestellt, dass er das Display nicht löscht. Dadurch bleiben bereits gezeichnete Punkte erhalten, wenn auf dem Display neue hinzugefügt werden.

Schritt 2: Die Stift-steuerung hinzufügen

Das grundlegende Zaubertafel-Programm macht Spaß, aber du kannst es mit mehr Funktionen erweitern (siehe Abbildung 17-6). Du verwendest den Berührungssensor, um das Zeichnen zeitweise zu unterbrechen, den Farbsensor, um den Stift in einen Radiergummi zu verwandeln, die Mitte-Taste auf dem EV3, um das Display zu löschen, und die Oben- und Unten-Tasten, um die Stiftgröße zu ändern.

Um potenzielle Fehler leichter zu finden, solltest du dein Programm immer testen, wenn du eine neue Funktion hinzugefügt hast. Wenn du bereit bist, kannst du dich der Herausforderung stellen und das Programm nun durch weitere Selbst-entdecken-Aufgaben ausbauen.

Den Stift bewegen, ohne zu zeichnen

Beim Zeichnen hebst du manchmal den Stift an und gehst zu einer neuen Position, ohne zu zeichnen. Um das zu bewerkstelligen, solltest du das Programm nur zeichnen lassen, wenn der Berührungssensor losgelassen ist (siehe Abbildung 17-7). Wenn der Berührungssensor gedrückt wird, passiert nichts. (Der Falsch-Fall des Schalterblocks enthält keine Blöcke.)

Den Stift in einen Radiergummi verwandeln

Als Nächstes fügst du ein Radiergummi-Werkzeug hinzu, indem du das Programm weiße Punkte zeichnen lässt, wenn der Farbsensor ausgelöst wird (siehe Abbildung 17-8). Indem du weiße Punkte zeichnest, kannst du Teile der Zeichnung löschen, was hilfreich ist, wenn du einen Fehler machst.

Wenn du den Farbsensor mit deinem Finger abdeckst, wird die Stärke des reflektierten Lichts mit unter 10% gemessen und das Vergleichsergebnis im Farbsensorblock wird wahr, sodass die Farb-einstellung im Anzeigeblock zu weiß wird. Wenn du deinen Finger vom Sensor wegnimmst, wird die Ausgabe falsch und der Anzeigeblock zeichnet weiter schwarze Punkte auf das Display.

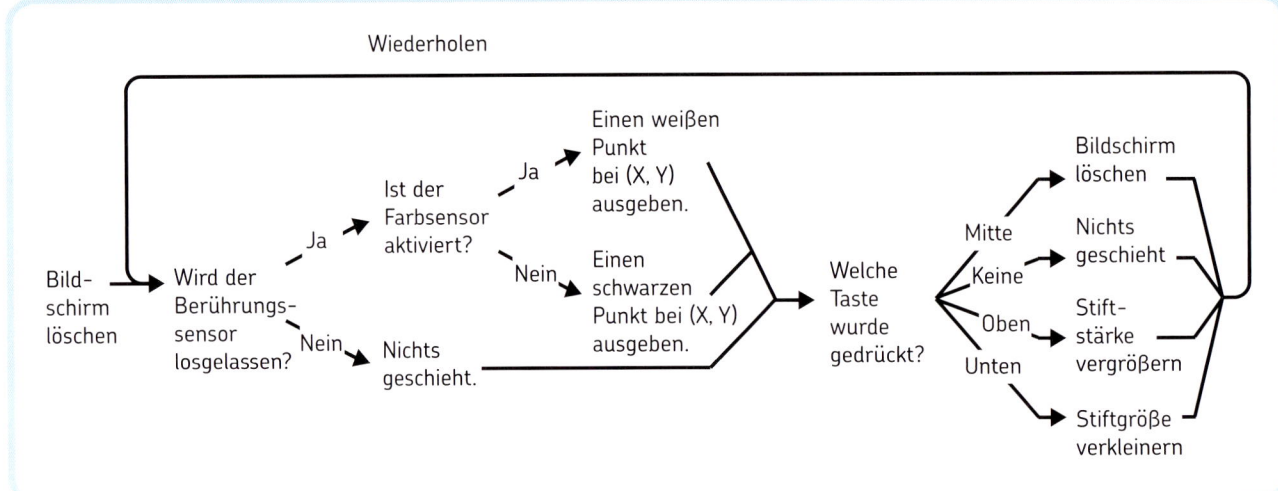

Abbildung 17-6: Der Ablauf des erweiterten Etch-A-Sketch-Programms

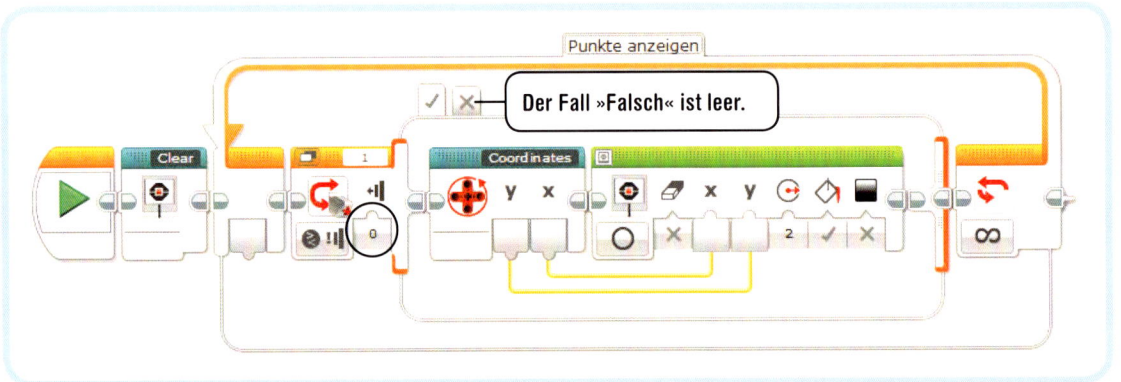

Abbildung 17-7: Das Programm zeichnet die neuen Punkte nur, wenn der Berührungssensor nicht aktiviert ist. Um den Stift an eine neue Position zu bewegen, ohne Linien zu zeichnen, drückst zu den Berührungssensor, drehst die Zeiger und lässt den Sensor wieder los, um weiterzuzeichnen.

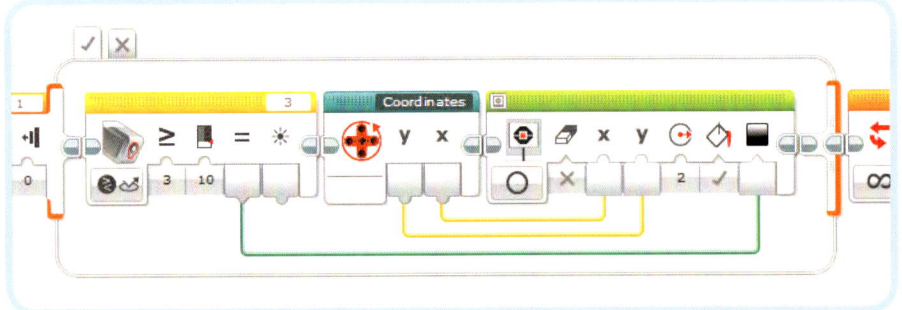

Abbildung 17-8: Füge einen wie hier konfigurierten Farbsensorblock hinzu und verbinde die logische Datenleitung mit dem Anzeigeblock. Dein Stift funktioniert wie ein Radiergummi, solange du den Farbsensor mit deinem Finger abdeckst.

Den Bildschirm löschen

Um den Bildschirm zu löschen, wenn du die Mitte-Taste drückst, fügst du einen Schalterblock und einen Löschblock hinzu (siehe Abbildung 17-9). Wird keine der EV3-Tasten gedrückt, passiert nichts. (Der Fall Keine Tasten, der auch der Standardfall ist, enthält keine Blöcke.)

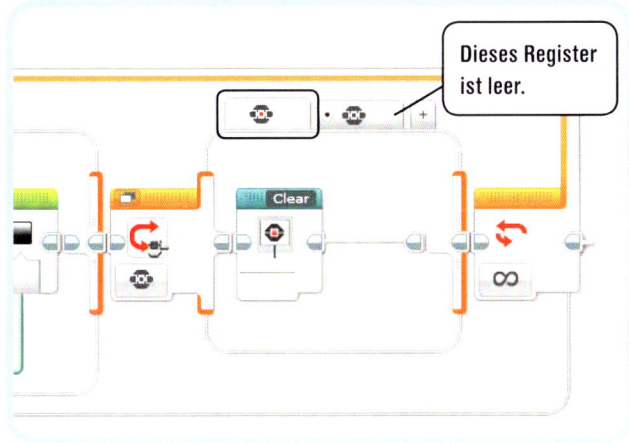

Abbildung 17-9: Diese Blöcke löschen den Bildschirm, wenn du die Mitte-Taste drückst.

Die Stiftstärke festlegen

Als Nächstes erweiterst du das Programm, um die Stiftstärke mit den Tasten *Oben* und *Unten* auf dem EV3-Stein einzustellen. Dazu verwendest du eine Variable namens *Size*, um den Wert der Einstellung *Radius* im Anzeigeblock festzulegen. Dann fügst du die Blöcke hinzu, mit denen du die Variable *Size* über die EV3-Tasten verändern kannst.

Beginne mit einer numerischen Variablen namens *Size* und füge zwei Variablenblöcke in dein aktuelles Programm ein (siehe Abbildung 17-10). Der erste Block initialisiert den Wert auf 1. Der zweite Block sendet den Wert von *Size* an die Radius-Einstellung des Anzeigeblocks. Der Radius ist daher so lange 1, wie du den Wert der Variablen nicht veränderst.

Füge jetzt zwei Fälle (Register) in den Schalterblock ein, den du gerade konfiguriert hast, einen Fall für die Taste Oben und einen für die Taste Unten.

Wenn du die Oben-Taste drückst, sollte die Variable *Size* inkrementiert (um 1 erhöht) werden (siehe Abbildung 17-11). Da das Display recht klein ist, beschränkst du den Wert für *Size* auf 25. Mit anderen Worten inkrementierst du die Variable nur, wenn ihr aktueller Wert kleiner als 25 ist, was durch einen Vergleichsblock festgestellt wird. Wenn der Wert *Size* 25 ist und du ihn weiter inkrementierst, gibt der Vergleichsblock falsch aus, du hörst einen Piepton und der Wert wird nicht verändert. Schließlich lässt ein Warteblock das Programm warten, bis die Oben-Taste losgelassen wird. (Wenn du nicht darauf wartest, wiederholt das Programm die Schleife weiter und inkrementiert die Variable bei jedem Durchlauf.)

Die Variable sollte dekrementiert (um 1 verringert) werden, wenn du die Unten-Taste drückst, aber nur, solange der Wert *Size* größer als 1 ist, damit du keinen Kreis zeichnest, dessen Radius negativ oder 0 ist (das würde nicht funktionieren). Wenn *Size* 1 beträgt und du versuchst, die Stärke weiter zu verringern, gibt der Vergleichsblock einen Piepton aus und die Variable bleibt unverändert (siehe Abbildung 17-12).

Herzlichen Glückwunsch! Du hast das Programm für die Zaubertafel fertiggestellt. Wenn du geprüft hast, dass es funktioniert, schau nach, ob du es noch mehr erweitern kannst, z.B. mit den Selbstentdecken-Aufgaben 112 bis 114.

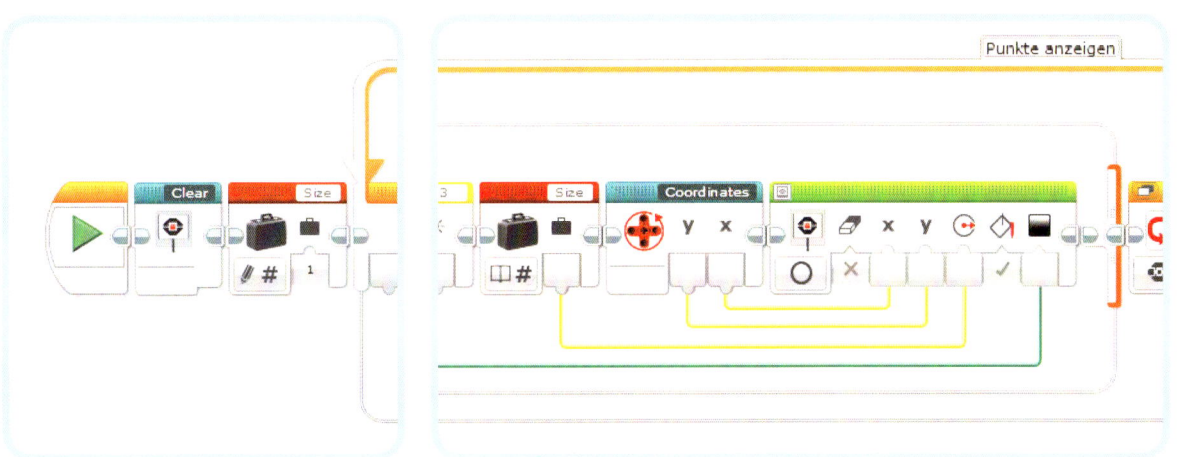

Abbildung 17-10: Füge zwei Variablenblöcke in das Programm ein, wie hier gezeigt.

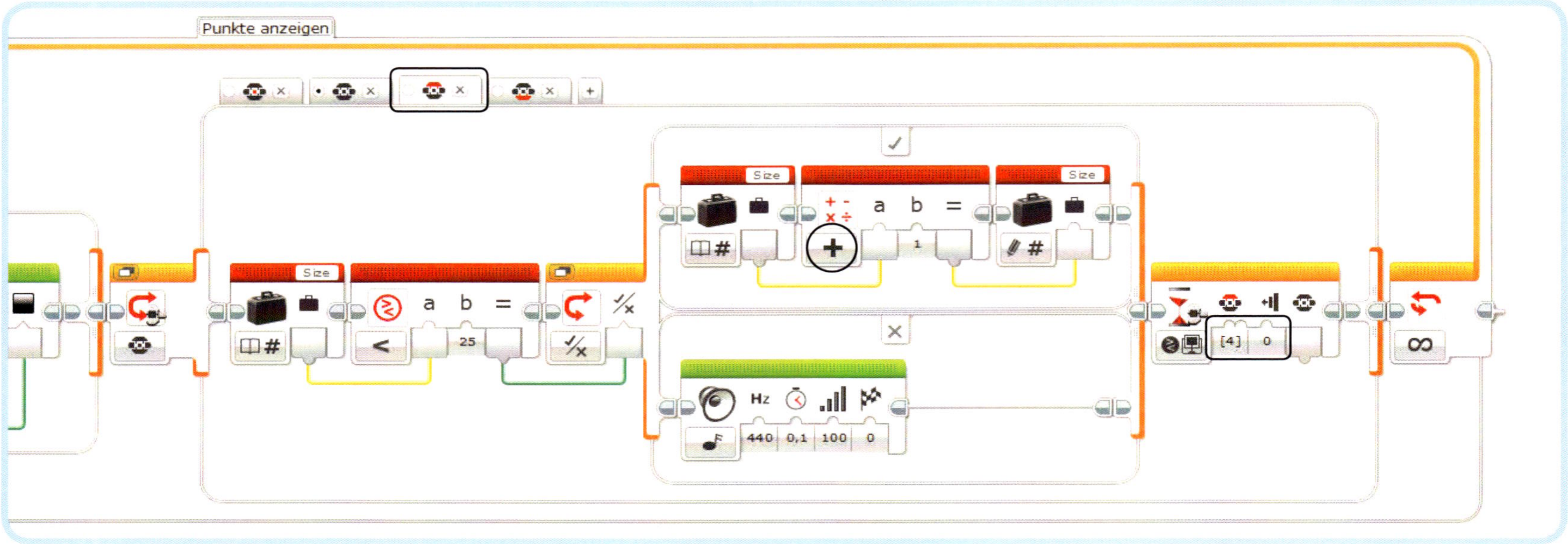

Abbildung 17–11: Wenn du die Oben-Taste drückst und der aktuelle Wert der Variablen **Size** ist kleiner als 25, wird der Wert um 1 erhöht. Das zweite Register (Keine Tasten) bleibt der Standardfall.

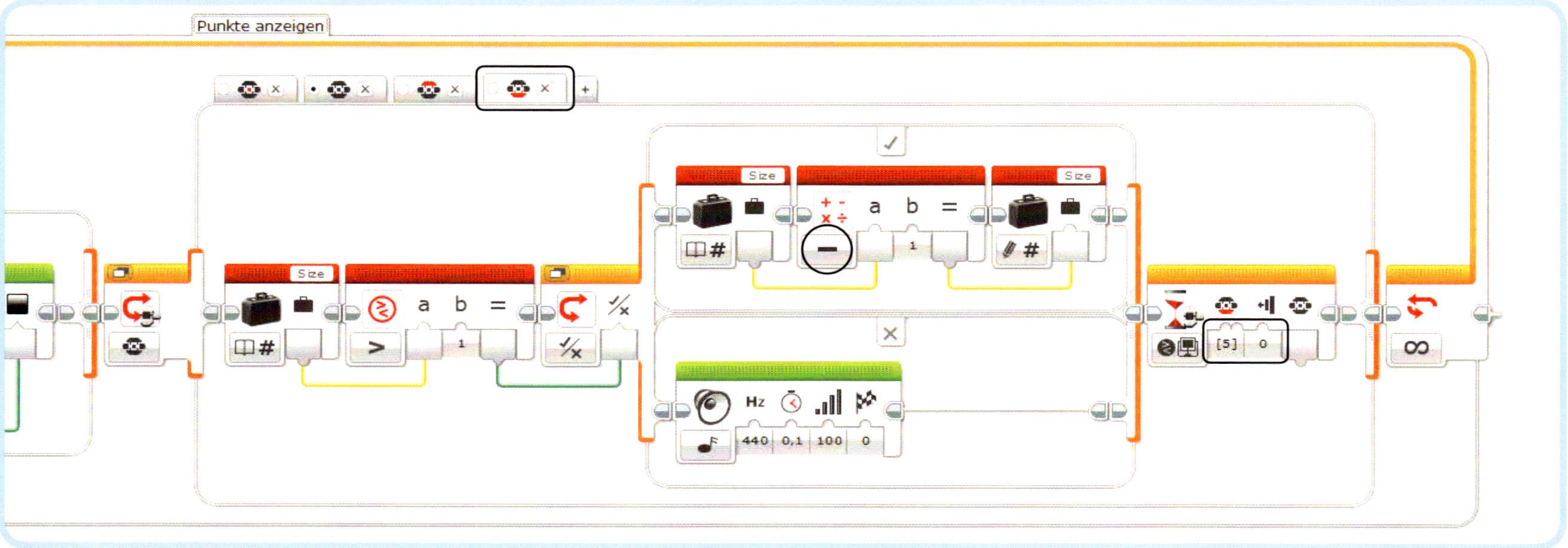

Abbildung 17–12: Wenn du die Unten-Taste drückst und der aktuelle Wert von **Size** größer als 1 ist, wird der Wert um 1 verringert.

SELBST ENTDECKEN 112: ROBOTERKÜNSTLER

Schwierigkeitsgrad: ▭ Zeit: ⏱⏱

Es ist nicht ganz leicht, eine schöne Zeichnung mit der Zaubertafel zu erstellen, aber es gibt eine Möglichkeit, zu schummeln. Du kannst mit dem Programm exakt gerade Linien zeichnen, indem du die Motoren B und C durch Programmierblöcke bewegst. Kannst du den Roboter so vorprogrammieren, dass er das Bild eines Hauses zeichnet? Wie zeichnest du diagonale Linen?

HINWEIS Steuere die Bewegung der Motoren parallel zum Etch-A-Sketch-Programm (siehe Multitasking auf Seite 56).

SELBST ENTDECKEN 113: FORCE FEEDBACK

Schwierigkeitsgrad: ▭▭ Zeit: ⏱⏱

Kannst du den Eigenen Block Koordinaten erweitern, um den Benutzer aktiv daran zu hindern, den Stift vom Display wegzubewegen? Der Stift sollte automatisch auf das Display zurückkehren, wenn der Benutzer den Zeiger zu weit dreht.

HINWEIS Lasse Motor B im Modus An bei -5% Leistung drehen, wenn X größer wird als 178, und mit 5% Leistung, wenn X kleiner als 0 wird. Wenn X zwischen 0 und 178 liegt, halte den Motor an und setze am Ende bremsen auf falsch. Implementiere ein ähnliches Verhalten für die Y-Richtung.

SELBST ENTDECKEN 114: STIFTZEIGER

Schwierigkeitsgrad: ▭▭▭ Zeit: ⏱⏱

Die kleinsten Punkte, die das Zaubertafel-Programm zeichnen kann, haben einen Radius von 1 Pixel bzw. einen Durchmesser von 2 Pixel. Kannst du das Programm so erweitern, dass es einzelne Pixel als kleinsten Punkt ausgibt? So kannst du deiner Zeichnung kleinste Details hinzufügen.

HINWEIS Du kannst einen einzelnen Punkt auf dem Display an Position (X, Y) ausgeben, indem du einen Anzeigeblock im Modus Formen – Punkt verwendest.

Weitere Experimente

In diesem Kapitel hast du ein Programm erstellt, das viele Programmiertechniken, die du in diesem Buch gelernt hast, kombiniert. Wenn du Spaß daran hattest, dieses Programm zu schreiben, empfehle ich dir die Selbst-entdecken-Aufgaben 115 und 116. Im nächsten Teil dieses Buchs lernst du, wie du zwei weitere coole Roboter baust.

SELBST ENTDECKEN 115: EIN ARCADE-SPIEL

Schwierigkeitsgrad: ▭▭▭ Zeit: ⏱⏱⏱

In dieser Aufgabe experimentierst du mit einem Arcade-Spiel für den SK3TCHBOT. Lade zuerst das Programm unter *http://ev3.robotsquare.com/* herunter und führe es aus, um zu sehen, was passiert. Du solltest auf dem EV3-Display ein zufällig positioniertes *Ziel* sehen und einen benutzergesteuerten *Spieler* (siehe Abbildung 17-13).

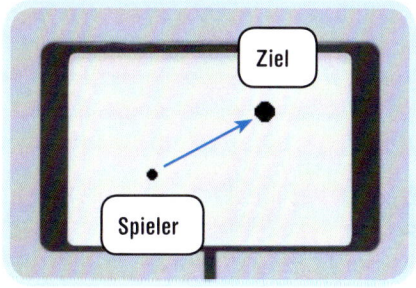

Abbildung 17-13: Das Arcade-Spiel

Wenn du das Ziel innerhalb von 4 Sekunden triffst, indem du die Zeiger des SK3TCHBOTs drehst, gewinnst du einen Punkt. Wenn du mehr als 4 Sekunden benötigst, verlierst du einen. Immer wenn du das Ziel triffst, erscheint ein neues Ziel auf dem Display. Nach 10 Durchläufen teilt dir das Programm mit, wie gut du warst.

Sieh dir anhand des Ablaufdiagramms in Abbildung 17-14 genau an, wie das Programm funktioniert. (Wenn du eine besondere Herausforderung suchst, schreibe das Programm selbst!)

(Fortsetzung)

(Selbst entdecken 115, Fortsetzung)

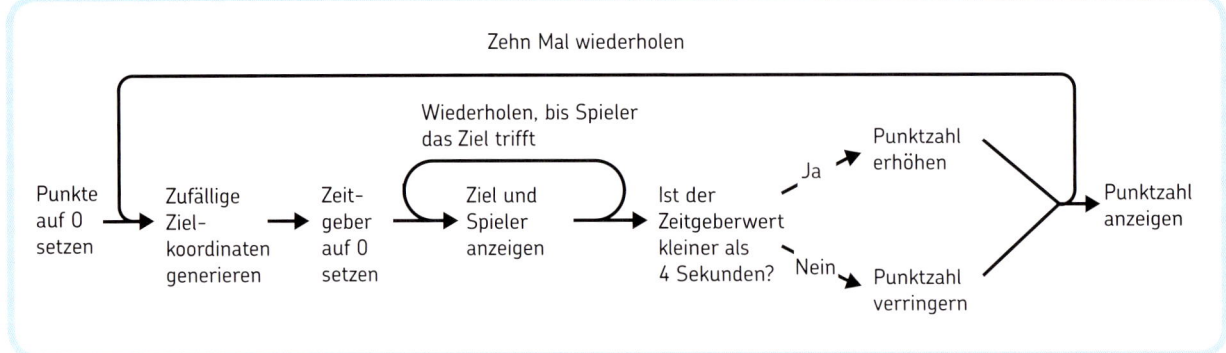

Abbildung 17-24: Das Ablaufdiagramm für das Arcade-Spiel aus Selbst entdecken 115.

SELBST ENTDECKEN 116:
EIN GEHIRNTRAINER

Schwierigkeitsgrad: ▢▢▢▢   Zeit: ◔◔◔

In dieser Aufgabe experimentierst du mit einem Gehirntrainer, den du auf dem EV3-Stein spielen und unter http://ev3.robotsquare.com/ herunterladen kannst. Das Programm zeigt eine zufällige Addition, Subtraktion, Multiplikation oder Division auf dem EV3-Display an (z.B. 7 x 3). Der Benutzer entscheidet, ob die Antwort richtig ist, indem er die rechte Taste (richtig) oder die linke Taste (falsch) drückt (siehe Abbildung 17-15). Die Antwort ist etwa in der Hälfte der Fälle richtig.

Das Programm besteht nur aus den Programmierblöcken dieses Buchs, trotzdem mag es zunächst

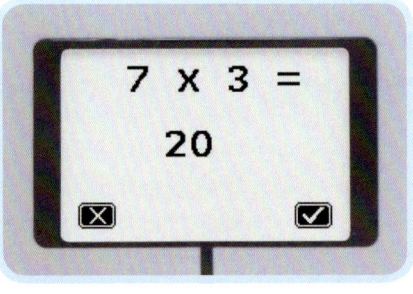

Abbildung 17-15:
Der Gehirntrainer.
Drücken von X bringt
einen Punkt, da
die vorgeschlagene
Antwort falsch ist.

schwierig sein, es zu verstehen. Die Kommentare werden dir aber bei der Untersuchung des Programms helfen.

Wenn du die Funktionsweise verstanden hast, erweiterst du das Programm um eine Funktion, die angibt, wie oft du innerhalb von 30 Sekunden richtig oder falsch geantwortet hast. Kannst du deine Leistung durch Trainieren erhöhen?

SELBST KONSTRUIEREN 28:
EIN PLOTTER

Bau: ✹✹✹   Programmierung: ▢▢▢

Kannst du einen Roboter bauen, der Zeichnungen auf einem DIN-A4-Bogen macht? Verwende einen großen Motor, um einen Stift über das Papier zu führen und waagerechte Linien zu zeichnen (X), und einen weiteren großen Motor, um das Papier hin- und zurückzubewegen, um senkrechte Linien zu zeichnen (Y). Schließlich benutzt du den mittleren Motor, um

den Stift anzuheben und abzusenken, sodass du den Stift anheben und an anderer Stelle weiterzeichnen kannst. Um die Maschine einfacher steuern zu können, erstellst du einen Eigenen Block, der den Stift über Eingabeparameter für die X- und Y-Koordinaten bewegt.

HINWEIS Zur Inspiration kannst du die Mechanik eines Tintenstrahldruckers studieren. Der Drucker bewegt die Patrone auf einem festen Balken nach links und rechts (so zeichnest du waagerechte Linien) und das Papier über Rollen vor und zurück (so zeichnest du senkrechte Linien).

TEIL VI

Maschinen und menschen- ähnliche Roboter

Der SNATCH3R:
Ein autonomer Roboterarm

In den vorherigen Kapiteln has du schon eine Menge über die Programmierung von EV3-Robotern gelernt. Damit bist du nun in der Lage, die in diesem Teil des Buchs beschriebenen anspruchsvolleren Roboter zu bauen und zu programmieren. In diesem Kapitel geht es um den SNATCH3R, einen Roboterarm, der Objekte finden und greifen kann, wie du in Abbildung 18-1 siehst.

Als Erstes schreibst du ein Programm, um den Roboter fernzusteuern, sodass du seine mechanischen Funktionen prüfen kannst. Anschließend programmierst du ihn darauf, die Infrarotfernsteuerung selbstständig zu finden und zu greifen. Mit Datenleitungen und Variablen sorgst du dafür, dass der Roboter seine Umgebung absucht, sodass er die Fernsteuerung im Umkreis von 2 m finden kann, selbst wenn sie sich hinter ihm befindet.

Die Selbst-entdecken-Aufgaben in diesem Kapitel zeigen dir, wie das Programm funktioniert, sodass du es um weitere Fähigkeiten erweitern kannst. Beispielsweise wird dir die Aufgabe gestellt, den Roboter dazu zu bringen, dass er mithilfe des Farbsensors einer Linie folgt und die auf seinem Weg liegenden Objekte aufhebt.

Der Greifer

Zur Fortbewegung hat der SNATCH3R zwei große Motoren, die zwei Raupenketten antreiben. Der wirklich faszinierende Teil an diesem Roboter aber ist der multifunktionale Greifer. Normalerweise sind zwei Motoren erforderlich, um Objekte festzuhalten und anzuheben –einer zum Festhalten und einer zum Anheben. Der SNATCH3R erledigt beide Aufgaben mit einem einzigen mittelgroßen Motor. Das wird durch eine besondere Konstruktion aus Lego-Balken, Achsen und Zahnrädern ermöglicht. Um dir ein genaues Bild davon zu machen, wie der Roboter funktioniert, baust du anhand der Anleitungen auf der nächsten Seite einen vereinfachten Mechanismus.

Abbildung 18-1: Der SNATCH3R kann leichte Objekte packen und aufheben, z.B. leere Wasserflaschen.

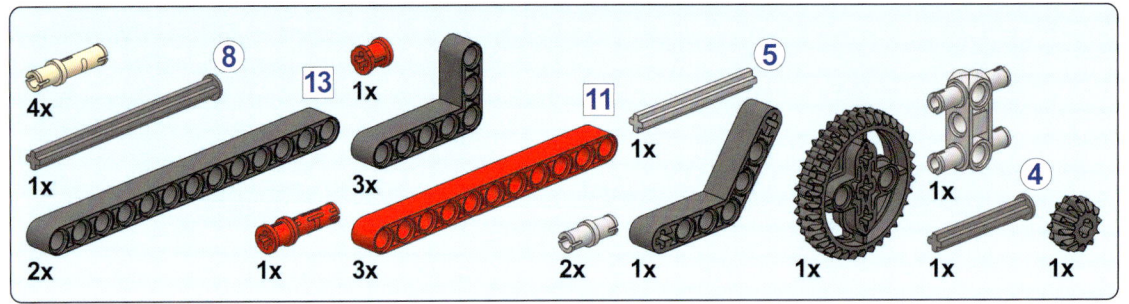

1

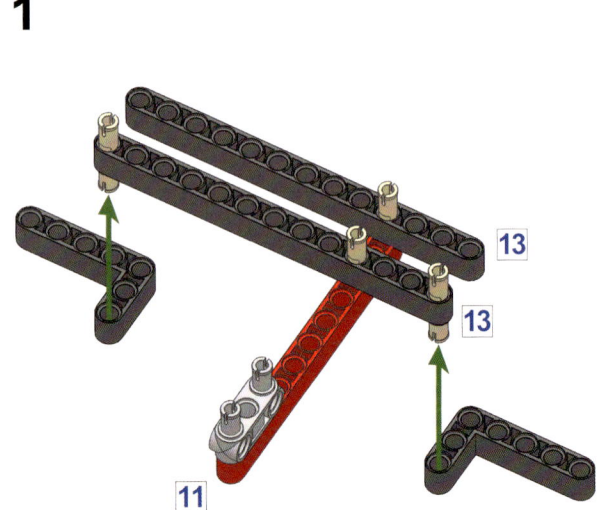

2

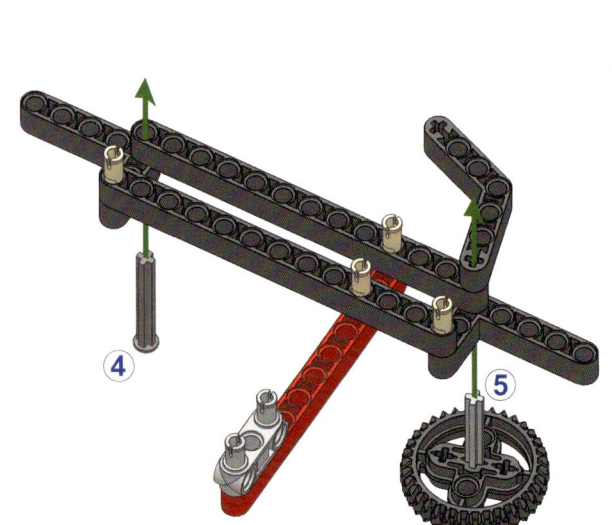

3

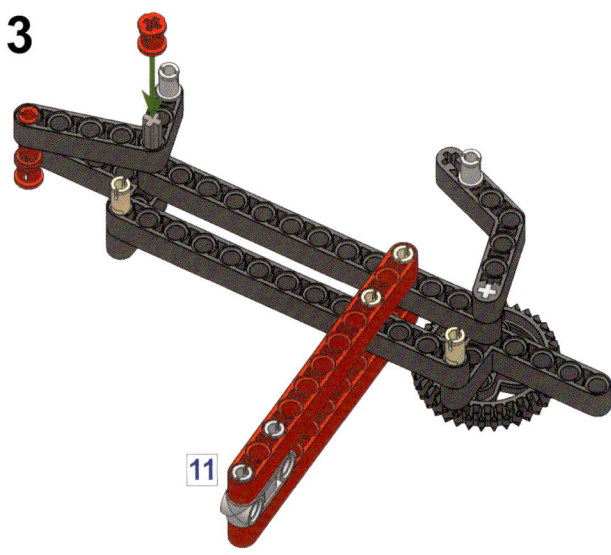

4

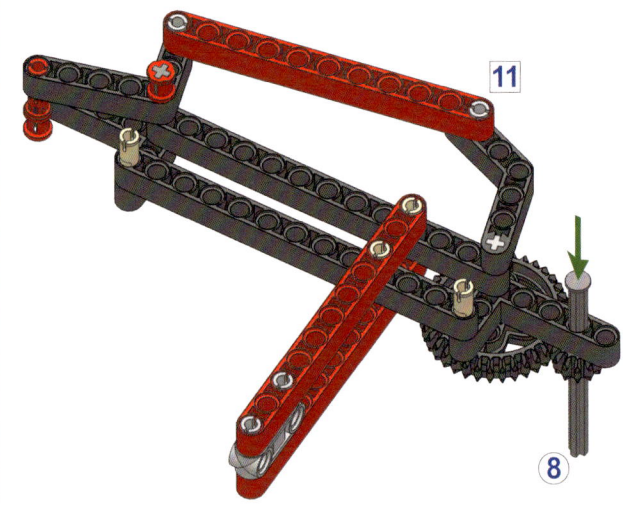

Der Greifmechanismus

Um auszuprobieren, wie der Greifmechanismus funktioniert, hältst du den roten Balken des Beispielmodells mit einer Hand fest und bewegst mit der anderen Hand das 12z-Zahnrad, indem du seine Achse drehst (siehe Abbildung 18-2). Achte darauf, die Achse beim Drehen nicht nach oben oder unten zu drücken; der Mechanismus sollte das von ganz allein tun.

Wenn du das kleine Zahnrad drehst, beginnt das 36z-Zahnrad den roten Balken nach oben zu bewegen, sodass sich die »Greifklaue« schließt. Auf ähnliche Weise funktioniert auch der SNATCH3R-Mechanismus. Der mittlere Motor treibt ein 24z-Zahnrad mit einer Schnecke an. Dadurch wird eine Kettenreaktion ausgelöst, die letzten Endes dafür sorgt, dass der Greifer das Objekt packt, das sich zwischen seinen Klauen befindet. Wenn sich der Motor rückwärts dreht, läuft der Vorgang anders herum ab, sodass sich die Klaue öffnet.

Der Hubmechanismus

Wenn der Greifer geschlossen ist, können sich die Balken und Zahnräder, die für das Schließen gesorgt haben, nicht mehr bewegen. In dem vereinfachten Mechanismus (siehe Abbildung 18-3, oben) bedeutet das, dass sich das 36z-Zahnrad (a) relativ zu dem blau dargestellten Balken (b) kaum bewegt. Daher kannst du durch Drehen am 36z-Zahnrad den blauen Balken gegenüber den grünen Balken (c und d) bewegen, wodurch der Greifer angehoben wird.

Wie du in Abbildung 18-3 (unten) siehst, passiert im SNATCH3R-Mechanismus etwas Ähnliches: Das 24z-Zahnrad (a) und die Balken im Greifmechanismus (b) können sich nicht mehr gegeneinander bewegen. Wenn du nun den mittelgroßen Motor vorwärts drehst und damit das Zahnrad gegenüber dem Motorgehäuse (c) bewegst, wird der Greifer (d) angehoben. Dreht sich der Motor rückwärts, wird der Greifer abgesenkt.

Die beiden grünen Balken in dem Veranschaulichungsmodell (c und d) sind unabhängig von der Stellung des Arms immer horizontal ausgerichtet. Ebenso bleiben auch das Motorgehäuse (c) und der Greifmechanismus (d) des SNATCH3Rs horizontal.

Ein Berührungssensor im Unterbau des SNATCH3Rs erkennt, ob der Greifer ganz nach oben gefahren ist. Um ein Objekt zu greifen und anzuheben, drehst du daher den mittelgroßen Motor vorwärts, bis der Berührungssensor betätigt wird. Wenn der Arm ursprünglich mit geöffnetem Greifer in der abgesenkten Position stand, hat der Motor 14,2 Umdrehungen gemacht, bis der Greifer den Berührungssensor erreicht. Um das Objekt wieder abzusenken und freizugeben, musst du den Motor also um 14,2 Umdrehungen rückwärts drehen.

Woher aber weiß der Mechanismus, dass er den Greifer vor dem Anheben schließen und vor dem Öffnen absenken muss? Er »weiß« es selbstverständlich nicht, aber der Mechanismus ist so konstruiert, dass sich dieses Verhalten automatisch aus dem Einfluss der Schwerkraft ergibt. Das Schließen der Klauen erfordert weniger Energie als das Anheben des Greifers, weshalb beim Vorwärtsdrehen des Motors als Erstes die Schließbewegung erfolgt. Umgekehrt erfordert das Absenken weniger Energie als das Öffnen, weshalb der Greifer zunächst nach unten gefahren wird, wenn sich der Motor rückwärts dreht. Die Hintergründe genau zu erklären, würde den Rahmen dieses Buchs sprengen, aber du kannst den Einfluss der Schwerkraft ausprobieren, indem du das Beispielmodell auf die Seite legst. Da die Schwerkraft das Absenken des Greifers jetzt nicht mehr unterstützt, funktioniert der Mechanismus nicht mehr korrekt.

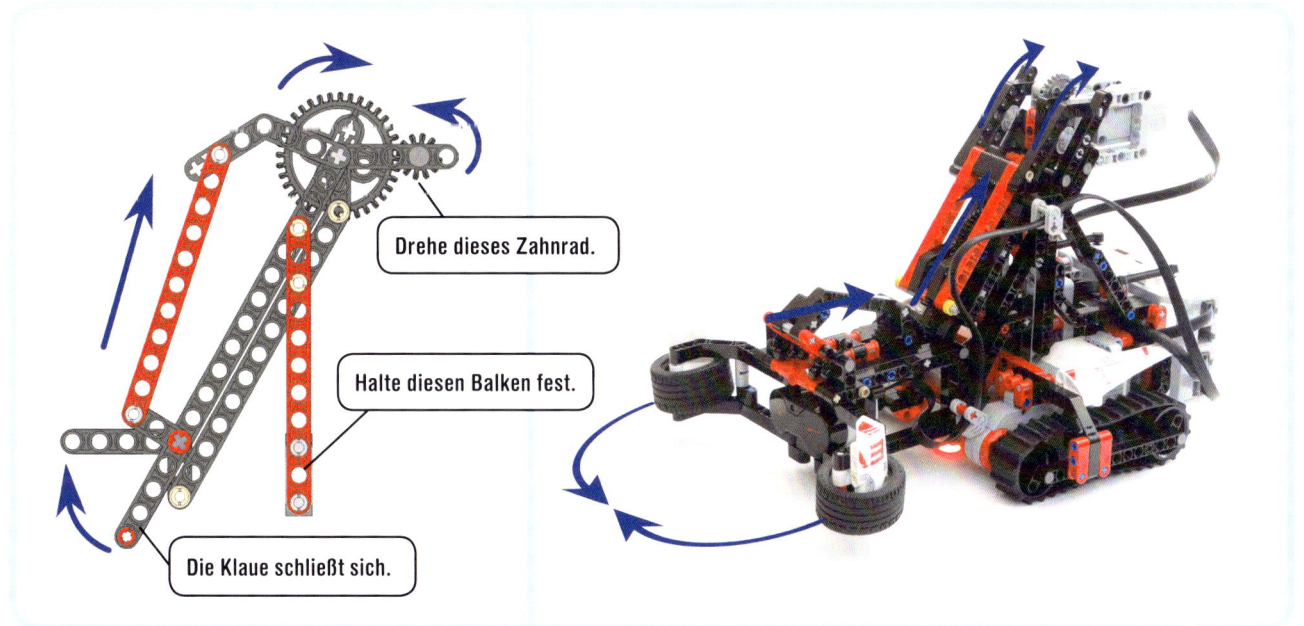

Drehe dieses Zahnrad.

Halte diesen Balken fest.

Die Klaue schließt sich.

Abbildung 18-2: Wenn du die Achse mit dem kleinen Zahnrad drehst, schließt sich die Greifklaue des Beispielmodells (links). Auf ähnliche Weise sorgt eine Drehung des mittelgroßen Motors dafür, dass der SNATCH3R Objekte mit seiner Klaue erfasst (rechts).

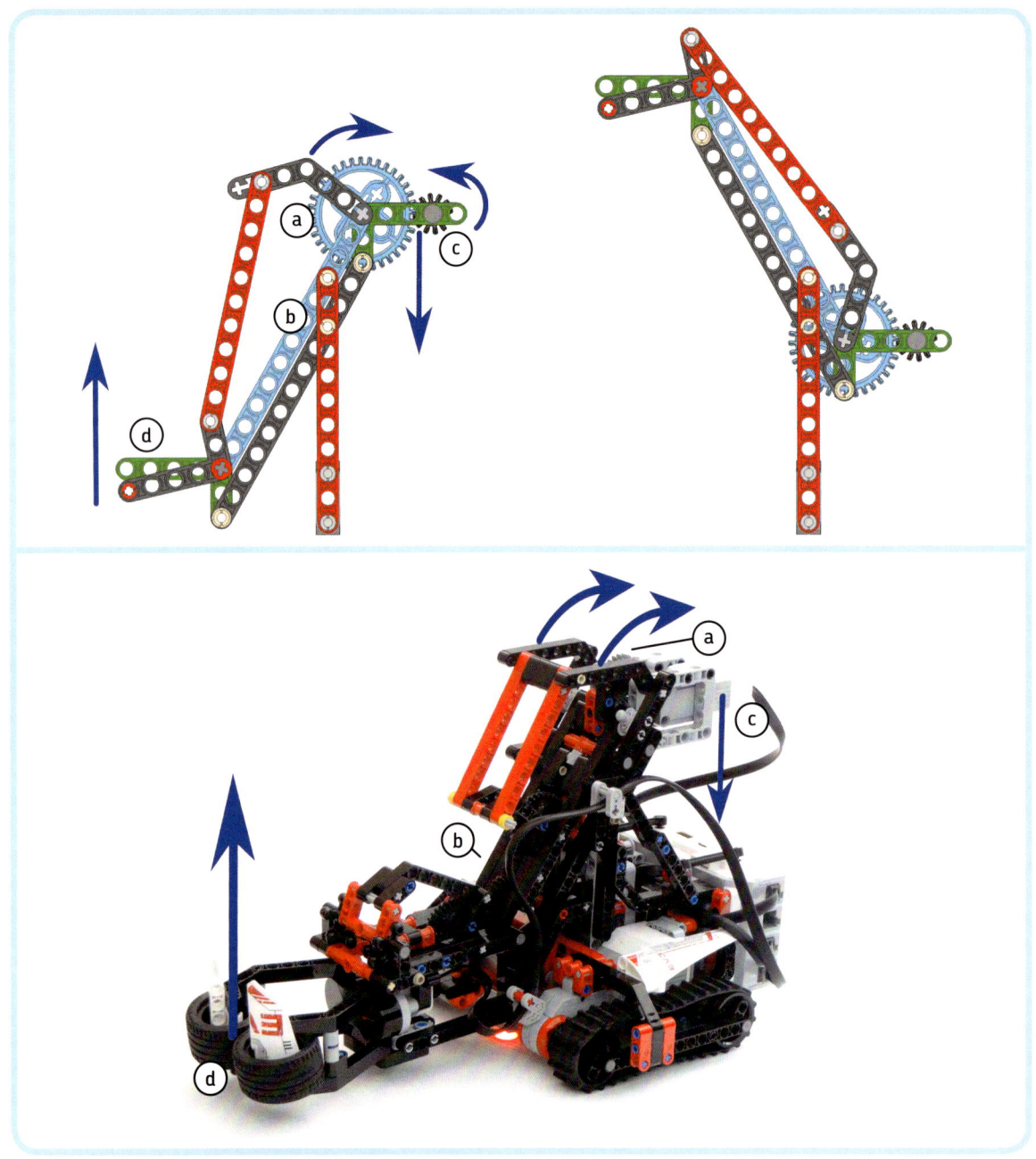

Abbildung 18-3: Wenn du das 12z-Zahnrad weiterdrehst, bewegen sich das 36z-Zahnrad und der blaue Balken relativ zu dem grünen Balken, weshalb der Greifer angehoben wird (oben). Auf ähnliche Weise wird der Greifarm des SNATCH3Rs beim Weiterdrehen des mittelgroßen Motors angehoben (unten).

Den SNATCH3R bauen

Da du nun weißt, wie der Greifmechanismus des SNATCH3Rs funktioniert, ist es an der Zeit, den Roboter zu bauen, um diese Konstruktion in Aktion zu erleben. Die Bauanleitung findest du auf den nächsten Seiten. Als Erstes aber solltest du das Beispielmodell wieder auseinandernehmen und die Teile zusammensuchen, die du für das vollständige Modell brauchst. Welche das sind, siehst du in Abbildung 18-4.

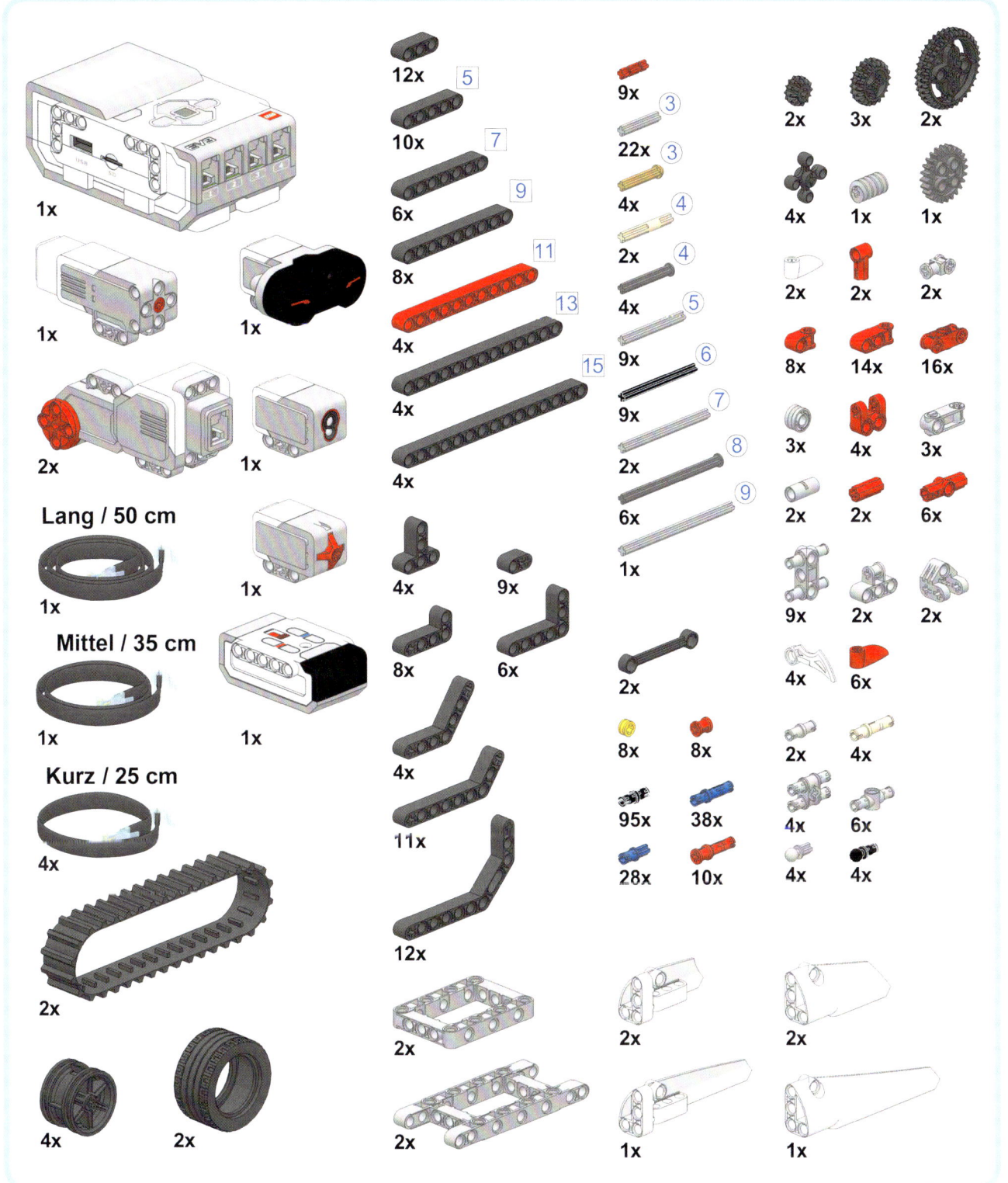

Abbildung 18-4: Die erforderlichen Teile für den SNATCH3R. Wenn du mit dem Bauen fertig bist, sind noch einige Teile übrig; du wirst sie später noch brauchen.

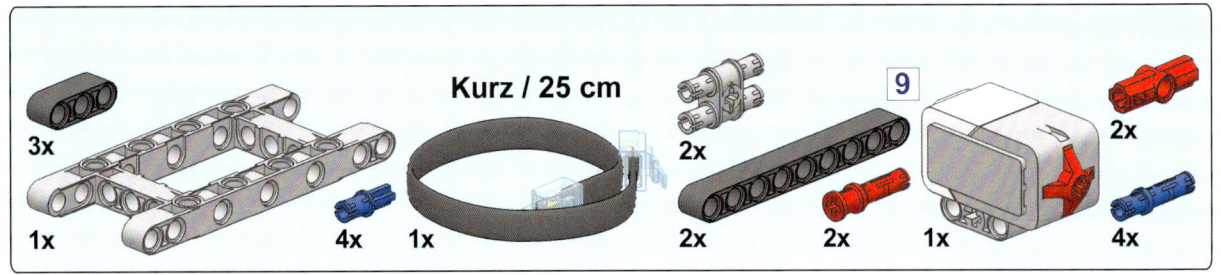

Kurz / 25 cm

3x   1x   4x   1x   2x   9   2x   2x   1x   2x   4x

1

2

3

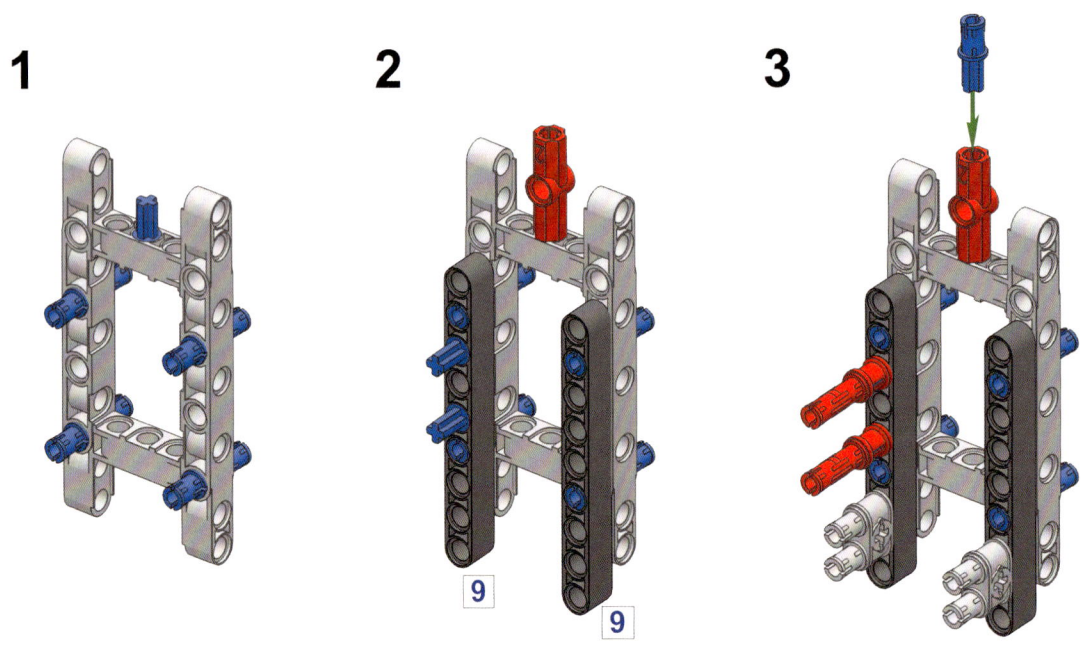

4

5

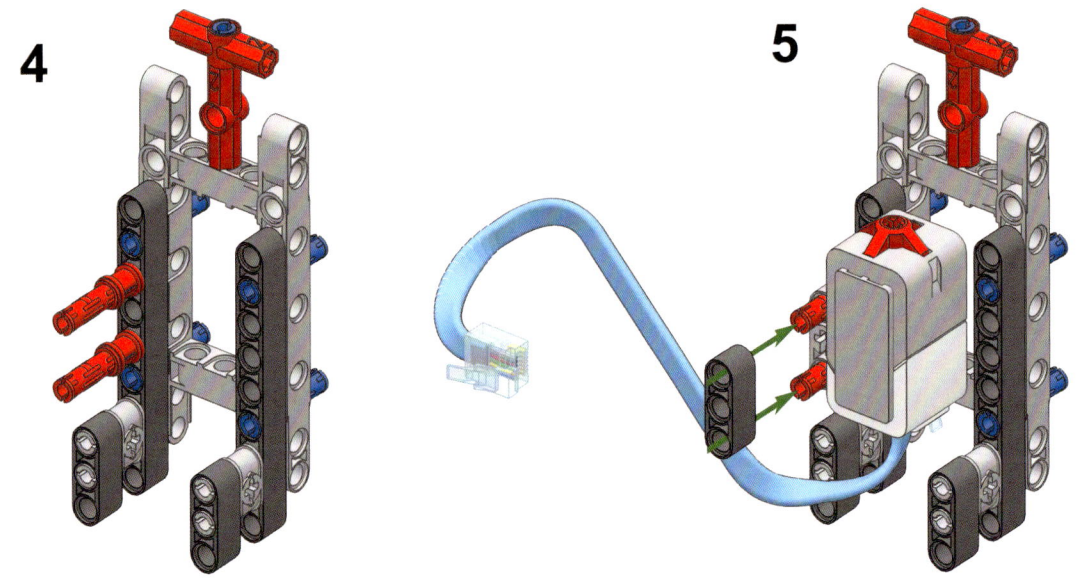

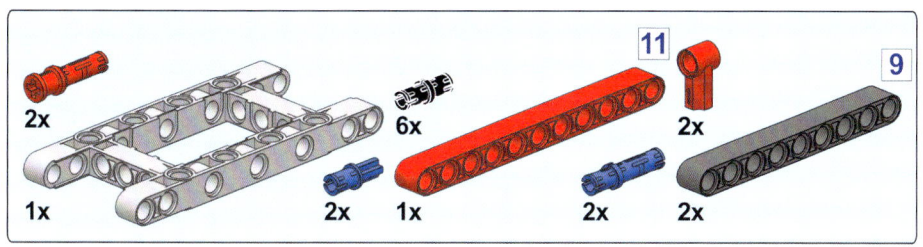

1

2

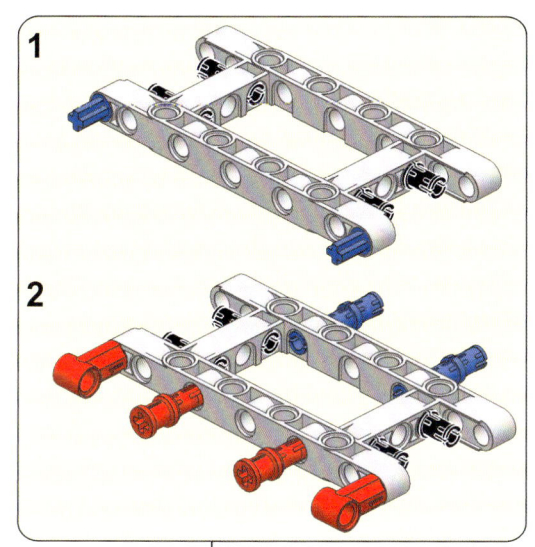

6

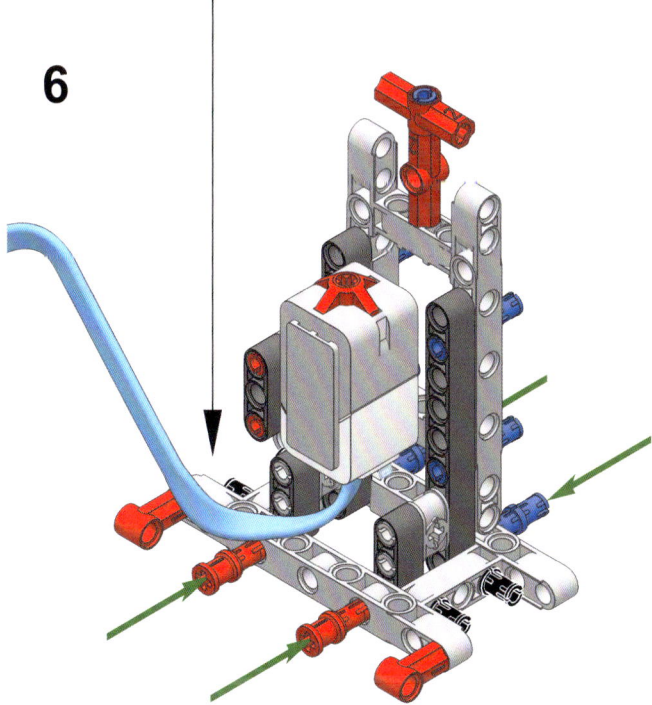

7

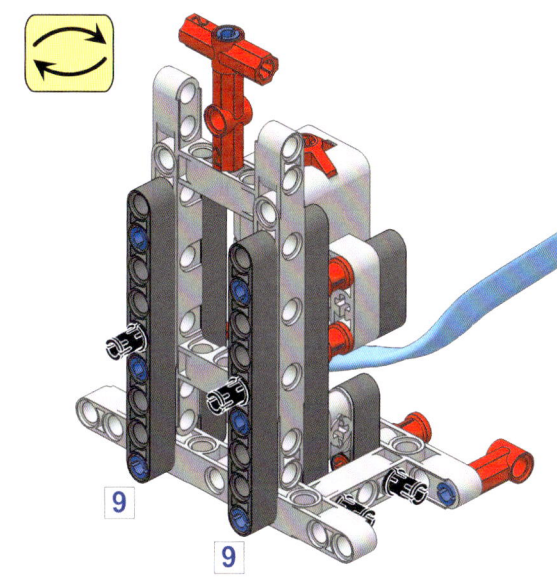

8

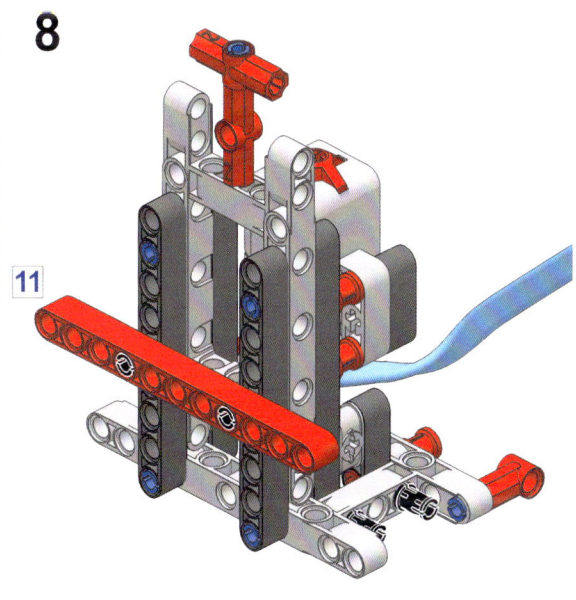

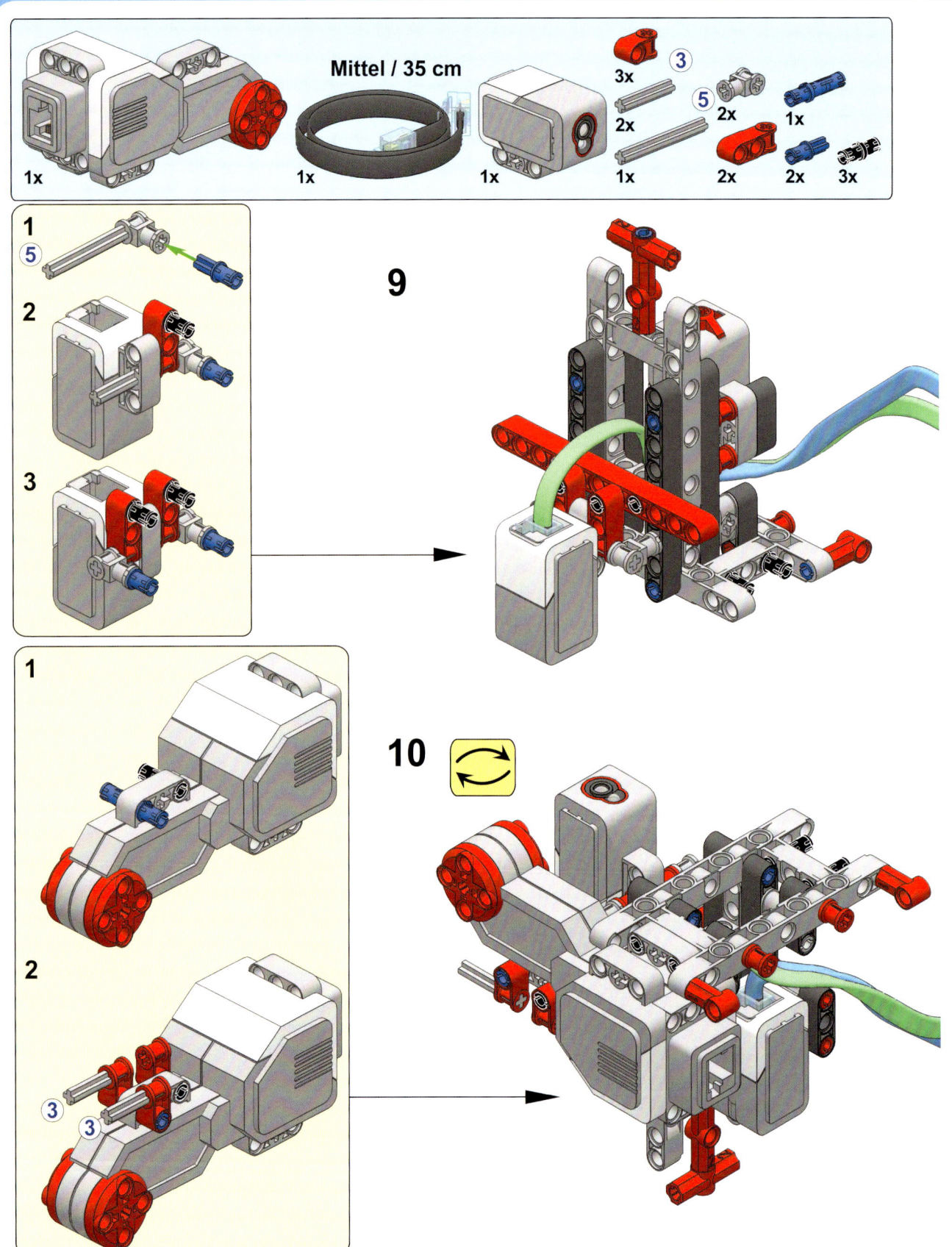

Mittel / 35 cm

1x 1x 1x 1x 3x 2x 5x 2x 1x 2x 2x 3x

9

10

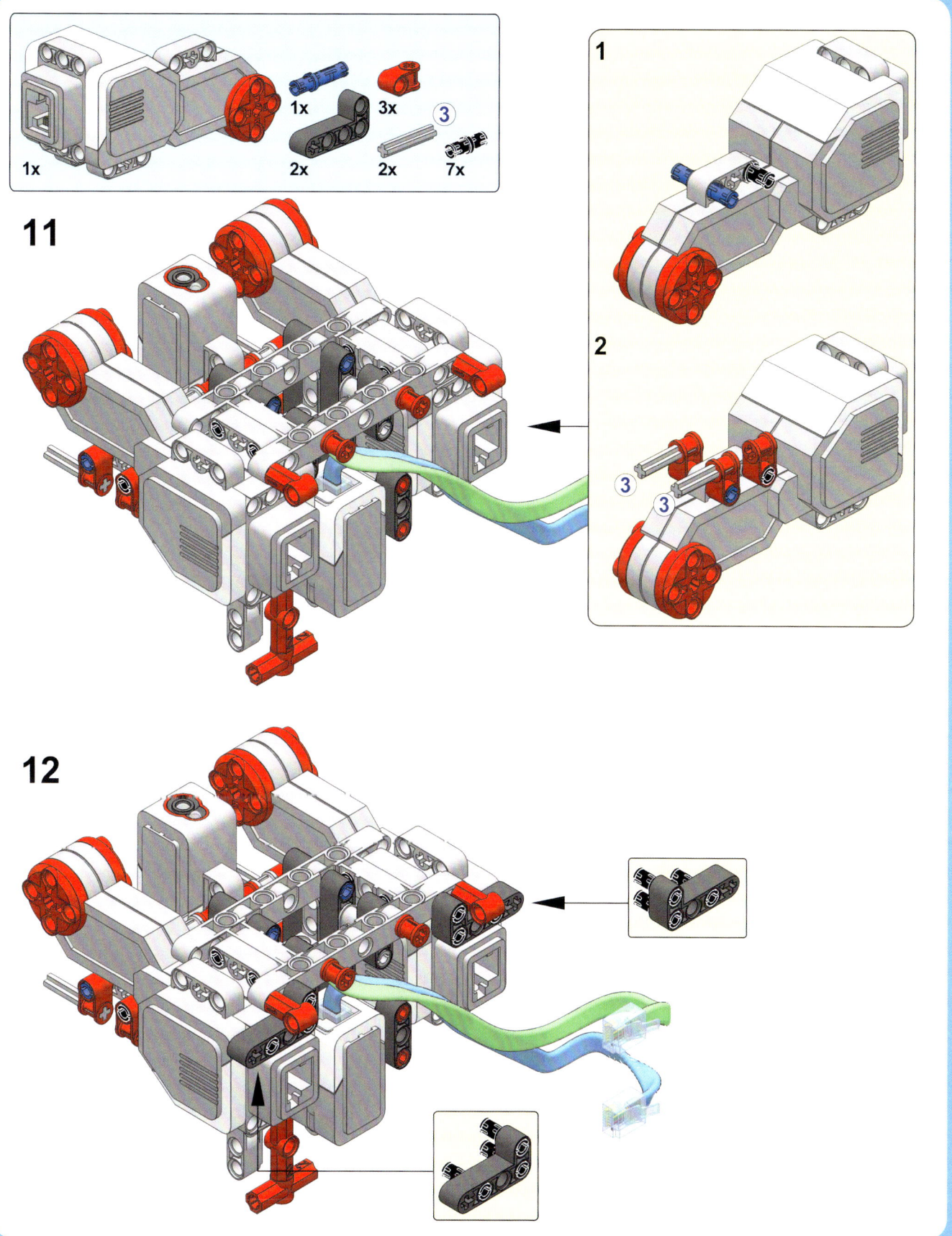

11

12

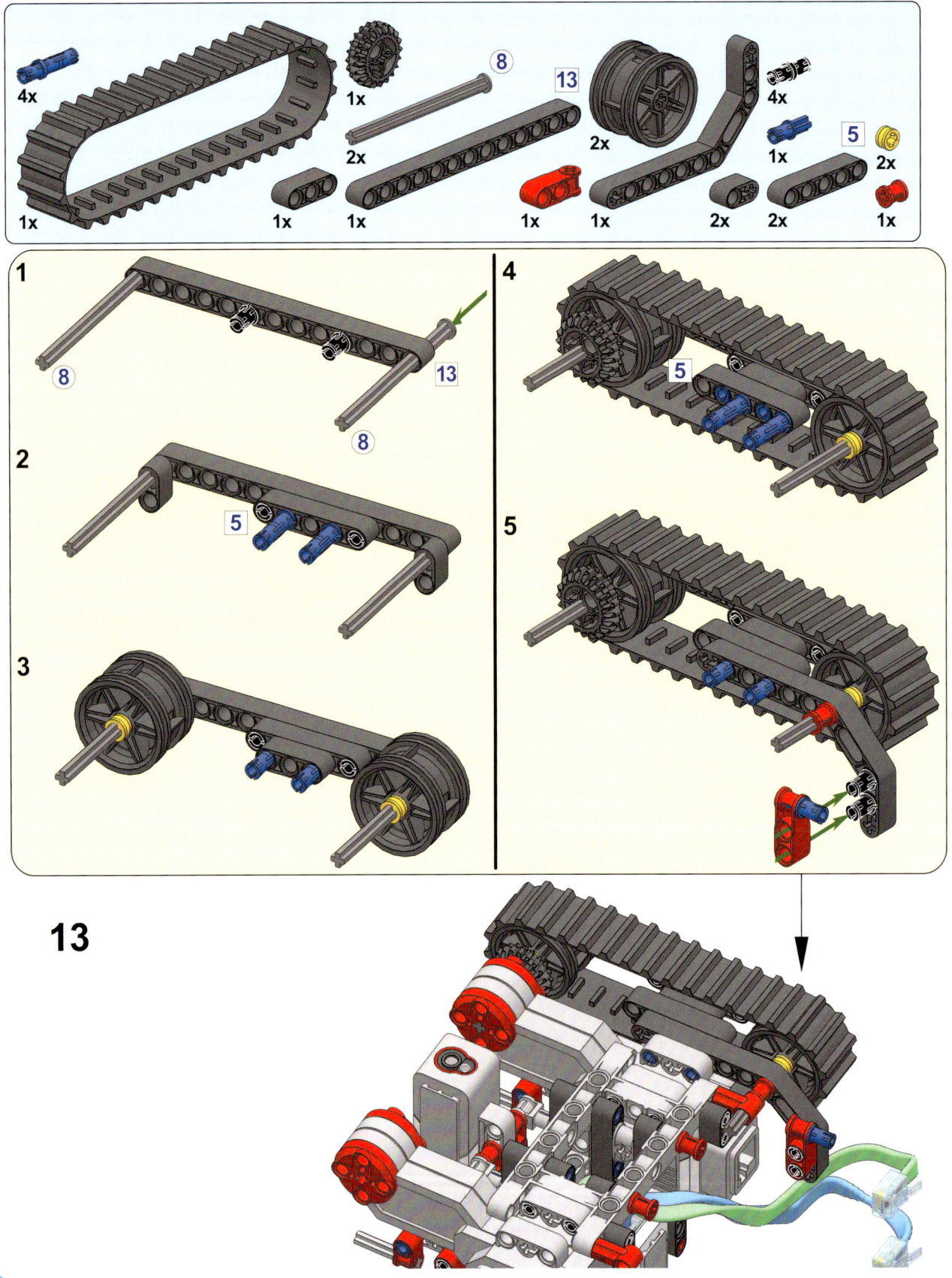

13

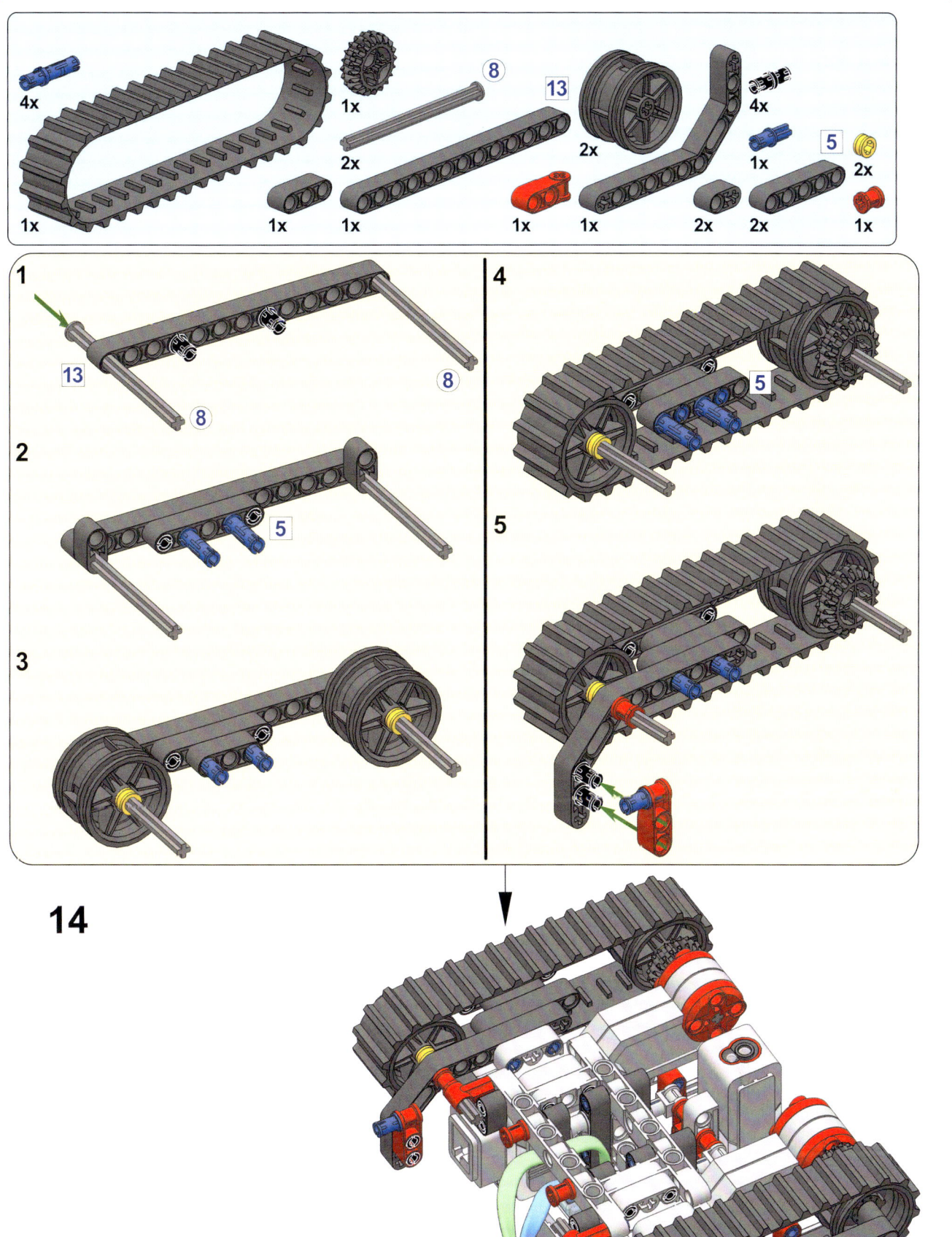

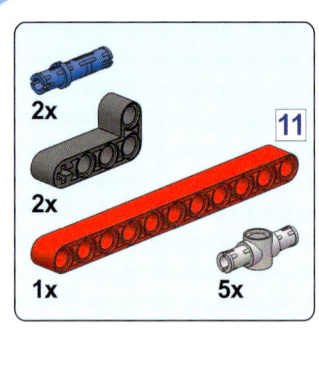

2x
2x
1x   **5x**

11

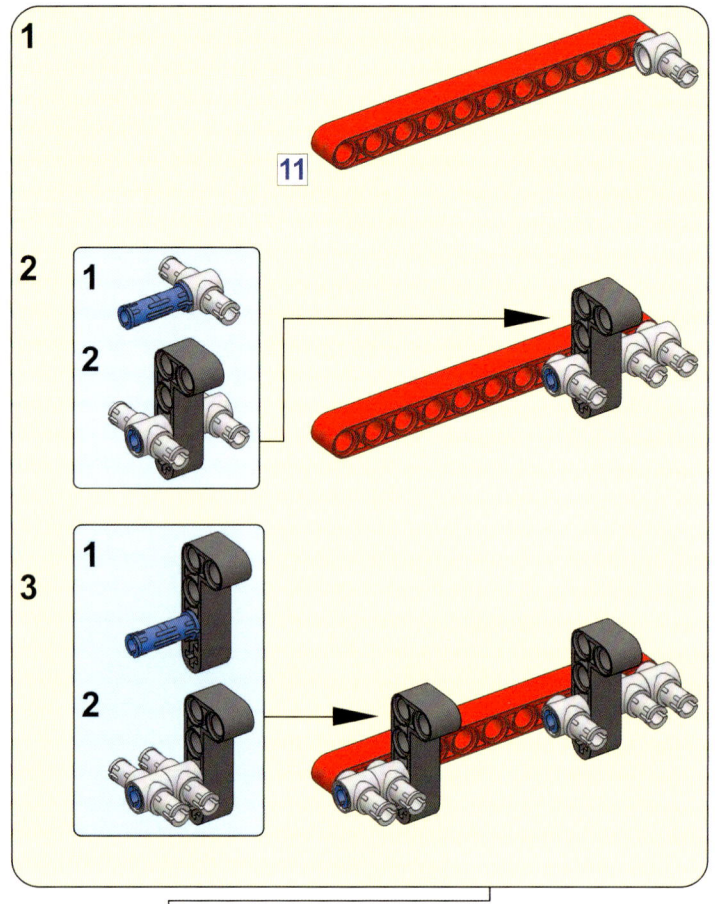

1

11

2
1
2

3
1
2

15

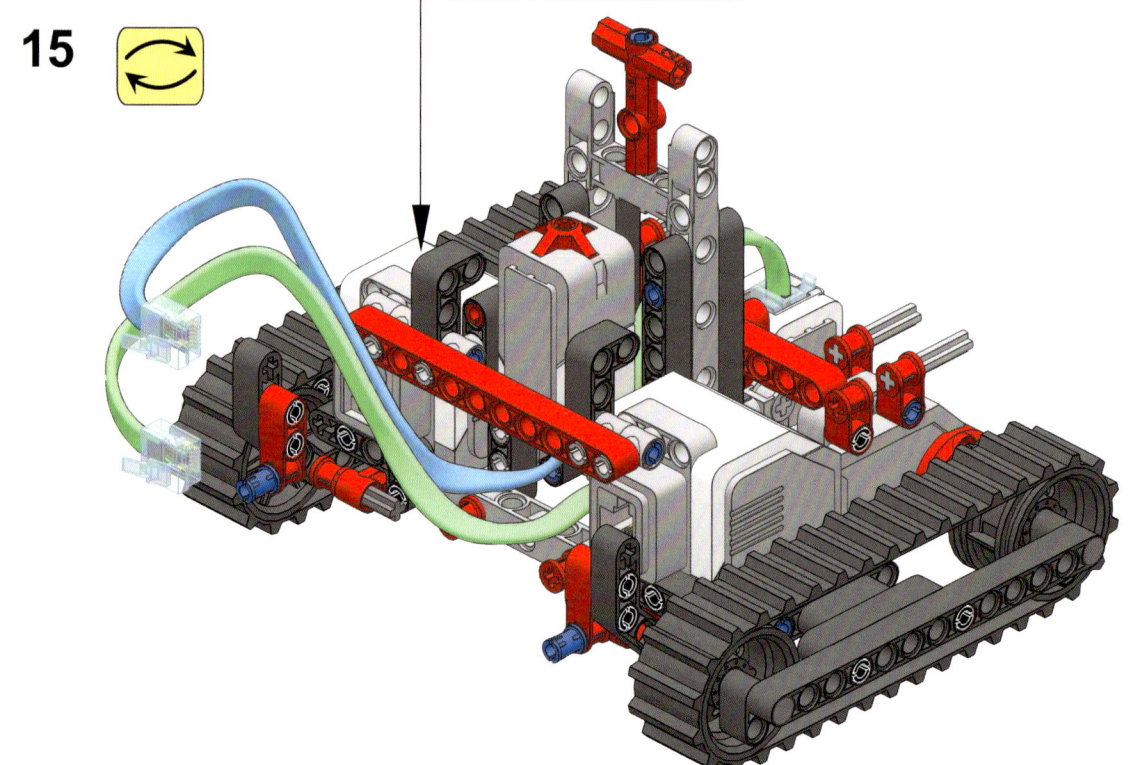

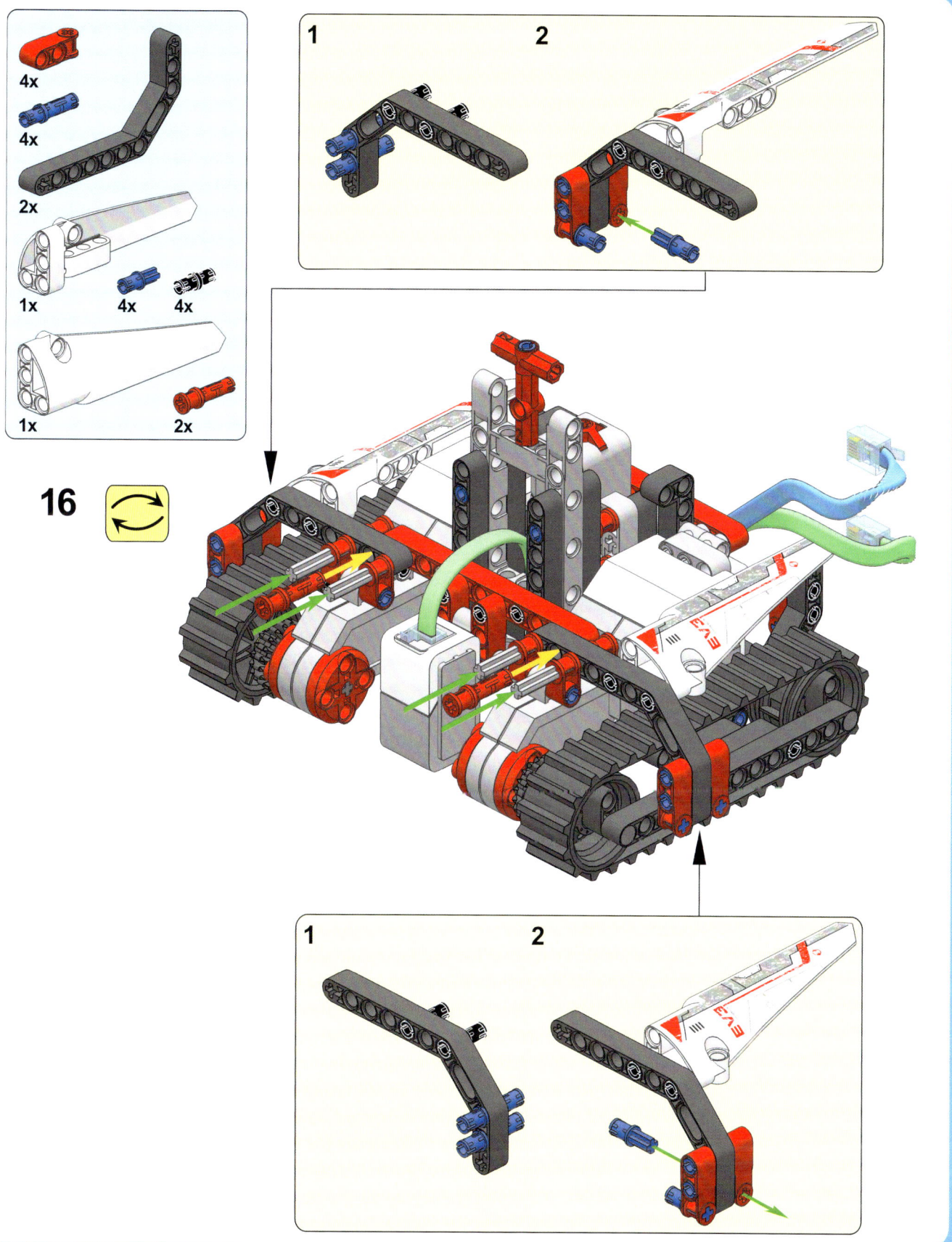

16

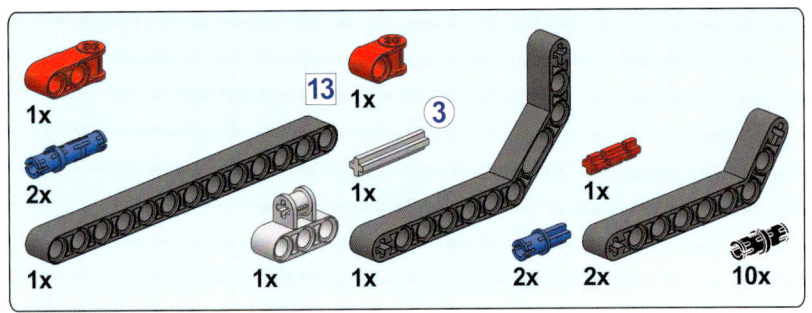

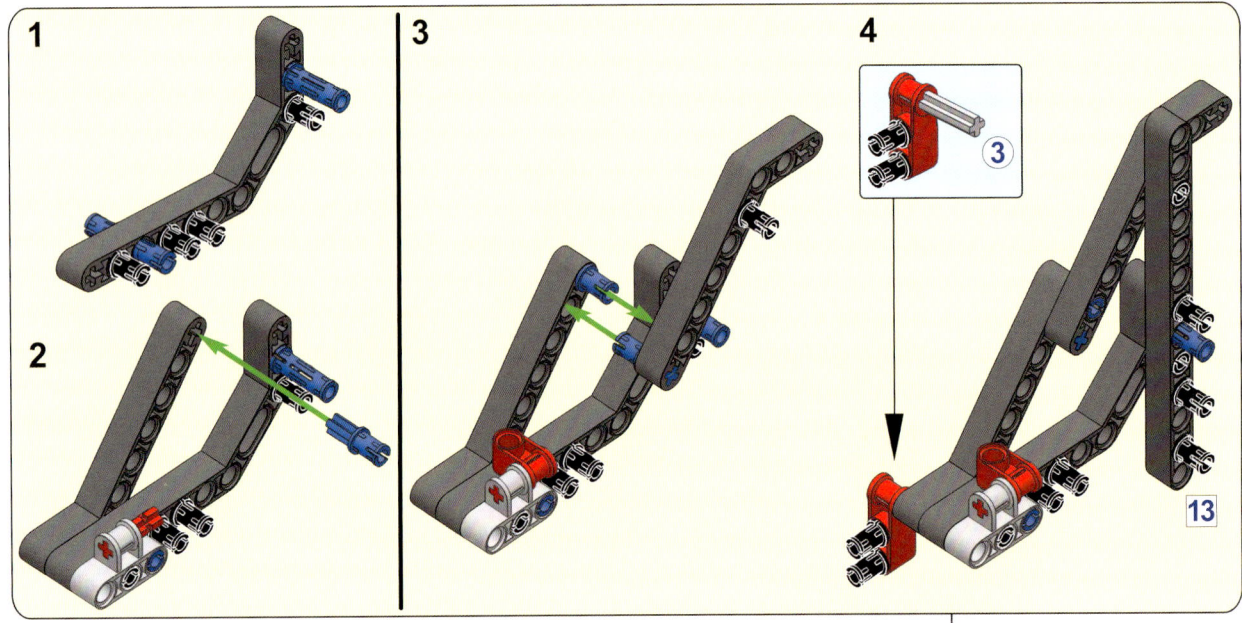

17

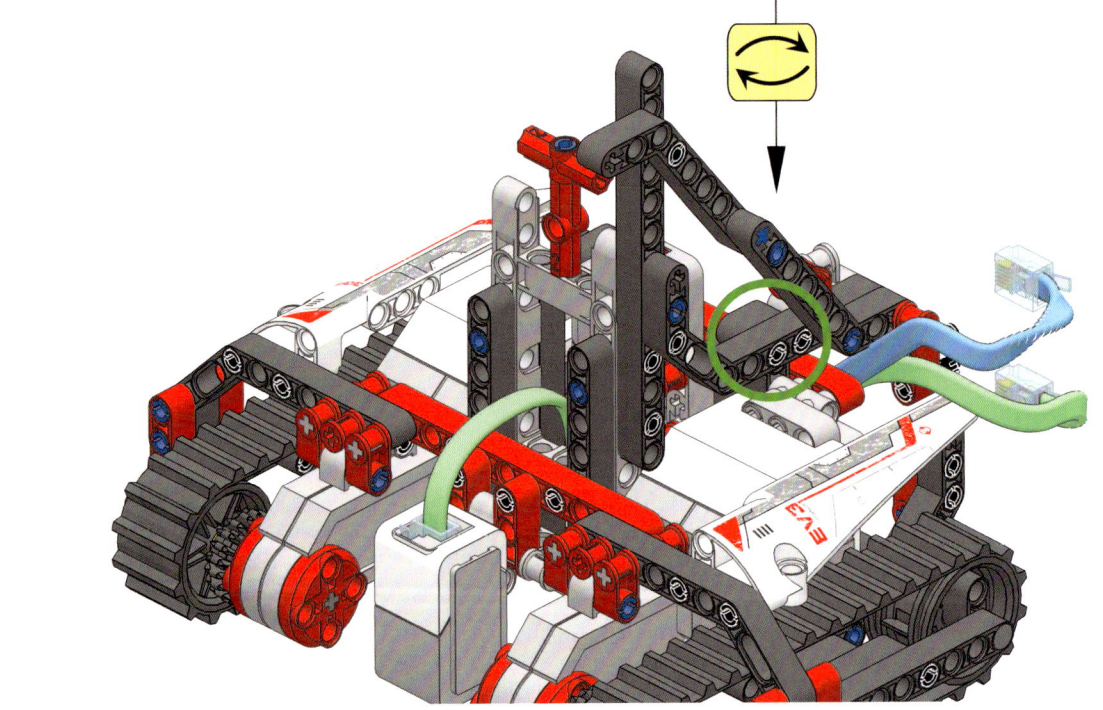

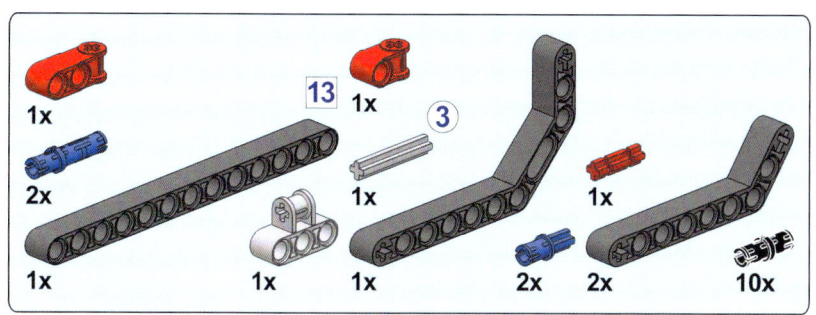

1

2

3

4

18

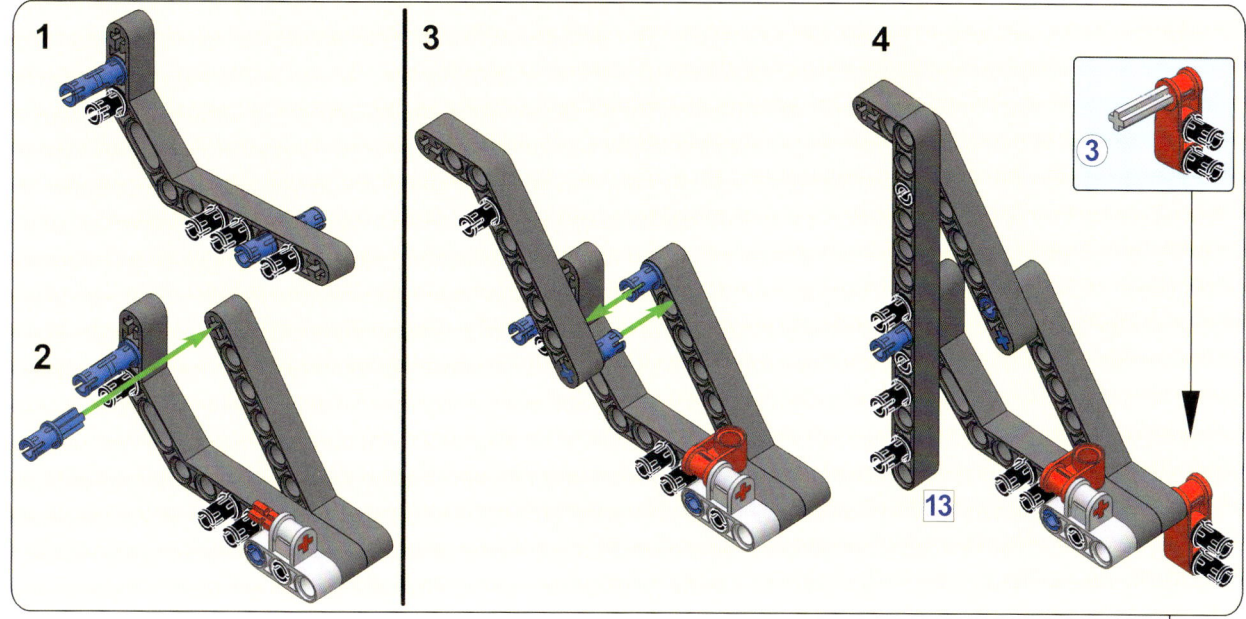

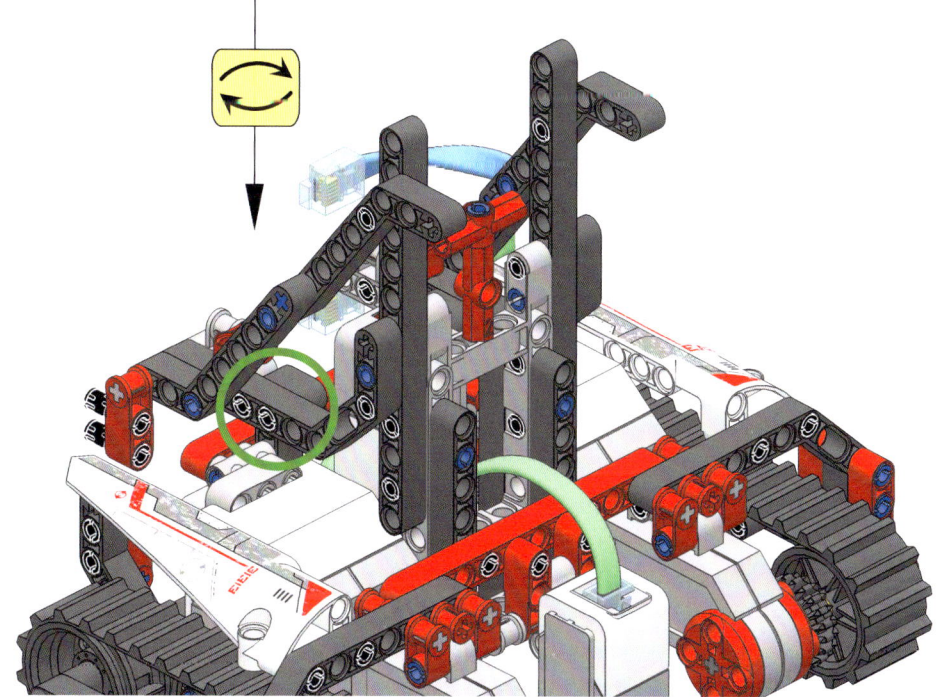

4x 2x

Kurz / 25 cm

2x

19

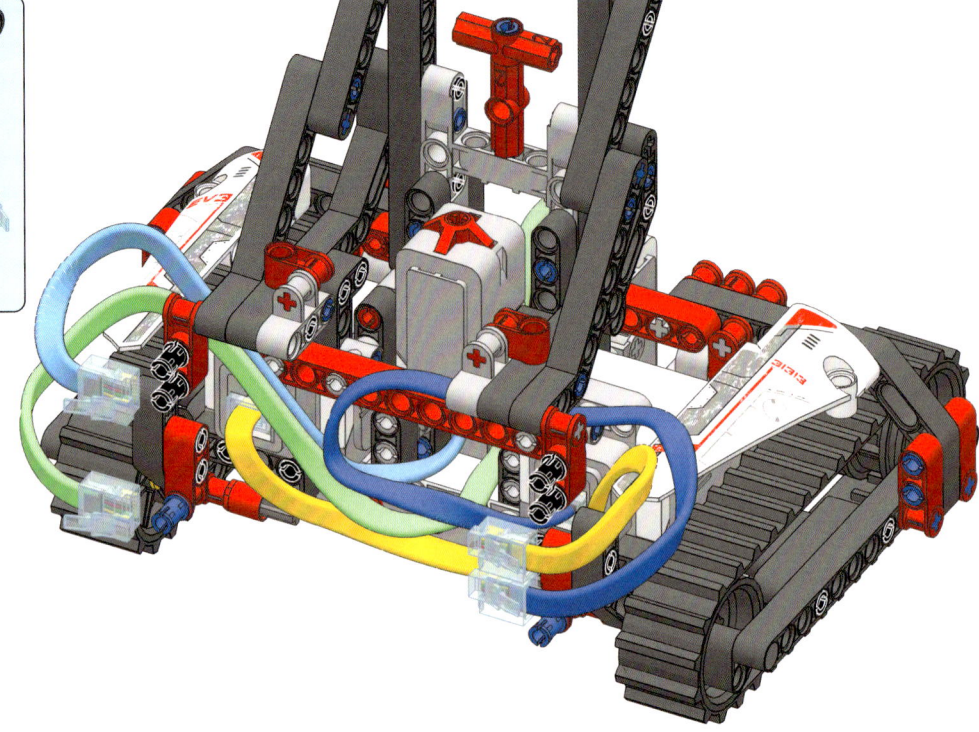

20

x2

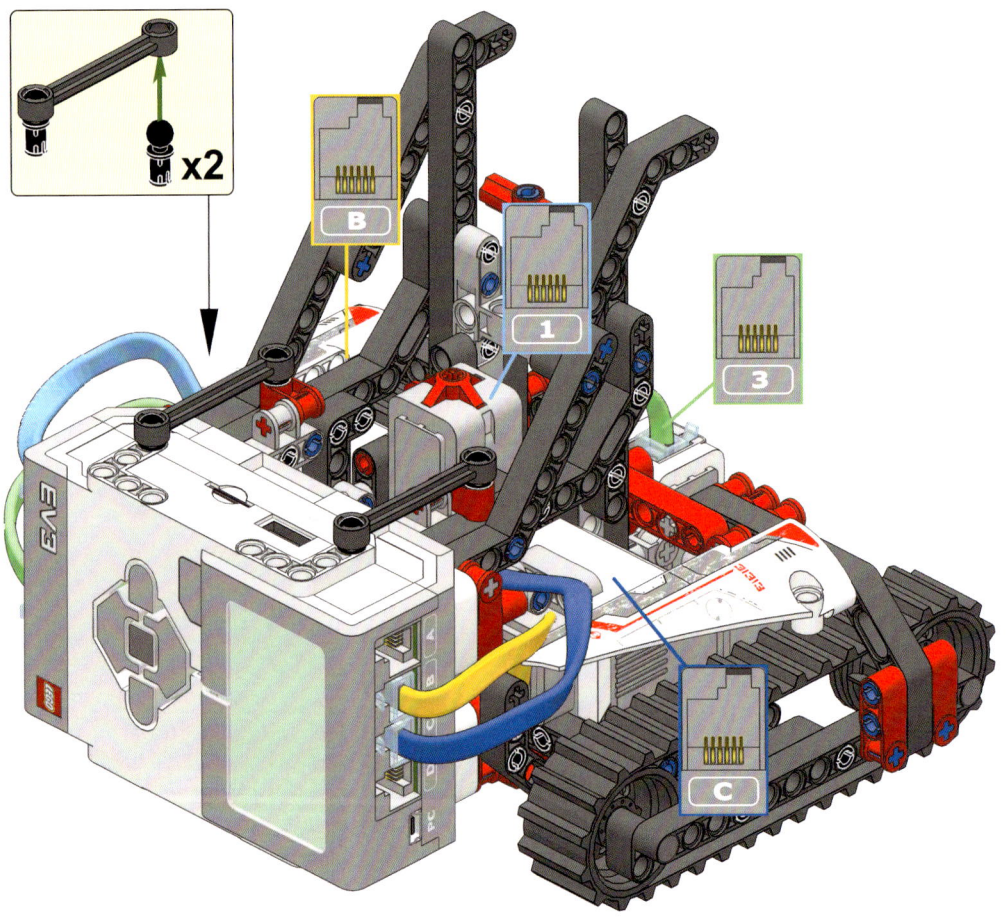

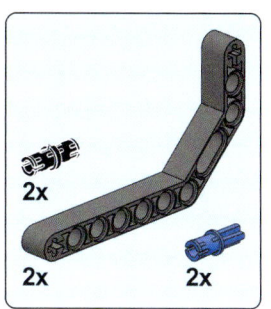

21

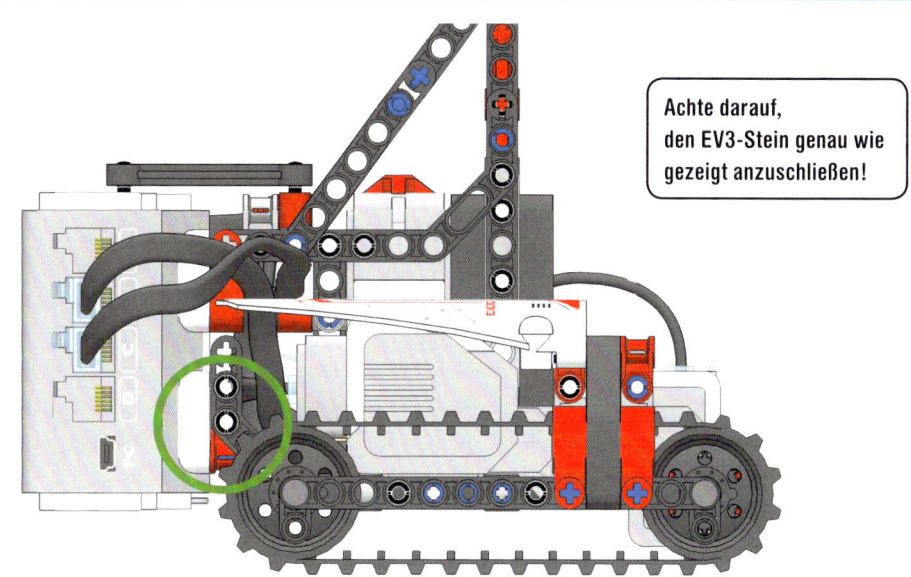

Achte darauf,
den EV3-Stein genau wie
gezeigt anzuschließen!

22

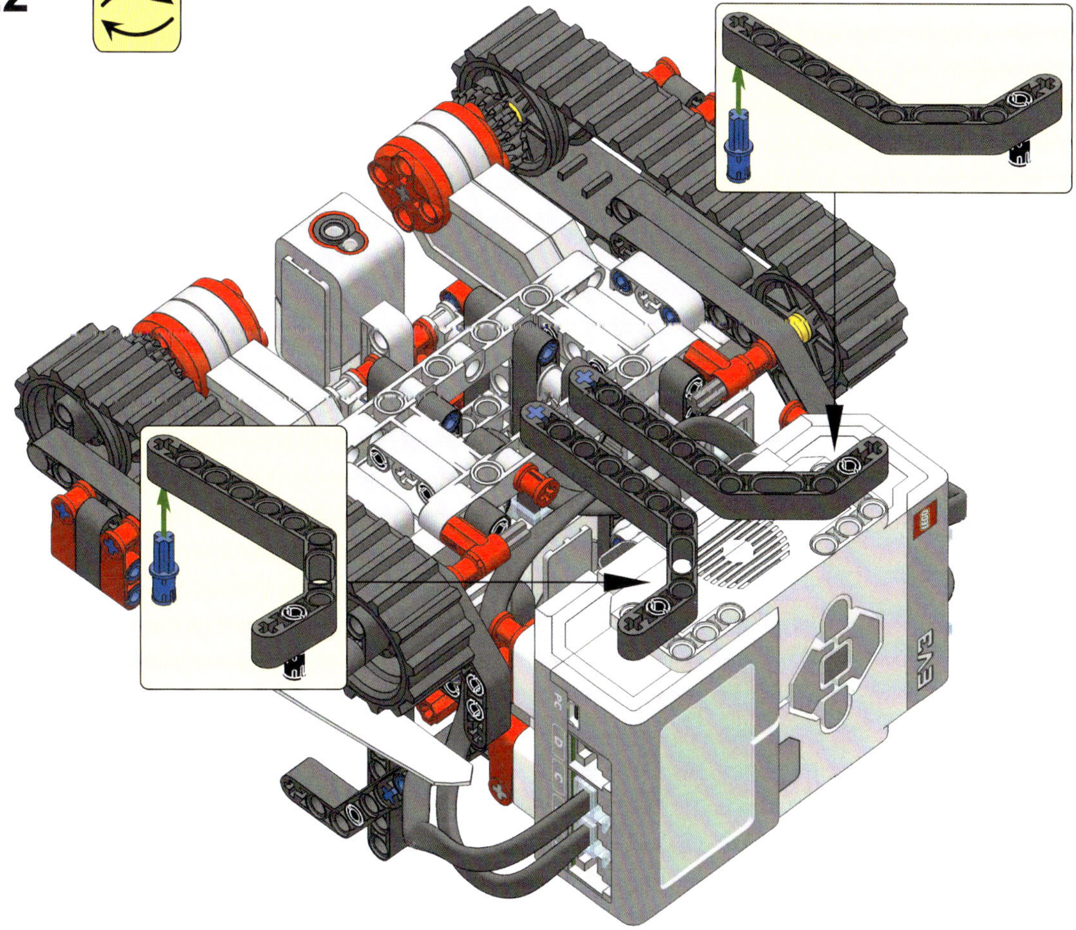

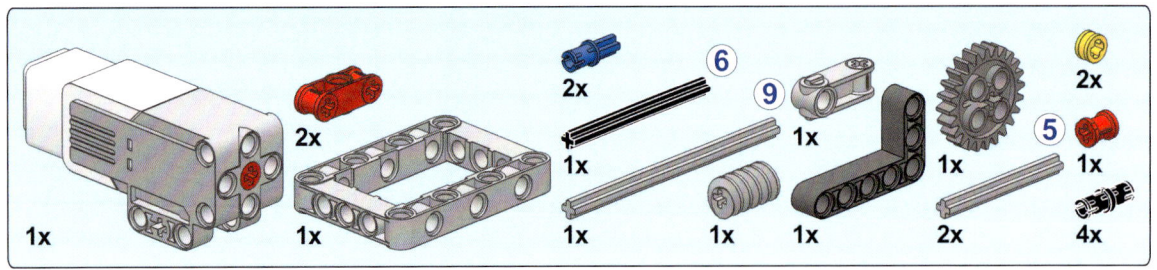

1

2

3

4

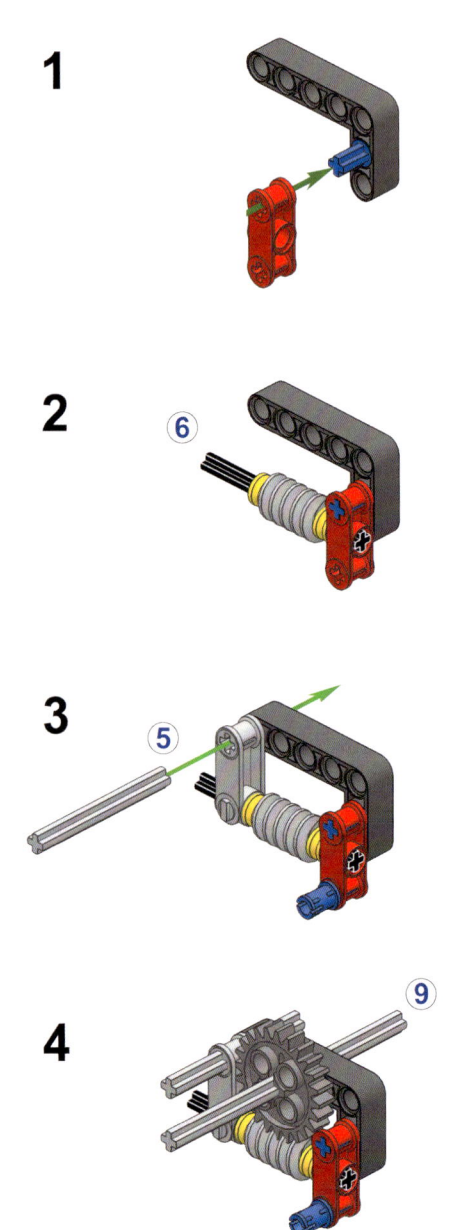

5

6

7

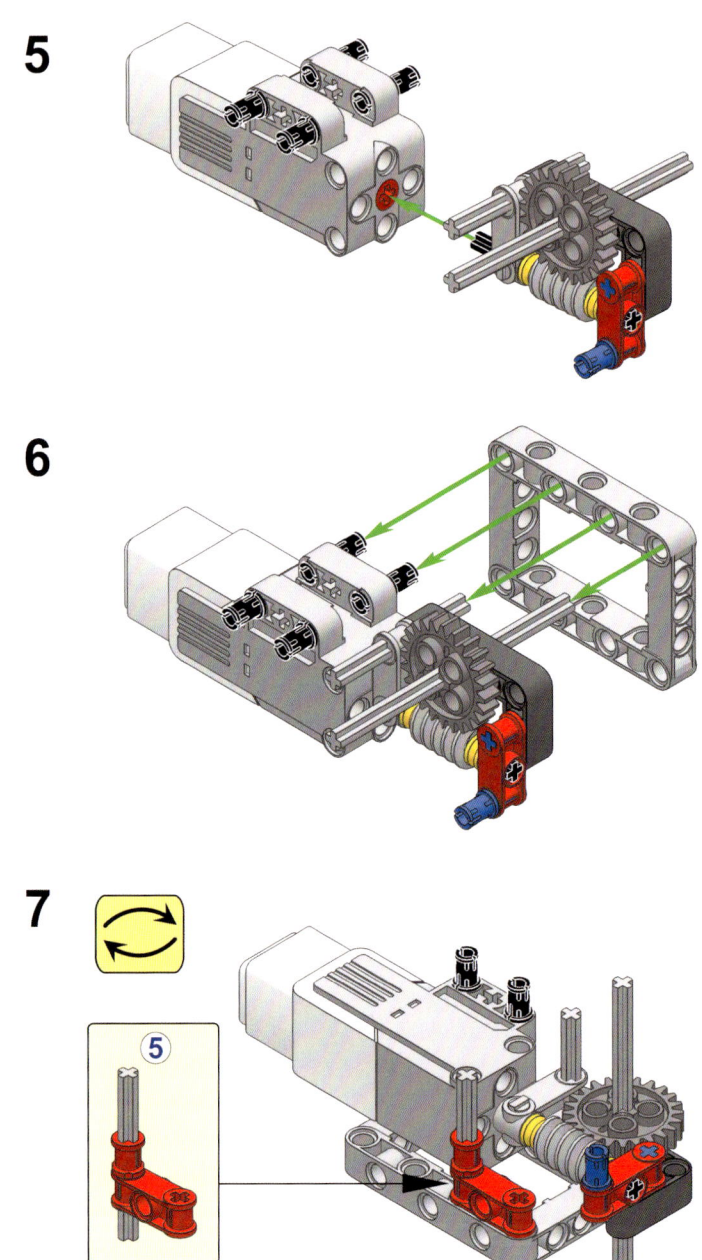

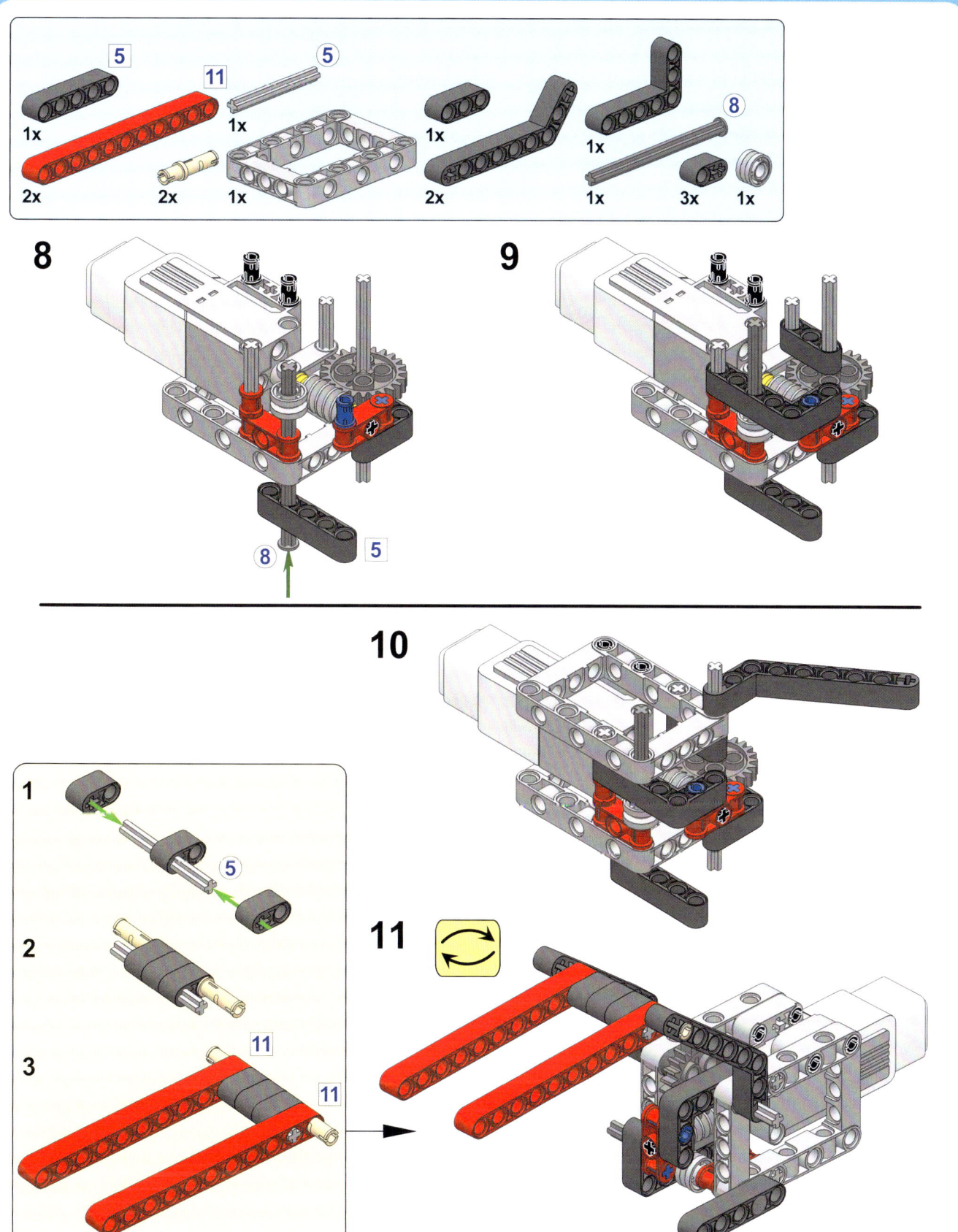

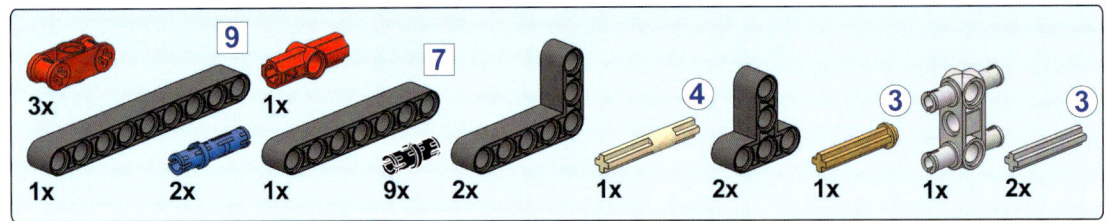

1

2

3

4

5

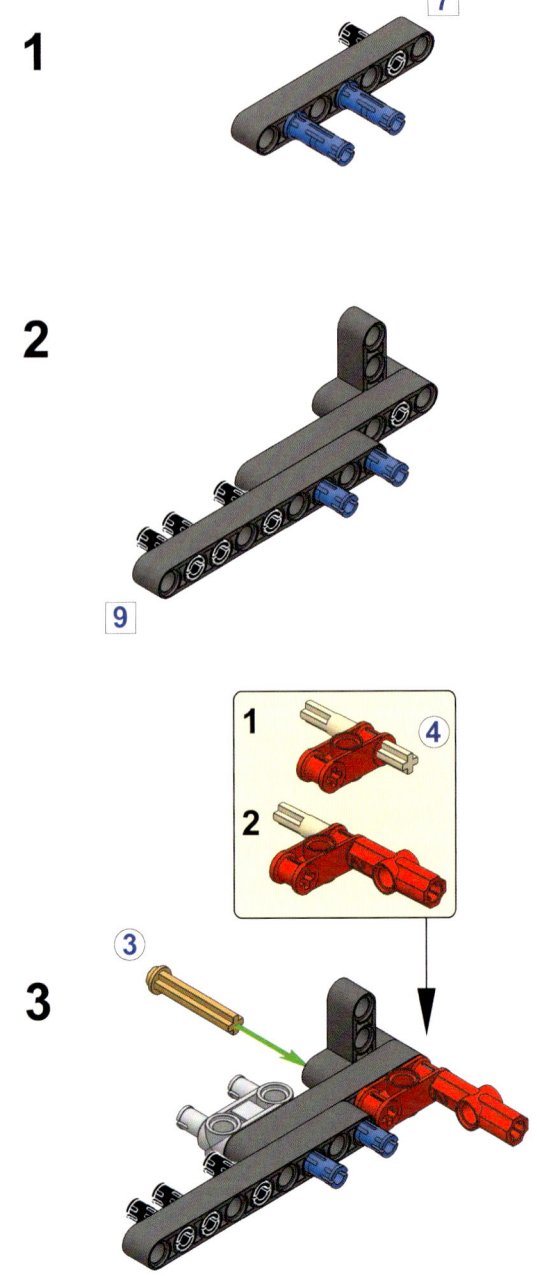

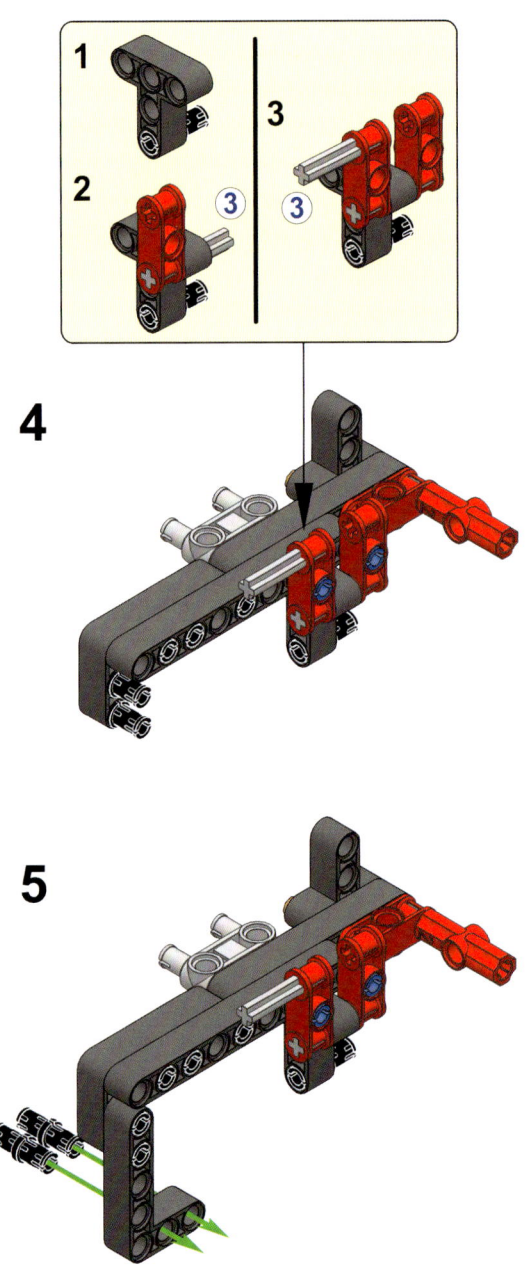

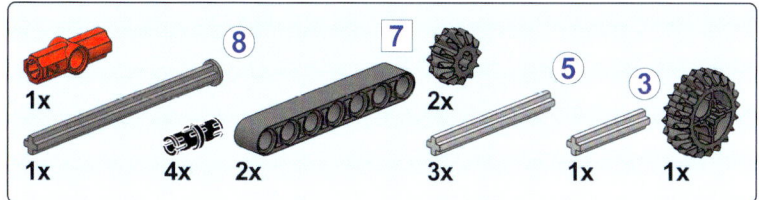

6

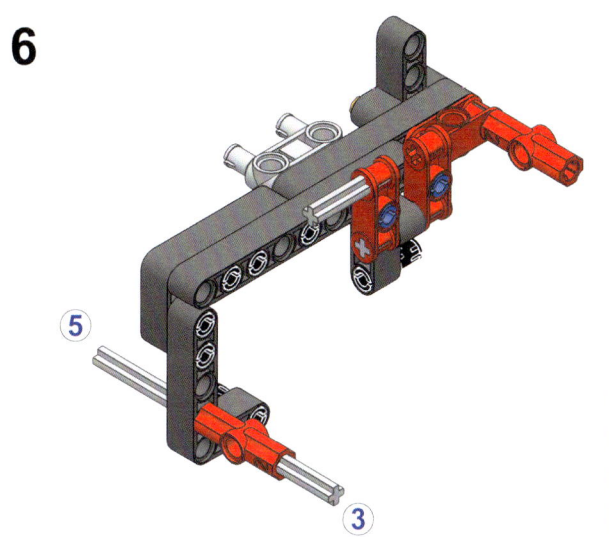

8

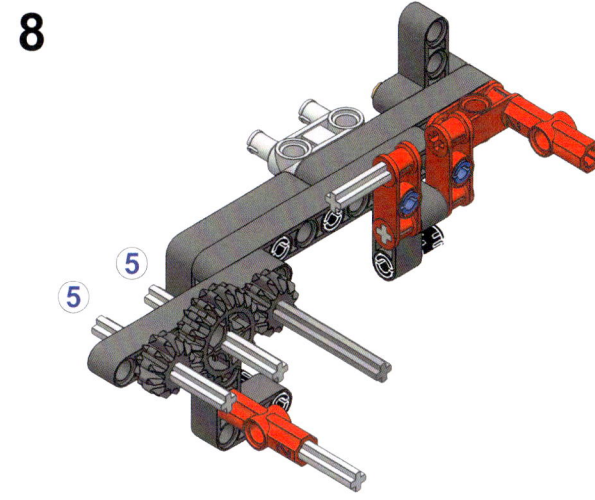

7

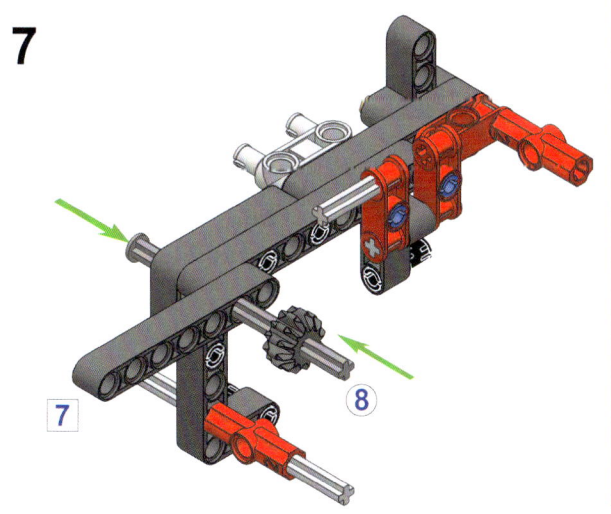

9

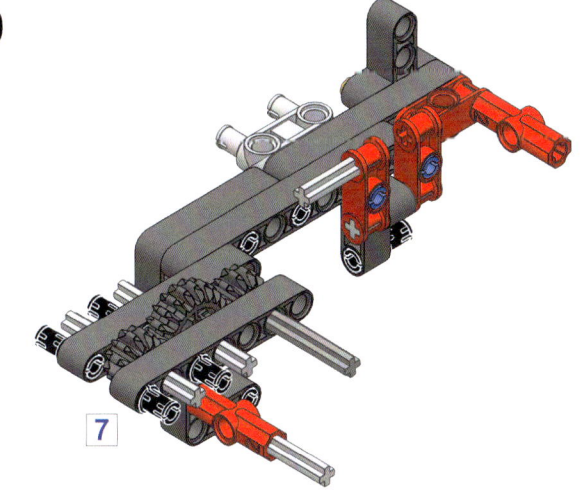

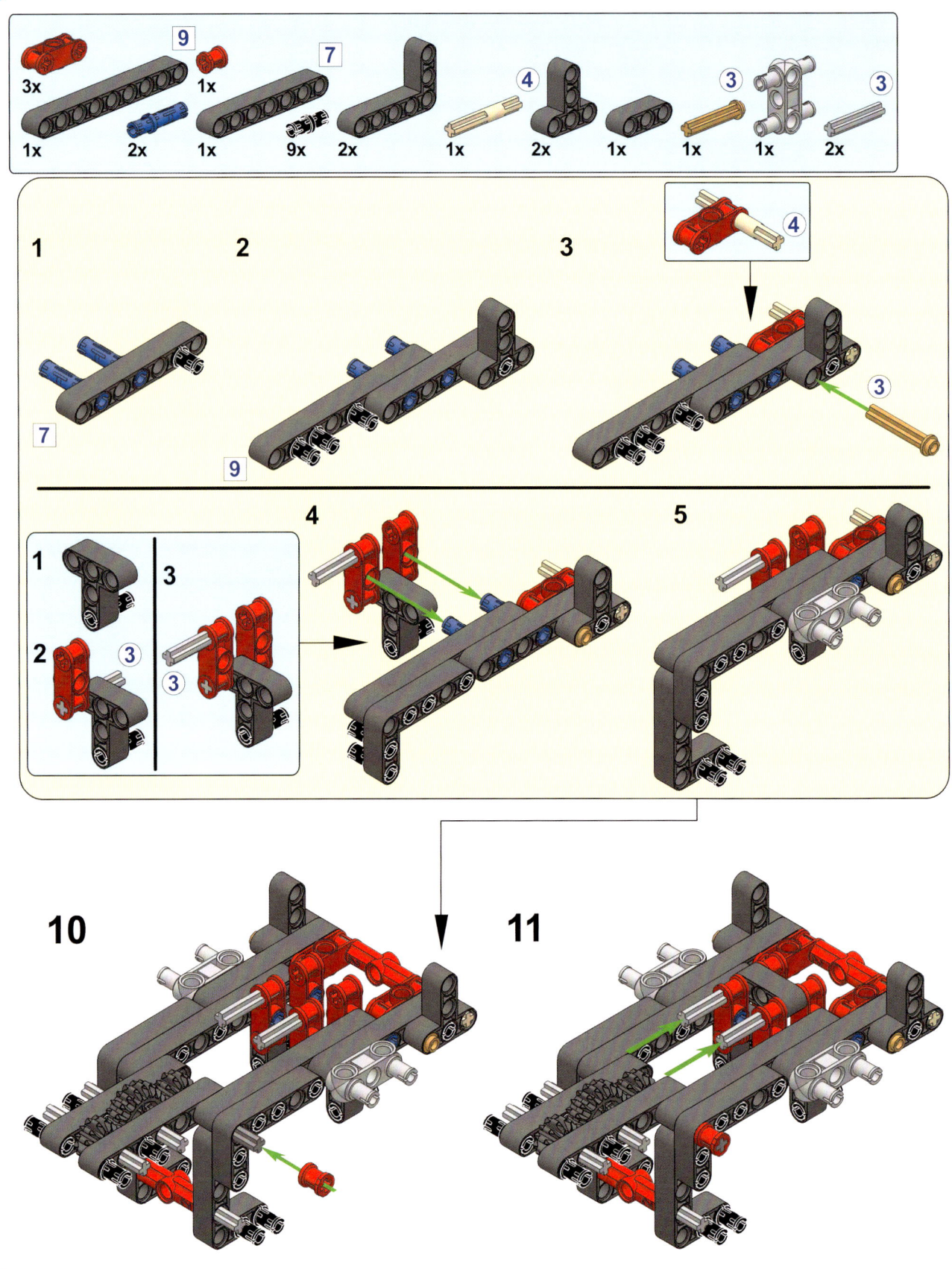

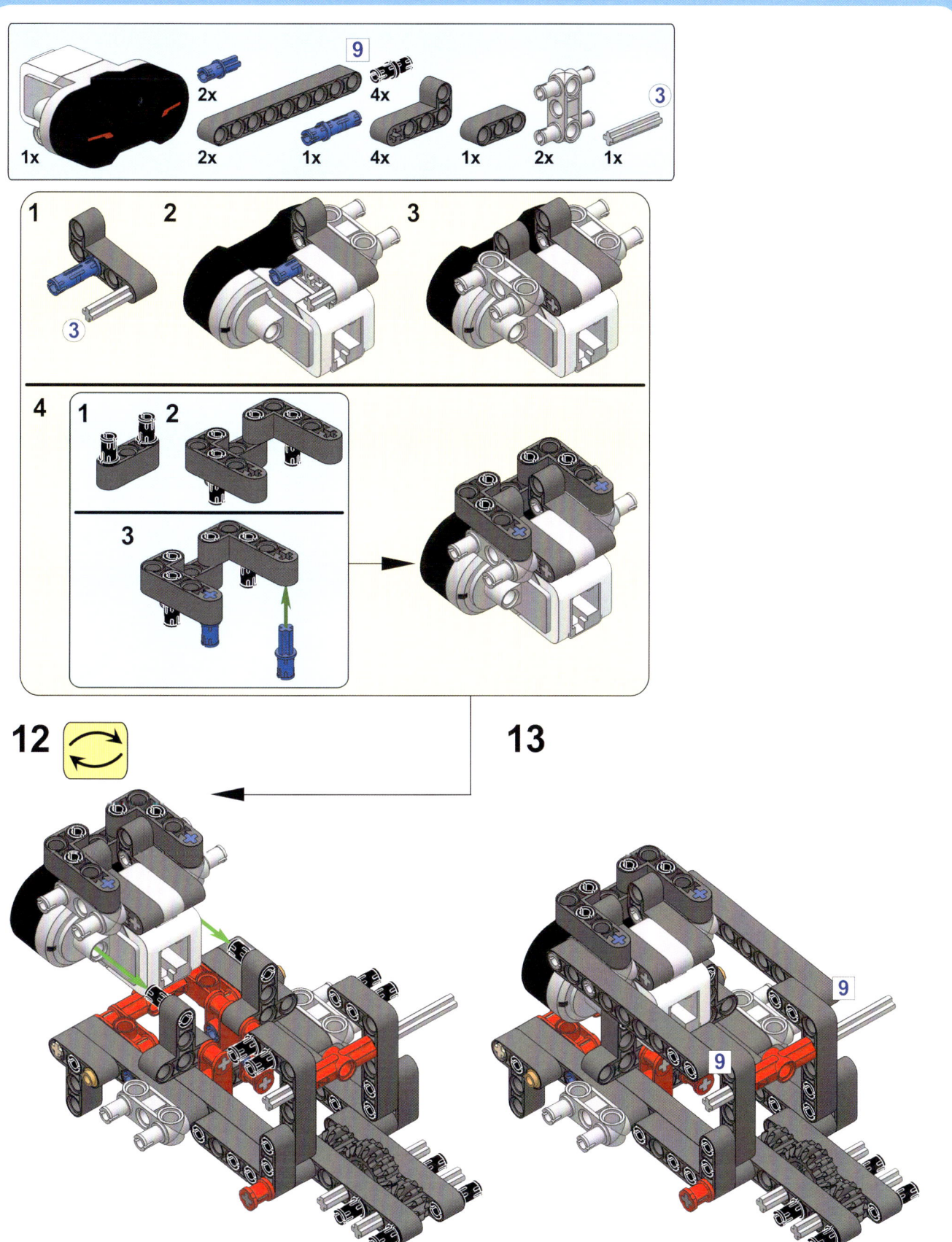

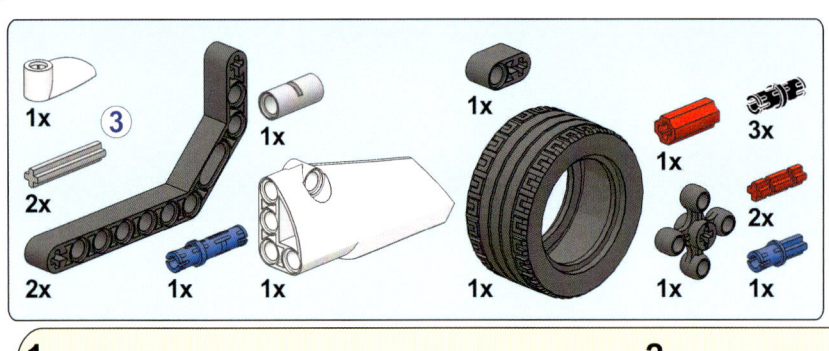

1

2

3

4

5

14

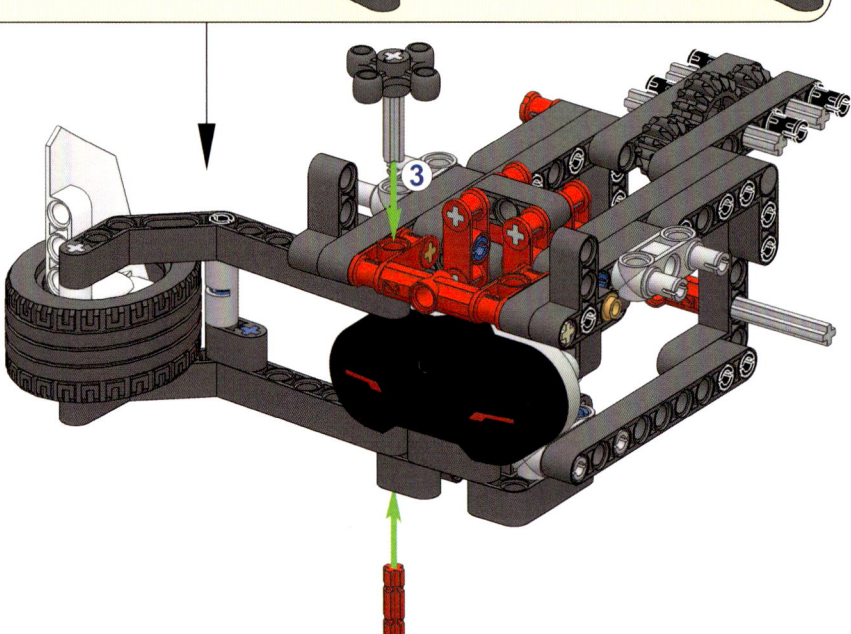

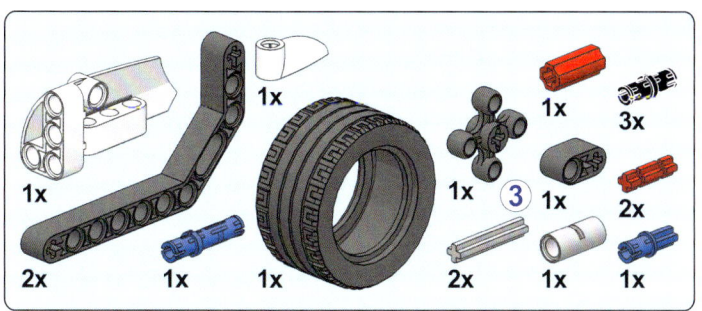

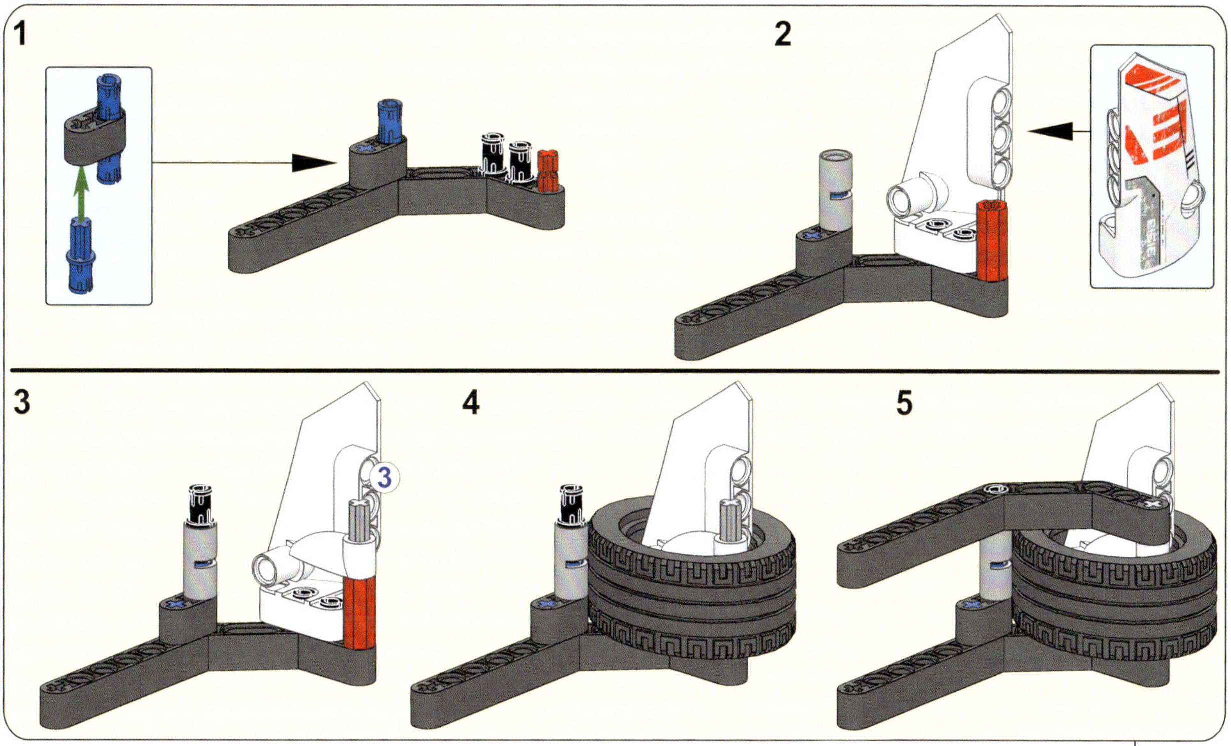

1

2

3

4

5

15

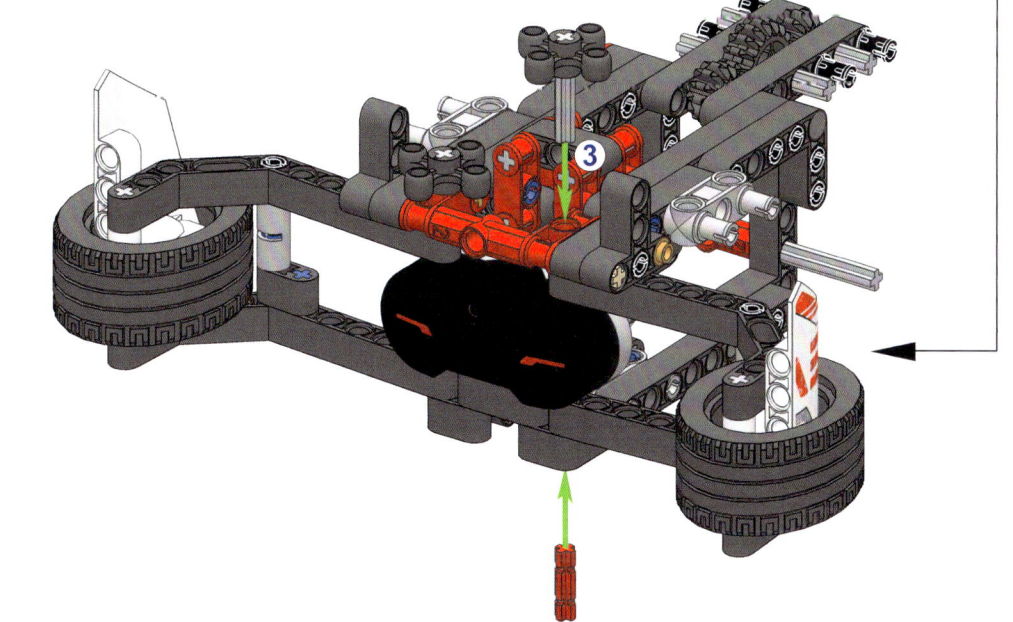

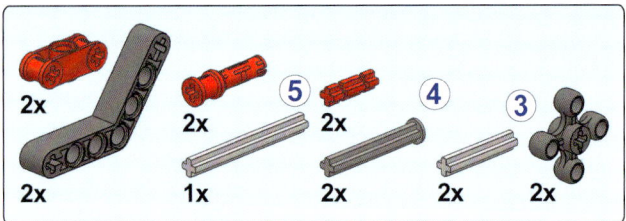

16

Diese Hilfselemente halten die Greifklaue fest, während du den Roboterarm baust. Du wirst sie später wieder entfernen.

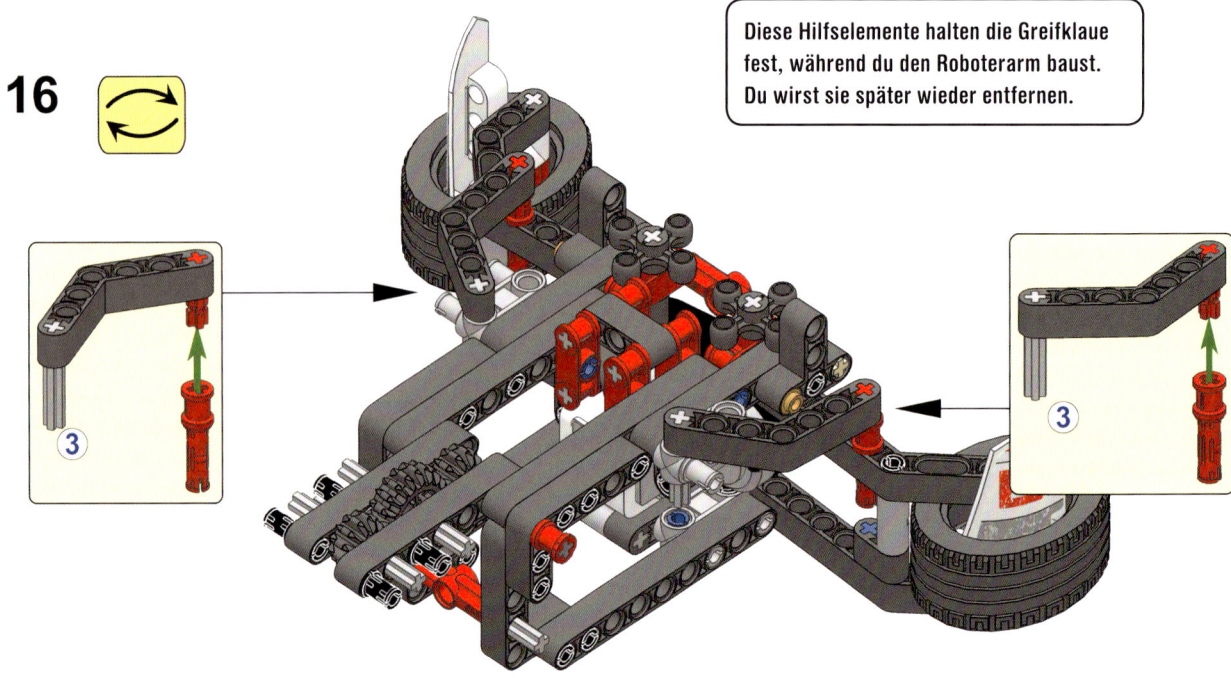

17

18

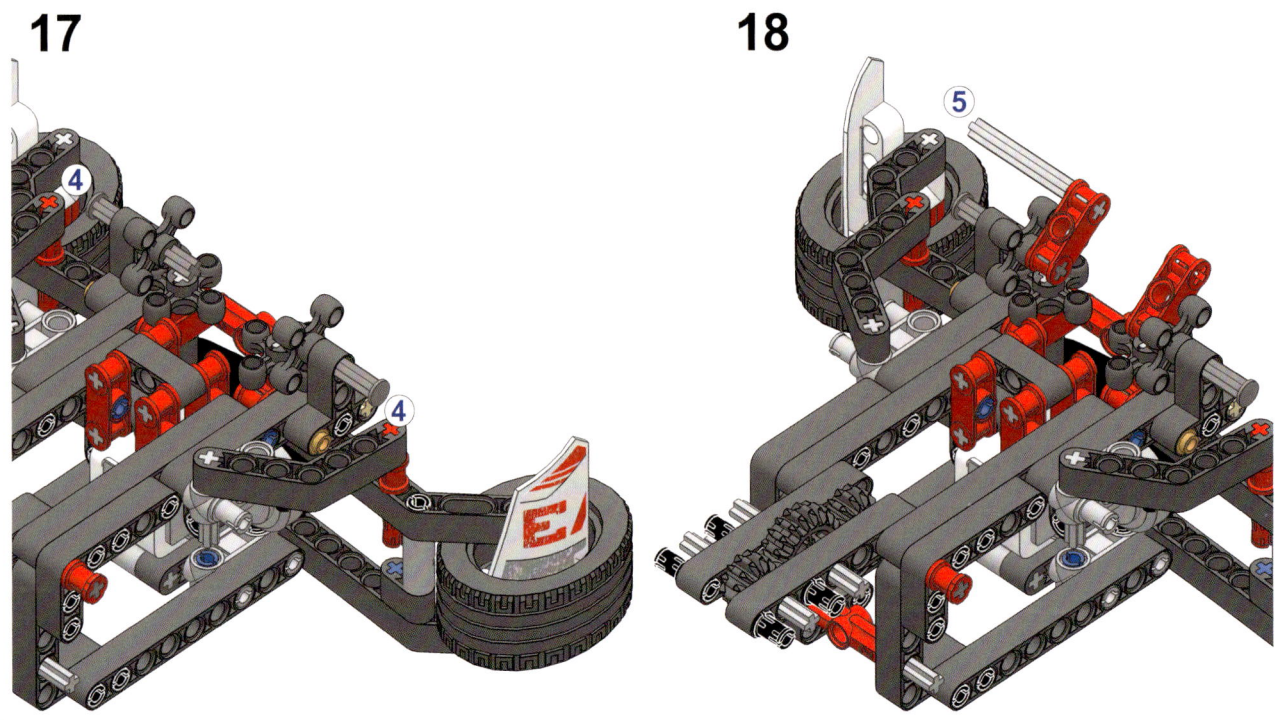

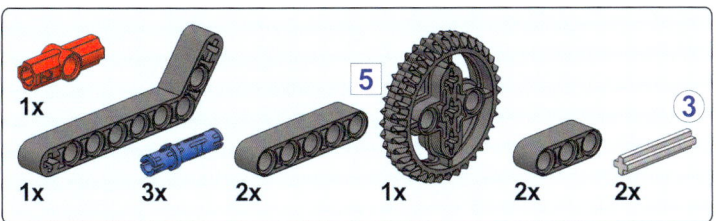

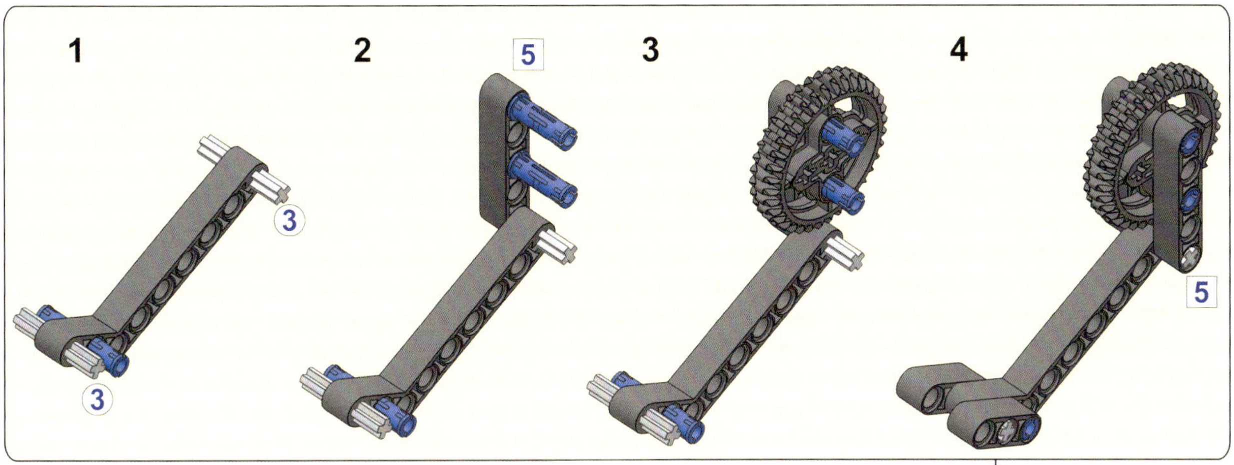

1

2

5

3

3

3

4

5

19

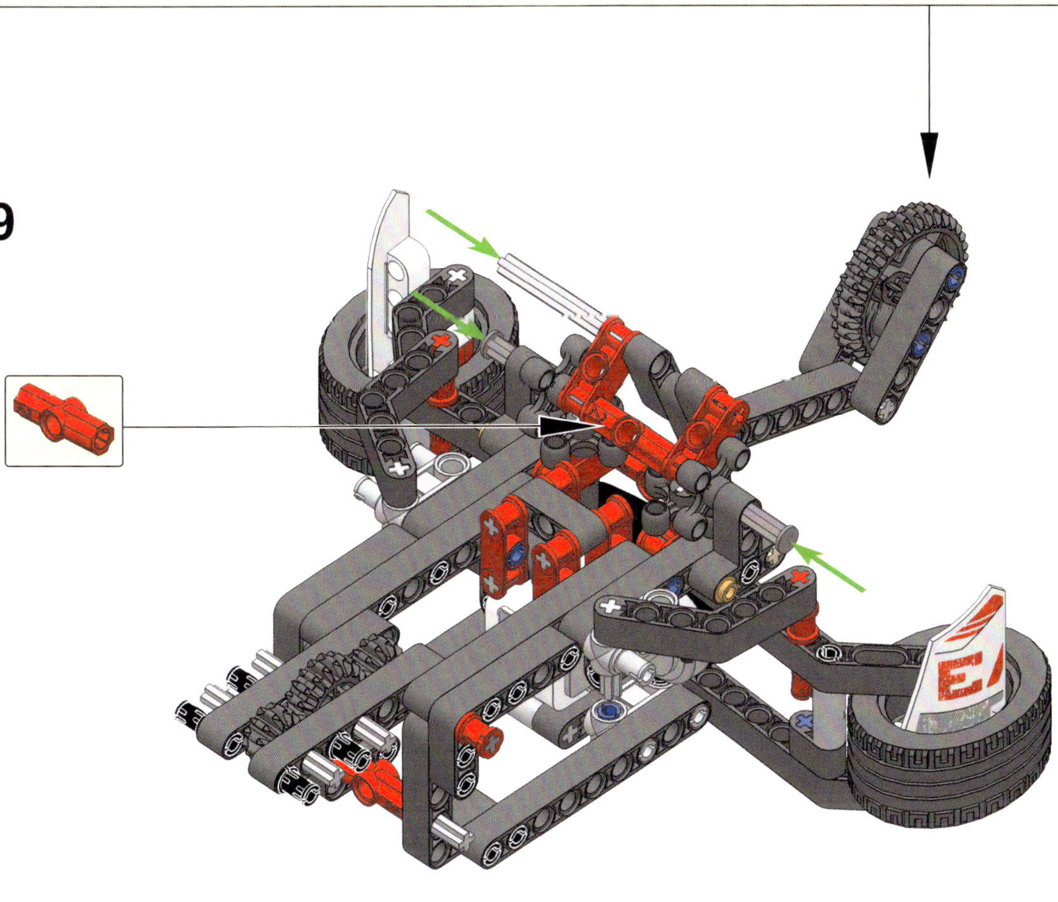

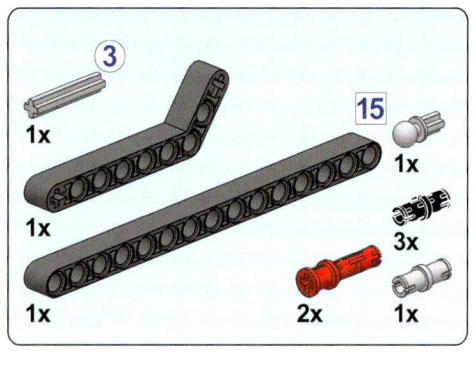

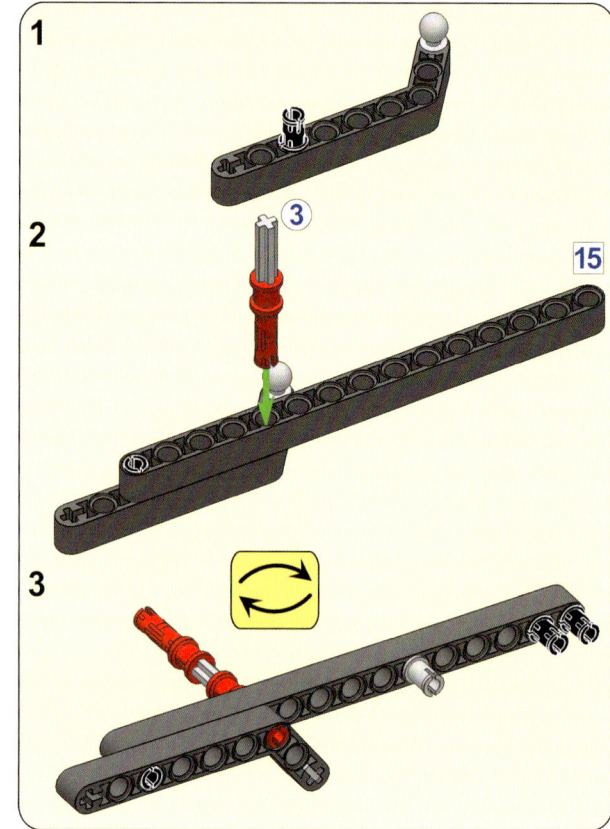

20

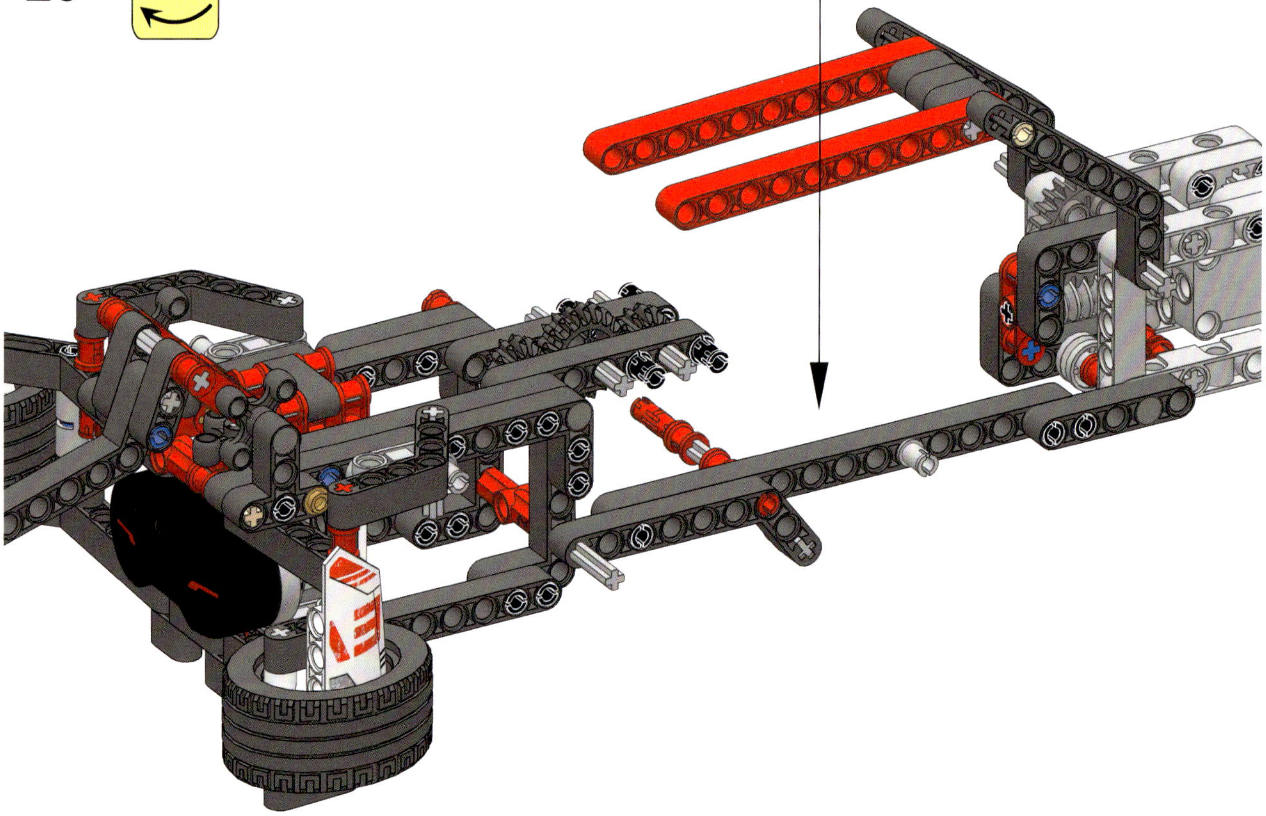

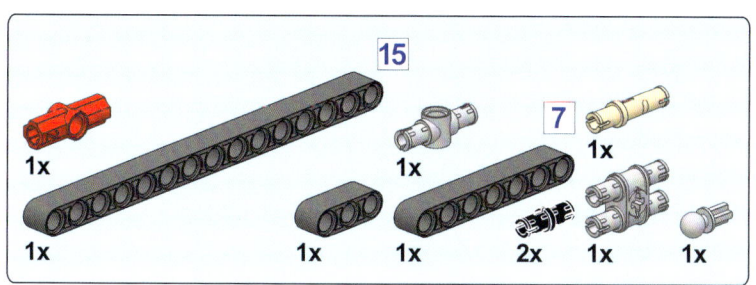

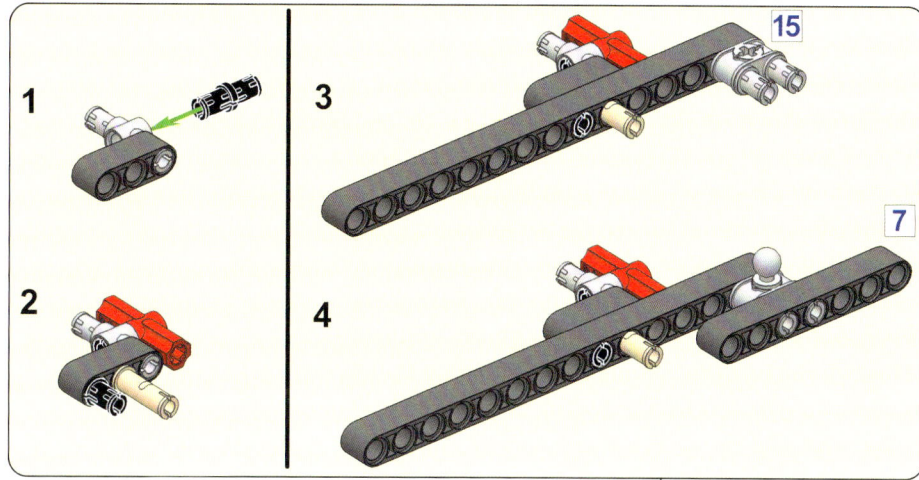

21

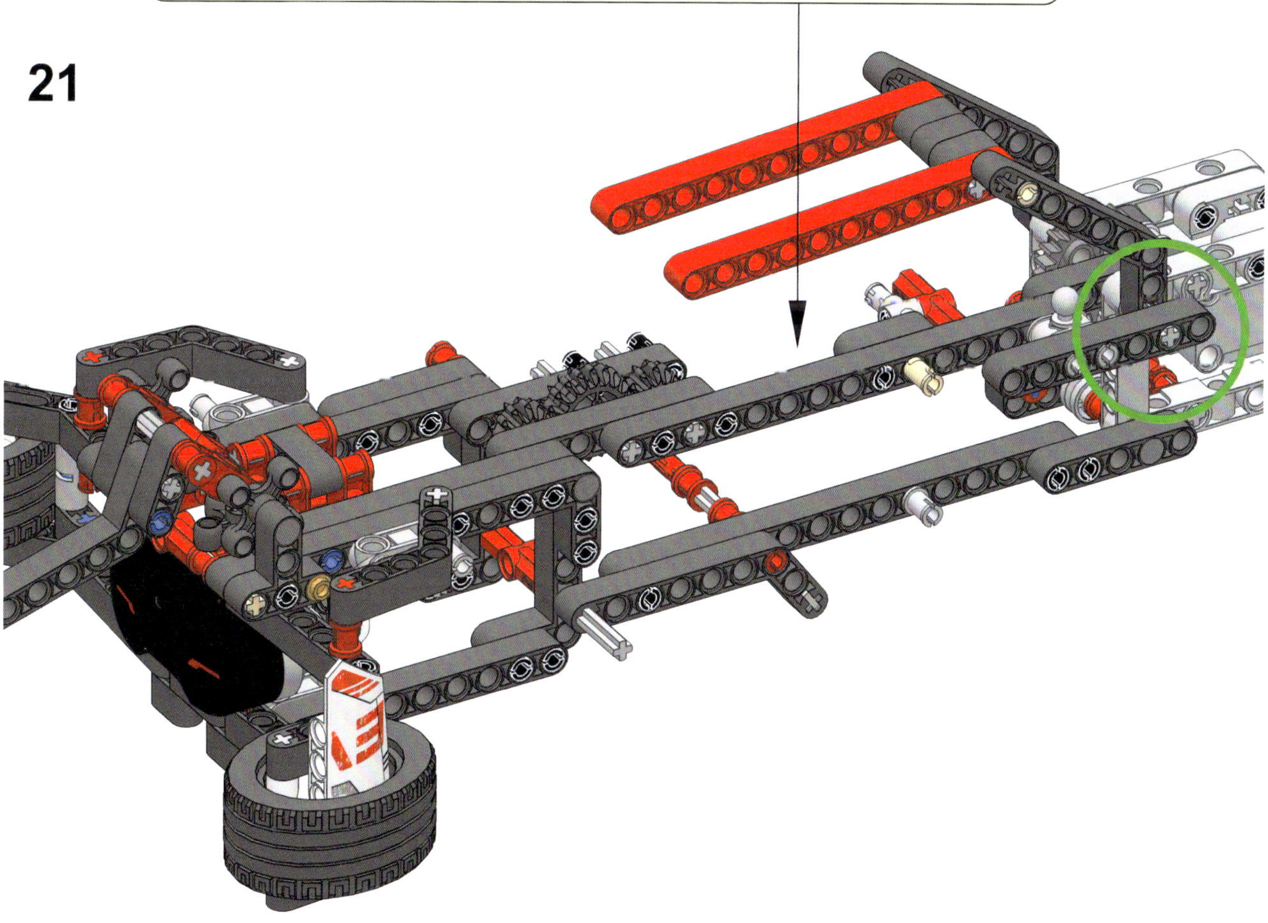

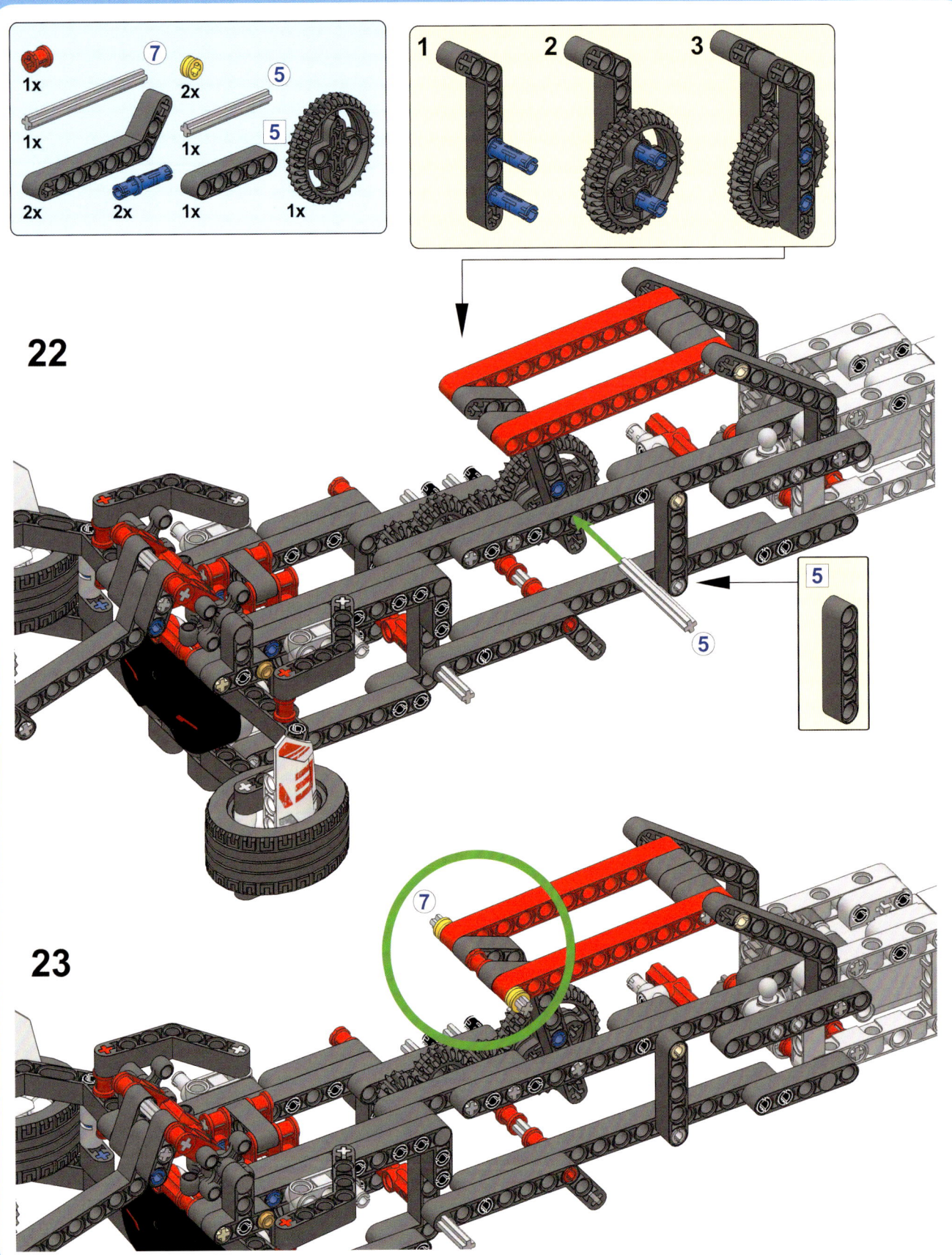

22

23

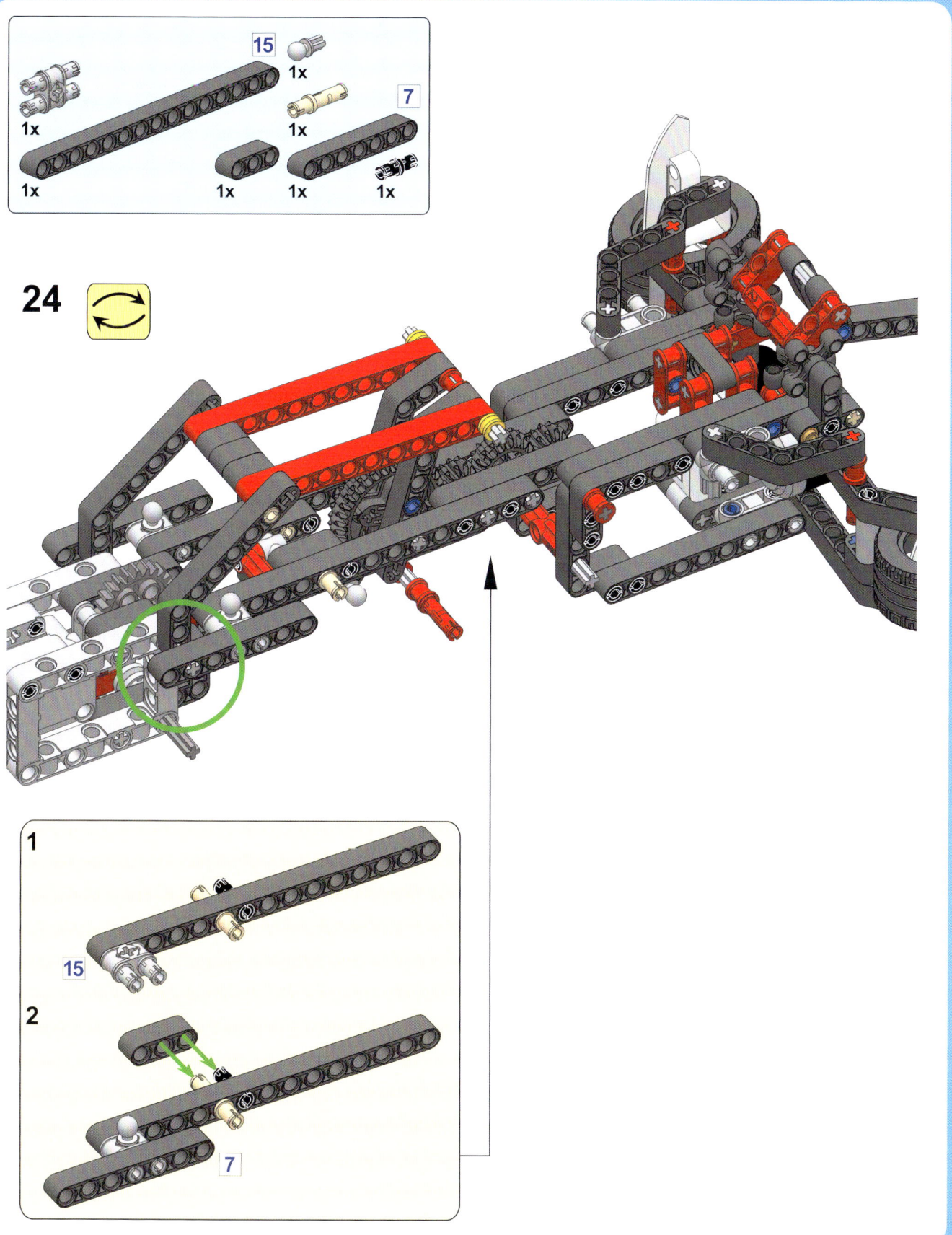

24

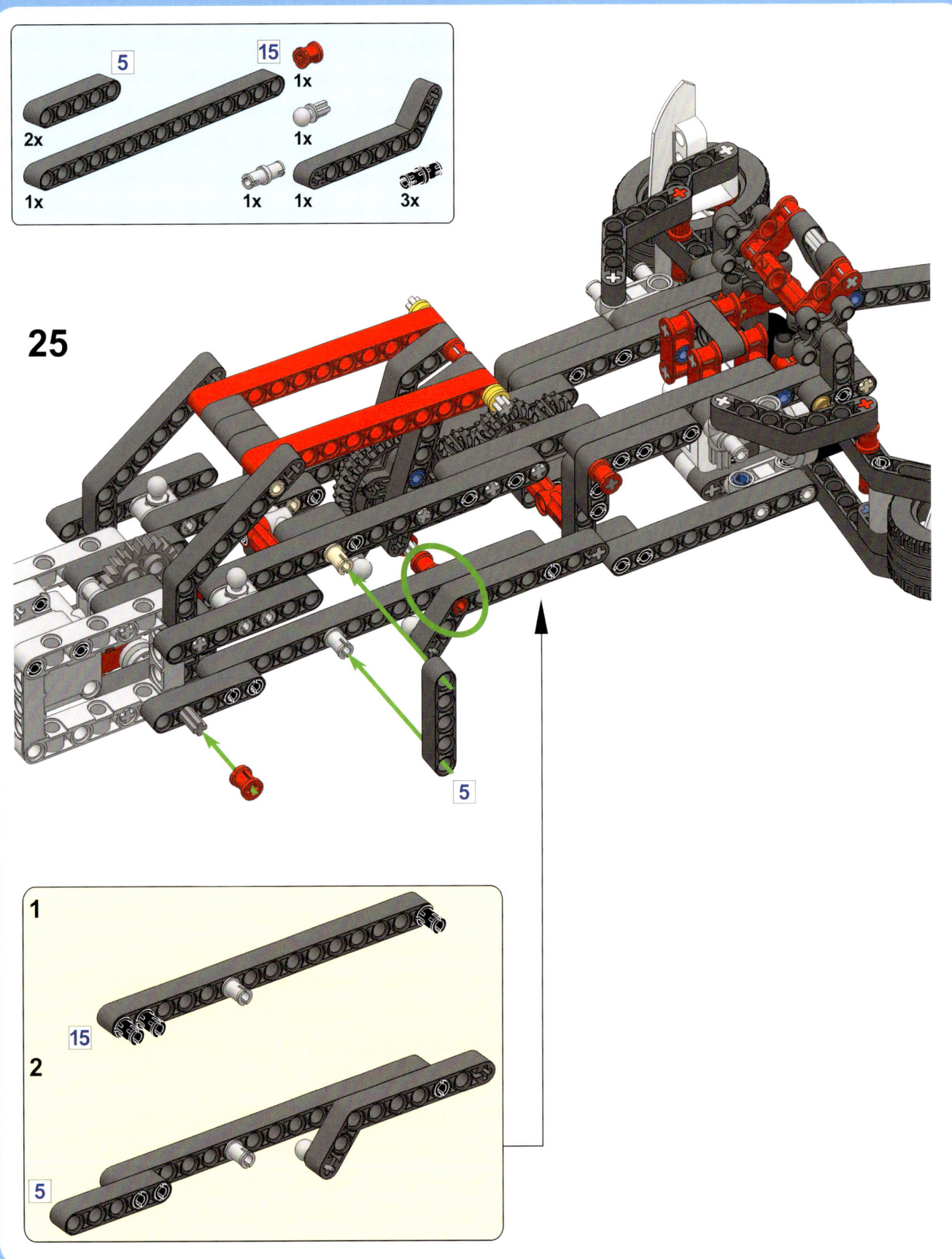

25

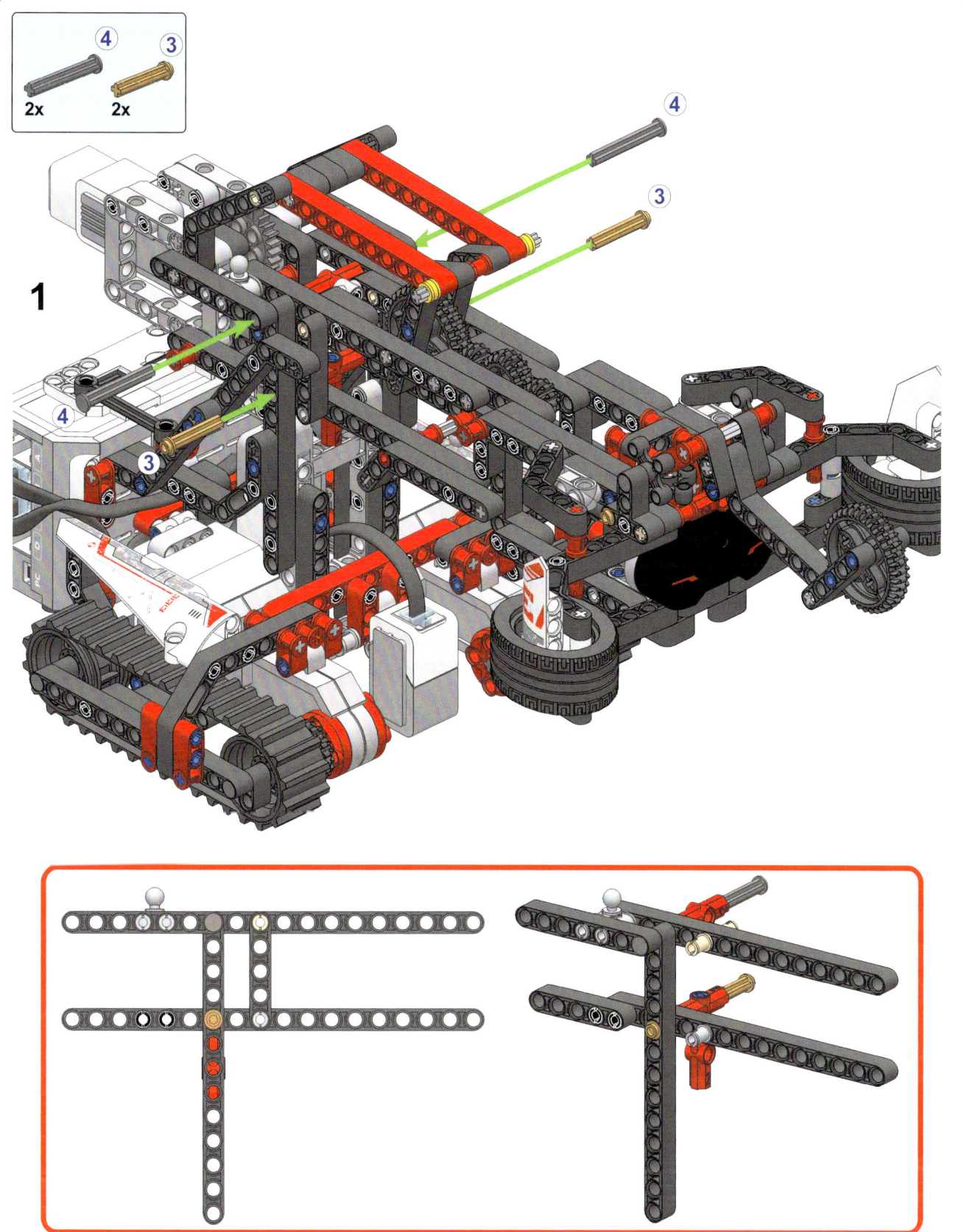

1

2x
2x

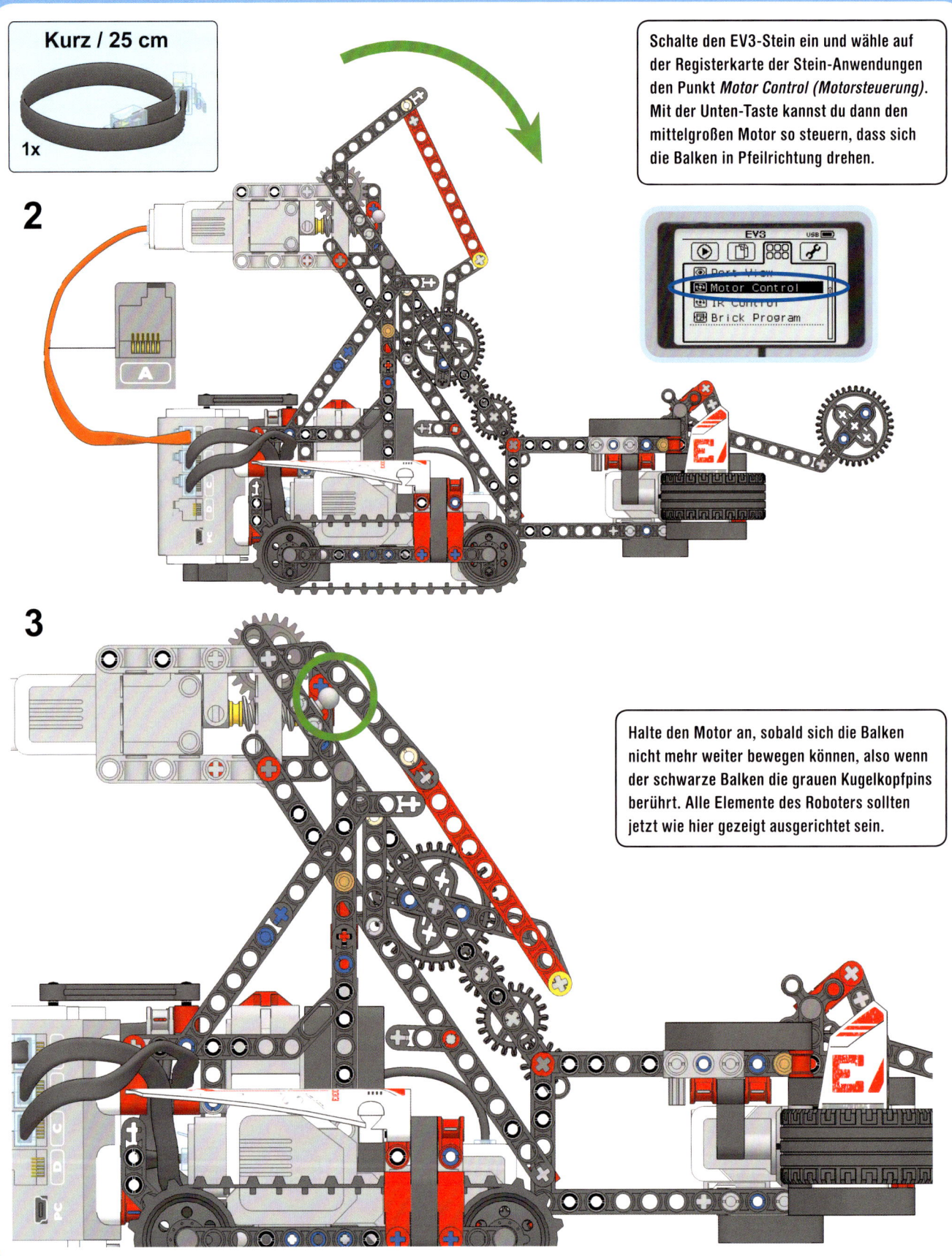

Kurz / 25 cm

1x

2

Schalte den EV3-Stein ein und wähle auf der Registerkarte der Stein-Anwendungen den Punkt *Motor Control (Motorsteuerung)*. Mit der Unten-Taste kannst du dann den mittelgroßen Motor so steuern, dass sich die Balken in Pfeilrichtung drehen.

EV3   USB
Port View
Motor Control
IR Control
Brick Program

3

Halte den Motor an, sobald sich die Balken nicht mehr weiter bewegen können, also wenn der schwarze Balken die grauen Kugelkopfpins berührt. Alle Elemente des Roboters sollten jetzt wie hier gezeigt ausgerichtet sein.

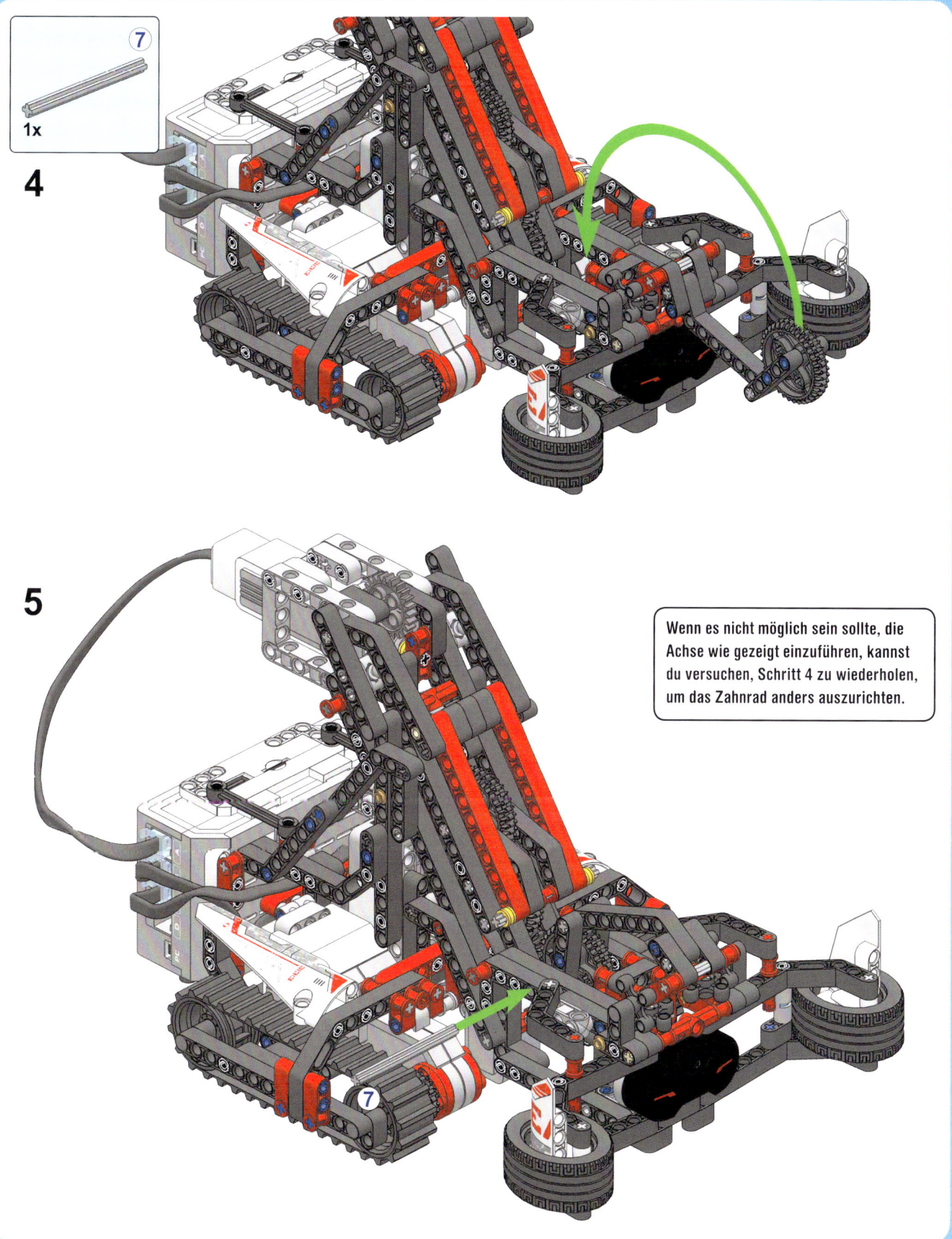

4

1x

5

Wenn es nicht möglich sein sollte, die
Achse wie gezeigt einzuführen, kannst
du versuchen, Schritt 4 zu wiederholen,
um das Zahnrad anders auszurichten.

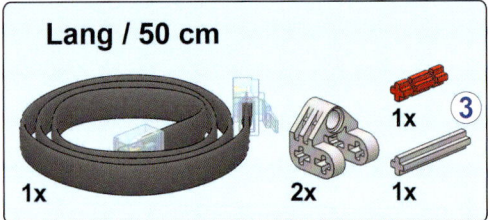

Lang / 50 cm
1x
2x
1x
1x
3

Entferne die Hilfselemente
von den Greifklauen.

6

EV3
4

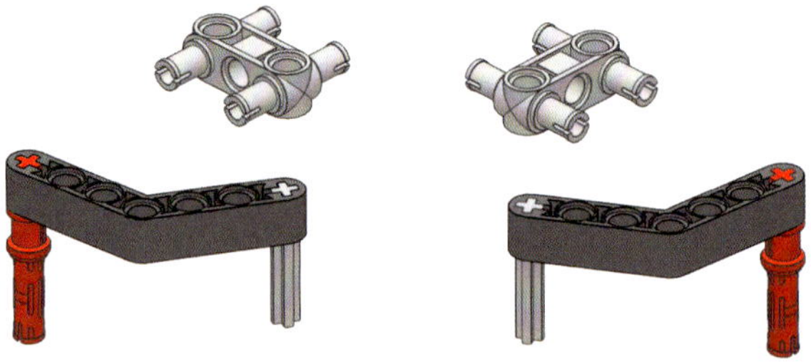

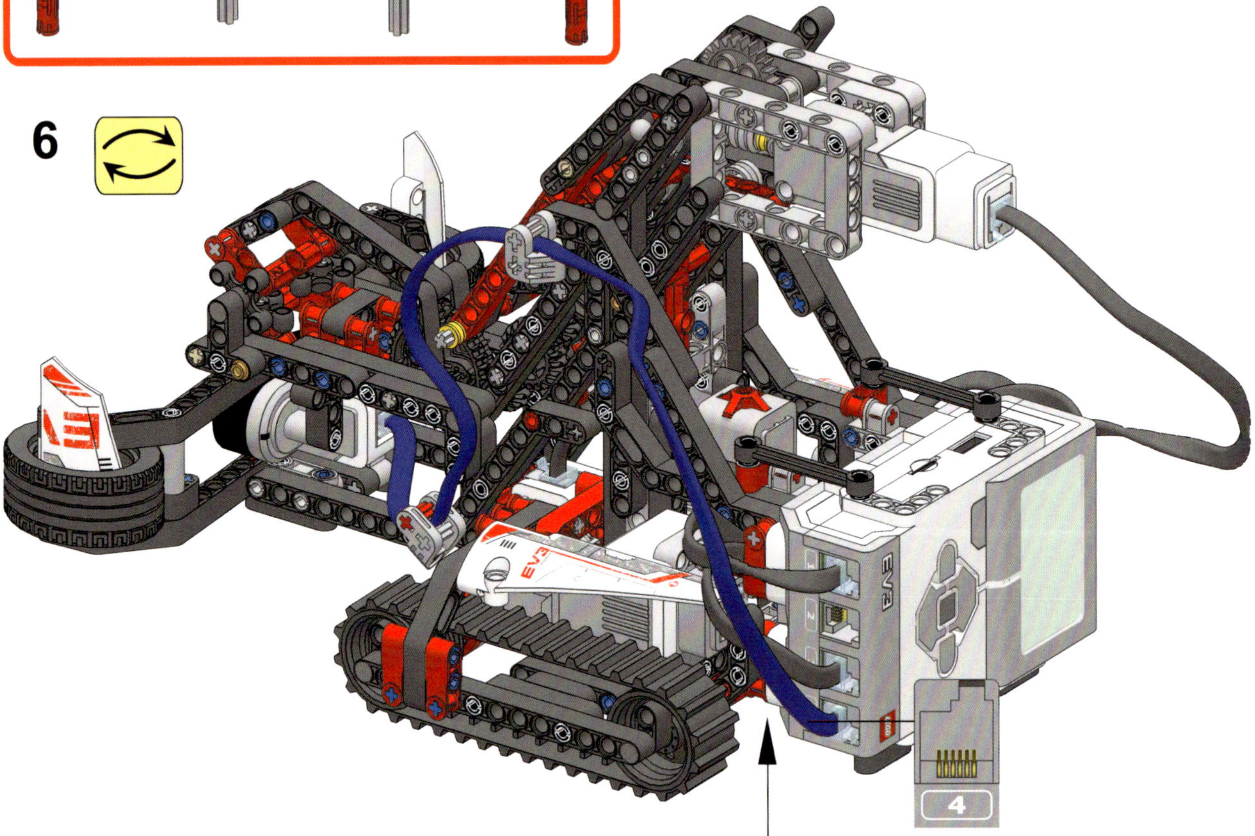

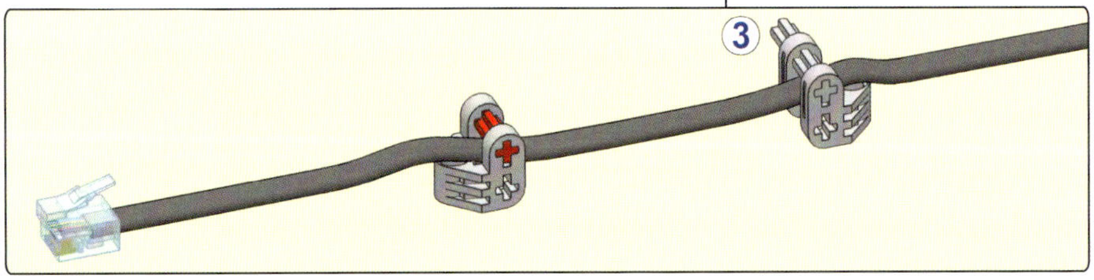

3

Den Greifmechanismus steuern

Nachdem du den Roboter gebaut hast, prüfst du als Erstes seine mechanischen Funktionen, indem du ein Programm zur Fernsteuerung schreibst. Zur Fortbewegung des Roboters dienen Bewegungslenkungsblöcke, und zur Steuerung des Greifers erstellst du drei Eigene Blöcke.

Eigener Block 1: Grab

Um ein Objekt zu erfassen und den Greifer anzuheben, muss sich der mittlere Motor vorwärts drehen, bis der Berührungssensor im Chassis des Roboters gedrückt wird. Um die Leistungsaufnahme des Motors zu verringern, schränkst du die Drehzahl auf 40 % ein.

Lege ein neues EV3-Projekt namens *SNATCH3R* an, platziere die drei in Abbildung 18-5 gezeigten Blöcke im Programmierbereich und wandle sie in einen Eigenen Block namens *Grab* um. Da die in den Mechanismus eingebaute Schnecke verhindert, dass sich der Motor dreht, wenn er nicht eingeschaltet ist, reicht es aus, *Am Ende bremsen* auf *Falsch* zu setzen, damit der Motor seine Stellung hält. Das spart etwas Batterieleistung.

Abbildung 18-5: Der Eigene Block *Grab* sorgt dafür, dass der SNATCH3R ein Objekt greift und anhebt. Das Symbol des Eigenen Blocks siehst du links.

Eigener Block 2: Reset

Zu Beginn des Programms kann sich der Greifer entweder mit geöffneten Klauen unten, mit geschlossenen Klauen oben (siehe Abbildung 18-1) oder in irgendeiner beliebigen Stellung dazwischen befinden. Um Beschädigungen des Mechanismus und des Motors zu verhindern, muss der Greifer auf Bewegungen zwischen den beiden Endstellungen begrenzt werden. Dazu musst du einschränken, wie weit sich der Motor drehen kann.

Die obere Grenze richtest du mithilfe des Berührungssensors ein: Wenn der Sensor gedrückt wird, darf sich der Motor nicht weiter vorwärts drehen. Für die untere Grenze verwendest du den Drehsensor des mittleren Motors: Wenn sein Wert kleiner als 0 Grad ist, darf sich der Motor nicht weiter rückwärts drehen.

Damit das funktioniert, muss sichergestellt sein, dass der Drehsensor den Wert 0 Grad hat, wenn sich der Greifer in der abgesenkten Position befindet. Dazu hebst du den Greifer vor Beginn des eigentlichen Programms mit dem Eigenen Block *Grab* an, bis er den Berührungssensor auslöst, senkst ihn dann mit einem Block für den mittleren Motor ab, der 14,2 Umdrehungen durchführt, und setzt den Wert des Drehsensors dann auf 0. Um von der oberen zur unteren Grenze zu kommen, sind dann genau 14,2 Umdrehungen erforderlich, wenn die Klauen bei angehobenem Greifer ganz geschlossen sind. Du musst also dafür sorgen, dass sich bei diesem Vorgang keine Objekte zwischen den Klauen befinden.

Stelle den Eigenen Block *Reset* wie in Abbildung 18-6 zusammen und platziere ihn am Anfang jeglicher Programme für den SNATCH3R.

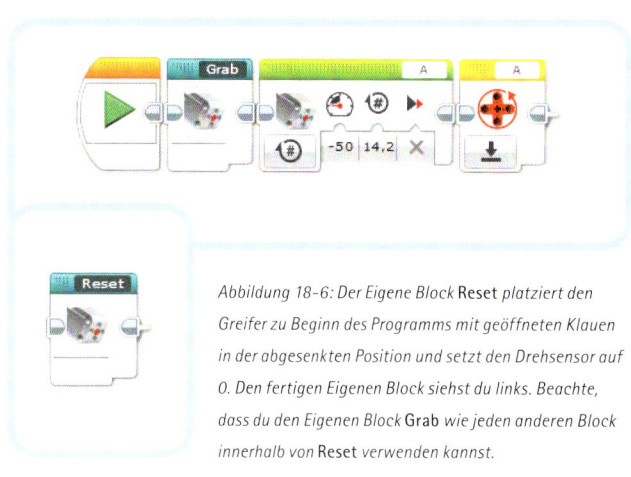

Abbildung 18-6: Der Eigene Block **Reset** platziert den Greifer zu Beginn des Programms mit geöffneten Klauen in der abgesenkten Position und setzt den Drehsensor auf 0. Den fertigen Eigenen Block siehst du links. Beachte, dass du den Eigenen Block **Grab** wie jeden anderen Block innerhalb von **Reset** verwenden kannst.

Eigener Block 3: Release

Um den Greifer abzusenken und das Objekt freizugeben, muss sich der mittlere Motor rückwärts drehen, bis sich der Greifer in abgesenkter Position befindet, der Drehsensor also den Wert 0 Grad hat. Stelle den Eigenen Block *Release* wie in Abbildung 18-7 gezeigt zusammen.

Abbildung 18-7: Der Eigene Block **Release** sorgt dafür, dass der SNATCH3R seinen Greifer absenkt und das von den Klauen erfasste Objekt loslässt. Den fertigen Eigenen Block siehst du links.

Das Fernsteuerungsprogramm schreiben

Als Nächstes stellst du das Fernsteuerungsprogramm *RemoteControl* wie in Abbildung 18-8 zusammen. Lass den Roboter herumfahren und Objekte erfassen und bewegen. Dazu verwendest du, wie in Abbildung 18-9 gezeigt, die Infrarotfernsteuerung. Der SNATCH3R ist in der Lage, leichte Objekte, wie leere Limodosen und Wasserflaschen, zu greifen, anzuheben und damit durch die Gegend zu fahren.

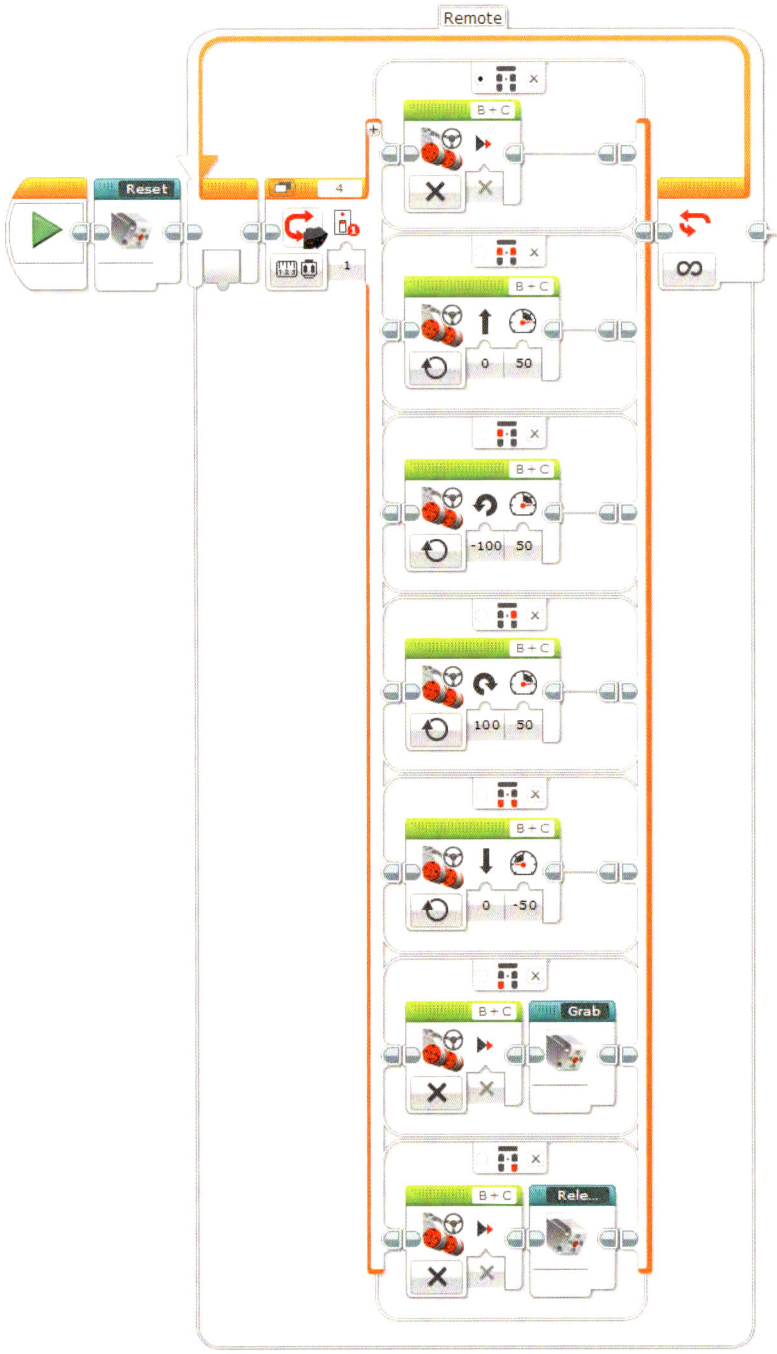

Abbildung 18-8: Das Programm **RemoteControl**. *Beim Standardfall bewegt sich der Motor nicht mehr weiter, sodass der Roboter anhält, wenn du die Tasten loslässt.*

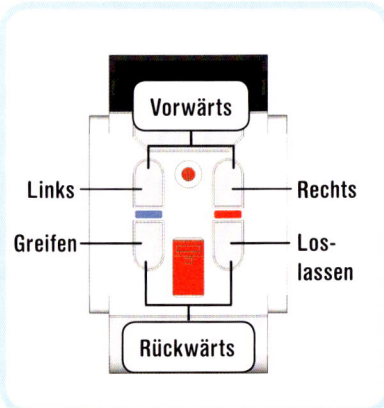

Abbildung 18-9: Die Befehle für das Fernsteuerungsprogramm RemoteControl

SELBST ENTDECKEN 117: ERWEITERTE FERNSTEUERUNG

Programmierung: ▭▭ **Zeit:** ⏱⏱

Das Programm *RemoteControl* ist gut geeignet, um die Funktion des SNATCH3Rs zu überprüfen, aber es ist ein sehr einfaches Programm. Kannst du es so erweitern, dass der Roboter in beliebige Richtungen fährt, und zwar auch dann, wenn er gerade ein Objekt greift oder loslässt?

HINWEIS Erstelle zwei parallele Blockreihen. Mit der einen steuerst du das Fahrverhalten über Kanal 1, mit der anderen den Greifmechanismus über Kanal 2. Dadurch kannst du den Roboter gleichzeitig fahren und greifen lassen, indem du auf der Fernsteuerung zwischen den beiden Kanälen umschaltest.

SELBST ENTDECKEN 118: GESCHWINDIGKEITSREGELUNG ÜBER DIE FERNSTEUERUNG

Programmierung: ▭▭▭ **Zeit:** ⏱⏱

Die Bewegungslenkungsblöcke im Programm *RemoteControl* sorgen dafür, dass sich der Motor mit 50% der Maximaldrehzahl bewegt. Um eine größere Entfernung zurückzulegen, musst du den Roboter manchmal jedoch schneller fahren lassen (75%), und zur genauen Platzierung des Greifers um ein Objekt ist eine niedrigere Geschwindigkeit (25%) nötig. Kannst du Befehle für die Fernsteuerung hinzufügen, um die Motordrehzahl zu ändern?

HINWEIS Definiere die numerische Variable *Speed* zur Regelung der Drehzahl in den einzelnen Bewegungslenkungsblöcken. Füge anschließend dem Schalterblock zwei weitere Fälle hinzu, in denen du Blöcke verwendest, um den Wert von *Speed* bei jedem Druck auf eine Taste um 10 zu erhöhen oder zu verringern.

Probleme mit dem Greifer beheben

Wenn bei der Ausführung des Programms *RemoteControl* irgendwelche Probleme mit dem Greifmechanismus des SNATCH3Rs auftreten, musst du sie erst lösen, bevor du mit dem nächsten Abschnitt weitermachst. Wenn du nicht sicher bist, wie der SNATCH3R genau funktionieren soll, schau dir das Video auf *http://ev3.robotsquare. com/* an, das den Roboter in Aktion zeigt. Die folgenden Angaben können dir helfen, häufig auftretende Probleme zu lösen:

✳ *Der Greifer schließt die Klauen vor dem Anheben nicht.* Das kann geschehen, wenn du die Zahnräder im Arm des SNATCH3Rs versehentlich nicht richtig ausgerichtet hast. Um dieses Problem zu lösen, wiederholst du die letzten Bauschritte. Dazu entfernst du zunächst die 7M-Achse, die du auf Seite 297 eingebaut hast, indem du sie mit einer anderen Achse herausdrückst. Anschließend befestigst du die Hilfselemente wieder an den Klauen (siehe Schritt 16 auf Seite 288). Jetzt kannst du ganz normal mit dem Bauvorgang ab Seite 296 fortfahren und den Roboter erneut testen. Schau dir die Seitenansicht des Mechanismus auf Seite 296 genau an: Alle Elemente des Roboters müssen genau so ausgerichtet sein, wie sie dort dargestellt werden.

✳ *Das Kabel für den Infrarotsensor verhindert, dass sich die Klauen schließen.* Das kann passieren, wenn das Kabel dem 36z-Zahnrad des Greifmechanismus im Weg liegt. Um das Problem zu untersuchen, ziehst du das Kabel ganz ab und führst den Eigenen Block *Reset* aus. Wenn der Greifer jetzt korrekt funktioniert, weißt du, dass tatsächlich das Kabel die Ursache war. Schließe es so an, dass es keines der Zahnräder behindert.

✳ *Der mittlere Motor ist nicht parallel zum Boden ausgerichtet.* Das geschieht, wenn der Greifer nicht richtig auf dem Chassis des Roboters montiert ist. Um das Problem zu lösen, baust du die auf Seite 295 angebrachten Achsen aus und bringst sie sorgfältig anhand der Anleitung wieder an. Die Seitenansicht auf dieser Seite zeigt genau, in welche Löcher du die Achsen einführen musst. (Um die Übersichtlichkeit zu erhöhen, sind einige Elemente nicht dargestellt.)

Die IR-Fernsteuerung suchen

Als Nächstes erstellst du ein Programm, mit dem der SNATCH3R die IR-Fernsteuerung (den Sender) sucht, greift, anhebt und damit herumfährt. Alle diese Aufgaben sollen *autonom* ablaufen, also ohne dass du dem Roboter dabei hilfst.

Den IR-Käfer bauen

Bevor du das Programm schreibst, musst du am IR-Sender einige Teile befestigen, damit der Roboter ihn besser greifen und anheben kann. Auf der nächsten Seite findest du eine Anleitung, um mit den restlichen Teilen des EV3-Kastens einen »IR-Käfer« zu bauen.

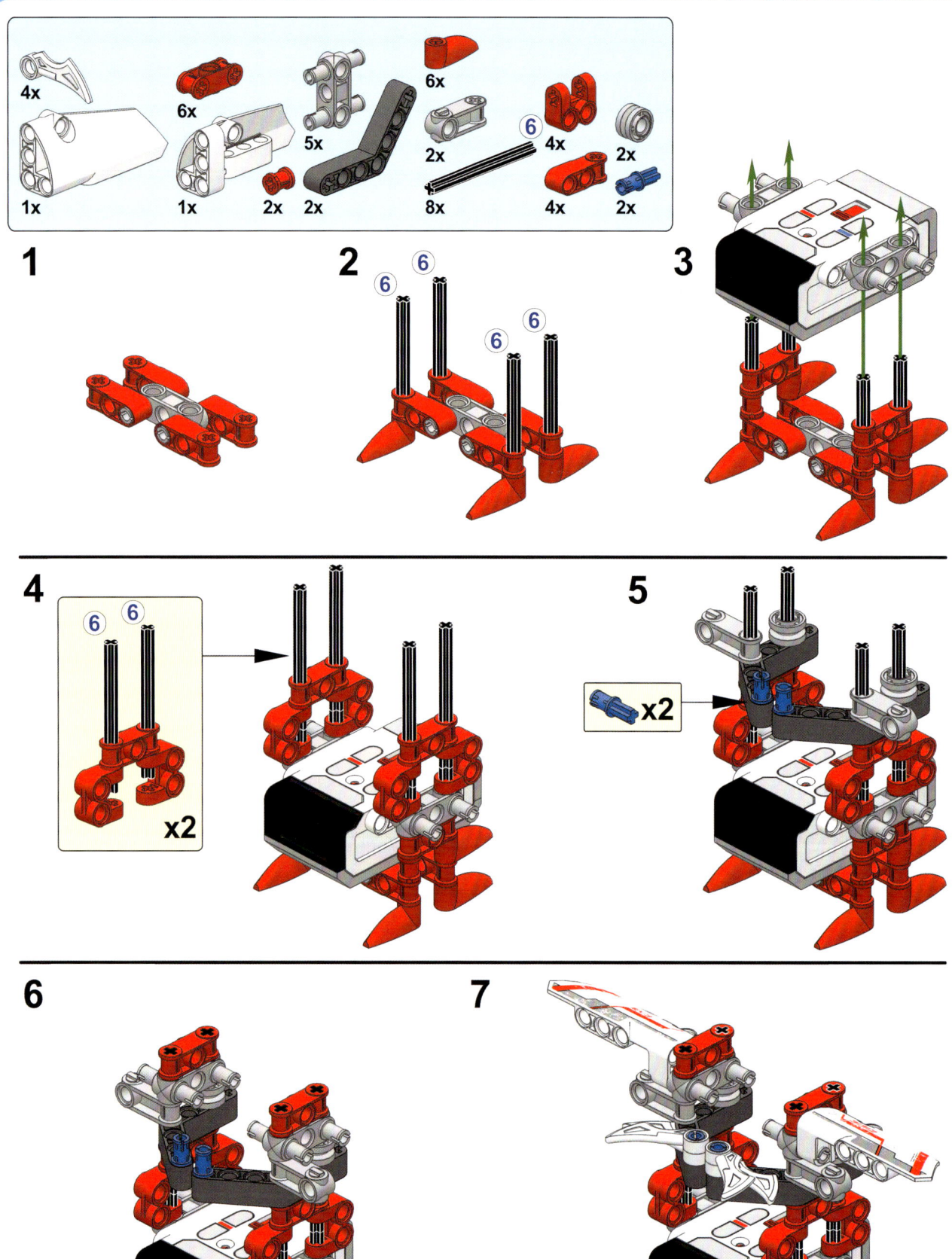

1

2

3

4

5

6

7

Eigener Block 4: Search

Du weißt bereits, wie du dafür sorgen kannst, dass der Roboter die Infrarotfernsteuerung findet: Bei einem negativen Richtungswert des Infrarotsensors soll er nach links fahren und bei einem positiven Wert nach rechts. Da du inzwischen auch mit Datenleitungen und Variablen umgehen kannst, bist du in der Lage, ein anspruchsvolleres Programm zu erstellen, mit dem der Roboter den Sender in einer Entfernung von bis zu 2 m finden kann, selbst wenn er hinter ihm liegt.

Dazu erstellst du den Eigenen Block *Search*, mit dem der Roboter eine komplette Linksdrehung vollführt und dabei seine Umgebung absucht. Anschließend dreht er sich so weit nach rechts, bis er die Position erreicht hat, an der er den Sender entdeckt hat, und seine Klauen darauf zeigen. Im Prinzip könnte der Roboter den Sender jetzt ganz einfach dadurch finden, dass er geradeaus fährt. Da die Sensormessung aber nicht allzu genau ist, machst du aus den Vorgängen zur Suche einen Eigenen Block, damit du den Roboter bei Bedarf auf einfache Weise erneut nach dem Sender suchen lassen kannst.

Sensormesswerte

Um den Suchalgorithmus zu verstehen, musst du wissen, wie der Roboter die Richtung zum Sender misst, während er sich dreht (siehe Abbildung 18-10). Wenn der Sensor in die Richtung des Senders zeigt, ist der Richtungswert (H) 0 oder annähernd 0. Zeigt der Sensor etwa 90 Grad vom Sender weg, lautet der Richtungswert 25 oder -25. Außerdem ergibt sich der Sensorwert 0, wenn der Sender hinter dem Roboter liegt, da der Rumpf des SNATCH3Rs die Sicht auf den Sender verdeckt und der Sensor die Signalrichtung daher nicht erkennen kann.

Um den Sender zu finden, müssen wir also nach einem Wert von *annähernd*, aber nicht exakt 0 suchen. Messwerte, die genau 0 lauten, ignorieren wir, da sie auch darauf hindeuten können, dass sich der Sender hinter dem Roboter befindet. Dadurch sinkt die Genauigkeit ein wenig, aber zumindest können wir sicher sein, dass der Roboter nicht von dem Sender wegfährt. (In der letzten Suchphase ignorieren wir Nullwerte jedoch nicht mehr.)

Letzten Endes spielt es keine Rolle, ob die gemessenen Werte positiv oder negativ sind, weshalb wir den absoluten Wert nehmen. Beispielsweise sind sowohl -3 als auch 3 gleich nah an 0.

Wir suchen also nach *dem kleinsten gemessenen Absolutwert, der nicht gleich 0 ist,* und halten ihn im Arbeitsspeicher des Roboters fest.

Der Roboter muss nicht nur den kleinsten Richtungswert kennen, sondern auch wissen, wo dieser Wert gemessen wurde. Wie du in Abbildung 18-10 siehst, verfolgt der Roboter seine Position mithilfe des Drehsensors von Motor C. Der Wert dieses Sensors (R) ist zu Anfang 0 und wächst, während sich der Roboter nach links dreht. Jeder Motor muss sich um etwa 1800 Grad drehen, damit sich der Roboter einmal vollständig um seine eigene Achse dreht.

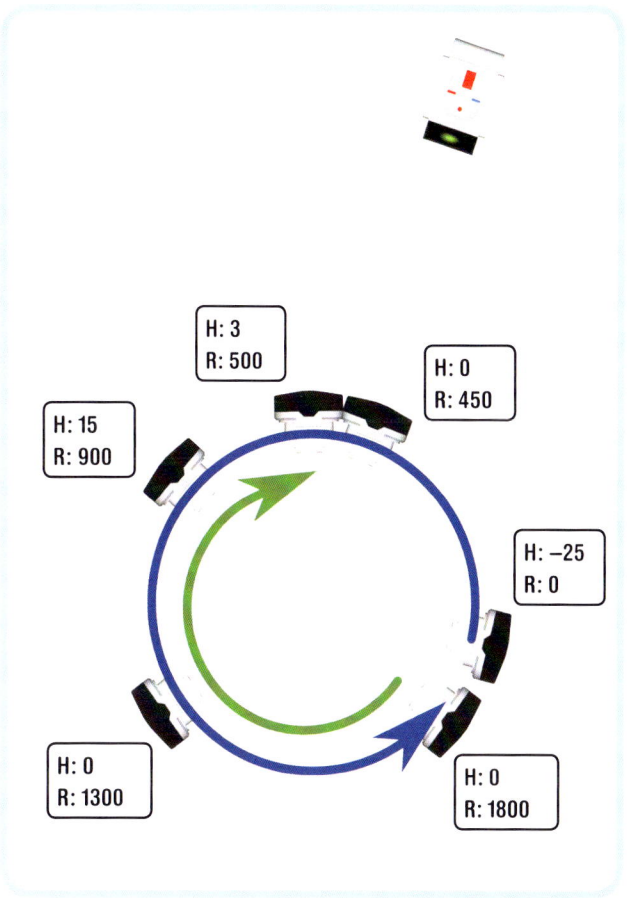

Abbildung 18-10: Wenn sich der Roboter nach links dreht (blauer Pfeil), misst der Infrarotsensor ständig die Richtung zum Sender. Dieses Diagramm zeigt aber nur sechs Messungen. Wenn wir die Nullwerte ignorieren, ist der kleinste Absolutwert für die Richtung (H) in diesem Fall 3. An dieser Stelle beträgt der Drehsensorwert von Motor C (R) 500 Grad. Wenn der Roboter den Kreis ganz durchlaufen hat (wenn der Drehsensor also 1800 Grad misst), dreht er sich anschließend nach rechts, bis er wieder bei 500 Grad angekommen ist (grüner Pfeil) und (ungefähr) in die Richtung des Senders zeigt.

Da der Drehsensorwert des Zeitpunkts gespeichert wird, an dem der kleinste IR-Richtungswert gemessen wurde, kann der Roboter diese Stellung wiederfinden. Er muss sich nur nach rechts drehen, bis Motor C wieder bei der gespeicherten Position angekommen ist (in unserem Beispiel also 500 Grad).

Zum Sender fahren

Wenn der Sender in Sicht ist, nähert sich der Roboter ihm, indem er vorwärts fährt und seine Lenkung anhand des IR-Richtungswerts anpasst. Statt einer festen Einstellung für die Lenkung wie in Kapitel 8 verwendest du hier Lenkungswerte, die proportional zur IR-Richtung sind. Je weiter links der Sender liegt, umso mehr steuert der Roboter nach links, und umgekehrt.

Da die vorherige Suchschleife erst endet, wenn die Entfernung zum Sender weniger als 50 % beträgt, weißt du, dass der Roboter ungefähr in Richtung der Fernsteuerung zeigt. Daher geben Nullwerte jetzt eindeutig an, dass sich der Sender genau vor dem Roboter befindet, weshalb du sie nicht mehr ignorierst. Da die Lenkung proportional zum Richtungswert ist, beträgt sie bei einem Richtungswert von 0 ebenfalls 0, sodass der Roboter geradeaus fährt.

Der Roboter passt seine Lenkungseinstellungen an, bis die Entfernung zum Sender 1 % beträgt. Dann befindet sich der IR-Käfer genau zwischen den Klauen des Roboters (siehe Abbildung 18-20). Diesen Abschnitt des Programms kannst du prüfen, indem du nur den Schleifenblock markierst und auf *Ausgewählte Blöcke ausführen* klickst.

Den IR-Käfer anheben und transportieren

Der Roboter kann den Sender jetzt greifen. Zunächst aber fährt er noch eine Motorumdrehung weiter vorwärts, um sicherzustellen, dass der Käfer genau zwischen seinen Klauen steht. Nachdem er den Greifer mit dem Block *Grab* angehoben hat, dreht sich der Roboter, fährt eine kurze Weile vorwärts und führt den *Release*-Block aus, um das Objekt an der neuen Position abzusenken und loszulassen (siehe Abbildung 18-21). Führe das Programm aus, um dir anzusehen, wie gut der SNATCH3R den IR-Käfer selbstständig findet.

Weitere Experimente

Damit hast du einen der kompliziertesten Roboter in diesem Buch fertiggestellt! Herzlichen Glückwunsch! In diesem Kapitel hast du gesehen, wie du verschiedene anspruchsvolle Bau- und Programmiertechniken kombinieren kannst, um einen wirklich selbstständigen Roboter zu konstruieren. Da du jetzt einen funktionsfähigen SNATCH3R zur Verfügung hast, kannst du dir ansehen, was noch alles mit diesem Roboter möglich ist. Als Einstieg kannst du die Selbstentdecken-Aufgaben lösen, um deine Fähigkeiten als Robotiker unter Beweis zu stellen.

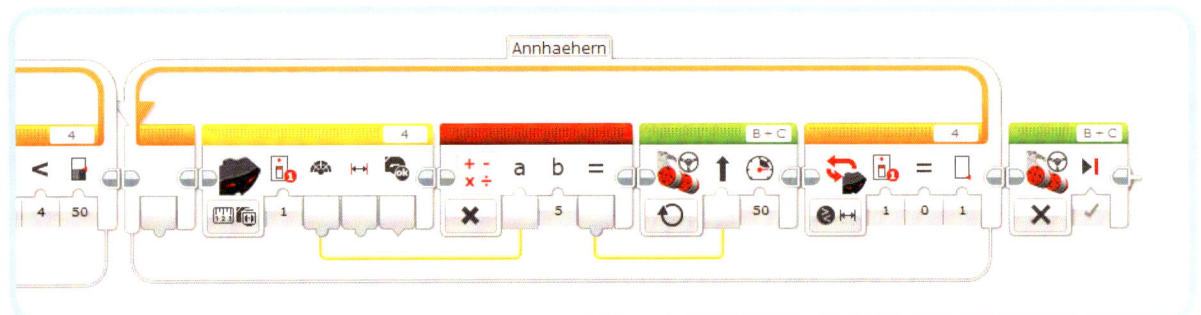

Abbildung 18-20: Schritt 2: Der Roboter fährt vorwärts, wobei er seine Lenkung nach den Werten der IR-Richtung anpasst. Das macht er so lange, bis der Sender zwischen seinen Klauen steckt.

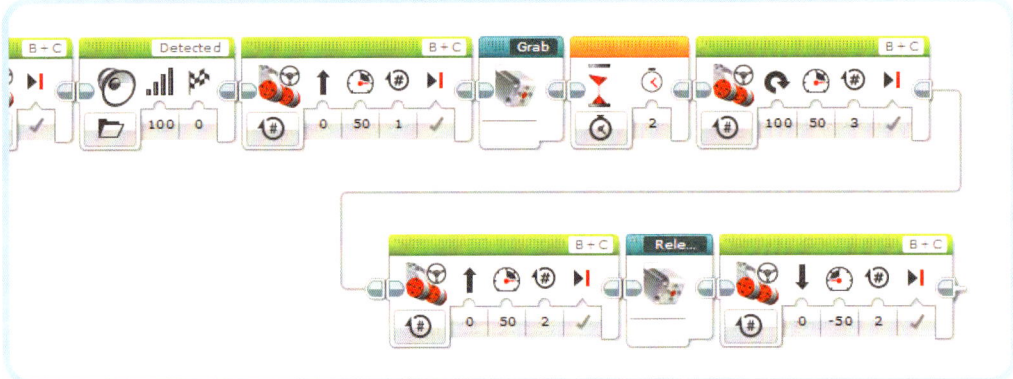

Abbildung 18-21: Schritt 3: Der Roboter ergreift den IR-Käfer, hebt ihn an und transportiert ihn.

SELBST ENTDECKEN 120: DEN ROBOTER BESCHÄFTIGT HALTEN

Schwierigkeitsgrad:  Zeit: ⏱⏱

Kannst du das Programm *Autonomous* so erweitern, dass der SNATCH3R den IR-Käfer wiederholt findet und transportiert? Nachdem der Roboter das Objekt losgelassen hat, soll er erst ein wenig von ihm wegfahren, es dann erneut suchen usw. Für den Fall, dass der SNATCH3R den IR-Käfer nicht richtig losgelassen hat, bevor er wegfährt, soll er rückwärts im Zickzack fahren, um das Objekt abzuschütteln.

HINWEIS Die Anzahl der Motorumdrehungen, mit denen sich der Roboter nach dem Ergreifen des Objekts fortbewegt und dreht, kannst du über Zufallsblöcke steuern. Dadurch legt der Roboter das Objekt jedes Mal an einem zufälligen Ort ab.

SELBST ENTDECKEN 121: EINER SPUR FOLGEN

Schwierigkeitsgrad: Zeit: ⏱⏱

Mit dem Farbsensor in seinem Chassis kann der SNATCH3R die Farbe der Oberfläche erkennen, über die er sich bewegt, und damit Linien folgen. Kannst du dafür sorgen, dass der Roboter einer von dir selbst festgelegten Spur folgt, ein Objekt am Ende der Linie ergreift und damit zum Anfang zurückkehrt?

TIPP Der Testparcours, den du in Kapitel 7 aufgebaut hast (siehe Abbildung 7-4 auf Seite 77), ist hierfür nicht so gut geeignet, da die Raupenketten des SNATCH3Rs das weiche Papier zerreißen. Um dieses Problem zu lösen, klebst du die Spur auf kräftiges Papier oder Karton oder markierst die Spur mit schwarzem Klebeband oder Filzstift auf einer Holzplatte. Du kannst auch das mitgelieferte »Mission-Pad« nutzen und anhand der farbigen Markierungen deine eigenen Missionen gestalten.

SELBST ENTDECKEN 122: OBJEKTE IN DER NÄHE FINDEN

Schwierigkeitsgrad: Zeit: ⏱⏱

Kannst du den SNATCH3R dazu bringen, dass er selbstständig auch andere Objekte als den IR-Sender findet, z.B. eine leere Wasserflasche? Mit der Nähemessung des IR-Sensors kann der Roboter Objekte erkennen, die sich in seiner Nähe befinden. Dann kann er darauf zufahren und das Objekt ergreifen.

HINWEIS Als Erstes solltest du eine neue Version des Eigenen Blocks *Search* erstellen und ausprobieren. Auf welchen Betriebsmodus musst du den Infrarotsensor einstellen? Welchen Anfangswert muss die Variable *Lowest* haben?

SELBST KONSTRUIEREN 29: BAGGER

Bau: ✳✳✳ Programmierung: ▭

Kannst du einen Robotbagger bauen? Entferne den Roboterarm vom SNATCH3R, sodass nur das Chassis übrig bleibt (siehe Seite 279). Steuere den Arm und die Schaufel mit dem mittleren Motor.

19

LAVA R3X: Ein Maschinenmensch, der geht und spricht

Bis jetzt hast du in diesem Buch Fahrzeuge, Robotertiere und Maschinen gebaut. Die coolsten Projekte, die mit dem EV3-Kasten möglich sind, sind aber menschenähnliche Roboter, die sich auf zwei Beinen bewegen. In diesem Kapitel baust und programmierst du den LAVA R3X, den du in Abbildung 19-1 siehst. Er geht auf zwei Beinen, die von

großen Motoren angetrieben werden, und kann seinen Kopf und seine Arme mithilfe des mittleren Motors bewegen.

Wenn du es geschafft hast, den Roboter zum Gehen zu bringen, kannst du das Programm erweitern, um den Roboter mit den in diesem Buch vorgestellten Techniken interaktiv und lebensecht zu gestalten.

Der LAVA R3X geht, indem er sein Gewicht auf den einen Fuß verlagert, während er den anderen nach vorn bewegt. Ein Mechanismus in beiden Beinen wandelt die kontinuierliche Vorwärtsbewegung des Motors in eine abwechselnde Vorwärts- und Rückwärtsbewegung des Fußes und ein abwechselndes Schwenken des Fußgelenks nach rechts und links um (siehe Abbildung 19-2).

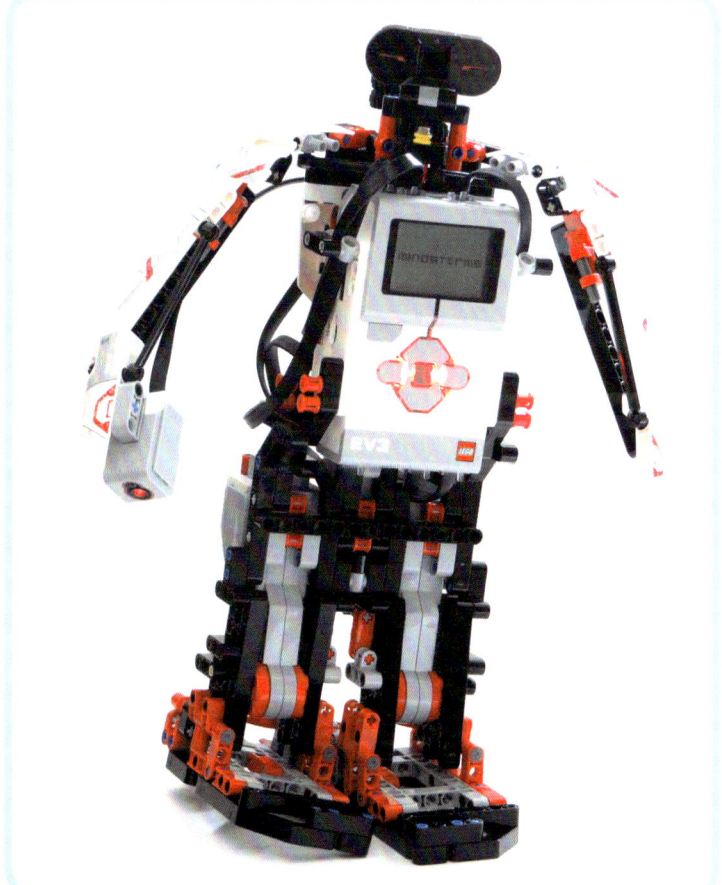

Abbildung 19-2: Bei einer Umdrehung des Motors wird der Fuß nach vorn und hinten bewegt und das Fußgelenk nach links und rechts geschwenkt.

Abbildung 19-1: Der LAVA R3X geht auf zwei Beinen und bewegt dabei seinen Kopf und seine Arme. Wenn du seine Hand schüttelst, begrüßt er dich.

Damit der Roboter beim Gehen nicht umfällt, müssen die Mechanismen beider Beine jeweils die genau gegenüberliegende Stellung einnehmen und sich die Motoren mit der gleichen Drehzahl drehen. Wenn diese Voraussetzungen erfüllt sind, wird ein Fuß so geneigt, dass er den Boden während der Vorwärtsbewegung nicht berührt, und gleichzeitig trägt der andere das Gewicht des Roboters, während er nach hinten geschoben wird. Dadurch wird der Roboter nach vorn gedrückt.

Während einer Umdrehung eines Beinmotors bewegt sich der zugehörige Mechanismus nach links, nach rechts, nach vorn und nach hinten. Danach hat er einen Schritt gemacht und befindet sich wieder in der Ausgangsstellung.

Mit dem Berührungssensor zwischen den Beinen des Roboters kannst du die Mechanismen in gegenüberliegender Stellung ausrichten, so wie du es bei den Motoren von ANTY in Kapitel 13 gemacht hast. Damit sich beide Motoren gleich schnell bewegen, richtest du eine Drehzahlregelung ein.

Die Beine bauen

Als Erstes baust du die Beine und erstellst Eigene Blöcke, mit denen der Roboter gehen und sich umdrehen kann. Danach konstruierst du den Oberkörper und schreibst ein Programm, das den Roboter dazu bringt, mithilfe seiner Sensoren auf seine Umgebung zu reagieren. Suche die in Abbildung 19-3 gezeigten Teile für den Bau des Roboters zusammen und folge der Anleitung auf den nächsten Seiten.

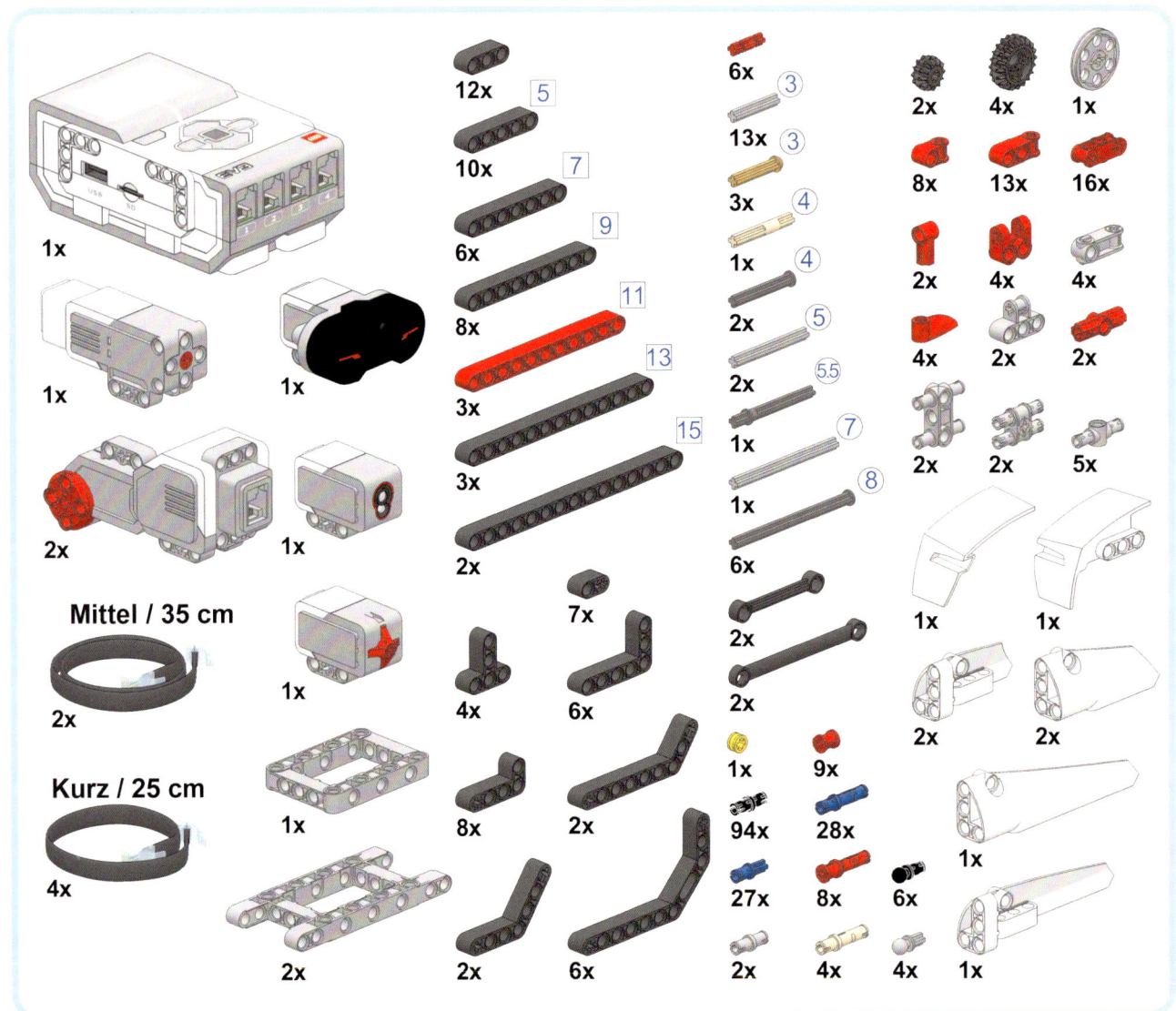

Abbildung 19.3: Diese Teile brauchst du, um den LAVA R3X zu bauen. Nachdem du die Beine fertiggestellt hast, sind noch Teile übrig, mit denen du später den Kopf und die Arme konstruierst.

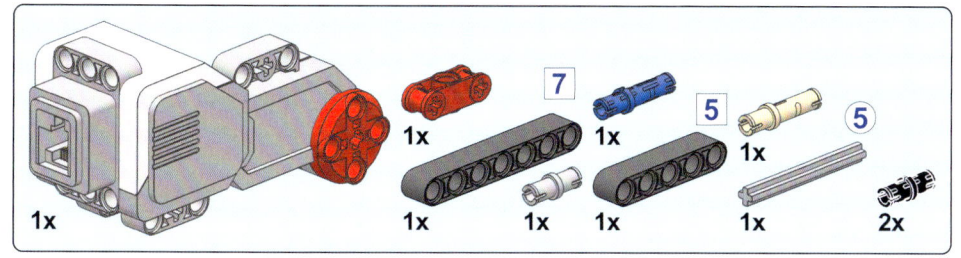

1

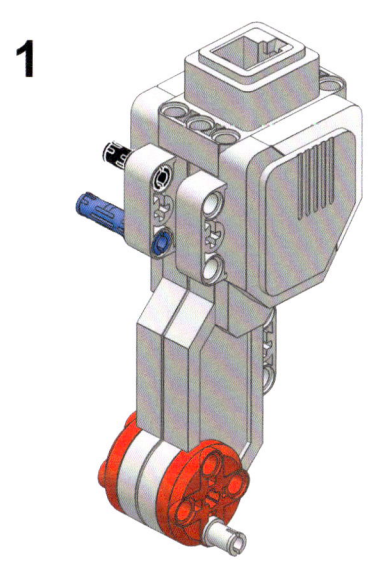

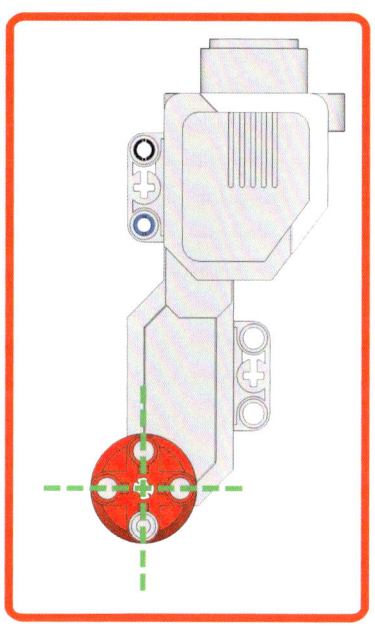

2

5

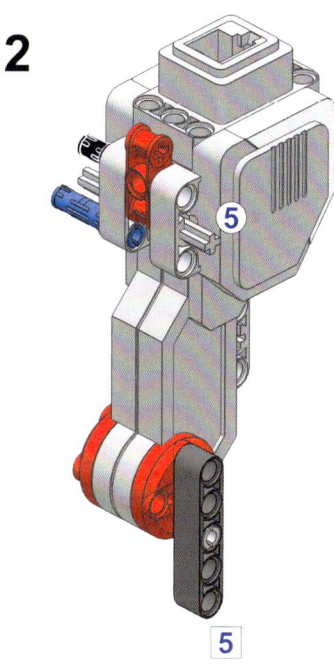

5

3

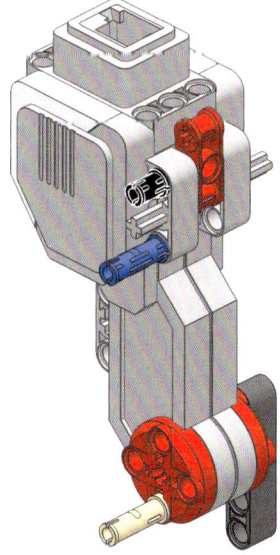

4

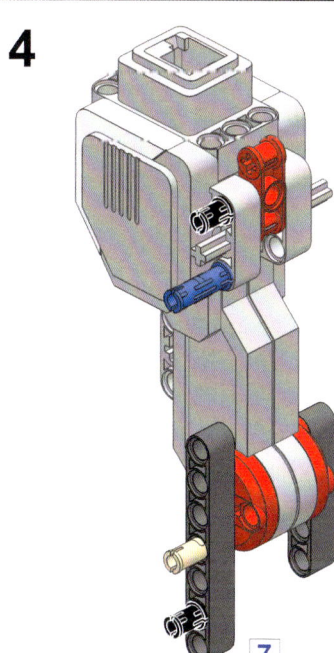

7

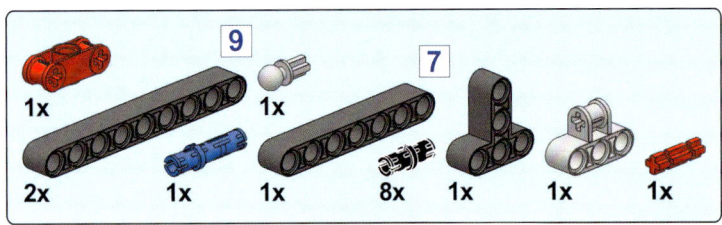

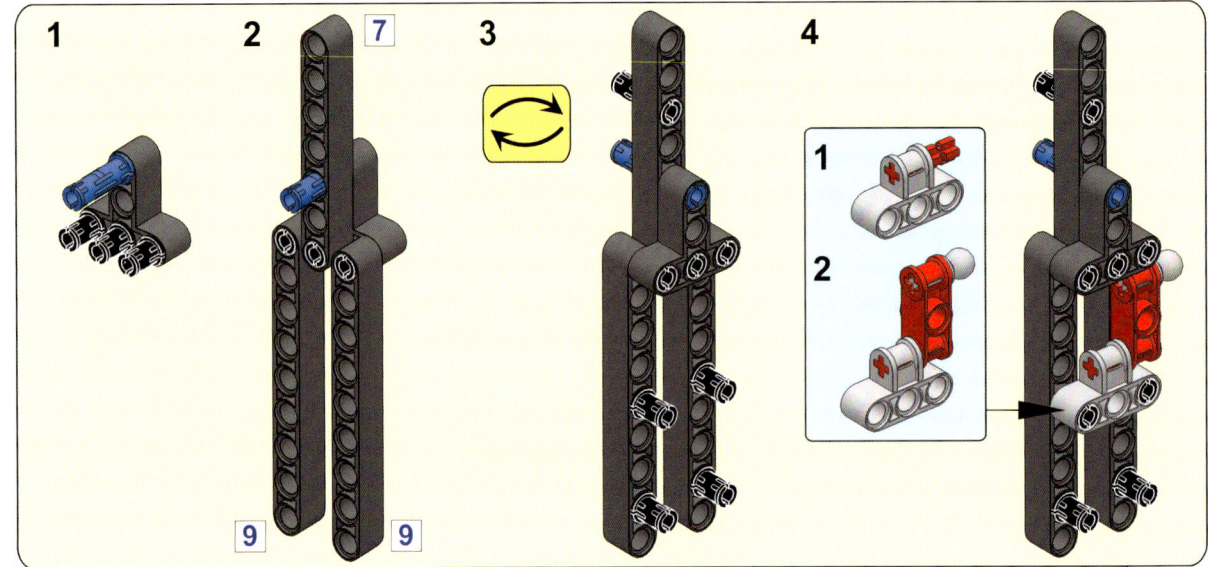

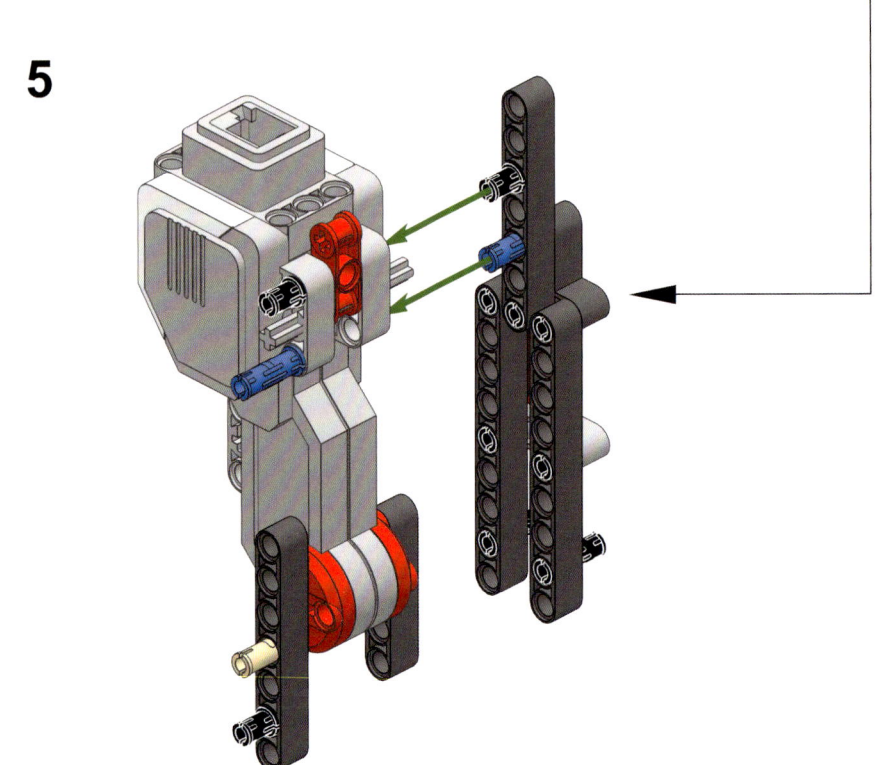

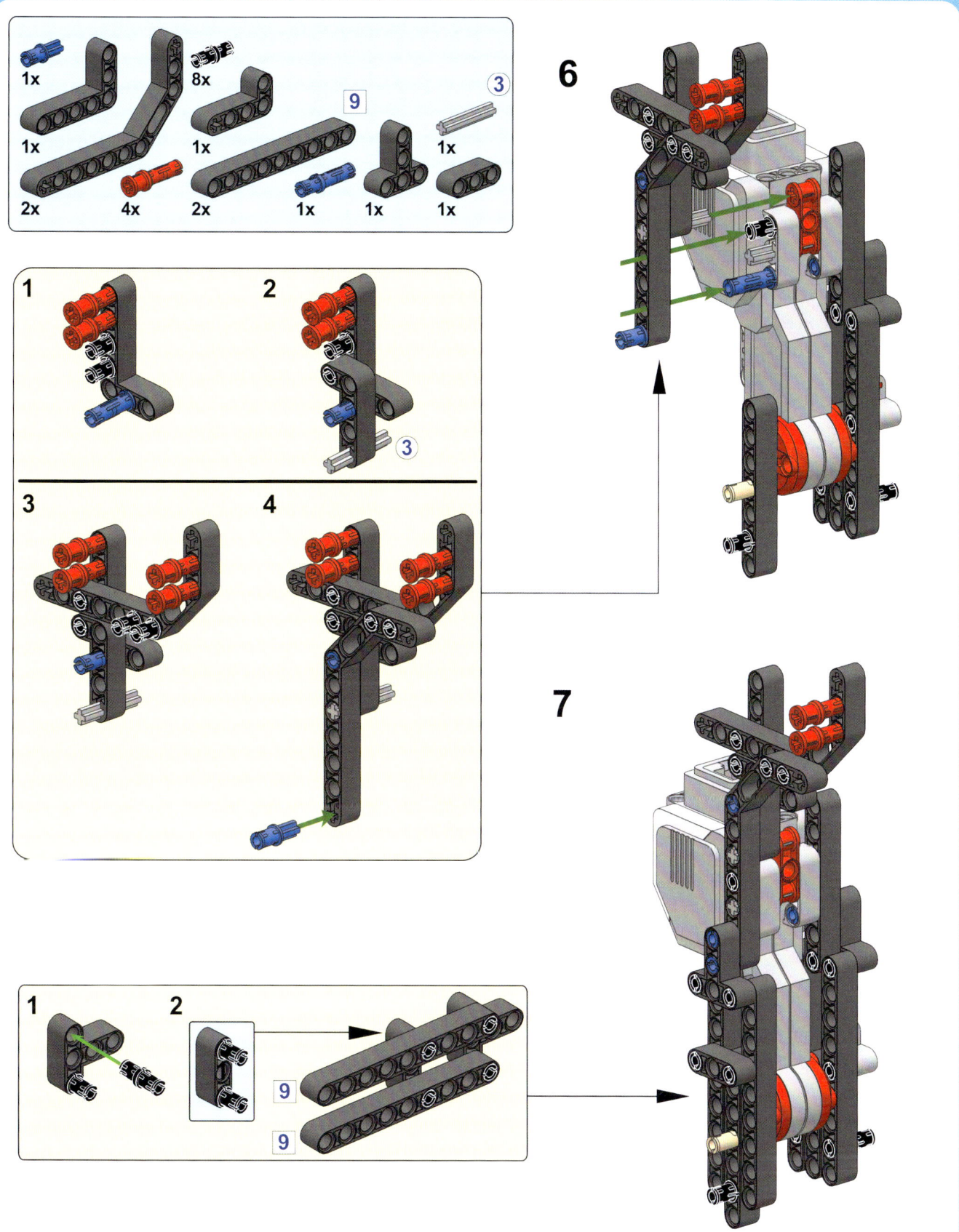

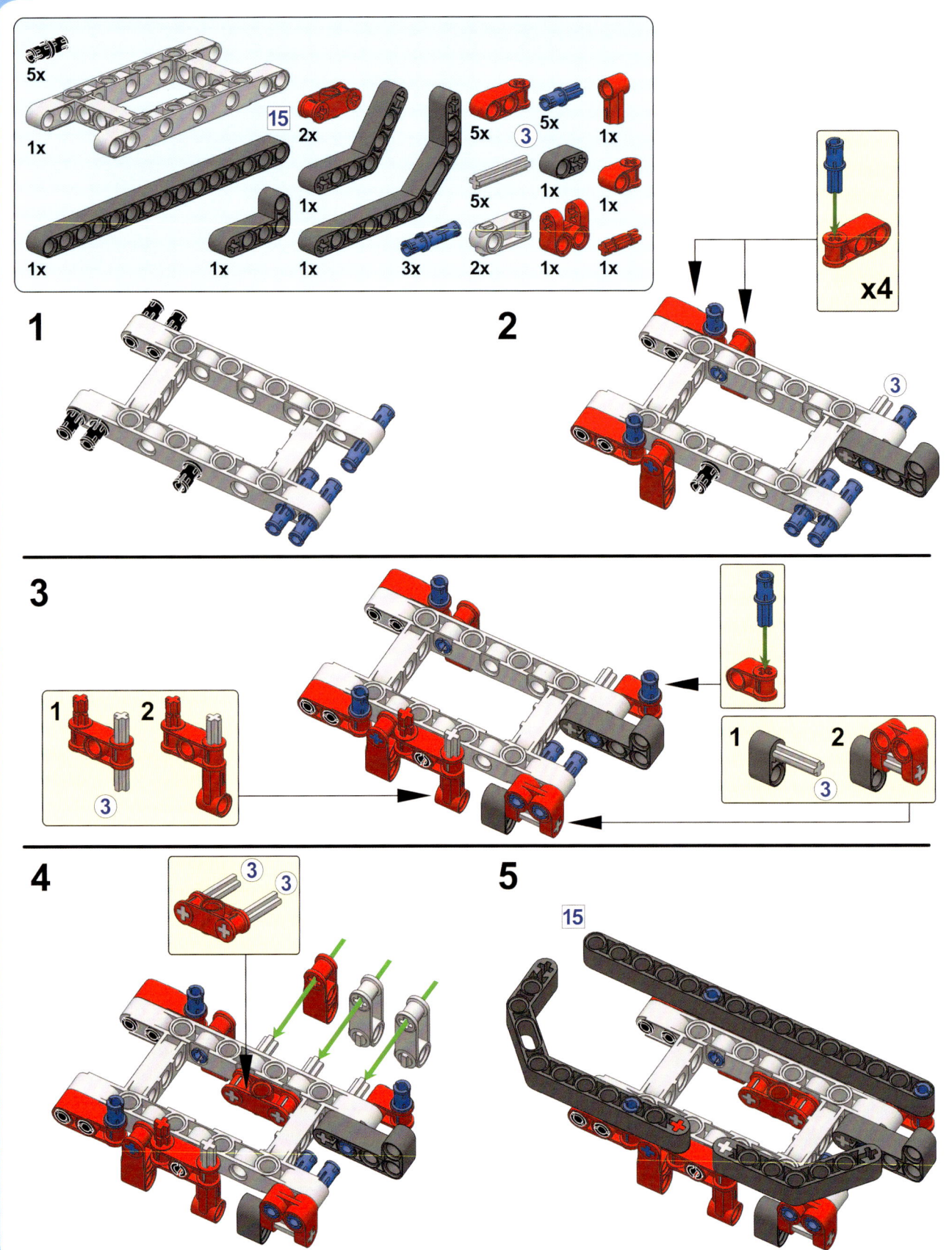

1

2

3

4

5

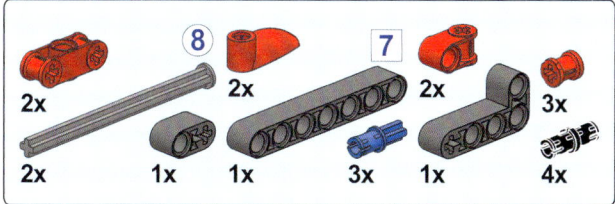

6

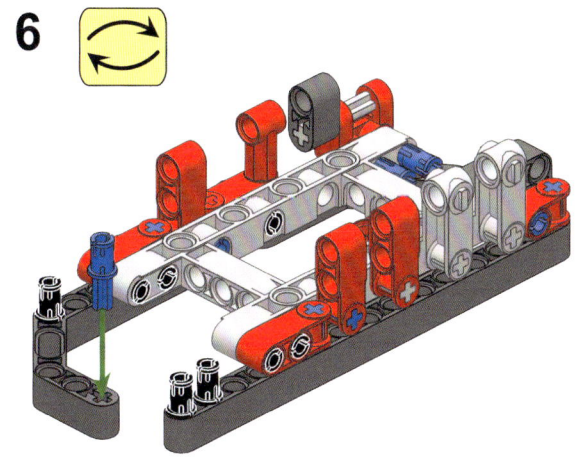

7

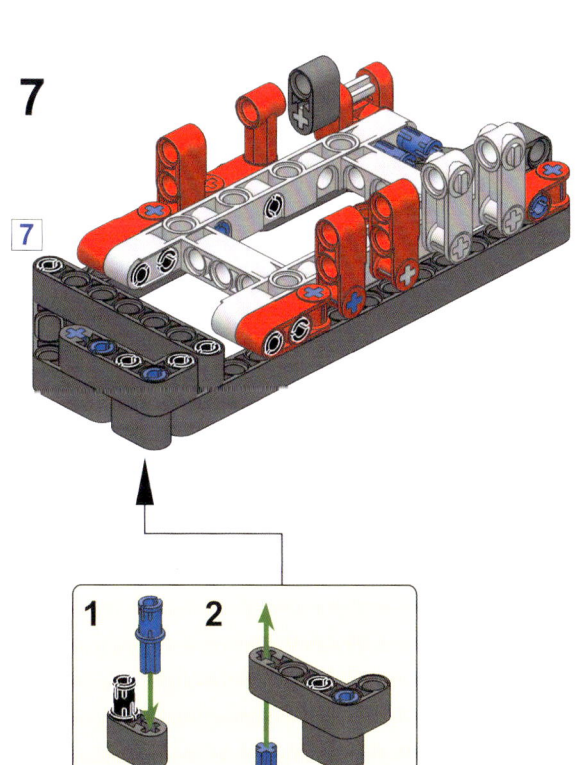

8

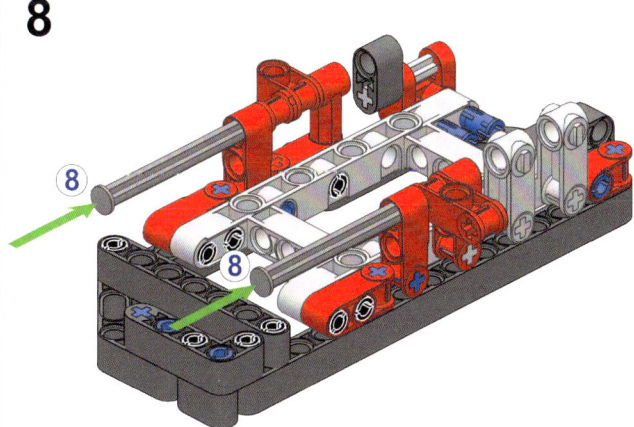

9

10

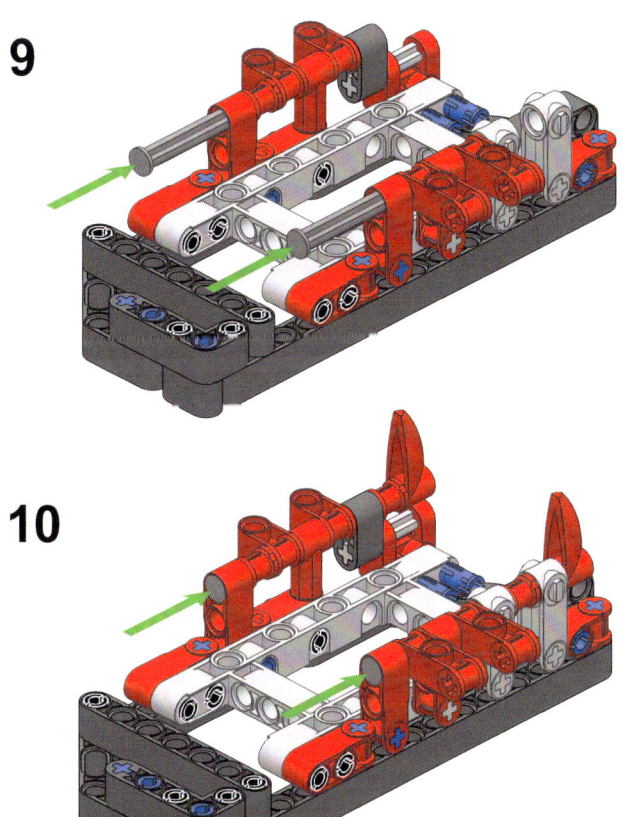

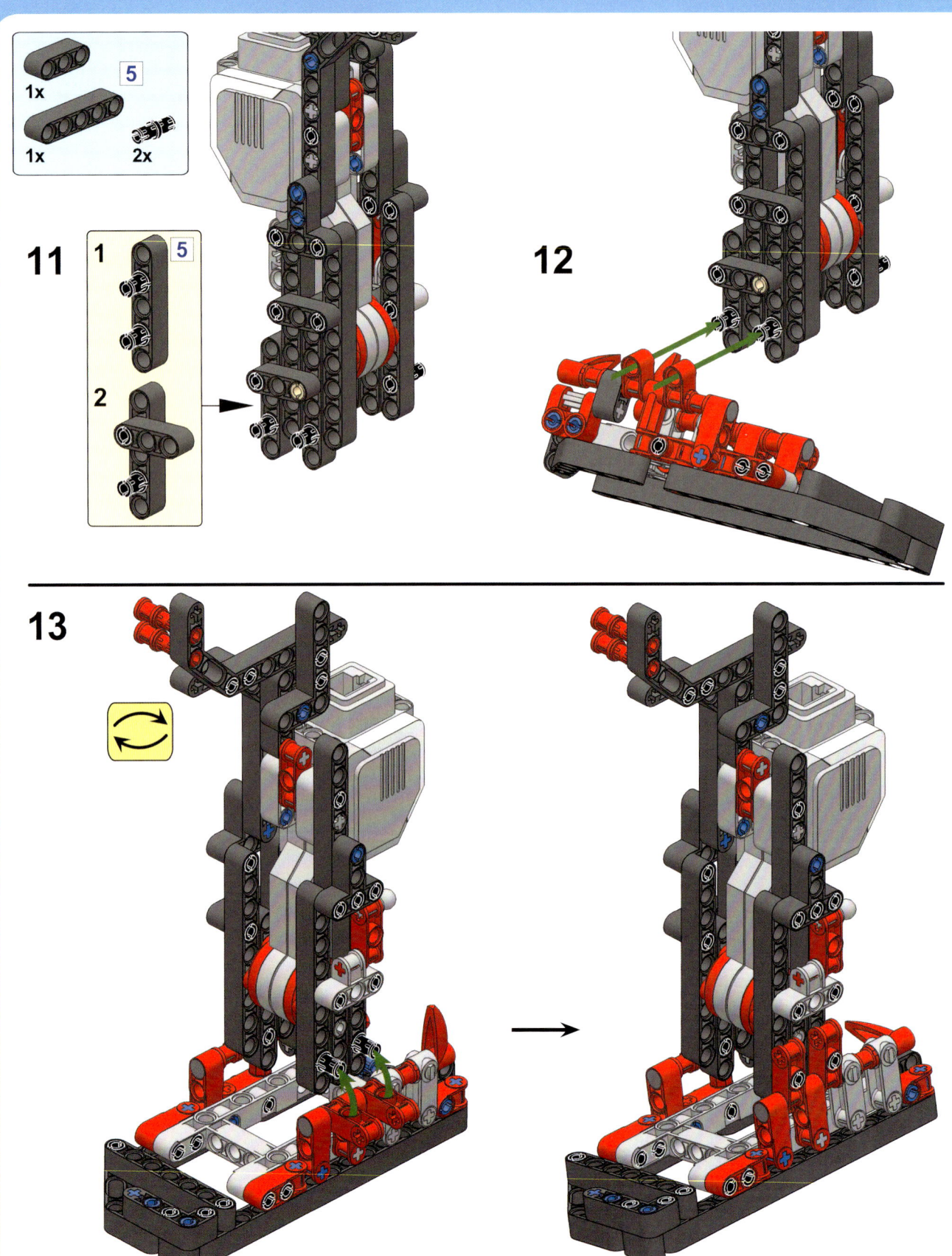

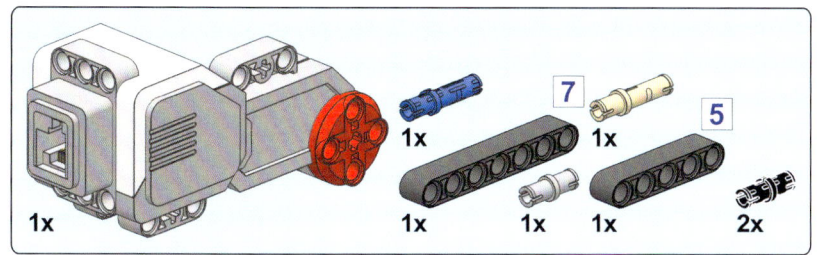

1x   **1x**   **7**   **1x**   **5**

1x   **1x**   **1x**   **2x**

1

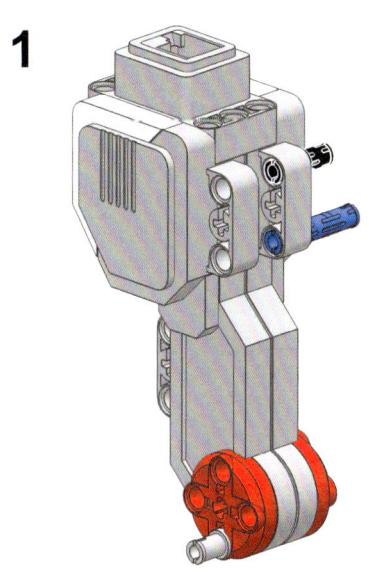

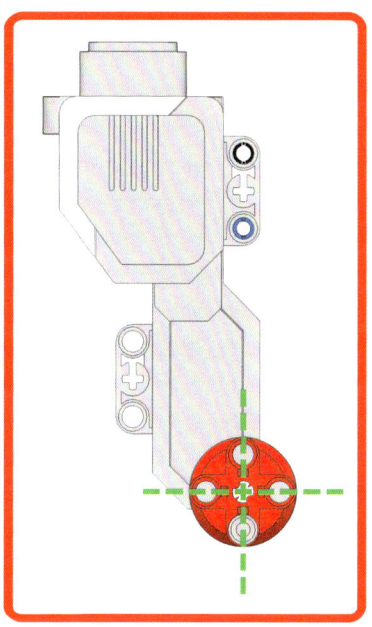

2

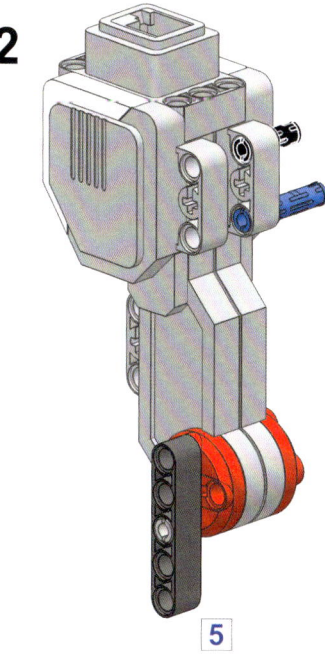

5

3

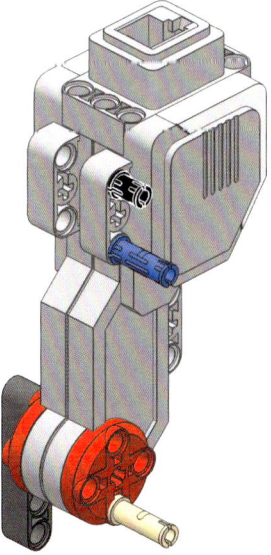

4

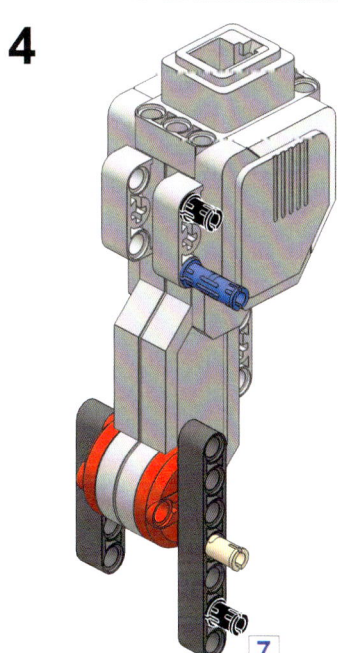

7

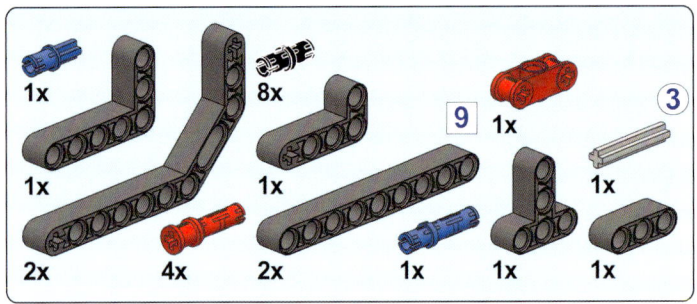

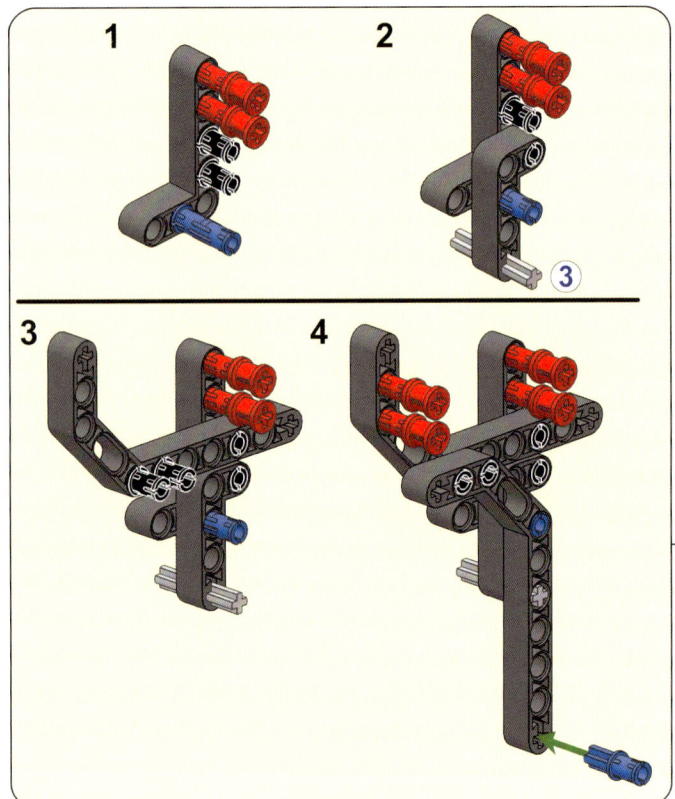

1

2

3

4

5

6

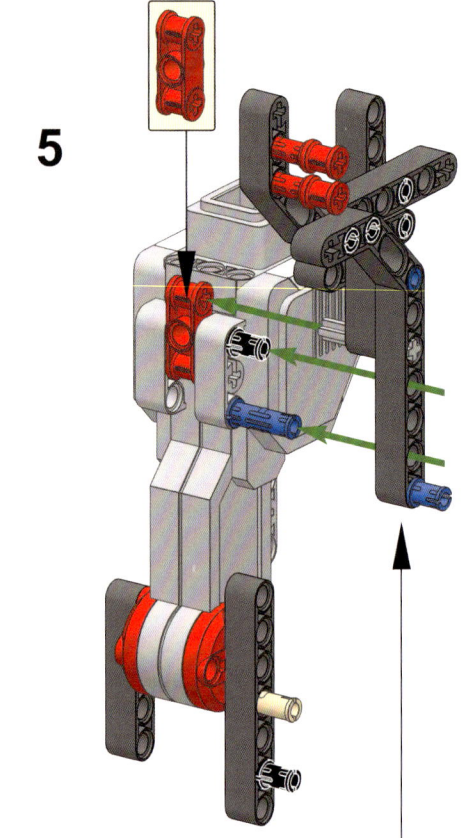

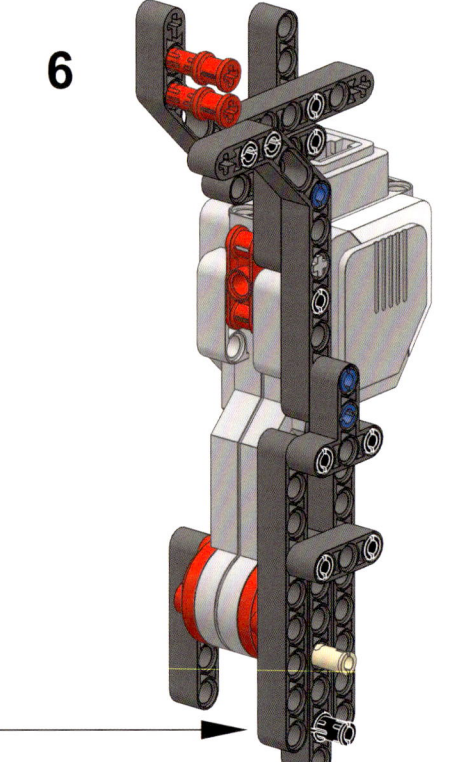

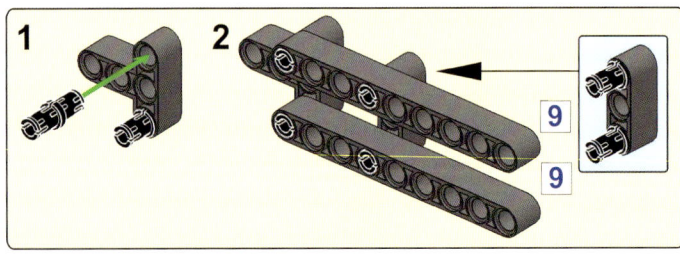

1

2

9

9

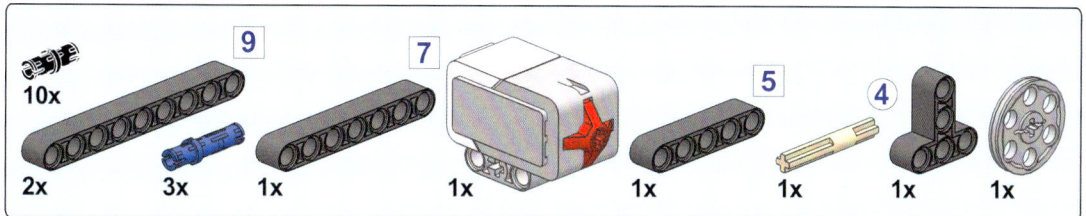

1

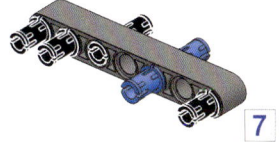

7

2

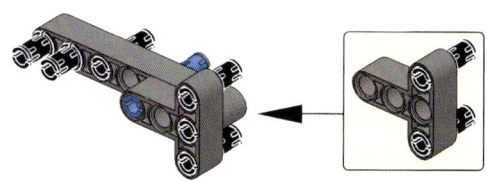

3

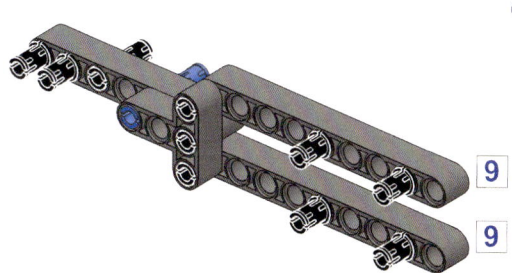

9

9

4

5

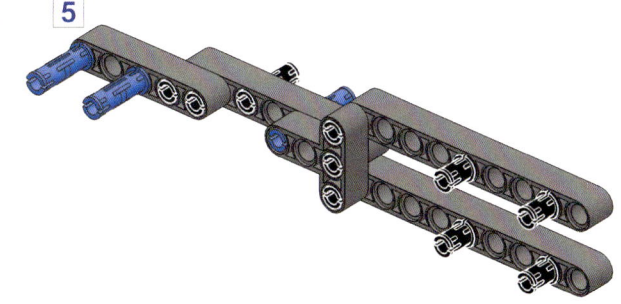

1

2

3

5

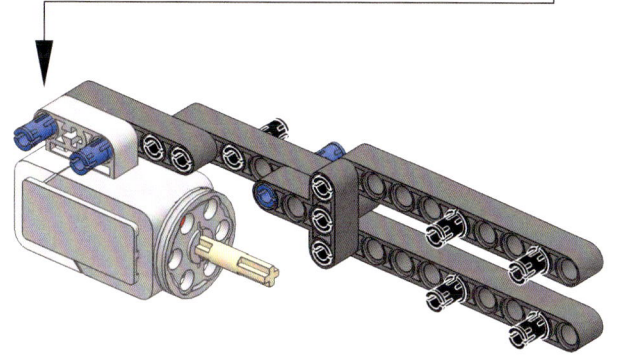

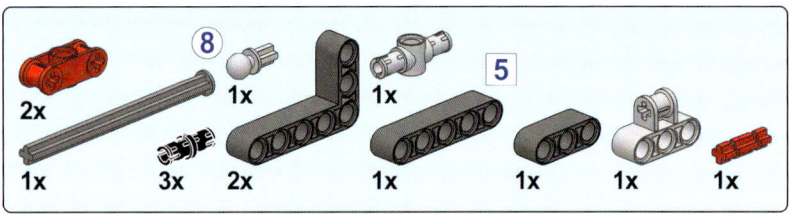

6

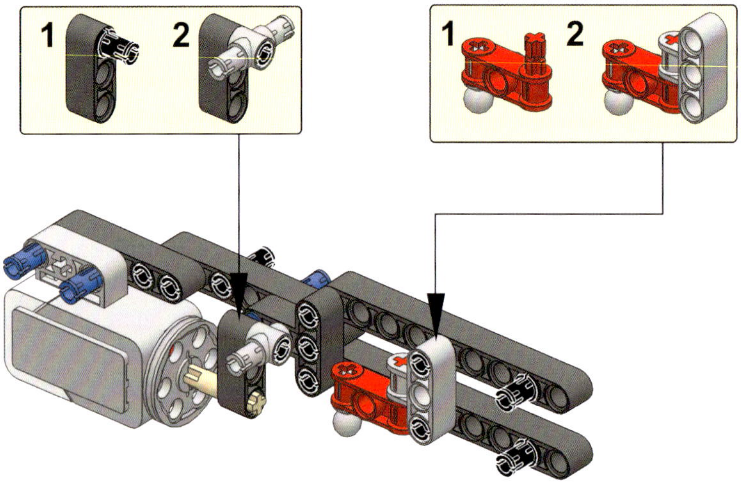

7

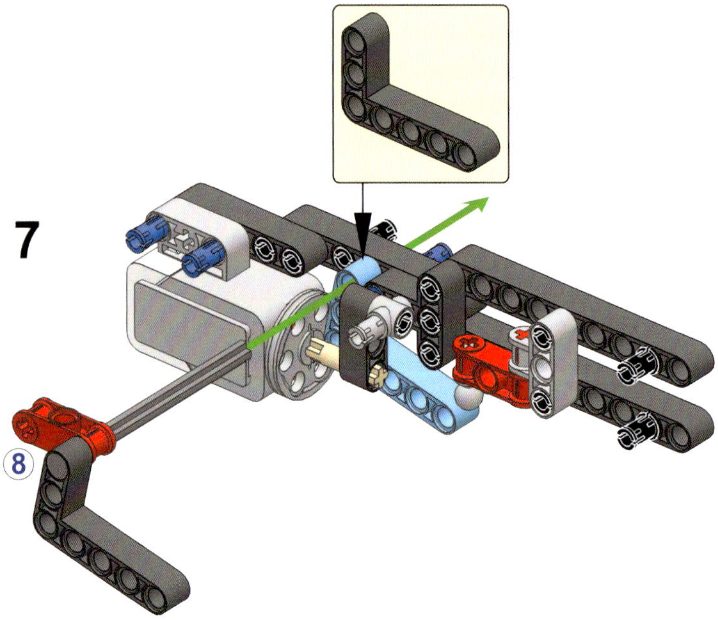

Einer der Winkelbalken ist hier der Deutlichkeit halber blau dargestellt. Verwende in diesem Schritt aber einfach schwarze Balken.

8

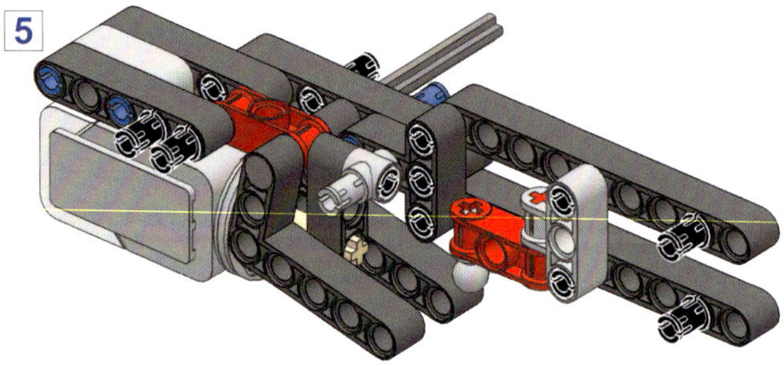

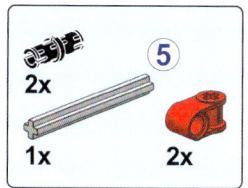

9

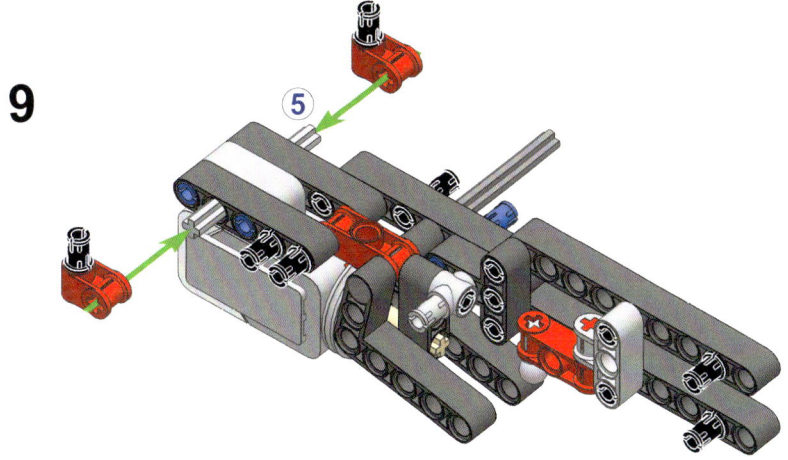

10

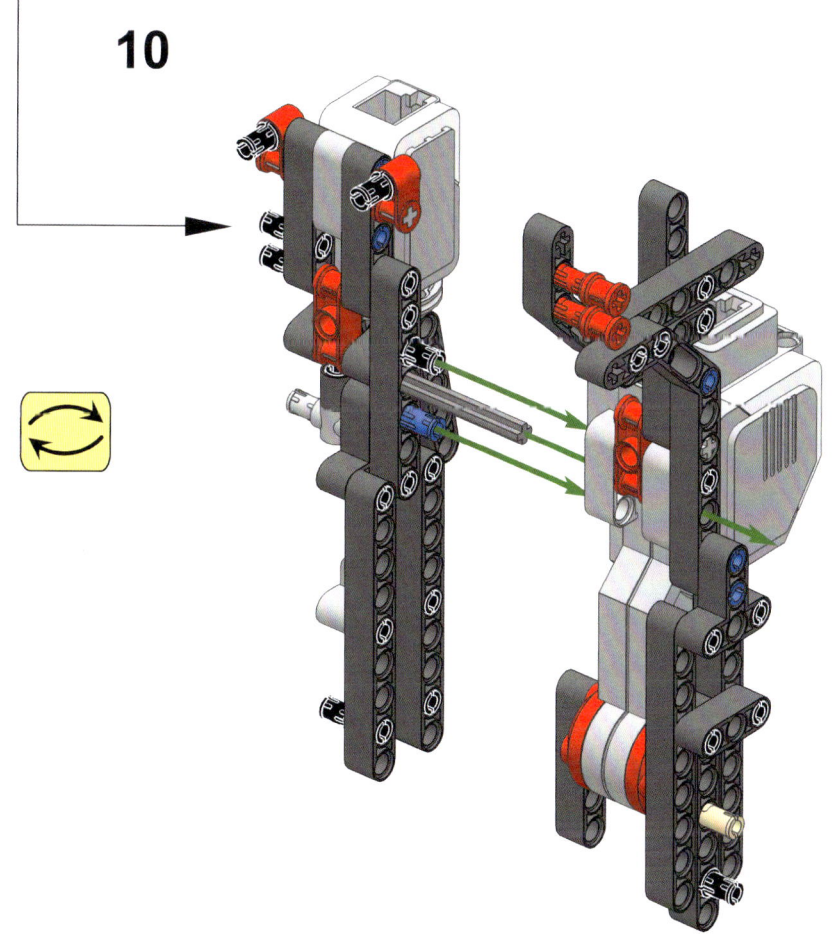

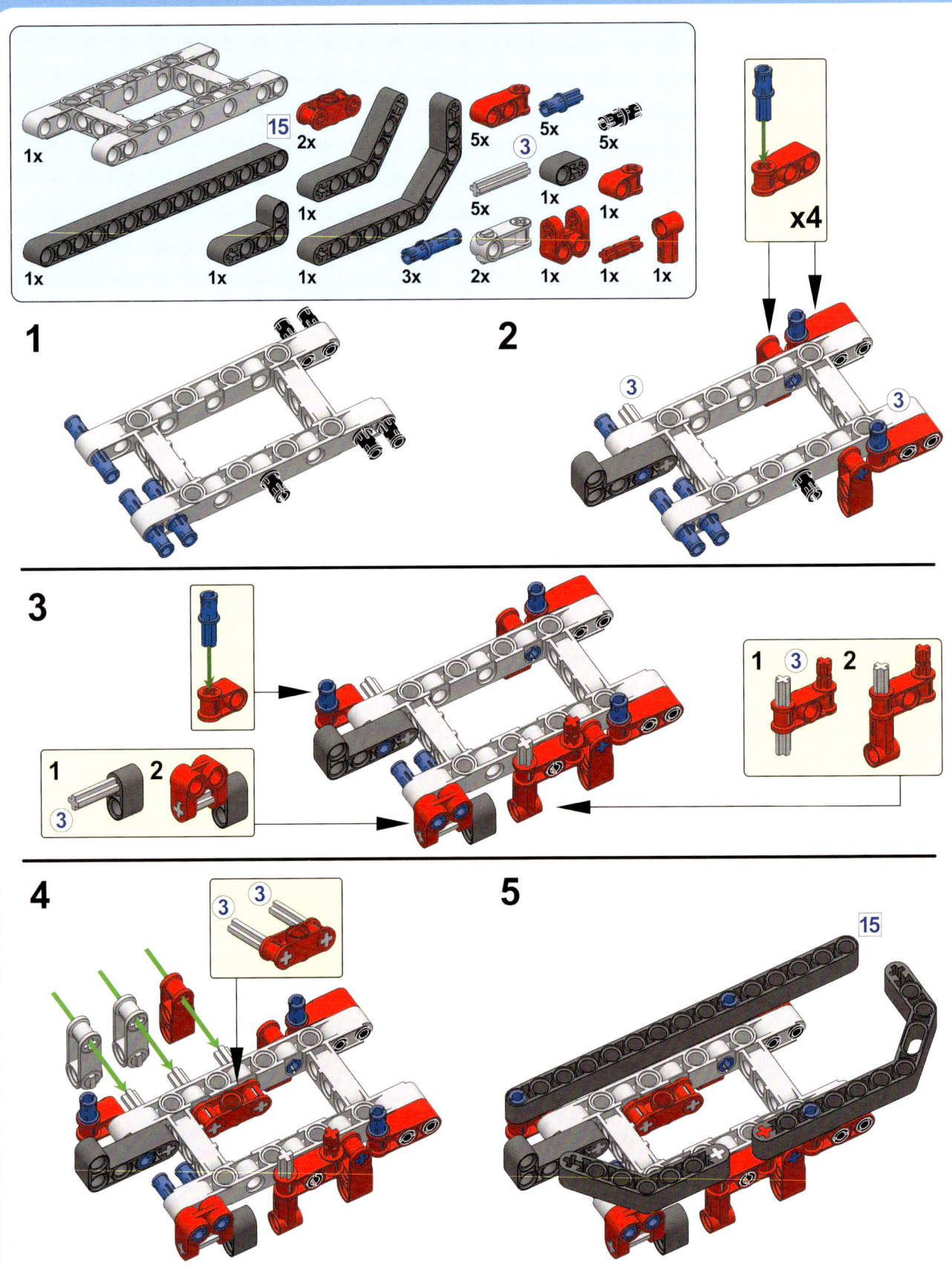

1

2

3

4

5

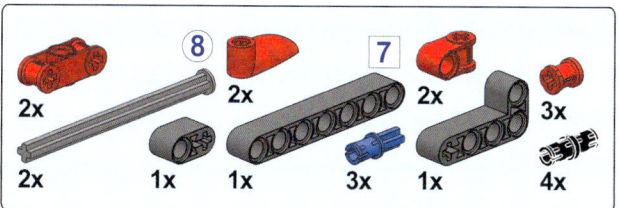

6

7

8

9

10

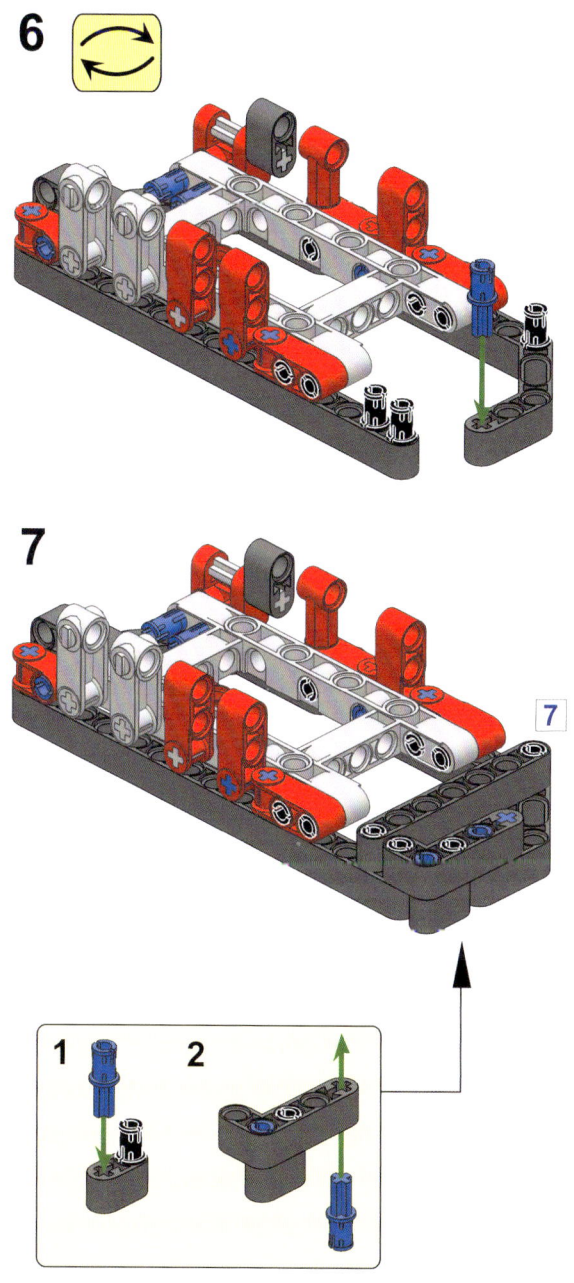

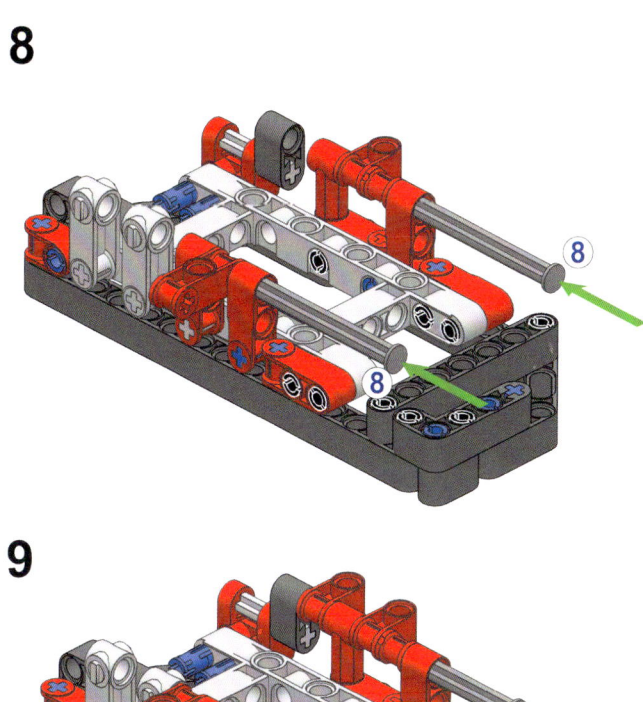

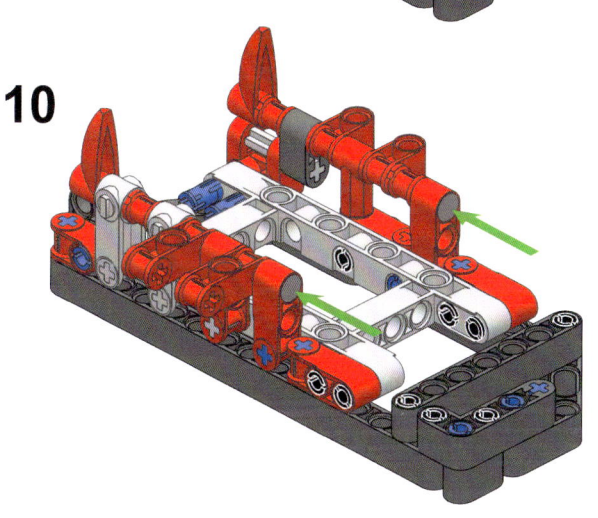

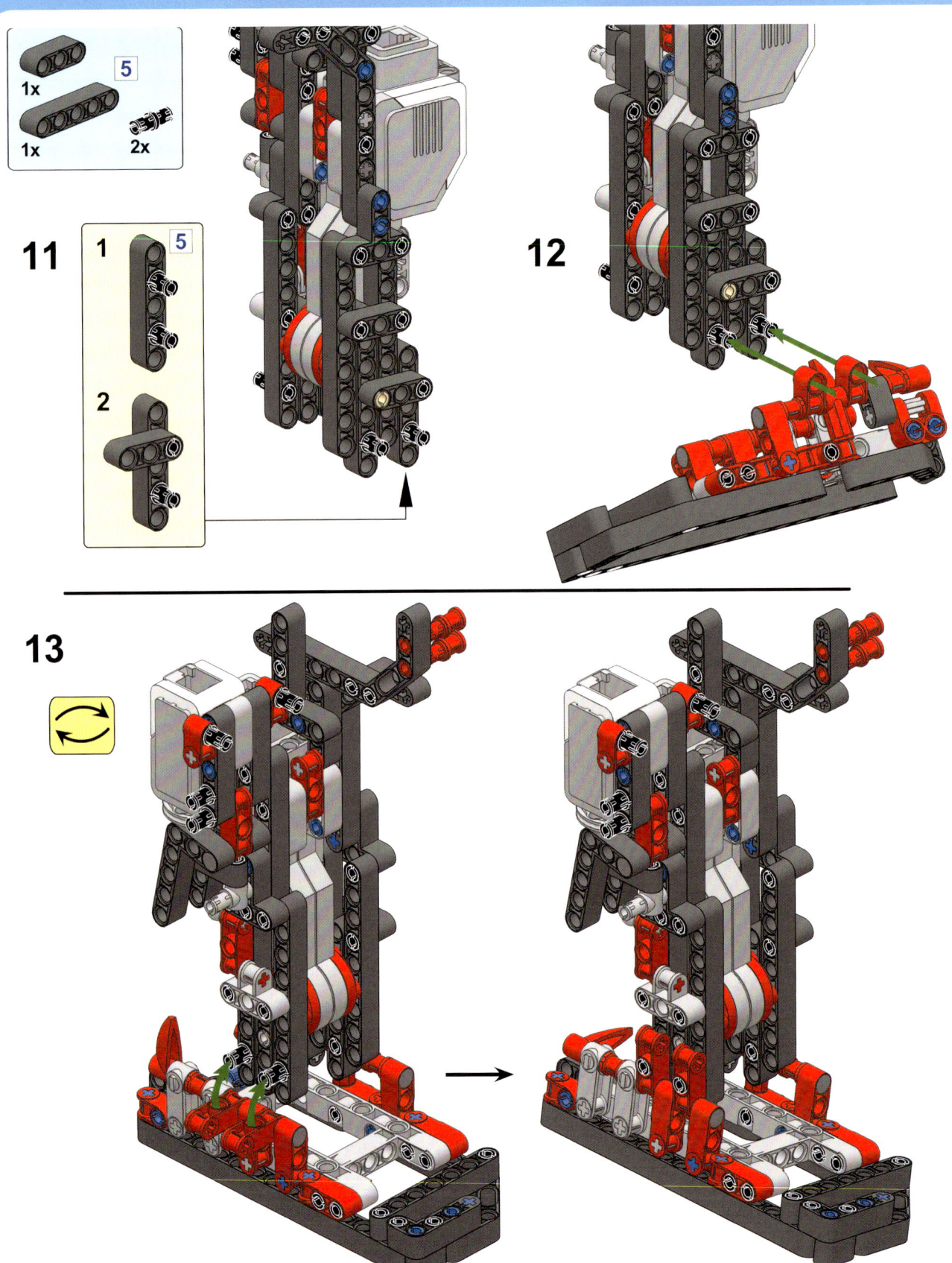

11

1x 1x 2x 5

1 5

2

12

13

1

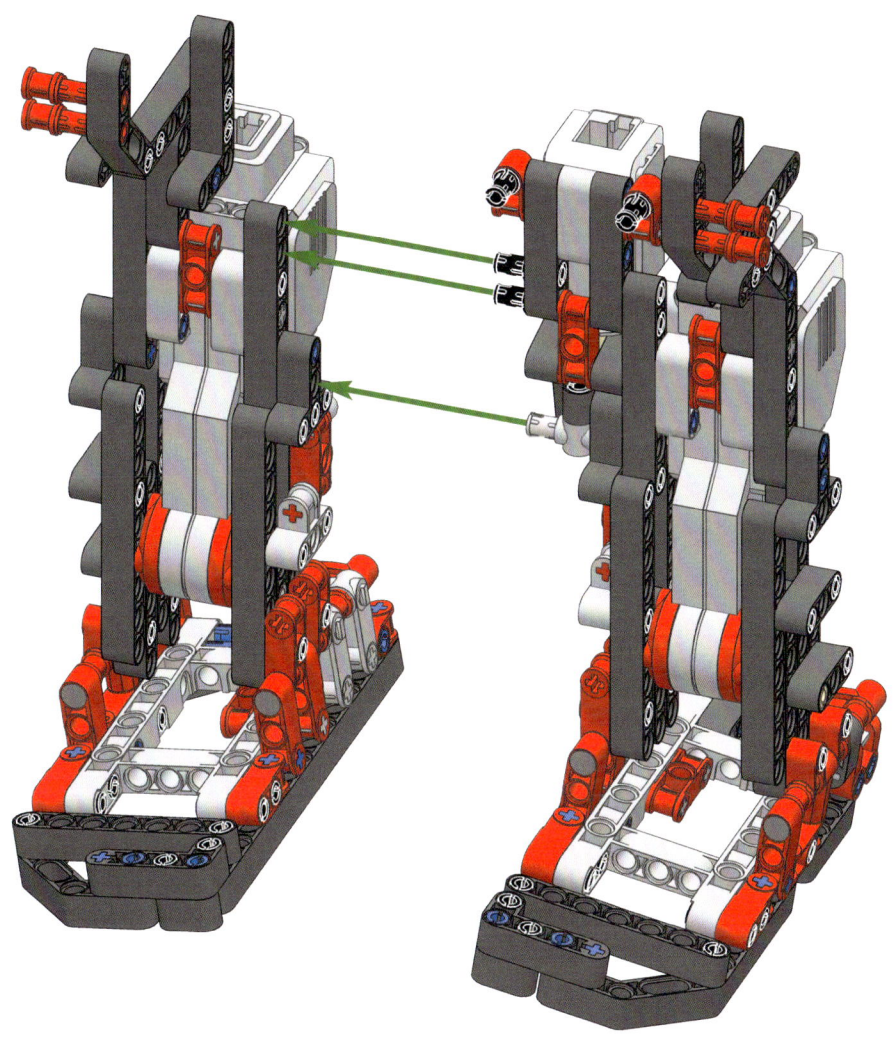

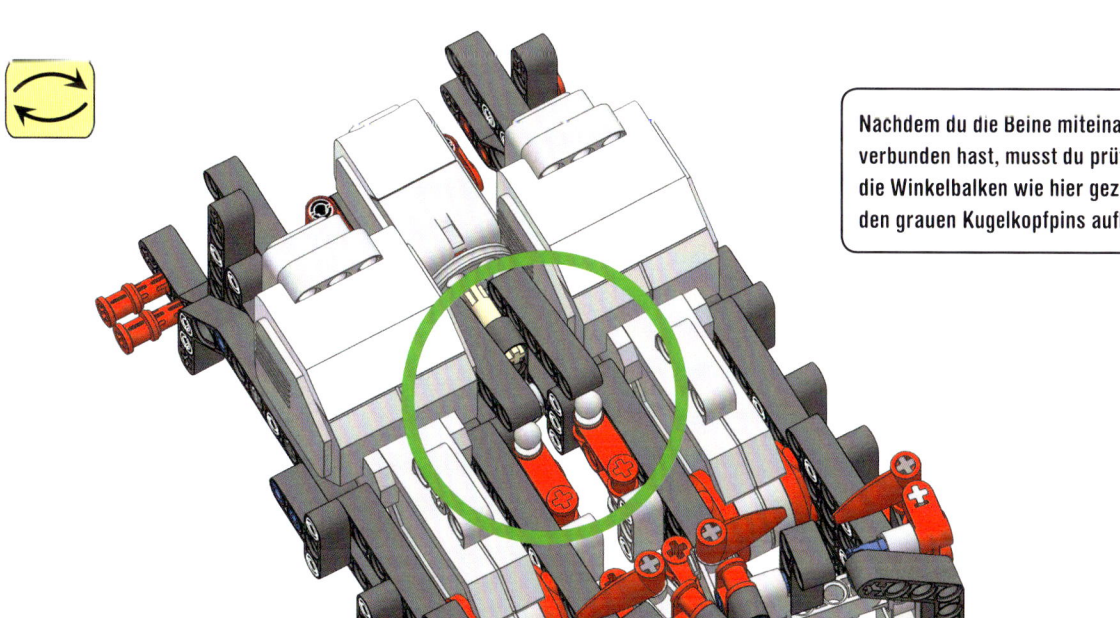

Nachdem du die Beine miteinander verbunden hast, musst du prüfen, ob die Winkelbalken wie hier gezeigt auf den grauen Kugelkopfpins aufliegen.

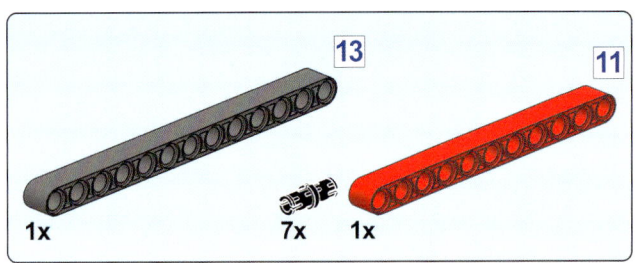

2 ⟳

3 ⟳

13

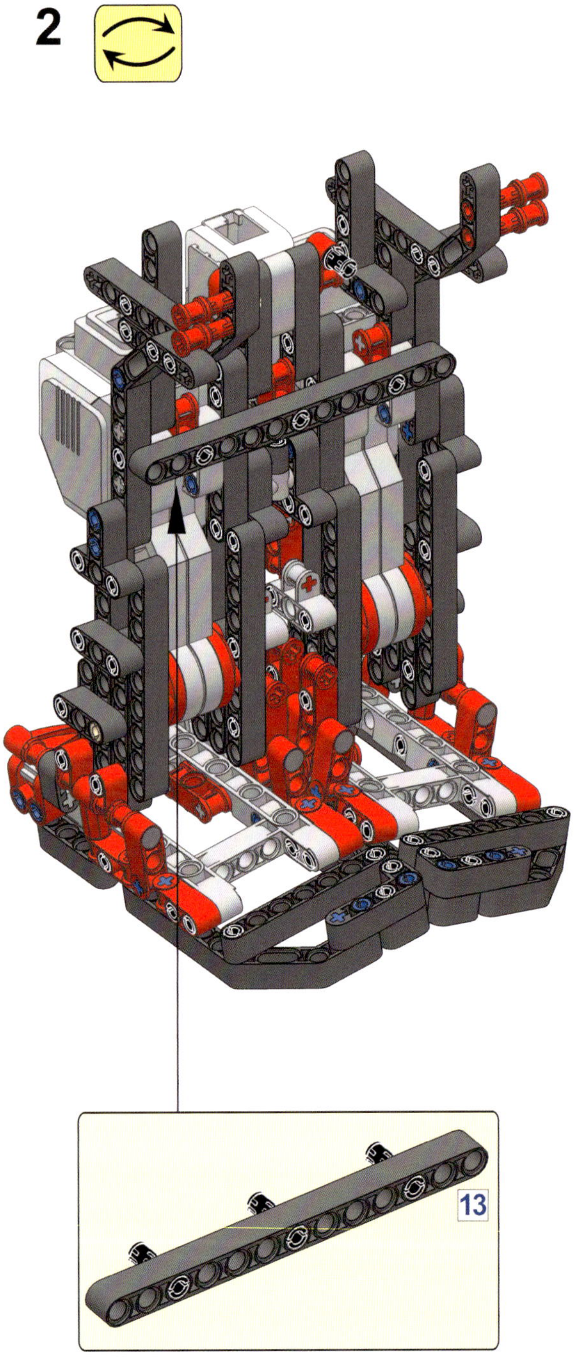

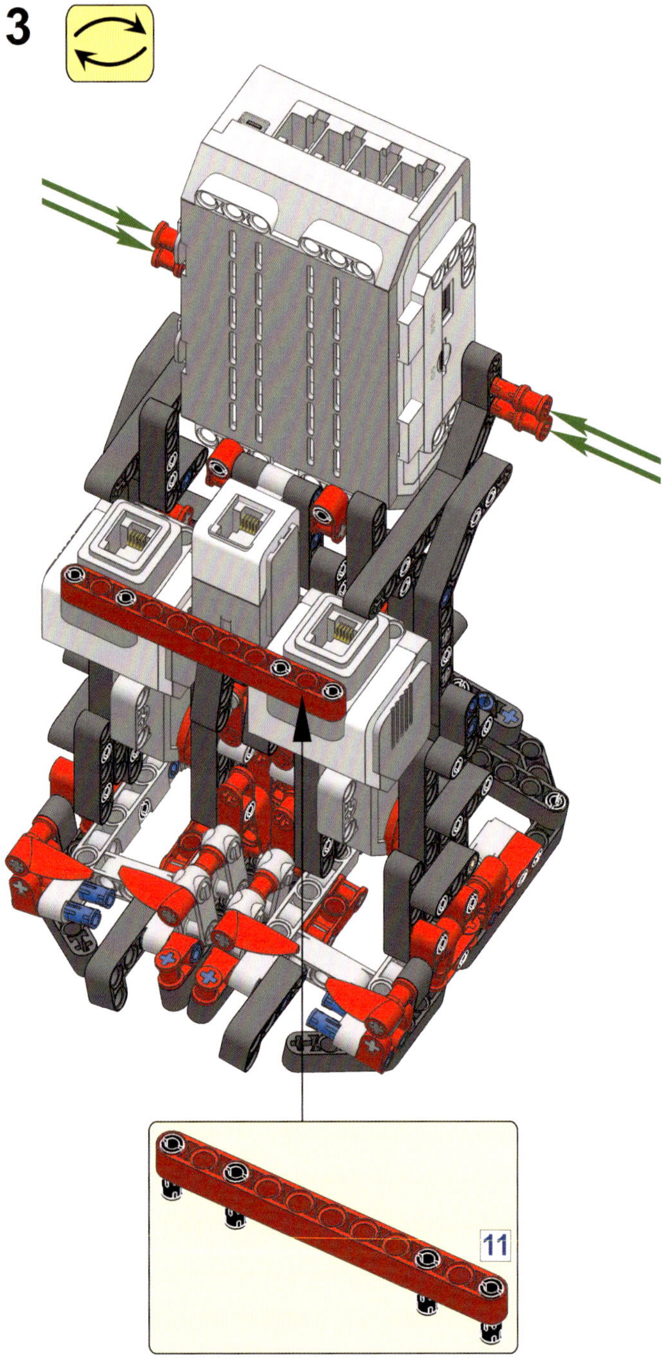

11

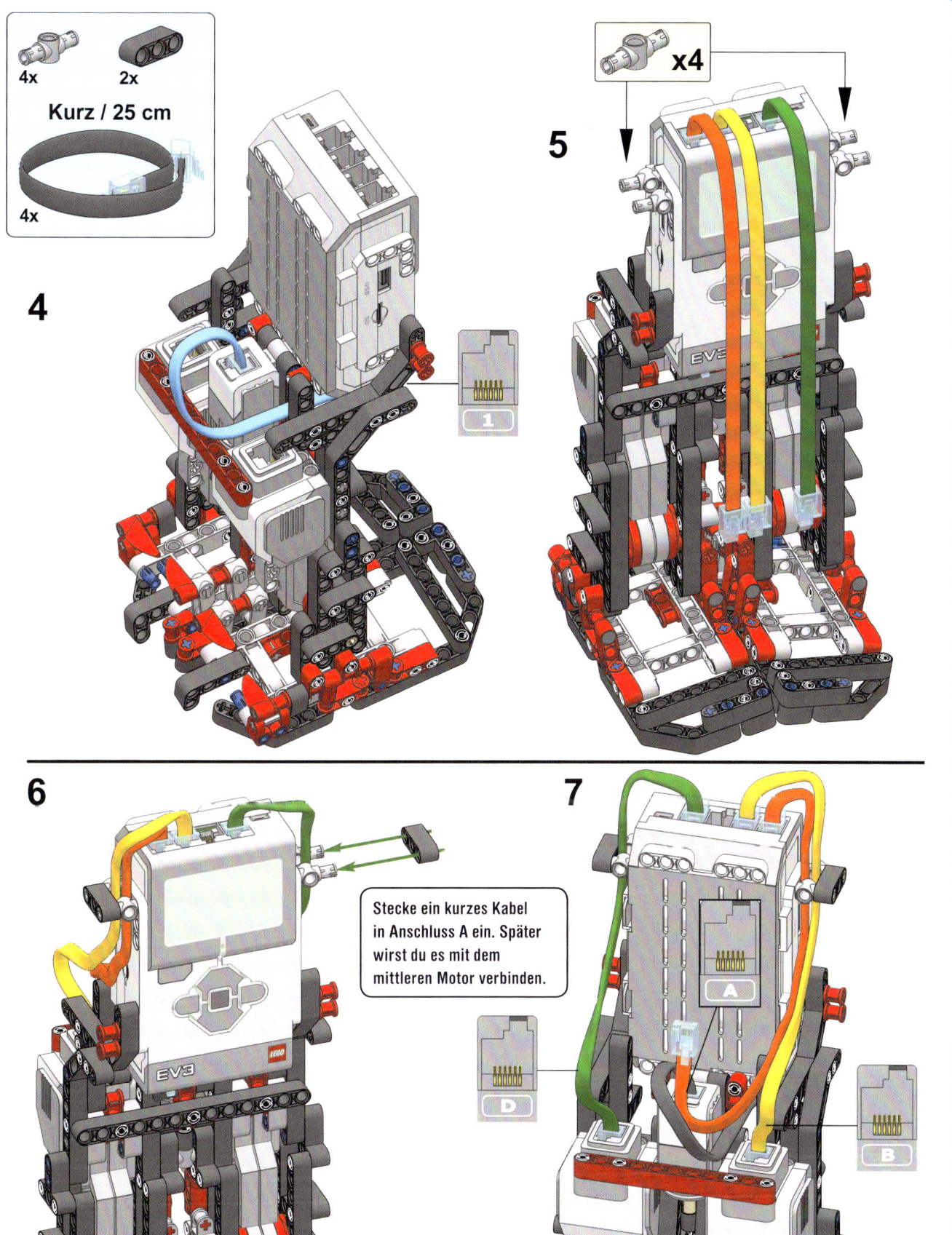

4

5 x4

6

7

Stecke ein kurzes Kabel in Anschluss A ein. Später wirst du es mit dem mittleren Motor verbinden.

A

D

B

Kurz / 25 cm

4x   2x

4x

1

Den Roboter zum Gehen bringen

Als Nächstes erstellst du mehrere Eigene Blöcke, um die Beine in gegenüberliegender Stellung auszurichten, den Roboter vorwärts gehen zu lassen und ihn nach links zu drehen. Außerdem schreibst du ein kleines Programm, um die einzelnen Blöcke zu testen.

Die Prüfung der Blöcke ohne den schweren Oberkörper des Roboters macht die Fehlerbehebung einfacher, da der Roboter dann nicht so leicht umfällt. Wenn du es geschafft hast, dass sich der Roboter stabil bewegt, kannst du die Konstruktion fertigstellen.

Eigener Block 1: Reset

Jedes Mal, wenn der Motor eine komplette Umdrehung ausgeführt hat, drückt der zugehörige Mechanismus einmal auf den Berührungs-sensor (siehe Abbildung 19-4). Anhand der Informationen dieses Sensors kann der LAVA R3X das rechte und das linke Bein gegenläufig ausrichten.

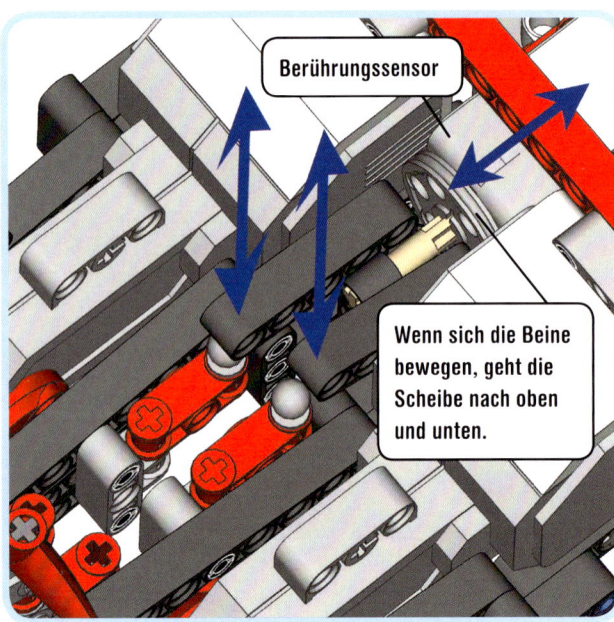

Abbildung 19-4: Während sich die Motoren drehen, drücken sie jeweils einen Winkelbalken gegen die graue Scheibe, die wiederum den Berührungssensor betätigt. Die beigefarbene Achse sorgt dafür, dass die Scheibe korrekt ausgerichtet bleibt.

Da der Roboter nicht erkennen kann, welcher der beiden Bein-mechanismen den Berührungssensor betätigt hat, müssen die Beine erst so positioniert werden, dass der Sensor nicht gedrückt wird. Dazu bewegt der Roboter die Motoren vorwärts, bis der Sensor losgelassen

ist, und hält sie dann an. Dabei kann es durch ein gewisses Spiel im Mechanismus manchmal passieren, dass der Berührungssensor erneut gedrückt wird. Um sicherzustellen, dass der Sensor in der losgelas-senen Position verbleibt, wartet der Roboter 0,1 s lang und prüft den Sensorzustand dann erneut. Die Bewegung und die Prüfung erfolgen in einem Schleifenblock. Ist der Sensor nach der kurzen Pause immer noch freigegeben, endet die Schleife, wurde der Sensor dagegen zwischenzeitlich wieder gedrückt, wird sie erneut ausgeführt.

Wenn es sicher ist, dass keiner der Mechanismen den Sensor berührt, wird der Rücksetzvorgang fortgeführt. Dazu dreht sich der linke Motor (D) weiter vorwärts, bis der Berührungssensor angestoßen wird, und dann um weitere 90 Grad *vorwärts*. Danach wird der rechte Motor (B) vorwärts gedreht, bis er den Sensor berührt, und dann um 90 Grad *rückwärts*. Jetzt sind die beiden Beinmechanismen um 180 Grad getrennt, sodass der Roboter zum Gehen bereit ist. Die beiden Drehsensoren werden jetzt auf 0 gesetzt. Während der Roboter geht, befinden sich die Mechanismen also in gegenüberliegender Stellung, wenn die Drehsensoren beider Motoren den gleichen Wert aufweisen. Durch das Zurücksetzen der Sensoren wird es einfacher, später zur Ausgangsposition zurückzukehren.

Den Block *Reset*, der diese Vorgänge ausführt, siehst du in Abbil-dung 19-5. Er steht am Anfang jedes Programms für den LAVA R3X.

Eigener Block 2: Return

Der LAVA R3X soll nicht nur geradeaus marschieren, sondern sich auch nach links drehen können. Nach einer solchen Drehung kann es sein, dass sich die beiden Beinmechanismen nicht mehr gegenüberstehen. Bevor der Roboter weitergehen kann, musst du die Beine daher wieder in die richtige Stellung bringen. Es wäre allerdings ziemlich umständlich, nach jedem Wendemanöver den *Reset*-Block auszuführen, da er zu viel Zeit in Anspruch nimmt. Zum Glück kannst du aber denselben Effekt erzielen, indem du den Motor in die Nullstellung zurückfährst.

Dazu muss der Roboter die aktuelle Stellung des Roboters messen und ihn um den gemessenen Betrag zurückdrehen. Hat sich der Motor also beispielsweise um 25 Grad vorwärts gedreht, muss er nun um 25 Grad zurückgedreht werden. Wenn der Motor mehr als eine Umdre-hung ausgeführt hat, muss er jedoch nur um den Winkel zurückgedreht werden, der über die vollständigen Drehungen hinausgeht (siehe Abbil-dung 19-6). Misst der Sensor beispielsweise 450 Grad, muss der Motor nur um 90 Grad zurückgedreht werden, sodass der Sensor schließlich 360 Grad anzeigt. In dieser Motorstellung ist der Fuß genauso ausge-richtet wie bei 0 Grad.

Den Betrag, um den die Position die vollständigen Umdrehungen überschreitet, kannst du mit dem *Modulo-Operator* (%) berechnen. Er gibt den Rest einer Division an. Beispielsweise ergibt 7 geteilt durch 3 den Wert 2 mit dem Rest 1, also 7 % 3 = 1. Auf den Modulo-Operator kannst du im Matheblock im erweiterten Modus zugreifen.

Der benötigte Winkel ist der Rest der Division durch 360, also z. B. 450 % 360 = 90.

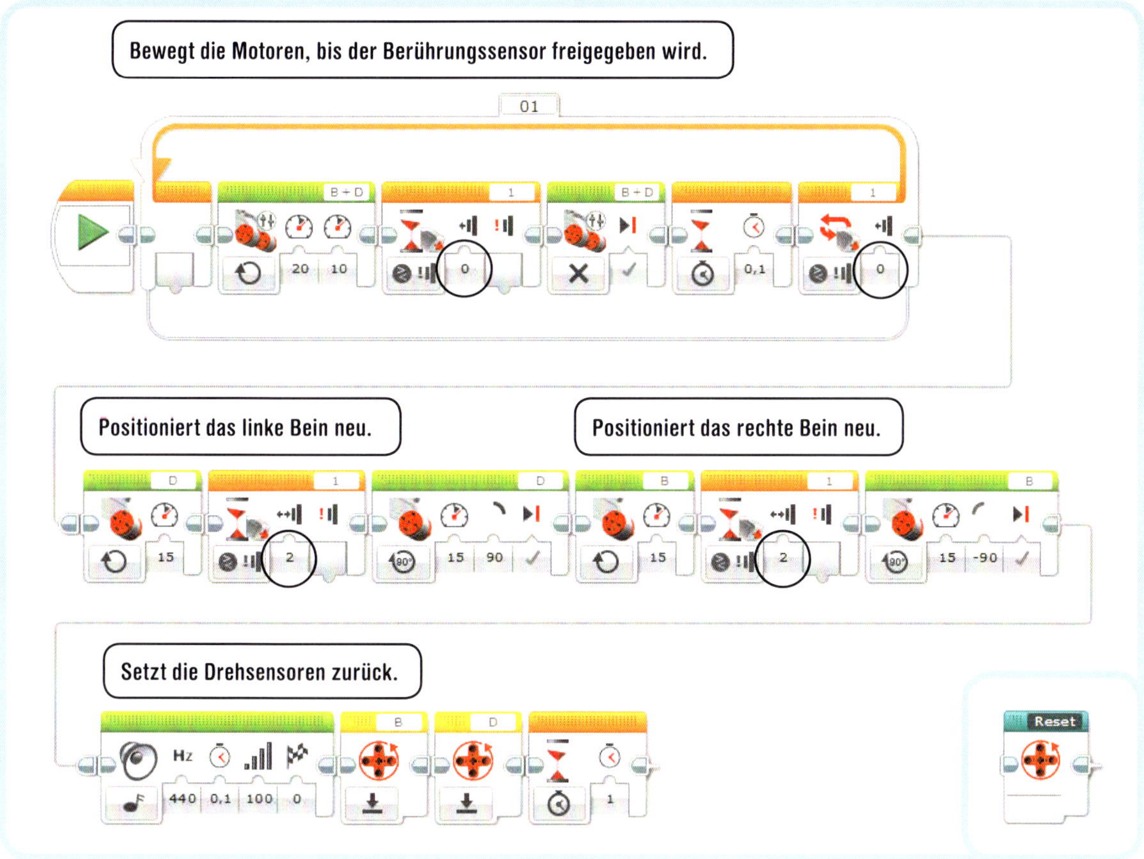

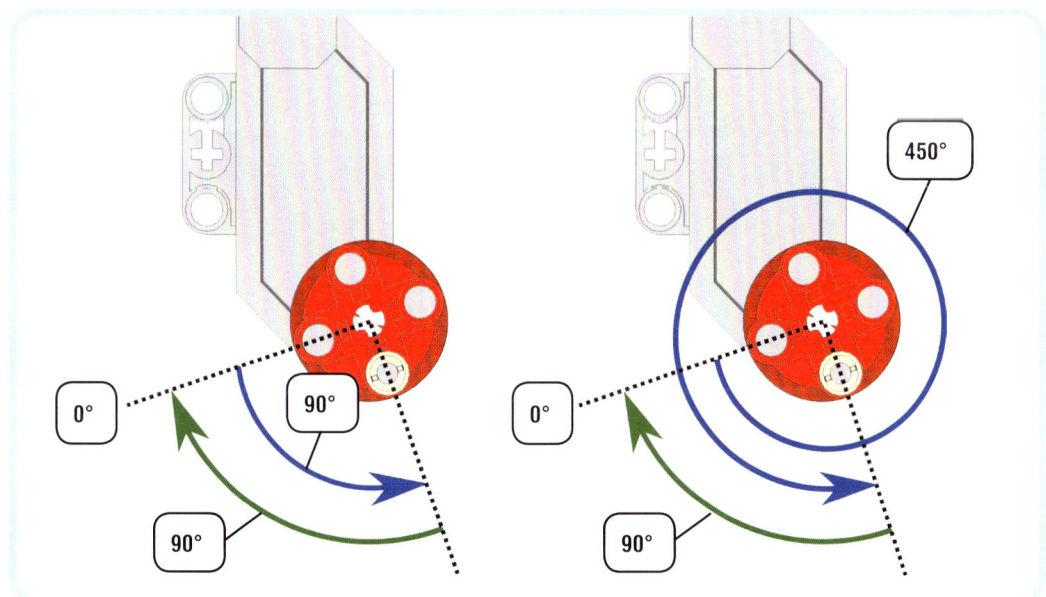

Bewegt die Motoren, bis der Berührungssensor freigegeben wird.

Positioniert das linke Bein neu.

Positioniert das rechte Bein neu.

Setzt die Drehsensoren zurück.

Abbildung 19-5: Die Abfolge der Blöcke im Eigenen Block **Rest** (links) und der fertige Eigene Block (unten rechts)

450°

0°

90°

90°

0°

90°

90°

Abbildung 19-6: Wenn sich der Motor vorwärts dreht (blauer Pfeil), kann er in die Ausgangsstellung (0°) zurückkehren, indem er die aktuelle Position (hier 90°) misst und sich um diesen Winkel rückwärts dreht (grüner Pfeil). Hat der Motor mehr als eine Umdrehung zurückgelegt, muss er sich nicht ebenso oft rückwärts drehen, sondern nur um den Winkel, der über die vollständigen Umdrehungen hinausgeht (siehe rechts; 450° - 360° = 90°).

Mit anderen Worten: Die vollständigen Umdrehungen werden vom Gesamtwinkel abgezogen, sodass nur ein Winkel kleiner als eine ganze Umdrehung (also von weniger als 360 Grad) übrig bleibt. Der Mechanismus wird um diesen Restwinkel in seine Ausgangsstellung zurückgedreht.

Stelle den Block *Reset* wie in Abbildung 19-7 zusammen, um beide Mechanismen in die Ausgangsstellung zurücksetzen zu können.

HINWEIS Als Symbol für die Division wird im Matheblock ein Schrägstrich (/) verwendet, für die Multiplikation ein Sternchen (*). Der Modulo-Operator wird als Prozentzeichen dargestellt (%). Anstatt die Symbole einzugeben, kannst du sie auch aus der Liste auswählen, die eingeblendet wird, wenn du die Gleichung eingibst.

Eigener Block 3: OnSync

Damit der Roboter nach der gegenläufigen Ausrichtung der Beinmechanismen losmarschieren kann, muss er beide Motoren mit 20 % der Höchstdrehzahl vorwärts bewegen (34 U/min). Ein Bewegungslenkungsblock im Modus *An* scheint die richtige Wahl für diese Aufgabe zu sein, aber aufgrund von leichten Drehzahlabweichungen kann es schließlich dazu kommen, dass ein Motor hinter dem anderen zurück-

bleibt, sodass die beiden Beinmechanismen nicht mehr gegenläufig ausgerichtet sind. Daher musst du einen eigenen Ersatzblock erstellen, der die Motoren *synchronisiert*. Das heißt, dieser Block muss beide Motoren im Durchschnitt mit einer Drehzahl von 20 % bewegen und dabei sicherstellen, dass die Werte der Drehsensoren von Motor D und B (fast) gleich sind.

Dazu musst du den Motor, der zurückfällt, ein weniger schneller als mit 20 % laufen lassen, und den anderen ein wenig langsamer. Je weiter die Motorstellungen auseinander liegen, umso stärker muss die Drehzahlanpassung sein. Wenn beispielsweise Motor B bei 790 Grad steht und Motor D bei 750 Grad, drehst du Motor D mit 22 % und B mit 18 %, sodass D aufholen kann.

Um die Drehzahlanpassung zu berechnen (hier 2 %), musst du als Erstes den Winkel zwischen den beiden Motorstellungen bestimmen, indem du die Position von D von der von B abziehst (hier 790 - 750 = 40). Wie im Eigenen Block *Return* wendest du den Modulo-Operator für die Division durch 360 Grad auf diese Zahl an, denn wenn ein Motor um mehr als eine Umdrehung hinter dem anderen zurückfällt, lässt sich der Abstand viel schneller aufholen, indem du ihn nur um den Winkel drehst, der über die vollständigen Umdrehungen hinausgeht. (Dadurch erreichst du dasselbe Ergebnis mit viel weniger Aufwand.) Stelle die Blöcke wie in Abbildung 19-8 gezeigt zusammen.

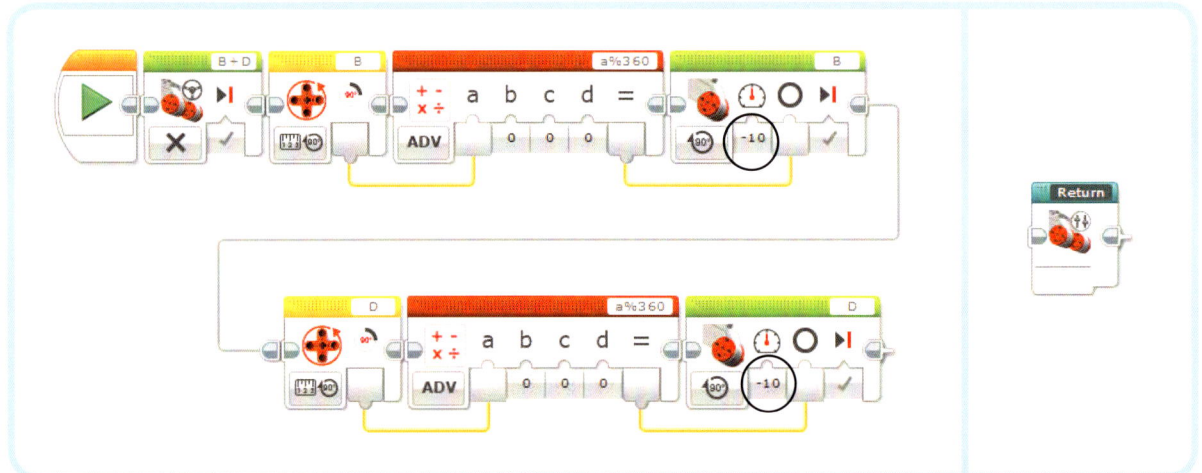

Abbildung 19-7: Die Konfiguration der Blöcke im Eigenen Block **Return** *(links) und der fertige Eigene Block (rechts)*

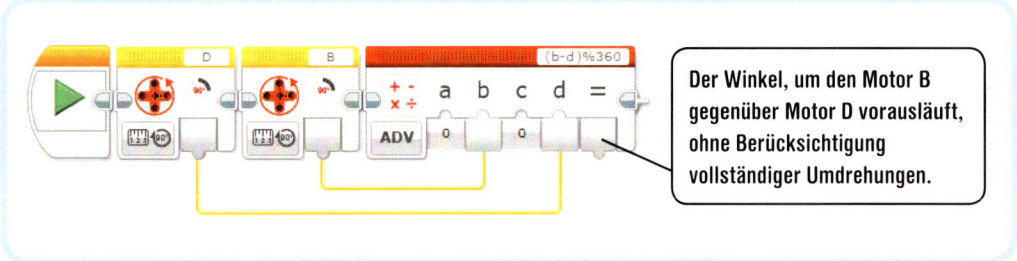

Der Winkel, um den Motor B gegenüber Motor D vorausläuft, ohne Berücksichtigung vollständiger Umdrehungen.

Abbildung 19-8: Schritt 1: Die ersten Blöcke im Eigenen Block **OnSync** *berechnen den Winkel zwischen den beiden Motorstellungen.*

Du weißt jetzt, um welchen Winkel Motor B gegenüber Motor D vorausläuft. Manchmal ist dieser Abstand größer als 180 Grad oder kleiner als -180 Grad. In einem solchen Fall ziehst du 360 Grad von dem Wert ab, um auf einen günstigeren Winkel zu kommen. Wenn Motor B beispielsweise um 220 Grad vorläuft, rechnest du 220 - 360 = -140. Das heißt, dass Motor B um 140 Grad *zurückbleibt*. Da sich die Motoren im Kreis drehen, hat das dieselbe Bedeutung, macht aber eine geringere Drehzahlanpassung erforderlich, weshalb sich der Roboter gleichmäßiger bewegt.

Bei einem Abstand kleiner -180 Grad addierst du 360 Grad. Für diese Berechnungen musst du dem Programm Vergleichsblöcke hinzufügen (siehe Abbildung 19-9). Der Ausgang des ersten dieser Blöcke ist *wahr* (1), wenn der Winkel mehr als 180 Grad beträgt, anderenfalls *falsch* (0). Bei *wahr* subtrahiert der Matheblock 1 x 360 = 360 von dem Abstandswert, bei *falsch* 0 x 360 = 0, sodass der Wert unverändert bleibt. Der zweite Satz von Vergleichs- und Matheblöcken funktioniert genauso, addiert aber 360 Grad, wenn der Abstand kleiner als -180 Grad ist.

Damit hast du jetzt den Abstand zwischen den Stellungen von Motor B und D auf den kleinsten Winkel verringert. Da die Drehzahl jedes Motors bei einem Abstand von 40 Grad um 2 % angepasst werden soll, teilst du den Abstandswert durch 20. Anschließend addierst du das Ergebnis zum Drehzahlwert von Motor D und ziehst es von dem Wert von Motor B ab (siehe Abbildung 19-10). Wandle die Blöcke im Programmierbereich in einen Eigenen Block um und gib ihm den Namen *OnSync* (siehe Abbildung 19-11).

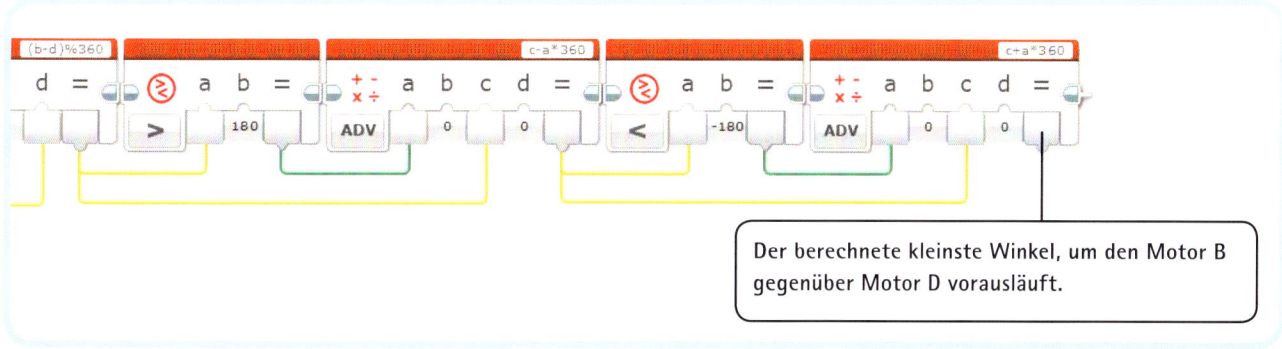

Der berechnete kleinste Winkel, um den Motor B gegenüber Motor D vorausläuft.

Abbildung 19-9: Schritt 2: Diese Blöcke verarbeiten den Abstand zwischen den Motorstellungen, um den kleinsten Winkel dazwischen zu finden. Ist der Abstand größer 180 Grad, wird 360 Grad davon subtrahiert, ist er kleiner als -180 Grad, wird 360 Grad dazu addiert.

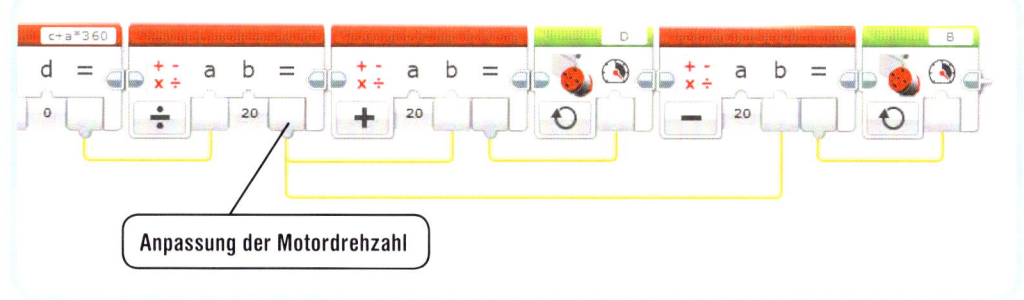

Anpassung der Motordrehzahl

Abbildung 19-10: Schritt 3: Um die erforderliche Änderung der Motordrehzahl zu ermitteln, teilst du den Winkel zwischen den Motorstellungen durch 20. Das Ergebnis addierst du zum Drehzahlwert von Motor D, um ihn schneller zu machen, und subtrahierst es von der Drehzahl für Motor B, sodass er sich langsamer dreht. (Dieser Block funktioniert auch dann, wenn Motor D gegenüber B vorauseilt: Der Winkel wird dann negativ, sodass Motor B schneller gemacht wird, um Motor D wieder einzuholen.)

Abbildung 19-11: Schritt 4: Wandle die Blöcke in den Eigenen Block **OnSync** um.

Eigener Block 4: Left

Der LAVA R3X kann sich nach links umwenden, indem er den rechten Motor rückwärts dreht, während er den linken Fuß in einer festen Position hält. Diese Position (120 Grad hinter der Ausgangsstellung) ist so gewählt, dass der linke Fuß den Boden bei jeder Umdrehung des rechten Motors gerade berührt. Der Roboter bewegt sich dabei jeweils um einen kleinen Winkel nach links. Wie groß dieser Winkel ist, hängt von der Oberfläche ab, auf der der Roboter steht. Durchschnittlich aber führen zehn Rückwärtsdrehungen des rechten Motors zu einer Drehung um etwa 90 Grad.

Damit dieser Eigene Block unabhängig von der derzeitigen Stellung der Motoren funktioniert, stellst du an seinen Anfang und sein Ende einen *Return*-Block. Wie du den Block *Left* aufbaust, siehst du in Abbildung 19-12.

Die ersten Schritte machen

Das Programm *WalkTest* greift auf die Eigenen Blöcke zurück, um den LAVA R3X wiederholt 15 s lang gehen und sich dann nach links drehen zu lassen (siehe Abbildung 19-13).

Stelle den Roboter auf eine ebene, glatte Oberfläche, z.B. einen Holzfußboden, und führe das Programm aus. Der *Reset*-Block zu Beginn des Programms richtet die Beine gegenläufig aus. Der Klangblock im *Reset*-Block spielt einen Piepser ab, um anzuzeigen, dass das Zurücksetzen abgeschlossen ist und der Roboter bereit ist, loszumarschieren. Der innere Schleifenblock mit dem *OnSync*-Block lässt den Roboter 15 s lang gehen, und die äußere Schleife wiederholt die Vorwärtsbewegung und die Drehung.

HINWEIS Wenn der Roboter nicht richtig zu gehen scheint, schau dir auf *http://ev3.robotsquare.com/* das Video an, das zeigt, wie er funktionieren soll. Außerdem kannst du dort das fertige Programm herunterladen und mit deinem eigenen vergleichen.

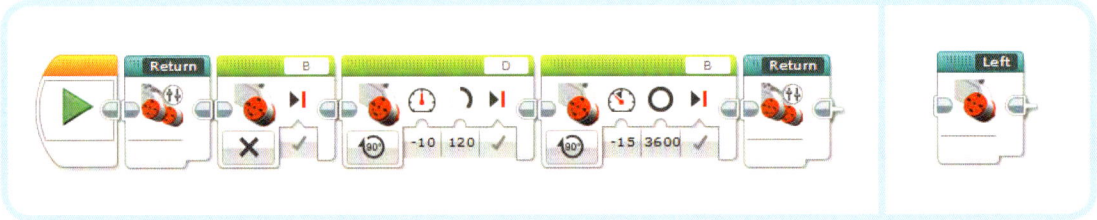

Abbildung 19-12: Die Konfiguration der Blöcke im Eigenen Block Left (links) und der fertige Eigene Block (rechts)

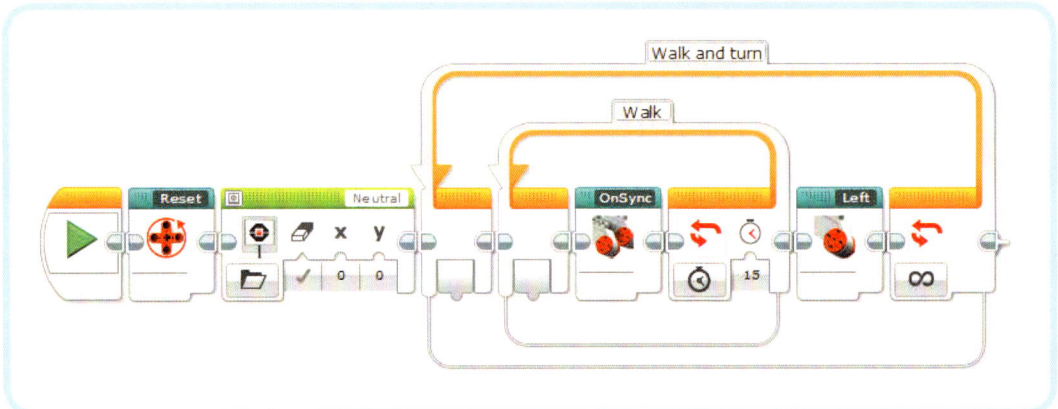

Abbildung 19-13: Das Programm WalkTest

SELBST ENTDECKEN 123: DER EIGENE BLOCK WALK

Schwierigkeitsgrad: ▭ Zeit: ⏱⏱

Kannst du einen Eigenen Block erstellen, der den Roboter eine bestimmte Zeit lang vorwärts gehen lässt? Erstelle den eigenen Block *Walk* mit dem numerischen Eingang *Seconds* wie in Abbildung 19-14.

HINWEIS Wandle den inneren Schleifenblock aus Abbildung 19-13 in einen Eigenen Block um und steuere über den numerischen Eingang, wie lange die Schleife wiederholt werden soll.

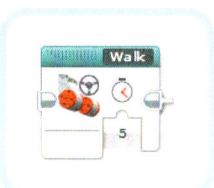

Abbildung 19-14: Der Eigene Block Walk

SELBST ENTDECKEN 124: UMKEHREN

Schwierigkeitsgrad: ▭▭ Zeit: ⏱

Kannst du den Eigenen Block *OnSync* so ändern, dass der LAVA R3X in der Lage ist, rückwärts zu gehen? Halte die beiden Motoren synchron, aber lass sie sich mit -20% statt 20% drehen.

HINWEIS Du musst lediglich eine Kopie von *OnSync* erstellen (nenne sie *OnRev*) und zwei Werte ändern. Welche Werte bestimmen die durchschnittliche Drehzahl der Motoren?

SELBST ENTDECKEN 125: RECHTS UM!

Schwierigkeitsgrad: ▭▭ Zeit: ⏱⏱

Erstelle den Eigenen Block *Turn* mit dem Logikeingang *Direction* (siehe Abb. 19-15). Der Roboter soll sich bei der Auswahl von *wahr* nach links drehen und bei *false* nach rechts. Baue den Block *Turn* im Programm *WalkTest* anstelle von *Left* ein, um ihn zu testen.

Abb. 19-15: Der Eigene Block Turn

Den Kopf und die Arme bauen

Als Nächstes baust du anhand der Anleitung auf den folgenden Seiten den Kopf und die Arme des Roboters und schließt sie an den Unterkörper an. Danach musst du sicherstellen, dass sich die beweglichen Teile des Armmechanismus nicht mit den Kabeln oben am EV3-Stein verheddern. Um das zu prüfen, drehst du die an den mittleren Motor angeschlossene Achse mit der Hand. Verlege die Kabel anders, wenn das nötig sein sollte.

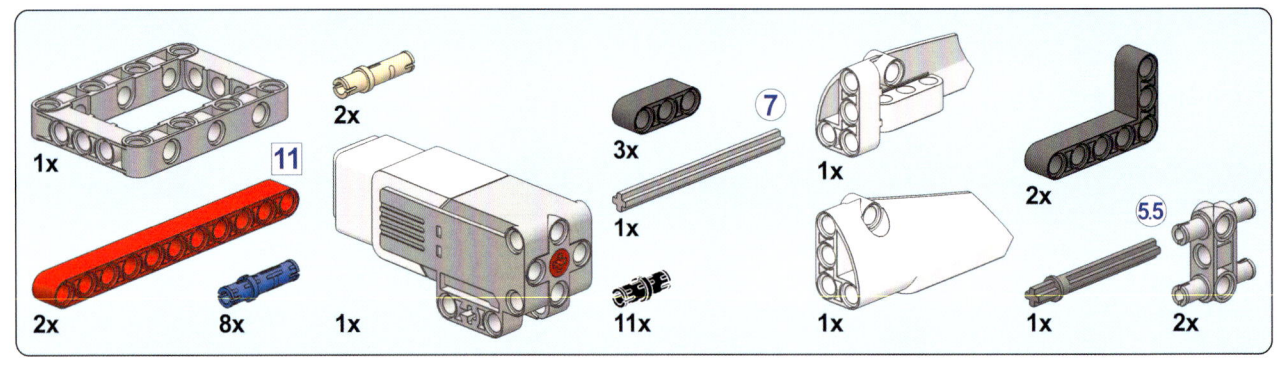

1

2

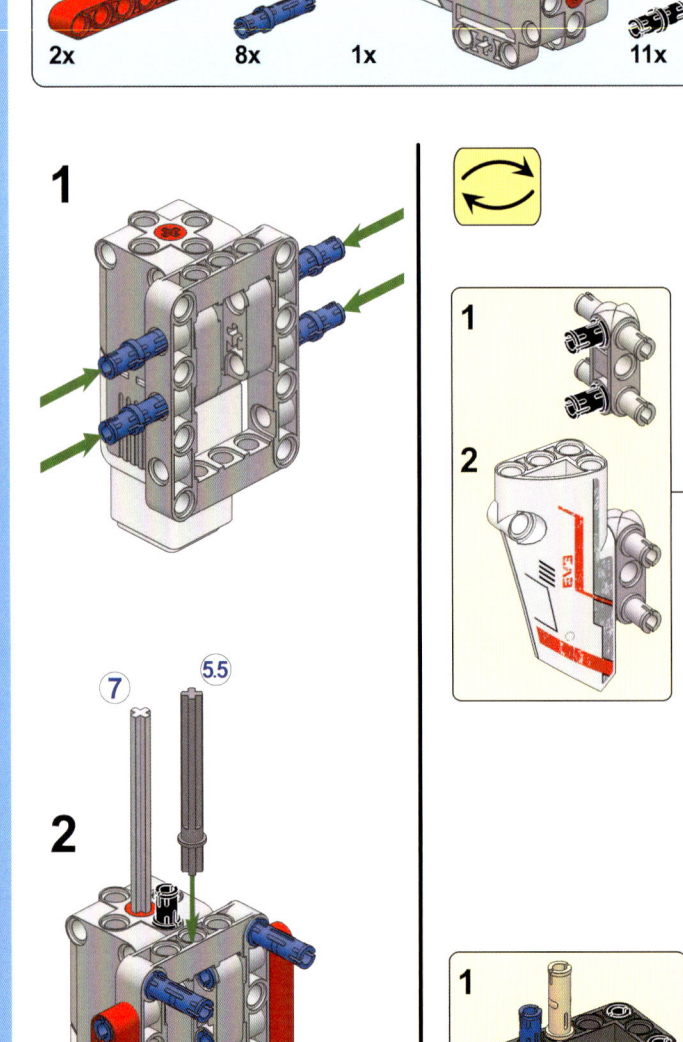

3

4

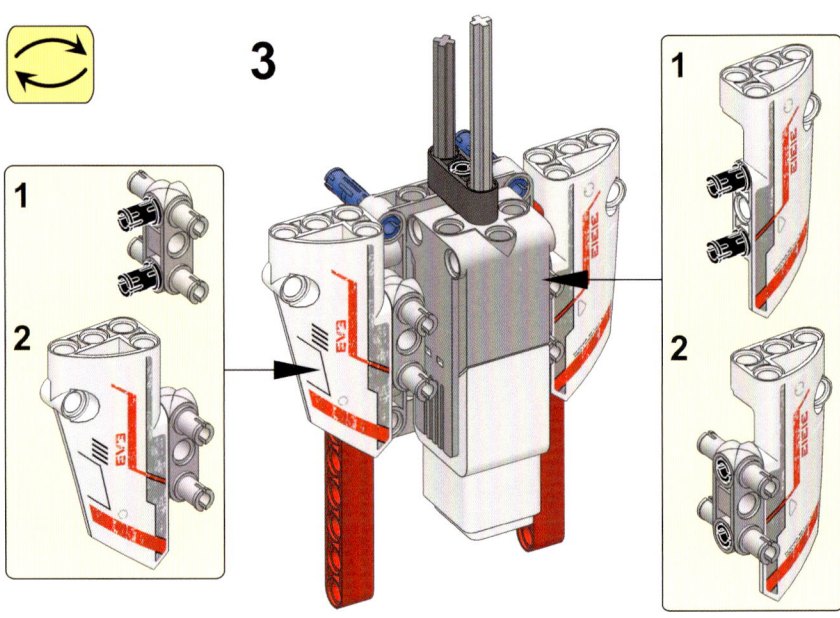

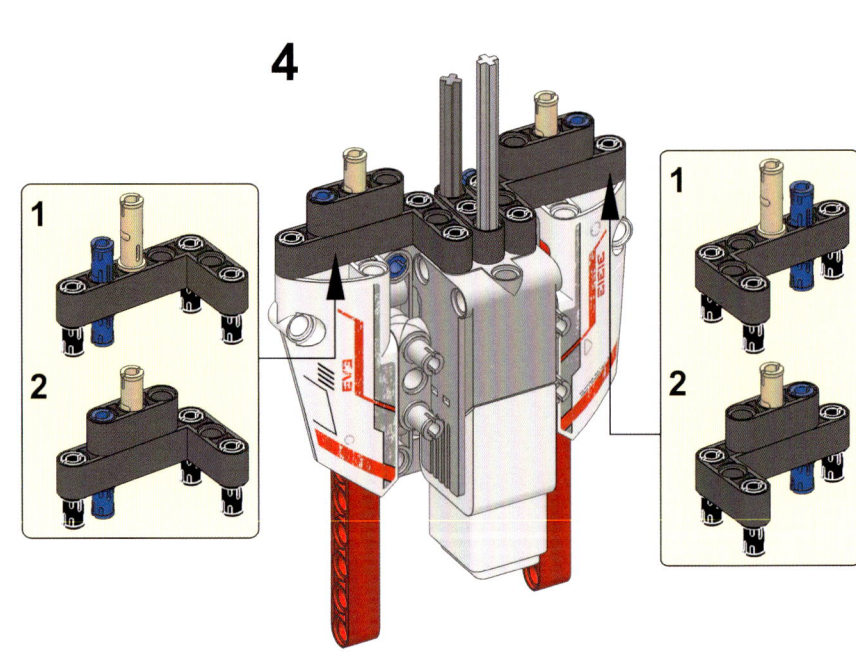

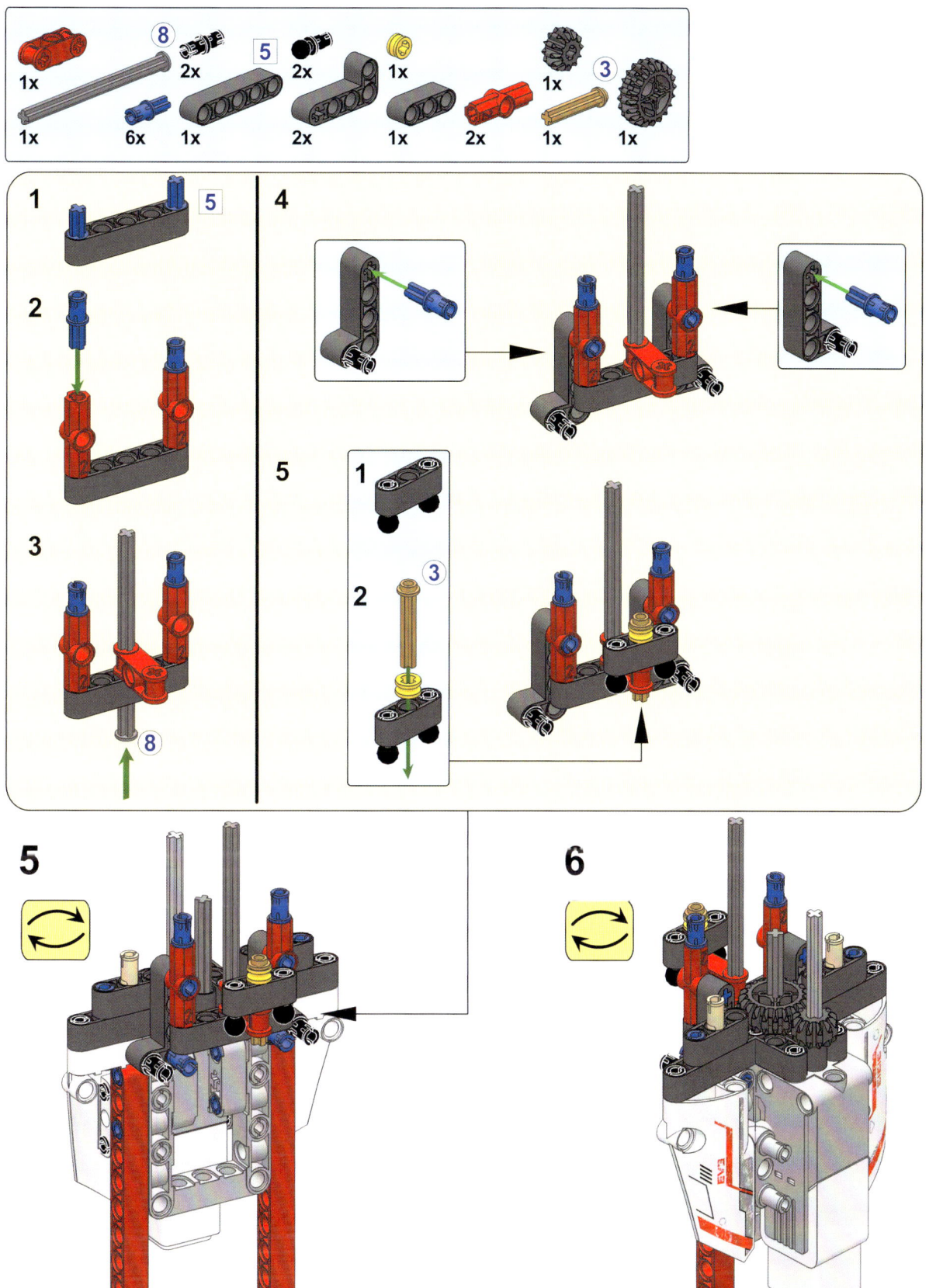

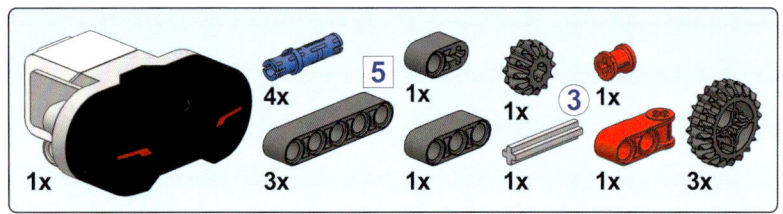

7

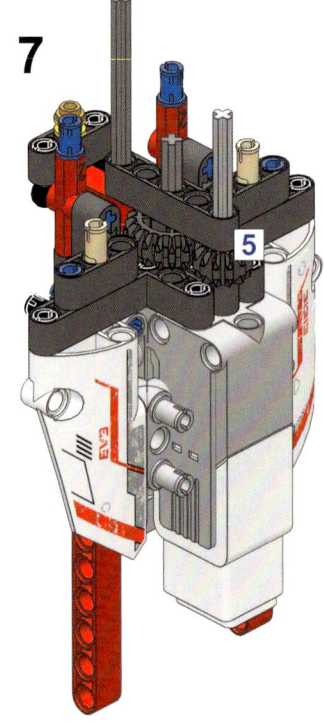

8

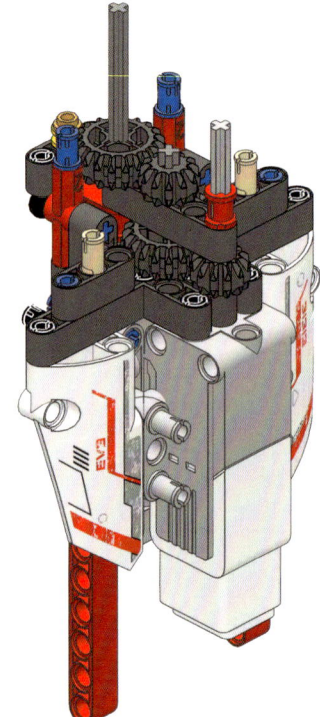

9

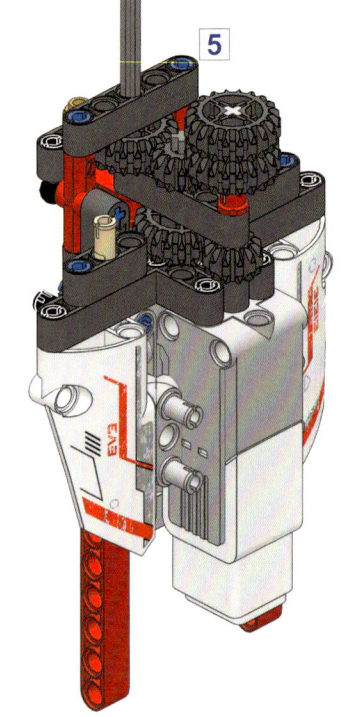

10

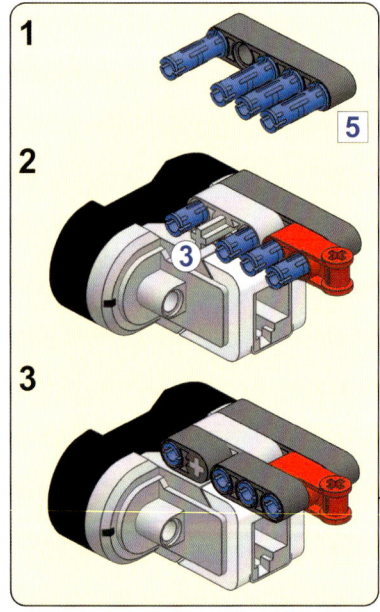

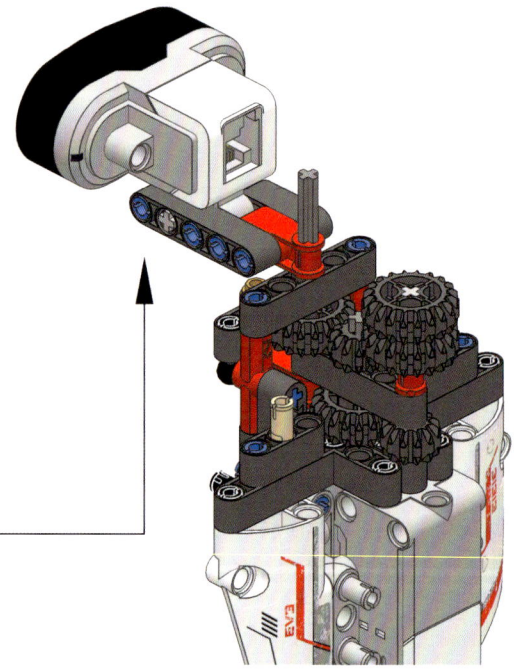

13
4
3
1x
1x
1x
4x
2x
1x
1x
1x
1x
1x
1x
1x
1x
1x
1x
1x
1x
1x
1x

1
2
3

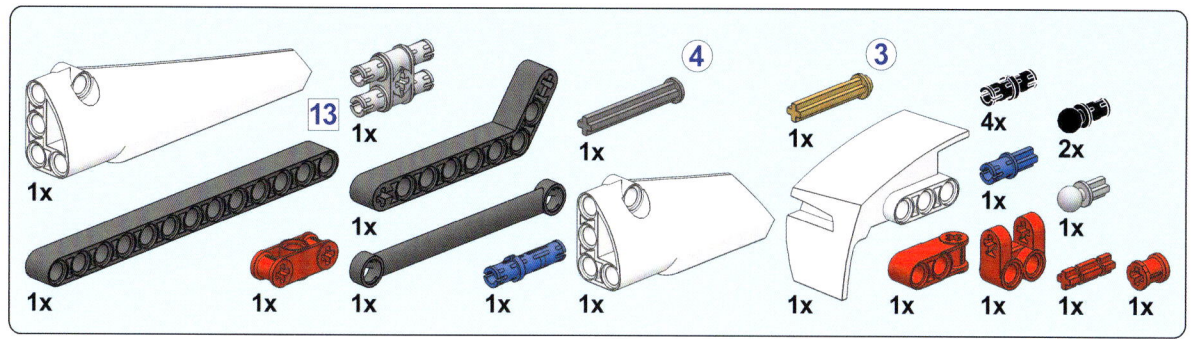

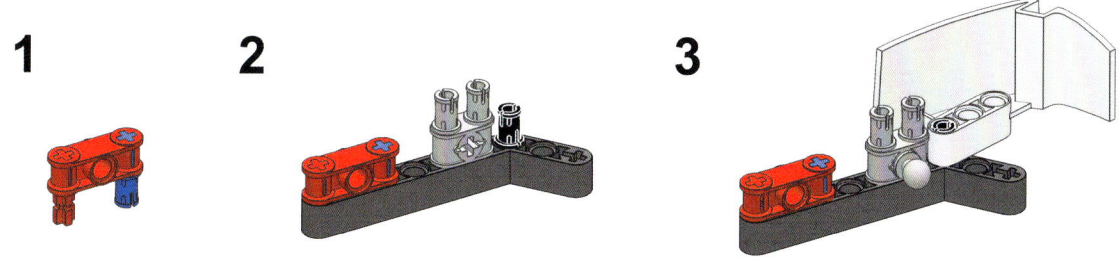

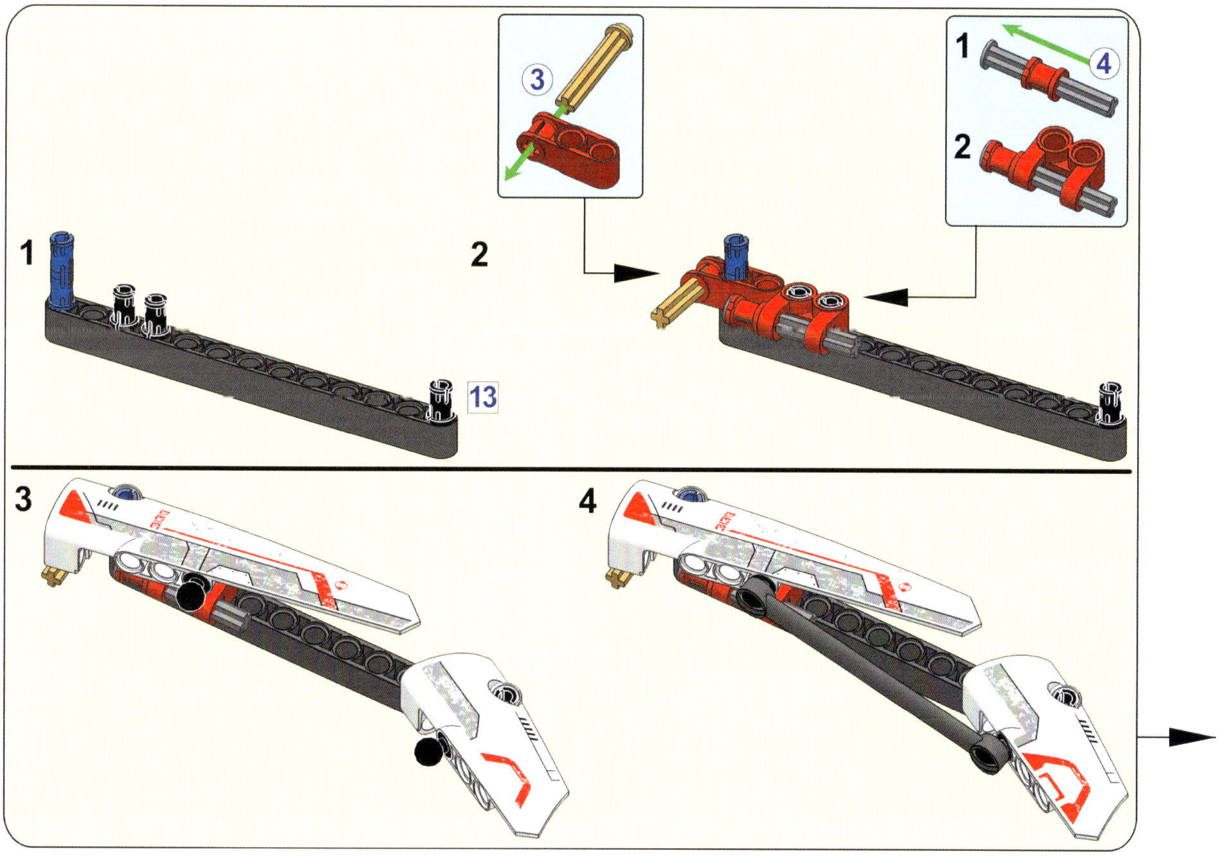
3
1
4
2
1
2
13
3
4

1x

4

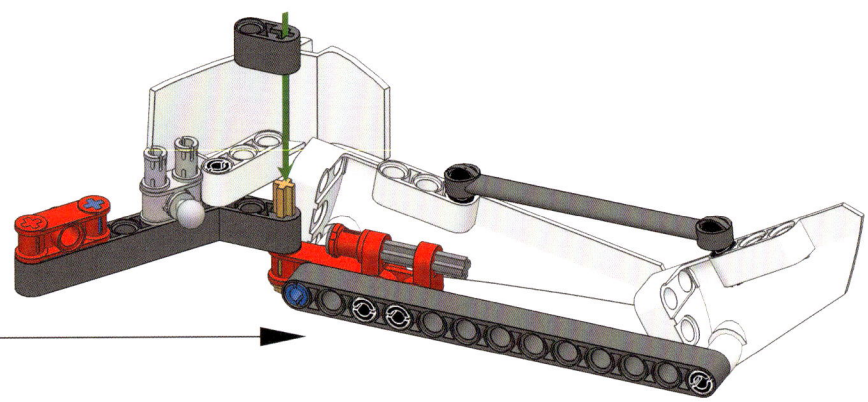

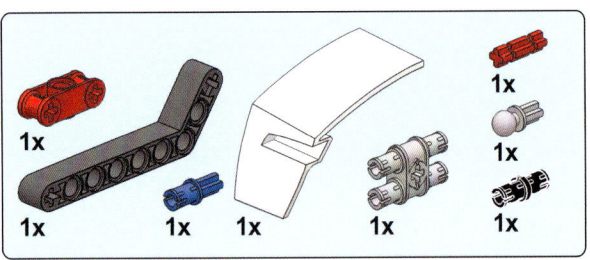

1

2

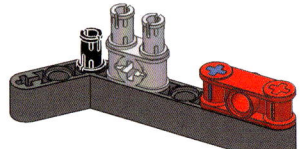

3

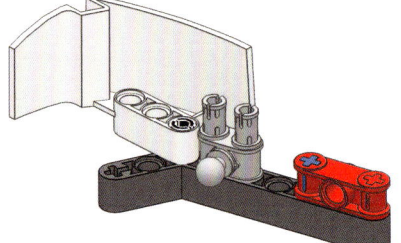

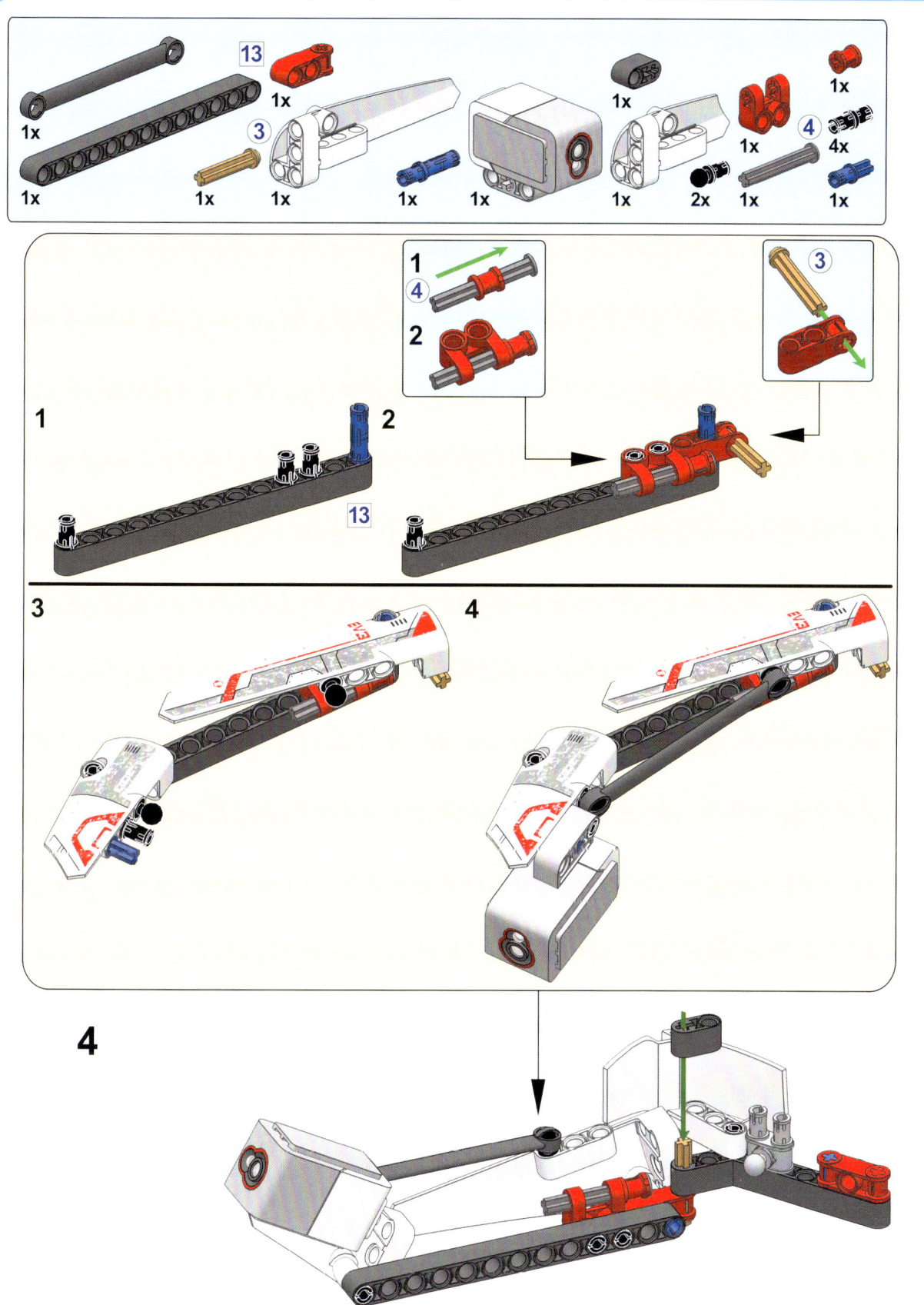

5

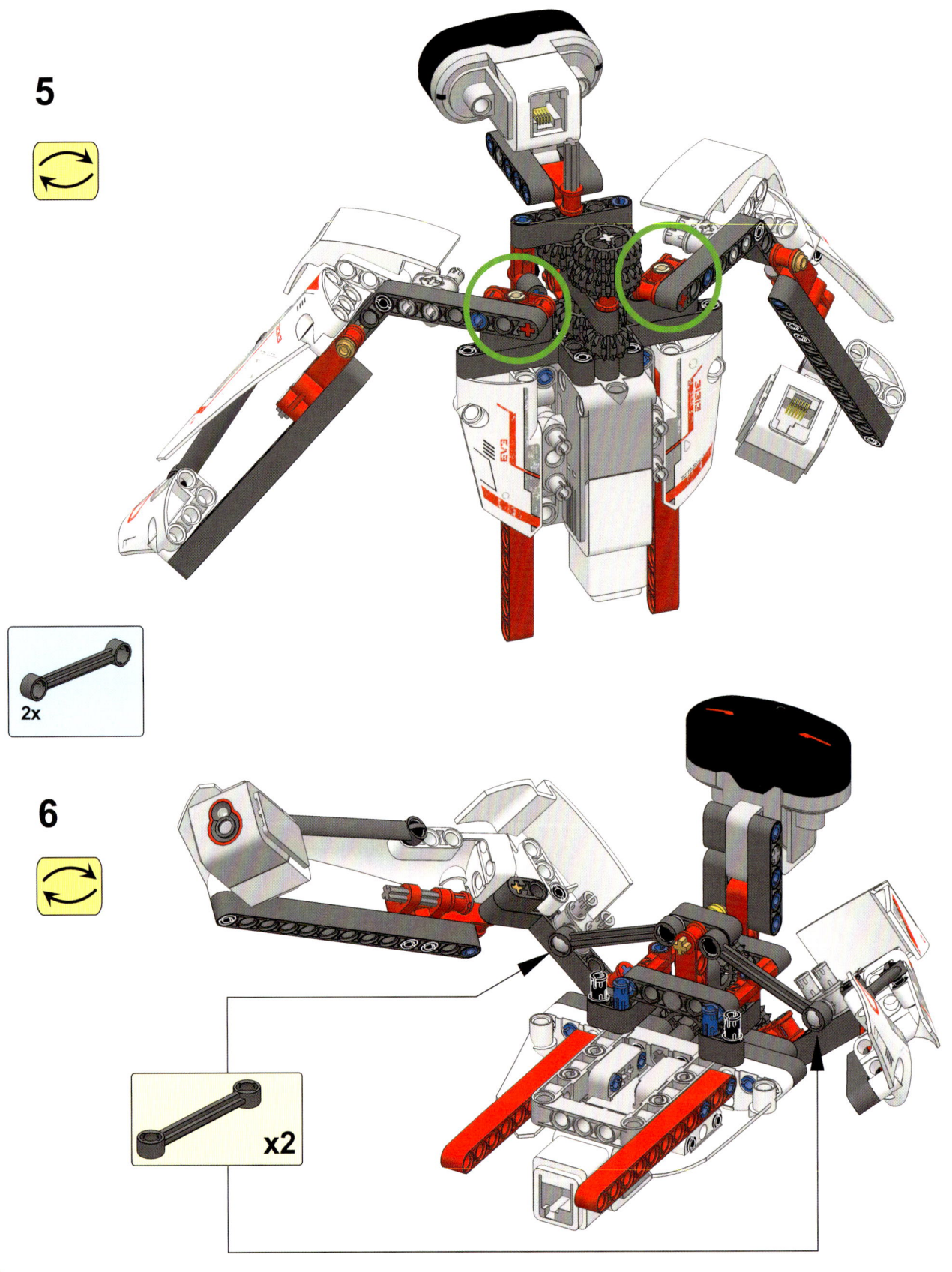

2x

6

x2

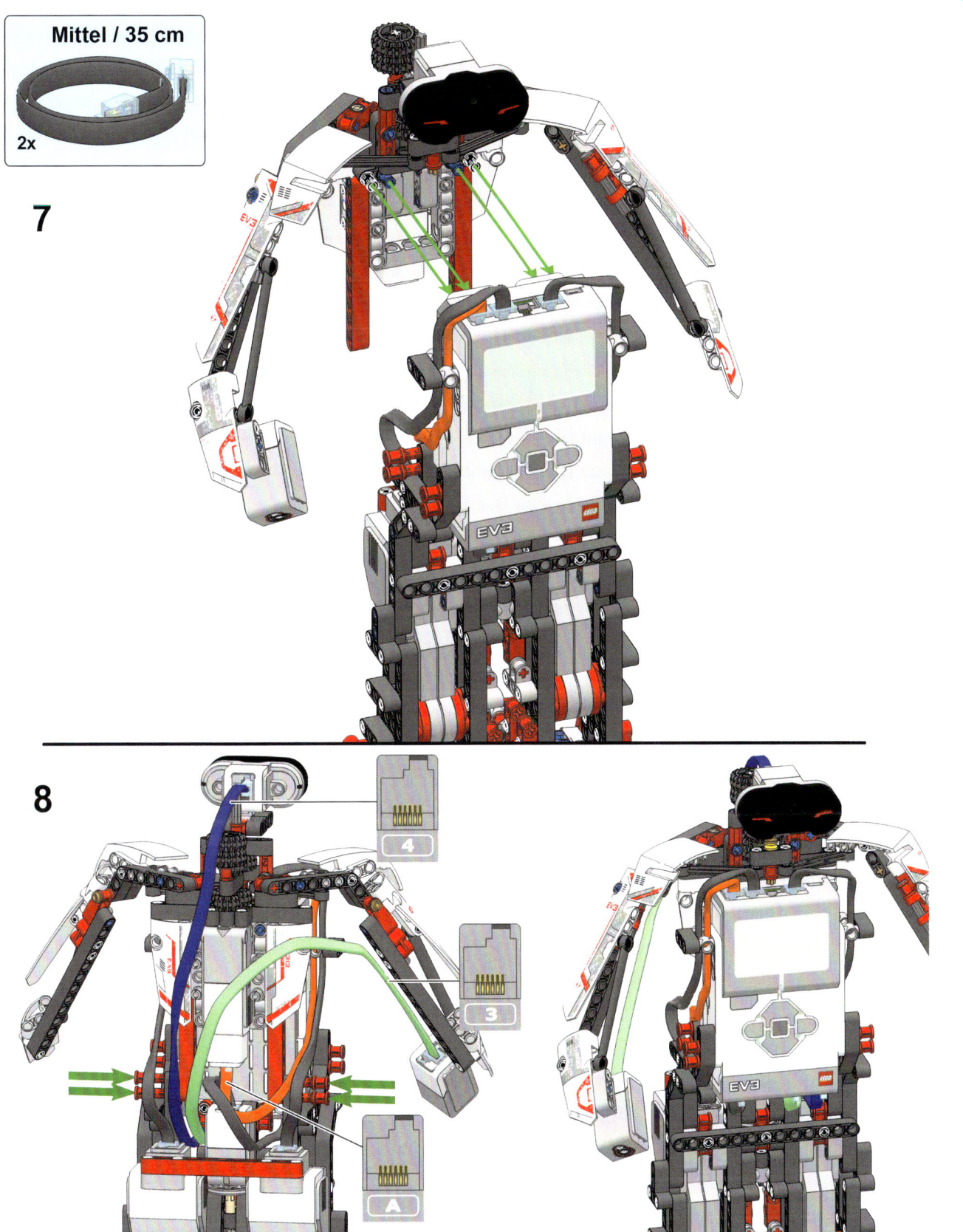

7

Mittel / 35 cm

2x

8

4

3

A

Den Kopf und die Arme steuern

Nachdem du den Roboter jetzt fertig gebaut hast, kannst du ein Programm schreiben, mit dem er geht, seinen Kopf und seine Arme bewegt und auf die Umgebung reagiert.

Für die Bewegung der Arme und des Kopfes sorgt der mittlere Motor: Wenn er sich vorwärts dreht, bewegen sich Kopf und Arme nach rechts, bei Rückwärtsdrehung nach links.

Eigener Block 5: Head

Um die Bewegung von Kopf und Armen einfacher steuern zu können, erstellst du einen Eigenen Block und platzierst ihn parallel zum Hauptprogramm.

Der Eigene Block *Head* bringt den mittleren Motor als Erstes in eine bekannte Stellung, indem er den Kopf ganz nach rechts dreht. Anschließend bewegt er den Kopf fortwährend nach links und rechts, wie Abbildung 19-16 zeigt. Dadurch kann der Infrarotsensor nicht nur Hindernisse wahrnehmen, die genau vor ihm liegen, sondern auch solche, die sich rechts und links befinden.

Hindernissen ausweichen und auf Hände-schütteln reagieren

Mit den fertigen Eigenen Blöcken kannst du nun auf einfache Weise Programme schreiben, mit denen der Roboter geht und auf Sensoreindrücke reagiert. Beispielsweise kannst du den inneren Schleifenblock des Programms *WalkTest* so ändern, dass der Roboter nicht einfach 15 s lang vorwärts marschiert, sondern so lange, bis der Infrarotsensor ein Hindernis wahrnimmt.

Das endgültige Programm lässt den Roboter eine Weile herumlaufen und dabei Hindernissen ausweichen. Außerdem reagiert er, wenn du seine rechte Hand schüttelst, indem er anhält und: »Hello, good morning« sagt. Anschließend marschiert er weiter. Wenn der Roboter ein Hindernis erkennt, sagt er: »Detected«, und dreht sich dann nach links.

Die Beine zurücksetzen und den Kopf bewegen

Zu Anfang bringt das Programm die Beine mit dem *Reset*-Block in eine gegenläufige Stellung. Dann führt es eine Schleife aus, sodass der Roboter geht und auf Sensoreindrücke reagiert.

Während der Roboter geht, bewegt er den Kopf nach links und rechts. Dazu dient der eigene Block *Head*, der an seinen eigenen Startblock angeschlossen ist (siehe Abbildung 19-17). Dadurch ist es möglich, Kopf und Beine unabhängig voneinander zu steuern: Du kannst das Verhalten der einzelnen Blockreihen ändern, ohne dich um die andere Reihe zu kümmern. Um die Bewegung des Kopfs zu ändern, passt du den Block *Head* an, und um für ein anderes Gehverhalten zu sorgen, bearbeitest du die Blöcke in der Schleife.

Erstelle das neue Programm *ObstacleAvoid* und füge ihm die in Abbildung 19-17 gezeigten Blöcke hinzu.

Gehen bis zur Auslösung eines der beiden Sensoren

Als Nächstes fügst du der Hauptschleife Blöcke hinzu, die dafür sorgen, dass der Roboter vorwärts geht, bis er ein Hindernis erkennt oder bemerkt, dass seine Hand geschüttelt wird (siehe Abbildung 19-18).

Um nach vorn zu gehen, dreht der Roboter die großen Motoren mit dem *OnSync*-Block vorwärts. Dieser Block steht in einer Schleife, sodass die Motordrehzahl ständig angepasst wird, um die Motoren synchron zu halten. Diese Schleife läuft so lange, bis einer oder beide Sensoren ausgelöst werden – der Infrarotsensor, wenn er ein Hindernis erkennt, oder der Farbsensor, wenn die Hand geschüttelt wird.

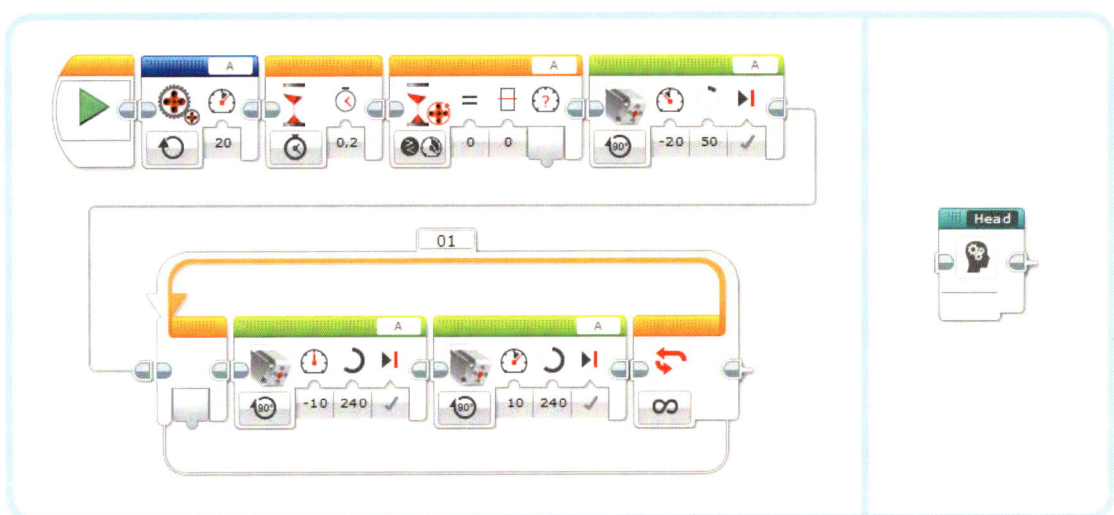

Abbildung 19-16: Die Konfiguration der Blöcke im Eigenen Block **Head** *(links) und der fertige Eigene Block (rechts)*

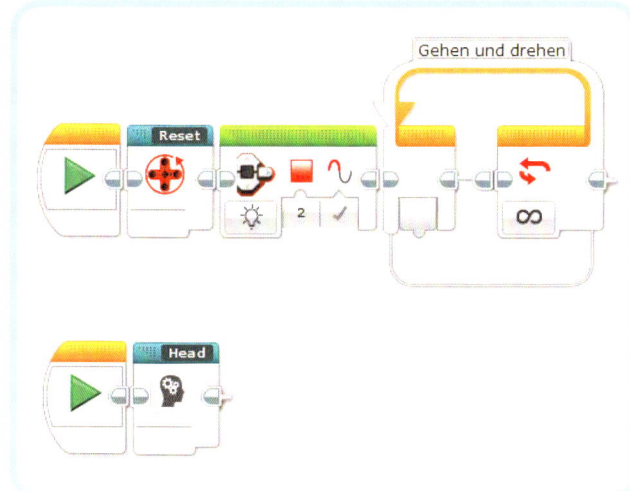

Abbildung 19-17: Schritt 1: Diese Blöcke richten die Beine gegenläufig aus und drehen den Roboterkopf. Beachte, dass der Schleifenblock innerhalb von **Head** endlos läuft, sodass der Kopf ständig nach links und rechts pendelt.

Der Farbsensorblock erkennt einen Händedruck, indem er die Intensität des reflektierten Lichts mit einem Schwellenwert vergleicht. Ist der Sensorwert größer als 10 %, hat der Roboter deine Hand wahrgenommen, weshalb der Sensor *wahr* ausgibt. Bei einem Wert unter 10 % lautet der Ausgabewert *falsch*. Der Block für den Infrarotsensor ist ähnlich ausgerichtet und gibt bei einer Nähemessung von weniger als 50 % *wahr* aus, anderenfalls *falsch*.

Ein Logikblock vergleicht die beiden logischen Werte. Der Ausgang ist *wahr*, wenn wenigstens einer der beiden Eingangswerte *wahr* ist. In diesem Fall wird die Schleife beendet.

Auf den Sensor reagieren

Der Roboter kann jetzt auf den ausgelösten Sensor reagieren. War es der Infrarotsensor, sagt der Roboter: »Detected«, und wendet sich nach links. Bei Auslösung des Farbsensors hält er vorübergehend an und sagt: »Hello, good morning!«

Wenn die Schleife beendet wurde, kannst du bestimmen, welcher Sensor dafür verantwortlich war, indem du dir den *Ausgabewert des Infrarotsensorblocks* ansiehst: Wenn er *wahr* ist, wurde der IR-Sensor ausgelöst, anderenfalls der Farbsensor. (Schließlich wurde die Schleife beendet, und wenn der IR-Sensor nicht ausgelöst worden ist, muss der Farbsensor dafür verantwortlich sein.)

Auf der Grundlage dieses Wertes entscheidest du mithilfe eines Schalterblocks, welche Blöcke ausgeführt werden sollen (siehe Abbildung 19-19).

Es ist zwar unwahrscheinlich, aber die Schleife kann auch dadurch beendet worden sein, dass beide Sensoren gleichzeitig ausgelöst wurden. In diesem Fall haben beide Sensorblöcke den Ausgabewert *wahr*. Da die Ausgabe des IR-Sensorblocks *wahr* lautet, führt das Programm einfach die Blöcke oben im Schalterblock aus, also die gleichen, die auch dann laufen, wenn nur dieser Sensor ausgelöst wurde. Mit anderen Worten, das Programm ignoriert in diesem Fall den Farbsensor.

Füge dem Schalter die Blöcke hinzu, die dafür sorgen, dass der Roboter im Fall *wahr* »Detected« sagt und sich nach links dreht und im Fall *falsch* »Hello, good morning« sagt (siehe Abbildung 19-20).

Führe das Programm aus und teste es. Wenn du zur Programmierung ein USB-Kabel verwendest, musst du den Kopf über die an den mittleren Motor angeschlossenen Zahnräder manuell nach vorn drehen, um Platz für das Kabel zu schaffen. Klicke auf die Schaltfläche *Herunterladen*, um das Programm an den Roboter zu senden, ziehe das USB-Kabel ab und starte das Programm manuell über die Tasten auf dem EV3-Stein.

Der Roboter wandert jetzt selbstständig umher und begrüßt dich, wenn du seine Hand schüttelst.

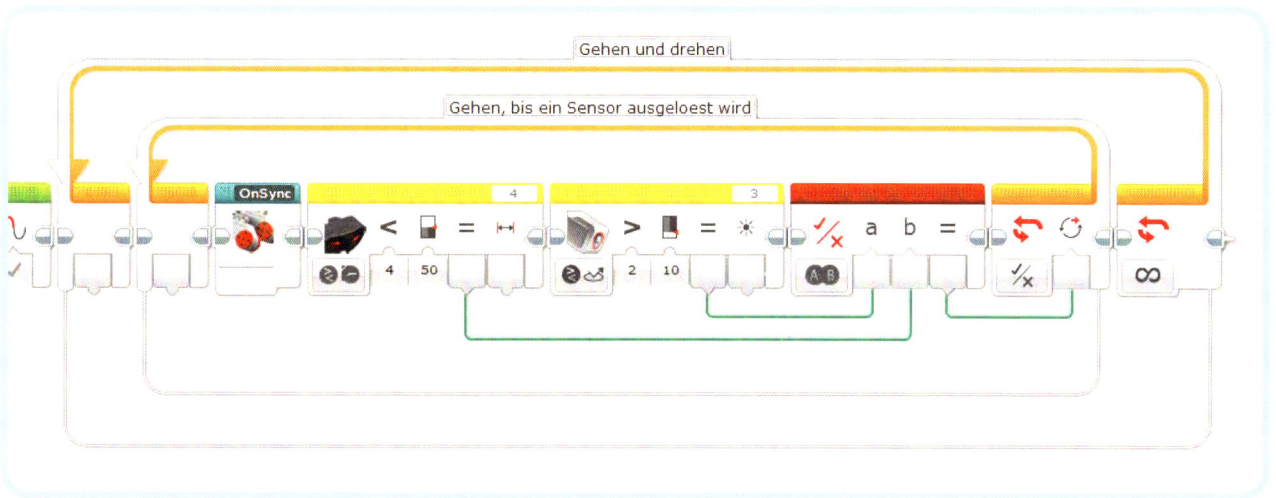

Abbildung 19-18: Schritt 2: Die innere Schleife sorgt dafür, dass der Roboter vorwärts geht, bis er ein Hindernis erkennt oder jemand seine Hand schüttelt.

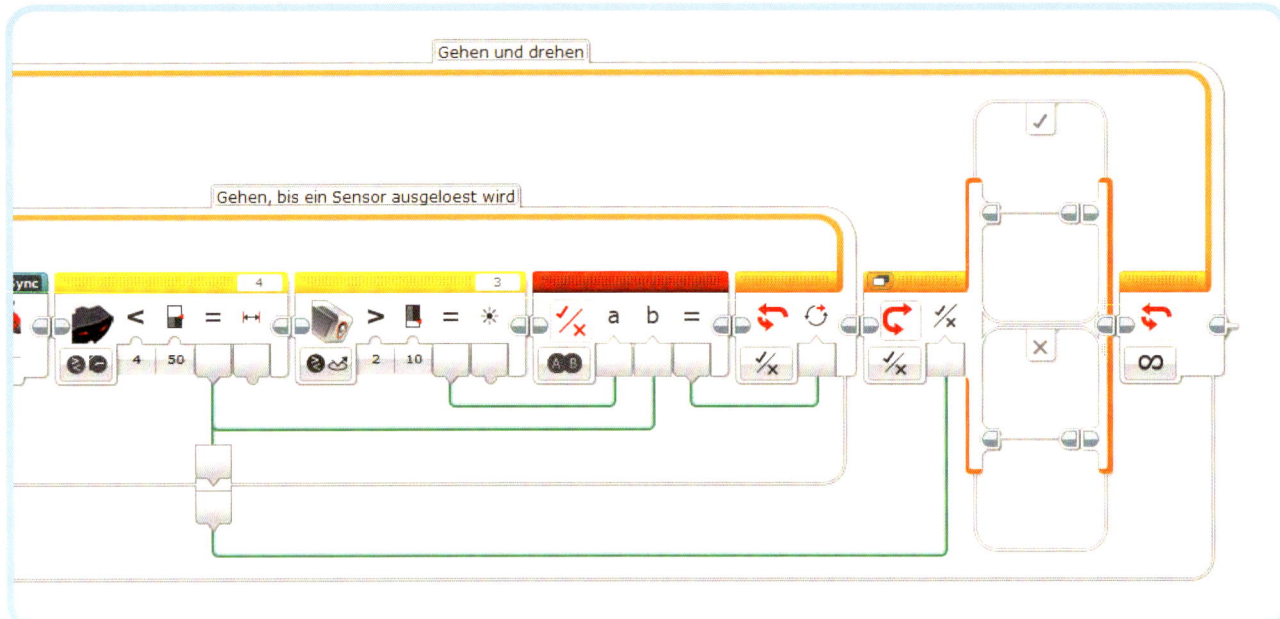

Abbildung 19-19: Schritt 3: Der Schalterblock ermittelt, welcher Sensor die Schleife beendet hat. Wenn es der Infrarotsensor war, werden die Blöcke im oberen Teil ausgeführt (wahr), anderenfalls die Blöcke im unteren Teil (falsch).

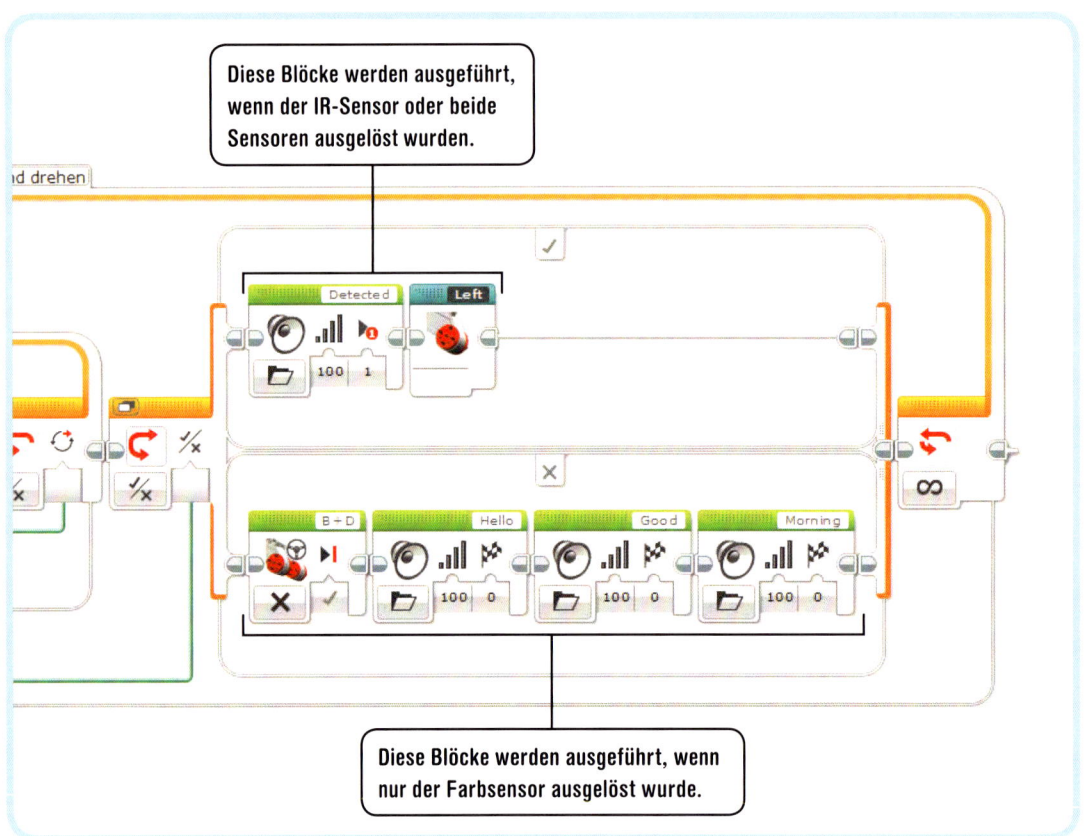

Diese Blöcke werden ausgeführt, wenn der IR-Sensor oder beide Sensoren ausgelöst wurden.

Diese Blöcke werden ausgeführt, wenn nur der Farbsensor ausgelöst wurde.

Abbildung 19-20: Schritt 4: Der Roboter wendet sich nach links, wenn er ein Hindernis erkennt (wahr), bzw. hält an und begrüßt dich, wenn er einen Händedruck erkennt (falsch).

Weitere Experimente

Damit hast du das Ende des Buchs erreicht. Herzlichen Glückwunsch! Ich hoffe, du hattest viel Spaß dabei, mehr über den Robotik-Bausatz Lego Mindstorms EV3 zu erfahren und die vorgestellten Roboterprojekte zu bauen und zu programmieren. Jetzt bist du in der Lage, eigene Roboter zu konstruieren und deine Ideen anderen mitzuteilen. Ob die Roboter nun fahren, gehen, etwas greifen oder sprechen sollen – mit Lego Mindstorms EV3 stehen dir unbegrenzte Möglichkeiten offen!

Aber bevor du dieses Buch zuklappst, solltest du das Programm für den LAVA R3X mithilfe der Selbst-entdecken-Aufgaben erweitern, um es interaktiver zu gestalten. Versäume auch nicht, dir die Bau- und Programmieranleitung für einen Roboter herunterzuladen, der Lego-Steine nach Farbe und Größe sortiert (siehe Abbildung 19-21). Du findest sie auf der Begleitwebsite zu diesem Buch auf *http://ev3.robotsquare.com/*.

SELBST ENTDECKEN 126:
TANZENDE ROBOTER

Schwierigkeitsgrad: 🔲   Zeit: 🕐🕐

Um zu gehen, bringt der LAVA R3X die Beinmechanismen in gegenläufige Stellung und dreht beide Motoren vorwärts. Was geschieht, wenn du beide Beine in *die gleiche* Stellung bringst und die Motoren dann fünf Umdrehungen lang mit einem Drehzahlwert von 10 % in entgegengesetzte Richtungen drehst? (Um die Motorsynchronisierung musst du dich dabei nicht kümmern.)

HINWEIS Wenn du die Beine mit dem *Reset*-Block gegenläufig ausgerichtet hast, kannst du sie ganz leicht in die gleiche Stellung bringen, indem du einen der Motoren vorwärts drehst. Um wie viele Grad musst du den Motor bewegen?

Abbildung 19-21: Noch mehr Roboter gefällig? Der BRICK SORT3R sortiert Lego-Steine nach Farbe (rot, gelb, grün und blau) und Größe (2x2 und 2x4). Die Bau- und Programmieranleitung findest du auf der Begleitwebsite zu diesem Buch.

SELBST ENTDECKEN 127: GROSS IST DIE ABWEICHUNG?

Schwierigkeitsgrad: ▢▢ Zeit: ⏱

Um besser zu verstehen, wie der Block *OnSync* funktioniert, zeigst du die Abweichung zwischen den Motorstellungen auf dem Bildschirm an. Dazu stellst du in den *OnSync*-Block einen Anzeigeblock, der den Wert des letzten Matheblocks aus Abbildung 19-9 auf Seite 333 ausgibt. Anschließend platzierst du den veränderten *OnSync*-Block in einer Schleife, die unbegrenzt oft ausgeführt wird. Wie verhält sich die Abweichung, wenn du einen Motor manuell verlangsamst, indem du das Bein festhältst? Wie versucht der andere Motor, diese Abweichung auszugleichen? (Das darfst du nur wenige Sekunden lang machen!)

SELBST ENTDECKEN 128: DER ROBOTER ALS AUFPASSER

Schwierigkeitsgrad: ▢▢ Zeit: ⏱⏱

Kannst du den Roboter dazu bringen, dass er erkennt, wie lange du an deinem Schreibtisch arbeitest? Programmiere den LAVA R3X so, dass er die verstrichene Zeit anzeigt und dir nach einer Stunde rät, eine Pause einzulegen. Wenn er feststellt, dass du seinem Rat nicht folgst, soll er den Kopf schütteln und einen Klang abspielen, um auf sich aufmerksam zu machen.

SELBST ENTDECKEN 129: DER ROBOTER ALS BEGLEITER

Schwierigkeitsgrad: ▢▢▢ Zeit: ⏱⏱

Kannst du den Roboter so programmieren, dass er beim Gehen zu dir blickt, indem er den Kopf in die Richtung des IR-Senders dreht? Richte die Drehzahl des mittleren Motors proportional zum IR-Richtungswert ein. Dazu kannst du eine ähnliche Technik verwenden wie beim SNATCH3R (siehe Abbildung 18-20 auf Seite 308). Beachte, dass sich der Kopf des Roboters nicht einmal komplett um die eigene Achse drehen kann. Wie schränkst du den Bewegungsbereich in dem Programm ein, sodass der Roboter nicht versucht, den Kopf über den Anschlag hinaus zu drehen?

SELBST ENTDECKEN 130: ARME UND BEINE SYNCHRONISIEREN

Schwierigkeitsgrad: ▢▢▢ Zeit: ⏱⏱

Im Programm *ObstacleAvoid* bewegen sich die Arme des LAVA R3X unabhängig von der Schrittgeschwindigkeit nach links und rechts. Kannst du die beiden Bewegungen so synchronisieren, dass sich der Roboter realistischer und eleganter bewegt?

SELBST ENTDECKEN 131: DEN ROBOTER FERNSTEUERN

Schwierigkeitsgrad: ▢▢▢ Zeit: ⏱⏱⏱

Kannst du ein Programm schreiben, um den LAVA R3X fernzusteuern, sodass du ihn in jede beliebige Richtung gehen lassen kannst? Dazu kannst du die Techniken aus Kapitel 8 verwenden. Allerdings musst du auch die in diesem Kapitel vorgestellten Techniken einsetzen, damit die Beine synchronisiert bleiben. Wie sorgst du dafür, dass der Roboter losmarschiert oder sich dreht, wenn du eine Taste auf der Fernsteuerung drückst, und anhält, wenn du die Taste loslässt?

SELBST ENTDECKEN 132: TAMAGOTCHI

Schwierigkeitsgrad: ▭▭▭▭ Zeit: ⏱⏱⏱⏱

Kannst du aus dem LAVA R3X einen lebensechten Roboter machen, der unterschiedliche Stimmungen und Verhaltensweisen zeigt? Mit der Infrarotfernsteuerung kannst du den Roboter gehen, reden, essen und schlafen lassen, und mit numerischen Variablen kannst du seinen Gesundheitszustand festhalten und seinen Hunger, sein Energieniveau und seine Zufriedenheit überwachen.

Das Energieniveau soll bei jedem Schritt sinken, den der Roboter zurücklegt, und steigen, wenn du ihm befiehlst, zu schlafen. Ebenso steigt das Hungergefühl, während der Roboter geht, und sinkt, wenn du ihn fütterst. Die Zufriedenheit des Roboters nimmt langsam im Lauf der Zeit ab und steigt jedes Mal, wenn du seine Hand schüttelst.

Wenn Hungergefühl, Energieniveau oder Zufriedenheit einen kritischen Grenzwert erreichen, soll der Roboter neue Befehle ignorieren und seine eigenen Entscheidungen treffen. Wenn er beispielsweise müde ist (bei einem Energieniveau von unter 10 %), soll er eine Weile schlafen, um sich wieder zu erholen. Ist er traurig, kann er jedes Mal, wenn du ihm neue Befehle sendest, »No!« sagen und weinen.

Energieniveau, Hungergefühl und Zufriedenheit zeigst du auf dem EV3-Bildschirm an, sodass du Gesundheit und Stimmung des Roboters stets im Blick hast. Du kannst auch mit verschiedenen Arten von Verhaltensweisen experimentieren und Klänge und Lichteffekte hinzufügen, mit denen der Roboter Gefühle ausdrückt, sodass er lebensechter wirkt. Beispielsweise kannst du lachende Augen auf dem EV3-Bildschirm anzeigen, wenn der Roboter fröhlich ist, und ein Schnarchgeräusch erklingen lassen, wenn er schläft.

Das Flussdiagramm in Abbildung 19-22 kannst du als Richtschnur für die Gestaltung deines Programms verwenden. Trau dich aber ruhig, deine eigenen Ideen einzubringen.

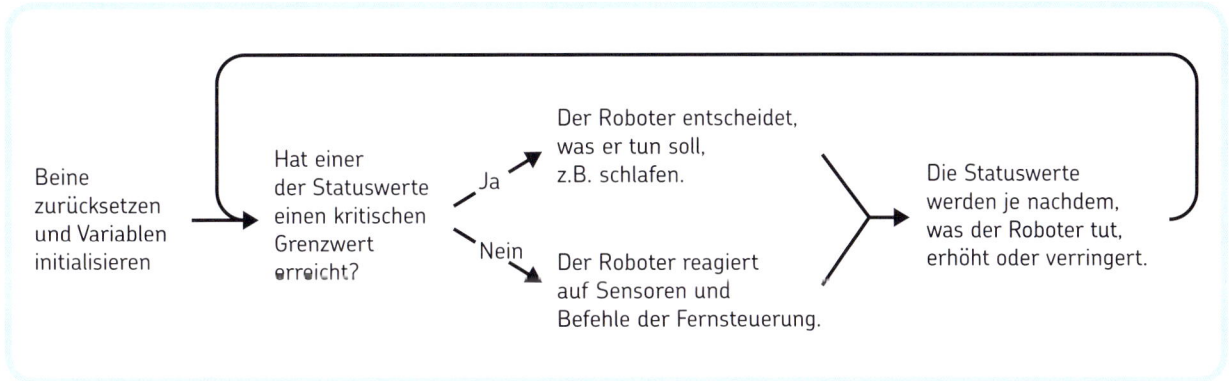

Abbildung 19-22: Ein möglicher Ansatz für Selbst entdecken 132. Dies ist nur ein grober Überblick, der dir als Ausgangspunkt dienen soll. Jeder der hier aufgeführten Schritte kann mehrere Programmierblöcke deiner Wahl und viele Schalter- und Schleifenblöcke umfassen.

SELBST KONSTRUIEREN 30: ZWEIBEINIGER ROBOTER

Bau:  Programmierung:

Kannst du ein Robotertier bauen, das sich auf zwei Beinen fortbewegt? Nimm den Oberkörper des LAVA R3X und den EV3-Stein ab, sodass nur die Beine übrig bleiben. Auf dieser Grundlage kannst du nun eine beliebige Art von zweibeinigem Roboter konstruieren. Wie wäre es mit einem Storch oder vielleicht einem Dinosaurier? Mit dem mittleren Motor kannst du den Kopf, den Schwanz und sogar die Klauen dieses Roboters steuern. Zur Steuerung der Beine verwendest du die in diesem Kapitel erstellten Eigenen Blöcke.

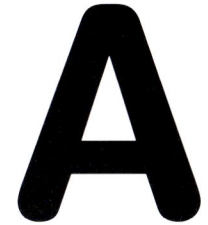

Fehlerbehebung für Programme, den EV3-Stein und drahtlose Verbindungen

Beim Bauen und Programmieren der Roboter in diesem Buch können manchmal Probleme auftreten, wenn du versuchst, die Programme auf den EV3-Stein zu übertragen. In diesem Anhang findest du Tipps, um Lösungen für diese Probleme zu finden. Außerdem erfährst du, wie du eine drahtlose Verbindung zum EV3-Stein aufbaust, wie du ihn zurücksetzt und wie du seine Firmware aktualisierst.

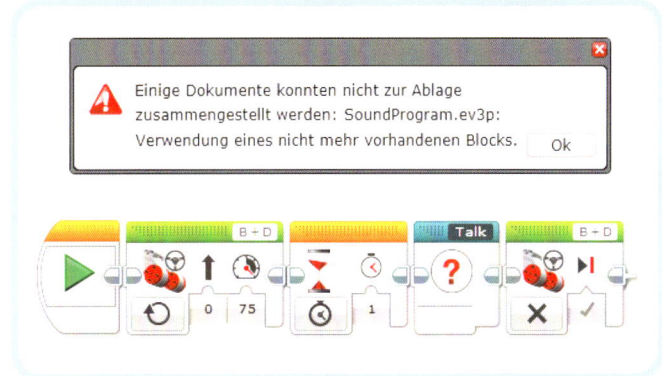

Abbildung A-1: Das Programm kann nicht kompiliert werden, da der Eigene Block *Talk* fehlt.

Kompilierungsfehler beheben

Wenn du ein Programm auf den EV3-Stein herunterlädst, versucht die EV3-Software den *Quellcode* (die Programmierblöcke, die du auf dem Bildschirm siehst) in eine Datei mit kompakterem Code umzuwandeln, der die Aktionen des EV3-Steins beschreibt. Dieser Vorgang wird *Kompilierung* genannt. Wenn sie fehlschlägt, siehst du eine Fehlermeldung wie die in Abbildung A-1.

Fehlende Eigene Blöcke

Die Kompilierung schlägt fehl, wenn ein Programm versucht, einen Block auszuführen, den es gar nicht mehr gibt. In diesem Fall wird auf dem fehlenden Block ein Fragezeichen angezeigt (siehe Abbildung A-1). Nehmen wir an, du hast einen Eigenen Block namens *Talk* und das Programm *SoundProgram* erstellt, in dem *Talk* verwendet wird. Die Kompilierung des Projekts schlägt fehl, wenn der Eigene Block *Talk* fehlt, etwa weil du ihn auf der Seite der Projekteigenschaften gelöscht hast.

In der Fehlermeldung steht nicht, welcher Block fehlt, sondern welches Programm einen Verweis auf diesen Block enthält (hier *SoundProgram*).

Um das Problem zu lösen, kannst du einen neuen Eigenen Block mit demselben Namen erstellen (hier also *Talk*) oder den Block aus einem anderen Projekt in das vorliegende kopieren. Dazu richtest du dich nach der Anleitung aus Abbildung 5-13 auf Seite 55. Wenn du ohne die fehlenden Blöcke weitermachen willst, kannst du auch einfach alle Blöcke löschen, auf denen Fragezeichen angezeigt werden.

Fehler in Programmierblöcken

Die Kompilierung kann auch fehlschlagen, wenn dein Programm Anweisungen enthält, die die Software nicht versteht, beispielsweise wenn du in einer Gleichung eines Matheblocks ein unbekanntes Symbol verwendet hast (siehe Abbildung A-2).

Die Software sagt dir nicht, welcher Block für den Kompilierungsfehler verantwortlich ist, aber du kannst die Fehlerquelle ausfindig machen, indem du einige Blocks markierst und über die Schaltfläche *Auswahl ausführen* startest. Wenn sie nicht ausgeführt werden können, steckt der Fehler in der Auswahl. Auf diese Weise kannst du systematisch feststellen, welche Abschnitte funktionieren und welche nicht, bis du schließlich den Block mit dem Fehler gefunden hast. Anschließend kannst du den Fehler beheben, wenn du weißt, was ihn verursacht hat, oder den Block löschen und durch einen neuen ersetzen.

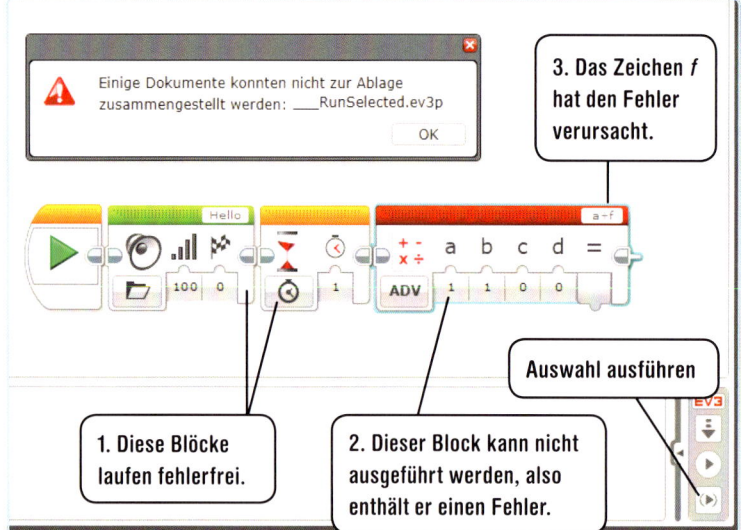

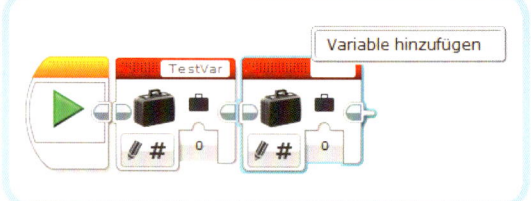

Abbildung A-2: Um Kompilierungsfehler in einem Programm aufzuspüren, führst du ausgewählte Blöcke aus. Die Gleichung im Matheblock darf nur die Buchstaben a, b, c und d enthalten. Das Symbol f ruft einen Kompilierungsfehler hervor.

Abbildung A-3: Die numerische Variable TestVar ist nicht verfügbar, da sie noch nicht definiert wurde. Um sie zu definieren, musst du auf Variable hinzufügen klicken und als Name TestVar angeben.

Fehlende Variablendefinitionen

Wenn du einen Variablenblock aus einem Projekt kopierst und in ein anderes einfügst, wird die *Definition* der Variablen dabei nicht immer übernommen. Das heißt, dass der Variablenname zwar auf dem kopierten Block angezeigt wird, aber nicht zur Verwendung in anderen Variablenblöcken zur Verfügung steht (siehe Abbildung A-3). Um dieses Problem zu lösen, definierst du eine neue Variable desselben Typs mit demselben Namen.

Das Gleiche kann geschehen, wenn du ein Programm oder einen Eigenen Block mit Variablenblöcken in das Projekt importierst. Eine Übersicht über alle Variablen siehst du auf dem Register *Variablen* der Seite mit den Projekteigenschaften (siehe Abbildung 16-3 auf Seite 246). Diese Variablen sind in allen Programmen des Projekts verfügbar.

Laufende Programme korrigieren

In dem vorherigen Abschnitt hast du gelernt, wie du bestimmte technische Probleme lösen kannst. Doch was machst du, wenn das Programm zwar ausgeführt wird, aber nicht so, wie du es erwartest? Dafür kann es viele Gründe geben, und in den meisten Fällen liegt einfach ein Benutzerfehler vor. Ich programmiere Roboter schon seit vielen Jahren, und doch mache ich immer noch häufig Fehler. Beispielsweise vergesse ich manchmal, eine Datenleitung anzuschließen, und dann funktioniert der Roboter nicht.

Solche Fehler können dich jedoch auch dazu bringen, neue Techniken und Lösungen zu entdecken, auf die du nicht gekommen wärst, wenn du die Anleitungen genau befolgt hättest. Die Fehlersuche wirkt nicht sehr produktiv und macht auch nicht gerade viel Spaß, aber sie ist ein elementarer Bestandteil der Arbeit mit Robotern. Sobald du ein Problem aus eigener Kraft gelöst und es damit geschafft hast, den Roboter zum Funktionieren zu bringen, macht die Programmierung noch mehr Freude.

Die folgenden Tipps können sich als nützlich erweisen, um Fehler in deinen eigenen Programmen zu finden und zu vermeiden:

* *Füge deinen Programmen Kommentare hinzu.* Kommentare haben keinen Einfluss auf das Funktionieren des Programms, helfen dir aber, dich daran zu erinnern, wozu die einzelnen Teile des Programms da sind, wenn du es dir später noch einmal ansiehst. Kommentare kannst du mit dem Kommentarwerkzeug zu deinen Programmen hinzufügen, du kannst aber auch *Kommentarblöcke* verwenden wie in Abbildung A-4. Das Kommentar*werkzeug* nimmst du, wenn die Kommentare an ihrem Platz im *Programmierbereich* verbleiben sollen. den Kommentar*block* dagegen, um den Kommentar an seinem Platz im *Programm* festzuhalten. Wenn du etwa in dem Beispiel aus Abbildung A-4 vor den Bewegungslenkungsblock einen anderen Programmierblock einfügst, rutscht der Kommentarblock zusammen mit den anderen nach hinten. Ein normaler Kommentar dagegen würde an Ort und Stelle verbleiben. Um dein Projekt noch weiter zu dokumentieren, kannst du im Inhalts-Editor Texte und Bilder hinzufügen (siehe Abbildung 3-19 auf Seite 33).

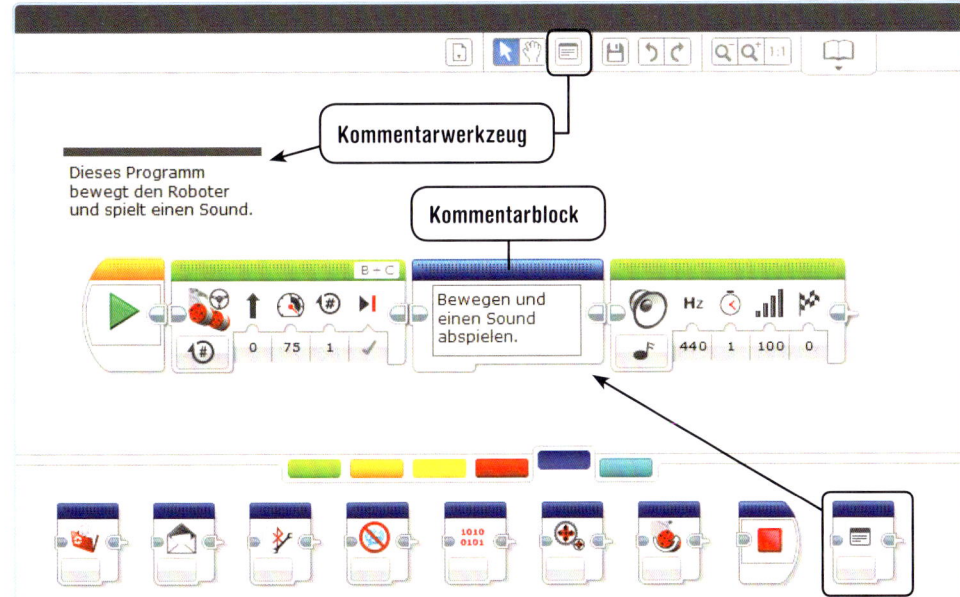

Kommentarwerkzeug

Kommentarblock

Dieses Programm
bewegt den Roboter
und spielt einen Sound.

Bewegen und
einen Sound
abspielen.

Abbildung A–4: Mit Kommentarblöcken und dem Kommentarwerkzeug kannst du deinen Programmen Kommentare hinzufügen. Kommentarblöcke stehen in Version 1.0 der EV3-Software nicht zur Verfügung. Um sie nutzen zu können, musst du nach der Anleitung in Kapitel 1 die Version 1.1 oder höher installieren. Wenn du nicht sicher bist, welche Version du hast, klickst du auf Hilfe ▸ Über LEGO MINDSTORMS EV3.

✳ *Gib den Programmen, Eigenen Blöcken und Variablen beschreibende Namen.* Wenn du zwei Variablen hast, die zählen, wie oft die linke bzw. die rechte Taste gedrückt wurde, solltest du sie lieber *ZählerLinks* und *ZählerRechts* nennen statt *Zähler1* und *Zähler2*. Dadurch verhinderst du, dass du später die falsche Variable verwendest.

✳ *Nutze Klänge, die Anzeige und die Stein-Statusleuchte, um den Fortschritt des Programms anzuzeigen.* Beispielsweise kannst du hinter einem Block, der auf das Auslösen eines Sensors wartet, einen Klangblock platzieren oder die Statusleuchte rot leuchten lassen, während ein bestimmter Eigener Block ausgeführt wird. Dadurch kannst du erkennen, welcher Teil des Programms gerade läuft. Wenn das Programm fehlschlägt, weißt du dann ungefähr, wo du nach dem Fehler suchen musst.

✳ *Zeige Werte auf dem Bildschirm an.* Wenn du beispielsweise in einem Schalterblock eine Entscheidung aufgrund eines Sensors triffst, kann es hilfreich sein, dessen Wert anzuzeigen, sodass du erkennen kannst, wodurch der *Wahr*- bzw. *Falsch*-Teil des Schalters ausgelöst wurde. Beispielsweise kann ein unerwarteter Wert wie 0 bedeuten, dass der Sensor nicht angeschlossen ist.

✳ *Schau dir mithilfe der EV-Software an, welcher Block zurzeit ausgeführt wird.* Dadurch kannst du erkennen, wo das Programm hängenbleibt (siehe Abbildung A-5). Bleibt das Programm etwa bei einem Block für den großen Motor stecken, kann es sein, dass irgendetwas den Motor daran hindert, seinen Zielwert zu erreichen – vielleicht ist er blockiert.

✳ *Teste das Programm immer, wenn du Änderungen daran vornimmst.* Wenn das Programm zunächst problemlos läuft, aber nicht mehr funktioniert, nachdem du einen neuen Block hinzugefügt hast, dann ist dieser neue Block wahrscheinlich die Ursache des Problems. Wenn du an einem Programm mehrere umfangreiche Neuerungen vornimmst, dann teste es nach jeder einzelnen Änderung.

✳ *Teste das Programm unter unterschiedlichen Bedingungen.* Wenn der Roboter funktioniert, heißt das noch lange nicht, dass das auch unter anderen Bedingungen der Fall ist. Ein Spurfolgeroboter kann in einem Raum hervorragend funktionieren, in einem anderen Raum mit starker äußerer Beleuchtung aber nicht mehr in der Lage sein, die Linie zu finden – z. B. auf dem Parcours in einem Roboterwettbewerb!

HINWEIS Wenn eines der Programme in diesem Buch nicht wie beschrieben funktioniert, kannst du von der Begleitwebsite (*http://ev3.robotsquare.com/*) eine vorbereitete Version herunterladen und mit deiner eigenen vergleichen.

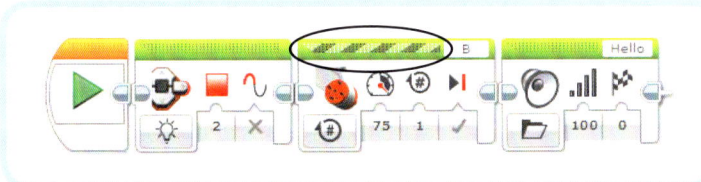

Abbildung A-5: Die laufenden Streifen zeigen an, dass der Block für den großen Motor ausgeführt wird. Diese Streifen siehst du nur, wenn du die Schaltfläche Herunterladen und ausführen *verwendest, aber nicht, wenn du das Programm über die EV3-Tasten startest.*

Fehlerbehebung auf dem EV3-Stein

In diesem Abschnitt erfährst du, wie du verschiedene Eigenschaften des EV3-Steins untersuchst, z. B. den Ladezustand, den freien Arbeitsspeicher und die USB-Verbindung zwischen Stein und Computer. Außerdem erfährst du, wie du den EV3-Stein zurücksetzt und aktualisierst.

Die Hardwareseite

Informationen über den EV3-Stein und die angeschlossenen Geräte findest du auf der Hardwareseite (siehe Abbildung A-6). Das Register *Stein-Info* zeigt den Namen, den Ladezustand und die Firmware-Version des zurzeit angeschlossenen EV3-Steins an. Um den Namen zu ändern, gibst du einfach einen neuen Namen in das vorgesehene Feld ein und drückst die *Enter*-Taste. Der personalisierte Name erscheint auch oben in der Anzeige auf dem EV3-Stein. Wenn du mehrere EV3-Steine hast, kannst du sie anhand dieses Namens unterscheiden. Das Register *Anschlussansicht* zeigt die Sensorwerte aller angeschlossenen Motoren und Sensoren an (siehe Abbildung 6-5 auf Seite 66).

Verbindungen verwalten

Das Register *Verfügbare Steine* zeigt alle von der EV3-Software erkannten EV3-Steine mit ihrem personalisierten Namen an. Je nachdem, wie dein EV3-Stein eingerichtet ist, kannst du ihn über USB, Bluetooth oder eine WLAN-Verbindung (Wi-Fi) anschließen, indem du auf das Kontrollkästchen in der entsprechenden Spalte klickst. Beispielsweise heißt der EV3-Stein in Abbildung A-7 *EXPLOR3R* und ist über USB an den Computer angeschlossen.

Mit der Schaltfläche *Aktualisieren* bringst du die Liste auf den neuesten Stand, und mit *Trennen* löst du eine bestehende Verbindung, um einen anderen EV3-Stein anschließen zu können.

Den Arbeitsspeicher des EV3-Steins verwalten

Den Arbeitsspeicher des EV3-Steins kannst du von deinem Computer aus verwalten, indem du über das Register *Stein-Info* den *Speicher-Browser* öffnest (siehe Abbildung A-8). Dort siehst du alle zurzeit auf dem EV3-Stein vorhandenen Programme. Jedes Projekt ist dabei in einem eigenen Ordner untergebracht.

Im Vergleich zum verfügbaren Speicher auf dem EV3-Stein (mehr als 4 MB) sind die kompilierten Programme sehr klein (einige KB),

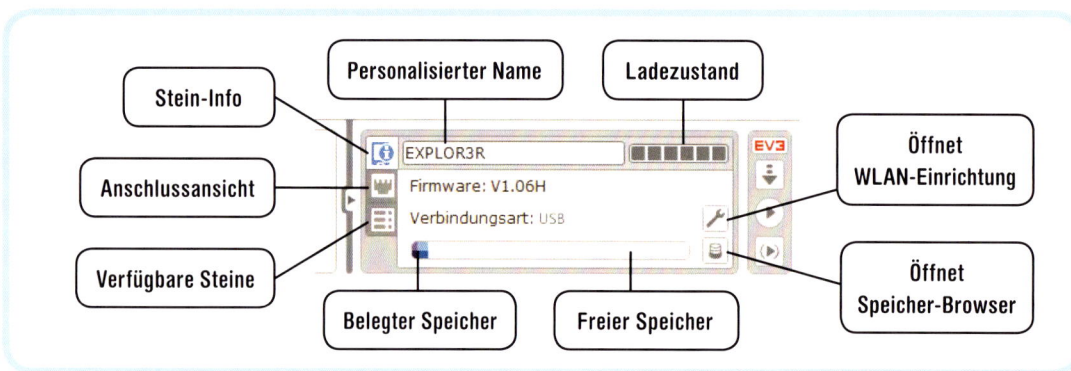

Abbildung A-6:
Das Register Stein-Info
der Hardwareseite

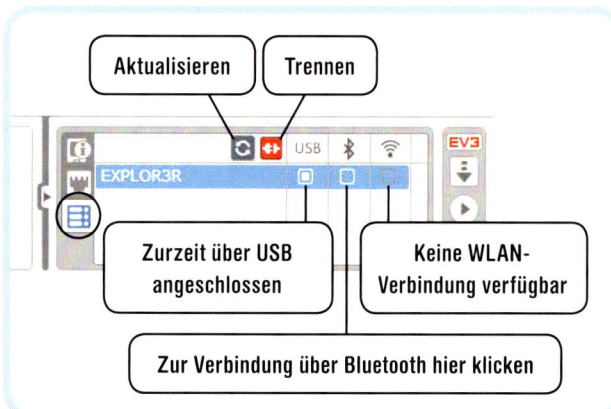

Abbildung A-7: Auf dem Register Verfügbare Steine *kannst du die Verbindung zum*
EV3-Stein verwalten. Wird ein Kontrollkästchen grau dargestellt, ist der zugehörige
Verbindungstyp zurzeit nicht verfügbar.

Abbildung A-8: Den Speicher-Browser kannst du von der Hardwareseite aus
öffnen (siehe Abbildung A-6) oder über Werkzeuge ▸ Speicher-Browser.

weshalb dir der Platz nicht so schnell ausgehen sollte. Um das Register zur Datei-Navigation auf dem EV3-Stein aber übersichtlich zu halten, solltest du nicht benutzte Projekte entfernen, indem du sie auswählst und auf *Löschen* klickst.

Um eine Datei *vom EV3-Stein auf den Computer* zu senden, wählst du sie aus und klickst auf *Hochladen*. Willst du umgekehrt eine Datei *vom Computer auf den EV3-Stein* übertragen, wählst du den Zielordner auf dem Stein aus und klickst auf *Herunterladen*. Wenn du kompilierte Programme zurück auf den Computer überträgst, wird allerdings nicht der Quellcode angezeigt. Daher verwendest du zum Programmieren und Bearbeiten normalerweise die EV3-Software. Es ist nicht möglich, ein EV3-Programm zu »dekompilieren«, um daran weiterzuarbeiten. Daher solltest du den Quellcode stets zur späteren Bearbeitung aufheben. Wie du in Anhang B sehen wirst, bilden Stein-Programme (On-Brick-Programme) die Ausnahme von dieser Regel.

Probleme mit der USB-Verbindung lösen

Wenn du den EV3-Stein über ein USB-Kabel mit dem Computer verbunden hast, sollte die EV3-Software den Stein automatisch erkennen. Das wird dadurch angezeigt, dass das EV3-Symbol auf der Hardwareseite rot erscheint (EV3). Bleibt das Symbol grau (EV3), kannst du das Problem wie folgt zu lösen versuchen:

1. Vergewissere dich, dass der EV3-Stein eingeschaltet ist.

2. Vergewissere dich, dass der EV3 über das mit *PC* beschriftete USB-Kabel an den Computer angeschlossen ist (siehe Abbildung 2-5 auf Seite 20). Das andere Ende des Kabels muss in einer der USB-Buchsen des Computers eingesteckt sein.

3. Wenn du sicher bist, dass alle Verbindungen korrekt hergestellt sind, kannst du versuchen, das USB-Kabel abzuziehen und wieder einzustecken, oder einen anderen USB-Anschluss am Computer ausprobieren.

4. Schließe die EV3-Software und starte sie neu oder starte den Computer neu.

5. Wenn das alles nicht hilft, ziehst du das USB-Kabel ab, schaltest den EV3-Stein aus, schaltest ihn wieder ein, wartest, bis er vollständig betriebsbereit ist, und steckst das Kabel wieder ein.

Es kann Probleme geben, wenn du versuchst, einen EV3-Stein an einen öffentlichen Computer anzuschließen, z. B. in der Schule. Wenn das der Fall ist, musst du den Systemadministrator bitten, sich anzumelden. Dann kannst du die EV3-Software starten und prüfen, ob sie Verbindung mit dem EV3-Stein hat. Wenn das geschafft ist, solltest du auch über dein eigenes Konto eine Verbindung mit dem EV3-Stein bekommen.

Den EV3-Stein neu starten

Wenn ein EV3-Programm hängt und es sich auch mit der Taste *Zurück* nicht abbrechen lässt, kannst du den EV3-Stein neu starten, indem du gleichzeitig die Taste *Zurück* und die mittlere Taste drückst, bis die

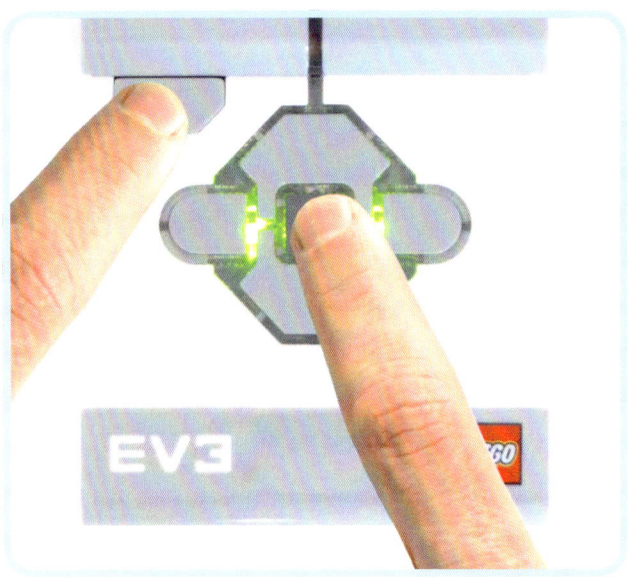

Abbildung A-9: Um den EV3-Stein neu zu starten, hältst du die Taste **Zurück** *und die mittlere Taste gedrückt, bis die Statusleuchte erlischt.*

Statusleuchte ausgeht (siehe Abbildung A-9). Der Stein wird dann neu gestartet, sobald du die Tasten wieder loslässt. Allerdings gehen alle Programme und Einstellungen verloren, die du seit dem letzten Einschalten hinzugefügt hast.

Wenn der EV3-Stein nicht startet oder wenn die Statusleuchte nur kurz rot blinkt, musst du neue Batterien einsetzen. Versuche auch, die Firmware zu aktualisieren. Wie das geht, erfährst du im nächsten Abschnitt.

Die EV3-Firmware aktualisieren

Wenn die Software dich dazu auffordert, die Firmware des EV3-Steins zu aktualisieren, so erledigst du das über *Werkzeuge > Firmware-Aktualisierung*. Schließe den EV3-Stein über das USB-Kabel an den Computer an, wähle die neueste Firmware-Version aus der Liste aus und klicke auf *Herunterladen*. Der EV3-Stein geht automatisch in den Aktualisierungsmodus über und zeigt die Meldung »Updating ...« an. Wenn die beiden Fortschrittsbalken auf dem Computermonitor nach einigen Minuten abgelaufen sind, startet der EV3-Stein automatisch neu und schließt den Vorgang ab.

Wenn die Software nicht in der Lage sein sollte, den EV3-Stein in den Aktualisierungsmodus zu schalten, kannst du das manuell tun, indem du gleichzeitig *Zurück*, die mittlere und die rechte Taste drückst, bis die Statusleuchte erlischt (siehe Abbildung A-10). Lass dann nur die Taste *Zurück* los! Wenn schließlich die Meldung »Updating ...« auf dem EV3-Bildschirm erscheint, lässt du auch die anderen Tasten los. Jetzt befindet sich der Stein im Aktualisierungsmodus, sodass du die USB-Verbindung wieder herstellen und die Aktualisierung der Firmware erneut versuchen kannst.

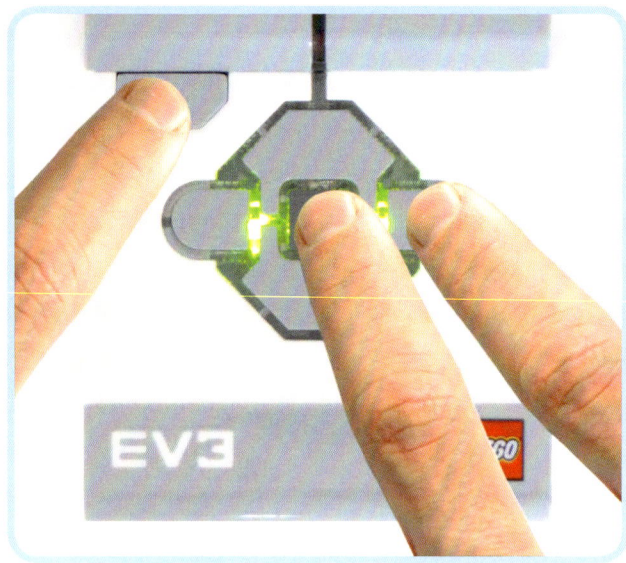

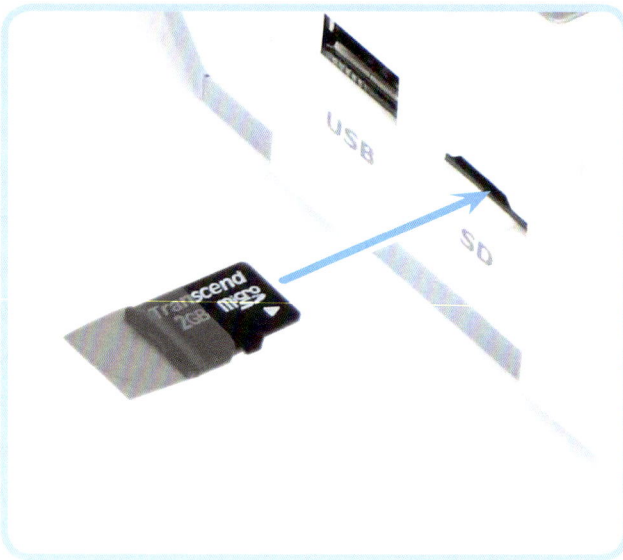

Abbildung A-10: Um den EV3 manuell in den Aktualisierungsmodus zu versetzen, hältst du gleichzeitig die Taste Zurück sowie die mittlere und die rechte Taste gedrückt, bis die Statusleuchte ausgeht. Lass dann zuerst nur die Zurück-Taste los und die anderen erst, wenn auf dem Bildschirm die Meldung »Updating ...« erscheint.

Abbildung A-11: Mit einer microSD-Karte kannst du Datenverluste vermeiden. Achte darauf, die Karte so einzusetzen, dass die Metallkontakte nach unten zeigen. Um die Karte einfacher aus dem EV3-Stein herausziehen zu können, bringst du ein bisschen Klebeband an der hinteren Kante an.

HINWEIS Bei der Firmware-Aktualisierung werden alle Programme und Dateien vom EV3-Stein entfernt. Wenn du den Stein versehentlich in den Aktualisierungsmodus schaltest, kannst du ihn neu starten, um ihn wieder in den normalen Betriebsmodus zurückzuversetzen.

Datenverluste mit einer microSD-Karte verhindern

Wenn du ein Programm an den EV3-Stein sendest, wird es im temporären Arbeitsspeicher abgelegt. Der Stein speichert Dateien und Einstellungen nur dann dauerhaft, wenn du ihn abschaltest. (Darum dauert es immer ein bisschen, bis der Stein ganz heruntergefahren ist.)

Wenn du den EV3-Stein neu startest, ohne ihn erst herunterzufahren, oder wenn du die Batterien ausbaust, während der Stein läuft, gehen alle Dateien und Einstellungen verloren, die du seit dem letzten Einschalten ergänzt oder geändert hast, da der Stein keine Gelegenheit hatte, sie dauerhaft zu speichern. Du kannst sogar ältere Dateien verlieren, wenn du die Batterien herausnimmst, während der Stein heruntergefahren wird (während er also mit der Speicherung von Dateien beschäftigt ist).

Das kann sehr ärgerlich sein, allerdings ist das kein schwerwiegendes Problem, da du ja wahrscheinlich noch eine Kopie des Quellcodes auf dem Computer hast. Trotzdem kannst du dich auch gegen solche Datenverluste wappnen, indem du eine microSD-Karte in den EV3-Stein einsteckst (siehe Abbildung A-11). Jedes Mal, wenn du ein Projekt auf den Roboter herunterlädst, wird es automatisch auf der Karte gespeichert, ohne dass du irgendwelche besonderen Schritte

dazu tun musst. Die Programme bleiben sogar auf der Karte, wenn du den EV3-Stein neu startest oder seine Firmware aktualisierst.

Wenn du eine microSD-Karte verwendest, findest du deine Projekte im Ordner *SD_Card* im Datei-Navigations-Register auf dem Stein. Selbst umfangreiche Programme umfassen nur wenige Kilobyte, weshalb schon eine kleine microSD-Karte genügend Speicherplatz bietet.

Drahtlose EV3-Programmierung

Anstatt das mitgelieferte USB-Kabel zu verwenden, kannst du den EV3-Stein auch über Bluetooth oder WLAN an den Computer anschließen. Durch die drahtlose Übertragung wird die Programmierung viel einfacher, da du das Kabel nicht jedes Mal anschließen und abziehen musst, wenn du ein Programm herunterladen willst.

Nachdem du die drahtlose Verbindung eingerichtet hast, überträgst du die Programme genauso wie bei Verwendung eines USB-Kabels über die Schaltfläche *Herunterladen und ausführen* an den EV3-Stein.

Programme über Bluetooth auf den EV3-Stein herunterladen

Der EV3-Stein verfügt über eine Bluetooth-Funktion. Damit kannst du Programme drahtlos programmieren, eine Kommunikation mit einem anderen EV3-Stein aufbauen und den Stein an ein Smartphone oder

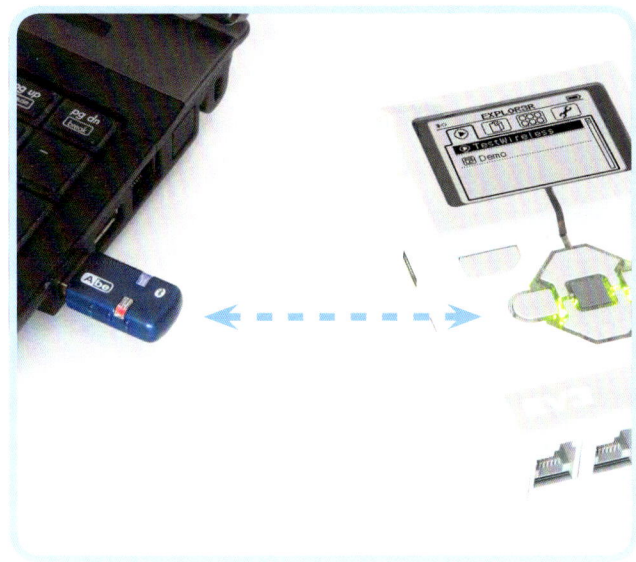

Abbildung A-12: Ein möglicher Aufbau für die drahtlose Programmierung über Bluetooth

ein Tablet anschließen, um ihn darüber fernzusteuern. (Allerdings ist immer nur eine dieser Möglichkeiten auf einmal möglich.)

Um Programme drahtlos über Bluetooth zu übertragen, brauchst du entweder einen Computer mit eingebauter Bluetooth-Funktion oder einen kompatiblen Bluetooth-Dongle, den du in den USB-Anschluss des Computers einsteckst (siehe Abbildung A-12).

Einen Bluetooth-Dongle auswählen

Es gibt viele kompatible Bluetooth-Dongles, von denen viele weniger als 10 € kosten. Ob der Dongle kompatibel ist oder nicht, hängt meistens nicht von der Hardware ab, sondern davon, ob die Treiber zum Betriebssystem des Computers passen. In vielen Fällen kannst du den Dongle einfach in den Computer einstecken und darauf warten, dass die Treiber automatisch installiert werden. Anschließend startest du die EV3-Software und befolgst die Anleitung zum Herstellen der Verbindung aus dem nächsten Abschnitt. Welche Treiber du brauchst, hängt von deinem Betriebssystem und dem Bluetooth-Dongle ab. Links zu empfohlenen Bluetooth-Dongles erhältst du auf der Begleit-website (*http://ev3.robotsquare.com/*).

Wenn du Probleme mit der eingebauten Bluetooth-Funktion eines Computers hast, kannst du versuchen, sie auszuschalten und stattdessen einen externen Bluetooth-Dongle zu verwenden.

Den EV3-Stein über Bluetooth anschließen

Die folgenden Schritte zeigen dir, wie du die Bluetooth-Verbindung zwischen dem Computer und dem EV3-Stein zum ersten Mal einrichtest:

1. Schließe einen kompatiblen Bluetooth-Dongle an einer freien USB-Buchse *des Computers* an oder aktiviere die eingebaute Bluetooth-Funktion. Je nach Betriebssystem kann es sein,

dass automatisch Treiber gesucht und installiert werden. Es ist gewöhnlich *nicht* notwendig, die mit dem Dongle mitgelieferten zusätzlichen Treiber zu installieren.

2. Schalte den EV3-Stein ein und verbinde ihn über das USB-Kabel mit dem Computer.

3. Aktiviere Bluetooth auf dem EV3-Stein, indem du auf dem Register *Settings* (Einstellungen) den Punkt *Bluetooth* auswählst. Anschließend markierst du mithilfe der mittleren Taste *Visibility* (Sichtbarkeit) und *Bluetooth* und deaktivierst *iPhone/iPad/iPod* (siehe Abbildung A-13).

*Abbildung A-13: Öffne das Register mit den Einstellungen auf dem EV3-Stein, wähle **Bluetooth** aus und richte die Einstellungen wie gezeigt ein. (Die Einstellung* **iPhone/iPad/iPod** *darfst du nur aktivieren, wenn du den Stein über iOS-Geräte fernsteuern möchtest. Zur drahtlosen Programmierung mit einem Computer und zur Fernsteuerung über ein Android-Gerät musst du sie ausschalten.)*

4. Öffne in der EV3-Software auf dem Computer das Register *Verfügbare Steine* auf der Hardwareseite und klicke auf *Aktualisieren* (siehe Abbildung A-7). Der Suchvorgang nimmt etwa 30 s in Anspruch. Anschließend wird die Liste der EV3-Steine mit denen aktualisiert, die zur Verbindung bereit sind.

5. In der Liste der EV3-Steine siehst du ein Kontrollkästchen für jeden verfügbaren Verbindungstyp. Um die Bluetooth-Verbindung herzustellen, aktivierst du das Kontrollkästchen mit dem Bluetooth-Symbol (✳). Sollte das nicht möglich sein, klickst du erneut auf *Aktualisieren*. Wenn das auch nicht hilft, deaktivierst du *Bluetooth* im Menü auf dem EV3-Stein (siehe Abbildung A-13), aktivierst es wieder und versuchst erneut, die Verbindung herzustellen.

Ob der EV3-Steine eine funktionierende Bluetooth-Verbindung hat, kannst du oben links auf dem EV3-Bildschirm erkennen. Bei einer Verbindung mit dem Computer wird ✳<> angezeigt, bei fehlender Verbindung ✳<. Hast du eine Verbindung, kannst du jetzt das USB-Kabel abziehen und Programme herunterladen.

Wenn du die Software das nächste Mal startest, musst du nur noch die Schritte 4 und 5 ausführen, um die Bluetooth-Verbindung herzustellen. Es ist auch nicht mehr nötig, das USB-Kabel einzustecken, um die drahtlose Verbindung einzurichten.

Wenn du beim ersten Aufbau der Verbindung das USB-Kabel in Schritt 2 nicht angeschlossen hast, fordert der EV3-Stein dich auf, die Verbindung zu bestätigen und ein Passwort auszuwählen, mit dem sie nach Abschluss von Schritt 5 abgesichert wird. Wenn du ein Passwort eingerichtet hast, fordert dich die EV3-Software anschließend dazu auf, es einzugeben. Daraufhin bittet dich der EV3-Stein erneut um Bestätigung. Anschließend ist die Verbindung hergestellt. Am einfachsten ist es, wenn du das Standardpasswort (1234) beibehältst. Wenn du zum Einrichten der Bluetooth-Verbindung das USB-Kabel verwendest, kümmert sich die Software im Hintergrund um die Sicherheitsmaßnahmen.

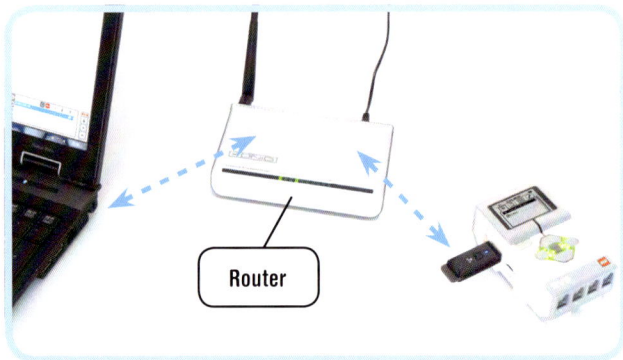

Abbildung A-14: Aufbau für die drahtlose Programmierung über ein WLAN

Programme über eine WLAN-Verbindung auf den EV3-Stein herunterladen

Du kannst an den EV3-Stein auch einen WLAN-Dongle anschließen, um eine Verbindung über ein drahtloses Netzwerk herzustellen (siehe Abbildung A-14). Wenn sich sowohl der Computer als auch der Stein im selben Netzwerk befinden, kannst du den Roboter über die drahtlose Verbindung programmieren. Zurzeit unterstützt der EV3-Stein nur den WLAN-USB-Adapter NETGEAR WNA00 N150.

In den folgenden Schritten setze ich voraus, dass du schon ein drahtloses Netzwerk hast und dass es mit einem WPA2-Passwort geschützt ist. Außerdem musst du den Namen (die SSID) des Netzwerks und das Passwort kennen und den Computer an das Netzwerk angeschlossen haben. Um unter diesen Bedingungen eine WLAN-Verbindung herzustellen, gehst du wie folgt vor:

1. Schalte den EV3-Stein ein und stecke den kompatiblen WLAN-Dongle in den USB-Hostanschluss *am EV3-Stein* ein (siehe Abbildung A-14). Verbinde den EV3-Stein außerdem über ein USB-Kabel mit dem Computer (im Bild nicht dargestellt).

2. Klicke auf dem Register *Stein-Info* der Hardwareseite auf *Einrichtung von drahtloser Verbindung* (siehe Abbildung A-6). Der EV3-Stein schaltet seine WLAN-Funktion automatisch ein

und sucht nach drahtlosen Netzwerken. Wenn er damit fertig ist, kannst du dein Netzwerk in der Liste auf dem Computerbildschirm auswählen und auf *Verbinden* klicken. Wenn du eine Fehlermeldung erhältst, die besagt, dass kein WLAN- (oder Wi-Fi-) Adapter an den Stein angeschlossen ist, hat der EV3-Stein keinen kompatiblen WLAN-Dongle gefunden.

3. Gib in dem daraufhin eingeblendeten Dialogfeld das Passwort des Netzwerks ein und klicke auf *Verbinden*. Wenn der Vorgang erfolgreich war, ändert sich das Symbol in der oberen linken Ecke des EV3-Bildschirms von (📶) (WLAN ein) in (📶⇄) (WLAN verbunden). Der EV3-Stein ist jetzt an den Router in deinem Netzwerk angeschlossen, aber noch nicht an den Computer.

4. Klicke auf dem Register *Verfügbare Steine* der Hardwareseite auf *Aktualisieren* (siehe Abbildung A-7).

5. Für jeden verfügbaren Verbindungstyp wird ein Kontrollkästchen angezeigt. Um eine WLAN-Verbindung herzustellen, klickst du auf das Kontrollkästchen mit dem WLAN-Symbol (📶). Wenn ein Häkchen dargestellt wird, wurde die Verbindung erfolgreich hergestellt, sodass du da USB-Kabel jetzt abziehen kannst. Wenn du das Kontrollkästchen nicht aktivieren kannst, versuche *den Computer* vom Netzwerk zu trennen, wieder anzuschließen und erneut auf *Aktualisieren* zu klicken.

Bluetooth oder WLAN?

Um deine Roboter drahtlos zu programmieren, empfehle ich dir Bluetooth. Erstens musst du dazu kein WLAN haben und keine Netzwerkeinstellungen einrichten. Zweitens gibt es nur einen einzigen unterstützten WLAN-Dongle, der obendrein ziemlich viel Platz in deinem Roboter verschlingt. (Die Bluetooth-Funktion dagegen ist in den EV3-Stein eingebaut.) Außerdem sind zum Herstellen einer Bluetooth-Verbindung nur wenige Klicks erforderlich, wenn du sie erst einmal eingerichtet hast.

Da der EV3-Stein im Grunde genommen ein kleiner Linux-Computer ist, kannst du über eine WLAN-Verbindung allerdings auf seine erweiterten Funktionen zugreifen, die von der EV3-Software nicht genutzt werden. Sofern du aber nicht vorhast, die Verwendung dieser Funktionen zu erlernen, ist es wahrscheinlich trotzdem besser, bei Bluetooth zu bleiben.

Zusammenfassung

Ich hoffe, dieser kurze Anhang kann dir helfen, Lösungen für die Probleme zu finden, denen du begegnen magst. Natürlich konnte ich hier nur eine kleine Auswahl an Problemen und Lösungen nennen, und vielleicht hast du noch weitere Fragen zu einer der Bau- oder Programmieranleitungen in diesem Buch. Auf *http://ev3.robotsquare. com* findest du Links zu weiteren hilfreichen Informationen, unter anderem auch zu Foren, in denen du ganz allgemein Fragen zu Lego Mindstorms EV3 stellen kannst.

On-Brick-Programme erstellen

Anstatt in der EV3-Software Programme auf dem Computer zu schreiben, kannst du auch auf dem Stein selbst mit der Anwendung *Stein-Programm* (*Brick Program*) einfache Programme erstellen. Das ist nützlich, wenn du einen Roboter ausprobieren willst, aber gerade keinen Computer zur Hand hast. Manchmal reicht es aus, die Konstruktion mit der Anwendung *Infrarotfernsteuerung* (*IR Control*) zu testen und die Sensoren mit *Anschlussansicht* (*Port View*) zu überwachen. Mit der Anwendung *Stein-Programm* aber kannst du Programme erstellen, die sowohl Motoren als auch Sensoren nutzen. Um beispielsweise einen Mechanismus mit Berührungssensor zu prüfen (wie den Greifer des SNATCH3Rs), kannst du einen Motor drehen, bis der Sensor gedrückt wird.

In diesem Anhang erfährst du, wie du *On-Brick-Programme* (oder *Stein-Programme*) erstellst und in die EV3-Software importierst, sodass du auf dem Computer damit weiterarbeiten kannst.

HINWEIS **On-Brick-Programme werden ähnlich geschrieben wie EV3-Programme auf dem Computer. Die Befehle werden anders eingegeben, aber das Grundprinzip ist das gleiche. In diesem Anhang setze ich voraus, dass du die in den Kapiteln 1 bis 6 vorgestellten Techniken schon beherrschst. Hier zeige ich dir, wie du sie anwendest, um Programme direkt auf dem EV3-Stein zu schreiben.**

On-Brick-Programme erstellen, speichern und ausführen

Um mit der Arbeit an einem neuen On-Brick-Programm zu beginnen, wählst du auf dem Register *Stein-Anwendungen* (*Brick Apps*) auf dem EV3-Stein die Anwendung *Stein-Programm* (*Brick Program*) aus (siehe Abbildung B-1). Alle On-Brick-Programme bestehen aus einem Schleifenblock, in den du Aktions- und Warteblöcke einfügst.

Blöcke zu der Schleife hinzufügen

Mit der rechten und der linken Taste kannst du dich durch das Programm bewegen. Das ausgewählte Element steht immer in der Mitte des Bildschirms. Um einen neuen Block in die Schleife einzufügen, begibst du dich zu einem leeren Bereich zwischen zwei Blöcken und drückst die Taste *Oben* (siehe Abbildung B-2). Anschließend wählst du mit der Taste *Mitte* den gewünschten Block aus und platzierst

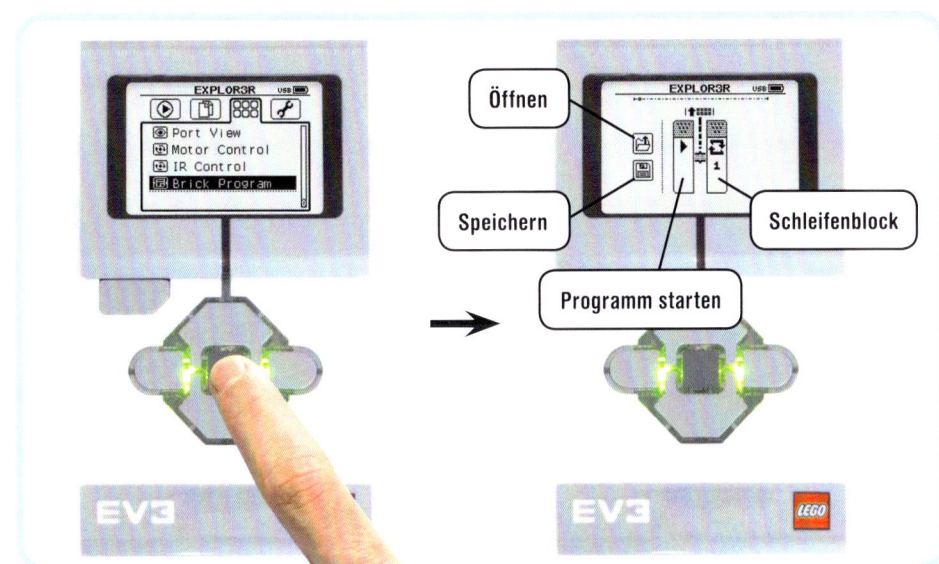

Öffnen

Speichern

Schleifenblock

Programm starten

Abbildung B-1:
Ein neues On-Brick-Programm öffnen

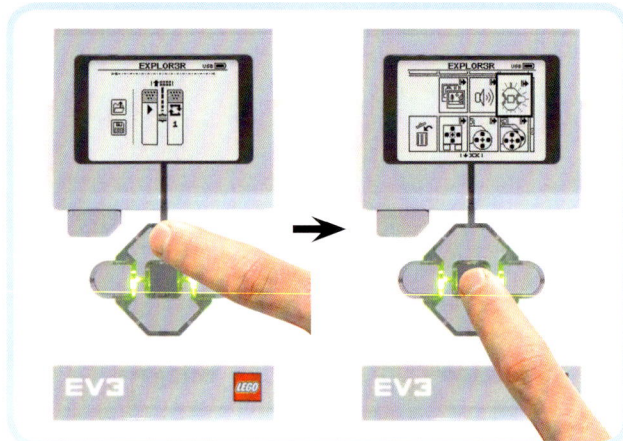

Abbildung B-2: Einen Block zu einem Programm hinzufügen

ihn in der Schleife. Beispielsweise kannst du den Block für die Stein-Statusleuchte auswählen, um die Statusleuchte des EV3-Steins orange leuchten zu lassen. Mit der *Zurück*-Taste kannst du die Auswahl löschen.

In der Schleife kannst du bis zu 16 Blöcke unterbringen.

Blöcke ersetzen

Um einen Block durch einen anderen zu ersetzen, wählst du ihn aus (indem du ihn mit den Tasten *Rechts* und *Links* in die Mitte des Bildschirms stellst) und drückst die Taste *Oben*. Wähle dann mit *Mitte* den neuen Block aus oder brich den Vorgang mit *Zurück* ab.

Blöcke löschen

Um einen Block aus dem Programm zu entfernen, wählst du ihn aus, drückst die Taste *Oben* und wählst den Papierkorb aus (siehe Abbildung B-3).

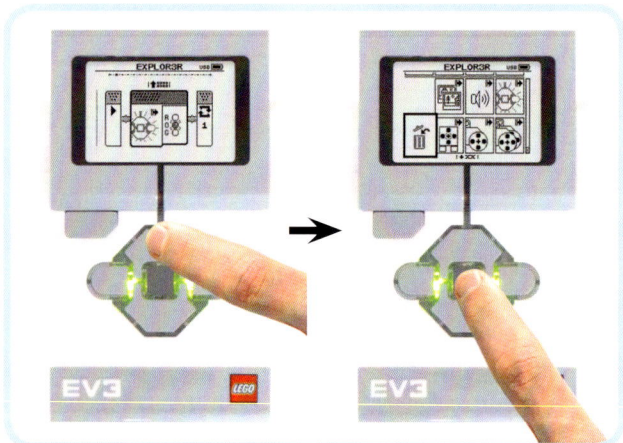

Abbildung B-3: Einen Block aus einem Programm löschen

Die Einstellungen eines Blocks festlegen

Jeder Block hat eine Einstellung, die du festlegen kannst. Um sie zu ändern, wählst du den Block aus und drückst die Taste *Mitte* (siehe Abbildung B-4). Anschließend änderst du die Einstellung mit *Oben* und *Unten*. Bestätige mit *Mitte* oder brich den Vorgang mit *Zurück* ab.

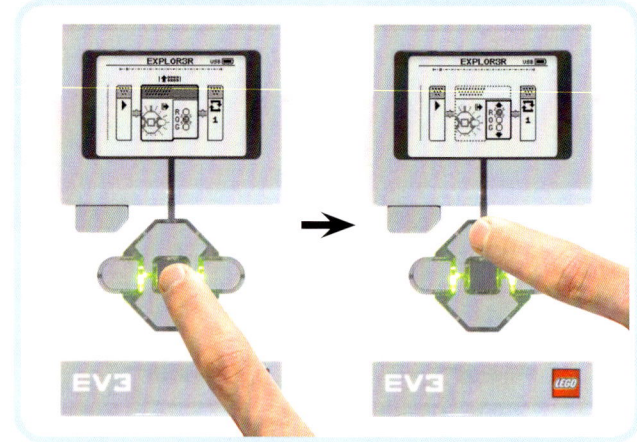

Abbildung B-4: Die Einstellung eines Blocks ändern. Hier änderst du die Farbe der Statusleuchte von Orange (O) in Rot (R).

Programme ausführen

Lege das Programm *OnBrickStatus* an (siehe Abbildung B-5) und platziere zwei Statusleuchten- und zwei Warteblöcke in der Schleife. Richte da Programm anschließend so ein, dass es die Farbe der Leuchte in Rot ändert, zwei Sekunden lang wartet, die Farbe in Grün ändert und daraufhin wieder zwei Sekunden wartet. Ändere die Einstellung des Schleifenblocks so, dass er die darin enthaltenen Blöcke fortlaufend wiederholt.

Jetzt kannst du das Programm ausführen, indem du den linken Teil des Schleifenblocks auswählst und die Taste *Mitte* drückst (siehe Abbildung B-5). Die Statusleuchte blinkt jetzt zwei Sekunden lang rot, dann zwei Sekunden lang grün und dann abwechselnd immer so weiter. Um das Programm abzubrechen, drückst du die Taste *Zurück*.

Programme speichern und öffnen

Um das aktuelle Programm zu speichern, drückst du auf das *Speichern*-Symbol, das du in Abbildung B-1 siehst. Auf dem Bildschirm wird eine Tastatur angezeigt, die du über die EV3-Tasten bedienen kannst. Wähle die Rückschritt-Taste (⬅) aus, um den vorhandenen Namen zu löschen, und gib *OnBrickStatus* ein, indem du die Buchstaben mit der Taste *Mitte* auswählst. Zum Schluss wählst du das Häkchen aus.

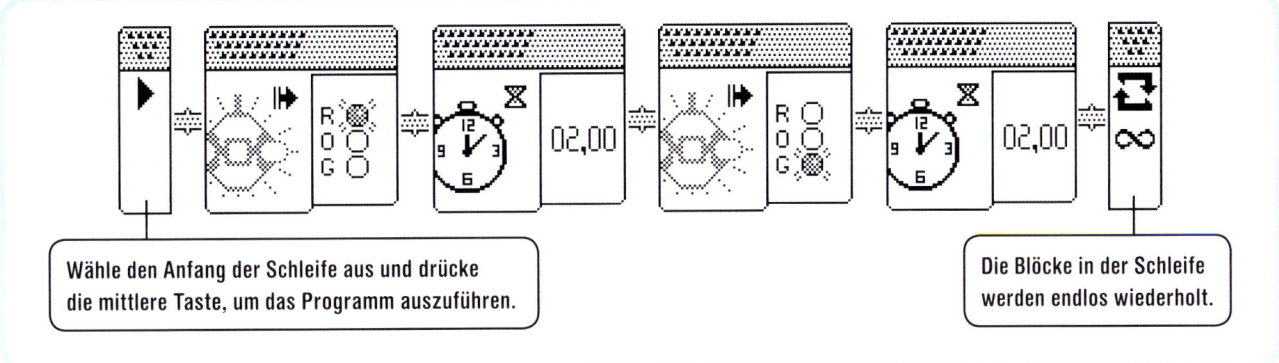

Wähle den Anfang der Schleife aus und drücke die mittlere Taste, um das Programm auszuführen.

Die Blöcke in der Schleife werden endlos wiederholt.

Abbildung B-5: Das Programm **OnBrickStatus** *ändert alle zwei Sekunden die Farbe der Statusleuchte. Hier siehst du das gesamte Programm. Auf dem EV3-Stein wird jedoch immer nur ein Teil angezeigt. Mit der rechten und der linken Taste kannst du dich vergewissern, dass dein Programm genauso aussieht wie das in der Abbildung.*

Um ein zuvor gespeichertes On-Brick-Programm zu öffnen und zu bearbeiten, betätigst du das *Öffnen*-Symbol und wählst das Programm dann in der daraufhin angezeigten Liste aus. Willst du ein gespeichertes Programm nur ausführen, kannst du es auch im Ordner *BrkProg_SAVE* des Registers Datei-Navigation auf dem EV3-Stein aufrufen.

Wenn du die Anwendung *Stein-Programm* über die Taste *Zurück* beendest, wirst du aufgefordert, das Programm zu speichern. Um die Anwendung zu schließen, ohne das Programm zu speichern, wählst du das Symbol *X*. Sonst wählst du das Häkchen aus, gibst den gewünschten Namen ein und speicherst das Programm.

HINWEIS Da du den Namen jedes Mal beim Speichern des Programms eingeben musst, solltest du für Programme, die du häufiger änderst, einen kurzen und einfachen Namen wählen.

On-Brick-Programmier-blöcke verwenden

Tabelle B-1 zeigt, welche Blöcke in On-Brick-Programmen zur Verfügung stehen, und gibt dazu jeweils die entsprechenden Blöcke der EV3-Software an. Es stehen verschiedene Aktionsblöcke sowie ein Warteblock mit mehreren Modi zur Verfügung. Anhand der Seitenzahlen in der Tabelle kannst du weitere Informationen über die verschiedenen Blöcke und Sensormodi finden.

In der Anwendung *Stein-Programm* kannst du bei jedem Block immer nur eine Einstellung ändern. Die entsprechende Einstellung des Blocks in der EV3-Software ist blau gekennzeichnet. Andere

Einstellungen, z. B. die Sensor- und Motoranschlüsse, lassen sich nicht ändern. Wenn du also etwa einen Berührungssensor in einem On-Brick-Programm verwenden willst, musst du ihn mit Anschluss 1 verbinden.

Die numerischen Einstellungen des Anzeige- und des Klangblocks stehen für die verschiedenen Bild- und Klangdateien. Welche Nummern diese Dateien jeweils haben, kannst du in der EV3-Bedienungsanleitung ab Seite 46 nachschlagen. (Klicke dazu in der Lobby der EV3-Software auf *Bedienungsanleitung*; siehe Abbildung 3-2 auf Seite 26.)

Mit diesen Blöcken kannst du ähnliche Programme schreiben wie in den Kapiteln 4 bis 6. Beispielsweise ist ein Programm möglich, das den großen Motor bei jedem Druck auf den Berührungssensor eine Sekunde lang laufen lässt. Verbinde den Berührungssensor mit Eingang 1 und den Motor mit Anschluss D, stelle das Programm *OnBrickTouch* (aus Abbildung B-6) zusammen und führe es auch.

Dieses Programm sorgt dafür, dass der Motor sich eine Sekunde lang dreht, indem es ihn einschaltet, eine Sekunde lang wartet und die Drehzahl dann auf 0 stellt.

On-Brick-Programme importieren

Ein gespeichertes On-Brick-Programm kannst du in die EV3-Software importieren, indem du den Stein an den Computer anschließt und auf *Werkzeuge > Stein-Programm importieren* klickst (siehe Abbildung B-7). In dem daraufhin eingeblendeten Dialogfeld wählst du das Programm aus und klickst dann auf *Importieren*. Jetzt wird das Programm auf einem eigenen Register in deinem aktuellen Projekt angezeigt.

Tabelle B-1: Verfügbare Blöcke in der Anwendung Stein-Programm und entsprechende Blöcke in der EV3-Software

Aktionsblöcke			Seite	Warteblöcke (Modus)			Seite
Mittlerer Motor			46	Zeit			49
Großer Motor			46	Stein-Tasten			98
Bewegung-lenkung			35	Motordrehung (Grad)			99
Anzeige			42	Farbsensor (Farbe)			78
Klang			40	Farbsensor (Stärke des reflektierten Lichts)			81
Stein-Status-leuchte			44	Infrarotsensor (Nähe)			90
				Infrarotsensor (Fernsteuerung)			92
				Berührungs-sensor (Zustand)			66
				Kreiselsensor* (Winkel)			n/a
				Temperatur-sensor* (Celsius)			n/a
				Ultraschall-sensor* (Abstand in Zentimetern)			n/a

* Diese Sensoren sind im EV3-Standardkasten (Bst.-Nr. 31313) nicht enthalten. Weitere Informationen darüber erhältst du auf http://ev3.robotsquare.com/.

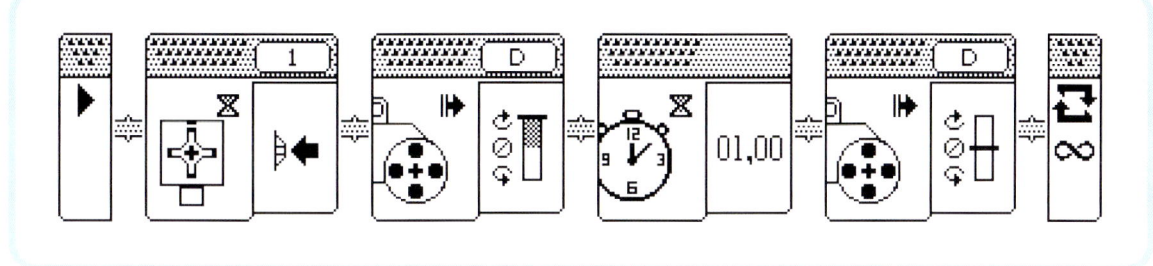

Abbildung B-6: Das Programm **OnBrickTouch** *dreht den großen Motor an Anschluss D jedes Mal eine Sekunde lang, wenn du den Berührungssensor drückst.*

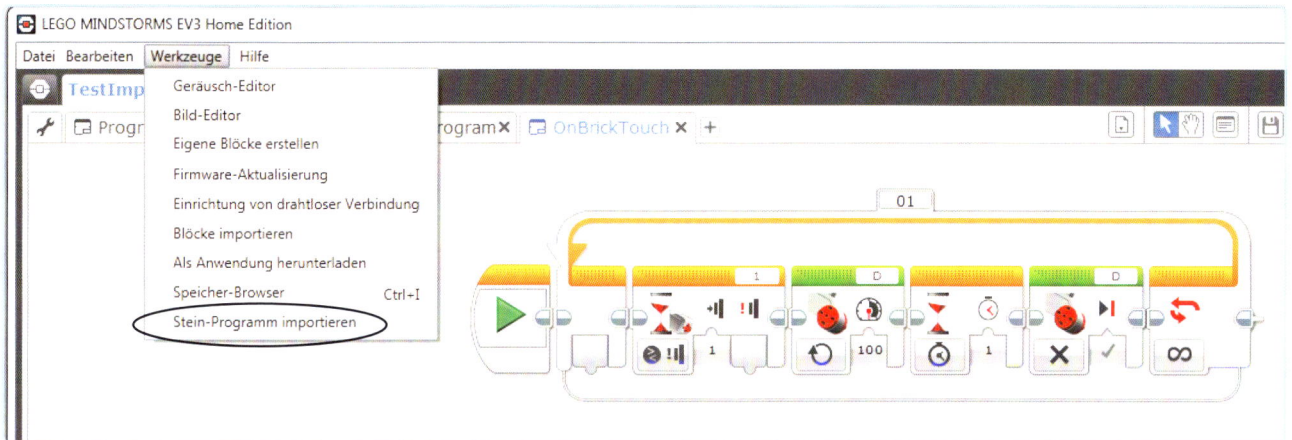

Abbildung B-7: Ein On-Brick-Programm in die EV3-Software importieren

Wenn du das Programm in die EV3-Software importiert hast, kannst du es wie jedes andere EV3-Programm bearbeiten. Wie du siehst, wurden die Blöcke von *OnBrickTouch* dabei in die entsprechenden Blöcke der EV3-Computersoftware umgewandelt (siehe Tabelle B-1). Wenn du dieses Programm ausführst, verhält es sich genauso wie das Programm auf dem EV3-Stein.

Wenn du ein On-Brick-Programm in die EV3-Software importierst, verbleibt eine Kopie davon auf dem Stein. Wenn du das Programm aber in der Computersoftware änderst, kannst du daraus nicht wieder ein On-Brick-Programm machen.

HINWEIS Es gibt eine Ausnahme von Tabelle B-1: In einem On-Brick-Programm setzt ein Warteblock im Modus *Motorumdrehungen (Grad)* den Drehsensor vor der Ausführung immer auf 0 zurück, doch wenn dieses Programm importiert wurde, ist das nicht mehr der Fall. Falls nötig, kannst du den Drehsensor in deinem Programm mit einem zusätzlichen Block zurücksetzen (siehe Abbildung 9-4 auf Seite 99).

Zusammenfassung

Mit der Anwendung *Stein-Programm* kannst du auf dem EV3-Stein einfache Programme erstellen, ohne dazu einen Computer zu brauchen. Das ist eine praktische Möglichkeit, um einen Roboter zu testen, wenn du gerade keinen Computer zur Hand hast. Alle On-Brick-Programme bestehen aus einer Folge von Aktions- und Warteblöcken, die in einem Schleifenblock stehen. Ein solches On-Brick-Programm kannst du in die EV3-Software importieren und dort wie ein normales EV3-Programm bearbeiten und ausführen.

Index

Zahlen und Symbole

12z-Zahnrad   265
24z-Zahnrad   265
36z-Zahnrad   265
/ (Divisionsoperator)   332
% (Modulo-Operator)   332
* (Multiplikationsoperator)   332

A

Achsen   *105*
   Herausfallen verhindern   110
   Kreuzlöcher   110
   Länge bestimmen   9
   Mit Verbindern verlängern   111
   Rechtwinklig   132
   Sensoren   119
   Verdrehen verhindern   135
Aktionsblöcke   27
Aktualisieren der Firmware   25
Aktualisieren-Schaltfläche   354
Aktuelle Leistung   99, 100
Am Ende bremsen   38, 164
Änderungsmodus   67, 68, 73
An für … Umdrehungen   190
Anhalten von Programmen   49
Anschlussansicht   354
Anschlusseinstellungen   37
ANTY   171
   Bauen   173–189
   Farben in der Umgebung
      wahrnehmen   191–193
   Gehmechanismus   172
   Hindernissen ausweichen   190–191
   Motoren gegenüberliegend platzieren   190
   Nahrung finden   191
   Stückliste   173
Anzeigeblock   42
   Anzeigefeld   42
   Bildschirm zurücksetzen   42
   Farbeinstellung   43
   Formen   42
   Fortschritt anzeigen   353

   Per Leitung übertragen   216
   Position auf dem Bildschirm   43
   Radius   43
   Textmodus   43
   Untermodi   42–43
Anzeigemodus   33
Aufkleber   5
Ausführen von Programmen
   Auf dem EV3-Stein   22
   Fehlerbehebung   352–353
   Manuell   28
   Nach dem Herunterladen   28
Ausgabeanschlüsse   20
Ausgabezahnrad   126
Außerhalb-Modus   234
Auswahl ausführen   29
Auswahlwerkzeug   30

B

Balken   *105*
   Anbaupunkte am großen Motor
      hinzufügen   135–136
   Erweitern   106
   Großer Motor   118
   Im rechten Winkel verbinden   111, 113
   Länge bestimmen   9
   Messen   106
   Parallel sichern   111
   Parallel verbinden   111, 112
   Sensoren   119
   Strukturen verstärken   107
   Winkelbalken   107–108
   Zahnräder flankieren   134
Ballmagazin   119
Ballschussgerät   119
Batterien
   Austauschen   21
   EV3, wiederaufladbar   4
   Fernbedienung   4
Bereichsblock   234
Berührungssensor   62
   Änderungsmodus   68, 73

   Hindernissen ausweichen   67
   Kombination mit anderen Sensoren   90–91
   LAVA R3X   330
   Messmodus   73
   Motorstellung ermitteln   172
   Schalterblock   69
   Statusmodus   68
   Stoßstange   62–65
   Vergleichsmodus   68, 70, 73, 219
Berührungssensorblock   218
Beschleunigen eines Motors   220
Bewegungslenkungsblock   35
   Am Ende bremsen   38
   Beschleunigung   39
   Ein/Aus-Modi   45, 332
   Exakte Drehungen   39
   Leistungseinstellung   37
   Lenkungseinstellung   37
   Modi   37
   Verwenden   35–36
Bildschirm zurücksetzen (Anzeigeblock)   42
Blöcke (Programmierung)   35, 227
   Siehe auch die Bezeichnungen
      der einzelnen Blöcke
   Arrangieren   28
   Arten   27
   Ausgeführte Blöcke ansehen   353
   Ausgewählte Blöcke ausführen   29
   Duplizieren   31
   Eigene Blöcke *siehe* Eigene Blöcke
   EV3-Steintasten   97–98
   Fehler beheben   351–352
   Hilfe   31–32
   Löschen   27
   Modi und Einstellungen   35, 37
   Multitasking
      Mehrere Startblöcke   56
      Ressourcenkonflikte   57
      Weiterleitungen aufteilen   56
   Negative Leistungswerte   38
   On-Brick-Programme *siehe*
      On-Brick-Programme
   Platzierung im Programm   26

Blockierte Motoren   101
Bluetooth
    Dongles   357
    Einstellungen   21
    Programme herunterladen   356
    Verbindung herstellen   357–358
    WLAN   358
Bonusmodelle   32

D

Datei-Navigation   21, 30
Datenblöcke   27, 227
    Bereichsblock   234
    Logische-Verknüpfungen-Block   233
        Modi   233
        Nicht-Modus   234
    Matheblock *siehe* Matheblock
    Rundungsblock   235
    Textblock   235
    Vergleichsblock   232, 333
    Zufallsblock   231
Datenleitungen   210–211
    Blöcke in Schalterblöcken   222–223
    Blöcke wiederholen   213
    Eigene Blöcke   236
    Logik   214
    Logisches Array   215
    Löschen   212
    Matheblock   230
    Mehrere Leitungen verwenden   212
    Numerisch   214
    Numerisches Array   215
    Platzierung in Programmen   212
    Schalterblöcke   221
    Schleifenblock   220–221
    Text   214
    Typumwandlung   215–216
    Warteblock   220
    Wert auf EV3-Bildschirm anzeigen   216
    Wertebereich   219–220
    Werte in Datenleitungen einsehen   211
Dauer (Klangblock)   41, 224
Dekompilieren von Programmen   355
Dekorieren von Robotern   119
Demo-Programm   22
Divisionsoperator (/)   332
Doppelkegelzahnräder   *128*, 130–131

Drahtlose Programmierung
    Bluetooth
        Dongles   357
        Programme herunterladen   356
        Verbindung   357–358
    WLAN   358
Drehen des Roboters
    Exakte Drehungen   39
    Gegenteilige Richtung als erwartet   36
    Geschwungene Kurven   40
Drehmodus   37
Drehmoment   124–125
    Abwägen gegen Geschwindigkeit   127
    Erhöhen   125, 126–127
    Verringern   125
    Zahnräder   127
Drehsensor   98
    Beine synchron halten   332
    Drehgeschwindigkeit   99
        Berechnen   100
        Messen   100
    Etch-A-Sketch-Programmkoordinaten   254
    Geregelte Geschwindigkeit   101
    Motorstellung   98
    Motorstellung zurücksetzen   99
    Radausrichtung steuern   163
    SNATCH3R-Greifer zurücksetzen   299
    Zweck   62
Drehung
    Geschwindigkeit   123
    Richtung in Getriebezügen   126
    Richtung umkehren   135
Dünne Elemente   114

E

Eigene Blöcke   27
    Ausgänge   240, 242
    Bearbeiten   53, 239
    Datenleitungen   236
    Eingänge   236–238, 242
    Erstellen   53, 243
    Fehlerbehebung   351
    In mehreren Projekten verwenden   243
    Kopieren aus anderem Projekt   55
    Verwaltung im Projekt   53–54
    Verwenden   53–54
    Verwendungszwecke   243
Ein/Aus-Modi (Bewegungslenkungsblock)   45

Ein-/Ausschalten des EV3-Steins   21
Eingabeanschlüsse   20
Eingangszahnrad   126
Einheitenraster   129
Einstellungen (Register)   21
Erweiterte Blöcke   27
Erweiterter Modus des Matheblocks   229
EV3-Programmiersoftware *siehe auch*
        Blöcke (Programmierung);
        Programme; Projekte
    Aktualisieren   7
    Ausgewählte Blöcke ausführen   29
    Auswahlwerkzeug   30
    Blöcke platzieren   26
    Hardware-Seite   28
    Herunterladen   6–7
    Hilfe zu Blöcken   31–32
    Inhaltseditor   32
    Installieren   7
    Kommentarwerkzeug   30
    Programme auf den EV3-Stein
        herunterladen   25, 28
    Programme manuell ausführen   28
    Programmierbereich   27
    Programmierpalette   27
    Projekte und Programme   29
    Schwenkwerkzeug   30
    Startblock   27
    Starten   25
    Steuern von Robotern   6
    Symbolleiste   30
    Zoomwerkzeug   30
EV3RSTORM   32
EV3-Stein   3, *4*
        siehe auch On-Brick-Programme
    Programme finden   30
    Programme herunterladen   25, 28
        Bluetooth   356
        WLAN   358
    Batterien   4
    Ein-/Ausschalten   21
    Fehlerbehebung *siehe* Fehlerbehebung:
        EV3-Stein
    Firmware aktualisieren   355
    microSD-Karte   356
    Neu starten   355
    Programme ausführen   22
    Speicherverwaltung   356

Statusleuchten 21, 44

Tasten 20–21

    Programmierung 97–98

EXPLOR3R 9, *9*

    Bauen 10–18

    Farbsensor anbringen 75–76

    Geregelte und ungeregelte
        Geschwindigkeit 101

    Hindernissen ausweichen 67, 90–91

    Kabel anschließen 19

    Linien mit Farbsensor folgen 79

    Linien sanft folgen 83–84

    Mehrere Sensoren 90–91

    Stoßdämpfer mit Berührungssensor 62–65

    Stückliste 10

    Teststrecke 77

Externe Geräte 20

F

Fahren

    Beschleunigung 39

    Rückwärts 36, 38

Farbeinstellung (Anzeigeblock) 43

Farbmodus 75, 77

Farbsensor 62, 75

    Anschluss an EXPLOR3R 75–76

    Farbmodus 75, 77

    Farbtafel 77

    Händeschütteln erkennen 345

    Innerhalb einer farbigen Linie
        bleiben 77–78

    Linien folgen 79–80

    Linien sanfter folgen 83–84

    Stärke des reflektierten Lichts 75, 81

        Linien sanfter folgen 83–84

        Schwellenwert 82

    Stärke des Umgebungslichts 75, 85

    Teststrecke 77

    Umgebungsfarben erkennen

        Abwesenheit von Farbe 191–192

        Auf Farben reagieren (ANTY) 192–193

Farbsensorblock 217

Farbtafel 77

Fehlerbehebung

    EV3-Stein

        Firmware aktualisieren 355

        Hardware-Seite 354

        Neustart 355

    Speicherverwaltung 354–355

        USB-Verbindung 355

        Verbindungen 354

    Greifmechanismus (SNATCH3R) 301

    Kompilierungsfehler

        Fehlende Eigene Blöcke 351

        Fehlende Variablendefinition 352

        Programmierblockfehler 351–352

    Programme ausführen 352–353

    Umgekehrte Drehrichtung als erwartet 36

    USB-Verbindung 25

Fernsteuerung *6*

    Anwendung 22–23

    Batterien 4

    Infrarotsensor 92

    Programm für Formel-EV3-
        Rennwagen 166–167

    Programm für SNATCH3R 300

    Roboter steuern 6

Fernsteuerungsmodus (Infrarotsensor) 92

Firmware aktualisieren 25, 355

Flankieren von Zahnrädern mit Balken 134

Flexible Strukturen 114–115

Formel-EV3-Rennwagenroboter 141

    Autonome Bewegung 168

    Bauen 142–162

    Fernsteuerprogramm 166–167

    Lenkung 163

        Links und rechts 164

        Testen 166

        Zentrieren 164–165

        Zurücksetzen 163

    Stückliste 142

Formen (Anzeigeblock) 42

G

Gehmechanismus von ANTY 172

Geregelte Geschwindigkeit 101

Gesamtübersetzungsverhältnis 126

Geschwindigkeit

    Anpassen über Datenleitungen 213

    Berechnen für Zahnräder 123

    Erhöhen und Verringern mit
        Zahnrädern 123–124

    Gegen Drehmoment abwägen 127

    Geregelt und nicht geregelt 101

    Verringern mit Schnecke 133

Geschwungene Kurven 40

Gleichheit prüfen 232

Gleichung 229

Gradmodus 37

Greifmechanismus des SNATCH3Rs 263–265

Größer-als-Vergleiche 232

Großer Motor

    Anbaupunkte hinzufügen 135–136

    Balken anschließen 118

    Drehgeschwindigkeit 99

    Drehgeschwindigkeit berechnen 100

    Geometrie *116*

    Geschwindigkeitsregelung und
        Leistungsaufnahme 101

    Maximales Drehmoment 125

    Räder anschließen 115, *117*

    Zahnräder anschließen 136

    Zwei Motoren über einen Rahmen
        verbinden 115

Großer-Motor-Block 46

H

Halbe Einheiten 114

    Zahnräder 129

Händeschütteln erkennen 345

Hardware-Seite 28, 66, 354

Hebellenkungsblock 46

Herunterladen

    Beispielprogramm xxii

    EV3-Programmiersoftware 6–7

    Farbtafel 77

    LEGO-Einheitenrasten 108

    Teststrecke zum Verfolgen von Linien 81

Herunterladen und ausführen 25

Hilfe zu Programmierblöcken 31–32

Hindernissen ausweichen 90–91, 190–191

Hochladen von Dateien auf den Computer 355

H-Rahmen *106*

Hubmechanismus des SNATCH3Rs 265

I

Infrarot-Fernsteuerung *siehe* Fernsteuerung

Infrarotsensor 62

    Fernsteuerungsmodus verwenden 92

    Fähigkeiten 89

    Fernsteuerung verwenden 92

    Hindernissen ausweichen 90–91, 168

Nähemodus 89
    Hindernissen ausweichen 90–91
    Mit anderen Modi kombinieren 90–91
  Sensormodi kombinieren 95
  Signal-Nähe-Modus 93
  Signal-Richtung-Modus 93–94
Infrarotsensorblock 217
Inhalts-Editor 32
Inkrementieren von Variablen 249
Installation der EV3-Programmiersoftware 7
IR-Control-Anwendung 22
IR-Fernsteuerung *siehe* Fernsteuerung

K

Kabel 20
Kegelzahnräder *128*, 130–131
Keine Farbe 191
Klangblock 40
  Datei abspielen 40
  Dauer 41
  Fortschritt anzeigen 353
  Lautstärke 40
  Note 41
  Wiedergabeart 40–41
Kleiner-als-Vergleiche 232
Kommentarblock 352
Kommentare
  Nützlichkeit zur Fehlerbehebung 352
  Werkzeug 30
Kompilierungsfehler
  Fehlende Eigene Blöcke 351
  Fehlende Variablendefinition 352
  Programmierblockfehler 351–352
Konstantenblock 245
  Variablenblock im Vergleich 247
Kontexthilfe 32
Kopieren von Programmierblöcken 31
Kreuzloch 110, 118
Kugelzahnrad *128*, 133

L

Länge von Balken und Achsen 9
Lautstärke (Klangblock) 40
LAVA R3X 311–312
  Bauen
    Beine 312–329
    Kopf und Arme 335–343
  Beine zurücksetzen 344

Gehen
  Beine synchronisieren 332–333
  Gehen bis zur Auslösung des
    Sensors 344–345
  Motor zur Ausgangsposition
    zurückdrehen 330–331
  Nach links drehen 334
  Testprogramm 334
  Zurücksetzen 330
  Hindernissen ausweichen 344
  Kopf und Arme steuern 344
  Reaktion auf ausgelöste Sensoren 345
  Stückliste 312
LEGO-Einheiten 106
  Halbe Einheiten 114
  Raster 108–109
LEGO MINDSTORMS EV3 Education Core 3
LEGO MINDSTORMS EV3 Home Edition 3
Leistung
  Leistungsaufnahme und
    Geschwindigkeitsregelung 101
  Regeln der Motorgeschwindigkeit 37
Lenkung
  Bewegungslenkungsblock
    Modi 37
    Verwenden 35–36
  Formel-EV3-Rennwagen
    Links und rechts 164
    Zentrieren 164–165
    Zurücksetzen 163
  Lenkungseinstellung 37
Lesemodus 247
Logische Arrays 215
Logische Datenleitungen 214
  Schalterblock 221
Logischer Wert (Modus beim Beenden
    eines Schleifenblocks) 220–221
Logische Variablen 246
Logische-Verknüpfungen-Block 233, 345
  Modi 233
  Nicht-Modus 234
Löschen von Datenleitungen 212

M

Matheblock 228
  Divisionsoperator 332
  Erweiterter Modus 229
  Modulo-Operator 332
  Multiplikationsoperator 332

M-Einheit 106, 114
Messmodus 73
  Sensorblöcke 217
  Zeitgeberblock 235
Messwerte in Berechnungen verwenden 228
microSD-Karte
  Arbeitsspeicher hinzufügen 20
  Im EV3 verwenden 356
  Ordner 30
Mission-Pad 5–6
Mittlerer Motor
  Drehgeschwindigkeit berechnen 100
  Drehmoment 125
  Drehsensor 163
  Geometrie *118*
  Zahnräder 136
Mittlerer-Motor-Block 46
Modi von Programmierblöcken 37
Module 106
Modulo-Operator (%) 332
Monsterzähne 119
Motoren
  Anschlusseinstellungen 37
  Ausgabeanschlüsse 20
  Ausgangspunkt zum Bauen 115
  Bewegungslenkungsblock *siehe*
    Bewegungslenkungsblock
  Blockierung erkennen 101
  Drehgeschwindigkeit 100
  Drehsensor 62
  EV3 3
  Geregelte und ungeregelte
    Geschwindigkeit 101
  Großer Motor *siehe* Großer Motor
  Hebellenkungsblock 46
  Mittlerer Motor *siehe* Mittlerer Motor
  Position
    Drehsensor 98
    Zurücksetzen 99
  Unterschiedliche Geschwindigkeiten 46
Motorsteuerungsanwendung 22
Motorumdrehungsblock 218
Multiplikationsoperator (*) 332
Multitasking
  Aufteilen von Weiterleitungen 56
  Mehrere Startblöcke 56
  Ressourcenkonflikte 57

N

Nähemodus   89
    Hindernissen ausweichen   90–91
Namen von Programmen und Blöcken   352
NETGEAR WNA1100 N150
    (WLAN-USB-Adapter)   358
Neustart des EV3-Steins   355
Nicht-Modus (Logische-Verknüpfungen-
    Block)   233, 234
Nocken   114
Note (Klangblock)   41
Numerische Datenleitung   214
Numerischer Modus (Zufallsblock)   231
Numerisches Arrays   215
Numerische Variablen   246

O

Oder-Modus (Logische-Verknüpfungen-
    Block)   233
Offene Ansicht und Registeransicht   72
On-Brick-Programme   25, 359
    Ausführen   360
    Blöcke   360, 361
    Erstellen   359
    Heruntergeladene Programme   25
    Importieren   361, 363
    Öffnen   361
    Speichern   361
    Verfügbare Blöcke   362
O-Rahmen   *106*

P

Parallele Balken
    Sichern   111
    Verbinden   112
Pins   9, *105*
Pins mit Reibung   9–10, *105*
Pins ohne Reibung   *105*
    Flexible Strukturen   114
    Pins mit Reibung   9–10
Programmablaufblöcke   27
Programme   3
    siehe auch Blöcke (Programmierung);
    On-Brick-Programme
    Änderungen testen   353
    Anhalten   49

Ausführen
    Auf dem EV3-Stein   22
    Fehlerbehebung   352–353
    Manuell   28
    Nach dem Herunterladen   28
Blöcke platzieren   26
Dekompilieren   355
Demo-Programm   22
Eigene Blöcke verwenden   53–54
Finden auf dem EV3-Stein   30
Herunterladen auf den EV3-Stein   25, 28
    Bluetooth   356
    WLAN   358
Projekte   29
Projekte erstellen   25
Schließen   29
Speichern   29
Umbenennen   30
Programmierbereich   27
Programmiersoftware *siehe*
    EV3-Programmiersoftware
Projekte
    Eigene Blöcke kopieren   55
    Eigene Blöcke verwalten   53–54
    Eigenschaften   30
    Eines pro Roboter   30
    Finden auf dem EV3-Stein   30
    Gemeinsame Verwendung von Eigenen
        Blöcken   243
    Öffnen   29
    Programme   29
    Schließen   29
    Umbenennen   30
Pulseinstellung   218
Pythagoras   130

R

RAC3 TRUCK   32–33
Räder
    Großer Motor   117
    Richtung steuern   163
Radiuseinstellung (Anzeigeblock)   43
Radius von Zahnrädern   129
Rahmen   *105*, 106
Raupenketten   117
Rechtwinklige Verbindungen
    Achsen   132
    Zahnräder   130–131

Registeransicht   72
Reibung von Zahnrädern   128
Ressourcenkonflikte   57
Roboter *siehe die einzelnen Roboter*
Rückwärts fahren   36, 38
Rundungsblock   235

S

Schalterblock   69
    Änderungsmodus   73
    Blöcke hinzufügen   71
    Datenleitungen   221
    Datenleitungen innen am Block
        anschließen   222–223
    Farbsensor   77
    Gedrückte Taste ermitteln   98
    Konfigurieren   70
    Messen-Farbe-Modus   80
    Numerischer Modus   221
    Radausrichtung bestimmen   164
    Sensorwerte mit Schwellenwert
        vergleichen   82
    Signal-Richtung-Modus   94
    Vergleichsmodus   73
    Wiederholen   72
    Zufallsblock   231
Scharniere mit Pins ohne Reibung   114
Schleifenblock   50
    Beenden im Modus Logischer
        Wert   220–221
    Benennung   51
    Datenleitungen   213, 220–221
    Farbsensor   77
    Größe ändern   51
    Modi   50
    Schalterblock   72
    Schleifenindex   220
    Sensoren   68–69
    Unterbrechen
        Von außen   223–224
        Von innen   223
        Warnung   224
    Vergleichsmodus   73
    Verschachteln   51–52
Schleifen-Interrupt-Block   223
Schließen von Programmen   29

Schlupf von Zahnrädern   128
Schnecke   *128*, 133–134, 265
Schrägstrich (/)   332
Schwellenwerte   82
Schwenkwerkzeug   30
Schwerter   119
SD_Card-Ordner   356
Sekundenmodus   37
Sender *siehe* Fernbedienung
Sensorblöcke   27, 217–218
        siehe auch die einzelnen Sensorblöcke
   Messmodus   217
   Vergleichsmodus   218
Sensoren   62
   Änderungsmodus   73
   Anschlusseinstellungen   67
   Arten von Messungen   66
   Bauen mit Sensoren   119
   Berührungssensor *siehe* Berührungssensor
   Blöcke   66
   Drehsensor *siehe* Drehsensor
   Eingabeanschlüsse   20
   Eingebaute Sensoren   97
   Farbsensor *siehe* Farbsensor
   Infrarotsensor *siehe* Infrarotsensor
   Mehrere verwenden   90–91
   Messmodus   73
   Schalterblöcke   69
      Blöcke hinzufügen   71
      Konfigurieren   70
   Schleifenblock   68–69
   Stein-Tasten   97–98
   Typen   61
   Vergleichsmodus   73
   Warteblock   66–67
   Werte einsehen   66
Service Set Identifier (SSID)   358
Servomotoren *siehe* Motoren
Signal-Nähe-Modus   93
Signal-Richtung-Modus   93–94
   Messungen   303
   Signal-Nähe   219
SK3TCHBOT   200
        siehe auch Datenleitungen
   Bauen   200–209
   Koordinaten auf dem Bildschirm   254

Stiftsteuerung
   Bewegen ohne zu zeichnen   255
   Bildschirm zurücksetzen   257
   Radiergummi   255
   Stiftgröße   257
   Stückliste   200
Smartphone zur Robotersteuerung   6
SNATCH3R   263
   Bauen   266–298
   Fernsteuerungsprogramm   300
   Greifmechanismus   263–265
      Fehlerbehebung   301
      Steuern   299
   Hubmechanismus   265
   IR-Sender suchen
      IR-Käfer bauen   301–302
      Sender anheben und
         transportieren   308
      Suchalgorithmus   303–306
      Zum Sender fahren   307–308
      Signal-Richtung-Messung   303
      Stückliste   266–267
Sortieren von Elementen   5
Sortierkasten   5
Speicher-Browser   354
Speichern von Programmen   29
SSID (Service Set Identifier)   358
Stärke des reflektierten Lichts   75, 81
   Linien sanft folgen   83
   Schwellenwert   82
Stärke des Umgebungslichts   75, 85
Startblock   27
   Multitasking mit mehreren Startblöcken   56
Statusleuchten   21, 44
Statusmodus   68
Stein-Anwendungen   21
Stein *siehe* EV3-Stein
Stein-Statusleuchten-Block   44, 218, 353
Steintastenblock   217
Steintastensensor   97–98
Stirnzahnräder   *128*
Stopper   *105*
   Herausfallen von Achsen verhindern   110
   Zu fest anschließen   122
Stoßstange mit Berührungssensor   62–65

Struktur
   Flexible Strukturen   114–115
   LEGO-Einheitenraster   108–109
Symbolleiste   30
Synchronisieren von Beinen   332–333

T

Tablet zur Robotersteuerung   6
Tasten, EV3-Stein   20–21
   Programmierung   97–98
Technic-Produktreihe
   Elemente sortieren   5
   EV3-Kasten   3
Testen
   Anzeigeblock   42
   Programmänderungen   353
Teststrecke   77
Textblock   235
Textdatenleitung   214
Textmodus (Anzeigeblock)   43
Textvariablen   246
Ton (Klangblock)   41
TRACK3R   4
Trennen-Schaltfläche   354

U

Umbenennen von Programmen   30
Und-Modus, Logische-Verknüpfungen-
        Block   233
Ungeregelte Geschwindigkeit   101
Ungeregelter-Motor-Block   101
Untermodi   42–43
USB-Verbindung
   Externe Geräte   20
   Fehlerbehebung   25, 355
   Programme erstellen   25
   Programme laden   3
   Roboter programmieren   20

V

Variablen   245–246
   Definieren   246
   Durchschnitt berechnen   250
   Fehlende Definitionen   352
   Startwert festlegen   249
   Typen   246
   Werte ändern   249
   Werte erhöhen   249

Variablenblock   246–247
   Konstantenblock   247
   Variables definieren   247
   Verwendung in Programmen   247
Verbinder   *105*
   Achsen verlängern   111
   Balken im richtigen Winkel verbinden   111,
     113
   Parallele Balken verbinden   111
Verbindungen
   Bluetooth   357–358
   Fehlerbehebung   354
Verdrehen von Achsen   135
Verfügbare Steine   354
Vergleichsblock   232, 333
Vergleichsmodus   73
   Änderungsmodus im Vergleich   67
   Berührungssensor   219
   Sensorblöcke   218
Verringern der Geschwindigkeit   123–124,
   126–127
Verschachteln von Schleifenblöcken   51–52
Verstärken von Strukturen   107

W

Wahrscheinlichkeit von »wahr«   231
Warteblock   49
   Änderungsmodus   73
   Berührungssensormodus   66
   Datenleitungen   220
   Farbsensor   77
   Sensoren   66–67
   Vergleichsmodus   73
Weitere Roboter   32
Weiterleitungen   28
   Aufteilen für Multitasking   56
Wiederaufladbare Batterie   4
Wiedergabeart (Klangblock)   40–41
Winkelbalken   107–108
   Zahnräder entlangführen   130
WLAN (Programm herunterladen)   358

X

XOR-Modus (Logische-Verknüfpungen-
   Block)   233

Z

Zählerwert   249
Zahnräder   *105*
   12Z-Zahnrad   265
   24Z-Zahnrad   265
   36Z-Zahnrad   265
   Ausgabegeschwindigkeit berechnen   123
   Doppelkegelräder   *128*, 130
   Drehmoment   124–125
     Erhöhen   125, 126–127
     Verringern   125
   Einheitenraster   129
   Entlang Winkelbalken anordnen   130
   Flankieren mit Balken   134
   Gesamtübersetzungsverhältnis   126
   Geschwindigkeit erhöhen und
     verringern   123–124
   Getriebezüge   121, 125–126
   Halbe Einheiten   129
   Im Kasten enthaltene Zahnräder   *128*
   Kegelzahnrad   *128*, 130
   Kugelzahnrad   *128*, 133
   Motoranschluss   136
   Radius   129
   Rechtwinklige Achsen   132
   Rechtwinklige Verbindungen   130–131
   Reibung und Schlupf   128
   Schnecke   *128*, 133–134
   Stirnrad   *128*
   Übersetzungsverhältnis   123
   Umkehren der Drehrichtung   135
   Unpassende Kombinationen   130
   Verdrehen von Achsen verhindern   135
   Verhältnisrechner   129
   Verwendung   121
   Zähne   122
Zeitgeberblock   218, 235
Zoom-Werkzeug   30
Zufallsblock   231
Zuletzt verwendet   21
Zurücksetzen-Modus (Zeitgeberblock)   235
Zwischenzahnrad   126

Pawel »Sariel« Kmiec

Das »inoffizielle« LEGO®-Technic-Buch

Kreative Bautechniken für realistische Modelle

2013, 352 Seiten,
komplett in Farbe, Broschur
€ 26,90 (D)
ISBN 978-3-86490-067-9

LEGO® Technic eröffnet ein neues Reich an Baumöglichkeiten. Mit Motoren, Getrieben, pneumatischen Elementen, Kupplungen und vielem mehr kannst Du LEGO-Modelle entwerfen, die wirklich funktionieren. LEGO-Guru Pawel »Sariel« Kmiec erklärt die Grundlagen der Konstruktion – von einfachen Maschinen bis zur Behandlung von fortgeschrittenen Mechanismen – und zeigt, wie maßstabsgetreue Modelle gebaut werden. Der Autor bietet dabei einen einzigartigen Einblick in mechanische Prinzipien wie Drehmoment, Leistungs- und Getriebeübersetzungen, alles unter Verwendung von LEGO-Technic-Steinen.

»(...) ein faszinierendes Buch, das so manchem akademischem Buch über Konstruktionslehre den Rang ablaufen könnte, auch wenn es das eigentlich gar nicht vorhat. Es liefert viele Vorschläge und Inspirationen für eigene Modelle und deren Umsetzung. Und selbst wenn man gar keine Ambitionen zum Nachbau der Maschinen hat, verleitet es doch zum Schmökern und vermittelt auf spielerische Weise ein fundiertes Grundwissen über Mechanik und Maschinenbau.«

c't Hardware Hacks, 3/2013

dpunkt.verlag
www.dpunkt.de